水力学与水利信息学进展 2017

ADVANCE IN HYDRAULICS
AND HYDROINFORMATICS
IN CHINA 2017

主编　陈云华　刘之平　章晋雄

西南交通大学出版社
·成　都·

图书在版编目（CIP）数据

水力学与水利信息学进展. 2017 / 陈云华，刘之平，
章晋雄主编. —成都：西南交通大学出版社，2017.8
ISBN 978-7-5643-5695-8

Ⅰ. ①水… Ⅱ. ①陈… ②刘… ③章… Ⅲ. ①水力学
– 文集②水利工程 – 管理信息系统 – 文集 Ⅳ. ①TV-53

中国版本图书馆 CIP 数据核字（2017）第 208298 号

水力学与水利信息学进展 2017

主　编／陈云华　刘之平　章晋雄　　　责任编辑／陈　斌
　　　　　　　　　　　　　　　　　　封面设计／何东琳设计工作室

西南交通大学出版社出版发行

（四川省成都市二环路北一段 111 号西南交通大学创新大厦 21 楼　610031）
发行部电话：028-87600564
网址：http://www.xnjdcbs.com
印刷：四川煤田地质制图印刷厂

成品尺寸　210 mm×285 mm
印张　30　　字数　895 千
版次　2017 年 8 月第 1 版　　印次　2017 年 8 月第 1 次

书号　ISBN 978-7-5643-5695-8
定价　180.00 元

第八届全国水力学与水利信息学学术大会

2017 年 8 月 23—25 日　西昌

主办单位：中国水力发电工程学会水工水力学专委会
　　　　　中国水利学会水力学专委会
　　　　　国际水利与环境工程学会中国分会
承办单位：雅砻江流域水电开发有限公司
　　　　　四川大学
　　　　　西南科技大学

会议议题

A. 工程水力学
- 水工水力学与工程安全
- 江河湖库水力学
- 输水工程水力学
- 冰工程水力学
- 火核电工程水力学（冷却水与冷却塔）
- 河口海岸水动力学
- 防洪工程与洪水管理
- 水工模型与仪器

B. 水利信息学
- 数值模拟与仿真技术
- 复合模型（原观、物模、数模）技术研究
- 智能算法及其应用
- 信息技术在水利工程中的应用

C. 环境水力学
- 水利水电工程建设与水环境
- 洪涝与干旱灾害预测、管理和控制
- 山洪灾害与防灾减灾
- 海岸保护与修复
- 雨洪、污水、苦咸水资源化
- 极端事件与灾害应对中的水力学问题

D. 生态水力学
- 气候变化对水环境/鱼类/资源/能源的影响及对策
- 河湖水环境及其生态修复
- 鱼道及其他过鱼设施水力学问题
- 城市水生态与水景观

前　言

　　"全国水力学与水利信息学大会"是由中国水利学会水力学专业委员会、中国水力发电工程学会水工水力学专业委员会、国际水利与环境工程学会（IAHR）中国分会共同发起，每两年举办一次，至今已经成功举办了七届。第八届大会将于 2017 年 8 月在西昌召开。该系列会议已经成为国内水力学界的一件盛事，对促进我国水力学和水利信息学的学科发展与学术繁荣起到了积极的推动作用。

　　本次会议得到了全国水利水电领域科技人员和高校广大师生的热烈响应和广泛支持。大会收到投稿论文 137 篇、摘要 34 篇。经专家评审，共有 64 篇论文和 34 篇摘要收录到此论文集中，另有数十篇论文被推荐到《水利学报》《水利水电技术》《中国水利水电科学研究院学报》《南水北调与水利科技》《中国防汛抗旱》等学术刊物上。这些成果体现了近两年来水力学与水利信息学领域的新成果和新进展，从多方面、多角度体现了我国水力学学科的发展水平。

　　本次会议包括四个议题：工程水力学、水利信息学、环境水力学、生态水力学。这四个议题都涉及我国水利水电工程建设中的热点和难点问题，这些问题的解决对促进学科的发展、工程技术的完善、确保工程的安全和节省投资等方面具有重要的学术和实用价值。

　　我们诚挚地希望本次会议能够为同行们提供一个交流成果、切磋体会、共商发展的平台，进一步推动我国水力学与水利信息学的研究工作，使之更加生气勃勃、发达兴旺。

　　在本次会议论文的组稿、审定、编辑和出版过程中，刘树坤等 68 位专家在百忙之中对论文进行了审定；秘书处章晋雄、唐奇志、余挺、谌书、杨帆等同志做了大量的工作，付出了辛勤劳动，在此一并表示感谢！

　　最后，感谢雅砻江流域水电开发有限公司、四川大学和西南科技大学对本次会议的大力支持；感谢中国水力发电工程学会和中国水利学会长期以来给予专业委员会的支持；特别要感谢参加本次会议的来自全国的代表以及所有工作人员。

中国水力发电工程学会　　　中国水利学会　　　　　国际水利与环境工程学会
水工水力学专业委员会　　　水力学专业委员会　　　中国分会
主任：　　　　　　　　　　主任：　　　　　　　　主任：

2017 年 7 月

目 录

第一篇　工程水力学

第二篇　水利信息学

第三篇　环境水力学

第四篇　生态水力学

第五篇　摘　要

第一篇　工程水力学

河床基岩冲刷模拟敏感性分析与探讨

刘东，韩松林，王奔

（长江水利委员会长江科学院）

【摘　要】　本文主要对挑流消能工下游河床冲刷模拟进行研究，针对模拟不同的基岩抗冲流速、动床砂铺砂高程、原型冲刷演化等进行敏感性分析，探讨影响河床基岩冲刷深度及范围模拟的关键因素。成果表明：河床基岩冲刷坑的深度主要取决于河床基岩的抗冲能力，模型试验中应注重动床砂中值粒径及铺砂高程的选择，同时需充分考虑基岩断层及破碎带特性，对冲刷深度及位置的演变提出合理推测。

【关键词】　冲刷模拟；抗冲流速；铺砂高程；敏感性

1　前　言

挑流消能的工程结构简单，经济合理，当下游河床地质条件较好时，中、高水头水利枢纽大多采用挑流消能，如图1所示。一般情况下，河床冲刷坑的深度取决于水舌跌入下游水体后的冲刷能力和河床的抗冲能力，它与单宽流量、上下游水位差、下游河床的地质条件、下游水深、鼻坎型式、坝面和空中的水流能量损失及掺气程度等因素有关。过高的河床基岩冲深将严重危害枢纽建筑物的安全，因此河床冲刷坑最大深度的估算及试验模拟研究极为重要。

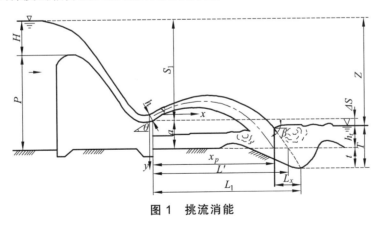

图1　挑流消能

对基岩河床冲刷坑深度 t 的计算，我国目前较普遍采用计算公式为[1]

$$t = Kq^{0.5}Z^{0.25} - h_t$$

式中　t——冲刷坑深度，m；

　　　q——单宽流量，$m^3/(s \cdot m)$；

　　　Z——上下游水位差，m；

h_t——下游水深，m；

K——抗冲系数，主要与河床地质条件有关。坚硬完整的基岩，$K = 0.9 \sim 1.2$；坚硬但完整性较差的基岩，$K = 1.2 \sim 1.5$；软弱破碎、裂隙发育的基岩，$K = 1.5 \sim 2.0$。

在枢纽体型、布置及优化方案中，下游河床进行冲刷模拟是必须且关键的试验研究内容。试验一般根据设计提供原型河床基岩抗冲流速选择适宜动床砂及铺砂高程，在不同泄洪工况下模拟基岩冲刷，量测河床冲刷范围、冲刷高程及冲深后坡比等参数，为设计提供参考。

2 不同抗冲流速敏感性分析

在冲刷模拟试验中，一般根据设计提供基岩抗冲流速，按下式选取模型砂中值粒径：

$$v = k\sqrt{\frac{\gamma - \gamma_w}{\gamma_w} 2gD_{50}} \qquad (1)$$

式中 γ——砂容重，一般取 26.9 kN/m³；

γ_w——水容重，取 9.81 kN/m³；

v——抗冲流速，单位为 m/s；

g——重力加速度，取为 9.81 m/s²；

k——系数，试验取为 1.2。

某水利枢纽下游抗冲流速分别按 5 m/s、8 m/s、10 m/s 分别进行冲刷试验，$P = 0.02\%$（$Q = 28\,000$ m³/s，$H_上 = 986.17$ m，$H_下 = 852.04$ m）、$P = 0.1\%$（$Q = 24\,000$ m³/s，$H_上 = 979.38$ m，$H_下 = 849.73$ m）工况下，下游河床冲刷见表1。

表 1 不同抗冲流速河床冲刷特性表

基岩抗冲流速	频率	冲刷最低点高程（m）	位置（m）	冲深（m）	范围（m）	
5 m/s	$P = 0.02\%$	707.9	0 + 230	24.1	0 + 155 ~ 0 + 290	135
	$P = 0.1\%$	723.3	0 + 225	8.7	0 + 185 ~ 0 + 255	70
8 m/s	$P = 0.02\%$	710.1	0 + 230	21.9	0 + 160 ~ 0 + 285	125
	$P = 0.1\%$	725.9	0 + 225	6.1	0 + 190 ~ 0 + 250	60
10 m/s	$P = 0.02\%$	717.1	0 + 230	14.9	0 + 165 ~ 0 + 280	115
	$P = 0.1\%$	728.5	0 + 230	3.5	0 + 190 ~ 0 + 250	60

从表中可以看出，$P = 0.02\%$ 及 $P = 0.1\%$ 工况下冲刷最深点位置均在桩号 0 + 230 m 附近，冲刷范围随着基岩抗冲流速的增加略有降低，冲刷最低点高程变化明显。$P = 0.02\%$ 工况下冲深分别为 24.1 m、21.9 m、14.9 m；$P = 0.1\%$ 工况下冲深明显降低，但不同抗冲流速冲深仍为 8.7 m、6.1 m 及 3.5 m。可见根据不同抗冲流速选择模拟动床砂，相同泄水工况下游河床冲刷深度及范围变化较大，因此需根据河床实际基岩特性，选择适宜的基岩抗冲流速进行冲刷模拟，为泄洪建筑物的安全提供依据。

3 不同铺砂高程敏感性分析

在泄洪建筑物体型及泄洪工况一致的情况下，河床基岩冲刷坑的深度主要取决于河床的抗冲能力，但模型试验研究发现，河床动床砂铺砂高程的变化与抗冲流速强度对河床基岩模拟冲刷深度的影响同等重要。

（1）某水利枢纽采用岸边泄洪洞及溢洪道泄流，由于河道狭窄，河床覆盖层表层砂卵石层较薄，下覆含泥粉细砂，抗冲流速极低，试验动床模拟不考虑覆盖层和强风化层，仅模拟弱风化层基岩，抗冲流速取 6 m/s，模型按 275 m、270 m、265 m 及 260 m 高程分别铺设动床砂，$P = 0.1\%$泄洪工况下（$Q = 6\,180\ \text{m}^3/\text{s}$，$H_上 = 471.90$ m，$H_下 = 306.06$ m）河床冲刷成果见表 2、图 2。

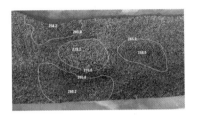  

▽265 m 铺砂　　　　　　　　▽270 m 铺砂　　　　　　　　▽275 m 铺砂

图 2　不同铺砂高程河床冲刷成果图

表 2　不同铺砂高程河床冲刷特性表

铺砂高程（m）	1#冲坑				2#冲坑		
	冲坑高程（m）	位置	冲深（m）		冲坑高程（m）	位置	冲深（m）
275	266.4	0 + 670	8.6		269.0	0 + 760	6.0
270	262.7	0 + 670	7.3		263.6	0 + 760	5.4
265	260.2	0 + 670	4.8		259.0	0 + 755	5.0
260	257.1	0 + 670	2.9		256.3	0 + 755	3.7

从图表中可以看出，该河床中部 1#、2#冲刷坑最深点均位于桩号 0 + 670 m 及 0 + 760 m 附近，冲刷深度及最低点高程均随铺砂高程的降低而降低。1#冲坑在河床铺砂 275 m 高程时，最低点冲刷高程为 266.4 m，铺砂高程降低至 265 m 时，该位置冲刷高程 260.2 m，冲刷深度 4.8 m；再次降低铺砂高程至 260 m，该位置仍继续冲刷，最深点高程 257.1 m，冲深降低为 2.9 m。2#冲刷坑冲刷形态与 1#基本一致。

图 3 为该枢纽不同铺砂高程冲刷最深点高程曲线图，从图中可以看出，随着铺砂高程的降低，河床冲刷最深点高程随之减小，该工况下，河床冲刷最深点高程与铺砂高程存在一个极限最小值，1#、2#冲刷坑最深点与铺砂高程均可拟合为二次曲线关系，为设计提供参考。

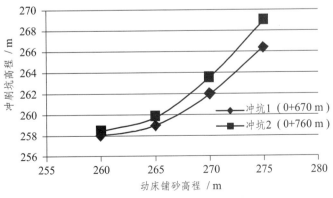

图 3　不同铺砂高程河床冲刷坑高程图

（2）某枢纽为双曲拱坝，坝身通过表、中孔泄流，河床基岩设计抗冲流速 8 m/s，模型按 750 m、737 m、732 m 及 725 m 高程分别铺设动床砂，$P=0.1\%$ 工况（$Q=24\,000$ m³/s，$H_\text{上}=979.38$ m，$H_\text{下}=849.73$ m）及 $P=5\%$ 工况（$Q=18\,000$ m³/s，$H_\text{上}=975.00$ m，$H_\text{下}=842.46$ m）坝后水垫塘冲刷成果见图 4、表 3。

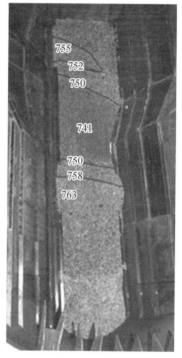
▽750 m 铺砂

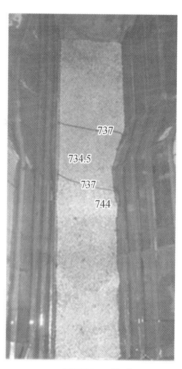
▽737 m 铺砂

▽732 m 铺砂

图 4　$P=5\%$工况各铺砂高程冲刷成果图

表 3　不同铺砂高程水垫塘冲刷特性表

铺砂高程（m）	$P=0.1\%$			$P=5\%$表孔单泄		
	冲坑高程（m）	位置	冲深（m）	冲坑高程（m）	位置	冲深（m）
750	735.0	0＋220	15.0	741.0	0＋220	9
737	728.0	0＋220	9.0	734.5	0＋220	2.5
732	725.9	0＋225	6.1	732.0	0＋225	0
725	723.5	0＋225	1.5	725.0	0＋225	0

各工况下水垫塘冲刷坑最深点均位于桩号 0＋220 m 附近，冲刷深度及最低点高程均随铺砂高程的降低而降低。$P=0.1\%$ 工况，水垫塘铺砂 750 m 高程时，最低点冲刷高程为 735.0 m，铺砂高程降低至 732 m 时，该位置冲刷高程 725.9 m，冲刷深度 6.1 m，再次降低铺砂高程至 725 m，该位置仍存在冲刷，最深点高程 723.5 m，冲深降低为 1.5 m。$P=5\%$表孔单泄工况冲刷坑冲刷形态与 $P=0.1\%$ 工况基本一致。

从图 5 中可以看出，随着铺砂高程的降低，水垫塘冲刷最深点高程随之减小，$P=5\%$ 工况下，河床冲刷最深点高程已存在一最小值 732.0 m，$P=0.1\%$ 工况冲刷坑最深点与铺砂高程仍可拟合为一曲线关系，计算出冲深极限最小值。

6

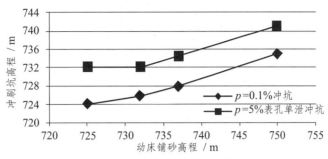

图 5　不同铺砂高程水垫塘冲刷坑高程图

可见河床冲刷模拟试验中,动床铺砂高程的选择对冲刷坑最深点高程的影响极其重要,模型试验除选择适宜中值粒径的动床砂外,还需充分考虑该枢纽河床动床铺砂高程,为设计及试验成果提供科学依据。

4　冲刷演化敏感性分析

图 6、图 7 分别为某水利枢纽 2004—2008 年历次泄洪后模型试验冲刷地形及原型实测水下地形图。试验研究表明[2]:工况 1(2004 年模型试验工况,$Q = 45\ 000\ \mathrm{m^3/s}$,$H_{\pm} = 135.00\ \mathrm{m}$)泄洪坝段下游动床冲刷地形从下纵围堰左侧防冲墙至左导墙呈长条形完整冲坑形态,冲坑底部位于坝轴线下 230 ~ 250 m,冲刷最低点高程 17.7 ~ 23.2 m;工况 2(2008 年模型试验工况,$Q = 45\ 700\ \mathrm{m^3/s}$,$H_{\pm} = 145.00\ \mathrm{m}$)冲刷形态与工况 1 基本一致,冲刷最低点高程 16.9 ~ 19.9 m。

枢纽从 2003 年至 2008 年汛前,运行经历 5 个汛期后,泄洪坝段下游整体冲刷形态与 2004 年实测地形相近(见图 7)。泄洪坝段下游水下地形整体为形状不规则的冲坑形态,冲坑底部平面位置弯折、底面凹凸不平。左侧 6# ~ 13#坝段下游有与水流方向约 60°交角的狭长冲坑,坑中形成 2 个局部深坑,最低点高程分别为 22.5 m、26.7 m,泄洪坝段中部冲刷最低点高程分别为 21.6 m、28.5 m,较模型试验冲刷位置及高程均有一定差异,工况 2 不同坝段下游冲刷最深点高程比实测最低点高程均低,模型试验成果较实测地形冲刷具有 1 ~ 9 m 高程的安全富余(见图 8),且河床冲刷地形逐步稳定。随着枢纽泄洪建筑物的运行,库水位上升,泄洪流量增加,水流对下游冲刷能力加大,同时泄洪坝段下游河床地质条件也不断弱化,基岩岩块逐渐破碎分解,基岩抗冲刷能力减弱,泄洪坝段下游河床地形不断受冲刷发展,冲刷最低点也向下游缓慢移动。

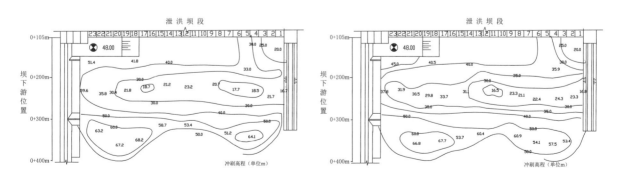

2004 年前泄洪下游动床冲刷形态图　　　　2008 年前泄洪下游动床冲刷形态图

图 6　枢纽历次最大洪水泄洪模型试验冲刷成果

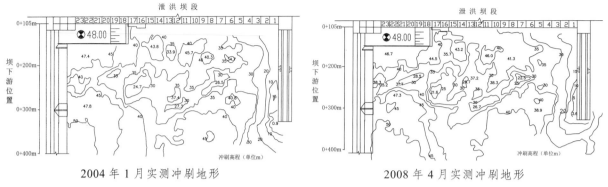

2004年1月实测冲刷地形   2008年4月实测冲刷地形

图 7　枢纽实测冲刷地形图

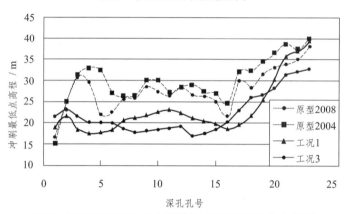

图 8　枢纽深孔孔号对应下游河床冲刷最低点高程图

众多原型观测资料表明，冲刷破坏总是先从软弱断层破碎带打开缺口，然后向两侧扩展。软弱断层破碎带往往控制局部最大冲坑的位置、形成和范围，最深点落在断层带上。由于泄洪坝段下游冲刷区域较大，不同部位的岩体构造特性不尽相同，有基岩较完整的岩体，也有断层破碎带抗冲能力较差的易冲岩体，因此冲刷破坏情况也相差较大。模型试验中动床铺砂视基岩为完整的岩体，各部位模型砂中值粒径及级配曲线相同，而原型基岩存在一定的断层和破碎带，因此在破碎带附近模型试验冲刷与原型实际会存在较大差异，冲坑形态与基岩地质特性有关。两次实测冲刷最严重的部位（形成局部深坑）均位于 6#~13#坝段下游 F20 断层（见图 9）、15#~17#坝段下游 F18 断层以及 19#~23#坝段 F410 断层部位，特别是 6#~13#坝段下游冲坑随 F20 断层发展较快。冲坑的发展是泄洪脉动水流冲击和基岩地质特性共同影响的结果，岩体构造特性很大程度上决定着冲刷破坏的发展过程和冲刷坑的几何形状（见图 10）

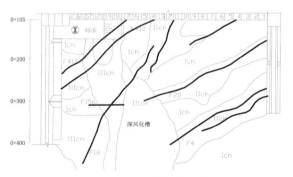

图 9　枢纽泄洪坝段下游
岩体抗冲性能平面分区图

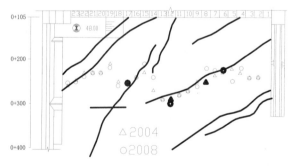

图 10　泄洪坝段下游冲坑最低点
与岩体断层分布平面示意图

5 结论与展望

岩基冲坑的形成、发展、稳定主要取决于挑流水舌淹没射流的冲刷能力与河床基岩抗冲能力之间的对比关系，最终当射流的冲刷能力与基岩的抗冲能力相平衡时，冲坑不再发展而达到平衡状态。基岩的冲刷破坏涉及水力学、岩石力学、工程水文地质等多种学科，影响基岩的冲刷破坏主要分为水力特性、基岩特性、调度管理等方面。

河床基岩冲刷模拟试验研究主要针对下游河床基岩的特性，对抗冲流速、动床砂铺砂高程及地质断层等方面进行敏感性分析，结果表明：河床基岩冲刷坑的深度取决于河床基岩的抗冲能力及动床砂铺砂高程，冲刷坑最低点高程及位置在原型中是一个逐步下移演变直至平衡的过程，模型试验中应注重动床砂中值粒径及铺砂高程的选择，同时需充分考虑基岩断层及破碎带特性，对冲刷深度及位置的演变提出合理推测，为设计提供科学依据。

参考文献

[1] 李炜. 水力计算手册（2 版）. 北京：中国水利水电出版社，2006.
[2] 刘东，车清权，毛三保. 三峡工程泄洪坝段下游动床冲刷形态演变过程研究. 长江科学院院报，2012 年 7 月.

复杂水道系统水力-机械一体化过渡过程仿真软件开发及其应用

李高会，刘子乔

（华东院勘测设计研究院有限公司，杭州市高教路 201 号，311122）

【摘　要】　本文首先从计算原理、软件开发平台、构架等方面介绍了华东院联合高校在诸多工程实践的验证基础上开发出的复杂水道系统水力-机械一体化过渡过程软件系统（HYSIM），然后与国内外同类型软件进行了对比分析，指出其先进性，最后结合工程实例说明该软件仿真计算精度较高，能够较好地满足目前复杂水道系统过渡过程数值模拟计算要求。

【关键词】　复杂水道系统；水力-机械一体化；仿真软件；工程应用

1　引　言

水力过渡过程是指一个动力系统在其自身特性变化或在外界干扰的作用下，由一个稳定状态到另一个状态的过程，而水力过渡过程分析工作是水电站，尤其是拥有复杂水道系统的大型水电站和抽水蓄能电站工程在各个设计阶段的主要工作内容之一，也是重点和难点之一。是否拥有稳定的水力学条件与是否满足工程设计要求以及在极端工况下电站各主要控制参数，如蜗壳压力值、转速上升值、调压室涌波极值等，是衡量水电工程供电品质和运行安全的重要指标。

华东勘测设计研究院历经几十年的发展，尤其是近年来承接了众多拥有复杂水道系统的大型水电站工程和抽水蓄能电站工程的设计工作，如白鹤滩水电站、锦屏二级水电站、天荒坪抽水蓄能电站等。这些具有国际领先水平的大型水电工程，对水力过渡过程分析研究工作要求很高，故开发先进的过渡过程分析软件系统、培育该领域国际领先技术水平迫在眉睫。在此背景下，华东院联合高校在诸多工程实践的验证基础上开发出了复杂水道系统水力-机械一体化过渡过程软件系统（简称 HYSIM）。

2　软件的开发

2.1　计算原理

用于建立复杂水道系统计算模型最为常见的方法为以环路压力方程及节点流量方程为基础的方程组解法[1-2]。本软件系统采用的基本方法是结构矩阵法，该方法利用了有压水网系统中压力、流量（H、Q）与结构梁架的应力与位移（F、S）相同的特征（如图 1 所示），将结构分析中所使用的刚性矩阵模型建立方法来建立复杂有压水道系统的数学模型。该方法的优点是在编程时更为便捷且模块化更容易实现。如图 2 所示，结构矩阵法可将复杂系统分解为简单问题，并建立起表达元素数学模型的全系统矩阵。

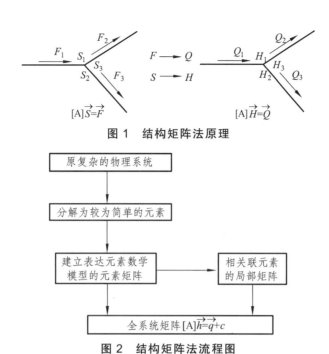

图 1　结构矩阵法原理

图 2　结构矩阵法流程图

2.2　软件开发平台及主要架构

　　该软件采用了 Microsoft Visual studio 2008 软件开发系统作为开发的平台,综合 ADO 数据库技术、OLE Automation 技术来管理计算结果数据、图形输出以及 HTML 文件帮助系统服务于整个软件系统的开发。其特点为：程序编译执行软件后,可以脱离开发环境独立运行。该软件其主要架构如图 3 所示。

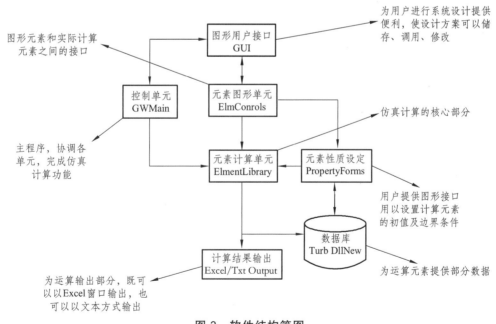

图 3　软件结构简图

2.3　软件的主要功能简介及主界面

　　该软件功能全面,几乎涵盖了水电站过渡过程领域常用的各种水力和机械元素,主要包括：水库型式分为单一上下游水库、多个上下游水库联合以及水位有规律波动状态水库；管道模拟型式分为弹性管（隧）道、刚性管（隧）道、明渠（压力前池）以及明满混流管（隧）道；调压室模拟型式分为简单调压井、阻抗式调压井、差动式调压井、双室式调压井、变断面及斜度的调压斜井、带进流调压井、上部可溢流调压井、气垫调压室、双联和三联调压室以及带共用上室调压室；机组模拟型式分为混流式水轮机 A 型（自动生成特性曲线）、混流式水轮机 B 型（外部提供特性曲线）、水泵水轮机 A 型（自动生成特性曲线）、水泵水轮机 B 型（外部提供特性曲线）以及冲击式水轮机（外部提供特性曲线）；电网模拟分为局域电网和直流输电等模拟型式。

其中该软件系统采用目前最为通用的中文视窗界面，界面友好，使用简洁，易学易用。

图 4 为水力基本元素模块和联结节点控件，具体如下：

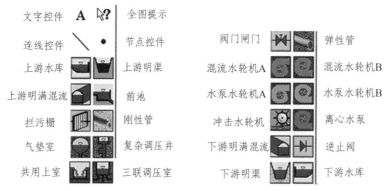

图 4　水力基本元素模块和联结节点控件

2.4　国内外技术对比分析

为进一步说明 HYSIM 的特点，下面将结合目前国内外其他水电站过渡过程商业软件与该软件系统进行对比分析，表 1 为 HYSIM 软件与国内外同类软件对比优势列表，具体如下：

表 1　HYSIM 软件与国内外同类软件对比优势列表

比较内容	HYSIM	国内外同类过渡过程软件
软件结构	本软件首次将结构计算中的结构矩阵法引入水力过渡过程计算中。这种方法的优点是在编程实现时，更为便捷和更容易实现模块化，二次开发对接方便	一般其他软件是通过建立回路水头-压力平衡方程组和节点流量连续方程组基础上的方程组的解法，模块化程度低，二次开发对接不便
特性曲线的生成方式	水轮机特性曲线是水电站水力过渡过程计算中不可缺少的数据。本软件利用水轮机的基本特性参数，可以准确预估水轮机的特性曲线数据，并将其直接应用于过渡过程计算中，这为设计前期或国外项目缺乏机组特性数据条件下的过渡过程计算提供了极大的便利	一般无此功能。一般其他软件是套用其他类似电站的水轮机特性曲线数据进行过渡过程计算
电网模拟功能	在传统过渡过程软件的基础上，研发了电网模块，改变了以往过渡过程计算中假定、概化电网边界条件的做法，可以较为真实地模拟水轮发电机组在实际电网中的运行情况，实现了过渡过程水-机-电的统一	一般无此功能。一般其他软件是将电网假定为理想化的孤网或理想的无穷大网来处理，无法模拟水轮发电机组在实际电网中的真实运行情况
可视化程度	基于 Visual Stutio 2005—2008 软件开发平台，软件实现了全面可视化，人机对话界面友好，简洁明确，易学易用，便于商业化推广	一般采用 Fortan、C 等编程语言，软件可视化程度较低，软件使用便利性较差
计算速度和精度	本软件采用降低矩阵维数和自动变步长的算法，在保证计算精度的同时，又极大地提高了计算速度	一般采用定维数和定步长的算法。无法解决计算精度和速度之间的矛盾

比较内容	HYSIM	国内外同类过渡过程软件
软件适用范围	该软件应用范围广，除适用于一般水电站水力过渡过程计算外，还适用于具有明满混流管（隧）道、简单调压井、阻抗式调压井、差动式调压井、双室式调压井、变断面及斜度的调压斜井、带进流调压井、上部可溢流调压井、气垫调压室、双联和三联调压室、带共用上室调压室、混流式水轮机、水泵水轮机、冲击式水轮机等多种水力元素的复杂引水输水系统	其他软件一般只适用于一些简单水道系统的水电站过渡过程计算，通用性较差
后处理方式	本软件利用 OLE Automation 技术来管理计算结果数据和图形输出，使用者可根据需求，适当选择结果输出内容，结果输出简洁清晰	其他软件后处理方式一般较为繁琐，结果输出固定，人性化程度低

综上所述，HYSIM 较其他同类型软件在多项技术方面有所创新，能够处理目前水电工程中遇到的诸多复杂水道系统问题，且模型创建灵活多样，通用性和专用性有效结合，较好地适应了我国目前的水电发展要求。

3 软件应用

该软件系统已经应用于 60 余座大中型常规水电站、抽水蓄能电站等众多工程实践中，为工程建设和设计优化工作提供了重要参考，经多个电站现场甩负荷原型试验的验证，充分证明了该软件系统的可靠性、准确性和通用性。现简述如下：

3.1 长大引水发电系统工程应用

锦屏二级水电站拥有目前世界上最大的水工洞室群，尤其四条发电隧洞均接近 17 km，并拥有四座超大规模的差动式调压室。水道系统一洞两机布置，装机规模巨大，水力过渡过程计算极为复杂，被誉为"国内过渡过程最复杂的水电工程"。其中电站引水发电系统水力过渡过程稳定性是工程设计的关键技术问题之一。图 5 为锦屏二级水电站过渡过程计算模型。2012 年 12 月底，锦屏二级 1 号引水发电系统首批 1#、2#机组分别进行了原型机组甩负荷试验。表 2 为 1#机组甩 100%负荷试验数值计算结果与实测数据对比。通过表 2、图 6～7 可知，在蜗壳压力、上游调压室涌浪方面，数值仿真计算与现场实测成果吻合情况较好，验证了计算软件的准确性。

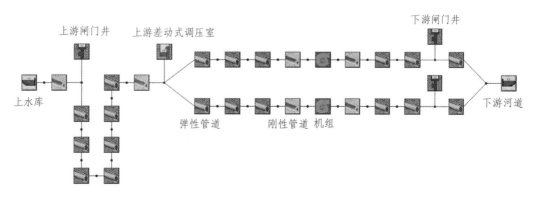

图 5　锦屏二级水电站水力过渡过程计算模型

表 2　1#机组甩 100%负荷试验数值计算结果与实测数据对比表

机组蜗壳最大压力			机组最大转速上升率		
实测（m）	数值计算（m）	计算误差（%）	实测（%）	数值计算（%）	计算误差（%）
368.2	365.2	0.81	37	41	−10.81
尾水管出口最大压力			尾水管出口最小压力		
实测（m）	数值计算（m）	计算误差（%）	实测（%）	数值计算（%）	计算误差（%）
28.8	29.6	−2.78	23.7	22.2	6.33
大井最高涌波水位			大井最低涌波水位		
实测（m）	数值计算（m）	计算误差（%）	实测（%）	数值计算（%）	计算误差（%）
1 673.6	1 673.1	0.03	1 618.2	1 618.7	−0.03

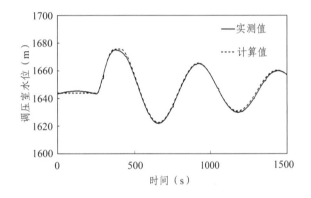

图 6　机组蜗壳压力计算与实测成果对比

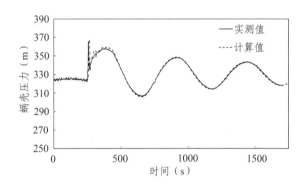

图 7　调压室升管水位计算与实测成果对比

3.2　高水头大容量抽水蓄能电站工程应用

福建仙游抽水蓄能电站设计安装 4 台单机容量 300 MW 的可逆式抽水蓄能机组，总装机容量 1 200 MW，发电最大净水头为 447.0 m。输水系统全长约 2 061.8 m。采用两洞四机布置，共分两个水力单元，每个水力单元的机组上游侧为"一洞两机"形式输水，机组下游侧为"两机一洞"形式输水，计算模型如图 8 所示。据表 3、图 9 和图 10 可知，在该抽水蓄能电站机组蜗壳压力、尾水管进口压力等方面，数值仿真计算与现场实测成果吻合情况较好，验证了计算软件的准确性。

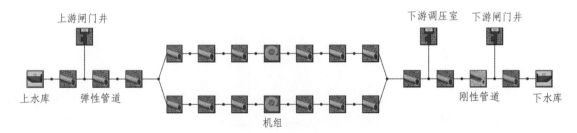

图 8　仙游抽水蓄能电站水力过渡过程计算模型

表 3 双机同时甩负荷试验实测数据与数值仿真计算结果对比

| 机组编号 | 机组蜗壳最大压力（m） | | | |
| | 延时段 | | 快关段 | |
	实测	仿真	实测	仿真
1#	711.64	711.91	708.94	718.84
2#	—	704.33	711.22	706.12
机组编号	尾水管进口最小压力（m）			
1#	40.78	70.95	56.79	65.46
2#	42.68	66.24	58.17	64.90

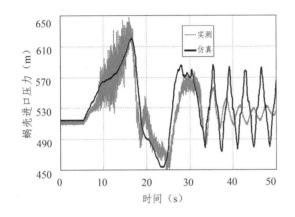

图 9 蜗壳压力计算与实测成果对比

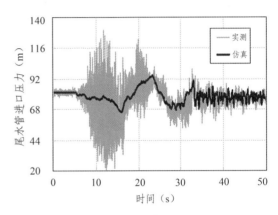

图 10 尾水进口压力计算与实测成果对比

4 结 语

经多个不同类型水电站工程机组甩负荷原型试验验证，可以说明该软件仿真计算精度较高，能够较好地满足目前复杂水道系统过渡过程数值模拟计算要求。目前该软件系统是国内少数适用于复杂水道系统水电站工程（含抽水蓄能电站）水力过渡过程仿真计算分析的通用软件平台之一，多项技术在国内同类软件平台均属首创，具备较大的推广使用价值。

参考文献

［1］ E. B. Wylie and V.L. Streeter, "Fluid Transients", MeGRAW-HILL International Book company, ISBN 0-07-072187-4, 1980.

［2］ Hermod Brekke, Xinxin Li, "New Approach to the Mathematical modeling of Hydropower Governing Systems", 英国控制工程 1988 年年会 International Conference <Control 88>. May 1988, Oxford University England.

跌坎型底流消能工水流结构区水流特性与水气结构研究

欧阳晨[1]，张功育[2]，刘志建[3]，马文韬[1]，费扬[4]

（1. 昆明理工大学 电力工程学院，云南 昆明 650500；

2. 云南秀川水利水电勘测设计有限公司，云南 昆明 650021；

3. 北京京水建设集团有限公司，北京 100193；

4. 昆明理工大学 信息工程与自动化学院，云南 昆明 650500）

【摘 要】 为研究池内水体各结构区的水流特性与水气结构，本文采用水力学模型试验的方法，在不同流量、跌坎深度、入射角度条件下进行试验，选取典型的试验数据进行分析和研究。试验结果表明：同一工况下不同水流结构区的水流特性呈现其独特性，不同工况下同一水流结构区的水流特性呈现相似性；池内水体中，不同结构区的水气结构略有不同。

【关键词】 底流消能工；水流特性；水气结构

1 问题的提出

跌坎型底流消能工比常规底流消能工更具优势，不仅具有消能率高、入池流态稳定，以及水流雾化小等优点，而且还能用于高水头、大流量的泄洪消能工程中[1]。在大功率泄洪消能工程中，水流流速和掺气量大，易产生气蚀破坏和气体超饱和。目前，解决气蚀问题以掺气减蚀为主，但一些工程中仍发生气蚀破坏，原因是没有充分研究气体与水流结构相互作用机理。本文以跌坎型底流消能工为研究对象，开展气体在水流结构中的运动机理研究，从而为减蚀和制定减小下游气体超饱和对水生态影响的泄洪消能策略提供依据。

2 装置简介与工况设置

试验模型采用水泵-水塔-回水沟-水池的循环系统供水，量水堰为直角三角堰，蓄水池、固定墩由砖砌成，泄水建筑物由有机透明玻璃制作而成。制作、安装误差均满足水利部《水工（常规）模型试验规程》中 SL155-95 的规定[2]。堰上水头、水位采用测针量测，精度为 0.1 mm，水流掺气浓度采用 CQ6-2005 型掺气浓度仪来量测，浓度仪的探头由两块 25 mm×6 mm、间距为 6 mm 的平行直立电极组成，采样历时为 3 s。由于 CQ6-2005 型掺气浓度仪探头较长，漩涡涡心、角涡所占区域较小而无法用该仪器对漩涡、角涡的掺气浓度进行测量，因此，本文仅测量底滚回流区的临底掺气浓度。不同堰上水头下测得的入射水流流速为 1.62 m/s、2.00 m/s、2.35 m/s，跌坎深度分别设置为 6 cm、8 cm、10 cm，入射角度分别设置为 15°、30°、45°，共计 27 个工况；采用实验观测与数据分析相结合的方式进行研究。模型布置如图 1 所示。

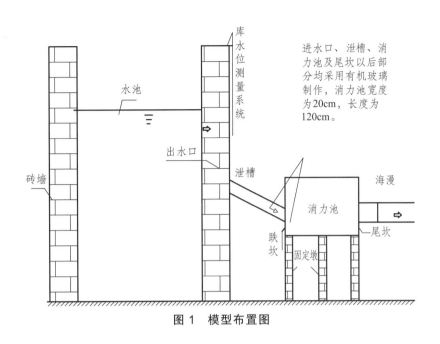

图 1 模型布置图

3 气体迁移扩散与水气结构

3.1 水流掺气

如下图 2 所示为水流掺气与池内水体各结构区图。在射流入水口处，受主流冲击与池内水体表面张力的作用，水面凹陷，在射流外围形成空间，其大小沿主流方向减小，直到主流与面滚回流区的气体交换带，而受主流紊动剪切与上部水流旋滚的影响，上气体交换带处两部分水体不断的相互卷吸包裹空气，形成空气泡，导致掺气。

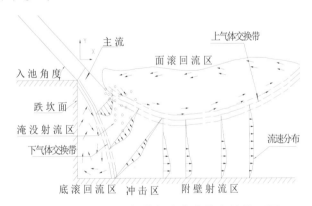

图 2 水面卷吸气体与池内水体各结构区图

3.2 迁移扩散

射流入池后，与池内水体产生强烈的紊动剪切作用，大的空气泡在水流紊动剪切作用下破裂成许多小气泡。受水流速度梯度的作用，高速主流"拉拽"池内水体，形成面、底两个旋滚区。气泡随主流运动，在淹没射流区扩散，并迁移到其他区。气泡通过上下两个气体交换带，在区与区之间相互迁移。底滚回流区和附壁射流区的气泡主要从淹没射流区迁移，这两区的气泡也会迁移至淹没射流区；面滚回流区的气泡主要从淹没射流区和附壁射流区迁移，面滚回流区的气泡也会迁移至淹没射流区和附壁射流区。对于相邻的结构区，气泡的迁移是相互的。

3.3 水气结构

水气结构有两种：一种是"气体逸出"，另一种是"个体空气泡"[3]。Wilhelms 和 Gulliver[4]曾指出，水流的掺气一部分是从水面卷吸进入，另一部分则由于水流自由面变形捕获。卷吸进入水体的气体在到达自由水面之前，只在水体中合并、破裂形成新的气泡，并不与大气接触，故其与水体形成的水气结构是"个体空气泡"。自由水面变形捕获的气体和水体中上浮的气体都通过自由水面逸出，形成以"气体逸出为主"的水气结构。跌坎型底流消能工的水流结构中，因只有面滚回流区与大气接触，所以其水气结构为"气体逸出与个体空气泡共存"，其余区以"个体空气泡为主"。

4 各区的水流特性与水气结构

4.1 淹没射流区

该区掺气浓度测点布置如下图 3 所示。在这一区域内，水流近似呈线性扩散，主流与消能水体的剪切面逐渐增大，射流沿程形成强烈的剪切和紊动漩涡，在上、下两气体交换带能观察到拟序涡结构。主流时均速度呈正态分布，射流主体段的流速呈高斯分布[5]。主流掺气后，气体主要以气泡的形式运动，一部分上浮进入大气，另一部分随主流扩散迁移。

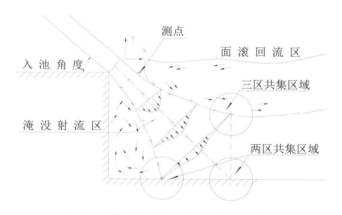

图 3 淹没射流区掺气浓度测点布置图

由下图 4 可知：上气体交换带的掺气浓度沿程增加，达到最大值后衰减；在"三区共集区域"，掺气浓度增加或衰减趋势变缓。起始测点掺气浓度值因射流自掺气作用而偏小。掺气浓度增加并达到最大值的原因有三：一是处在水面卷吸气体区域，二是淹没射流区气体受水流紊动的影响和上浮力的作用迁移至交换带，三是面滚回流区气体受水流紊动的影响迁移至交换带。掺气浓度衰减的原因有三：一是上气体交换带中气体受水流紊动的影响和上浮力作用迁移至面滚回流区，二是气体在交换带中随水流沿程扩散，三是上气体交换带中气体受高速射流"拉拽"的影响迁移至淹没射流区。掺气浓度增加或衰减趋势变缓是因为淹没射流区、面滚回流区和附壁射流区的水流形成"三区共集区域"，受水流剧烈地紊动剪切影响，三个区的气体在共集区域相互迁移、充分扩散，产生"三区共集效应"，使水流的掺气浓度增加或衰减趋势变缓。当入射角度和入射水流流速一定时，上气体交换带掺气浓度随跌坎深度的增大而减小；当入射角度和跌坎深度一定时，上气体交换带掺气浓度随入射水流流速的增大而增大。

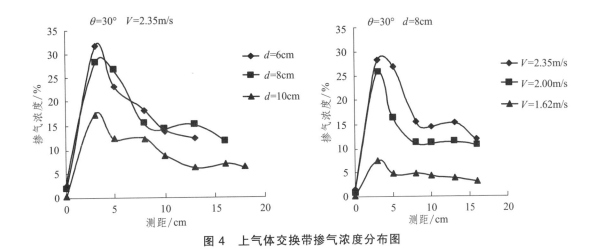

图4　上气体交换带掺气浓度分布图

由下图5可知：淹没射流轴线掺气浓度沿程增加，达到最大值后衰减；在"两区共集区域"，掺气浓度增加或衰减趋势变缓。起始测点的掺气浓度值因射流自掺气作用而偏小。掺气浓度增加并达到最大值的原因有二：一是水面卷吸的气体受高速射流"拉拽"影响扩散至轴线，二是轴线与下气体交换带之间水流中气体受上浮力作用和高速射流"拉拽"影响扩散至轴线。掺气浓度衰减的原因有二：一是轴线处气体受水流紊动的影响和上浮力作用向上扩散，二是轴线处气体受水流紊动的影响随水流沿程向下扩散。掺气浓度增加或衰减趋势变缓的原因是淹没射流与附壁射流在主流转向处形成"两区共集区域"，气体因该区域水流紊动剪切的影响而充分扩散、相互迁移，产生"两区共集效应"，使射流轴线掺气浓度在该区域增加或衰减趋势变缓。当入射角度和入射水流流速一定时，淹没射流轴线掺气浓度随跌坎深度的增大而减小；当入射角度和跌坎深度一定时，淹没射流轴线掺气浓度随入射水流流速的增大而增大。

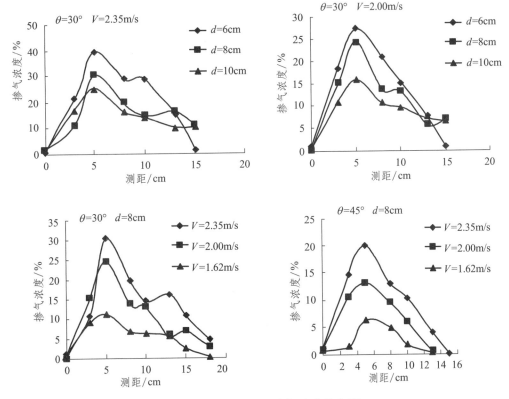

图5　淹没射流轴线掺气浓度分布图

如下图 6 所示：下气体交换带掺气浓度沿程增加，达到最大值后衰减。起始测点的掺气浓度因射流自掺气作用而偏小，第二个测点的掺气浓度值虽有波动，但其变化很小，不影响下气体交换带掺气浓度的总体趋势。掺气浓度增加并达到最大值的原因有二：一是淹没射流中气体受水流紊动的影响迁移至交换带，二是底滚回流区气体受水流紊动影响和上浮力作用迁移至交换带。掺气浓度衰减的原因有三：一是交换带中气体受上浮力作用和高速射流"拉拽"的影响迁移至淹没射流区，二是气体在交换带中随水流沿程扩散，三是交换带中气体受水流紊动的影响迁移至底滚回流区。当入射角度和入射水流流速一定时，下气体交换带掺气浓度随跌坎深度的增大而减小；当入射角度和跌坎深度一定时，下气体交换带掺气浓度随入射水流流速的增大而增大。

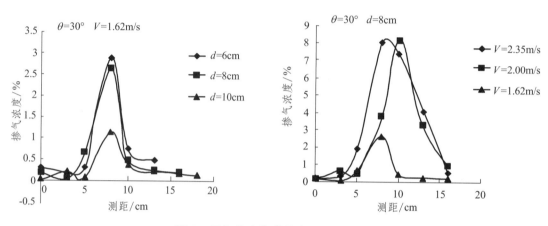

图 6　下气体交换带掺气浓度分布图

通过以上分析可知：上气体交换带掺气浓度因水面对气体的卷吸、淹没射流区和面滚回流区气体的迁移而增大并达到最大值，因交换带中气体随水流在交换带中沿程扩散、向淹没射流区和面滚回流区迁移而衰减；受"三区共集效应"的影响，上气体交换带掺气浓度增加或衰减趋势变缓。淹没射流轴线处掺气浓度因轴线两边水流中气体向轴线扩散而增加并达到最大值，因轴线处气体随水流沿程向两边扩散而衰减；受"两区共集效应"的影响，轴线处掺气浓度增加或衰减趋势变缓。下气体交换带掺气浓度因淹没射流区和底滚回流区气体的迁移而增加并达到最大值，因交换带中气体随水流沿程扩散、向淹没射流区和底滚回流区迁移而衰减。当入射角度和入射水流流速一定时，淹没射流区掺气浓度随跌坎深度的增大而减小；当入射角度和跌坎深度一定时，淹没射流区掺气浓度随入射水流流速的增大而增大。由于面滚回流区自由面捕获的气体不会迁移至上气体交换带，且淹没射流区的掺气是通过水面卷吸气体形成的，所以淹没射流区的水气结构以"个体空气泡为主"。

4.2　底滚回流区

该区是受高速淹没射流"拉拽"作用而形成的以下气体交换带和跌坎面为界的顺时针旋转横轴漩涡[6]。如下图 7 所示：底滚回流区掺气浓度沿程增加但掺气浓度值较小。由于从下气体交换带迁移至底滚回流区的气体少，能扩散至跌坎脚附近水流的气体更少，所以底滚回流区掺气浓度值小，起始点掺气浓度值更小。第二个测点处在淹没射流和底滚回流形成的"两区共集区域"，受下气体交换带气体迁移和"两区共集效应"的影响，底滚回流区掺气浓度沿程增加。底滚回流区掺气浓度受跌坎深度和入射水流流速的影响很小。因为底滚回流区的气泡主要来自水气结构以"个体空气泡为主"的淹没射流区，所以该区水气结构也以"个体空气泡为主"。

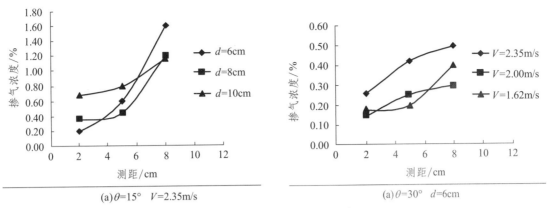

(a)θ=15° V=2.35m/s

(a)θ=30° d=6cm

图 7   底滚回流区掺气浓度分布图

4.3   附壁射流区

如下图 8 所示：该区与面滚回流区共有五行八列共计四十个掺气测点。附壁射流区主流流线弯曲，上部边界通过"拉拽"周围的水体产生紊动剪切作用，下部边界受消力池底板壁面的摩阻影响形成壁面边界层而向上发展，从而使主流沿程扩散，具有明显的淹没水跃特征[7]，其流速分布与经典附壁射流的纵向时均流速分布基本一致，从底部到顶部呈现先增大后减小、峰值靠近底部的特征。

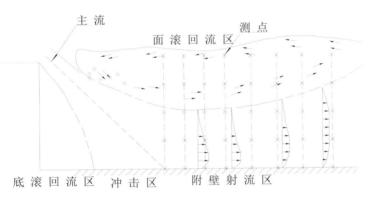

图 8   测点分布图

如下图 9 所示：当入射角度和跌坎深度一定时，附壁射流临底掺气浓度随入射水流流速的增大而增大。附壁射流临底掺气浓度值偏小，趋势沿程增加，达到最大值后衰减，靠近上气体交换带的淹没射流在临底转向处，掺气浓度增加或衰减趋势变缓。主流转向后，迁移至附壁射流区的气体较少，由于水流贴底运动，气泡上浮速度变大，在附壁射流区扩散的时间变短，扩散至底板的气体更少，所以临底掺气浓度偏小。起始点的掺气浓度值小是因为从淹没射流轴线以下水流中迁移而来的气体少。从淹没射流区迁移和受水流紊动影响扩散至底板的气体在"两区共集区域"充分扩散，使掺气浓度增加。受气体上浮作用和水流紊动影响，气体随水流沿程向上扩散，临底掺气浓度衰减。靠近上气体交换带的淹没射流掺气浓度值较大，近似直线运动到临底转向处后，使临底掺气浓度增加或衰减趋势变缓。

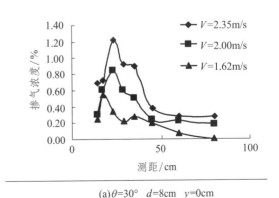

(a)θ=30° d=8cm y=0cm

图 9   Y＝0 cm 测点掺气浓度分布图

如下图 10 所示：当入射角度和跌坎深度一定时，$Y = 3$、6 cm 测点的掺气浓度随入射水流流速的增大而增大。起始点的掺气浓度较大是因为从淹没射流区和上气体交换带迁移来的气体在"三区共集区域"充分扩散，使得掺气浓度较大。因为气体上浮速度变大且随水流沿程扩散，所以在附壁射流区扩散的气体沿程减少，掺气浓度梯度下降。由于附壁射流区的气泡主要来自面滚回流区靠近上气体交换带的水流和淹没射流区，所以该区的水气结构以"个体空气泡为主"。

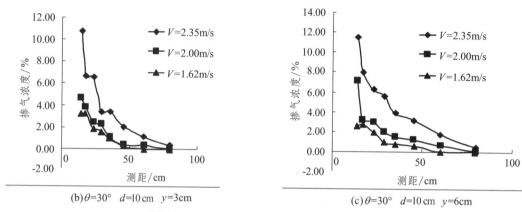

(b)$\theta = 30°$ $d = 10$ cm $y = 3$cm   (c)$\theta = 30°$ $d = 10$ cm $y = 6$cm

图 10　$Y = 3$、6 cm 测点掺气浓度分布图

通过以上分析可知：当入射角度和跌坎深度一定时，附壁射流区的掺气浓度随入射水流流速的增大而增大。附壁射流区临底掺气浓度偏小，总体趋势为沿程先增后减，"两区共集效应"对其掺气浓度的增加有贡献。$Y = 3$、6 cm 测点的掺气浓度沿程减小，受"三区共集效应"的影响，起始点测得的掺气浓度值较大。附壁射流区的水气结构以"个体空气泡为主"。

4.4　面滚回流区

该区水流同时受到淹没射流和附壁射流的拉拽作用，形成近似椭圆的逆时针旋转。如下图 11 所示：当入射角度和跌坎深度一定时，面滚回流区掺气浓度随入射水流流速的增大而增大。虽然个别区域的掺气浓度增加，但并不影响其总体趋势，即各水深断面的掺气浓度值偏小且均沿水流方向衰减。因为面滚回流区水流紊动不剧烈，携带气泡的能力较弱，且小气泡的并聚让气泡的上浮速度变快，气泡随水流运动的时间变短，所以扩散至测点区域的气体变少，测得的掺气浓度偏小。面滚回流区掺气浓度沿程衰减原因有三：一是气体受水流紊动影响和上浮力作用进入大气，二是气体迁移至上气体交换带，三是气体随水流运动。因为面滚回流区的气泡一部分从淹没射流区和附壁射流区迁移，另一部分从自由水面进入，所以该区的水气结构为"气体逸出与个体空气泡共存"。

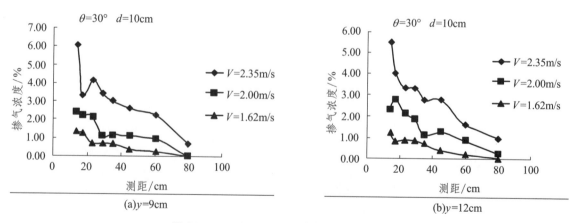

(a)$y = 9$cm   (b)$y = 12$cm

图 11　$Y = 9$、12 cm 测点掺气浓度分布图

5 结 论

（1）同一工况下，消力池"两区共集区域"与"三区共集区域"的掺气浓度值较大，临底掺气浓度较小。

（2）上气体交换带掺气浓度值受水面卷吸气体影响达到最大，受气体迁移与扩散的影响衰减。淹没射流轴线掺气浓度受水面卷吸气体扩散的影响达到最大，受轴线处气体扩散的作用衰减。下气体交换带掺气浓度受淹没射流区气体扩散的影响达到最大，受下气体交换带中气体扩散和迁移的影响衰减。底滚回流区掺气浓度受淹没射流区气体迁移与"两区共集效应"的影响沿程增加。附壁射流区掺气浓度因气体随水流沿程扩散和迁移而衰减，其临底掺气浓度因淹没射流区气体的迁移和"两区共集效应"的影响出现峰值。面滚回流区掺气浓度因气体随水流沿程扩散和迁移而衰减。

（3）当入射角度和跌坎深度一定时，淹没射流区、附壁射流区和面滚回流区的掺气浓度随入射水流流速的增大而增大；当入射角度和入射水流流速一定时，淹没射流区掺气浓度随跌坎深度的增大而减小。底滚回流区掺气浓度受跌坎深度和入射水流流速的影响很小。

（4）入射水流流速越大，池中水流掺气、卷吸气体越多，掺气浓度越大，水流结构发展越充分，水流与气体的相互作用越激烈。淹没射流区、底滚回流区和附壁射流区的水气结构都以"个体空气泡为主"，面滚回流区的水气结构为"气体逸出与个体空气泡共存"。

参考文献

[1] 孙双科. 我国高坝泄洪消能研究的最新进展[J]. 中国水利水电科学研究院学报，2009，7（2）：89-95.

[2] 南京水利科学研究院，水利水电科学研究院. 水工模型试验（2版）. 北京：水利水电出版社，1985.

[3] 卫望汝，邓军，田忠，张法星. 明渠水流自掺气发展区水气结构分析[J]. 水科学进展，2014，05：704-712.

[4] WILHELMS S C, GULLIVER J S. Bubble and waves description of self-aerated spillway flow[J]. Journal of Hydraulic Research，2005，43（5）：522-531.

[5] 张强，张建蓉，周禹. 跌坎式底流消能工水流特性分析[J]. 南水北调与水利科技，2008，03：74-75+96.

[6] 张锦. 低Froud数跌坎型底流消能工不同水流结构区掺气特性研究[D]. 昆明理工大学，2014.

[7] 张强. 基于底流消能的跌坎型消能工水流结构特性分析[D]. 昆明理工大学，2008.

窄河谷大流量河道行进流速对闸坝泄流能力计算的影响

汪振[1]，陆欣[2]，黄成家[2]，吴森华[2]，陈重喜[1]

（1. 国家能源局大坝安全监察中心，杭州市高教路 201 号，311122；

2. 华东勘测设计研究院有限公司，杭州市高教路 201 号，311122）

【摘　要】 西部山区河流多数具有流量大、河道狭窄、纵坡大等特点，该类型河道水流行进流速往往比较大。本文结合具体工程，分析行进流速对泄流能力、校核水位设计计算的影响，该工程天然河道行进流速高达 10.7 m/s。建坝后坝前水位有壅高，模型试验测得行进流速仍达到 9 m/s，在设计计算校核洪水位时未考虑行近流速，设计计算校核洪水比试验值高约 4 m。对于高坝大库，行进流速较低，对泄流能力计算及相应的校核洪水位影响较小，行进流速不考虑，可作为安全储备。对于窄河谷大流量闸坝而言，行进流速大，对校核洪水位及坝顶高程均有较大影响，甚至对工程投资增加都有较大影响，因此，在设计计算时不应忽略行进流速。

【关键词】 行进流速；流速水头；泄流能力

1　前　言

西部山区河流多数具有流量大、河道狭窄、纵坡大等特点，在行洪时天然河道流速能达到 7～8 m/s，部分甚至达到 10 m/s 以上。在这些流域建闸筑坝，在泄流能力计算、坝顶高程计算时，往往会存在对行进流速考虑不充分的情况，因此，在设计校核洪水位、设计洪水位较实际偏高较多，从而可能造成坝顶高程过高、坝高增加等情况。本文主要结合四川平武县涪江干流某工程泄流能力计算，分析行进流速对校核洪水位的影响。

2　工程概况

某工程位于四川省平武县涪江干流上，工程开发任务为发电，为引水式电站。坝址以上控制流域面积 2 097 km²，总库容 112.1 万 m³，为日调节水库；水库正常蓄水位 1 117.50 m，设计洪水位 1 113.72 m，校核洪水位 1 115.79 m。拦河闸坝由两岸混凝土挡水坝、泄洪冲沙闸组成。混凝土闸坝坝顶高程 1 119.00 m，最大坝高 18.2 m，坝顶总长 113.43 m。泄洪消能建筑物布置于主河床，5 孔泄洪冲沙闸为开敞式驼峰堰，闸门尺寸为 14 m×11 m（宽×高），校核洪水位最大泄量为 5 840 m³/s。闸室下游接长 65.50 m 的混凝土护坦及 26.00 m 长消力墩防冲保护，采用底流消能。

2.1 坝址地形特点

坝址河道较顺直，坝址区河谷形态近 U 型，左岸陡右岸缓，左岸多为基岩岸坡，坡度一般 35～50°，右岸地势相对平缓。正常蓄水位 1 117.5 m 高程时，水面宽 95 m。坝轴线位置河床最低高程约 1 104 m，最高约 1 110 m，坝址河道坡降 27‰。

2.2 泄洪冲沙闸布置情况

闸（坝）顶高程 119.00 m，坝顶全长为 113.43 m，挡水建筑物沿坝轴线呈一直线布置，从左至右布置左岸非溢流混凝土重力坝段、泄洪冲砂闸坝段、右岸非溢流混凝土重力坝段。左岸非溢流坝段长 8.69 m，泄洪冲砂闸坝段长 90 m，右岸非溢流坝段长 14.74 m，泄洪冲沙闸宽度约占坝轴线的 80%。闸坝上游立视见图 1，泄洪冲沙闸断面见图 2。

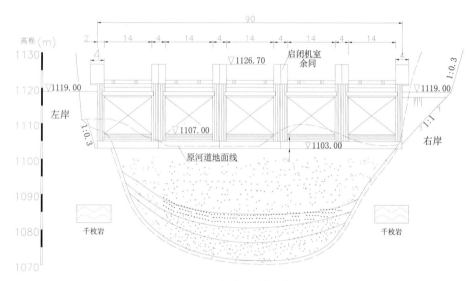

图 1　闸坝上游立视

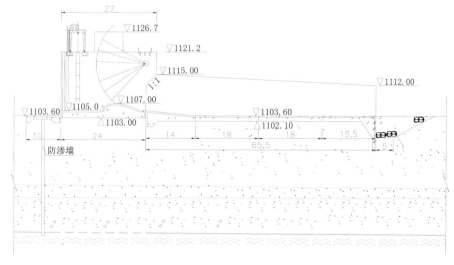

图 2　泄洪冲沙闸断面

3 泄流能力计算

3.1 泄流能力计算公式

泄洪冲沙闸采用的是驼峰堰，见图 2。

堰流自由出流计算公式：

$$Q = \sigma_s \varepsilon m n b \sqrt{2g} H_0^{3/2}$$

式中　Q——流量（m^3/s）；

σ_s——淹没系数，鉴于坝址河道坡降 27‰，可以判断为自由堰流，因此该系数取 1；

ε——侧收缩系数，取 0.95；

m——流量系数，根据驼峰堰流量系数公式：

$$m = 0.385 + 0.171(P/H)^{0.657} = 0.385 + 0.171*(2/12)^{0.657} = 0.44；$$

n——闸孔数，5 孔；

b——闸孔宽度，14 m；

H_0——计入行进流速水头的堰上水深（m），$H_0 = H + h_0$；

H——堰上水头；

h_0——行进流速水头，$h_0 = V_0^2/2g$，V_0 为闸前水流行进流速。

3.2 坝址天然河道流速

坝址河道水位流量关系见下表 1。

表 1　坝址下游水位流量关系

水位(m)	1 104	1 105	1 106	1 107	1 108	1 109	1 110	1 111	1 112	1 113
流量(m^3/s)	10	138	451	839	1 688	2 200	3 177	4 327	5 620	6 935

根据坝址天然河道水位流量关系表，经查表得到校核洪水 5 840 m^3/s 时，对应上游水位为 1 112.17 m。水位 1 112.17 m 时，河道过流断面面积 $S = 544$ m^2。

天然河道在校核洪水 5 840 m^3/s 时的流速：$V = Q/S = 5\ 840/544 = 10.7$ m/s。

在校核洪水情况下，5 孔闸门全开泄洪，基本恢复天然河道行洪流态；建坝后坝址前水位有一定壅高，过流断面增加，行进流速一定程度上要比天然河道要降低，但行进流速仍然会比较大。

3.3 泄流能力计算及模型试验成果

设计计算根据上述泄流能力计算公式，行进流速按 3 m/s 考虑，行进流速水头为 0.46 m，下泄校核洪水 5 840 m^3/s，计算得到相应的校核洪水位为 1 119.80 m。

模型试验成果，在宣泄校核洪水 5 840 m^3/s，上游水位为 1 115.79 m。

3.4 结果分析

设计计算值校核洪水位 1 119.8 m，行进流速未考虑。由于本工程河谷狭窄、流量大、纵坡陡，行进流速大，流速水头所占比重较大，在设计计算时行进流速未考虑，因此，计算校核洪水位 1 119.8 m，较实际的校核水位明显偏高。

模型试验测得在宣泄校核洪水 5 840 m³/s，上游水位为 1 115.79 m，水位明显较设计计算校核洪水位 1 119.8 m 低约 4 m。模型试验测得坝前流速 9 m/s，按此作为设计计算行进流速进行验算，得到的校核水位为 1 115.70 m，与模型试验值基本一致，同时也验证了模型试验成果的合理性。

模型试验实测流速 9 m/s，相应的流速水头为 4.1 m；较设计计算与模型试验校核洪水位差 4 m 基本一致。

本工程校核洪水位最终采用模型试验值 1 115.79 m，相应的坝顶高程及坝高均降低约 2 m，也节约了工程投资。

各情况下校核洪水位比较表见表 2。

表 2　各情况下校核洪水位比较

工况	上游校核洪水水位(m)	行进流速(m/s)	流速水头(m)
原设计值	1 119.8	—	—
模型试验值	1 115.79	—	—
模型试验验算	1 115.70	9	4.13

4　结　语

一般工程在设计阶段泄流能力计算时：① 对于高坝大库坝前水深大，行进流速较小，在泄流能力计算时，对校核洪水位影响较小，因此，不考虑行进流速得到校核洪水略偏高，对工程坝顶高程及工程投资影响小；从泄洪建筑物角度考虑，泄流能力更有保障，偏于安全。② 对于大江大河中闸坝工程，在设计计算时往往也不考虑行进流速，因此，泄洪能力往往富裕较大。如嘉陵江流域多数航电枢纽大坝，其泄流能力计算时未计入行进流速，在闸门全开情况下，同一流量对应的水位，实际水位均要比设计值要低。如 2012 年 7 月嘉陵江中游发生的一场 20 年一遇洪水，流量约 23 800 m³/s，多个航电工程实测水位均比设计水位低约 2 m。③ 对于西部山区河流，多数河谷狭窄、纵坡陡、流量大，行进流速大，完全不考虑行进流速，从工程安全角度是可以保障的，但同时带来校核洪水位提高、坝顶高程增加，坝高增加，工程投资也相应增加等。

对于行进流速如何考虑，需要结合工程本身具体情况而定；但总体而言，高坝大库、重要工程，坝前行进流速小，行进流速可不考虑，作为安全储备。对于西部中小工程，行进流速较大，所占流速水头比重较大，对校核洪水位及坝顶高程影响较大，行进流速不应忽略。对于具体工程行进流速考虑与否，还可结合技术经济比选，最终确定泄流能力、校核洪水位及坝顶高程等。

参考文献

[1] 李炜. 水力计算手册（2 版）. 北京：中国水利水电出版社，2006.
[2] 陈利华，郑淑芳，赵万华. 平底水闸设计中闸孔总净宽计算的几个问题初探. 水利科技与经济，2006，12（8）：510-511.
[3] 卢泰山，王国杰. 体型明渠驼峰堰泄流能力试验研究. 人民长江，2011，42（9）：87-89.

石岛湾核电厂排水口消能匀流试验研究

刘赞强，纪平，刘彦

（中国水利水电科学研究院，北京市海淀区复兴路甲 1 号，100038）

【摘　要】　石岛湾核电厂各机组温排水均通过排水暗涵汇集至排水明渠集中排放，暗涵出口水流集中、流速较大，流态较为复杂，采用模型试验的方法对 CAP1400 示范机组排水口出流特性进行了研究。试验结果发现，CAP1400 示范机组排水口出流不均匀、流态较差，需采取适当的匀流、消能措施。通过大量的对比、优化试验，推荐采取在排水扩散段内增设三排导流墩的措施，既满足匀流、消能目的，又达到了排水口水头损失不宜过大的要求。

【关键词】　排水口；匀流；导流墩

1　前　言

石岛湾核电厂址规划总容量为 $1 \times 200\,\text{MWe}$ 高温气冷堆（双堆带一机）$+6 \times \text{CAP1400}$ 大型先进压水堆核电机组（1#2#机组、3#4#机组、2 台 CAP1400 示范机组）。电厂各种堆型核电机组冷却水系统均采用以海水为水源的直流冷却供水系统，厂址取排水工程按规划容量统一规划布置[1]。

7 台机组温排水共用一条排水明渠，如图 1 所示。1 台 CAP1400 夏季冷却用水量约 83 m^3/s，冬季约 50 m^3/s；1 台 200 MWe 高温气冷堆夏季冷却用水量约 9 m^3/s，冬季约 6.8 m^3/s。

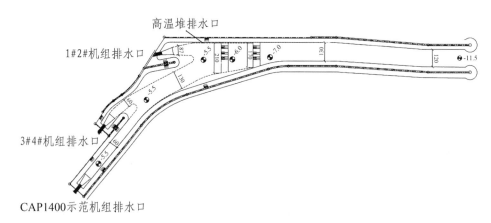

图 1　排水明渠布置图

本工程采用明渠排水方式，温排水均通过排水暗涵汇集至排水明渠中集中排放，各暗涵出口水流集中、流速较大，流态较为复杂，可能对明渠产生一定程度的冲刷影响。为此，需通过模型试验研究暗涵出口以及排水明渠水力特性，观察排水口出流流态，提出必要的消能匀流措施。

由于明渠排水口分布较多，本文仅针对 CAP1400 示范机组排水口出流特性及其优化过程加以阐述。

2 CAP1400 示范机组排水口结构型式

CAP1400 示范机组温排水通过 4 个暗涵经扩散段排放至明渠，每个暗涵尺寸为 4.2 m×4.2 m，暗涵出口排水扩散段扩角为 10°，长度 80 m，暗涵、扩散段及明渠底标高均为 – 5.5 m，如图 2 所示。

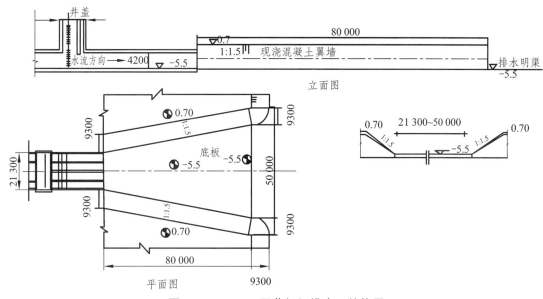

图 2　CAP1400 示范机组排水口结构图

3 模型设计

本模型以重力相似准则为主进行设计，同时考虑阻力相似及水流运动相似等方面要求，采用适宜的大比尺的正态模型。

满足重力相似准则，即原型和模型的弗劳德数相等，$(Fr)_r = (V/\sqrt{gH})_r = 1$，式中下标 r 表示原型与模型比值，F_r 为弗劳德数，V 为流速，g 为重力加速度，H 为长度；流速比尺 λ_V 与几何比尺 λ_r 之间的关系为 $\lambda_V = \lambda_r^{1/2}$，由水流连续原理得到流量比尺为：$\lambda_Q = \lambda_A \lambda_V = \lambda_L \lambda_h \lambda_V = \lambda_L \lambda_h^{3/2}$，其中 λ_Q 为流量比尺，$\lambda_A = \lambda_L \lambda_h$ 为过水面积比尺，λ_L 为水平比尺，λ_h 为垂向比尺。

明渠内按照水面坡降相似对明渠进行适当的加糙，使其满足阻力相似。曼宁糙率系数比尺 λ_n 为：$\lambda_n = \lambda_h^{2/3} \lambda_J^{1/2} / \lambda_V = \lambda_h^{2/3} / \lambda_L^{1/2}$，其中，$\lambda_J = \lambda_h / \lambda_L$ 为比降比尺。

根据试验场地、试验室供水、供电能力以及仪器精度等因素，最终选定模型正态比尺为 $\lambda_r = 60$。

选取排水明渠起始端至高温堆排水口下游约 800 m 之间的明渠部分作为模型试验对象，模拟区域东西向约 1.8 km、南北向约 1.2 km。模型布置如图 3 所示。

试验中排水口流态采用数码相机拍摄，流速采用超声波流速测量系统（SonTek MicroADV）。水位测量采用高精度水位仪，测量精度 ± 0.1 mm。试验控制条件如下：

水位：多年平均低潮位 – 0.59 m；

流量：CAP1400 示范机组双机运行排水流量为 166 m³/s。

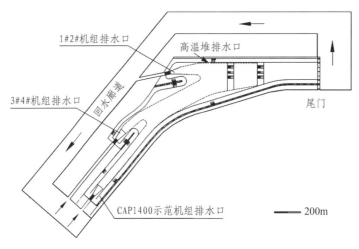

图 3　试验模拟范围

3　试验结果

CAP1400 示范机组双机运行时排水口出流流态见图 4，扩散段末端表层流速分布见图 5。

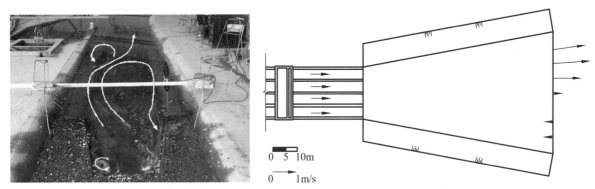

图 4　排水出流表层流线图　　　　图 5　排水口扩散段末端出流流速分布

试验结果表明，CAP1400 示范机组排水扩散段主流向岸侧偏移，出流流态较差，扩散段末端有回流区存在。扩散段末端出流断面平均流速约 0.65 m/s，最大流速达到 1.61 m/s。

CAP1400 示范机组排口流态较差，究其原因，主要是由于排水出流消能不充分以及扩散段出口下游渠道为非对称布置等引起。为此，需要取适宜的匀流、消能辅助措施，改善 CAP1400 示范机组排水口出流流态。

4　优化方案

参考相关消能工[2]，拟在排水口扩散段内增设不同型式的导流墩作为匀流、消能辅助措施。导流墩型式如图 6 所示，其中 H 为墩高，W 为墩宽。通过调整导流墩高度 H、墩宽 W、同排相邻墩间距 D_1、前后排导流墩间距 D_2、导流墩至暗涵出口的距离 D_3 以及增减导流墩排数等，优化 CAP1400 示范机组排水口出流流态，保证扩散段末端流速分布较为均匀，没有明显回流区产生。扩散段内导流墩摆放示意图如图 7 所示。

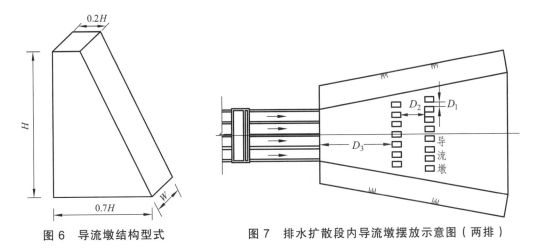

图 6 导流墩结构型式　　　　　　图 7 排水扩散段内导流墩摆放示意图（两排）

在排水扩散段内增设导流墩，势必会增大水流阻力，从而增加了水头损失。因此，在对 CAP1400 示范机组排水口采取匀流措施的过程中，须满足同时匀流且出口段水头损失不宜过大的双重要求。依设计单位要求，暗涵竖井至扩散段末端水头损失不宜大于 0.5 m。试验采用加大排水流量至阻力平方区的方式给出出口段阻力系数，进而确定其水头损失[4][5]。

试验中除了观测出口的流态，同时还测量了扩散段末端出口流速分布。为直观、便捷地测试排水扩散段出流断面流速分布的均匀性，在测流断面未出现反向流情况下，定义断面水流均匀系数 η，$\eta = V_{max} / V_{ave}$，式中，V_{max} 代表断面最大流速，V_{ave} 代表断面平均流速。η 值越大，表明均匀性越差；η 值越接近 1，表明均匀性越好。

通过调整 H、W、D_1、D_2、D_3 以及导流墩的排数，并经过大量的比选、优化试验，最后确定选用 3 排导流墩作为最佳匀流方案，如图 8 所示，其中 $H = 5$ m、$W = 1.5$ m、$D_1 = 3$ m、$D_2 = 6$ m、$D_3 = 48$ m。在此方案下，CAP1400 示范机组排水出流表层流线图如图 9 所示，排水口扩散段末端出流断面流速分布如图 10 所示，最大流速为 0.95 m/s，流速均匀系数 η 为 1.38，排水出口段水头损失约 46 cm。排水口既达到较好的匀流效果，同时满足水头损失限值要求。

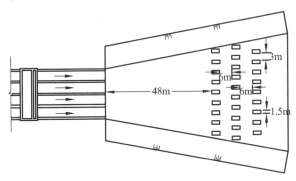

图 8 推荐采用导流墩布置匀流措施

图 9 优化方案下排水口出流表层流线图

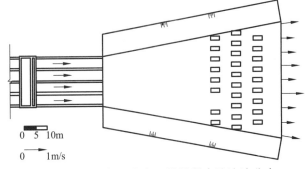

图 10 优化方案下排水口扩散段末端流速分布

5 结 论

针对 CAP1400 示范机组排水口在双机运行工况下存在出流不均匀、主流集中的现象，试验采用在排水扩散段内摆放导流墩的措施对该排水口进行了优化，以改进排水口出流流态。经过系列对比、优化试验，推荐采用在排水口扩散段内增设 3 排导流墩的整流、消能措施，既达到了较好的匀流效果，同时满足了水头损失不宜过大的要求。

参考文献

[1] 王昌勇. 石岛湾核电厂址海工工程机组排水口构筑物消能试验专题技术任务书（1HTR+6CAP1400）. 国核电力规划设计研究院，2014.6.

[2] 李炜. 水力计算手册（2 版）[M]. 北京：中国水利水电出版社，2006.

[3] 吴持恭. 水力学（3 版）[M]. 北京：高等教育出版社，2002.

[4] 李栋浩，王文娥，葛茂生，等. 突然缩小圆管局部水头损失系数试验研究[J]. 水利与建筑工程学报，2011，09（4）：22-24.

[5] 贺益英，赵懿珺，孙淑卿，等. 弯管局部阻力系数的试验研究[J]. 水利学报，2003，34（11）：54-58.

KARUMA 水电站岔管体型优化的数值模拟

纪昌知，倪绍虎

（中国电建集团华东勘测设计研究院有限公司，浙江省杭州市余杭区高教路，311122）

【摘　要】 岔管是水电站引水建筑物的重要组成部分，其水力特性对于降低岔管水头损失至关重要。以 KARUMA 水电站尾水系统岔管结构为例，对不同工况下的岔管流场进行了数值模拟，分析岔管流态、水头损失等，在此基础上提出了岔管体型水力优化方案，有效地改善了岔管的流态、降低了岔管的水头损失，为岔管的设计和运行提供参考。

【关键词】 KARUMA 水电站；岔管；水力学；体型优化；数值模拟

1　引　言

引水式水电站常采用一洞多机，以节省工程造价。岔管是一洞多机实现的关键结构，岔管体型对水头损失影响较大，与电站的运行效率和长期效益有着重要的关系[1]。由于岔管结构体型复杂，水流流态紊乱，设计中需重点关注。然而，相关设计规范多侧重岔管的结构稳定，较少考虑其水力学特性，水力计算手册[2]也未给出类似岔管在不同工况下水头损失相关经验参数。为了研究岔管内水流流动规律，李玲通过实验和模拟的方法对三岔管内水流流动进行了分析，模拟结果与实验结果吻合良好[3]。笔者也多次通过试验验证数值模拟的准确性和合理性[4, 5]，为本文用数值模拟对岔管体型进行水力优化奠定了基础。本文以国外 KARUMA 水电站岔管为研究对象，分别对两种岔管体型结构在不同工况下流场进行数值分析，研究其水力学特性，计算水头损失，从水力学方面得到了较优的岔管体型方案，为岔管体型设计和运行方案选择提供参考。

2　KARUMA 水电站钢岔管概述

KARUMA 水电站为位于乌干达境内尼罗河上的引水式电站。由挡水闸坝、引水系统、地下厂房、尾水洞等建筑物组成。电站总装机为 600 MW，采用一洞三机布置，即一条支洞通过岔管合为一条尾水主洞（见图 1），每条支洞对应一台机组，单机引用流量为 183 m³/s。其中，1#和 3#支管对称布置，机组运行时有 5 种不同组合工况，详见表 1。体型 1 为原设计方案，转弯半径为 8 m，体型 2 为优化后方案，转弯半径为 20 m。

基金项目：国家自然科学基金资助项目（51409265）；浙江省自然科学基金项目（LY13E090003）。

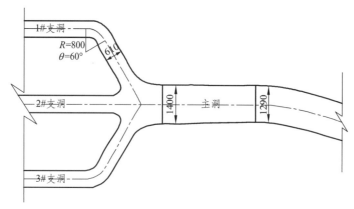

图 1　电站岔管平面布置图

表 1　电站机组运行工况列表

工况编号	1	2	3	4	5
运行机组	1#	2#	1#、2#	1#、3#	1#、2#、3#

3　数值模型

数值模型计算域包括：120 m 主管、60 m 支管以及分岔段。整个计算域均采用六面体网格，网格划分如图 2 所示。边界条件处理：支管的边界类型设为速度进口，主管设为自由出口，固壁处采用无滑移边界条件，紊流动能和耗散率可以采用经验公式估算。

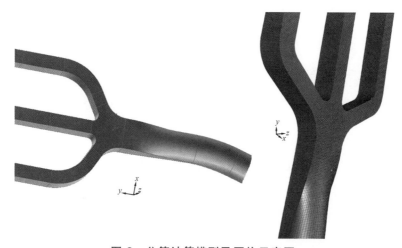

图 2　岔管计算模型及网格示意图

采用三维 $k\text{-}\varepsilon$ 紊流数学模型模拟岔管结构水流流场，模型所用的控制方程[6]为：

连续方程：$\dfrac{\partial \rho u_i}{\partial x_i} = 0$ （1）

动量方程：$\dfrac{\partial(\rho u_i)}{\partial t} + \dfrac{\partial}{\partial x_j}(\rho u_i u_j) = f_i - \dfrac{\partial p}{\partial x_i} + \dfrac{\partial}{\partial x_j}\left[(\mu + \mu_t)\left(\dfrac{\partial u_i}{\partial x_j} + \dfrac{\partial u_j}{\partial x_i}\right)\right]$ （2）

k 方程：$\dfrac{\partial(\rho \kappa)}{\partial t} + \dfrac{\partial(\rho u_j \kappa)}{\partial x_j} = \dfrac{\partial}{\partial x_i}\left[\left(\mu + \dfrac{\mu_t}{\sigma_\kappa}\right)\dfrac{\partial \kappa}{\partial x_i}\right] + C_\kappa - \rho \varepsilon$ （3）

ε 方程：$\dfrac{\partial(\rho\varepsilon)}{\partial t}+\dfrac{\partial(\rho u_j\varepsilon)}{\partial x_j}=\dfrac{\partial}{\partial x_i}\left[\left(\mu+\dfrac{\mu_t}{\sigma_\varepsilon}\right)\dfrac{\partial\varepsilon}{\partial x_i}\right]+C_{1\varepsilon}\dfrac{\varepsilon}{\kappa}C_k-C_{2\varepsilon}\rho\dfrac{\varepsilon^2}{\kappa}$ （4）

式中，t 为时间；u_i、u_j、x_i、x_j 分别为速度分量与坐标分量；v、v_t 分别为运动黏性系数与紊动黏性系数，湍动黏度 $\mu_t=\rho C_\mu\kappa^2/\varepsilon$；$\rho$ 为修正压力；f_i 为质量力；C_k 为平均速度梯度引起的紊动能 k 的产生项，$C_\kappa=\mu_t\left[\left(\dfrac{\partial u_i}{\partial x_j}+\dfrac{\partial u_j}{\partial x_i}\right)\dfrac{\partial u_i}{\partial x_j}\right]$；经验常数 $C_u=0.09$，$\sigma_k=1.0$，$\sigma_\varepsilon=1.33$，$C_{1\varepsilon}=1.44$，$C_{2\varepsilon}=1.42$。

4 计算结果与分析

将两种体型的岔管不同工况水头损失计算结果汇于表 2。

表 2 各方案水头损失计算成果表

工况编号		工况 1	工况 2	工况 3		工况 4		工况 5		
运行机组		1#	2#	1#	2#	1#	3#	1#	2#	3#
体型 1	水头损失(m)	0.382	0.133	0.263	0.021	0.230	0.226	0.244	0.060	0.244
	局部水头损失系数	0.494	0.171	0.340	0.028	0.297	0.292	0.316	0.078	0.316
体型 2	水头损失(m)	0.279	0.173	0.159	0.093	0.180	0.177	0.156	0.125	0.150
	局部水头损失系数	0.360	0.224	0.206	0.121	0.233	0.229	0.202	0.162	0.193
差值		27.1%	−30.5%	39.4%	−335.2%	21.5%	21.5%	36.2%	−107.7%	38.8%

注：水头损失系数对应支洞的速度水头

体型 1 两边支洞水头损失系数为 0.297～0.494，中间支洞水头损失系数为 0.028～0.171。体型 2 两边支洞水头损失系数为 0.193～0.360，中间支洞水头损失系数为 0.121～0.224，两种体型均表现为中间支洞水头损失明显小于两边支洞，因此降低两边支洞的水头损失是关键。

两种体型水头损失最大情况均发生在工况 1 的 1#支洞，体型 2 较体型 1 水损降低 27.1%，其余工况下，两边支洞水损均有不同程度降低为 21.5%～39.4%。体型 2 较体型 1 中间支洞水头损失均增加，幅度为 30.5%～335.2%，但增加后的水损仍然小于两边支洞的水头损失，可以忽略其影响，综合考虑，体型 2 优于体型 1。

对比体型 1 和体型 2 的速度等值线图（见图 3、图 4），由于支洞转弯半径大小不同，转弯半径小，水流经过时，转弯比较急，内侧流速大，外侧流速小，流速分布为 2.61～5.22 m/s，离散性较大，导致流态紊乱能量耗散率大；转弯半径增大时，流速为 3.24～4.63 m/s，相对分布较均匀，流速梯度变化小，水流顺畅，能量消耗小，从流速分布来看，体型 2 优于体型 1。

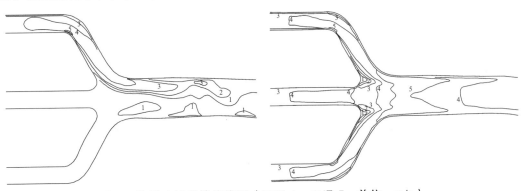

图 3 体型 1 速度等值线图（工况 1、工况 5，单位：m/s）

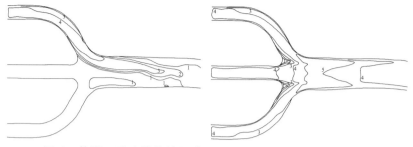

图 4　体型 2 速度等值线图（工况 1、工况 5，单位：m/s）

如图 5 所示，当两边支洞单机运行时，水流从支洞经过两次拐弯进入主洞，流速分布不均匀，一侧流速大，另一侧流速小，水流较紊乱，能量消耗大，为最不利工况。当三台机同时运行时，每条支洞均有水流进入主洞，两侧水流对称分布，流速相对分布均匀，流态顺畅，能量消耗小，为最优运行工况。因此，电站运行时尽量考虑多机同时运行，避免单机运行。

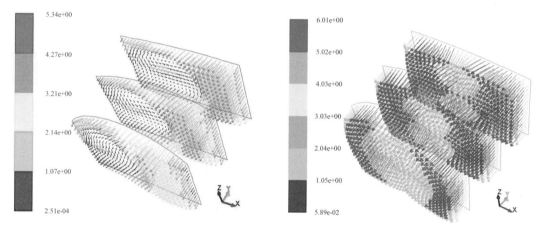

图 5　体型 2 主洞横剖面速度矢量图（工况 1、工况 5，单位：m/s）

5　结　论

通过数值模拟分析岔管的水头损失、流速分布、流态等，得出以下结论：

（1）单机运行时，水流偏向一侧，流态紊乱，水头损失较大；三台机同时运行时，水流分布较均匀，流态好，水头损失小。

（2）转弯半径大的体型 2 较优，为推荐方案。

参考文献

[1]　陆佑楣，潘家铮. 抽水蓄能电站[M]. 北京：水利水电出版社，1992，466-472.

[2]　李炜，水力计算手册. 北京：中国水利水电出版社，2006.

[3]　李玲，李玉梁，黄继汤，等. 三岔管内水流流动的数值模拟与实验研究[J]. 水利学报，2001（3）：49-52.

[4]　纪昌知. 弯管局部阻力的三维数值模拟研究[D]. 北京：中国农业大学，2011.

[5]　张昕，纪昌知，姜敏，等. 相对粗糙度和雷诺数对 90°弯管局部阻力系数的影响[J]. 水力发电学报，2013，32（4）：54-58.

[6]　王福军. 计算流体动力学分析-CFD 软件模拟与应用. 北京：清华大学出版社，2004，7-122.

涡流式旋流竖井水力特性数值模拟研究

杨青远，翟静静，姜治兵，韩继斌

（长江科学院水力学所，湖北省武汉市江岸区黄浦大街 23 号）

【摘 要】 随着城市规模的增大，暴雨洪水对城市的排水系统产生较大的压力，国内外大中型城市多在修建或计划修建城市深层排水隧道，而入流竖井设计是其中重要部分。旋流竖井在传统市政工程和水利工程中均有应用，但两类应用的流量和水头存在较大的差异，深隧入流竖井的流量和水头介于传统市政和水利工程之间，其消能规律尚有较多不明确之处。本文通过三维水气两相流模型对小尺度下的竖井消能机理进行了分析，并对涡流式竖井应用到深隧系统中可能存在的问题进行了探讨。

【关键词】 排水深隧；涡流式；旋流竖井；消能井

1 前 言

1.1 旋流竖井研究现状

随着国家城市化进程的推进，城市人口不断增加，生活污水排放量与日俱增。同时城市面积的扩大，房屋的修建以及道路的硬化，暴雨对城市排水系统造成较大挑战，常常形成"看海"现象。城市传统的排水系统已无法满足排水、防涝的需求，修建更大过流能力的排水系统，从而将现有表层排水系统汇集的水流排出城区成为多数一、二线城市的迫切需求。但大城市往往寸土寸金，修建大流量表层排水系统成本高昂，代价巨大，修建地下深层排水系统成为解决城市内涝的重要途径。发达国家由于城市化完成较早，大城市多已修建了各自的深隧系统，而国内城市化相对较晚，类似深层隧道系统尚处于设计及施工阶段，相关现象与技术问题成为高校及科研院所的研究热点。

深隧系统通常包括进口入流建筑物、深层隧道、通风系统及末端泵站。进口入流建筑物国内外多采用入流竖井，由于需在较短水平距离内连接地表明渠或管道至深层隧道，入流竖井内水流消能问题突出；深隧系统在运行时，为满足调蓄暴雨洪水等需求，隧道内可能为明流或满流，入流竖井下游边界（隧道内）水位及压力变化幅度较大；水流消能时往往挟带大量空气，满流运行时所挟空气在隧道内聚集，间歇性释放，可能产生"间歇泉"现象，引起隧道压力波动，影响结构安全，入流竖井需及时将所挟气体排出。因此，入流竖井除需满足消能要求外，还需满足排气、下游水位变动、结构受力等需求。

基金项目：国家自然科学基金资助项目（51609014）；中央级公益科研单位基本科研业务费项目（CKSF2014045/SL，CKSF2014046/SL，CKSF2016042/SL，CKSD2016309/SL）。

传统市政排水工程通常流量小，管道埋深较浅，常用的入流竖井型式有直落式、旋流式（又分为涡流式、螺旋式、切向入流式）和折板式[1-8]等，而水利工程过流量较大、水头较高，入流竖井多采用切向入流式和水平旋流式竖井。传统市政排水工程入流竖井设计流量多小于 10 m³/s，水头低于 10 m，水利工程入流竖井设计流量多在 100～1 000 m³/s，水头多在 10～100 m。城市排水深隧的设计流量多在 100 m³/s 以下，水头在 50 m 以下，这个流量、水头范围与传统市政工程及水利工程存在交叉，在入流竖井的选型时，往往难以抉择：若将传统市政工程采用的入流竖井简单放大后应用到排水深隧中，则可能由于实际工作水头较高，流速较大，对结构产生破坏。水流挟气量过大，影响入流竖井的正常运行；而若将水利工程中常采用的入流竖井尺度缩小后应用到排水深隧，则可能由于过流断面过小，流道易于堵塞。

1.2 涡流式旋流竖井研究现状

涡流式旋流竖井进口段结构类似于混流式水轮机蜗壳（见图 1），进口由明渠段、涡流式导墙和竖井段组成，图中 b 为明渠宽度，a 为竖井圆心与明渠中心间距，D 为竖井直径，r 为导墙半径，随圆心角线性增加。涡流式旋流竖井最早报道于 1948 年[9]，是最早出现的旋流竖井，与其改进版（切向入流式旋流竖井）相比，在相同设计流量下，其所需的竖井直径及蜗壳半径均较大，因此较少在水利工程中采用。然而在市政工程中，来流量较小时，涡流式旋流竖井比切向入流式竖井的尺寸偏大，沉积物不易阻塞流道，且便于检修，仍有较广的应用。传统的市政排水工程中，涡流式旋流竖井的设计多是基于经验的，由于市政浅层排水工程中来流量及水头均较小，鲜有水流冲击破坏涡流式旋流竖井的报道。而深层隧道工程中，流量及水头均增大了一个数量级，若仍按照经验设计涡流式旋流竖井，存在较大的安全隐患。

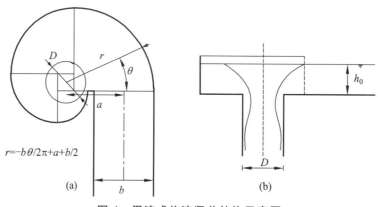

$$r = -b\theta/2\pi + a + b/2$$

图 1　涡流式旋流竖井结构示意图

本文通过三维水气两相流数学模型，分析涡流式旋流竖井内能量转换规律，分析其消能机理，探讨涡流式旋流竖井对流量及水头的适应性问题。

2　数值研究方法及模型验证

采用三维 realizable k-ε 紊流数学模型模拟水流及气流场，模型所用的控制方程为：

连续方程：$\dfrac{\partial \rho u_i}{\partial x_i} = 0$ （1）

动量方程：$\dfrac{\partial(\rho u_i)}{\partial t}+\dfrac{\partial}{\partial x_j}(\rho u_i u_j)=f_i-\dfrac{\partial p}{\partial x_i}+\dfrac{\partial}{\partial x_j}\left[(\nu+\nu_t)\left(\dfrac{\partial u_i}{\partial x_j}+\dfrac{\partial u_j}{\partial x_i}\right)\right]$ （2）

k 方程：$\dfrac{\partial(\rho\kappa)}{\partial t}+\dfrac{\partial(\rho u_j\kappa)}{\partial x_i}=\dfrac{\partial}{\partial x_i}\left[\left(\nu+\dfrac{\nu_t}{\sigma_\kappa}\right)\dfrac{\partial\kappa}{\partial x_i}\right]+C_\kappa-\rho\varepsilon$ （3）

ε 方程：$\dfrac{\partial(\rho\varepsilon)}{\partial t}+\dfrac{\partial(\rho u_j\varepsilon)}{\partial x_i}=\dfrac{\partial}{\partial x_i}\left[\left(\nu+\dfrac{\nu_t}{\sigma_\varepsilon}\right)\dfrac{\partial\varepsilon}{\partial x_i}\right]+C_{1\varepsilon}\dfrac{\varepsilon}{\kappa}C_k-C_{2\varepsilon}\rho\dfrac{\varepsilon^2}{\kappa}$ （4）

式中，t 为时间；u_i、u_j、x_i、x_j 分别为速度分量与坐标分量；ν、ν_t 分别为运动黏性系数与紊动黏性系数，$\nu_t=C_u\kappa^2/\varepsilon$；$\rho$ 为修正压力；f_i 为质量力；C_κ 为平均速度梯度产生的紊动能项，$C_\kappa=\nu_t\left[\left(\dfrac{\partial u_i}{\partial x_j}+\dfrac{\partial u_j}{\partial x_i}\right)\dfrac{\partial u_i}{\partial x_j}\right]$；经验常数 $C_u=0.09$，$\sigma_k=1.0$，$\sigma_\varepsilon=1.33$，$C_{1\varepsilon}=1.44$，$C_{2\varepsilon}=1.42$。

水气两相的模拟采用了 VOF 模型。

3 研究结果

研究首先对明渠宽度 b 为 0.3 m，竖井圆心与明渠中心间距 a 为 0.34 m，竖井直径 D 为 0.2 m，竖井长度为 3 m 的涡流式旋流竖井进行了模拟。模拟中进口流量为 31.0 L/s。高程零点为竖井顶端。

水流经进口段起旋后进入竖井，竖井起始端水流水平速度较大，进入竖井后在离心力的影响下贴壁螺旋向下运动（见图 2）。

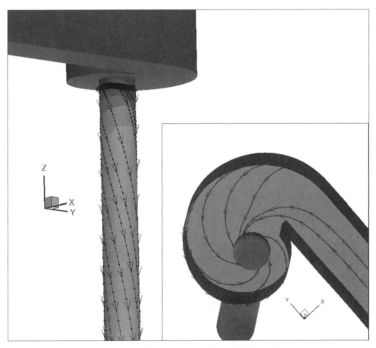

图 2 涡流式旋流竖井水流结构示意图

空芯率是指竖井内空气过流断面面积与竖井横断面面积的比值，图 3 所示为空芯率的沿程变化曲线，可以看出，在竖井顶端附近，空芯率最小（喉部），为 0.25 左右，而后迅速增大至 0.7，其后缓慢增大至 0.8 左右。

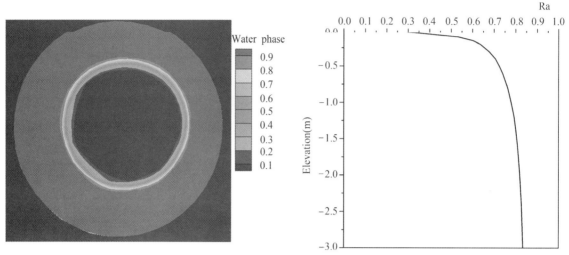

图 3 竖井空腔（左）及空芯率沿程变化曲线（右）

这是由于水流下降过程中，壁面在摩阻作用下水平向流速不断减小。同时在重力作用下，竖直向流速不断增大（见图 4），竖井断面内水流过流断面面积也不断减小，空气所占比例不断增大。但竖直向流速的增长幅度逐渐减小，流速趋近于定值。

图 5 所示为压力和流速水头的沿程变化曲线，压力水头在喉部处的最大值仅 0.04 m，而后迅速缩小至 0.005 m 以下，这是由于竖井内空腔与大气相通，水体内的压力与大气压相差较小。而在喉部附近，水平流速较大，水流做圆周运动对管壁产生压力，而随着水平流速的沿程减小，压力也不断减小。因压力水头总体较小，测压管水头沿程近似呈线性递减，而流速水头受重力影响不断增大。

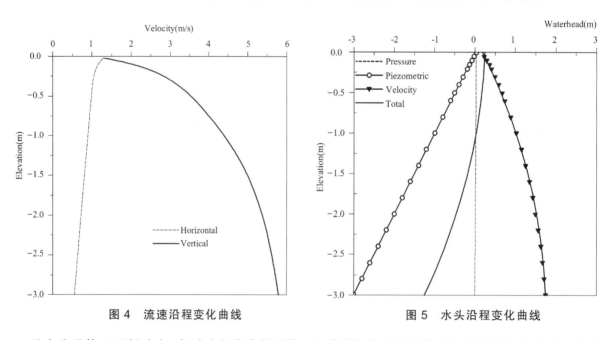

图 4 流速沿程变化曲线 | 图 5 水头沿程变化曲线

总水头总体上不断减小，但减小幅度先慢后快，这说明竖井内不同位置处的消能效果是不一致的。在水体沿竖井下降过程中，势能不断转化为动能和热能（水头损失），图 6 所示为单位高度 ΔZ 与水头损失 Δh_w 之比 $\Delta h_w / \Delta Z$ 沿程变化曲线，其代表了单位高度内水头损失与势能减少量之比，可以看出水流进入竖井后，水头损失占势能减少量的比重不断增大，在模拟范围已达 80%。因此，竖井段的消能效率是与竖井高度密切相关的，竖井越高，消能效率越高。

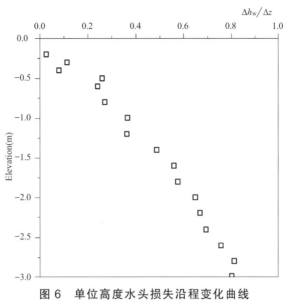

图6　单位高度水头损失沿程变化曲线

4　尺度分析

以上的分析结论是在较小几何尺度和流量下做出的，而在实际工程应用中尺度和流量要远大于本模拟。实际工程中，竖井内的流速要远大于本模拟中的流速，水流在达到较高流速切与大气直接相同条件下，必然大量掺气，引起能量的大量消耗，因此在竖井中段和末端消能效率会进一步的提升，但掺气也带来体积膨胀，对竖井的进气和排气产生更高要求。此外，掺气水流的脉动压力较大，对结构的安全产生一定影响。

5　结　论

水头较低条件下，旋流竖井消能主要依靠水流与井壁的摩阻。竖井内水流在重力作用下，流速不断加大，越往下行，消能效率越高。而应用到高水头条件下，高速水流会大量掺气，消能效率会进一步提升，但也对竖井的进气和排气产生更高要求，此类问题需要进一步的研究。

参考文献

[1]　Willi H. Hager, Wastewater hydraulics：theory and practice（second edition），Springer，Verlag Berlin Heidelberg 1999，2010.

[2]　Willi H. Hager, Head-discharge relation for vortex shaft，Journal of hydraulic engineering，111（6）：1015-1020，1985.

[3]　Aaeyoung Yu，Joseph H.W.Lee，Hydraulics of tangential vortex intake for urban drainage，Journal of hydraulic engineering，135（3）：164-174，2009.

[4]　Subhash C. Jain，Tangential votex-inlet，Journal of hydraulic engineering，110（12）：1693-1699，1984.

[5]　Subhash C. Jain，Free-surface swirling flows in vertical dropshaft，Journal of hydraulic engineering，113（10）：1277-1289，1987.

[6]　Michael C. Quick, Analysis of spiral vortex and vertical slot vortex drop shafts, Journal of hydraulic engineering, 116 (3): 309-325, 1990.

[7]　Willi H. Hager, Vortex drop inlet for supercritical approaching flow, Journal of hydraulic engineering, 116 (8): 1048-1054, 1990.

[8]　Subhash C. Jain, Air transport in vortex-flow drop shafts, Journal of hydraulic engineering, 114 (12): 1485-1497, 1988.

[9]　Binnie, A., and Hookings, G.. "Laboratory experiments on whirlpools." Proc., R. Soc. London Ser. A Math. Phys. Sci., 194 (1038), 398-415, 1948.

基于水力学特性的库区超高边坡
开挖体型优化设计

周晓明，倪绍虎

（中国电建集团华东勘测设计研究院有限公司 杭州 311122）

【摘　要】　右岸进水口布置于马脖子山后，进水口流态受其影响大，为确保进水口流态良好，对马脖子山进行开挖体型设计。拟定6个边坡开挖方案，通过三维紊流数值模拟计算，从进水口区域流态、行近流速、流速均性和横向流速等几个方面分析比较，对开挖方案进行排序。并结合边坡一次开挖量、边坡整体稳定性综合分析，选择折角开挖方案为边坡最优开挖方案。

【关键词】　库区；超高边坡；进水口；水力学；开挖体型

1　工程概况

金沙江某巨型水电站装机容量16 000MW，水电站枢纽由拦河坝、泄洪消能设施、引水发电系统等主要建筑物组成。引水发电系统地下厂房采用首部开发方案布置，左右岸各布置8台机组。引水隧洞采用单机单管供水，尾水系统2台机组合用一条尾水隧洞，左右岸各布置4条尾水隧洞。

左、右岸进水口均采用岸塔式分层取水设计，进水口拦污栅和闸门集中布置，8个进水塔一字排开，单个塔体宽度33.2 m，进水口前缘总宽度为265.6 m，顺水流方向长33.5 m，依次布置拦污栅段、通仓段、喇叭口段及闸门段。塔顶高程同大坝坝顶高程，塔体最大高度103.0 m。

受坝址位置约束，右岸进水口接近大寨沟沟口，大寨沟上游的马脖子山对进水口流态影响较大，需要对马脖子边坡进行开挖体型优化设计。马脖子山边坡与右岸进水口位置关系详见图1。

2　开挖体型设计

对马脖子山边坡开挖体型设计6种方案，分别为：代表方案（折角开挖）、方案1（与进水口垂直开挖）、方案2（与进水口成60°开挖）、方案3（与进水口成45°开挖）、方案4（与进水口成30°开挖）、方案5（不开挖），如下图2所示。

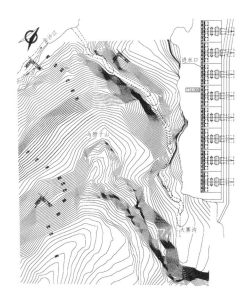

图1　马脖子山边坡与右岸进水口位置
关系平面布置图

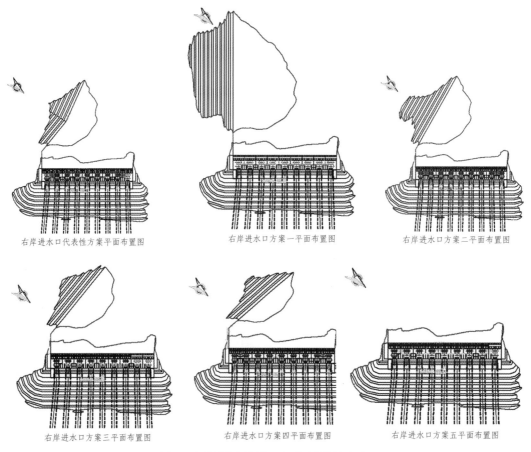

右岸进水口代表性方案平面布置图　　　　　右岸进水口方案一平面布置图　　　　　右岸进水口方案二平面布置图

右岸进水口方案三平面布置图　　　　　右岸进水口方案四平面布置图　　　　　右岸进水口方案五平面布置图

图 2　马脖子山边坡开挖体型设计方案

从上到下依次为：代表方案（折角开挖）、方案 1（与进水口垂直开挖）、方案 2（与进水口成 60°开挖）、方案 3（与进水口成 45°开挖）、方案 4（与进水口成 30°开挖）、方案 5（不开挖）。

3　流态数值分析

采用三维紊流数学模型对进水口区域流态进行模拟计算，重点关注马脖子山对右岸进水口流态的影响，优选马脖子山开挖体形。并对可能存在的进水口不利流态，提出必要的改进措施。

3.1　计算工况

库水位 825.0 m，泄洪洞和坝身泄水孔停用，是电站正常运行时的主要工况，选择 825-1 和 825-2 工况。重点研究马脖子山开挖方案，因此发电死水位 765.0 m 是最不利工况，选择 765-1 和 765-2 工况。数模计算工况见表 1，每个开挖方案计算 4 个工况，6 个马脖子山开挖方案，总计 24 组计算工况。

表 1　各开挖方案对应的数模计算工况（共 6 个开挖方案）

工况	库水位（m）	发电、泄洪建筑物过流情况			
		左岸机组	右岸机组	泄洪洞流量（m³/s）	坝身泄量（m³/s）
765-1	765.0	全部机组满发	全部机组满发	停用	停用
765-2	765.0	停发	全部机组满发	停用	停用
825-1	825.0	全部机组满发	全部机组满发	停用	停用
825-2	825.0	停发	全部机组满发	停用	停用

3.2 流场成果分析

流场分布计算结果表明，6 个开挖方案下，均没有出现明显不利的水流流态。开挖方案的不同布置，对靠近右岸的几个机组影响相对较大。各方案之间相比较，比较好的方案下电站进水口前水流流畅，行近流速较小，但开挖量较大；而比较差的方案下电站进水口前水流有较大的横向来流。

横向流速大小及分布随开挖方案的不同而有所差异。开挖方案 1 的水流流态是最好的，但开挖量最大；代表方案和方案 2 较好；方案 3 和方案 4 次之；方案 5 没有开挖，流态较差，横向流速和行近流速都较大。

各方案在库水位 825.0 m 和 765.0 m 时的总体流态基本一致。在低水位时，由于过流断面的减小，流速增大，横向流速和行近流速的差异也更大些。

为了进一步对右岸电站进水口区域流场做定量分析，在右岸电站进水口区域布置了 21 个流速监测点，监测点布置见图 3。1#～12#监测点布置主要是为了分析进水口区域的行近流速等，13#～21#监测点是为了分析进水口前流速的均匀性和横向流速。库水位 825.0 m 时，每个测点取了 4 个高程的流速值。库水位 765.0 m 时，水深相对较浅，取了 2 个高程的流速值。

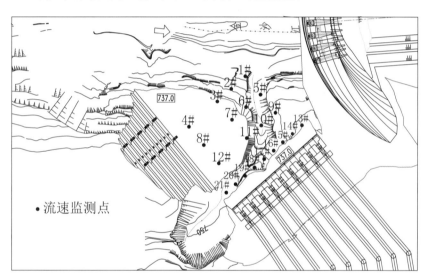

图 3　右岸电站进水口区域监测点布置图

3.2.1 行近流速分析

库水位 825.0 m 时，各开挖方案监测点不同高程处的流速特征值为：

方案 1：平均流速 0.10 m/s，最小流速 0.07 m/s，最大流速 0.12 m/s；

方案 2：平均流速 0.12 m/s，最小流速 0.05 m/s，最大流速 0.15 m/s；

方案 3：平均流速 0.13 m/s，最小流速 0.07 m/s，最大流速 0.19 m/s；

方案 4：平均流速 0.14 m/s，最小流速 0.07 m/s，最大流速 0.21 m/s；

方案 5：平均流速 0.15 m/s，最小流速 0.09 m/s，最大流速 0.25 m/s；

代表方案：平均流速 0.13 m/s，最小流速 0.07 m/s，最大流速 0.17 m/s。

各方案的行近流速平均值在 0.10～0.15 m/s 之间，方案 1 行近流速平均值和最大值都最小，而且分布比较均匀，但其开挖量是最大的；方案 2 和代表方案比较接近，行近流速平均值和最大值稍大；方案 3 和方案 4 较接近，由于开挖区轴线和流速方向夹角较大，在开挖区容易形成流速降低区域，虽然计算结果没有出现明显的回流，但这种区域是容易产生回流的；方案 5 没有开挖，由于马脖子山的阻挡，流速平均值和最大值较大，而且分布不均匀，靠近马脖子山处流速最大。行近流速大，来流不顺畅，也易诱发漩涡。

库水位 765.0 m 时，各开挖方案监测点不同高程处的流速特征值为：

方案 1：平均流速 0.22 m/s，最小流速 0.13 m/s，最大流速 0.30 m/s；

方案 2：平均流速 0.25 m/s，最小流速 0.16 m/s，最大流速 0.33 m/s；

方案 3：平均流速 0.26 m/s，最小流速 0.16 m/s，最大流速 0.38 m/s；

方案 4：平均流速 0.25 m/s，最小流速 0.05 m/s，最大流速 0.43 m/s；

方案 5：平均流速 0.27 m/s，最小流速 0.16 m/s，最大流速 0.48 m/s；

代表方案：平均流速 0.26 m/s，最小流速 0.15 m/s，最大流速 0.36 m/s。

低水位时，行近流速分布特性和高水位类似，只是流速值变大，流速最大值也显著增大。

根据高水位和低水位行近流速分布计算结果分析，初步得出马脖子山开挖方案的排序为：方案 1、方案 2、代表方案、方案 3、方案 4、方案 5。

3.2.2　流速分布均匀性

约定流速最大值和最小值的比值 $V_{\text{Max}}/V_{\text{Min}}$ 来判断流速分布的均匀性，库水位 825.0 m 时 $V_{\text{Max}}/V_{\text{Min}}$ 为 1.20 ~ 2.18，库水位 765.0 m 时 $V_{\text{Max}}/V_{\text{Min}}$ 为 1.31 ~ 2.52，高水位和低水位下流速分布的总体规律基本一致，相比较而言，方案 1 最优，方案 5 最差，高水位流速分布均匀性要好于低水位流速分布均匀性。

根据对不同开挖方案对应的高水位和低水位监测点（13# ~ 21#）流速均匀性分析，初步得出开挖方案的排序为：方案 1、方案 2、代表方案、方案 3、方案 4、方案 5。

3.2.3　横向水流

电站进水口水流流速值不仅要均匀，还需要保持顺畅，横向来流可能增大进水口的水头损失，影响电站的发电效益。库水位 825.0 m 和 765.0 m 时，监测点 13# ~ 21#在水平剖面的进流角度越大越不利。

监测点 19#、20#和 21#处的角度为 22° ~ 39°，各方案的变化不大，主要是这些监测点靠近坝体，受坝体方向的水流回补影响，而受马脖子山开挖方案影响较小。13# ~ 18#监测点主要受马脖子山开挖方案的影响。

方案 1 最优，进流角度最小，说明进流比较平顺；方案 2 和代表方案次之；方案 5 差，高水位最大角度为 58°，低水位最大角度达 74°。为了更直观的进行判断，这里取每个方案的平均值，高水位时各方案的平均角度为 18° ~ 43°，低水位时各方案的平均角度为 25° ~ 54°，低水位进流角度要大于高水位进流角度。

根据高水位和低水位监测点 13# ~ 21#的横向流速角度分析，得出马脖子山开挖方案的排序为：方案 1、方案 2、代表方案、方案 3、方案 4、方案 5。

3.3　小　结

从流态、行近流速、流速均性和横向流速等几个方面，对马脖子山的 6 种不同开挖方案进行了分析和比较，初步确认开挖方案排序为：方案 1、方案 2、代表方案、方案 3、方案 4、方案 5。

4　开挖体型筛选

经水力学计算，通过综合比较分析认为方案 1、方案 2、代表方案为最佳比选方案，优劣排序为方案 1、方案 2、代表方案。

方案 1 流态、行近流速、流速均性和横向流速等指标均优，但与其他两个方案相比，最大优势指标为横向流速角度小，因电站进水口前的平均流速值小，角度变化不大时对水头损失的影响不明显，因此横向流速实际影响很小，优势并不明显。

边坡体型设计除了水力学影响因素外，还需考虑开挖量影响，三个方案中方案1开挖量远超方案2和代表方案，投资大，在水力学指标并无绝对优势的情况下，方案1没有优势。

方案2与代表性方案水力学特性指标相当，方案2略好，而从开挖量上看，方案2开挖量是代表方案开挖量的1.3倍，同时从边坡稳定的角度看，代表性方案（折角开挖）安全系数更高，对于超高边坡而言，边坡的稳定性十分重要。综合分析，代表性方案具有优势。

5 结 论

采用三维紊流数值模拟计算方法，对右岸进水口前缘马脖子山的6种不同开挖方案进行了计算，从进水口区域流态、行近流速、流速均性和横向流速等几个方面分析比较后，初步确认开挖方案排序为：方案1、方案2、代表方案、方案3、方案4、方案5。

结合开挖量及边坡稳定性综合比选，认为马脖子山代表性方案（折角开挖），节省投资，水力学特性指标良好，优选代表性方案开挖边坡。

参考文献

[1] 水利水电工程边坡设计规范. DLT 5353-2006[S]. 北京：中国电力出版社. 2007.

[2] 水电工程水工建筑物抗震设计规范. NB 35047-2015. 北京：中国电力出版社. 2015.

收缩墩与跌坎消力池体型研究

唐秋明，牛争鸣，李一川，蒋雁森

（西安理工大学，陕西省西安市碑林区金花南路 5 号，710048）

【摘　要】　在低弗如德数大单宽流量下底流式消力池会存在严重的大幅震荡水跃和水面波动等问题，该问题严重影响消力池的消能和泄水消能建筑物安全，为解决该不利水力现象，提出了在消力池前的扩散段末端设置直墙式收缩墩，形成收缩墩与跌坎消力池联合消能工的消能方式。本文对收缩墩与跌坎消力池在不同体型下的流态、压强、水面线、流速等水力特性进行了模型试验研究，结果表明：设置收缩墩后，消除了消力池内原有的严重震荡水跃与水面波动问题；池内临底流速变小，降低了水流对底板的冲击压力；收缩墩显著增大了池内消能率。通过对不同收缩墩与跌坎消力池体型的对比，得出收缩墩收缩比为 0.51 时较优。本研究对解决低弗如德数底流消能不稳定水跃消能，以及收缩墩在底流消力池中的消能应用可提供参考。

【关键词】　模型试验；收缩比；收缩墩与跌坎消力池联合消能工；震荡水跃

1　前　言

跌坎型底流消能工在高水头、大流量泄洪工程中，能有效地解决消力池临底流速较大、底板稳定性差等难题[1-3]。但在大单宽、厚水层和低 Fr 的来流条件下，消力池内会出现不稳定水跃，池内存在严重的水面大幅震荡与波动现象，消能率低。在溢流坝接底流消力池消能方式中，田艳、张根广[4]等人在溢流坝面设置宽尾墩，形成宽尾墩跌坎消力池，此现象可得到一定的改善；而在泄洪洞接底流消能方式时，若上游作用水头高、单宽流量大、消力池入池水流弗如德数小，消能问题更为突出。王海龙、刘美茶[5-6]等人提出在消力池前设置分流墩或池内设置消力墩的方式，一定程度上可以得到减缓。当受限于地形、地质条件而无法调整消力池尺寸时，该问题严重影响消力池的消能和泄水消能建筑物安全。本文基于某工程泄洪洞的底流消能方式，提出了池前设置收缩墩并与跌坎相结合的联合消力池，收缩墩约束入池水流形成射流，相互碰撞后扩散，然后与消力池内水流强烈混掺、剪切和紊动，极大地增加了消能率；同时扩散射流一定程度上破坏了池内底流水跃漩滚，可以解决池内大幅度震荡与波动问题；对 3 组不同收缩墩与跌坎消力池体型进行了模型试验，分析了池内水力特性并计算消力池的消能率，得出最优收缩比。研究成果将对收缩墩与跌坎消力池体型应用提供一定参考。

2　模型设计、试验与量测

某工程泄洪洞受地形、地址及溢洪道布置等因素的制约，无法对池长、池宽进行改变的条件下，低 Fr 引起的大幅度震荡与波动较为严重。本文就在消力池池长、池宽无法变化的前提下，进行了收缩墩与跌坎消力池联合消能试验研究。模型试验的泄洪洞连接段及消力池体型如图 1 所示，其由泄洪洞无压洞连接段、连接扩散段以及消力池段组成。其中无压洞、扩散段及消力池段均采用有机玻璃制作，扩散段的扩散角 $\theta = 5°$，跌坎坎深 $d = 7$ m，消力池池宽 $B_0 = 18$ m，池深 $h = 38$ m，池长 $L = 134$ m，消力池不设尾坎。由于消力池左侧和右侧收缩墩完全对称，故在此仅表示不同收缩比下的左侧收缩墩体型，如图 2 所示。收缩比 $\varepsilon = 1 - b/B$，其中 b 为收缩墩处最小过水宽度，B 为不设收缩墩时扩散段末的过水宽度。

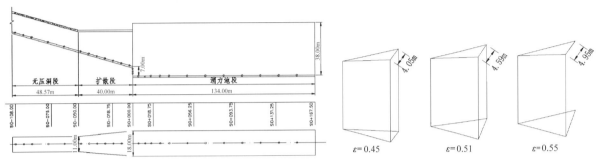

| 图 1 泄洪洞跌坎消力池体型简图 | 图 2 不同收缩比收缩墩体型示意图（左侧墩） |

泄洪洞流量为 2 444.9 m³/s，入池流速 32.5 m/s，上下游水位差为 77.9 m，跌坎高度 $d = 7$ m，下游相对水位 $h = 30.08$ m（以消力池底板为基准），收缩墩收缩比分别为 $\varepsilon = 0$、0.45、0.51、0.55。本文对泄洪洞消力池上述体型的流态、压强、流速进行试验。试验模型按重力相似准则设计，几何比尺 1∶80。试验时，压强用测压管量测；流量用矩形薄壁堰量测；流速用直径为 8 mm 的毕托管量测。

3 不同收缩比对消力池水力特性的影响

3.1 流 态

入池前不加收缩墩时，消力池内呈水跃消能流态，水跃跃首位于扩散段，由于入池水流 Fr 较小，约在 4.5 左右，使得消力池内的底流水跃流态十分不稳定，池内产生较大幅度的水流震荡和水面波动，流态如图 3（a）所示。

加设收缩墩后，水流在收缩墩作用下纵向拉伸，纵向水舌沿横向交汇碰撞，然后与消力池内水流形成复杂的三维淹没收缩射流消能流态，流态见图 3（b）、图 3（c）、图 3（d）。当收缩比较小时（$\varepsilon = 0.45$），纵向拉伸略小，水舌交汇后与消力池内水流形成中下部为淹没收缩射流、顶部为较浅深度的表面水跃消能流态，即淹没射流流态；随着收缩比的增大，表面水跃逐渐变小，$\varepsilon = 0.51$ 和 $\varepsilon = 0.55$ 时表面水跃完全消失，池内水流呈自由射流流态。收缩比变大时，水舌交汇点位置向上游移动，水舌纵向拉伸与横向碰撞越充分，消能也更为充分，同时顶部水跃变小或逐渐消失，受水跃影响的水面波动或震荡现象可得到明显缓解，流态也更为稳定。在收缩比 $\varepsilon = 0.51$ 和 $\varepsilon = 0.55$ 时，池内震荡现象消失。

|（a）$\varepsilon = 0$ |（b）$\varepsilon = 0.45$ |

（c）$\varepsilon = 0.51$　　　　　　　　　　（d）$\varepsilon = 0.55$

图3　消力池内流态

3.2　压　强

无压洞扩散段与消力池底板压强分布如图4所示。可见，各体型下沿程均无负压出现。设置收缩墩前后，压强分布不同之处主要体现在扩散段和消力池前部。无收缩墩时，扩散段内底板压强沿程小幅降低，变化平缓；消力池前部落水点处受水流冲击影响，底板压强较大，见图4（a）。加设收缩墩后，扩散段内底板压强局部略有增大，收缩比较大时压强略大；落水点处底板压强在设置收缩墩后显著变小，且随着收缩比的增大而减小，压强分布相对趋于均匀。设收缩墩后压强分布见图 4（b）、图4（c）、图4（d）。

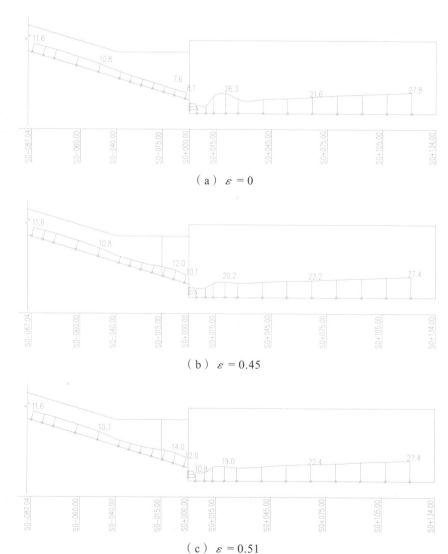

（a）$\varepsilon = 0$

（b）$\varepsilon = 0.45$

（c）$\varepsilon = 0.51$

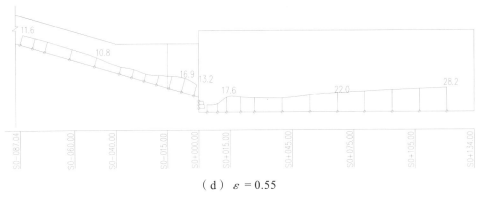

（d）$\varepsilon = 0.55$

图 4　无压洞扩散段与消力池底板压强分布（单位：m）

3.3　水面线

不同收缩比时扩散段及消力池内水面线沿程分布如图 5 所示，图中 h_0 为消力池内水深，L 为沿程断面位置，以消力池池首桩号 S0+000.00 为零点计。可见，在同一来流 Fr、同一跌坎高度和同一下游水位条件下，无收缩时呈淹没水跃消能流态，水面自扩散段跃首起，然后逐渐升高，至消力池池首约150 m 的水跃跃尾位置后，水面基本平稳；增设收缩墩后，池内水流呈自由射流流态，水流受收缩墩作用而纵向拉伸，水面迅速升高，随后消力池内水面升高较缓。当收缩墩收缩比 ε 增大时（水流出口宽度变小），水流收缩越显著，水舌纵向拉伸幅度变大，消力池前部水面较高。$\varepsilon = 0.45$ 时池内水面波动相对较大，$\varepsilon = 0.51$ 和 0.55 时，水面波动较小。

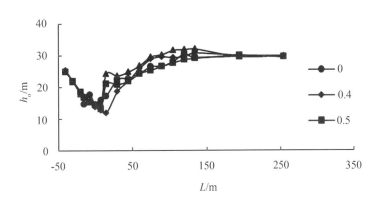

图 5　不同收缩比时扩散段及消力池内水面线沿程分布（沿消力池纵向中线）

3.4　流　速

消力池内断面流速沿程分布如图 6 所示。可见，无收缩墩时，消力池内流速断面分布符合水跃消能的流速分布规律，上部呈负流速，底部呈较大正流速，见图 6（a）。加设收缩墩后，水跃消能的流速分布规律因收缩墩的设置而被破坏，形成沿断面较均匀的正流速分布，但在收缩比较小时（收缩比为 0.45），在顶部局部位置会存在小范围的负流速，表明此时水流为较复杂的沿断面收缩扩散射流消能与表层局部水跃消能的水流流态。收缩比为 0.55 时，表层局部水跃消能的水流流速分布消失，呈现为完全的收缩扩散射流消能。此外，在收缩比为 0.51 时出池水流流速最小，表明此时消力池内消能将更为充分。设收缩墩后流速分布见图 6（b）、图 6（c）、图 6（d）。

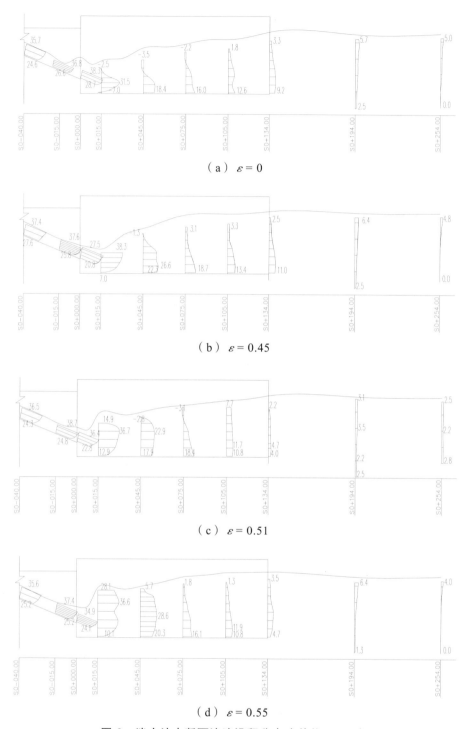

（a）$\varepsilon = 0$

（b）$\varepsilon = 0.45$

（c）$\varepsilon = 0.51$

（d）$\varepsilon = 0.55$

图 6　消力池内断面流速沿程分布（单位：m/s）

3.5　消能率

　　对于不同收缩比时消力池内消能率计算断面选择，来流断面选择为距池首向上 72 m 断面处（S0-072.00 m），下游选在消力池尾断面（S0+134.00 m）进行计算，计算消能率时水面高程均以消力池底板为基准，计算结果见下表1。由表1可知，收缩比为0.45、0.51和0.55时，其消能率分别为56.8%、61.6%和55.7%。消能率计算结果表明，收缩比$\varepsilon = 0.51$时，池内消能效果最好，消能率最大。

表 1　不同收缩比时收缩墩与跌坎型消力池消能率计算

收缩比 ε	S0-072.00 m		S0+134.00 m		消能率 η/%
	平均流速/(m·s⁻¹)	水面高程/m	平均流速/(m·s⁻¹)	水面高程/m	
0.45	28.50	35.66	7.16	30.72	56.8
0.51	28.50	35.66	3.39	29.04	61.6
0.55	28.50	35.66	6.47	32.00	55.7

4　结　论

本文对设置不同收缩比收缩墩后的跌坎消力池内水力特性进行了模型试验研究，结果表明：

（1）设置收缩墩后，跌坎消力池内形成三元收缩扩散射流，通过射流破坏表面水流与水垫层剪切形成的大幅度震荡波动，可以解决低弗如德数底流消力池内的大幅震荡和水面波动问题。

（2）设置收缩墩可以改善消力池底板压强分布，减小冲击压强，同时可减小消力池出池流速，提高消能率，消能更为充分。

（3）通过对比不同收缩比下的收缩墩与跌坎消力池的水力特性，设置收缩比 ε = 0.51 的收缩墩时，收缩墩与跌坎消力池联合消能时效果最佳。

本研究对解决低弗如德数底流消能不稳定水跃消能，以及收缩墩在底流消力池中的消能应用可提供一定参考。

参考文献

[1]　王海军，赵伟，杨红宣，等. 跌坎型底流消能工水力特性的试验研究[J]. 水利水电技术，2007（10）：39-41.

[2]　王智娟，姜伯乐，黄国兵. 跌坎型底流消力池水力特性二维数值模拟研究[J]. 长江科学院院报，2011，28（8）：31-34.

[3]　苗壮. 跌坎型消力池水力特性影响因素试验研究[J]. 山西建筑，2012，38（10）：260-261.

[4]　田艳，张根广，秦子鹏. 宽尾墩跌坎消力池消能水力特性模拟研究[J]. 人民黄河，2014，36（8）：116-119.

[5]　王海龙. 低 Fr 水流消能工的实验研究（低坎分流墩）[J]. 广西大学，2002（02）215.

[6]　刘美茶，刘韩生. 卡尔达拉水电站消力池与消力墩体形试验研究[J]. 人民长江，2010（07）.

水平旋流泄洪洞通气孔的通气机理研究

蒋雁森，牛争鸣，唐秋明，李一川

（西安理工大学，西安市碑林区金花南路 5 号）

【摘　要】 本文采用模型试验和理论分析相结合的方法，对水平旋流内消能泄洪洞的通气孔通气机理进行了研究。研究结果表明，受通气孔孔径限制后，当通气孔的通气量不足时，通气孔的通气机理为抽吸机理，且对应的空腔旋转流流态为空腔吸吮旋转流；当通气孔的通气量足够时，通气孔的通气机理为携带机理，且对应的空腔旋转流流态为空腔自由旋转流。通气孔的通气机理与空腔旋转流的挟气能力有关，与流态分区特性相对应。通气量与上下游水位差和起旋器孔口水流傅汝德数 Fr 有关：吸吮旋转流流态下，通气量分别随上下游水位差和 Fr 的增大都呈指数规律增大；自由旋转流流态下，通气量分别随上下游水位差和 Fr 的增大都先呈线性规律增大，后逐渐趋于常数。

【关键词】 水平旋流泄洪洞；通气机理；流态分区；通气量变化规律

1　前　言

国内外的研究与工程实践表明，旋流式内消能工具有很多优势，是一种新型内消能工，可广泛用于水电、城市排洪与尾矿工程中施工导流洞改建或新建泄洪洞。黄河公伯峡水电站水平旋流内消能泄洪洞的建成，为这一类型的内消能泄洪洞提供研究、设计和工程示范的实例，必将促进其推广与应用[1][2]。水平旋流内消能泄洪洞设计时，为了保证旋流洞内的流态稳定，需要设置通气孔，但是目前除了在文献[3][4]中涉及相关内容的初步探讨外，关于水平旋流条件下，还没有通气孔的通气机理、影响因素较深入系统的研究。针对这一问题，本文采用模型试验和理论分析相结合的方法，通过进一步分析课题组先后承担的基金试验资料，分析论证水平旋流泄洪洞通气孔通气量的通气机理与影响因素，论述不同影响因素时通气量的变化规律。

2　模型试验设计与量测

本文的资料来于水平旋流内消能泄洪洞水工模型试验，模型试验的试验系统由上游水箱与水位控制调节量测设施、有机玻璃制作的泄洪洞水工模型、下游水箱与水位控制调节量测设施、流量量测、供水和回水系统组成。模型试验的水平旋流泄洪洞的基本体型如图 1 所示。

模型试验采用重力相似准则设计，模型全部用有机玻璃制作。在本论文的水力条件下，模型泄洪洞内的水流均处于阻力自模拟区，满足水力特性重力相似，也满足通风量和旋流特性的相似[5]。为了模型试验成果的通用性，模型各部分体型的设计，全部采用与旋流洞洞径的比值 D 设计。模型体型的进口形式为开敞式，其中模型比尺 $\lambda_L = 1 : 100$，竖井直径 D_1 和旋流洞直径 D 均为 16 cm，旋流洞相对长度 L/D 为 33.75，竖井段相对高度 L_1/D 为 3.25，上游水位控制条件 H/D 在 6 ~ 14，下游水位控制条件 h/D 在 0.5 ~ 4.0。

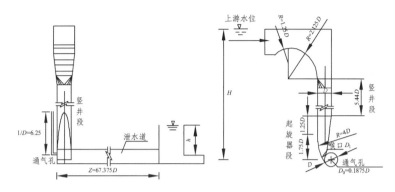

图 1　旋流泄洪洞基本体型

在模型试验中，泄流量用标准三角堰或矩形薄壁堰量测，通气孔的风速与通气量采用 QDF-3 型热球式风速仪量测。具体的量测方法与精度控制和相对误差分析详见文献[5]。

3　基本流态

流态不同时，这种泄洪洞的水力特性的变化规律是不同的，通气孔通气量的变化规律也是不同的，因此需要首先明确与区分流态。开敞式进口为淹没堰流后，水平旋流洞内的基本流态可分为：通气孔通气量足够大，下游水位对起旋器孔口的出流没有明显影响，空腔内的气体压强近似等于大气压 ($p_0 = 0$) 的空腔自由旋转流流态；下游水位较高或通气孔尺寸较小，导致通气量受限，空腔内的气体压强小于大气压 ($p_0 < 0$) 的空腔吸吮旋转流流态；下游水位高，通气孔为被淹没的无空腔淹没旋转流流态。在模型试验 1 与体型参数下，流态分区的临界水力条件为：

流态分区的临界水力条件为：

$$(H-h)/h < 2.5，\qquad \mathrm{Fr} < 0.54 \qquad 淹没旋转流流态$$

$$2.5 \leqslant (H-h)/h < 6，\quad 0.54 \leqslant \mathrm{Fr} < 0.70 \qquad 吸吮旋转流流态$$

$$(H-h)/h \geqslant 6，\qquad \mathrm{Fr} \geqslant 0.70 \qquad 自由旋转流流态$$

其中，Fr 为起旋器孔口的水流傅汝德数，反应起旋器孔口以上几何和水力条件对旋流洞水力特性的影响，定义为：

$$\mathrm{Fr} = \frac{(Q/A_q)}{\sqrt{gH}} \qquad\qquad (1)$$

式中，Q 为泄流量，A_q 为起旋器孔口的面积。当水平旋流洞的洞长增大时，流态分区的临界水力条件会有所增大，洞内流态发生转变更困难。

4　通气孔的通气机理与决定因素

无论是什么流态，也无论通气孔的通气机理是什么，在上下游水位，通气孔直径、长度与摩阻均不变时，通气孔的通气量 ϕ 与空腔旋转流的挟气量 ϕ_s 最终会趋于平衡，所以有：

$$\phi = \phi_s \tag{2}$$

如图 2 所示，假定通气孔的出口断面的气体压强小于大气压，建立通气孔的进口与出口断面之间的能量方程，并忽略进口断面气体行进流速水头和通气管的气柱重量的影响后可得：

$$\phi = \mu_\phi A_\phi \sqrt{2gH_\phi} \tag{3}$$

$$\mu_\phi = 1 / \sqrt{\lambda_\phi \frac{l_\phi}{D_0} + \sum \zeta + \alpha_\phi} \tag{4}$$

$$H_\phi = h_{va} = \frac{p_a - p_0}{g\rho_a} \tag{5}$$

$$\mathrm{Fr} = \sqrt{2}\mu_\phi \tag{6}$$

由上面表达式可知，通气孔的等效作用水头 H_ϕ，在通气孔出口的空腔内为负压时，就等于通气孔出口的气体压强真空度 h_{va}；通气孔通气量傅汝德数 Fr 与通气孔的通气量系数 μ_ϕ 只相差 $\sqrt{2}$ 倍；通气量系数 μ_ϕ 与通气孔的几何尺寸和摩阻特性有关。（3）式表明，通气孔的通气量 ϕ 与通气孔的几何尺寸和摩阻特性有关，与通气孔出口的气体压强真空度 h_{va} 有关。当通气孔尺寸较小、较长或摩阻太大，通气孔的通气量不足时，通气孔出口断面就会出现负压，此时对应的旋流洞中流态为吸吮旋转流，因此（3）式只适合吸吮旋转流流态。在吸吮旋转流流态下，当通气孔的孔径、长度和摩阻不变时，空腔旋转流的挟气量越大，通气孔出口的负压就越大，相应的通气量也就越大，在一定的上下游水位变化范围内，通气量 ϕ 与挟气量 ϕ_s 维持动态平衡，通气孔出口与空腔旋转流的空腔内就会维持一定的负压值。在吸吮旋转流流态下，通气孔的通气机理是由于通气孔进出口大气压与负压产生的压强差所致，即抽吸机理，此时通气孔通气量的大小取决于空腔内负压的大小。

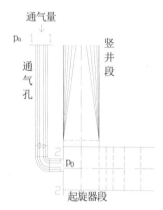

图 2　通气孔能量方程建立
与通气机理示意图

仍然如图 2 所示，但如果假定通气孔出口断面的气体压强等于大气压，真空度为零，显然在这种条件下，（3）式不再成立。当通气孔尺寸足够大、长度足够短或摩阻足够小，通气量足够，随时能与空腔旋转流的挟气量平衡时，通气孔出口断面的负压值就会近似为零，空腔内气体压强 p_0 就会近似为大气压，此时对应的旋流洞中流态为自由旋转流。在自由旋转流流态下，通气孔的通气机理是由于空腔旋转流携带作用所致，即携带机理，此时通气孔的通气量取决于空腔旋转流的携带能力。

空腔旋转流携带气体的能力取决于空腔内轴向气体的断面平均速度 $V_{z\phi}$ 与空腔的面积 $Ar = \pi r^2$ 的乘积，即空腔旋转流挟气量可表示为：

$$\phi_s = A_r V_{z\phi} \tag{7}$$

由于 $V_{z\phi}$ 与空腔旋转流轴向断面平均流速 $V_{z0} = Q / A_0$ 成正比，所以：

$$\phi_s = A_r V_{z\phi} \propto \frac{A_r}{A_0} Q \propto \mathrm{Fr} \tag{8}$$

由上面分析可见，空腔旋转流流态、通气孔的通气机理和通气孔的通气量的大小，既与通气孔的几何尺寸和摩阻特性有关，也与空腔旋转流的携带气体的能力有关。在通气孔直径、长度与摩阻不变时，当上下游水位差变化，导致水平旋流洞空腔旋转流携带气体的能力发生改变时，通气孔的通气机理可能会发生改变。

5 通气机理的试验研究

5.1 空腔吸吮旋转流流态时的通气机理研究

当上下游水位差开始增大，通气孔出口出现负压时，旋流洞中流态为吸吮旋转流流态，由（3）、（5）式可知，该流态下通气量对空腔环流内的气体压强有直接的影响，在一定条件下通气量与气体压强之间的关系为指数函数关系，通气孔的通气量会因负压的增大而逐渐饱和。在一定变化范围内，当上下游水位差增大时，空腔旋转流挟气能力增大，通气孔出口的负压就越大，即通气孔出口的气体真空度 h_{va} 越大，这表明在一定变化范围内，上下游水位差与 h_{va} 之间存在着一定的正相关变化关系，则

通气孔通气量与上下游水位差间可能存在着一定的关系。图 3 为模型试验中当下游水位 $h/D = 0.5$，通气孔直径 $D_0/D = 0.0625$，空腔环流内的气体压强 $p_0 < 0$，旋流洞中流态为吸吮旋转流时通气孔的通气量随上下游水位差的变化关系。从图 3 中可以看出，在一定限制条件下通气孔的通气量随上下游水位差变化情况为单值增大的曲线，且近似满足（3）式中通气量与通气孔的等效作用水头间的变化规律，符合吸吮旋转流流态下通气孔的通气量 ϕ 随气体压强变化的变

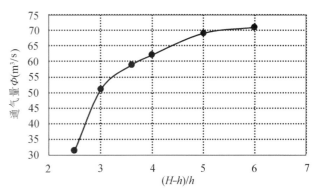

图 3 通气量 ϕ 随 $(H-h)/h$ 的变化

化规律，所以在吸吮旋转流流态下通气孔的通气量与上下游水位差有关。

由流态分区的临界水力条件可知，起旋器水流傅汝德数 Fr 随着上下游水位差增大而增大，结合上面分析可知 Fr 与 h_{va} 间存在着一定的正相关变化关系，则通气孔通气量与 Fr 间可能存在着一定的关系。图 4 为模型试验中当下游水位 $h/D = 0.5$，通气孔直径 $D_0/D = 0.0625$，空腔环流内的气体压强 $p_0 < 0$，旋流洞中流态为吸吮旋转流时通气孔的通气量随 Fr 的变化关系。从图 4 中可以看出，在一定限制条件下通气孔的通气量随 Fr 变化情况也为单值增大的曲线，近似满足（3）式中通气量与通气孔的等效作用水头间的变化规律，符合吸吮旋转流流态下通气孔的通气量 ϕ 随气体压强变化的变化规律，所以在吸吮旋转流流态下通气孔的通气量与 Fr 也有关。

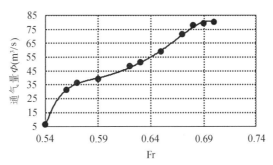

图 4 通气量 ϕ 随 Fr 的变化规律

5.2 空腔自由旋转流流态时的通气机理研究

当上下游水位差继续增大到一定值后，空腔环流经下游出口直通大气，此时空腔环流内气体压强趋于大气压，旋流洞中流态过渡到自由旋转流，通气孔通气量 ϕ 与 h_{va} 无关，与空腔环流内气体压强无

直接关系，而与空腔旋转流的挟气量 ϕ_s 有关。由（2）式可知，在上下游水位，通气孔直径、长度与摩阻均不变时，通气孔的通气量与空腔旋转流的挟气量最终都会趋于平衡。在一定的变化范围内，当上下游水位差增大时，空腔旋转流的挟气能力增大，则通气孔的通气量也随之增大，所以在一定变化范围内，通气孔通气量与上下游水位差间可能存在着一定的关系。图 5 为模型试验中当下游水位 $h/D = 0.5$，通气孔直径 $D_0/D = 0.062\ 5$，空腔环流内的气体压强 $p_0 \approx 0$，旋流洞中流态为自由旋转流时通气孔的通气量随上下游水位差的变化关系。从图 5 中可以看出，在一定限制条件下通气孔的通气量随上下游水位差的变化情况为单值增大的曲线，且随着上下游水位差的增大，通气量逐渐趋于一个常数，符合自由旋转流流态下通气孔的通气量的变化规律，所以在自由旋转流流态下通气孔的通气量与上下游水位差有关。

结合（2）、（8）式分析可知，在自由旋转流流态下通气孔的通气量与 Fr 也可能存在着一定的关系。图 6 为模型试验中当下游水位 $h/D = 0.5$，通气孔直径 $D_0/D = 0.062\ 5$，空腔环流内的气体压强 $p_0 \approx 0$，旋流洞中流态为自由旋转流时通气孔的通气量随 Fr 的变化关系。从图 6 中可以看出，在一定限制条件下通气孔的通气量随 Fr 变化情况也为单值增大的曲线，且随着上下游水位差的增大，通气量也逐渐趋于一个常数，符合自由旋转流流态下通气孔的通气量的变化规律，所以在自由旋转流流态下通气孔的通气量与 Fr 有关。

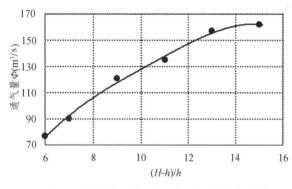

图 5　通气量 ϕ 随（$H{-}h$）$/h$ 的变化规律

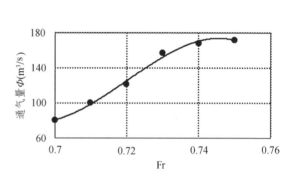

图 6　通气量 ϕ 随 Fr 的变化规律

6　结　论

（1）受通气孔孔径条件限制后，当通气孔的通气量不足时，通气孔出口断面就会出现负压现象，通气量就由通气孔出口的气体压强真空度 h_{va} 决定，此时通气孔的通气机理为通气孔进出口产生的压强差导致的抽吸机理。当通气孔通气量足够时，通气孔出口断面的负压现象近似为零，通气量就由空腔旋转流的携带能力决定，此时通气孔的通气机理为携带机理。

（2）通气孔的通气机理与流态分区特性相对应。当空腔旋转流流态为吸吮旋转流时，通气孔的通气机理为抽吸机理；当空腔旋转流流态为自由旋转流时，通气孔的通气机理为携带机理。

（3）通气孔的通气量与上下游水位差和起旋器孔口水流傅汝德数 Fr 有关：吸吮旋转流流态下，通气量分别随上下游水位差和 Fr 的增大都呈指数规律增大；自由旋转流流态下，通气量分别随上下游水位差和 Fr 的增大都先呈线性规律增大，然后逐渐趋于常数。

参考文献

[1] 中国水利水电科学研究院. 黄河公伯峡水电站导流洞改建竖井-水平旋流洞综合试验研究报告[R]. 北京：中国水利水电科学研究院，2002.

[2] 巨江，卫勇，陈念水. 公伯峡水电站水平旋流泄洪洞试验研究[J]. 水力发电学报，2004.23（5）：88-91.

[3] 牛争鸣，张宗孝，孙静，洪镝，谢小平，曹双利. 通气对水平旋流内消能泄洪洞水力特性的影响[J]. 长江科学院院报. 2006.23（5）：1-5.

[4] 牛争鸣，李建中，王永生. 竖井进流水平旋转内消能泄水道的水力特性研究[J]. 应用基础与工程科学学报. 1997.5（4）：424-432.

[5] 牛争鸣. 竖井进流水平旋转内消能泄洪洞水动力学特性的研究与数值模拟[D]. 西安：西安交通大学博士学位论文，2006.

Coca Codo Sinclair 水电站引水防沙试验研究

武彩萍，赵连军，朱超

（黄河水利科学研究院，郑州顺河路 45 号院，450003）

【摘　要】 CCS 水电站为了引水防沙，采用侧向引水、正向排沙布置形式，同时设置了冲沙闸和排沙管等排沙设施，由于库容较小，为了 100%拦截粒径大于 0.10 mm 的泥沙，在引水口下游设置了连续冲洗式沉沙池，并采用了新型的孔群排沙方式。本文通过模型试验对 CCS 水电站首部枢纽库区淤积形态、冲沙闸的拉沙效果、沉沙池的沉沙和孔群的排沙效果等进行了系统研究，通过研究提出了冲沙闸拉沙的最佳开启时间，提出了通过增加整流栅改变沉沙池流场等措施来提高沉沙池沉降效率，并使有害粒径组的沉降保证率达到 100%，研究提出了沉沙池孔群排沙最佳的冲沙时机。其成果可供水电站引水防沙设计和工程运用调度借鉴。

【关键词】 CCS 水电站；模型试验；连续冲洗式沉沙池；排沙孔群；整流栅

1　前　言

　　厄瓜多尔 Coca Codo Sinclair 水电站是厄瓜多尔能源建设关键控制性工程，电站建成后满足厄瓜多尔全国三分之一人口的电力需求。电站枢纽工程由首部枢纽、调蓄水库、电站厂房等组成，电站总装机容量 1 500 MW。电站从首部枢纽取水口引水，水流通过沉沙池沉沙后经过 1 条 24 km 长的输水隧洞到达调蓄水库，压力管道进口布设在调蓄水库。首部枢纽流域内以山地为主，分布着众多火山，终年被冰川和积雪覆盖，流域泥沙以悬移质为主，根据黄河勘测规划设计有限公司水文泥沙分析[1]，水库多年平均输沙量 1 211.6 万 t，悬移质输沙量为 932 万 t，多年平均悬移质含沙量为 1.01 kg/m³，悬沙中值粒径 0.065 ~ 0.125 mm。首部枢纽水库正常蓄水位下库容 912.2 万 m³，年均淤积量为 466 万 t，水库淤满年限不足 3 年。

　　为了引水防沙，首部枢纽布置遵循"侧向引水，正向泄洪排沙"的原则，取水口置于河床右岸，取水口进口前缘总长度 63.60 m，共设 12 个进水孔，单孔过流尺寸 3.10 m×3.30 m（宽×高）。取水闸进口高于冲沙闸 10 m，取水闸、溢流坝与冲沙闸之间束水导流墙与冲沙闸一起构成冲沙槽，形成电站取水的第一道防沙防线。为拦截被引入进水口内的粒径大于 0.10 mm 的有害泥沙，在电站取水口明渠末端设置沉沙池，这是第二道防沙防线。沉沙池形状为条形，共布设了 6 条，单池室净宽度 13 m，有效工作长度 120 m。枢纽布置如图 1 所示。

　　电站引水首部枢纽工程是低水头引水枢纽工程，为了防止水中有害的或过多的泥沙进入取水口，减少泥沙对水道的淤积和对水轮机的磨损，需采用一定的防沙措施。大部分工程采用结构简单的冲沙闸进行排沙，国内电站采用大型沉沙池相对比较少，沉沙池多用于引黄罐区工程。本工程在引水防砂

───────────────

基金项目：国家自然科学基金资助项目（51539004）；水利部技术示范项目：自吸式管道水力吸泥技术推广示范（SF-201712）；水利部公益性行业科研专项（201501003）。

措施中，不仅设置了冲沙闸，同时设置了结构复杂的沉沙池，该沉沙池的结构形式以及沉沙的目的要求均与一般引黄工程沉沙池有较大差异，且 CCS 电站沉沙池排沙采用了新型的孔群排沙方式。因此，厄瓜多尔 CCS 水电站进行泥沙试验研究的成果对今后电站引水防砂设计和沉沙池设计具有指导意义。

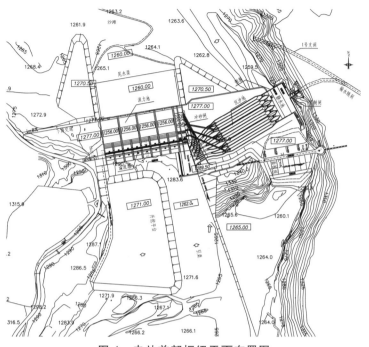

图 1　电站首部枢纽平面布置图

2　模型设计

本次试验目的是研究 CCS 水电站取水口和排沙建筑物附近的水流流态及近河床冲淤变化，根据水工模型试验规程[2]、河工模型试验规程[3]，模型设计必须满足重力相似、阻力相似、水流流态相似以及泥沙运动相似准则，泥沙运动相似主要考虑悬移质运动相似，包括泥沙悬浮和沉降相似以及水流挟沙力相似。

（1）水流运动相似。

重力相似条件：$\lambda_v = \lambda_L^{1/2}$；阻力相似：$\lambda_n = \lambda_L^{1/6}$；水流连续性相似：$\lambda_Q = \lambda_v \lambda_L^2 = \lambda_L^{5/2}$。

（2）泥沙运动相似。

泥沙运动相似采用窦国仁的全沙模型相似律[4]。

泥沙悬移和沉降相似：$\lambda_\omega = \lambda_v$，泥沙粒径比尺关系为：$\lambda_d = \dfrac{\lambda_v^{\beta/1+\beta} \lambda_\omega^{2\beta/1+\beta}}{\lambda_{\gamma_s - \gamma}^{1/1+\beta}}$。式中，$\beta$ 是随颗粒雷诺数的变化而改变,滞流区($d < 0.1$ mm),$\beta = 1$；对于紊流区($d > 2$ mm),$\beta = 0$；在过渡区(0.1 mm$<d<2$ mm),β 通过试算求得。

水流挟沙力相似：$\lambda_s = \lambda_s$，$\lambda_s = \lambda_{\gamma_s} / \lambda_{(\gamma_s - \gamma)/\gamma}$。

根据试验要求及试验场地的情况，设计建造了两个正态模型：一个是首部枢纽沉沙池悬沙模型[4]，模型几何比尺为 1：20。另一个是首部枢纽悬沙模型[5]，模型几何比尺为 1：40。为了探求适用的模型沙，我们广泛调研收集了有关模型沙基本特性的资料。通过综合分析研究，我们认为郑州热电厂粉煤灰的物理化学性能较为稳定，悬浮特性好，同时还具备造价低、宜选配加工等优点。该模型沙曾在小浪底枢纽电站防沙[6]、小浪底水库库区[7]、三门峡库区[8]等泥沙模型中采用，并取得了成功的经验。因此，选用郑州热电厂粉煤灰作为本模型的模型沙。郑州热电厂粉煤灰容重为 2.1 t/m³，干容重为 0.78 t/m³，由此可得容重比尺 = 2.7/2.1 = 1.29，干容重比尺 = 1.3/0.78 = 1.679，相对容重比尺为 1.55，按原型水温 30 °C、试验室水温 10 °C，得水流运动黏滞系数比尺 $\lambda_\nu = 0.68$。

3　库区淤积试验

库区淤积试验是在首部枢纽悬沙模型上进行的，水库蓄水运用时，首先保证电站引水，多余的水量由冲沙闸、溢流堰排泄，试验按照设计提供的流量（$Q = 913\ \text{m}^3\text{/s}$）和含沙量（0.6 ~ 13 kg/m³）控制。试验结果表明，在水库运用初期，水流在全断面上漫流，随着水库运行，库区多处出现沙洲，水流呈现出多股分流，沙滩逐渐出露，如图 2 所示。每股水流摆动不定，流路变化迅速。随着这种水流形态向坝前推进，库区内流路数目逐渐减少，最终库区左侧流路逐渐萎缩消失，右侧流路沿着人工开挖引渠逐渐发育展宽顺直，塑造的主槽宽度约 100 ~ 200 m，如图 3 所示。库区滩地淤积地形相对平坦，滩地高程为 1 274 ~ 1 276 m，由于冲沙闸的拉沙作用，在取水口附近形成一个冲刷漏斗，如图 4 所示。

在上述淤积地形的基础上，关闭冲砂闸，仅电站正常引水，引水流量为 222 m³/s，含沙量为 7 kg/m³。图 5 为试验引水初始以及引水一定时间后，闸前淤积面接近引水闸闸底板高程时，闸前库区含沙量沿程分布图。从图中可以看出，淤积试验初期水流含沙量沿程降低，特别是到电站引水口前 200 m 范围内含沙量急剧减小，说明大部分泥沙淤积在闸前漏斗区，电站引水含沙量小于入库含沙量，电站引水口前泥沙沉降率达到 31.6%。随着进口前的漏斗逐渐淤满，引水口闸前淤积面接近闸底板高程时，电站引水含沙量与入库含沙量接近，此时取水口前库区的沉沙功能消失，需要即时开启冲砂闸进行排沙。

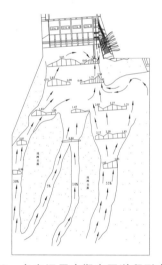

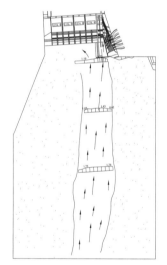

图 2　水库运用中期库区淤积形态　　　　图 3　库区淤积基本平衡后形态

图 4　取水口附近冲刷漏斗

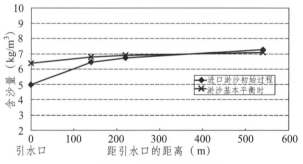

图 5　含沙量沿程分布

4 冲沙闸排沙效果分析

冲沙闸位于溢流坝的右侧,电站取水口的左侧,冲沙闸布设了两种型式,其中弧形工作门冲沙闸(工作门尺寸为 8.00 m×8.00 m)紧邻溢流坝以及平板门冲砂闸(2 孔,尺寸为 4.50 m×4.50 m),冲沙闸与溢流坝以及两种形式冲沙闸之间均设置导墙。

冲沙闸排沙试验也是在电站引水口前淤积面接近引水闸底板高程时,开启冲沙闸排沙。试验观测到排沙初期冲沙闸出口含沙量较大,随着排沙时间的增长,含沙量逐渐降低。从图 6 中看出,前 40 min 排沙效率最高,前 1 h 排沙效果较好。冲沙闸排沙 3 h 后,不仅可以将取水口前淤积的泥沙全部排出,库区引渠内主槽宽度展宽加深,还可以将库区淤积泥沙部分排出库外。

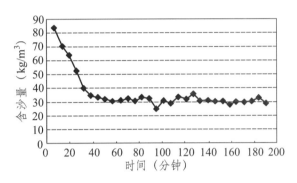

图 6　冲沙闸全开排沙出口含沙量过程线

6 沉沙池沉沙效果

(1)原设计沉沙池体型沉沙效果。

6 条沉沙条渠工作段总长度 152.25 m,有效工作长度 120 m,沉沙池与取水口引水流道通过渐变段连接,渐变段长度 15.5 m,宽度由 4.5 m 渐变至 13 m,渐变段底部坡度为 1∶2.5。沉沙条渠上部为矩形,尺寸为 13 m×8.2 m,下部梯形部分深 3.5 m,两侧底坡坡度 1∶1.78。每条沉沙池箱体底部设置 3 联长度为 30 m 的排沙孔段,每段布设 58 个尺寸为 0.19 m×0.2 m 孔口,每条沉沙池下部设置一条排沙廊道,如图 7 和图 8 所示。

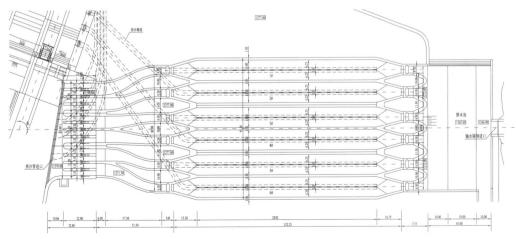

图 7　沉沙池平面布置图

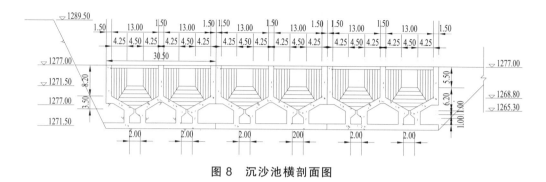

图 8　沉沙池横剖面图

试验按照设计入池泥沙级配（中值粒径 0.1 mm），为了加快沉沙池淤积速度，缩短放水时间，加大入池水流含沙量，试验放水含沙量为 7.2 kg/m³，淤积 18 h（原型时间）后，对沉沙池淤积进行了观测。图 9 为其中两条沉沙池不同断面淤积横剖面图。试验结果表明，沉沙池前 30 m，泥沙淤积较厚，形状如倒三角体，厚度在 2.5 ~ 3.4 m 范围，受上游进流影响，池内左侧淤积面高于右侧。在 30 ~ 60 m 范围池内淤积厚度较上段减小，厚度在 2.0 ~ 2.5 m 范围，淤积泥沙沿底板均匀分布。沉沙池下段淤积厚度比较均匀，平均厚度约 2.0 m。

在试验水沙条件下，沉沙池全沙沉降率约 32%，粒径大于 0.25 mm 的泥沙沉降率在 80% ~ 91%。

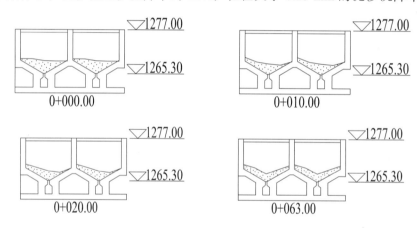

图 9　沉沙池淤积断面形态

（2）沉沙池优化体型沉沙效果。

根据原设计方案试验成果，水流入沉沙池后，沉沙池前 40 m 范围内，水面波动，流速分布不均匀，不利于沉沙池沉沙。试验水沙条件下，粒径大于 0.25 mm 沉降率在 80% ~ 91%，不满足设计要求，据此对沉沙池体型进行修改优化。经过多种方案比较，最终选定在沉沙池前渐变段增设四道整流栅，整流栅之间间距分别为 1.1 m、0.9 m、0.7 m，四道整流栅的栅间距分别为 280 mm、215 mm、165 mm、120 mm。图 10 为沉沙池 20 m 断面加整流栅前后断面流速分布。结果表明，沉沙池水流经过四道整流栅调整后，水面平稳，流速分布均匀，但是加四道整流栅后，沉沙池取水口取水流量减小，单条沉沙池取水流量较设计流量减小约 5%。

沉沙池沉沙试验结果表明，在试验水沙条件下，沉沙池全沙平均沉降率由原设计的 32% 增加至 39%，$d \geqq 0.25$ mm 的泥沙沉降率增加至 94% ~ 97%，仍然不能满足设计要求。

将沉沙池长度由 120 m 加长至 150 m 以后继续了沉沙试验，在试验水沙条件下，沉沙池全沙平均沉降率增加至 41%，$d \geqq 0.25$ mm 的泥沙沉降率增加至 99% ~ 100%，满足设计要求。

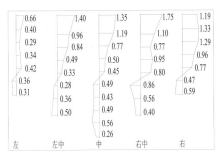
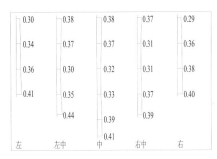

| 无整流栅 0+020 m 断面 | 加整流栅后 0+020 m 断面 |

图 10　沉沙条渠加整流栅前后断面流速分布（单位：m/s）

6　沉沙池孔群排沙试验

连续冲洗式沉沙池采用了新型的孔群排沙方式，排沙孔群布设在沉沙池箱体底部，58 个尺寸为 0.19 m × 0.2 m 孔口为一组，120 m 长的沉沙池共布设了四组排沙孔群。每条沉沙池下部设置一条排沙廊道，每两条沉沙廊道分别在沉沙池上游交汇在一起，交汇后三排沙廊道的断面尺寸和出口高程相同，长度和坡度不同。沉沙池排沙时，依次开启相邻两条沉沙池对应的两组排沙孔群顺序排沙。试验量测水库正常库水位和电站正常引水流量 222 m³/s 引水时，一个排沙段两组排沙孔群流量为 32 m³/s。

排沙试验是在电站正常引水、浑水含沙量为 7.2 kg/m³、引水 18 h 后的淤积地形上开启沉沙池的第二排沙段排沙孔群进行排沙观测，第二排沙段排沙孔群上部淤积厚度 2～2.5 m，图 11 为排沙廊道排沙时出口含沙量变化过程，排沙初期的最大含沙量可达 90 kg/m³，排沙约 15 min 后含沙量接近常数，表明该段淤积泥沙已基本排完，此时，排沙廊道内也无泥沙淤积，而且，沉沙池内流态变化不大，仅表现为水面降低。由于冲沙时需要排沙流量为 32 m³/s，因此，在排沙过程中进入输水隧洞的流量相应减少，但不影响隧洞连续供水。图 12 为排沙后沉沙池内泥沙淤积状况。结果表明，该排沙方式效果较好。研究表明，沉沙池淤沙厚度过大，冲沙时间、冲沙难度及冲沙控制复杂性相应增加。另外，淤积厚度过大，将压缩过流面积，断面流速也相应增大，降低沉沙效果。建议沉沙池泥沙淤积厚度不超过 2 m 时，开始排沙运用为宜。

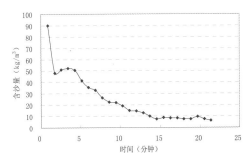

图 11　排沙廊道排沙时出口含沙量变化过程

图 12　排沙后沉沙池

8　结　论

研究表明，本电站枢纽引水防沙是有效的。首部枢纽库区的沉沙功能虽然只能维持两年多，但后期通过开启冲沙闸可以保持电站引水口门前清。当入库流量小于正常引水流量时，冲沙闸开启时间不超过 1 h 可以达到引水口门前清。通过在沉沙池首端增加整流栅，可以改变沉沙池流场，提高沉沙池沉降率。沉沙池体型优化后，沉沙池全沙沉降率可以提高 9%，$d \geqslant 0.25$ mm 的有害泥沙粒径沉降率增加至 99% ~ 100%，达到设计沉沙要求。沉沙池采用排沙孔群排沙效果很好，但由于沉沙池淤沙厚度过大，冲沙时间、冲沙难度及冲沙控制复杂性相应增加，同时淤积厚度过大，将压缩过流面积，断面流速也相应增大，降低沉沙效果。建议沉沙池泥沙淤积厚度不超过 2 m 时，开始进行排沙运用为宜。

参考文献

[1] 崔鹏，陈松伟，等. 厄瓜多尔 Coca Codo Sinclair 水电站水文泥沙专题报告[R]. 郑州：黄河勘测规划设计有限公司. 2012.2.

[2] 《水工（常规）模型试验规程 SL 155-95》[S].

[3] 《河工模型试验规程 SL 99-95》[S].

[4] 窦国仁. 全沙模型相似律及设计实例. 水利水运科技情报，1977，（3）：1-20.

[5] 武彩萍，李远发，等. 厄瓜多尔 CCS 水电站首部枢纽沉沙池模型试验报告[R]. 郑州：黄河水利科学研究院. 2013.8.

[6] 陈俊杰，李远发，等. 厄瓜多尔 CCS 水电站首部枢纽引渠及冲沙闸泥沙模型试验报告[R]. 郑州：黄河水利科学研究院. 2012.10.

[7] 屈孟浩. 黄河小浪底水库电站防沙模型试验报告[R]. 郑州：黄河水利科学研究院 1980.10.

[8] 张俊华. 小浪底水库模型验证试验及模型评价报告[R]. 郑州：黄河水利科学研究院 2002.5.

[9] 张俊华. 三门峡库区模型验证试验报告[R]. 郑州：黄河水利科学研究院 1997.10.

跌坎水流水翅抬升驱动因子及定量影响

陈端[1]，沈晓莹[2]，黄国兵[3]，薛宗璞[4]

（1. 长江科学院水力学所，湖北省武汉市江岸区黄浦大街 289 号，430014；
2. 长江科学院信息中心，湖北省武汉市江岸区黄浦大街 289 号，430014；
3. 长江科学院水力学所，湖北省武汉市江岸区黄浦大街 289 号，430014；
4. 长江科学院水力学所，湖北省武汉市江岸区黄浦大街 289 号，430014）

【摘　要】　跌坎掺气水流水翅出现较大程度的抬升是一种新近观察到的现象。通过水工模型试验，结合流态观测以及跌坎空腔压力和通气设施风速的测量，对该现象的原因进行了初步分析，定量研究了水翅抬升程度与其他水力要素的相关关系。成果表明，在跌坎体型确定的前提下，水翅抬升主要与跌坎水流冲击角度相关。当冲击角度不大于临界冲击角度 50% 的范围以内，则水翅不会出现明显的抬升，其抬升程度小于主水体高度的 10%。超过该范围后，则水翅抬升幅度急剧加大，并随水流冲击角度与临界冲击角度的比值呈线性增加。

【关键词】　跌坎；掺气水流；水翅抬升；模型试验

1　前　言

跌坎掺气是一种常用的掺气设施，自 20 世纪 60 年代开始进行运用，已在实际工程发挥了重要作用，被广泛认为是一项安全有效、经济合理的新技术，具有体型简单、对流动干扰小的特点。典型的跌坎掺气水流流态可概括如下：水流过跌坎后，过流侧壁向上形成水翅，高程随主水体沿程变化；水流底部为临空面，空气通过通气设施大量掺入水体，水流表面也往往出现自掺气。水舌落水后紊动较为剧烈，底部空腔常产生回水或积水现象，流态示意见图 1。

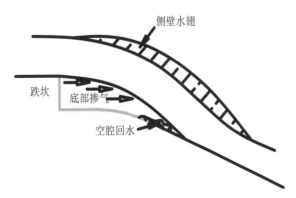

图 1　跌坎掺气水流典型流态

以往跌坎掺气设施的研究重点主要在跌坎掺气模拟等方面，如文献[1]-[4]，或者掺气特性方面，如文献[5]-[7]。该部分的研究内容主要集中在掺气设施的体型，例如坎高以及通气设施尺寸等方面。部分研究侧重于掺气能力研究，如文献[8]-[9]。有部分文献对跌坎掺气的空腔长度以及将底部空腔积水与跌坎掺气效果结合研究[10]~[14]，研究了坎后坡度与空腔积水的影响，其研究范畴仍属于跌坎体型优化方面的研究。上述研究中均没有提及跌坎掺气水流水翅的研究情况，已有的大部分跌坎掺气设施工程原型运用也未见跌坎掺气水流水翅观测的相关报道。

某设有跌坎掺气设施的泄洪深孔在部分原型泄洪工况时观测到水翅抬升现象，其抬升高度超过3 m，达到同一桩号主水体高度的 30%以上，并呈现周期性的涨落变化，尽管没有造成建筑物破坏，但水翅的大幅度抬升仍对建筑物的正常运行产生了一些影响。跌坎掺气设施在泄洪孔洞或溢洪道运用时，水翅抬升程度将直接决定洞身高度或边墙高度的设计，因此，对其的研究将有助于丰富跌坎掺气设施的设计和科研思路，增强该技术应用的安全程度。

本文通过建立水工模型，对确定跌坎体型前提下的掺气水流进行了研究，重点分析了掺气水流水翅抬升的驱动因子，并对抬升程度与相关水力因子之间的定量关系进行了初步研究。

2　研究方法

采用水工物理模型试验进行研究。模型参照上文提及的某原型工程的深孔体型参数进行设计，模拟范围为深孔进口断面至出口断面，全长约 5 m（模型值），为便于流态观测，模型全部采用有机玻璃制作，跌坎体型见图 2。

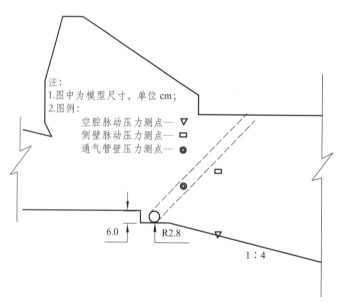

注：
1.图中为模型尺寸，单位 cm；
2.图例：

空腔脉动压力测点—▽
侧壁脉动压力测点—□
通气管壁压力测点—◉

6.0　　R2.8　　　　1:4

图 2　模型跌坎体型示意图

模型水流水面线通过钢尺测量平均值和最大最小值，通气管风速采用热线风速仪测量平均值及瞬时最大和最小值，空腔压力变化则通过脉动压力传感器测量。为深入分析水翅抬升原因，模型在通气管管壁以及跌坎下游侧壁上布置了两个测点（见图 2），采用脉动压力传感器分别测量上述位置处的压力脉动过程，并经过相应的转换计算得到通气管风速变化过程和侧壁水位（即水翅高度）变化过程。转换过程简要说明如下：

（1）通气管管壁压力脉动过程—通气管风速过程。

当空气流速较低时（不超过 50 m/s），气体的流动仍可以近似看作无压缩流动[8]。在此前提下，可将理想流体微小流束的运动微分方程进行积分后得到其运动方程，即

$$d\left(gz+\frac{p}{\rho}+\frac{1}{2}u^2\right)=0 \tag{1}$$

通过该方程，可将通气管边壁的脉动压力过程与通气管气体脉动流速（即风速）过程建立相关关系，同时利用风速观测中热线风速仪测得的最大和最小值进行标定，即可得到通气管风速变化过程。

（2）侧壁压力脉动过程—侧壁水面线变化过程。

通过流态观测中取得的水翅水面线观测值对侧壁水压力进行标定，可将脉动压力过程转换为水翅水面高程的变化过程。

需要说明的是，上述转换过程中存在诸如理想流体等假设，可能转换后参数的绝对值与实际数值有所出入，但数值变化趋势基本一致，具有参考价值。

3 试验工况

研究设定了 7 组研究工况，模型单宽流量在 1.69 ~ 2.53 m²/s 之间，模型水头 1.8 ~ 3.6 m，具体见表 1。经过计算，大部分研究工况下模型水流跌坎处平均流速仍可达 6 m/s 以上，满足规范要求。

表 1　试验工况表

试验工况	L_h（m）	L（m）	L_s（m）
1	0.4 ~ 0.9	0.5 ~ 0.8	0.9
2	0.8 ~ 1.0	0.9 ~ 1.0	1.0
3	1.3 ~ 1.4	1.4 ~ 1.5	1.5
4	0.9 ~ 1.6	1.0 ~ 1.5	1.6
5	0.9 ~ 1.7	0.9 ~ 1.6	1.9
6	0.5 ~ 2.0	0.7 ~ 1.8	2.0
7	0.3 ~ 2.2	0.6 ~ 2.0	2.2

4 试验成果

4.1 水翅抬升流态

水流过跌坎后，过流侧壁向上形成水翅，高程随主水体沿程变化，跌坎后水流上、下表面均形成一定厚度的掺气水流层，并随水体运行至出口。试验 1 ~ 3 工况下，跌坎掺气水流流态与典型流态（见图 1）并无二致，水翅抬升程度较低，无异常流态产生，见图 3。试验 4 ~ 7 工况下，跌坎处空腔回水较 1 ~ 3 工况有较大程度的增加，变动幅度加大，呈现周期性的回溯和下移，水流紊动明显加剧，水翅也随之周期性的上抬和下降，最大抬升程度接近主水体高度的 1/3，见图 4。

图 3　跌坎掺气水流流态照片（工况 1 ~ 3）　　图 4　跌坎掺气水流流态照片（工况 4 ~ 7）

4.2 空腔形态参数

各试验工况下，跌坎后均能形成较为完整的空腔，空腔典型形态见图 5。根据空腔的典型形态，通常可定义三个参数进行描述，即水舌内缘 L_s、空腔回水至跌坎距离 L_h 和空腔长度 L，见图 6。其中水舌内缘 L_s 相对稳定，可用一个观测的平均值描述，而空腔回水至跌坎距离 L_h 则在试验过程中变动幅度较大，从而引起空腔长度 L 的相应变化，因此 L_h 和 L 参数需观测其最大和最小值。在工况 2 及工况 3 时空腔形态稳定，空腔回水上溯强度较低，L_h 的值较大且变化范围小，空腔长度 L 变化幅度相应较小；而在工况 1 及 4~7 工况下，空腔形态稳定性降低，回水上溯强度及频率均有较大增加，L_h 值变化范围较大，空腔长度也随之有较大变化。各工况空腔参数见表 2，观测时段内回水上溯至跌坎距离 L_h 变化见图 7。

图 5 跌坎掺气水流空腔典型形态

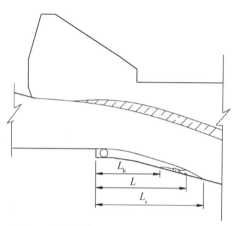

图 6 跌坎掺气水流空腔典型形态参数

表 2 各工况空腔参数观测

试验工况	单宽流量（m²/s）	跌坎水头（m）	跌坎处平均流速（m/s）
1	1.7	1.8	4.7
2	1.9	2.2	5.3
3	2.1	2.6	6.0
4	2.3	3.1	6.5
5	2.4	3.3	6.7
6	2.4	3.4	6.7
7	2.5	3.6	7.0

4.3 通气孔风速

采用热线风速仪进行风速测量，由于测量中风速读值有一定的变化幅度，为便于数据分析，定义测量过程中出现的最大和最小值为瞬时最大风速 V_{max} 和最小风速 V_{min}，定义占测读时间最长的瞬时风速值为平均风速 V。成果表明，通气管平均风速值随着跌坎水头的升高而增大，跌坎水头为 2.5 m 时，平均风速接近 14 m/s，表明跌坎处水流底部流速较高，空腔需气强烈。工况 1~3 时风速变幅较小，最大不超过 1.3 m/s，风速值较为稳定；而在 4~7 工况下，风速值稳定性降低，风速变幅随库水位升高而急剧增加，最大风速变幅接近 4 m/s，见图 8。结合跌坎处空腔流态进行同步观测，发现通气管风速变化与跌坎下空腔长度变幅存在一定的对应关系；当空腔较为稳定时，通气管风速变幅小；当空腔长度变化较为剧烈时，通气管风速变幅则相应增大。

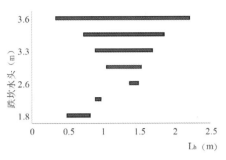

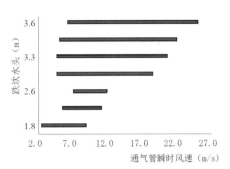

图7 各工况空腔回水至跌坎距离 L_h　　　　图8 各工况通气管瞬时风速

注：图7中横条左、右侧对应坐标值为观测时段中 L_h 的最小和最大值，横条长度则代表该值变化程度。

4.4 通气孔风速、空腔负压与水翅抬升

上述流态和风速的观测表明，通气管风速变化与跌坎空腔流态变化存在一定关联。为进一步探究其相互关系，试验对通气管风速、空腔压力变化以及水翅抬升现象同步进行了研究（测点布置见图2）。首先对各典型工况下上述测点的压力变化过程进行了测量，然后进行了转换计算。成果表明，在各试验工况下，通气管测点与空腔底部测点压力变化基本是同步的，即通气管边壁负压增大或减小的同时，空腔底部负压也同步增大或减小，见图9（以工况6为例）。同时，风速的转换计算成果（见图10）也表明，通气管风速与空腔压力呈现正相关关系，即空腔负压大时，通气管风速大，这与以往对于空腔负压和风速关系的认识是一致的。

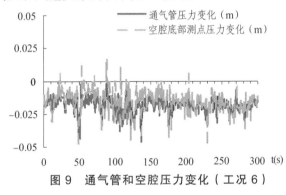

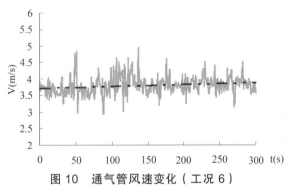

图9 通气管和空腔压力变化（工况6）　　　　图10 通气管风速变化（工况6）

当跌坎水头较低时，空腔负压力变化较为平缓，基本围绕均值上下小幅度波动。通气管风速以及跌坎水流水翅高程也呈现出同样规律，脉动幅度也较小（以工况2为例，见图11），这与流态观测的成果一致。当跌坎水头较高时，空腔负压变化开始趋于剧烈，最大值与最小值之差相差达数倍，偶尔还出现一定程度的正压。而通气管风速也出现大幅度的脉动（见图10），且与空腔负压保持同步性，即空腔负压剧烈变化的时刻通气管风速也剧烈变化。跌坎水流水翅高程出现一定频率的突然抬升现象，该现象出现的时段基本在空腔负压剧烈变化并出现正压的时刻之后。上述研究成果与流态观测的成果描述也基本一致。

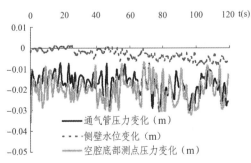

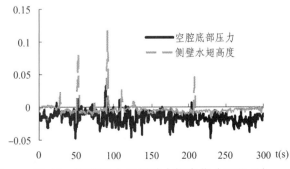

图11 空腔压力、通气管压力及侧壁水翅变化（工况2）　　　　图12 空腔压力及侧壁水翅变化（工况6）

5 分析及讨论

5.1 水翅抬升原因分析

根据上述试验观测成果，可以对水翅抬升现象进行初步定性推断，结论如下：

（1）跌坎运用时，空腔压力与通气管风速和水翅形态均存在一定的相关关系，其中某一个参数的变化可能对其他三个参数产生不同程度的影响。

（2）根据出现时间的前后顺序，结合流态的观测，初步推断跌坎在较高水头下运用时，跌坎挑流水体碰撞底板引起空腔回水的变动，回水剧烈上溯引起空腔内气压突然改变，导致通气管内风速出现较大变化，同时空腔压力的变化可能使得主水体底部受力，从而引起水翅异常抬升。

5.2 临界冲击角度

从流态上观察，夹角越大，水体与底板碰撞时水体将趋于不稳定，上溯水体则随之增加，进而造成空腔长度的较大幅度变化。工况 1~3 水流冲击夹角均小于 15°，空腔水体回溯强度低，空腔较稳定，而工况 4~7 下，夹角在 15°~22° 之间，空腔水体回溯强度增大，尽管空腔最大长度增加，但空腔稳定性则显著降低。

王海云[6]等曾利用数学模型模拟了掺气坎后水流的细部结构，得出影响空腔回水的主要因素为：出坎水舌落水区的纵向分布范围与横向分布范围的关系以及水舌入水角度；当出坎水舌落水区的纵向分布范围与横向分布范围的比值接近，水舌的入水角较小时，空腔内不容易出现回水。徐一民[7]等利用掺气坎射流曲线方程和掺气空腔积水方程对跌坎掺气水流开展了研究，得出泄槽底坡相同时，水舌与底板冲击角越大，空腔内越容易积水，冲击角减小到一定程度时，空腔积水消失的结论。为进一步了解冲击角与空腔回水特别是空腔回水幅度的定量关系，定义空腔长度 L 中的大值与小值之差为空腔变幅 L_v(m)，空腔变幅 L_v 与空腔最大理论长度（可用水舌内缘距跌坎距离 L_s 替代）之比定义为空腔变率 L_r(%)，并将各工况下上述空腔回水特征参数与冲击角度进行了比较，见图13及图14。成果表明，随着冲击角度 α 的增大，空腔变幅 L_v 和空腔变率基本呈线性增加，其增加程度可按图中公式描述。根据该公式，空腔变幅为 0（即空腔变率为 0）时，其对应的冲击角度为 11.2°，可将该角度定义为临界冲击角。当冲击角大于临界冲击角时，空腔内出现回水，回水紊动则导致空腔长度出现变化。

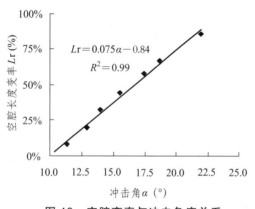

图 13 空腔变率与冲击角度关系

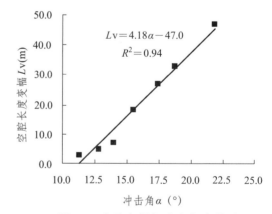

图 14 空腔变幅与冲击角度关系

5.3 水翅抬升与冲击角度关系

试验根据观测数据对水翅抬升与冲击角度进行了比较，见图15。图中水翅抬升率定义为水翅抬升最大高度与同一桩号主水体深度的比值；角度比定义为冲击角与临界冲击角度（11.2°）的比值。成果表明，当跌坎水流的冲击角度不大于临界冲击角度50%的范围以内（即角度比小于1.5），则水翅不会出现明显的抬升，其抬升率小于10%。当角度比大于1.5后，则水翅抬升幅度急剧增加，并随角度比成线性增加趋势，当跌坎水流的冲击角度为临界冲击角的两倍时（即角度比为2），水翅抬升幅度将高达主水体高度的33%。

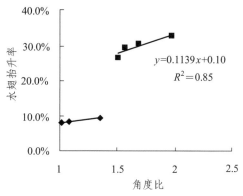

图 15 水翅抬升率与角度比关系

6 结 论

跌坎掺气水流水翅在一定条件下可能出现较大程度的抬升，其主要影响因素为跌坎水流与底板之间的冲击角度。定性来看，冲击角度越大，则空腔内回水上溯强度越大，从而引起空腔长度的较大变化，而回水剧烈上溯将引起空腔内气压突然改变，导致通气管内风速出现较大变化，该空腔压力的变化可能使得主水体底部受力，引发水翅异常抬升。定量来看，冲击角度不大于临界冲击角度50%的范围以内，水翅抬升率小于10%。超过该范围后水翅抬升幅度急剧增加，并随角度比成线性增加趋势，当跌坎水流的冲击角度为临界冲击角的两倍时，水翅抬升幅度将高达主水体高度的33%。

需要说明的是，上述定量关系是在跌坎体型确定前提下得到的。不同的跌坎体型（如不同的下游底坡或跌坎高度）以及不同的泄洪流量等都可能使得上述定量关系有所改变，需开展更多的相关研究予以校验。

参考文献

[1] Zagustin，K.，Mantellini，T.，& Castillejo，N.（1982）. Some experiments on the relationship between a model and a prototype for flow aeration in spillways. In Int. Conf. Hydraulic Modelling of Civil Engineering Structures E （Vol. 7，pp. 285-295）.

[2] Tan，T. P.（1984）. Model studies of aerators on spillways（Doctoral dissertation，Department of Civil Engineering，University of Canterbury）.

[3] Chanson，H.（1989）. Study of air entrainment and aeration devices. Journal of Hydraulic research，27（3），301-319.

[4] Chanson，H.（1994）. Aeration and deaeration at bottom aeration devices on spillways. Canadian Journal of Civil Engineering，21（3），404-409.

[5] Chanson，M. H.（1995）. Predicting the filling of ventilated cavities behind spillway aerators. Journal of Hydraulic research，33（3），361-372.

[6] Rutschmann，P.，& Hager，W. H.（1990）. Air entrainment by spillway aerators. Journal of Hydraulic Engineering，116（6），765-782.

[7] Pinto，N. L. S.，Neidert，S. H.，& Ota，J. J.（1982）. Aeration at high velocity flows. Water power and dam construction，34（2），34-38.

[8] Glazov，A. I.（1984）. Calculation of the air-capturing ability of a flow behind an aerator ledge. Power Technology and Engineering（formerly Hydrotechnical Construction），18(11)，554-558.

[9] 聂孟喜. 掺气减蚀槽的消能效果. 清华大学学报：自然科学版，33（5），82-86.

[10] 潘水波，邵媖媖，时启燧，董兴林. 通气挑坎射流的挟气能力. 水利学报，5，13-22.

[11] 吴建华，阮仕平. 泄水建筑物过流面掺气设施的空腔长度. 中国科学：E 辑，38（11），1976-1983.

[12] 杨永森. 跌坎型掺气槽过流的掺气特性. 水利学报，（2），65-70.

[13] 徐一民，杨红宣，赵伟，王海军. 泄槽底坡对掺气坎射流空腔积水的影响. 水利水电技术，40（12），47-51.

[14] 王海云，戴光清，刘超，杨庆. 泄水建筑物掺气坎底空腔回水探讨. 水动力学研究与进展：A 辑，24（4），425-431.

[15] 陈玉璞，王惠民. 流体动力学. 南京：河海大学出版社，2007.

水垫塘附壁射流区掺气浓度变化规律试验研究

马文韬[1]，谢菱[2]，吴建森[3]

（1. 昆明理工大学 电力工程学院，云南 昆明，650500；
2. 红河哈尼族彝族自治州水利水电工程地质钻探队，云南 红河，661100；
3. 红河哈尼族彝族自治州水利水电工程地质钻探队，云南 红河，661100）

【摘　要】　水流斜射入水垫塘形成淹没射流，淹没射流受到底板约束在冲击区域改变流向形成附壁射流区。附壁射流区气体迁移扩散影响消能工的空化气蚀及其下游水流溶解气体超饱和，而附壁射流区气体迁移扩散受到泄流流量、水垫深度、水流入射角等因素的影响。本文采用水力学模型试验，通过改变泄流流量、水垫深度、水流入射角三个条件，实测得到水垫塘附壁射流区掺气浓度值。通过对试验数据的对比分析，得到水垫塘附壁射流区掺气浓度随流量的增大而增大，随水垫深度的增大而减小，随入射角的增大而减小，沿程随紊动扩散衰减，横断面的掺气浓度由中心向两侧逐渐衰减，近似呈抛物线型。根据实测掺气浓度值推出横断面掺气浓度分布的经验公式。

【关键词】　水垫塘；泄流流量；水垫深度；水流入射角；掺气浓度分布

1　前　言

　　水垫塘是一种常见的消能方式。泄洪水流以一定的角度和速度射入水垫塘内，呈现淹没射流流态，冲击水垫塘底板，在冲击区域改变流向形成附壁射流区域[1]。水流掺入气体，与塘内水体发生强烈紊动剪切，形成许多尺寸不一的气泡随水流结构迁移扩散。水流通过水垫塘消能进入下游，对大坝下游水体中总溶解气体有着直接的作用，而水体中总溶解气体超饱和将造成河流不仅破坏水生生物原有的生存环境，破坏原有的生态环境，还会直接引发鱼类等因患气泡病而死亡[2]。水流过流边壁在水流掺气浓度达到一定浓度时可以有效地减免空蚀破坏，但由于没有考虑水流结构对气体迁移扩散的影响，已建的水利工程中流道和消能工发生气蚀破坏的事实大量存在[3]。射流卷吸水体周围空气进入水垫塘，在水流结构作用下气体迁移扩散从而改变水流掺气浓度分布，使下游消能工可能面临气蚀的破坏，从而影响消能工的自身安全以及消能效率。附壁射流区是发生空化气蚀破坏的关键区域。所以研究附壁射流区的掺气浓度分布规律，为消能工掺气减蚀提供水流结构与气体运动的相互作用机理。

2　试验装置与水流流态

2.1　试验模型与测点布置

　　试验采用三角堰量水，堰上水头、水位采用精度为 0.1 mm 的测针量测，水流掺气浓度采用中国水利水电科学研究院 CQ-2005 型掺气浓度仪量测，浓度仪的探头由两块 25 mm × 6 mm、间距为 6 mm 的平行直立电极组成，采样历时为 2 s，线性度 ≤ ±0.3%，零点漂移 < ±0.2%（8 h）。掺气浓度测量时由于是人工测量以及测量方式的局限性，存在测量的人为误差，但不影响试验结果的规律性。试验模型见图 1，水垫塘试验段尺寸为 150 cm × 100 cm（长 × 宽）。

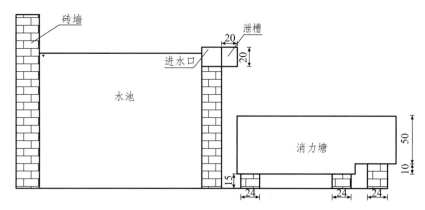

图 1　水工模型立面布置图

试验主要研究泄流流量、水垫深度、水流入射角度引起的附壁射流区域的掺气浓度变化规律。其中：泄流流量 Q 分别设置为 6.25、8.25、11.30 L/s，水流入射角度 θ 分别设置为 15°、30°、45°，水垫深度 d 分别设置为 12、14、16 cm。

模型测点布置如下图 2 所示。在水垫塘底板沿程共有 14 个测点，横向有 6 个测点。

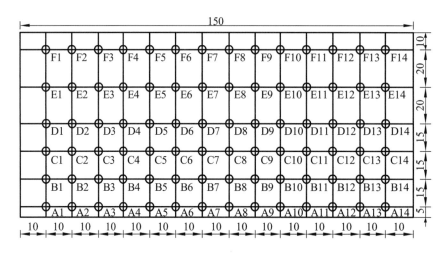

图 2　水垫塘底板测点图

2.2　水流流态

水流射入水垫塘中流态复杂，塘内水流水力特性与水垫深度、入池流量、入射角度等影响因素有关。随着水垫深度和入射角度的变化，入射水流流态呈现为自由冲击射流、淹没冲击射流、面流三种形式。当水垫深度超过跃后水深一定值时，水垫对入塘射流起到顶托作用，此时射流冲击区域附近受到较大的淹没，塘内将呈现为斜向淹没冲击射流和淹没水跃的混合流态[4]。淹没射流受到底板约束改变流向形成附壁射流，如图 3 所示。附壁射流区起点和长度也会相应不同，根据实测情况以序列 5 前后为射流起点，序列 13 前后为射流充分发展结束的点。

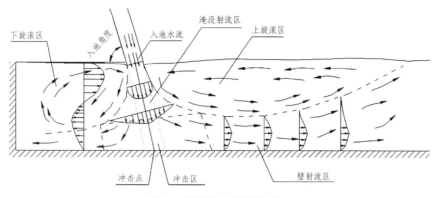

图 3 水垫塘水流结构图

3 试验结果及分析

3.1 不同泄流流量下附壁射流区掺气浓度分布规律

以序列 D 测点为例，实测纵向掺气浓度值。在入射角为 30°，水垫深度为 14 cm，分别测量流量为 6.25 L/s、8.25 L/s、11.30 L/s 时附壁射流区的掺气浓度值，如图 4 所示。

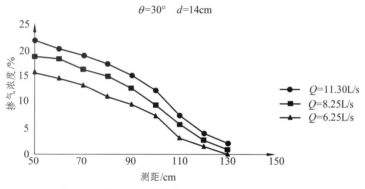

图 4 不同流量下附壁射流区掺气浓度分布图

从图中可以看出，在入射角度为 30°，水垫深度为 14 cm 时，附壁射流区以 D5 前后为起点、D13 前后为终点。当泄流流量增大时相同测点的掺气浓度值增大。根据紊动射流理论，下泄水流射入塘内水垫时，两者之间形成速度不连续的间断面，间断面不稳定形成漩涡，漩涡卷吸周围空气进入射流。由于增大流量，入射水流与周围水体的流速梯度变大，间断面紊动更强烈，卷吸进入水流中的空气也越多。流量增大时，入水水流与水垫接触面也增大，卷吸空气的面积相应增大，卷吸空气的能力增强，随主流迁移至附壁射流区的气体增多，掺气浓度随之增大。不同流量下，附壁射流区掺气浓度沿程都减小。由于射流在卷吸和掺混作用下，射流断面不断扩大，流速也不断降低，附壁射流的上层是面滚回流区，受面滚回流区水流的掺混卷吸，附壁射流区沿程气泡随水体紊动不断向上迁移扩散，所以附壁射流区掺气浓度沿程降低。

3.2 不同水垫深度下附壁射流区掺气浓度分布规律

以序列 D 测点为例，实测纵向掺气浓度值。在入射角为 30°，泄流流量为 8.25 L/s，分别对水垫深度为 12 cm、14 cm、16 cm 时附壁射流区掺气浓度测量。图 5 由试验数据绘制出不同水垫深度下的附壁射流区掺气浓度分布。

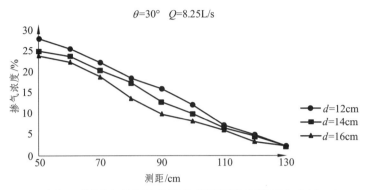

图 5　不同水垫深度下附壁射流区掺气浓度分布图

从图中可以看出，在保持水流入射角度和泄流流量不变的情况下，随着水垫深度的增大，附壁射流区掺气浓度呈现减小的趋势。由于在同一流量和入射角下，不同水垫深度导致入射水流水舌与空气接触的面积不同，从而掺气量不同。水垫深度减小，水流在空气中的行程增加，水舌与空气接触的面积增大，掺气量变大。水垫深度减小，塘内水体量减小，气体体积分数增大，掺气浓度值增大。其次水垫深度增大，塘内消能水体增多，淹没射流在一定水深充分扩散，水流紊动强度衰减，经淹没射流到达附壁射流区的气体量减少，掺气浓度值变小。综上，水垫深度的增大使同一测点的掺气浓度变小。在不同水垫深度条件下，附壁射流区沿程掺气浓度减小，理由与不同流量下沿程掺气浓度减小规律一致。

3.3　不同水流入射角下附壁射流区掺气浓度分布规律

以序列 D 测点为例，实测纵向掺气浓度值。在泄流流量为 8.25 L/s，水垫深度为 14 cm，分别测量水流入射角为 15°、30°、45°时附壁射流区的掺气浓度值。由于入射角不同，射流冲击水垫塘底板位置不同，附壁射流起始点也不同。图 6 由试验所测得数据绘制成不同水流入射角度下附壁射流区掺气浓度分布。

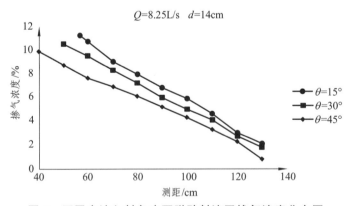

图 6　不同水流入射角度下附壁射流区掺气浓度分布图

从图中可以看出，在保持泄流流量不变、水垫深度不变的条件下，随着水流入射角的增大，附壁射流区同一测点掺气浓度呈减小趋势。当入射角度较小时，水流纵向剪切水面作用大，射流间断面的剪切作用更强，形成不稳定漩涡的能力更强，使射流卷吸空气能力增强，进而使掺气量增多，掺气浓度值变大。随着水流入射角度增大，入射水流对水面的纵向剪切作用减小，卷吸空气的能力减弱，掺气量减小，掺气浓度值变小。在不同水流入射角下，附壁射流区沿程掺气浓度变化同样是减小的，理由同前。

3.4 附壁射流区沿程掺气浓度分布规律

综上，无论泄流流量、水流入射角度、水垫深度怎么变化，附壁射流区沿程掺气浓度不断减小。这是由于附壁射流沿射流轴线不断向下游扩散，射流断面不断增大，气泡也随之向水垫表面扩散。附壁射流起始段由于卷吸进入水体的气体量远远大于逸出水面的气体量，所以该段掺气浓度值偏大。气体在随水体沿程运动时，由于附壁射流上部存在面滚回流区，由于面滚回流的掺混剪切，附壁射流区中的气体不断向水面迁移扩散，使水体中气泡量不断减小，气体体积分数不断变小，所以掺气浓度不断变小。所以呈现出附壁射流区沿程掺气浓度不断减小的规律。

3.5 附壁射流区横向掺气浓度分布规律

以序列 7 横断面为例，D7 为中心沿左右两边测量，测距为 5 cm，宽度为 40 cm。分别绘制出不同流量、不同水垫深度、不同水流入射角下的 D7 横断面掺气浓度分布图，如图 7、8、9 所示。

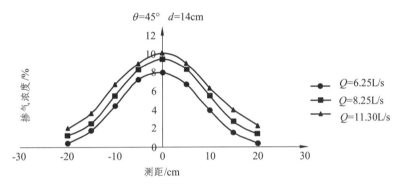

图 7　D7 横断面不同流量下掺气浓度分布图

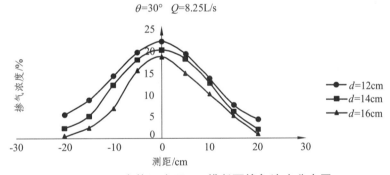

图 8　不同水垫深度下 D7 横断面掺气浓度分布图

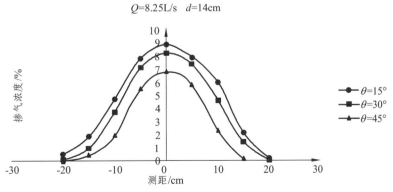

图 9　不同水流入射角下 D7 横断面掺气浓度分布图

从上图可以看出，随泄流流量、水垫深度、水流入射角的改变，附壁射流区横断面的掺气浓度分布规律都是由中心向两侧逐渐衰减的，近似呈抛物线型。由于附壁射流形成的宽度有限，加上水垫塘宽度远远大于射流宽度，所以越往两边射流扩散得越充分，使得卷吸掺混的气体溶解释放得越快，从而掺气浓度也相对中心位置要小。横断面同一测点的掺气浓度随掺气浓度的增大而增大，随水垫深度的增大而减小，随水流入射角的增大而减小。理由同前所述。

根据紊动射流理论[5-6]，采用无量纲化分析[7]，以无量纲数 $\left(\dfrac{b}{d}\right)^2$ 为横坐标，$\ln\left(\dfrac{C}{C_m}\right)$ 为纵坐标，得到以下的关系曲线，如图 10 所示。

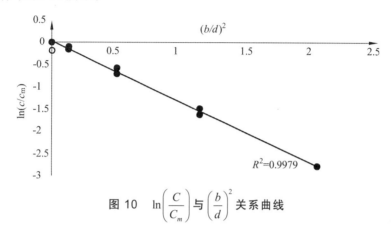

图 10　$\ln\left(\dfrac{C}{C_m}\right)$ 与 $\left(\dfrac{b}{d}\right)^2$ 关系曲线

对图中数据进行线性拟合可得 $\ln\left(\dfrac{C}{C_m}\right)$ 与 $\left(\dfrac{b}{d}\right)^2$ 的关系式为下式：

$$\ln\left(\dfrac{C}{C_m}\right) = -1.378\,8\left(\dfrac{b}{d}\right)^2 + 0.042\,6 \quad 相关系数为 0.997\,9 \tag{1}$$

式中，C_m 为横断面最大掺气浓度；C 为横断面任意测点掺气浓度；b 为横向测点距中心点的距离；d 为水垫深度。

4　结　论

通过试验结果分析，在改变泄流流量、水垫深度、水流入射角的情况下，水流结构对掺入水垫塘内的气体迁移扩散的影响不同，水垫塘内附壁射流区掺气浓度有明显的变化，在工程设计中可为改善水垫塘内掺气浓度变化提供理论参考。经过分析模型试验所测数据得出：在入射角度和水垫深度一定时，附壁射流区掺气浓度随泄流流量的增大而增大；在泄流流量和入射角度一定时，附壁射流区掺气浓度随水垫深度的增大而减小；在泄流流量和水垫深度一定时，附壁射流区掺气浓度随水流入射角的增大而减小；附壁射流区沿程掺气浓度变化规律总体呈衰减趋势；附壁射流区横向掺气浓度分布规律呈抛物线型，由中心点向两侧逐渐减小。

参考文献

［1］ 刘沛清，李福田，王颖. 挑跌流水垫塘内流态结构控制参数与冲击压力变化规律实验研究[J]. 水利学报，2003（3）：25-28.

［2］ 李然，李嘉，李克锋，等. 高坝工程总溶解气体过饱和预测研究[J]. 中国科学，2009（12）：2001-2006.

［3］ 吴持恭. 明槽自掺气水流的研究[J]. 水力发电学报，1988，（4）：23-26.

［4］ 许唯临，廖华胜，杨永全，等. 水垫塘三维紊流数值模拟及消能分析[J]. 水动力学研究与进展，1996，11（5）：561-569.

［5］ 李建中，宁利中. 高速水力学[M]. 西安：西北工业大学出版社，1994，223.

［6］ 窦国仁. 紊流力学[M]. 北京：人民教育出版社，1981.

［7］ 李乃稳，李龙国，庄文化，刘超，等. 水垫塘冲击射流附壁区的水力特性[J]. 四川大学学报（工程科学版），2015，47（3）：14-20.

三峡水运新通道分散三级船闸方案
输水系统布置及水力计算分析

吴英卓[1]，江耀祖[1]，范敏[1]，蒋筱民[2]

（1. 长江科学院，武汉黄浦路 27 号，430010；
2. 长江勘测规划设计研究院，武汉解放大道 1863 号，430010）

【摘　要】 三峡水运新通道船闸比选方案之一的分散三级船闸运行方式独特，正常双线互灌运行相当于级间 $H_{max} = 43.5$ m 的多级船闸中间级输水，而当一线检修另一线单线运行又相当于 $H_{max} = 43.5$ m 的单级船闸输水，闸室尺度大，水力指标高并且运行方式复杂。本文参考国内外已建高水头船闸输水系统布置的成功经验，通过工程类比分析与计算，确定了输水系统采用自分流全闸室出水 4 区段等惯性输水系统的布置大格局以及输水系统关键部位尺寸；通过建立的互灌阀与充泄水阀联合输水数学模型，获取了较优的阀门联合运行方式和阀门段埋深。闸室输水水力特性计算结果表明，确定的船闸输水系统布置及阀门运行方式是合适的，相关水力指标满足规范及设计要求，仅从船闸水力学方面来看，分散三级方案是可行的。

【关键词】 超高水头船闸；自分流全闸室出水；互灌运行；单线运行；阀门联合运行方式

1　前　言

三峡工程位于长江中下游交界处，是具有防洪、发电、航运等综合效益的大型水利水电工程。三峡船闸是三峡工程现有的主要通航建筑物，采用双线连续五级布置。三峡工程的建成极大地改善了长江上游航道通航水流条件，保证了长江黄金水道的通畅，发挥了重大的经济及社会效益。随着经济的快速发展，三峡工程现有的通航建筑物已不能满足日益增长的货运量要求，有必要新增水运通道。

三峡枢纽水运新通道拟建于现有的三峡连续五级船闸（简称老船闸）左侧，拟定通航建筑物上游最高通航水位 175.00 m，最低通航水位 145.00 m。下游最高通航水位 73.80 m，最低通航水位 62.00 m。最大通航总水头为 113.00 m。设中间渠道的分散三级船闸方案，因其具有运行调度灵活、故障和检修停航机率小等优点，被选为三峡水运新通道船闸设计的比较研究方案，该方案单级输水最大水头 43.5 m，闸室有效尺寸 280 m × 34 m × 8.0 m（长 × 宽 × 门槛水深），船闸输水时间要求小于 16 min。借鉴老三峡船闸[1]的成功经验，初步拟定新通道船闸输水系统采用 4 区段 8 分支廊道等惯性输水系统。

国家重点研发计划课题（2016YFC0402004）。

基金项目：国家自然科学基金（51379019）。

为避免船闸运行输水水体及流量过大引起中间渠道涌浪过大和减少船闸耗水量，分散三级船闸拟采用双线互灌方式运行，即相邻闸室互为省水池，每级闸室除常规的输水系统外，还专设互灌廊道 2 支，连接相邻两线闸室上、下中支廊道，互灌廊道上设置互灌阀控制相邻两线船闸间的水体交换，常规输水廊道上设置的充泄水阀控制闸室与上、下游引航道或中间渠道间的水体交换。互灌运行船闸输水流程为：在相邻闸室水位分别为上游高水位和下游低水位时，首先开启互灌阀进行相邻两线间闸室互灌，互灌初始水头为全水头，输水至两闸室水位接近齐平时的适当时机关闭互灌阀、开启充泄水阀完成后半程输水；在一线船闸检修另一线船闸单线运行时，相当于最高水头达 43.5 m 的超高水头大型单级船闸。显然两线船闸闸室按互灌输水设计，输水系统布置及阀门控制方式等均十分复杂，加上存在一线检修另一线单独运行的情形，因此无论是互灌阀还是充泄水阀均可能在超过 40 m 的超高水头下工作，易产生阀门空化及闸室内船舶停泊安全问题。因此，在项目规划阶段对三峡新通道船闸采用分散三级布置的可行性论证，除中间渠道水力学问题外，船闸输水系统阀门段工作条件、闸室停泊条件及两线船闸互灌运行方式等问题也是分散三级方案是否可行的关键，为此通过与相同或相近规模船闸[1] [2] [3]进行类比分析及计算，初步确定分散三级船闸输水系统布置及尺寸，再通过数模计算对输水系统型式及阀门运行方式进行优化，为新通道船闸型式选择提供依据。

2 输水系统布置型式初选

设中间渠道的船闸方案，每一级闸室都相当于一个单级船闸。根据水级划分，汛期上游库水位为 145.0 ~ 150.0 m 时，第 1 级闸室不运行，作为过闸通道使用，仅运用后两级船闸。因此对于闸室输水系统运行条件而言，分散三级船闸输水最不利工况出现在汛期上游库水位为 150.0 m，下游水位为 63.0 m 的水位组合，此水位组合下第 2、3 级闸室将出现 $H_{max} = 43.5$ m 的最大水头。

分散三级船闸在正常运行工况下，采用两线相邻闸室互为省水池的互灌输水方式，互灌阶段输水与多级船闸中间级输水类似，互灌阶段最大水头（$H_{max} = 43.5$ m）比老三峡船闸中间级最大水头（$H_{max} = 45.2$ m）略低，但考虑到一线检修，另一线单线运行工况下，船闸将作为最大水头达 $H_{max} = 43.5$ m 的单级船闸运行，输水初期充水水头将较长时间维持在较高水头下，相应进入充水闸室的输水能量更大且闸室内消能水体较少，$H_{max} = 40.25$ m 的大藤峡单级船闸相关研究表明，老三峡船闸采用的常规 4 区段等惯性输水系统已不能满足闸室内停泊条件要求，因此分散三级船闸输水系统宜采用较老三峡船闸更为分散的输水系统布置型式。考虑分散三级船闸单级运行 $H_{max} = 43.5$ m 与大藤峡单级船闸最大水头 $H_{max} = 40.25$ m 相近，分散三级船闸初步选择采用与大藤峡船闸相同的自分流全闸室出水 4 区段等惯性输水系统布置型式[4]（见图 1）。经试算主廊道尺寸定为 5 m × 7 m（宽 × 高），充泄水阀门孔口尺寸为 5 m × 5.5 m（宽 × 高），阀门后廊道体型采用与大藤峡船闸相同的突扩体型，突扩腔尺寸为 27.5 m × 10.1 m（长 × 高），另考虑到单线运行工况非船闸正常运用工况，因此充泄水阀门段埋深初步定为 19.7 m。互灌阀门尺寸首先采用了与老三峡船闸相同的尺寸，即 4.2 m × 4.5 m（宽 × 高），阀门段埋深初步定为 25.5 m（老三峡船闸为 26 m）。计算结果表明，输水流量超过老三峡船闸，闸室内船舶停泊条件难以满足要求，分析原因是根据单线运行条件确定的船闸输水系统尺寸较老三峡船闸大造成的，为减小互灌阶段输水流量，保证闸室停泊条件满足要求，适当减小互灌阀门尺寸，经试算初定为 4 m × 4.5 m（宽 × 高），互灌阀门后廊道体型采用与老三峡船闸相同的突扩体型，突扩腔尺寸为 27.1 m × 8.9 m（长 × 高）。

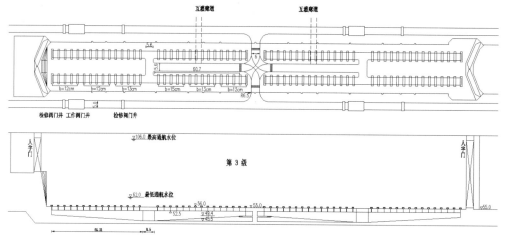

图 1 双线分散三级船闸各级闸室输水系统布置型式

3 输水阀门运行方式优选

3.1 开阀速度选择

选择互灌阀及充泄水阀开启速度的原则为：参照老三峡船闸和大藤峡船闸运行或研究经验，进入闸室的流量控制在 $Q_{max} \leqslant 700 \ \text{m}^3/\text{s}$（闸室水深 $\leqslant 10 \ \text{m}$ [5]）或 $Q_{max} \leqslant 850 \ \text{m}^3/\text{s}$（闸室水深 $\geqslant 20 \ \text{m}$ [4]），可保证闸室内船舶停泊条件满足要求；参照以往研究成果，泄入中间渠道的流量初步按中间渠道断面平均流速 $\leqslant 1.0 \ \text{m/s}$ 控制，由此计算得到中间渠道水深 8 m 时允许泄入的最大流量 $Q_{max} \leqslant 1048 \ \text{m}^3/\text{s}$，这是满足中间渠道通航水流条件的最基本要求；同时根据老三峡船闸经验，控制互灌阀及充泄水阀阀门段空化数 $k_1 \geqslant 0.56$ [5]，以避免阀门段出现空蚀破坏；另外开阀速度的选择应考虑尽量缩短输水时间。

为选择较优的互灌阀开阀速度，计算比较了互灌阀门在最大水头下以 $tv = 1 \sim 8 \ \text{min}$ 双阀同步匀速开启条件下，互灌阶段的闸室输水水力特性。通过计算可知 $tv = 1 \sim 8 \ \text{min}$ 开阀速度下的流量均小于 700 m^3/s，互灌阀开启速度与互灌阀门段空化数的关系曲线呈马鞍型（见图2），互灌阀采用 $tv \leqslant 2 \ \text{min}$ 速度开启可保证互灌阀门段空化数 $k_1 \geqslant 0.56$，分析原因是因为互灌时水流通过两个闸室输水系统，廊道换算长度长，快速开阀可充分利用惯性水头改善阀门段工作条件[6] [7] [8]，同时快速开阀对缩短输水时间较为有利。考虑阀门启闭设备制造等方面原因，采用 $tv = 1 \ \text{min}$ 开阀存在一定困难，最终确定互灌阀采用 $tv = 2 \ \text{min}$ 快速开阀运行。

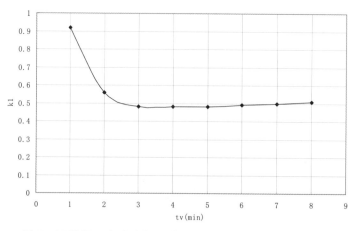

图 2 互灌阀开启速度与互灌阀门段最小空化数关系曲线

正常互灌运行工况第二阶段输水，充泄水阀工作水头仅为全水头的一半左右，并且充水闸室水深达到 20 m 以上，因此充泄水阀亦初步选择采用快速 $tv = 2$ min 匀速开启，以缩短充泄水时间。

3.2 互灌阀与充泄水阀联合运行方式优选

较优互灌阀与充泄水阀联合运行输水方式，应是能满足通过能力、船舶停泊条件和输水阀门段水流空化数要求，且输水时间最短的两阀联合运行方式。

因此在最大水头下（$H_{max} = 43.5$ m），首先计算了运行方式相对简单的互灌阀与充泄水阀运行不交叉的联合运行方式，即互灌阀以 $tv = 2$ min 开启完成前半程输水任务，完全关闭后再以 $tv = 2$ min 开启充泄水阀的闸室输水水力特性。计算得出，总充水时间 $T_{充总} = 20.35$ min、总泄水时间 $T_{泄总} = 20.17$ min，均超过输水时间 $T \leqslant 16$ min 的设计要求。由于互灌阀与充泄水阀均采用了可能的最快开启速度，因此可以得出如下结论：在初定的输水系统布置型式及结构尺寸下，采用互灌阀与充泄水阀不交叉运行方式，不能满足输水时间 $T \leqslant 16$ min 的要求。

为缩短输水时间，考虑采用在互灌末期互灌阀关至全关位前，适时开启充泄水阀输水的两阀交叉运行方式。计算比较了互灌阀以 $tv = 3$ min 速度（参照老三峡船闸）分别在 10 m、8 m、6 m 等互灌剩余水头下关闭，以及充泄水阀在互灌阀开始关闭后分别延时 $\Delta t = 0$ s、70 s、90 s、120 s 后开启的多种两阀联动方式下的闸室输水水力特性。

经计算发现，若 Δt 太短即充泄水阀过早开启，闸室水体会出现回灌，所谓回灌，是指充水闸室局部时段出现水位下降，或泄水闸室局部时段出现水位上升。出现这种现象的原因是，在互灌阀关终前互灌水位已经齐平，但因互灌阀未关终，两线闸室水体仍处于联通状态，而此时充泄水阀又已开启，充水闸室水位继续上升，泄水闸室水位继续下降，此时两线闸室的水头会形成充水闸室水体向泄水闸室的流动趋势，此阶段两线闸室水位上升或下降速度会有所减缓，甚至出现反向，即所谓回灌，若出现回灌会造成充泄水时间延长、耗水量增加和乘客体验变差等问题，因此应避免。计算表明，控制交叉期间闸室水体不发生回灌现象所要求的 Δt 最小为 70 s。

计算获得互灌最佳阀门运行方式为：互灌阀与充泄水阀均采用 $tv = 2$ min 快速开启，且互灌阀在互灌剩余水头为 10 m 时以 $tv = 3$ min 动水关阀，互灌阀起关 70 s 时开启充泄水阀门。该互灌最佳阀门运行方式下互灌及充泄水流量、输水阀门段水流空化数等水力参数均满足相应要求，且闸室输水历时最短（$T_{充总} = 17.19$ min、$T_{泄总} = 17.09$ min），表明互灌阀与充泄水阀采用交叉运行后，输水时间明显缩短，但仍不满足 $T \leqslant 16$ min 的设计要求，输水系统初选方案廊道尺寸须适当加大。

另外，对一线检修另一线独立运行工况的闸室输水水力特性进行计算的结果表明，该工况对应最佳阀门运行方式为：充泄水阀门采用 $tv = 8$ min 速率开启。在此最佳阀门运行方式下闸室充泄水流量不超标且输水时间相对较短，但充泄水阀门段水流空化数较低，不满足 $k \leqslant 0.56$ 的要求，计算表明当一线检修另一线需独立运行时，充泄水阀门段 19.7 m 的埋深不够，需将充泄水阀门段埋深增加至 26.5 m（充水阀门段）、30.5 m（泄水阀门段）。

4 输水系统优化研究

由于输水系统初步方案互灌运行时总输水时间偏长，且仅通过优化阀门运行方式无法很好解决这一问题，为此考虑适当加大输水系统尺寸。经计算对输水系统做如下修改：保持互灌阀门孔口断面 4.0 m×4.5 m 尺寸不变，互灌主廊道由 5.0 m×5.4 m 扩大至 5.0 m×5.6 m；埋深增加 0.5 m，H_k 达到 26.0 m，与老三峡船闸相同[5]。充泄水阀门尺寸由 5.0 m×5.5 m 扩大至 5.2 m×5.8 m，主廊道由

5.0 m×7.0 m 扩大至 5.2 m×7.5 m，输水系统尺寸经优化后对一线检修工况进行计算确定充水阀门段埋深 23.5 m、泄水阀门段埋深 31.0 m。

最大水头下（$H_{max}=43.5$ m），正常互灌运行采用最佳阀门运行方式下船闸输水水力参数列于表 1，闸室水位过程线及流量过程线绘于图 3~图 4。

表 1　互灌工况最佳阀门运行方式下闸室充泄水水力特征值

输水方式	互灌阶段			充泄水阶段			T(min)
	$Q_{1\,max}$(m³/s)	$P_{1\,min}$(×9.84 kPa)	k_1	$Q_{2\,max}$(m³/s)	$P_{2\,min}$(×9.84 kPa)	k_2	
互灌充水	684	12.1	0.56	800	39.3	2.26	15.98
互灌泄水	684	12.1	0.56	790	23.0	1.60	15.88

备注：$Q_{1\,max}$——最大互灌流量；$Q_{2\,max}$——最大充泄水流量；$P_{1\,min}$——互灌阀门段最低压力；$P_{2\,min}$——充泄水阀门段最低压力；k_1——互灌阀门段最小空化数；k_2——充泄水阀门段最小空化数；T——输水总时间。

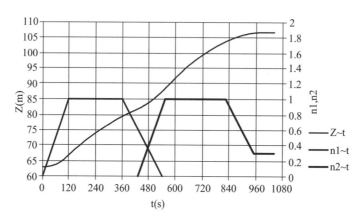

图 3　两阀启闭机活塞杆行程与时间的关系
及第 3 级闸室充水水位过程线

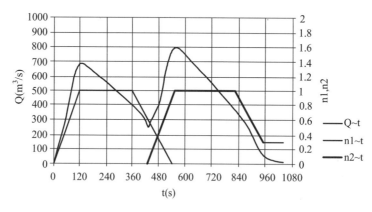

图 4　两阀启闭机活塞杆行程与时间的关系
及第 3 级闸室充水流量过程线

计算结果表明，适当放大互灌阀主廊道尺寸及充泄水阀门孔口和主廊道尺寸后，可保证最大水头下（$H_{max}=43.5$ m），正常互灌运行工况输水时间缩短至 16 min 内，满足设计要求，同时闸室内船舶停泊条件及输水阀门段水流空化数也能满足要求。

一线检修另一线单独运行时，最大水头下（$H_{max}=43.5$ m），充泄水阀门采用 $tv=8$ min 速率开启，船闸输水水力参数列于表 2。

表 2　一线检修另一线单独运行工况闸室充泄水水力特征值

输水方式	$Tv(s)$	$Q_{max}(m^3/s)$	$T(min)$	$P_{min}(\times 9.84\ kPa)$	k
单线充水	480	837	15.77	14.00	0.56
单线泄水	480	827	15.62	13.00	0.57

备注：tv——开阀速率；Q_{max}——最大充泄水流量；T——输水总时间；P_{min}——充泄水阀门段最低压力；k——充泄水阀门段最小空化数。

由表 2 可知，输水系统优化方案，一线检修另一线单独运行时，在最大水头下（$H_{max} = 43.5\ m$），充泄水阀门采用 $tv = 8\ min$ 速率开启，闸室输水各水力参数均能满足相应要求。

对于中间渠道内船闸进/出口体型，初选时采用了老三峡船闸进口体型——垂直于船闸轴线布置的正向多支孔进水口，通过中间渠道数模计算，将在闸首相对集中布置的进/出水口型式，修改为平行于船闸轴线相对分散的带明沟消能的多支孔进/出流型式，该布置型式不仅解决了中间渠道的通航水流条件问题，且保证了中间渠道两端闸首处的水位波幅不至影响人字门的正常运行。

5　特殊运行条件相关分析

鉴于老三峡船闸在 150 m 水位以下后四级运行时，1 闸室因水位波动过大待闸条件不佳，因此对新通道分散三级船闸 150 m 水位以下后两级运行工况进行了分析。长江科学院为解决老船闸 1 闸室待闸问题开展了系列原型试验研究，结果表明，2 闸室作为首级充水时，存在 2 个进水口，一个是 1 闸室内输水系统，约 70%流量由此口进入；另一个是原 1 闸室进水口，约 30%流量由此上游引航道内的进水口进入，因大部分流量由水域较小的 1 闸室提供，1 闸室水面下降，而 1 闸首门槛的存在又使得上游引航道水域向 1 闸室的补水通道较小，因补水不及时，上游引航道与 1 闸室水面出现水面比降，形成 1 闸室较大的水面波动。显然在水域面积较小的闸室内大量取水是老船闸 1 闸室待闸条件不佳的根本原因。而对于新通道分散三级船闸，上游库水位 145～150 m 后两级运行工况，2 闸室作为首级充水，其充水流量完全由其自身位于第一级中间渠道内的进水口提供，不具备形成较大水面比降的条件，且因第 1 级闸室与中间渠道联通扩大了水域面积，对中间渠道通航水流条件有改善作用，2 闸室充水时中间渠道的水面比降及水位波幅应小于三级运行工况。

6　结　论

（1）根据三峡水运新通道分散三级船闸采用的互灌运行方式及一线检修另一线需独立运行的独特运行条件，本文通过与闸室规模及水头相近的老三峡船闸和大藤峡船闸进行类比分析及计算后，确定分散三级船闸输水系统采用自分流全闸室出水的 4 区段等惯性输水系统布置型式，并提出了输水系统关键部位尺寸。

（2）在综合考虑闸室内船舶停泊条件、引航道及中间渠道水流条件、输水时间要求等多种因素的前提下，计算研究确定了正常互灌运行工况下以及一线检修另一线单独运行工况下的最佳阀门运行方式。

（3）根据最大水头下船闸输水水力特性计算成果，确定互灌阀门段采用与老三峡船闸相同的 26.0 m 埋深，可保证互灌阀门段水流不发生空化；确定充泄水阀门段分别采用 23.5 m（充水阀门段）、31.0 m

（泄水阀门段）埋深，可保证一线检修时另一线需独立运行时充泄水阀门段水流不发生空化。

（4）仅从闸室输水水力特性来看，分散三级船闸方案可行。另建议互灌廊道尽量靠近输水系统对称轴布置，即尽量靠近第1分流口端布置，以削弱因双侧互灌阀开启不同步对闸室内船舶停泊条件产生的不利影响。

参考文献

[1] 江耀祖，吴英卓，徐勤勤，等. 三峡船闸关键水力学问题研究[J]. 湖北水力发电，2007，72（3）：60-63.

[2] 吴英卓，陈建，王智娟，等. 高水头船闸输水系统布置及应用[J]. 长江科学院院报，2015，32（2）：58-63.

[3] 邓廷哲，金峰，彭爱琳. 葛洲坝船闸水力学问题综合分析[J]. 人民长江，2002，33（2）：41-46.

[4] 吴英卓，江耀祖，姜伯乐，等. 大型超高水头船闸输水系统型式研究与展望[J]. 长江科学院院报，2016，33（6）：53-57.

[5] 邓浩，刘继广，等. 三峡永久船闸抽水调试期水力学原型观测[J]. 长江科学院院报，2004，21（4）：7-10.

[6] 吴英卓，江耀祖. 银盘船闸输水系统布置型式研究[J]. 长江科学院院报，2008，25（6）：6-9.

[7] 邓廷哲. 船闸输水廊道阀门段水力学问题的分析研究[J]. 长江科学院院报，1989，6（2）：37-43.

[8] 王智娟，江耀祖，吴英卓，等. 银盘船闸阀门段体型优化三维数字模拟研究[J]. 人民长江，2008，39（4）：91-93.

竖井式抽水蓄能电站进出水口体型优化的水力学数值模拟

熊保锋，房敦敏，侯博

（华东勘测设计研究院有限公司，浙江 杭州，311122）

【摘　要】　如果竖井式进出水口的弯道后水流流态较差，可能导致进出水口出现严重偏流和水头损失增大，进而影响其结构运行安全，降低电站发电效益。为保证竖井式进出水口的配水均匀性和流态稳定，本文采用三维 RNG k-ε 紊流模型和控制体积法建立了竖井式进出水口水流运动的三维紊流数学模型，结合某抽水蓄能电站模拟了进出水口在不利工况（抽水工况）下的水流流态，经过对扩散角、转弯半径、下平段坡度等进行优化，并通过对比不同体型的流速分布云图，直观展示流场分布，最终确定了合适的竖井式进出水口的体型并作为推荐体型，推荐体型的水流流态得到明显改善。

【关键词】　抽水蓄能电站；竖井式进出水口；体型优化；水力特性；数值模拟

1　前　言

抽水蓄能电站运行过程中水流为双向水流，由于抽蓄电站特殊的调峰填谷、事故备用以及调频调相等功能，决定了抽蓄电站启动频繁且工况转换频繁，因此，在运行过程中上下库水位变化频繁，且变幅较大，相应的进出水口的作用水头及外界条件随着工况转换不断变化，使上库进/出水口及其附近的水流条件变得较为复杂。若进出水口与周边地形边界条件协调设计不恰当，则有可能产生水库环流或形成漩涡，恶化进出水口水流条件，特别是竖井式进出水口在立面上的流速分布不均匀，不仅易造成拦污栅振动现象，且会增加水头损失[1-3]。

某抽水蓄能电站上库采用竖井式进出水口[4-7]，发电工况额定单机发电流量为 82.18 m³/s，抽水工况单机最大抽水流量为 74.10 m³/s。为了解该电站抽水工况下上库进出水口的流场结构，优化进出水口体型设计，缩短可研设计时间，现采用数值模拟的方法对其进行计算研究。

2　数学模型的建立

描述水流运动的控制方程是在连续性假定的基础上，根据经典牛顿力学建立的连续性方程以及N-S 方程。目前常采用数值方法求解雷诺时均方程，以获得统计意义上的物理量时均值。雷诺时均方程包括连续性方程和动量方程。

连续性方程：

$$\frac{\partial u_i}{\partial x_i} = 0 \tag{1}$$

作者简介：熊保锋，1982 年生，男，湖北荆门人，硕士，高级工程师，现主要从事水利水电工程设计。

动量方程：

$$\frac{\partial u_i}{\partial t} + u_j \frac{\partial u_i}{\partial x_j} = f_i - \frac{1}{\sigma}\frac{\partial p}{\partial x_i} + \frac{\mu}{\rho}\frac{\partial^2 u_i}{\partial x_i x_j} \tag{2}$$

式中，$u_i\,(1, 2, 3)$为流速分量；f_i为单位质量流体所受的质量力；p为压强；ρ为流体密度；μ为流体动力黏性系数。

进出水口水流模拟条件涉及计算范围的确定、网格剖分、边界条件的给定等。模拟区域包括流场进口、固体边壁和流场出口。为保证模拟的准确性，流场计算区域为：下平段模拟长度 100 m，水库模拟直径 70 m，死水位工况水深 10 m。设计体型的剖面图见图 1，计算模型见图 2。

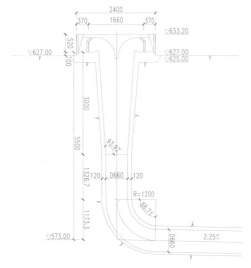

图 1　进出水口剖面图

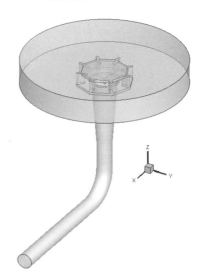

图 2　进出水口计算模型透视图

（图中高程以 m 计，其余尺寸以 cm 计算）

2.1　网格剖分

采用四面体网格，应保证网格分布符合水流运动规律，划分网格时对局部进行调整优化以使计算区域网格适应流场结构，减小计算误差。网格尺寸约 0.1 ~ 0.5 m，网格数量约 80 万，网格划分结果见图 3。

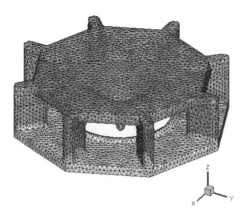

图 3　进出水口处的网格划分

2.2　定解条件及计算参数

进出水口入流边界：选取上平段作为水流入口，给定入流流量。

进出水口出流边界：选取水库远端为水流出口，假定出口流动充分发展，为单向状态，各物理量趋于稳定，则有 $\frac{\partial \phi}{\partial n} = 0$，计算区域内的解不受出口影响。

壁面边界：采用无滑动边界条件，近壁面用壁函数（Wall-Functions）处理。

初始条件采用冷启动，各物理量初值均为零。

3 计算结果

3.1 设计体型计算结果分析

通过对初始设计体型抽水和发电两种工况进行数值模拟，发现发电工况下水流流态较好。主要问题是抽水工况时，水流经过弯道后流速分布不均匀，在渐变段出现严重偏流现象，导致进出水口出流很不均匀，故在体型优化设计仅对抽水工况进行数值模拟。

上库竖井式进出水口抽水工况，选取进出水口中心线立面进行流场分析，见图4、图5。出口水流出现明显偏流，流量分配不均。

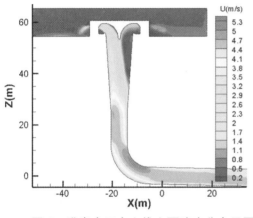
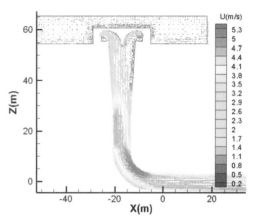

图 4　进出水口中心线立面速度分布云图　　　　图 5　进出水口中心线立面速度矢量图

3.2 优化体型计算结果分析

为了优选进出水口的体型，拟定如下体型调整方案，见表1。各修改体型剖面图见图6～图9，各体型中心线剖面处的流速分布云图见图10～图13，比较可知，弯道采用圆弧体型，弯道后接适当的压坡段，减小出口扩散角，有利于出口水流的均匀扩散。经过体型优化，推荐方案的流态得到明显改善。

表 1　体型说明

体型名称	体型描述
设计体型	出口扩散角5°，竖井不采用压坡段，竖直段直径7.6 m，圆弧弯道（半径12 m）
修改体型1	出口扩散角5°，竖井采用压坡段（长5 m），竖直段直径7 m，下平段底坡2.25%，椭圆弯道（中心线转弯半径17.5 m）
修改体型2	出口扩散角6°，竖井采用压坡段（长7.5 m），竖井段直径7.2 m，下平段底坡2.25%，椭圆弯道（中心线转弯半径15 m）
修改体型3	出口扩散角6°，竖井采用压坡段（长7.5 m），竖井段直径7.2 m，下平段底坡5%，椭圆弯道（中心线转弯半径15 m）
推荐体型	出口扩散角4°，竖井采用压坡段（长7.5 m），竖井段直径7.2 m，下平段底坡2.25%，圆弧弯道（中心线转弯半径15 m）

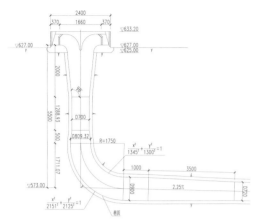

图 6 修改体型 1 剖面图

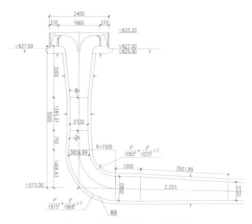

图 7 修改体型 2 剖面图

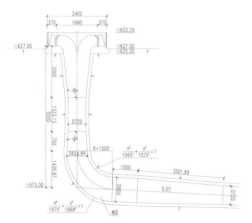

图 8 修改体型 3 剖面图

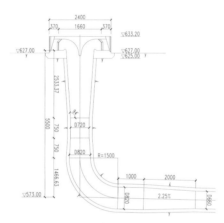

图 9 推荐体型剖面图

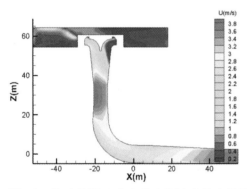

图 10 修改体型 1 中心线立面速度分布云图

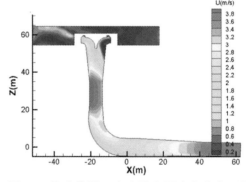

图 11 修改体型 2 中心线立面速度分布云图

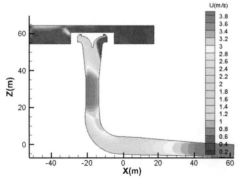

图 12 修改体型 3 中心线立面速度分布云图

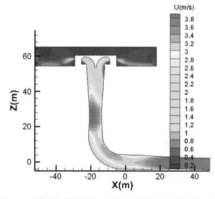

图 13 推荐体型中心线立面速度分布云图

3.3 推荐体型计算结果分析

为了精确获得推荐体型各剖面处的流速分布,对图14中的横切面进行流场分析,见图15~图19。进出水口孔口编号见图20,相对两孔口切面的流速分布见图21~图23。

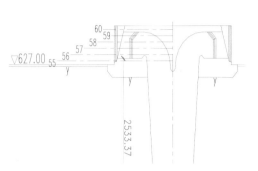

图14 推荐体型横切面位置(Z = 55 m~Z = 60 m)

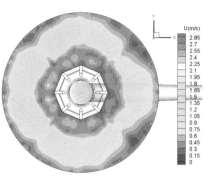

图15 Z = 55 m 流速分布云图

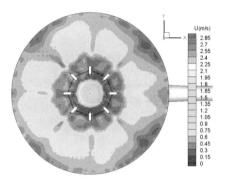

图16 Z = 56 m 流速分布云图

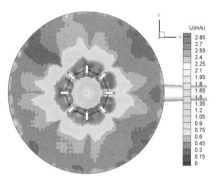

图17 Z = 57 m 流速分布云图

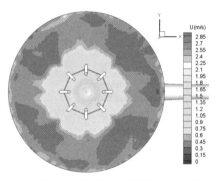

图18 Z = 58 m 流速分布云图

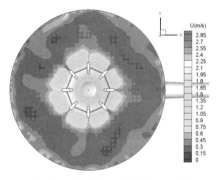

图19 Z = 59 m 流速分布云图

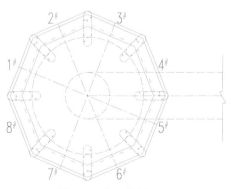

图20 孔口编号

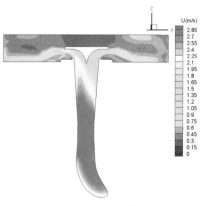

图21 1#孔、5#孔连线剖面流速分布云图

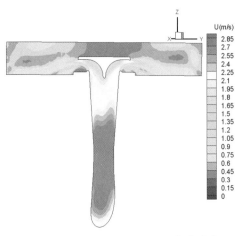
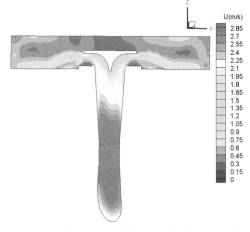

图 22　2#孔、6#孔连线剖面流速分布云图　　　图 23　3#孔、7#孔连线剖面流速分布云图

4　结　论

本文利用三维 RNG k-ε 紊流模型，以及 SIMPLE 算法对某抽水蓄能电站上库进出水口水流运动进行数值模拟，对比研究了不同体型的流场结构及水力特性，弯道、收缩段、扩散段的体型对于水流流态影响较大。在对设计体型和修改体型计算结果对比分析的基础上，通过优化弯道体型、增加了压坡段、减小了扩散段的角度等手段，使进出水口偏流现象得到了较好的改善，各孔口流态分布的均匀性得到了明显的提升。

参考文献

[1]　陆佑楣，潘家铮. 抽水蓄能电站[M]. 北京：水利电力出版社，1992.

[2]　张春生，姜忠见. 抽水蓄能电站设计[M]. 北京：中国电力出版社，2012.

[3]　DL/T5208-2005 抽水蓄能电站设计导则[S]. 北京：2005.

[4]　宋慧芳. 抽水蓄能电站盖板竖井式进/出水口水力特性研究[D]. 天津大学，2004.

[5]　刘健. 抽水蓄能电站竖井式进/出水口数值模拟[D]. 天津大学，2004.

[6]　程伟平，毛根海，胡云进，等. 马山抽水蓄能电站竖井式进/出水口轴对称流场数值模拟[J]. 水力发电学报，2005(03).

[7]　高学平，张效先，李昌良，等. 西龙池抽水蓄能电站竖井式进出水口水力学试验研究[J]. 水力发电学报，2002(01).

特型水闸研究与应用展望

陈发展，严根华

（南京水利科学研究院 水文水资源与水工程国家重点实验室 江苏 南京，210029）

【摘　要】　随着我国经济建设的快速发展，城市水环境整治和流域水资源调配越来越引起地方政府的重视。生态型、环保型大跨度新型水闸作为流域水资源、水环境的重要调控手段和必备设备，已经成为水环境整治的功能化、生态化和景观化的重要组成部分，正在我国沿海城市乃至全国范围内广泛开发应用，并发挥日益重要的作用。本文重点探讨了国内外特型水闸建设的概况及近年来我国在特型水闸建设中新的应用及展望，为该类闸型在国内外的推广提供了依据。

【关键词】　特型水闸；大跨度；应用

1　问题提出

水作为城市重要的资源环境，让水走进城市，让城市融入水，已日益成为人们的共识。但在世界经济快速发展的今天，世界各国均存在城市化、工业化进程急速推进，城市范围不断扩大，人口密集度不断加剧，城市水源污染日益严重，河底废弃物沉积加剧，水面漂浮污染物也大量聚积，造成了城市水源的严重污染，对人类的生存空间造成了巨大考验，特别是快速发展的中国，这一矛盾更加突出。为了改善这一现状，目前部分城市已投入大量人力物力，开始实施雨污分流、河道植草、河段清淤、引水冲污等系列措施，这些措施往往运行成本高，资源浪费大。例如引水冲污，虽改善效果立竿见影，但每次水源浪费巨大，耗费动力资源多，在人力财力上投入巨大，且冲污后不久，城市河系水质会再度污染，水质恶化、河系污染物集聚；建闸蓄水虽然保持了河系水源，但由于阻断了上下游畅通，将河系水体变为一潭死水，容易引发污染物汇聚，水质恶化，而且只要雨天引发河系水位上涨，就要开闸放水，人力资源、动力资源消耗巨大等一系列问题均未得到有效解决。因此迫切需要采用经济合理、行之有效的城市水系整治新技术来解决日益严重的城市水环境问题——新型生态水闸研究及建设推进。

我国水闸工程建设中长期使用的闸门结构大致分成两大类：一类为平面闸门，另一类为弧形闸门，其他尚有少量的人字门、翻板门和三角门等（见图1）。且水闸设计型式简单，闸孔尺寸小，闸墩、启闭排架、闸门启闭室等构筑物众多，泄流能力弱，有的虽已进行水闸景观设计，但和周边景观协调性差，蓄拦水后易造成上下游阻隔断流，上游漂浮物、沉积物沉淀形成水环境污染，下游水流枯竭，河道断流阻碍了水游生物的生态环流。随着我国经济建设和科学技术的快速发展，人们对居住环境的要求愈来愈高，对新兴生态环保型门型的开发、研制创新和应用则日益加快，在水利工程建设中，正朝着水闸建设大型化、景观化和生态化方向发展，逐渐形成建设一个水利工程、形成一条景观河流，维持一方生态景观，打造一批休闲居所，使现代化城市的建设更加宜人、美丽。

图 1 传统常规水闸

近年来在流域防洪和水环境整治过程中，沿海沿江城市，采用各种生态水闸、特型闸门，并朝着大跨度、生态型方向迈进。单孔跨度为 15~20 m 的平面直升式闸门、跨度 30~40 m 大宽高比弧形闸门、跨度 30~40 m 的上翻式弧形钢闸门、护镜门、跨度 55 m 立轴旋转门钢闸门、跨度 20~100 m 底轴旋转卧倒门以及跨度为 60~90 m 平面弧形对拉门及其生态活水的先后采用，反映了现代水闸建设和发展的缩影，形成了系列创新成果。这些先后涌现和采用的新型水闸极大地提升了水利工程建设的科技水平、设备制造安装和工程建设水平。

这些大跨度特型闸门的水力结构特征目前尚无成熟规范规程作为参考依据，无现成运行经验可借鉴，因此必须通过模型试验、科学计算分析进行综合研究，确定结构布置合理，运行操作规范，以确保该类工程的安全运行。

2 国内外水闸建设现状调研

国际上修建水闸的技术在不断发展和创新，如荷兰兴建的荷兰三角洲挡潮闸工程、英国建造的伦敦泰晤士河挡潮闸、意大利建造的威尼斯泻湖挡潮闸等。

东斯海尔德挡潮闸（见图 2），世界上最高和规模最大的水中装配式水闸，位于荷兰西部东斯海尔德河口，该闸跨越大海，被誉为海上长城，全闸共 63 孔，采用平面闸门，单孔宽 43 m，高 5.9~11.9 m，最大面积为 511.7 m²，为世界之冠。

图 2 东斯海尔德挡潮闸

鹿特丹新水道挡潮闸位于鹿特丹新水道河口（见图 3），设计新颖、技术先进，横卧在宽 360 m、深 17 m 的新水道上，由两个庞大的支臂组成，在支臂顶端各装有一扇高 22 m、内设压载水箱的空腹式弧形闸门。两支臂与固定在河道两端的两个各重 600 t 的球形联轴节相连，并以其为中心转动。当两支臂在河心合拢时，即可将河道封闭，将海潮阻挡在闸门以外。该闸闸体平时停靠在河道两岸的泊坞内，需要关闭时随着其支臂的合龙，先将闸体浮移主河道就位，然后再向其内压载水箱充水，使其沉至建造在河床上的闸门底槛上。开闸时，先将闸体内的水排出，使其浮起，然后随着其支臂的移动再将其浮移回原停靠位置。该闸可抵御高至 70 000 t 的潮水冲击力，即相当于可抵御万年一遇风暴潮的袭击。

图 3 鹿特丹新水道挡潮闸

威尼斯泻湖挡潮闸（见图4）是为了最大限度地削减建闸对生态、通航、景观的影响，该闸巧妙地设计了一种"看不见的"浮动挡潮闸。挡潮闸由一系列空肚的、可沉浮旋转的闸门组成，每扇闸门以铰链固定在海底闸底板上。平常闸门充水，平卧海底，水面上完全看不到闸门。当需要挡潮时，向闸门厢里压气排水，闸门就以铰链为轴旋转，浮起挡潮；待潮位下降时，灌水排气，闸门又沉回海底。

图4　威尼斯泻湖挡潮闸

伦敦泰晤士河挡潮闸（见图5）修建在 523 m 宽的河面上，由 11 座大型防水桥墩把泰晤士河分割成四个 61 m 宽和两个 31 m 宽的可以通船的河道，以及四个不能通船的河道。泰晤士河挡潮闸的规划设计充分考虑了外形美观、不阻断河道、不妨碍通航等功能要求，工程建设颇具特色，九道拱形闸门，单个外形既像悉尼歌剧院，阳光下烁烁闪亮的银色外罩又有点像科幻中的宇宙空间站。

图5　泰晤士河挡潮闸

中国修建水闸的历史则更为悠久。公元前 598～前 591 年，楚令尹孙叔敖在今安徽省寿县建*芍陂*灌区时，即设五个闸门引水。以后随着建闸技术的提高和建筑材料新品种不断出现，水闸建设也日益增多。1949 年后大规模现代化水闸的建设，在中国普遍兴起，并积累了丰富的经验。如长江葛洲坝枢纽的二江泄水闸，最大泄量为 84 000 km³/s，位居中国首位，运行情况良好。

3　国内外水闸建设发展趋势探讨

在水利工程中应用的闸门门型多样，而大孔径特型闸门相对较少，从国外大型闸门的工程实例来看，用于挡潮的闸门形式较多，其功能比较单一。如荷兰马斯兰特阻浪闸虽可实现在航运河道上不设梯级和船闸，但无法调节河道流量，也不能进行双向水流的挡水挡潮和泄流调控。近年来国内大型闸门、新型水闸工程正日益翻新呈现，已逐步形成了护镜式闸门、大型对拉式闸门、空间管桁架结构闸门、立轴旋转闸门等，既有适用于单向挡水，也有适用于双向挡水，微水量过流满足生态需求等新型水闸。此类水闸的显著特点是：跨度大、水头低、设计新颖、构思巧妙、造型独特、自动化程度高、景观协调性强、社会经济效益显著，亦成为人文景观的重要组成部分。随着城市水利建设的迅速发展，有利于城市环境的新型水闸设计与研究已经成为我国水利工程的一个重要研究方向。

大跨度直升式平面闸门跨度大，闸门刚度相对薄弱，闸门结构基频低，易发生共振，闸门底缘历经淹没出流、临界出流、自由出流，承受下游水流顶托区域范围大，顶托力大，易发生共振。闸门底缘型式直接影响共振区间分布，闸下出流流量大易引发闸下冲刷，需进行闸下消能防冲研究。闸门跨度大易造成闸中挠度变形加大，引发止水性能降低，造成止水漏水而产生水封漏水自激振动，闸后流态复杂回溯水流易引发闸门振动增强，需从闸门结构形式或辅助设施进行抑振研究，避免闸门强震产生。解决方法途径：进行闸门结构特性分析优化，提高闸门基频，避开水流共振区间；优化闸门底缘形式，使闸门承受的顶托荷载难以激发闸门共振；加强闸门刚度设计，减小跨中变形量，或研发活动拐臂式止水，以适用闸门跨中挠度变形，达到减小水封漏水造成自激振动风险；优化闸门运行方式，规避强振发生区间；研发坎孔结合的栅型尾坎底流消能方式，改善出流流态，加大水流消能率和增强河床抗冲稳定，从而有效解决低弗氏数水流消能问题；根据下泄流量大、门后水流条件复杂多变、回溯水流易冲砸门后底缘及门后面板特点，设置合适间距的门后挡板，有抑制临门水跃对闸门结构的动力作用，从而大幅度减小闸门振动。该类型水闸适应于河道宽度大的低水头、感潮河段双向挡水功能和复杂工况下调度运行中有局部开启要求的水闸工程建设，既节约工程投资，又便于工程管理，是宽河道上水闸门型的较好选择。其应用代表有北江大堤西南水闸、芦苞水闸、上海青草沙水闸等，其孔口尺寸分别为 20.0 m×3.5 m 与 15.0 m×3.5 m，如图 6 所示。

图 6　大跨度直升式结构水闸（西南、芦苞水闸）

双拱空间网架平面钢闸门是一种新型闸门，闸后空间管桁架结构有利于缓冲回溯水流及涌潮冲击力，也适用于感潮涌潮河口的水闸工程建设，虽然在外形上与常规平面钢闸门相似，但其适应强涌潮和双向挡泄水要求及使用功能等均同常规水闸有所不同，该类闸门由于其具有较高的结构安全冗余度、几何稳定、传力明确、适应复杂空间形态，闸后梁系为空间管桁架结构，没有底梁及门后底缘倾角约束，可适用于下游水流条件复杂多变，且回溯水流强烈或涌潮冲击性区域河口，因此进行闸门结构特性分析优化，合理分配布置管件受力量级及传递方向，提高闸门基频，避开水流激振区间；强化闸门杆件焊接工艺，避免焊点疲劳损毁；优化闸门运行方式，避免强振发生区间运行，是此类水闸研究的重点。该类型水闸结构轻盈，提升力小，既节约工程投资，也便于工程管理，是宽河道上水闸门型的较好选择。其应用代表有曹娥江大闸工程，该闸闸孔总净宽560 m，设计流量约 11 340 m³/s，共设二十八孔，孔口尺寸 20.0 m×4.5 m，如图 7 所示。

图 7　大管桁架体系水闸（曹娥江大闸）

大宽高比弧形闸门也是近年来出现的重要门型之一，亦是我国最早使用的新门型。采用这种闸门的优点是可减少挡水闸门的孔数，减少启闭机设置的数量，节约工程投资。但采用这种新型闸门的技术难度也将大大提高，妥善处理各种技术难题，对确保工程安全运行具有重要的工程意义和科学价值。大宽高比弧形闸门主要指宽度与高度之比在 2 倍以上，甚至 4 倍以上的闸门结构，这种闸门一般采用主横梁结构，低水头宽河道采用该类门型具有明显的优越性，其应用代表有黄浦涌南、北水闸，其孔口尺寸（宽×高）为 35.0 m×6.8 m，如图 8 所示。

图 8　黄埔涌南、北水闸

大跨度上翻式拱形钢闸门简化了水闸的结构，减少了水闸占用的空间，满足市政景观设计要求，在水闸开启状态下，能够形成彩虹景观，增强了水闸的可观赏性。此类闸门由于跨度大，弧形面板大于河面宽度，闸门刚度相对薄弱，闸门结构基频低，易发生共振及低频抖动，同时闸门底缘分区域处于淹没出流、临界出流、自由出流等不同区间，承受下游水流顶托明显，闸门底缘型式直接影响共振区域，闸下出流由月牙形向满月过渡，闸中汇流急，水流向闸下弧形发散，易冲刷闸下两岸河道，闸中流量大、水流急、单宽流量分配不均，亦易引发河中淘刷。因此提高闸门基频，避开水流激振区间；优化闸门底缘形式，避免门下顶托荷载激发闸门共振；由于该闸门支撑点少，多呈自由激振特性，避免启闭机爬升或蛇形提升；优化闸门运行方式，避免强振发生区间运行；弧形消力坎与线性消力坎组合采用，均化单宽流量，均化区域流态为该类水闸研究的重点。此类水闸跨度大、型式优美，易于与周边景观协调，形成靓丽风景，多用于城市景观，以及风景靓丽的江海湖泊入口。其应用代表有广州市花地河南北水闸（单孔闸门宽 40 m，高 5.19 m）、南京三汊河口闸（单孔闸门净宽为 40 m，高为 6.00 m）、大沽移风拦河闸（单孔净宽 25 m，闸门高 5 m）等，如图 9、图 10、图 11 所示。

图 9　花地河南北水闸

图 10　南京三叉河口闸

图 11　大沽移风拦河闸

立轴旋转闸门闸型新颖，为我国首创，功能拓展独特，其功能拓展为集挡潮、引蓄水、防洪排涝、生态景观、低碳环保于一体的新型水闸。闸门采用底轨旋转启闭，虽闸门结构庞大，但运行动力小、生态环保，闸门采用大门套小门复合设计，结构设计复杂，具有双向挡排水功能，运行工况复杂，满足景观保水不断流、引清排污、自动调蓄景观水位等多重功能，无实际工程经验可借鉴。该水闸闸孔尺寸大，适用河面宽，泄流能力大，设计形式新颖，景观融合性强，特别适合于具有常年不能断流、不能降低景观水位的城市周边或景观要求高的区域。已建成并成功应用的工程有安徽合肥塘西河水闸工程，孔口净宽 30.0 m，闸门半径 25.0 m，门高 9.0 m，如图 12 所示。

图 12　塘西河立轴旋转闸门

大跨度底轴驱动翻板闸门是另一种能够实现双向挡水、灵活启闭、闸门开度无级可调、方便调度、工程隐蔽、无碍防汛和通航、改善河道景观的新型闸门，闸门无级可调实现了人水和谐的城市景观，环境效益巨大。该类闸型适合于闸孔较宽（10～100 m）而水位差比较小的工况（1～7 m），由于它可以设计得比较宽，可以省去数孔闸墩，所以不仅结构简单，还可以节省不少土建投资；而且可以立门蓄水，卧门行洪排涝，适当开启调节水位，还可以利用闸门门顶过水，形成人工瀑布的景观效果，因此在城市周边及风景名胜区具有广阔的应用前景。该类闸型研究的关键为对大跨度底轴驱动闸门两个独立液压系统实现闸门同步的控制、大跨度翻板闸门启闭过程的补排气方式、闸下底板承受水流抛射冲砸安全稳定性等。其工程应用代表有苏州河口闸（见图 13）、黄山钢坝闸、溧水中山闸等。

图 1.13 苏州河口闸

有轨平面弧形双开闸门是介于三角门和横拉门之间的一种新型闸门，该类闸门结构简单，保证了宽航道内无碍航行、河面通透性较好、过流能力大、景观无障碍等功能要求，且易于维护、造价经济、布置简洁，使其能较好地与周围的建筑相协调。该类水闸研究重点为闸门跨度大，结构相对单薄，门体内浮箱利用不当，易悬浮于水体中，易激发低频共振区域产生；门体庞大，安装施工工艺要求高；门下轨道易受淤积，影响闸门开启；支臂过长易发生挠度变形及振动失稳；门体浮箱调控困难；闸门开启及接近关闭瞬间，流速坡降大，易引发闸下冲刷及激发闸门振动。已建成并成功应用的工程有江苏常州钟楼防洪控制工程（孔口净宽 90.0 m，弧面半径 60.0 m，门高 7.5 m）和南水北调中线一期引江济汉工程拾桥河节制闸（孔口净宽 60.0 m，弧面半径 45.0 m，门高 8.9 m），如图 14 所示。

图 14 常州钟楼、拾桥河平面弧形双开闸门

4 结 语

近年来，随着我国水利水电、水运工程建设的快速发展以及对航运、水环境和生态要求的日益提高，具有综合功能的新型大跨度水闸结构不断诞生，大跨度新型生态水闸亦日益昌盛繁荣，新门型新功能层出不穷，但跨度大、水头低、设计新颖、构思巧妙、功能多、生态环保、造型独特逐渐成为目前水闸建设发展的主旋律。新型大跨度闸门结构研制采用极大地丰富和提高了我国水闸建设水平，不同门型关键技术的攻克和有效解决，提高了闸门结构的设计水平、研究水平以及建造安装水平。

参考文献

[1] 陈发展，严根华. 中国特型水闸关键技术研究. 南京：河海大学出版社，2015.

[2] Chen Fazhan. Yan Genhua. Hu Qulie. Study on the Key Technologies of Diversion and Drainage Sluice Gate，水工物理模型与原型观测技术进展，2011.4.

[3] 严根华，陈发展. 涌潮荷载作用下大型桁架式平面闸门动力响应仿真分析. 水利水电科技进展，2010.3.

[4] 严根华，陈发展. 曹娥江大闸工作闸门流激振动及抗振优化研究. 固体力学学报，2011.10.

[5] 陈发展，严根华，等. 上翻式拱形钢闸门水力学结构优化及共振规避措施研究. 中国大坝协会 2011 学术年会论文集，2011.6.

[6] Chen Fazhan，Yan Genhua，Hu Qulie. Study of Flow-induced Vibration and Operating Rules of Vertical Spindle Rotary Gate. 水工物理模型与原型观测技术进展，2011.4.

[7] 严根华，陈发展，胡去劣. 大跨度护镜闸门结构设计与共振规避措施研究. 现代振动与噪声技术，第 12 卷，2017.4.

射流消能井底板冲击压力试验研究

翟静静 [1*]，杨青远 [1]，王海波 [2]，沈立群 [2]，陈晓松 [2]

（1. 长江科学院水力学所，武汉市黄浦大街 23 号，430010；
2. 湖北省水利水电规划勘测设计院，武汉市武昌区梅苑路 22 号，430064）

【摘　要】 垂直射流在壁射流冲击区，底板上的冲击压力大，在旋滚区，冲击压力小。底板的最大冲击压力是关系结构安全的最重要指标。本文主要通过物理模型试验对射流消能井底板最大冲击压力进行了试验研究，建立了底板中心点的最大冲击压力与各物理量的函数关系式，采用量纲分析法，推得消能井底部最大冲击压力的经验公式，为类似涉及计算射流冲击压力的工程提供参考。

【关键词】 消能井；冲击压力；管口距

1　前　言

水流在消能井内主要发生的为冲击射流，冲击射流可分为三个明显的流动区域，如图 1 所示，自由射流区（Ⅰ区）、冲击区（Ⅱ区）和壁面射流区（Ⅲ区）。水流自管口边界开始向内外扩展的掺混，其中心部分未受掺混的影响，仍保持原出口流速（初始流速 u_0）出射，与周围静止流体间形成速度不连续断面。由紊流力学可知，速度断面不连续，必定会产生波动，并发展成涡旋，从而引起紊动，这样就会把原来周围处于静止状态的流体卷吸到射流中。随着紊动的发展，被卷吸并与射流一起运动的流体不断增多，射流边界逐渐向两侧扩展，流量沿程增大，由于周围静止流体与射流的掺混，相应产生了对射流的阻力，使射流边缘部分流速降低，难以保持原来的初始速度。射流与周围流体的掺混自边缘逐渐向中心发展，经过一定距离发展到射流中心，自此以后射流的全断面上都发展成紊流。壁面上的压力 P 与射流的初始流速 u_0 及其射流距离 h 有关[1]。

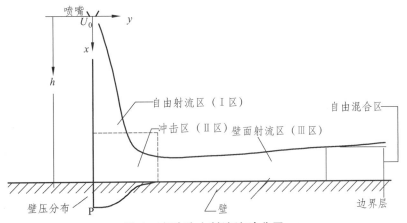

图 1　紊动冲击射流流动分区

基金项目：国家自然科学基金资助项目（51609014）；中央级公益科研单位基本科研业务费项目（CKSF2014045/SL，CKSF2014046/SL，CKSF2016042/SL，CKSD2016309/SL）。

消能井作为特种消能方式，是利用射流对井底的冲击以消能，管道高速水流沿进水管轴线垂直射入消能井内，与井底、井壁剧烈碰撞，相互掺混，翻滚上升，水流紊动剧烈，消耗大量能量后，水面平静进入下一级渠道或管道。深筒式消力井采用射流在消力井内对井底的冲击和水流扩散消能，适用于高水头、小流量输（放）水管道出口消能。国内刘焕芳[2,3]结合方形深筒式消能井的模型试验，认为在高水头、小流量条件下，当水流从管道水流转化为明渠水流时，消能井进水管上安装的控制阀门有一定的消能作用。王滢[4]通过试验建立了重要的水力学参数间函数关系。

对于垂直射流，在壁射流冲击区，底板上的冲击压力大，在旋滚区，冲击压力小，管口中心对应的底板处（以下简称中心点）的冲击压力最大。底板的最大冲击压力是关系结构安全的最重要指标。本文主要研究射流管道出口距离底板的距离 h 与底板冲击压力 P 的相互关系，为有关紊动冲击射流的冲击压力计算提供参考。

2 研究结果及分析

不同管口距 Δ（管口距为射流管道出口距离底板的距离）时底板中心点的冲击压力 P 见表1。试验结果表明，管口距 Δ、井深 H 相同时，消能井底板中心点冲击压力 P 随着流量 Q 的增大而增大；流量 Q、井深 H 相同时，冲击压力 P 随着管口距 Δ 的增大而减小。

表 1 射流冲击压力表 　　　　　　　　　　　　　　　　　　　　×9.81 kPa

H(m)	Q(m³/s)	$\Delta = 0.5$ m	$\Delta = 1.5$ m	$\Delta = 2.5$ m	$\Delta = 3.5$ m	$\Delta = 4.5$ m	$\Delta = 5.5$ m	$\Delta = 6.5$ m
10	10.3	10.9	8.86	8.7	6.8	6.48	5.9	—
	6.8	5.3	3.6	3.7	2.9	2.39	2.55	—
	3.8	1.42	1.02	0.92	0.32	0.23	0.35	—
8.5	10.3	10.9	9.1	8.76	8.68	7.15	6.00	—
	6.8	4.52	3.83	3.31	3.63	2.92	1.75	—
	3.8	1.4	1.11	0.9	0.92	0.6	0.21	—
6.5	13.6	19.97	17.96	17.30	16.12	14.34	11.10	8.60
	10.3	11.66	10.13	9.95	9.80	7.77	6.12	4.73
	6.8	5.35	4.65	4.35	4.10	3.33	2.42	2.05
	3.8	2.02	1.72	1.50	1.53	0.85	0.73	0.71

消能井底板最大冲击压力 $P_{\max}$ 与各物理量的函数关系式可表示为：

$$P_{\max} = f(Q, D, \Delta, g) \tag{1}$$

式中，$P_{\max}$ 为消能井底板中心最大冲击压力（×9.81 kPa）；Q 为流量（m³/s）；D 为射流管道直径（m）；Δ 为管口距（m）；g 为重力加速度（9.81 m/s²）。

为了合理构造 $P_{\max}$ 与 Q, D, Δ, g 的关系式，在进行量纲分析时选取了 $P_{\max}/\Delta$，Δ/D 与 Q^2/gD^5 进行分析，见图 2。

根据试验数据可知，在分析 Δ/D 不同比值情况下，Q^2/gD^5 与 $P_{\max}/\Delta$ 呈线性关系。当 $\Delta/D = 0.5$ 时，其斜率为大于 2；当 $\Delta/D \geq 1.5$ 时，其斜率均小于 1，Δ/D 越大，其值越小。

通过量纲分析构造 $P_{\max}$ 与自变量之间的关系式：

$$P_{\max}/\Delta = f\left(\frac{\Delta}{D}, \frac{Q}{\sqrt{gD^3}}\right) \tag{2}$$

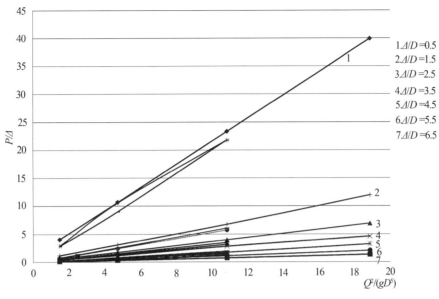

图 2 构造函数分析图

可采用函数关系式：

$$P_{\max} / \varDelta = k_0 \left(\frac{\varDelta}{D}\right)^{k_1} \left(\frac{Q}{\sqrt{gD^3}}\right)^{k_2} \tag{3}$$

式中，k_0，k_1，k_2 为常数。

设 k 为不同 $\varDelta / D$ 下的 Q^2 / gD^5 与 $P_{\max} / \varDelta$ 的斜率。拟合系数 k 与管口距 $\varDelta$ 参数得到如下关系，见图 3。

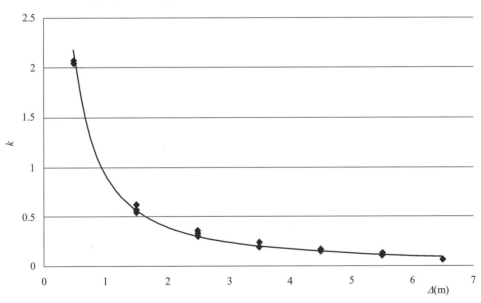

图 3 系数 k 与管口距拟合曲线

通过分析可得 $k_0 = 0.9415$，$k_1 = -1.212$，$k_2 = 2$。

则可得到 $P_{\max}$ 与流量 Q、管口距 $\varDelta$ 及管口直径 D 的经验关系式：

$$P_{\max} = 0.9415 \left(\frac{\varDelta}{D}\right)^{-1.212} \frac{Q^2}{gD^3} \varDelta \tag{4}$$

因消能井前放空管道出口直径固定为 $D = 1\text{ m}$，故此公式可简化为：

$$P_{\max} = 0.941\,5\Delta^{-0.212}Q^2/g \tag{5}$$

上式适用范围为放空流量 $3.8 \sim 10.3\text{ m}^3/\text{s}$，井深 $6.5 \sim 10\text{ m}$，管口距为 $0.5 \sim 6.5\text{ m}$，井宽 5.6 m，消能井内充满水。

3 结 论

（1）试验结果表明，消能井底板的冲击压力随管口距的增大而减小。经数据分析可知，当管口距小于 1.5 m 时，管口距增大，冲击压力减幅较大；当管口距大于 1.5 m 时，管口距增大，冲击压力减幅较小。

（2）根据试验实测数据，采用量纲分析法，可推得消能井底部最大冲击压力 $P_{\max} = 0.941\,5\Delta^{-0.212}Q^2/g$，限于试验的局限性，有待于其他型式尺寸和水力条件的消能井进一步验证完善。

参考文献

[1] 董志勇. 射流力学. 北京：科学出版社，2005：33.
[2] 刘焕芳，苏萍，李强. 深筒式消力井水力特性试验研究. 水科学进展[J]. 2002，13（5）：639-642.
[3] 冯博，刘焕芳，刘贞姬，李强. 深筒式消力井消能效率研究. 人民黄河[J]. 2013，3，5（7）：105-107.
[4] 王滢. 圆形深筒式消力井试验及消能机理研究. 硕士论文[D]. 新疆农业大学，2005.

水工隧洞的摩阻系数取值研究

郭永鑫[1]，李云龙[2]，王珏[2]，黄伟[1]，郭新蕾[1]

（1. 中国水利水电科学研究院，北京市复兴路甲 1 号，100038；
2. 国网新源控股有限公司技术中心，北京市丰台区六里桥 1 号，100161）

【摘　要】 隧洞的摩阻系数是水利工程设计的重要基本参数之一，其取值偏大将造成工程投资的浪费，取值偏小则影响工程的正常安全运行，因而其合理取值对工程的总体布局、设计规模、投资乃至运行费用等至关重要。本文对常用水力计算摩阻系数取值的误差因素，以及误差传递造成的水头损失进行敏感性分析，讨论了衬砌和不衬砌隧洞摩阻系数的计算和取值方法，结合国内外已有隧洞工程的实测验证资料，建议：隧洞水力计算优先采用达西公式和科尔布鲁克-怀特公式，对于不衬砌岩石隧洞，水流易进入紊流的粗糙区，也可采用普朗特-尼古拉兹粗糙管区公式，此时当量粗糙度可用隧洞超挖量 K 表示；曼宁糙率 n 的选取由于忽略管径、雷诺数等的影响，存在较大的不确定性，且由于误差传递，将使水力计算的误差成倍放大，因此，工程中应慎重选用 n 值；此外，工程设计阶段应依据不同工况选用较为保守的摩阻系数值。

【关键词】 衬砌隧洞；非衬砌隧洞；水力计算；达西摩阻系数；曼宁糙率系数

1　前　言

水工隧洞是水利水电工程的重要组成部分，按其功用可分为引水隧洞、输水隧洞、泄水隧洞、通航隧洞等。据不完全统计，我国水利水电工程中，已建成长度在 2 km 以上的隧洞近 30 条，其中长于 10 km 的大型隧洞有 11 条，在水工隧洞建设的许多方面我国已处于世界先进水平[1-2]。

水工隧洞的摩阻损失系数是工程设计的基本参数之一，其取值的结果直接影响水力计算成果的精度，进而影响到工程的总体布局、设计规模、投资乃至运行费用。例如，我国柘溪水电站不衬砌导流隧洞，设计时采用曼宁糙率系数 $n = 0.030$，但竣工后实测 $n = 0.038$，比原设计值大 27%，导致隧洞运行后不能满足宣泄设计流量洪水的要求[3]；新疆北疆供水工程小洼槽倒虹吸，采用 DN3100 玻璃钢夹砂管，设计时采用曼宁糙率系数 $n = 0.009\,0$，工程运行后实测 $n = 0.010\,6$，比设计值大 18%，导致上下游进出口水位差比设计值增加 0.6 m，影响工程的安全运行[4]；云南澜沧江大朝山水电站导流隧洞采用钢模板混凝土衬砌，设计选用曼宁糙率 $n = 0.015$，原型过水后实测 $n = 0.012$，比设计值小 20%，设计洪水工况，拱围堰堰顶高程比实测库水位高出 9 m 之多[5]；美国奥阿希（Oahe）水电站的泄洪隧洞采用混凝土衬砌，设计时采用混凝土隧洞常用曼宁糙率系数 $n = 0.013$，工程运行后的高雷诺数试验指出 $n = 0.009\,8$，比设计值小 25%，原工程设计方案存在较大的浪费[6]。

鉴于此，本文在分析常用水力计算摩阻系数取值的影响因素，及其误差传递对水头损失误差影响

基金项目：国家重点研发计划课题（2016YFC0401808）；中国水科院科研专项（HY0145B152015）。

的基础上，结合已有工程的原型观测资料，分别对衬砌和不衬砌隧洞摩阻系数的计算和取值方法进行讨论，给出水工隧洞水力计算的工程应用建议。

2 隧洞常用水力计算公式

隧洞工程中常用的水力计算公式有达西-魏斯巴哈公式和谢才公式。

2.1 达西–魏斯巴哈（Darcy–Weisbach）公式

$$h_f = (\lambda L V^2)/(2gD) \tag{1}$$

式中，h_f 为隧洞的沿程水头损失（m）；λ 为达西摩阻系数；D 为隧洞直径（m）；L 为隧洞长度（m）；V 为平均流速（m/s）；g 为重力加速度（m/s^2）。该式适用于任何截面形状的光滑或粗糙管内的层流和紊流，并且对于有压管流和明渠水流均适用。

达西摩阻系数 λ 通常由科尔布鲁克-怀特（Colebrook - White）公式计算：

$$\frac{1}{\sqrt{\lambda}} = -2\lg\left(\frac{k}{3.71D} + \frac{2.52}{Re\sqrt{\lambda}}\right) \tag{2}$$

式中，k 为隧洞内壁的当量粗糙度（m）；Re 为雷诺数，$Re = VD/\nu$；ν 为水的运动黏滞系数（m^2/s）。该式实际上是尼古拉兹水力光滑区公式和水力粗糙区公式的结合，不仅包含了光滑管区和粗糙管区，而且覆盖了整个紊流过渡区。

2.2 谢才（Chézy）公式

$$h_f = (V^2 L)/(C^2 R) \tag{3}$$

式中，C 为谢才系数（m$^{1/2}$/s）；R 为水力半径（m）；其余符号意义同前。

谢才系数 C 通常由曼宁（Manning）公式计算：

$$C = R^{1/6}/n \tag{4}$$

式中，n 为曼宁糙率系数，是衡量边壁形状的不规则性、边界的粗糙度及整齐程度等因素对水流结构影响的综合性系数。就谢才公式本身而言，它适用于有压或无压均匀流动的各紊流流区，但由于计算谢才系数 C 的经验公式只包括反映管壁粗糙状况的粗糙系数 n 和水力半径 R，而没有包括流速及运动黏度，即与雷诺数 Re 无关，因此该式仅适用于水力粗糙区。

2.3 摩阻系数取值分析

科尔布鲁克-怀特公式为达西摩阻系数 λ 的隐函数，求解过程需多次迭代，计算过程较为繁杂，限制了达西公式在工程中的广泛使用；而曼宁公式为显示求解谢才系数 C，曼宁糙率系数 n 通常参考同类工程直接选取，水力计算过程简单，适用于各层次的工程技术人员，在工程设计中被广泛使用。

由达西公式和谢才公式可得达西摩阻系数 λ 与曼宁糙率系数 n 之间的换算关系为：

$$n = R^{1/6}\sqrt{\lambda}/\sqrt{8g} \tag{5}$$

当量粗糙度 k 为已知时，将科尔布鲁克-怀特公式（2）代入式（5）可得曼宁糙率 n 的计算式为：

$$n = \frac{R^{1/6}}{-17.7\lg\left[k/(3.71 \cdot D) + R^{1/6}/(3.51 \cdot n \cdot Re)\right]} \tag{6}$$

对于水力粗糙区，由普朗特-尼古拉兹（Prandtl-Nikurasde）粗糙管区公式可得：

$$n = \frac{R^{1/6}}{17.7\lg(3.71D/k)} \tag{7}$$

图 1 为当量粗糙度 $k = 0.03$ mm，流速范围 $0.3 \sim 4.0$ m/s，直径范围 DN80 ~ DN2 600，由科尔布鲁克-怀特公式（2）和摩阻系数间换算关系式（5）计算所得的曼宁糙率 n，可知：在紊流过渡区，相同管径下，n 的取值应随流速 V（或 Re）的增大而减小；相同流速下，n 的取值应随管径 D 的增大而增大。然而，工程应用中曼宁糙率 n 的取值通常仅考虑管道的材料，而忽略流速、水力半径等的影响，仅少数文献（如文献[7]中注明所建议材料 n 值对应的水力半径 $R = 1$ m（即 $D = 4$ m），这是导致实际工程中曼宁糙率 n 的取值产生较大误差的原因之一。

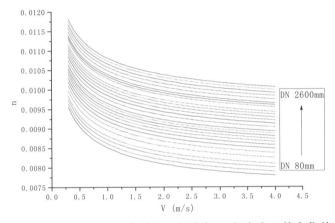

图 1　$k = 0.030$ mm，曼宁糙率 n 随直径 D 和流速 V 的变化关系

此外，由达西公式和谢才公式，可导出如下微分关系：

$$\frac{\mathrm{d}\lambda}{\lambda} = -2\frac{\mathrm{d}V}{V} + \frac{\mathrm{d}D}{D} + \frac{\mathrm{d}J}{J} \tag{8}$$

$$\frac{\mathrm{d}n}{n} = \frac{1}{6}\frac{\mathrm{d}D}{D} + \frac{1}{2}\frac{\mathrm{d}\lambda}{\lambda} \tag{9}$$

式中，$J = h_f / L$ 为水力坡降，即单位长度隧洞内的水头损失；$\mathrm{d}\lambda$、$\mathrm{d}J$、$\mathrm{d}n$、$\mathrm{d}D$、$\mathrm{d}V$ 表示变量的微分。由微分的性质，可令 $\mathrm{d}\lambda = \Delta\lambda$，$\mathrm{d}J = \Delta J$，$\mathrm{d}n = \Delta n$，则当隧洞直径 D 和流速 V 一定时，各摩阻系数的相对变化率满足如下关系：

$$\frac{\Delta J}{J} = \frac{\Delta\lambda}{\lambda} = 2\frac{\Delta n}{n} \tag{10}$$

该式表明：达西摩阻系数 λ 取值的相对误差为 1%，相应水力坡降 J（即水头损失）的相对误差也为 1%；然而，曼宁糙率系数 n 取值的相对误差为 1%，由于误差传递，将使水力坡降 J 产生 2% 的相对误差，曼宁糙率 n 的取值误差将使隧洞水头损失的计算误差成倍放大。

由上述可知，虽然谢才公式计算简单方便，但由于曼宁糙率 n 在取值时忽略雷诺数、管径等因素的影响，存在一定的取值误差，再加上误差传递，易使水力计算结果产生较大的误差；而达西公式和科尔布鲁克-怀特公式考虑水力摩阻的影响因素全面，水力计算结果精度较高，且大量实验结果表明科尔布鲁克-怀特公式与实际管道的阻力实验结果吻合良好[6]。

3 不同衬砌形式隧洞的水力计算

3.1 衬砌隧洞

水利水电工程隧洞衬砌的主要作用是：平整围岩表面，减少洞壁糙率，防止岩石风化；防止水流对岩石的冲刷；承受围岩压力，或加固围岩共同承受内、外水压力或其他荷载等。目前隧洞常用的衬砌型式主要有钢筋混凝土衬砌、预应力混凝土衬砌和钢板衬砌等。

衬砌隧洞的摩阻系数主要与洞壁粗糙度有关，取决于衬砌材料、支护模板，以及施工工艺等。衬砌隧洞的内壁较光滑，相对粗糙度（k/D）较小，水流进入水力粗糙区所需的临界雷诺数较大。对于低雷诺数运行工况，水流处于紊流过渡区，此时摩阻系数不仅与相对粗糙度（k/D）有关，而且与水流的雷诺数（Re）有关，应以公式（2）计算达西摩阻系数 λ 或换算为相应的曼宁糙率 n；当水流进入紊流的粗糙区时，也可用公式（7）计算曼宁糙率 n。国内外部分工程衬砌隧洞的当量粗糙度 k 和曼宁糙率 n 的原型观测统计值见表1[5, 6, 8]。

表1　衬砌隧洞当量粗糙度 k 和曼宁糙率 n 统计表

工程名称	表面特征	隧洞尺寸	n	k（mm）	雷诺数	备注
Oahe	木模	$D = 5.8$ m	0.009 8	0.120	10^8	美国
Enid	木模	$D = 3.35$ m	0.012 5	0.490	10^7	美国
Pine Flat（1952）	木模	城门洞型（1.5 m×2.74 m）	0.011 5	0.310	10^7	美国
Pine Flat（1958）	木模	城门洞型（1.5 m×2.74 m）	0.013 5	1.220	10^7	美国
Denison	钢模	$D = 6.1$ m	0.010 3	0.036	10^7	美国
碧口水电站	钢模	矩形，底宽 15 m	0.011 6	0.240	10^7	中国
引滦入津	钢模	城门洞型，底宽 5.7 m	0.012 0	0.150	10^7	中国

3.2 不衬砌隧洞

水利水电工程建设中，在围岩良好的隧洞中，为了充分利用岩石自身的承载能力，节省材料和投资，缩短工期，可对隧洞不加衬砌，或只在岩体破碎段进行衬砌或局部衬砌。国内外大量工程实践表明，不衬砌的发电隧洞在最初施工和以后维修两方面都是经济的，如我国流溪河水电站在不增加水头损失的条件下，采用不衬砌隧洞比钢筋混凝土衬砌隧洞的总投资减少 8%（包括调压井稳定断面减小所减少的投资）[3]。

不衬砌隧洞的洞壁是极不均匀的粗糙岩壁，其摩阻系数的影响因素复杂，包括钻孔爆破所形成的纵向波状"锯齿"的形状和大小、沿隧洞轴线断面形状和尺寸大小的变化（超挖和欠挖）、洞壁绝对糙度的大小、岩石本身表面糙度、地质条件、施工开挖方法和掘进方向等。由于各国隧洞开挖技术不同，曼宁糙率系数 n 的取值范围也不相同：瑞典 $n = 0.029 \sim 0.044$，挪威 $n = 0.030 \sim 0.035$，澳大利亚 $n = 0.029 \sim 0.041$，加拿大 $n = 0.025 \sim 0.036$，美国 $n = 0.030 \sim 0.035$。根据我国已有不衬砌隧洞工程的统计实测资料，糙率系数 n 值一般在 $0.028 \sim 0.038$ 之间[9]。近年来，随着光面爆破施工方法在隧洞开挖中的普遍应用，大大提高了开挖围岩的平整度，降低了隧洞内壁的粗糙程度。

当前工程设计中，不衬砌隧洞摩阻系数的取值仍主要采用工程类比法，并辅以半理论、半经验公式进行，具有代表性的公式有普朗特-尼古拉兹粗糙管区公式、瑞典拉姆公式、中国水利水电科学研究院公式和长江水利水电科学研究院公式。

（1）普朗特-尼古拉兹粗糙管区公式[6]。该公式基于普朗特（Prandtl）边界层理论和尼古拉兹（Nikurasde）粗糙管区试验数据得出，认为达西摩阻系数 λ 仅与管道的相对粗糙度（k/D）有关，表达式为：

$$\lambda^{-0.5} = 2\lg(D/k) + 1.14 \tag{11}$$

公式中的当量粗糙度 k 可用隧洞的超挖量 K 表示：

$$K = D_m - D_n = \sqrt{4/\pi}(\sqrt{A_m} - \sqrt{A_n}) \tag{12}$$

式中，D_m 和 D_n 分别为图 2 中所示面积 A_m 和 A_n 的当量直径。

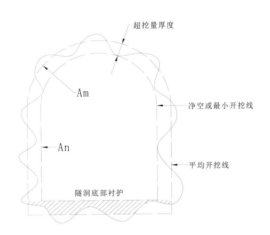

超挖量厚度

Am

净空或最小开挖线

An

平均开挖线

隧洞底部衬护

图 2　隧洞的超挖量 K 计算示意图

对于大口径、高雷诺数的不衬砌岩石隧洞，其相对粗糙度较大，水流处于紊流的粗糙区，此时普朗特-尼古拉兹粗糙管区公式适用。超挖量 K 约为平均超挖厚度的两倍，是一个类似于尼古拉兹糙粒直径的参数，美国陆军工程兵团对大量不衬砌岩石隧洞的原型试验资料分析表明，K 是隧洞糙率的一个良好的量度，采用 K 值计算的理论曲线与试验资料有着良好的相关关系。

（2）瑞典拉姆公式[10]。拉姆收集了瑞典 12 个不衬砌隧洞的原型观测资料，给出了达西摩阻系数 λ 与隧洞断面面积的相对变化率 δ 的经验关系式：

$$\lambda = 2.75 \times 10^{-3} \delta \tag{13}$$

式中，δ 为隧洞断面面积的相对变化率，$\delta = (A_{99} - A_1)/A_1(\%)$；$A_{99}$ 为正态分布概率为 99% 的断面积；A_1 为正态分布概率为 1% 的断面积。

雷纽斯在收集了更多原型观测资料的基础上，采用拉姆的方法，分别给出了精细钻孔爆破的经验公式：

$$\lambda = 0.03 + 0.85 \times 10^{-3} \delta \tag{14}$$

和粗放钻孔爆破的经验公式：

$$\lambda = 0.01 + 2.7 \times 10^{-3} \delta \tag{15}$$

上述经验公式仅反映了隧洞的断面积变化对达西摩阻系数 λ 的影响，而没有考虑其他因素的影响，且 δ 值只能在隧洞开挖完成后实测给出，在设计阶段不能使用该方法估算摩阻系数。

（3）中国水利水电科学研究院（周胜）公式[11]。周胜提出用糙率指数 γ 来表示不衬砌隧洞达西摩阻系数 λ 的方法，其经验表达式为：

$$\lambda = 0.015 + 1.2\gamma \tag{16}$$

式中，γ 为糙率指数，定义为 $\gamma = \Delta A / A$；ΔA 为实测断面积变化的均方根，$\Delta A = \dfrac{1}{N}\sqrt{\sum_{i=1}^{N}(A - A_i)^2}$；$A$ 为整个洞线实测断面积的算术平均值（一般每 5 m 洞长量测一个断面）；A_i 为对应于某一概率 i 的实测断面积。

同拉姆公式一样，中国水科院公式也存在达西摩阻系数 λ 影响因素考虑单一，不适宜在设计阶段使用等问题。

（4）长江水利水电科学研究院（丁灼仪）公式[3]。丁灼仪基于雷纽斯试验资料，分析了钻爆法开挖隧洞产生的纵向波状"锯齿"对达西摩阻系数的影响，认为掘进方向与水流方向一致时的达西摩阻系数比方向相反时为大，并给出了隧洞掘进方向对 λ 影响的经验关系式。

掘进方向与水流方向一致时（正向摩阻）：

$$\lambda_{正} = \lambda_1 + 0.036 \tag{17}$$

掘进方向与水流方向相反时（反向摩阻）：

$$\lambda_{负} = 1.094\lambda_1 + 0.027 \tag{18}$$

式中，λ_1 为不考虑波状"锯齿"影响，仅计及洞壁糙度的水流摩阻系数，可参照普朗特-尼古拉兹粗糙管区公式计算，$\lambda_1^{-0.5} = 2\lg(R/\bar{k}) + 2.34$；$\bar{k}$ 为设计阶段要求开挖达到的洞壁平均凸起高度。随着隧洞掘进技术的发展，光面爆破、盾构法等新技术在工程中应用，隧洞的纵向波状"锯齿"得到改善，因此该式可视为普朗特-尼古拉兹粗糙管区公式的钻爆法开挖特例。

将上述公式计算结果与隧洞实测资料对比分析表明，普朗特-尼古拉兹粗糙管区公式计算的 λ 与实测值最大偏差约 4% 左右，拉姆公式的最大偏差达 15% 左右，中国水科院公式的最大偏差为 20% 左右[12]。因此，工程设计阶段应优先考虑采用普朗特-尼古拉兹粗糙管区公式（11）估算不衬砌隧洞的达西摩阻系数 λ，并可依据式（5）换算为相应的曼宁糙率 n 值。

4　结　语

结合国内外已有隧洞工程的实测资料，分析了常用水力计算公式及其摩阻系数取值经验公式的适用性，给出如下建议：

（1）隧洞水力计算优先采用达西公式，该式适用于任何截面形状的光滑或粗糙管内的层流和紊流，达西摩阻系数 λ 可采用科尔布鲁克-怀特公式计算。对于不衬砌岩石隧洞，其相对粗糙度（k/D）较大，水流易进入紊流的粗糙区，其摩阻系数与雷诺数无关，此时，普朗特-尼古拉兹粗糙管区公式是适用的，公式中的当量粗糙度 k 可用美国陆军工程兵团推荐的隧洞超挖量 K 表示。

（2）曼宁糙率 n 不仅与隧洞直径 D、内壁粗糙度 k 等隧洞特性有关，而且受水流雷诺数 Re、工程运行条件等影响，存在较大的不确定性，且由于误差传递，n 的取值误差将使隧洞水头损失的计算误差成倍放大，因此，工程中应慎重选用曼宁糙率 n。设计过程中，直接参考同类工程曼宁糙率 n 取值时，不仅要考虑施工材料、施工方法和工艺、隧洞直径等对相对粗糙度（k/D）产生直接影响的因素，还要考虑工程的流态和雷诺数范围是否相近，否则容易产生较大的水力计算误差，造成工程的浪费或达不到设计输水能力。

参考文献

[1] 《中国水利百科全书》编辑委员会. 中国水利百科全书[M]. 北京:中国水利水电出版社,2006.

[2] 张有天. 水工隧洞建设的经验和教训（上）[J]. 贵州水力发电，2001，（04）：76-84.

[3] 丁灼仪. 不衬砌隧洞摩阻的估算方法[J]. 水利水电技术，1981，12：38-44.

[4] 蒲振旗，徐元禄，周骞. 玻璃钢隧洞糙率值实证分析[J]. 水利建设与管理，2011，11：77-81.

[5] 韩立. 大直径混凝土隧洞的糙率问题[J]. 云南水电技术，2000，4：64-68.

[6] 王诘昭，张元禧，等，译，US Army Corps of Engineers 著. 水力设计准则[M]. 北京：水利出版社，1982.

[7] 武汉水利电力学院水力学研究室. 水力计算手册[M]. 北京：水利电力出版社，1983.

[8] 董槐三，陈耀忠. 引滦入津隧洞糙率的原型观测[J]. 水力发电，1987，（03）：46-52＋57.

[9] 段乐斋. 关于不衬砌与喷描隧洞的糙率系数问题[J]. 水力发电，1988，2：23-27.

[10] Reinius Erling. Head Losses in Unlined Rock Tunnels，Water Power，1970：7-8.

[11] 周胜. 不衬砌岩石隧洞的摩阻损失[C]. 中国水利水电科学研究院论文集第三集. 北京：中国工业出版社，1963.

[12] 李协生. 不衬砌引水隧洞糙率选值问题的探讨[J]. 水力发电学报，1990，（02）：61-71.

电站进水口体形和分层取水试验研究方法及规律性探索

薛阿强，侯冬梅

（长江科学院，湖北省武汉市黄埔大街 23 号，430010）

【摘　要】 作者长期从事三峡、白鹤滩、乌东德和驮英等电站进水口体形和分层取水水工模型试验研究，取得了一系列成果，并为设计所采用。在进水口体形中，提出了喇叭口顶面双圆弧和椭圆曲线应用的条件。在分层取水中，利用水流表面联系梁的消涡作用，将各层联系梁布置的高程与叠梁门的层数相匹配，可使门顶水深最小，以提高下泄水的平均温度。本文提出了一整套从电站进水口体形优化、叠梁门单节高度的确定、各层联系梁高程的布置和主要水力参数测试的顺序及方法，对今后该方面的试验研究和设计均具有一定的参考价值。

【关键词】 电站分层取水进水口；试验方法；联系梁；叠梁门；匹配

1　前　言

电站进水口体形优化和叠梁门分层取水是电站设计和相关试验研究两个不可分割的部分。2015 年 4 月，发布了由中国电建集团华东勘测设计研究院有限公司主编的《水电站分层取水进水口设计规范》[1]，但到现在为止，还没有该方面的水工模型试验规范，公开发表的论文也较少。2003 年 5 月，颁布的《水利水电工程进水口设计规范》[2]中，在 4.2.5 节中提到"进水口过水断面边界宜采用流线形或钟形，体形曲线一般可选用椭圆曲线或圆曲线"，但文中没有提到两个曲线的应用条件，给设计的选择造成了一定的困难。本文总结了三峡、白鹤滩、乌东德、驮英等电站进水口体形和分层取水试验研究方法和成果的规律性，对今后该方面的试验研究和设计均具有一定的参考价值。下面对电站进水口体形优化、叠梁门单节高度的确定、各层联系梁高程的布置和主要水力参数测试的顺序及方法步骤逐一阐述。

2　优化电站进水口的体形

一般有无叠梁门在一年中运行的时间各为半年，因此，进水口喇叭口段必须是优化了的体形，以避免出现立轴漩涡和气泡进入流道，保证机组的安全运行。

喇叭口顶面的曲线型式须顺应水流的流动趋势，用渐变段后的水平段长度（或倾斜段）L 与相应管道直径 D 的比值，可判断趋势的方向，决定喇叭口顶面的曲线型式。表 1 列举了近年来已建或拟建的大型电站喇叭口顶面曲线与 L/D 比值之间的关系，从表中可以看出，L/D 越大，如 6 倍以上，为水平流动趋势，须采用双圆弧曲线（见图 1），三峡地下电站在方案比较阶段曾采用椭圆曲线，检修门井、快速闸门井布置在椭圆曲线内，与流道顶面前后的 2 个交点，形成了 0.64 m 的高差，水平向水流会撞击该迎水面，造成门井内 0.72 m 的水位波幅，对机组安全运行不利；$L/D < 1$，渐变段后的水平段很短，水流为竖向流动趋势，喇叭口顶面应采用椭圆曲线，因为椭圆曲线向上的斜率较大，顺应了水流向下流动的趋势，如乌东德电站 L/D 仅为 0.4，采用椭圆曲线，向下的水流与椭圆边界贴合度较好，快速

闸门井水位最大波幅仅为 0.12 m，见图 2。上面两种是极端情况，L/D 在 1~6 之间，采用双圆弧和椭圆曲线的都有（调节双圆弧曲线的半径可接近于椭圆曲线）。传统的设计方法，一般采用椭圆曲线，假如把检修门井和快速闸门井布置在椭圆曲线内，会造成门井内较大的水位波幅，而双圆弧曲线，两个半径是可调的，布置相对灵活，因此，笔者建议尽量采用双圆弧曲线。

表 1 中的资料主要为本单位的试验成果，其他少量为公开发表的资料，判别标准仅作参考。本文为抛砖引玉之用，需对现有运行工程进行调研总结，才能得出准确结果。

进口底部与顶面布置成对称状，可使断面流速分布较均匀，减小流速梯度、改善进口流态。

表 1 近年来拟建或已建电站进口喇叭口顶面曲线型式与 L/D 倍数的关系

工程名称	渐变段后水平段长度（或倾斜段）L(m)	相应管道直径 D(m)	L/D（倍）	进口喇叭口顶面采用的曲线型式	门井水位最大波幅(m)
白鹤滩电站进水口	153.94($i = 0.045$)	10.0	15.4	双圆弧曲线	0.10
三峡地下电站进水口	81.13	13.5	6	双圆弧曲线	0.20
密松电站进水口	46.34	13.5	3.4	双圆弧曲线	0.10
三峡河床机组进水口	12.31	12.4	1	双圆弧曲线	0.15
亭子口电站进水口	9.50	8.7	1.1	双圆弧曲线	0.10
构皮滩电站进水口	60	9.5	6	椭圆曲线	—
滩坑电站进水口	46	8	6	椭圆曲线	—
两河口电站进水口	42($i = 0.05$)	7.5	5	椭圆曲线	—
溪洛渡电站进水口	20	10	2	椭圆曲线	—
乌东德电站进水口	5.12	12.5	0.4	椭圆曲线	0.12

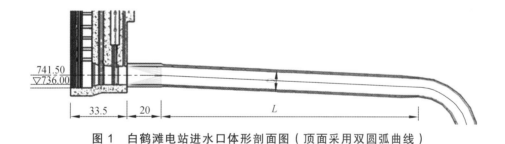

图 1 白鹤滩电站进水口体形剖面图（顶面采用双圆弧曲线）

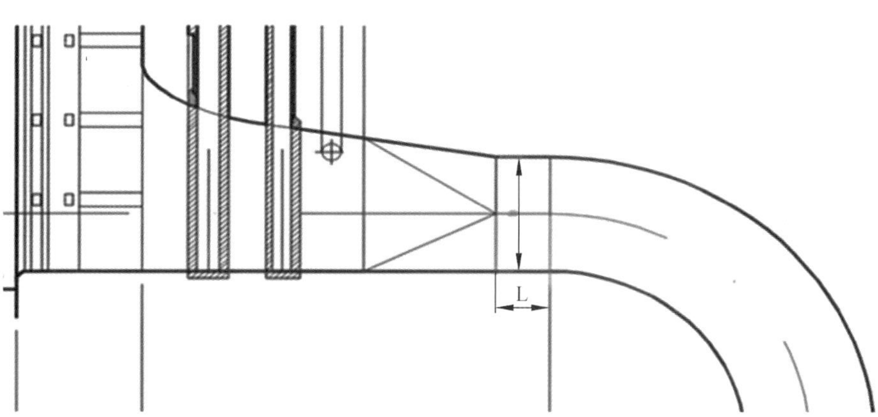

图 2 乌东德电站进水口体形剖面图（顶面采用椭圆曲线）

3 叠梁门单节高度的确定

当设计和环保部门确定了叠梁门的单节高度和总层数后，首先要对分层取水运行的最低水位（死水位）和最高水位（≤正常蓄水位）对应的叠梁门层数进行进口流态的验证试验，进口流态如不满足要求，一般要减小叠梁门的单节高度，使门顶水深满足进口流态要求。

4 联系梁布置要与叠梁门的层数相匹配

联系梁是连接拦污栅和进口面的结构梁，包括纵梁、横梁和人字梁等。白鹤滩电站在进行各层叠梁门最小淹没水深试验研究[3]中发现，位于水流表层的联系梁对进口流态具有明显的消涡作用，每层叠梁门运行水位只要位于相应的联系梁顶面上附近，进口流态均可满足要求；水位脱离该联系梁的底面，就会出现较大的漩涡，进口流态不能满足要求。浙江滩坑电站分层取水水温原型观测表明[6]：下泄水温与叠梁门门顶水深具有密切的关系，特别是在升温期，门顶水深对下泄水温影响很大，应尽可能减小门顶水深以提高下泄水温。而进口流态需要门顶较大的淹没深度，与下泄水温门顶水深尽可能小，是一对矛盾，只有通过合理布置联系梁的高程，起到消涡作用，才能减小门顶水深。

因此，在模型设计中，可预先对设计提供的联系梁位置根据各层叠梁门的顶高程进行调整，如驮英电站分层取水进水口[5]，叠梁门单节高3.5 m，叠梁门顶取表面水范围5～8.5 m；横梁的层数由原设计方案的4层增加到5层；死水位和正常蓄水位处横梁比水面低0.3～0.5 m，避免在进流或风浪时横梁前后产生水位差；中间3层横梁每间隔2层叠梁门布置1道横梁，横梁顶面与第2层叠梁门顶面平齐。从第3层叠梁门开始，最小淹没水深水位均位于相应的横梁顶面上1.5 m或5.0 m，即1层横梁可管2层叠梁门的消涡作用，见图3。试验结果表明，门顶水深5 m左右，进口流态即可满足要求，门顶水深尽可能小，可提高下泄水的平均温度，生态效益更高。

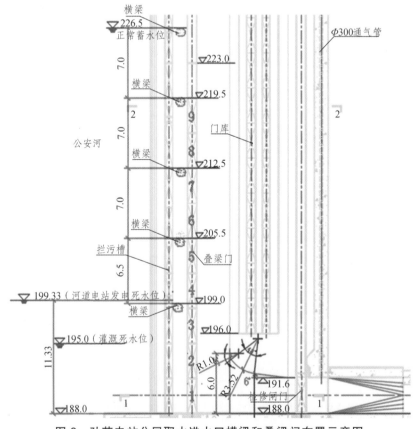

图3 驮英电站分层取水进水口横梁和叠梁门布置示意图

5 各层叠梁门的最小淹没水深试验

每层叠梁门、每个水位都有可能运行，因此，必须试验出每层叠梁门满足进口流态要求的最小门顶水深，为以后每层叠梁门的运行水位提供依据。试验水库水位由低到高，每层叠梁门进行 4~6 组试验，直到进口流态没有出现立轴漩涡和没有气泡进入流道，仅为表面游离型微涡为止，该水位即为该层叠梁门的最小淹没水深水位。表 2 为驮英电站 9 层叠梁门最小淹没水深水位试验成果[5]。

表 2　驮英 9 层叠梁门最小淹没水深水位及相应水力学指标值

叠梁门层数	横梁顶面高程（m）	叠梁门顶高程（m）	最小淹没水深水位（m）	门顶水深（m）	进口段水头损失系数 C	进口段水头损失值（m）	检修门井最大波幅值（m）	拦污栅条断面最大流速（m/s）	叠梁门顶最大流速（m/s）	白鹤滩电站分层取水进口段（单节门高 4 m）流量 547.8 m³/s		
										进口段水头损失系数 C	进口段水头损失值（m）	门顶水深（m）
0	—	—	195.0	—	0.182	0.09	0.02	0.30	—	0.222	0.32	—
1	—	191.5	195.0	3.5	0.708	0.34	0.03	0.50	0.80	0.335	0.57	27.0
2	—	195.0	199.3	4.33	1.280	0.56	0.30	1.09	4.28	0.525	0.89	23.0
3	199.0	198.5	204.0	5.5	0.824	0.35	0.20	1.22	3.09	0.976	1.65	19.0
4	—	202.0	207.0	5.0	1.150	0.50	0.20	1.27	3.48	1.063	1.80	21.5
5	205.5	205.5	210.5	5.0	1.146	0.50	0.20	1.23	2.01	1.334	2.26	18.5
6	—	209.0	214.0	5.0	1.270	0.55	0.25	1.12	2.10	1.116	1.89	21.5
7	212.5	212.5	217.7	5.2	1.222	0.53	0.30	1.31	1.80	1.311	2.22	18.5
8	—	216.0	221.0	5.0	1.227	0.53	0.30	1.25	2.06	1.210	2.05	21.5
9	219.5	219.5	224.6	5.1	1.175	0.51	0.30	1.22	2.09	1.293	2.19	18.0

6 各层叠梁门的水头损失试验

各层叠梁门最小淹没水深水位试验出后，通过测量库水位 H_0、渐变段末的测压管水头 $z + \dfrac{p}{r}$ 和流速水头 $\dfrac{\alpha v^2}{2g}$，通过公式（1）和（2）计算出水头损失系数 C，然后可根据运行的实际流量计算出水头损失值。

$$H_0 = Z + \frac{p}{r} + \frac{\alpha v^2}{2g} + hw \tag{1}$$

$$C = \frac{hw}{v^2/2g} \tag{2}$$

表 2 中，将白鹤滩电站分层取水的门顶水深、水头损失系数和水头损失试验值[3]也列入表中，通过分析水头损失系数和门顶水深、叠梁门层数之间的关系可得出以下规律：

（1）同一库水位，增加叠梁门，门顶水深减小，水头损失系数急剧增加。驮英电站 195 m 水位，从 0 到 1 层叠梁门，水头损失系数增加了 3 倍；白鹤滩电站 765 m 死水位，从 0 到 3 层叠梁门，水头损失系数增加了 4 倍。

（2）门顶水深相同，叠梁门层数增加，流线弯曲程度增加，水头损失系数有所增加。驮英电站门顶水深同样 5 m，4 层门水头损失系数为 1.150，5 层门水头损失系数增加到 1.270；白鹤滩电站门顶水深同样 21.5 m，4 层门水头损失系数为 1.063，8 层门水头损失系数增加到 1.210。

（3）叠梁门 5 层以上，水头损失系数趋于稳定，最大值为 1.30。

7 机组导叶启闭作用在叠梁门上的水击压力

当机组导叶突然关闭或开启时，需测试作用在叠梁门上的附加水击压力和门井的水位波动幅值。笔者应用三峡地下电站旧的模型水轮机，去掉转轮，用油缸通过接力器控制导叶关闭和开启的时间，即可应用到白鹤滩[3]和乌东德[4]等大型电站的进水口分层取水模型试验中，见图 4。

图 4 模型水轮机接力器和油缸连接部分（控制导叶的关闭和开启）

模型水轮机关闭和开启的流量过程与原型较相似。乌东德电站分层取水进水口最不利工况 975 m 水位、流量 691 m³/s、最高 8 层叠梁门、机组导叶关闭时间 9 s 的条件下，作用在叠梁门上的最大水击压力值为 2.9×9.81 kpa，见图 5；快速闸门井内的最高水位比初始水位升高了 5.2 m，见图 6。

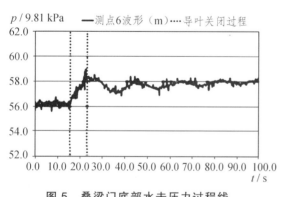

图 5 叠梁门底部水击压力过程线

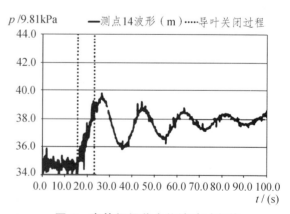

图 6 事故闸门井水位波动过程线

白鹤滩电站分层取水进水口最不利工况 795 m、最高 10 层叠梁门、流量 548 m³/s、机组导叶关闭时间 12 s 的条件下，作用在叠梁门上的最大水击压力值为 3.0×9.81 kpa；快速闸门井内的最高水位比初始水位升高了 6.6 m。过程线与图 5、图 6 较相似。

8 其他水力参数的测试

主要测试沿程的流速分布、门井水位波幅和沿程时均压力等。

（1）流速分布：需测试引水渠、拦污栅门槽、叠梁门顶、通仓和进口面的垂线流速分布，拦污栅过栅流速需满足规范要求，也是设计最关心的指标。

（2）门井水位波幅：需测试快速事故闸门井、检修闸门井的水位波幅，放置叠梁门后，门井水位波幅会有不同程度增加。

（3）沿程时均压力：需测试进口段顶板中和侧墙中的时均压力，判断变化过程，是否有负压存在。

9 结 论

本文提出喇叭口顶面的曲线型式须顺应水流的流动趋势，用渐变段后的水平段长度（或倾斜段）L 与相应管道直径 D 的比值决定喇叭口顶面的曲线型式，是对现有规范的完善。将叠梁门单节高度、总层数和联系梁的布置有机结合起来的方法，使电站分层取水进水口设计和模型试验研究的效率更高，较小的门顶水深可提高下泄水的平均温度，生态效益更显著。

参考文献

[1] 《水电站分层取水进水口设计规范》，中华人民共和国能源行业标准 NB/T 35053-2015，2015-04-02 发布.

[2] 《水利水电工程进水口设计规范》，中华人民共和国水利部，2003-05-20 发布.

[3] 薛阿强，等. 金沙江白鹤滩水电站分层取水进水口水工模型试验研究报告[M]. 武汉：长江科学院，2013.

[4] 侯冬梅，薛阿强.乌东德水电站分层取水进水口 1∶30 水工模型试验研究报告[M].武汉：长江科学院，2014.

[5] 薛阿强，等. 驮英河道电站分层取水进水口 1∶20 水工模型试验报告[M]. 武汉：长江科学院，2016.

[6] 付菁菁，李嘉，芮建良，汤优敏. 叠梁门分层取水对下泄水温的改善效果[J]. 天津大学学报（自然科学与工程技术版），2014，7（47），589-594.

引江济淮枞阳枢纽船闸引航道口门区水流特性研究

范敏，陈辉，江耀祖

（长江水利委员会长江科学院，武汉 430010）

【摘　要】　船闸引航道是连接河道和船闸的重要通航建筑物，是船舶顺利过闸的首要条件，但由于引航道口门区复杂的边界条件，使得口门区极易产生一系列不利于船舶通航的复杂流态。本文采用数学模型和局部物理模型耦合方法，对引江济淮枞阳船闸引航道口门区水流特性进行研究，成果表明，引航道口门区局部位置产生为三角形回流区，口门区弯道处航道中心线右侧为斜流区域，而引航道连接段水流平顺，无不良流态产生。

【关键词】　引航道口门区；数学模型；物理模型；水流特性

1　引　言

引江济淮工程是以城乡供水和发展江淮航运为主，结合灌溉补水和改善巢湖及淮河水生态环境等综合利用的大型跨流域调水工程。枞阳引江枢纽由泵站、节制闸和船闸组成，节制闸具有引江和排洪两大功能，设计排洪流量 600 m³/s；船闸规模为 1 000 t 级，Ⅲ级船闸。船闸长河侧引航道与长河主航道基本为一条直线，长江侧引航道中心线与长江左汊左岸切线夹角为 31°，船闸与泵站中心线相距约 980 m。船闸上闸首布置在广济江堤内侧约 662 m 处，船闸尺度为 230 m×23 m×4.5 m（长×宽×门槛水深），上下游引航道底宽 50.0 m，底高程分别为 – 1.43 m 和 3.90 m。

枞阳船闸长江侧引航道、口门区、连接段的水流条件及泥沙淤积等问题十分复杂。陈永奎[1]对三峡工程船闸上游引航道口门区斜流特性进行研究，并通过拓宽岸线、改变堤头型式等方式从水力学方法降低斜流强度；刘亚辉[2]采用物理模型试验对澜沧江景洪水电站下游引航道口门区通航水流条件进行试验研究，对口门区大范围回流现象进行分析；杨宇[3]采用 1∶80 的整体枢纽模型，对贵州清水江城景水电站通航水流条件进行试验研究，分析其复杂的通航水流条件；冯小香[4]采用基于平面曲线坐标系，垂向 σ 坐标系的三维数学模型对引航道口门区水流特性进行计算，并通过急弯水槽试验和物理模型试验资料对口门区的二次流进行分析；朱红[5]对顺直河段船闸下游引航道口门区在无、有导流墩情况下的水流条件进行试验，认为导流墩是削弱口门区回流、减小横向流速的有效工程措施。综上所述，船闸引航道口门区存在回流、斜流等复杂流态，对船舶通航及通航建筑物的正常运行均产生不利影响。鉴于此，本文采用数学模型和局部物理模型耦合的方法，对引江济淮工程枞阳船闸引航道口门区复杂水流条件进行研究，为枢纽通航设计提供参考依据。

基本项目：国家重点研发计划资助项目（2016YFC0402004）；国家自然科学基金资助项目（51379019）。

作者简介：范敏（1987—），男，陕西合阳人，博士，工程师，主要从事水力学及河流动力学研究。

2 模型设计

本文采用长河段数学模型和局部物理模型耦合的方法对引江济淮工程水流条件进行研究，数学模型选取长江姚家冲至顾佳洲附近总长 25 km 的河段作为计算区域，物理模型选取长江左汊河段由岳王庙至长河闸下游 0.5 km 处（长约 8 km）的范围。数学模型和物理模型范围如图 1 所示。本文通过全河段数学模型计算成果为局部物理模型提供试验边界条件，重点研究对比数学模型和物理模型在船闸引航道口门区的特殊流态。

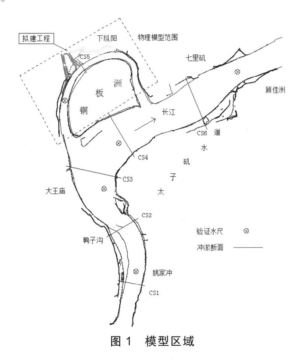

图 1　模型区域

2.1　数学模型及计算区域

2.1.1　数学模型

采用基于水深平均的平面二维数学模型来描述水流运动，直角坐标系下水流运动的控制方程为：

$$\frac{\partial Z}{\partial t}+\frac{\partial uH}{\partial x}+\frac{\partial vH}{\partial y}=0 \tag{1}$$

$$\frac{\partial uH}{\partial t}+\frac{\partial uuH}{\partial x}+\frac{\partial vuH}{\partial y}=-g\frac{n^2\sqrt{u^2+v^2}}{H^{\frac{1}{3}}}u-gH\frac{\partial Z}{\partial x}+v_T H\left(\frac{\partial^2 u}{\partial x^2}+\frac{\partial^2 u}{\partial y^2}\right) \tag{2}$$

$$\frac{\partial vH}{\partial t}+\frac{\partial uvH}{\partial x}+\frac{\partial vvH}{\partial y}=-g\frac{n^2\sqrt{u^2+v^2}}{H^{\frac{1}{3}}}v-gH\frac{\partial Z}{\partial y}+v_T H\left(\frac{\partial^2 v}{\partial x^2}+\frac{\partial^2 v}{\partial y^2}\right) \tag{3}$$

式中，Z——水位；H——水深；u、v——x、y 方向的流速；n——糙率系数；g——重力加速度；v_T——水流综合扩散系数。

边界条件包括初始条件与边界条件。边界条件为上、下游闸室分别给定流量和控制水位。对于固壁边界，则采用水流无滑移条件。在计算时，由计算开始时刻上、下边界的流量确定模型计算的初始条件，初始流速取为 0，随着计算的进行，初始条件的偏差将逐渐得到修正，其对最终计算成果的精度不会产生影响。

采用有限体积法对控制方程进行离散，用基于同位网格的 SIMPLE 算法处理压力和流速的耦合关系，其中对流项采用具有三阶精度的 QUICK 格式，扩散项采用中心差分格式。离散后的代数方程组形式如下：

$$A_P\phi_P = \sum A_{Fj}\phi_{Fj}+b_0 \tag{4}$$

采用 Gauss-Seidel 迭代求解线性方程组，根据单元残余质量流量和全场残余质量流量判断是否收敛，当单元残余质量流量为进口流量的 0.01%，全场残余流量为进口流量的 0.5%，认为迭代收敛。

2.1.2 计算区域及网格布置

根据数学模型计算范围，本文采用 Delaunay 三角化网格对计算区域进行网格划分，网格间距最大为 100 m，最小为 5 m。在计算区域内共布置了 43 196 个网格节点和 82 081 个计算单元。图 2 给出了计算区域网格布置图。

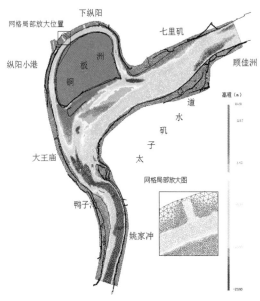

图 2　数学模型计算区域网格布置图

2.2　物理模型设计

物理模型位于长江科学院沌口试验基地，模型采用正态模型，按重力相似准则，几何比尺为 1∶80，相应的模型大小约为 70 m × 50 m（长 × 宽）。河道地形采用水泥砂浆制作，节制闸、泵站和船闸等建筑物采用有机玻璃制作。物理模型严格按《水工（常规）模型试验规程 SL155-2012》的要求控制加工及安装精度。

3　模型验证

数学模型验证地形资料采用 2015 年 6 月水下地形；水流验证资料采用 2012 年 12 月（流量 Q = 19 133 m³/s，下边界水位为 5.50 m）和 2015 年 7 月（流量 Q = 43 500 m³/s，下边界水位为 12.08 m）。

3.1 水位验证成果

水位验证成果如表 1 所示，从表中可以看出，在工况条件下，实测水位和计算水位的误差均在 0.05 m 之内，计算水位与实测水位吻合较好，均在模型允许的误差范围内。

表 1 水位验证成果表 m

断面	2012 年 12 月（19 133 m³/s）			2015 年 7 月（43 500 m³/s）		
	实测值	计算值	差值	实测值	计算值	差值
7#	5.95	5.98	0.03	12.60	12.65	0.05
8#	5.76	5.78	0.02	—	—	—
9#	5.69	5.68	−0.01	—	—	—
10#	5.70	5.69	−0.01	12.49	12.48	−0.01
11#	5.50	5.50	0.00	12.08	12.08	0.00

3.2 流速验证成果

图 3 进一步给出了 2012 年 6 月条件下不同断面计算与实测流速比较，从图中可以看出，模型计算流速与实测流速基本吻合，由图可知，流速的计算值与实测值基本一致，两者的误差一般小于 ± 5%。

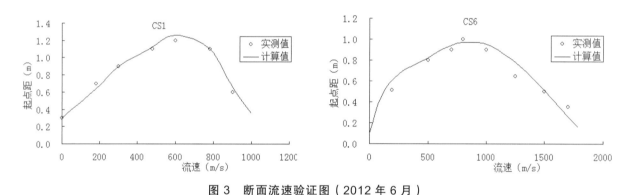

图 3 断面流速验证图（2012 年 6 月）

4 引航道口门水流特性

为了更好地监测引航道口门区的流动特性，模型在引航道口门上游 560 m 范围内共布置 15 个断面，断面间距为 40 m，每个断面 7 个测点，分别为左 26 m、左 10 m、航道中心线、右 10 m、右 26 m、右 42 m、右 58 m。

4.1 船闸高水位运行

船闸高水位运行时，长江流量为 55 000 m³/s，船闸所在的左侧分汊分流量为 6 900 m³/s，运行水位为 15.30 m。

船闸高水位运行时，口门至口门上游 160 m 处左侧为三角形回流区，口门区弯道处航道中心线右侧为斜流区。口门区内纵向流速最大值为 0.77 m/s，横向流速除右侧区域个别测点超标外，其余区域横向流速均小于 0.30 m/s，横向流速最大值为 0.51 m/s，回流流速最大值为 0.11 m/s；连接段水流均为顺流，连接段纵向流速最大值为 1.02 m/s，横向流速最大值为 0.15 m/s。纵向流速等值线图、横向流速等值线图、局部流场图如图 4、图 5、图 6 所示。

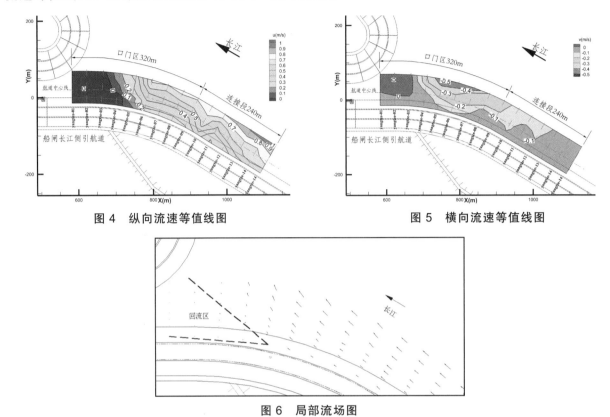

图 4 纵向流速等值线图　　　　　　　　图 5 横向流速等值线图

图 6 局部流场图

4.2 船闸低水位运行

船闸低水位运行时，长江流量为 18 000 m³/s，船闸所在的左侧分汊分流量为 2 150 m³/s，运行水位为 3.78 m。

船闸低水位运行时，长江侧流量较小，水位较低，口门至口门上游 200 m 处左侧为三角形回流区，口门区弯道处航道中心线右侧为斜流区。口门区及其连接段水流流速均未超标，口门区纵向流速最大值为 0.79 m/s，横向流速最大值为 0.24 m/s，回流流速最大值为 0.13 m/s；连接段纵向流速最大值分别为 1.09 m/s，横向流速最大值为 0.08 m/s。纵向流速等值线图、横向流速等值线图、局部流场图如图 7、图 8、图 9 所示。

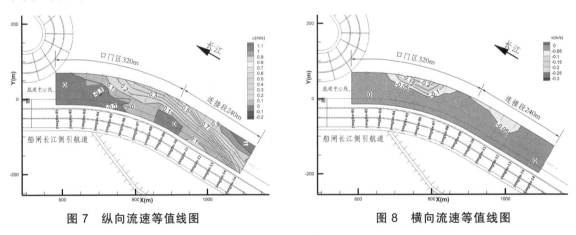

图 7 纵向流速等值线图　　　　　　　　图 8 横向流速等值线图

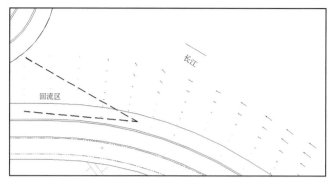

图 9　局部流场图

4　结　论

（1）本文采用基于有限体积法的平面二维数学模型和局部大尺度的物理模型试验对引江济淮枞阳枢纽船闸引航道进行研究。对实测水文资料的验证计算表明，本文所建立的数学模型和物理模型水位和流速均与实测资料吻合。

（2）通过对船闸高水位和低水位运行条件进行模拟，其成果表明，船闸引航道口门区口门至口门上游左侧局部为三角形回流区，口门区弯道处航道中心线右侧为斜流区。在高水位运行条件下，出现局部测点横向流速偏大的不利流态，而引航道连接段水流平顺，无不良流态产生。

参考文献

[1]　陈永奎，王列，杨淳，饶冠生. 三峡工程船闸上游引航道口门区斜流特性研究[J]. 长江科学院院报，1999（02）：2-7 + 31.

[2]　刘亚辉，李鑫. 澜沧江景洪水电站下引航道口门区通航水流条件试验[J]. 重庆建筑大学学报，2006（05）：55-58 + 62.

[3]　杨宇，余之光，韩昌海，谭高文. 分散式布置枢纽引航道口门区水流条件优化措施[J]. 水运工程，2016（12）：95-100 + 112.

[4]　冯小香，李丹勋，张明. 枢纽船闸引航道口门区三维水流数值模拟应用研究[J]. 水运工程，2012（01）：122-126.

[5]　朱红. 导流墩改善船闸引航道口门区水流条件的试验研究[D]. 长沙理工大学，2006.

基于 PIV 技术的近床面流场试验研究

洪安宇[1], 王竞革[2], 王正中[3]

（1. 南昌大学 建筑工程学院，南昌 330031；
2. 机械工业勘察设计研究院 岩土设计所，西安 710000；
3. 西北农林科技大学 水利与建筑工程学院，杨凌 712100）

【摘　要】 为了探明多孔介质和流体交界面处的流速分布规律，采用基于 RIM（ Refractive Index Matching，折射率匹配）技术的 PIV（Particle Image Velocimetry，粒子图像测速）技术，对多孔介质及流体交界面处流场进行了无扰动观测。观测发现从主流到颗粒床内部，流速持续减小，存在明显的过渡段；过渡段内垂线流速分布服从指数分布规律；过渡段厚度约和表层颗粒粒径相等，且厚度不随雷诺数变化。试验综合表明颗粒床对边界流场的影响由组成床面的表层颗粒特性决定，表层颗粒以下流动微弱仍然服从 Darcy 渗流规律。

【关键词】 多孔介质；PIV；流场；过渡段；指数分布

1　引　言

　　流体沿多孔介质表面流动是一种常见的物理现象，如河流、湖泊及海洋等的底部水流运动，森林冠层处的大气边界层流动，地表径流，石油开采和地热工程当中的流体流动等。当流体流经固体边界时，边界上的剪切力（流体拖曳力）通常情况下不能够直接获得，需要从流速分布和剪切力的关系转换而来。该问题在理论研究上大致可分为考虑边界滑移及无滑移两类。其中，Beavers and Joseph [1]在边界由多孔介质及防渗墙组成的二维通道结构中对多孔介质表层流场分布进行了试验研究，并引入了滑移系数，给出了多孔介质边界处的流速分布，但其试验中由于介质材料的不同，滑移系数的变化范围可从 0.1 至 4，因此难以应用。Neale and Nader [2]根据 Brinkman[3]提出的 Darcy 渗流和 Stokes 流之间相互联系的过渡段方程，建立了多孔介质和流体交界面的流动模型，该模型中引入了有效动力黏度，同样较难实现。对于泥沙运动规律的研究，以往常采用无滑移边界条件对多孔介质边界处的流速分布进行简化处理，忽略孔隙结构对流速分布的影响，取距离泥沙颗粒床表面 $0.5 \sim 1d$ 处的流速作为颗粒床表层颗粒的作用流速[4]。实际上，有实验[5]表明对于多孔介质，在保持整体性质不变的情况下，仅改变其表层的结构特性，边界处的流速分布也会发生剧烈变化。由于颗粒床表面在流体作用下的力学特性直接影响到颗粒的运动过程，因此，有必要首先对多孔介质边壁处流场结构进行细致的研究。

　　基金项目：江西省水利科技计划项目（KT201636）。

　　作者简介：洪安宇（1988—），女，江西新干人，博士研究生，讲师，主要从事水沙运动基础理论及实验研究。

2　多孔介质表层流场试验

为了探明颗粒床表层的流场形态及其向孔隙内的发展特征及对颗粒运动的影响，将通过无扰动试验对颗粒床表层的流场进行观测。

2.1　可视化系统

试验采用了基于 RIM（Refractive Index Matching，折射率匹配）技术的 PIV（Particle Image Velocimetry，粒子图像测速）技术。

PIV 技术是一种基于激光、摄影及示踪粒子的无扰动测速技术，具有较高的精度[6]。文中所有 PIV 图像的流场提取采用 Taylor et al. [7]的 Open PIV 软件完成。激光照射下，由于颗粒和流体的折射率不同，光路将发生改变，在颗粒和流体的交界面发生折射及反射，从而影响到对示踪粒子的捕捉，导致无法进行观测。为了获得边界流场形态，在 PIV 试验中通常会辅助采用 RIM 技术对固体颗粒和试验流体的折射率进行匹配。在配置前可对溶液的混合比进行估算。以往研究[8-11]大多假设混合前后的流体总体积不变，采用光的电磁理论对体积混合比进行大致估算，实际操作中还需要微调。常用的体积混合比估算公式如下：

$$n = \frac{n_1 V_1 + n_2 V_2}{V_1 + V_2} \tag{1}$$

式中，n 为目标物质的折射率；n_1 和 n_2，V_1 和 V_2 分别为两组初始溶液的折射率及体积。

2.2　试验装置及材料

试验装置如图 1 所示。主体部分由矩形有压管构成，放置于水平面上。为了便于可视化，有压管材料采用透明有机玻璃，总长 40.5 cm，宽 2.6 cm，高 3.3 cm。试验段位于进出口栅格之间，长 24.5 cm。

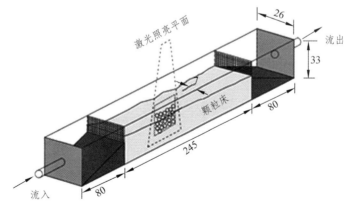

图 1　试验装置示意图

试验材料为均匀透明玻璃颗粒，粒径 $d = 1\,060 \pm 60$ μm，密度 $\rho_f = 2.5$ g·cm^{-3}。颗粒床渗透率 κ 则根据 Carman-Kozeny 方程[12]进行计算：

$$\kappa = \frac{\varepsilon^3 d^2}{\psi_{CK}(1-\varepsilon)^2} \tag{2}$$

式中，ε 为孔隙率，$\varepsilon = 1 - \phi$；ψ_{CK} 为 Carman-Kozeny 模型经验系数，对于由均匀球体自然堆积形成的颗粒床，ψ_{CK} 约为 180。

本次试验中，在 RIM 的基础上，运用 PIV 技术对颗粒床表层的流场进行观测。玻璃颗粒为折射率匹配的目标物质，其折射率为 1.54。试验中的匹配液采用 Cargille 烃系溶液。所得匹配液密度 $\rho_f = 1.026 \, \text{g} \cdot \text{cm}^{-3}$，运动黏度 $v = 0.243 \, \text{cm}^2 \cdot \text{s}^{-1}$，折射率为 1.542。示踪粒子采用粒径为 20 μm 的空心镀银玻璃球。

试验前将管道竖直放置，入口在下，并增大流量，让颗粒充分悬浮。之后将管道缓慢放置水平，颗粒将自由下落。该方法形成的颗粒床填充率 ϕ 约为 58%，表面均匀。将试验颗粒参数带入公式（2）可得颗粒床渗透率 κ 的值为 $7.1 \times 10^{-10} \, \text{m}^2$。通过五次测量并取平均值得到颗粒床的高度为 $(23 \pm 0.5)d$。在水泵作用下，试验段沿主流流动方向压力梯度恒定。水泵的可调节流量范围为 $5 \, \text{cm}^3 \cdot \text{min}^{-1} < Q < 2\,400 \, \text{cm}^3 \cdot \text{min}^{-1}$。为了保证试验段管道中为 Stokes 流且颗粒不发生运动，试验中采用的流量不超过 $300 \, \text{cm}^3 \cdot \text{min}^{-1}$。通过调节流量，改变试验段的流体雷诺数及颗粒雷诺数，观测颗粒床表面附近的流场分布规律。

在该试验中管道中的主流流态由流体雷诺数 Re_f 控制，表达式如下：

$$Re_f = \frac{u_{\text{mean}} h}{v} \tag{3}$$

式中，u_{mean} 为断面垂线平均流速；h 为流体深度；v 为流体运动黏度。

对于孔隙内的流体流动，Ward[13]提出了浅层雷诺数的概念，该雷诺数的大小和多孔介质的渗透率及 Darcy 流速有关，浅层雷诺数 Re_κ 表达式如下：

$$Re_\kappa = \frac{u_D \sqrt{\kappa}}{v} \tag{4}$$

式中，κ 为多孔介质的渗透率；u_D 为 Darcy 流速。

也有理论[14, 15]认为孔隙内的流动应当采用颗粒直径作为特征长度，采用表层颗粒粒径代替公式（4）中的 $\sqrt{\kappa}$。

$$Re_\kappa = \frac{u_D d}{v} \tag{5}$$

同理，对于颗粒床和流体交界面则可以采用滑移流速来表征其流场特性，相应的雷诺数 Re_κ 的表达式也可写为：

$$Re_i = \frac{u_i d}{v} \tag{6}$$

式中，u_i 为滑移流速。

基于不同特征长度 l 及流速 u，对最大流量时（$Q = 300 \, \text{cm}^3 \cdot \text{min}^{-1}$）的不同雷诺数进行了计算，计算结果列于表 1。

表 1 基于不同特征长度及特征流速的雷诺数表达式

l	u	Re
h	u_{mean}	$Re_f = 7.9$
d	u_i	$Re_i = 0.6$
$\sqrt{\kappa}$	u_D	$Re_\kappa = 8.6 \times 10^{-6}$
d	u_D	$Re_p = 3.2 \times 10^{-3}$

2.3　CCD 成像

　　流动方向上可视为二维流动。考虑到侧壁及进出口边界影响，并通过布拉修斯边界层方程对进口边界影响段长度进行计算，计算表明对于试验中粒径为 1 060 ± 60 μm 的颗粒，进口影响距离为 60d，从而选取渠道中心断面作为观察断面。采用波长为 532 nm 的绿色激光沿流动方向垂直照亮该断面。采用 CCD 成像系统可有效减小观测误差及实现结果的批量处理[16]，图像采集由 CCD（ Charged Coupled Device，电荷耦合组件）相机进行。试验中采用 Pixlink PL-B955H 型 CCD 相机，相机从侧面垂直激光照亮面进行图像采集，图像分辨率为 1 392 px × 1 040 px。试验中 PIV 采集图像如图 2 所示。图 2 描述了颗粒床和流体交界面的结构形态，其中灰色部分为流体，底部黑色部位为颗粒，白色散点为示踪粒子，从图中可以看到示踪粒子不仅分布于上层流体中，孔隙流体中也存在示踪粒子。试验中交界面处的流速矢量图如图 3 所示。从图中可以看到，靠近壁面处流速梯度较大。由于颗粒床的干扰，边界流速向颗粒床内部逐渐减小，进入颗粒床表面一个颗粒厚度左右趋于零。虽然采用颗粒为均匀颗粒，但由于激光照亮部分为二维截面，因此在截面图上颗粒会呈现出不同的大小且有些颗粒之间没有相互接触。

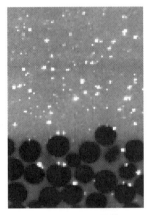

图 2　PIV 图像

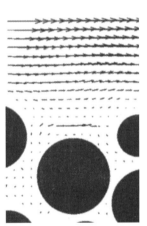

图 3　颗粒床表面流速矢量图（$Re_f = 7.9$）

3　试验结果及分析

3.1　垂线流速分布

　　试验对整个系统中的垂线流速分布进行了观测，如图 4 所示。0 cm < y < 1 cm 为主流区域；y = 0 cm 为颗粒床表面最外层，选取所有表层颗粒的最高点的平均值作为 y = 0 cm 的参考平面，该平面的误差在 ±0.2d 之内，颗粒床和流体交界面处的滑移流速 u_i = 0.375 cm·s^{-1}；在 y < 0 的部分，流速向颗粒床内部逐渐减小，且在经过一段薄层之后趋于零。该薄层即为过渡段，通常也称作 Brinkman 层。

　　将过渡层单独提取出来，如图 5 所示，可发现颗粒床表面以下流速单调递减；直到 y ≈ − 0.1 cm 流速梯度发生了明显变化，并呈现随机波动，计算可得其均值 u_p = 6.7 × 10^{-3} cm·s^{-1}。同时根据公式（2）计算可得 u_D = 7.2 × 10^{-3} cm·s^{-1}，表明当 y < 0.1 cm 之后，流速达到 Darcy 流速尺度，流动已属于 Darcy 流动。则根据 Brinkman 过渡段定义（流场从 N-S 方程到 Darcy 流动之间的连接段）可知过渡段的厚度 l_0 ≈ 0.1 cm。试验中颗粒的粒径 d = 0.1 cm，从数量级上来看，过渡段厚度和颗粒的粒径具有相同的数量级。

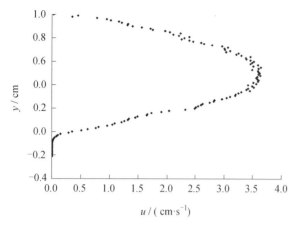

图 4　垂线流速分布图（$Re_f = 9.5$）　　　图 5　颗粒床表面以下垂线流速分布图（$Re_f = 9.5$）

3.2　雷诺数对过渡层垂线流速分布的影响

为了研究过渡段的厚度及流场特性，通过改变流量来调节流体的雷诺数，试验共分为六组，参数如表 2 所示。所有分组试验中，颗粒床为同一次置备，保证每次试验的初始条件不变。

表 2　流速测量试验分组及参数

组别	Q (cm³·min⁻¹)	Re_f
G_1	50	1.32
G_2	100	2.64
G_3	150	3.96
G_4	200	5.27
G_5	250	6.59
G_6	300	7.91

试验结果绘于图 6 及图 7。图 6 为整个流场的结构，图 7 为过渡段流速分布。结果表明随着流体雷诺数的变化，主流流场及过渡段流场均存在变化，且雷诺数越大流速越大，流速梯度相应增大，在 $y = 0$ cm 处的滑移流速也相应增大。但从图 7 来看，虽然过渡段流速的大小随着流体雷诺数改变，但厚度却始终保持不变，保持在 0.1 cm 左右。由此可见，过渡段的厚度和雷诺数无关。

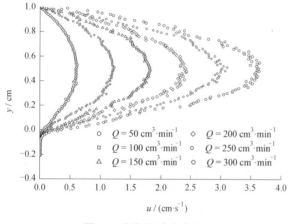

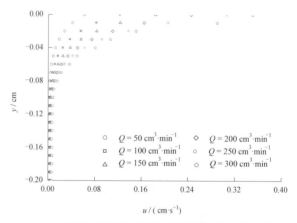

图 6　垂线流速分布图　　　　　　　　图 7　颗粒床表面以下垂线流速分布图

根据以上观测结果特征，采用颗粒粒径及滑移流速对不同雷诺数下的过渡段垂线流速进行无量纲化，如图 8 所示，经过无量纲处理后的所有数据规则分布于一条曲线之上。从曲线的形式来看，其分布符合指数分布形式。

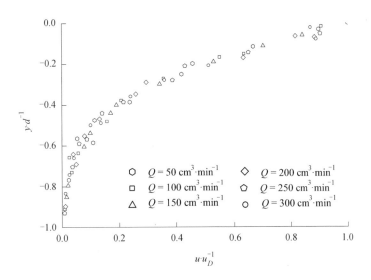

图 8　颗粒床表面以下无量纲垂线流速分布图

因此，采用指数函数，考虑过渡段厚度及滑移流速，通过 Matlab 对试验数据进行指数拟合，得到如下过渡段垂线流速分布公式：

$$u(y) = u_i \exp(y/l), -l < y < 0 \tag{7}$$

式中，$u(y)$ 为过渡段内流速；u_i 为交界面滑移流速；l 为过渡段厚度。

拟合结果如图 9 所示。从图中可看出该公式基本能够描述出过渡段内的流速大小及变化趋势。

对公式（7）关于 y 求导，颗粒床表面沿主流方向的剪切速率为 $\dot{\gamma}$，并根据流场的连续性可得表层滑移流速公式：

$$u_i = \dot{\gamma} l \tag{8}$$

公式（8）形式简练，和以往过渡层流速公式相比[1, 2]，无需对滑移系数及多孔介质的渗透率进行标定，可操作性强。

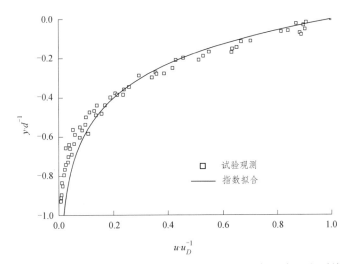

图 9　颗粒床表面以下无量纲垂线流速分布拟合公式及实测值

颗粒床表面的粗糙不平，以往认为理论床面高度——即流速为零的点不在颗粒床突起的最高平面而在这个平面以下 $0.15 \sim 0.35d$ 的位置[17, 18]，但根据本章试验观测表明该处流速不为零。且以往有关颗粒起动的研究中，通常忽略过渡段对流场的影响，取距离床面高程 $0.5 \sim 1d$ 处的流速作为颗粒床表层颗粒的作用流速[4]。从本次试验来看，这些选取方式会使得计算流速偏大，在统计泥沙颗粒的运移量时，导致估计量小于实际运移量。

4　结　论

在 RIM 技术和 PIV 技术的基础上，对多孔介质及流体交界面流场进行了无扰动观测，观测表明：从主流到颗粒床内部，流速持续减小且存在明显的过渡段。过渡段垂线流速服从指数分布规律。颗粒床对边界流场的影响主要集中在表层颗粒的影响上，随着主流雷诺数增大，过渡段表层的滑移流速增大，但过渡段厚度不随雷诺数改变，只和表层颗粒粒径特性有关，厚度约和表层颗粒粒径相等，表层颗粒以下流动微弱仍服从 Darcy 渗流规律。

参考文献

[1] Beavers G S, Joseph D D. Boundary conditions at a naturally permeable wall. Journal of fluid mechanics，1967，30（1）：197-207.

[2] Neale G, Nader W. Practical significance of Brinkman's extension of Darcy's law: coupled parallel flows within a channel and a bounding porous medium. The Canadian Journal of Chemical Engineering，1974，52（4）：475-478.

[3] Brinkman H C. 1947. A calculation of the viscosity and the sedimentation constant for solutions of large chain molecules taking into account the hampered flow of the solvent through these molecules. Physica，13（8）：447～448.

[4] 韩其为，何明民.泥沙起动规律及起动流速.北京：科学出版社，1999：4-5.

[5] Beavers G S, Sparrow E M, Magnuson R A. 1970. Experiments on coupled flows in a channel and a bounding porous medium. Journal of Basic Engineering. 92（4）：843～848.

[6] Ingley R，Hutchinson I，Harris L V，McHugh M，Edwards H G M，Waltham N R. Pool P. Competetive and Mature CCD Imaging Systems for Planetary Raman Spectrometers. LPI Contributions，2014，1783：5066.

[7] Taylor Z J，Gurka R，Kopp，G A，Liberzon A. Long-duration time-resolved PIV to study unsteady aerodynamics. Instrumentation and Measurement. IEEE Transactions on，2010，59（12）：3262-3269.

[8] Aminabhavi T M. Use of mixing rules in the analysis of data for binary liquid mixtures. Journal of Chemical and Engineering Data，1984，29（1）：54-55.

[9] Heller W. The determination of refractive indices of colloidal particles by means of a new mixture rule or from measurements of light scattering. Physical Review，1945，68（1-2）：5.

[10] Shindo Y，Kusano K. Densities and refractive indices of aqueous mixtures of alkoxy alcohols. Journal of Chemical and Engineering Data，1979，24（2）：106-110.

[11] Tasic A Z, Djordjevic B D, Grozdanic D K, Radojkovic N. Use of mixing rules in predicting refractive indexes and specific refractivities for some binary liquid mixtures. Journal of Chemical and Engineering Data, 1992, 37 (3): 310-313.

[12] Yazdchi K, Srivastava S, Luding, S. On the validity of the Carman-Kozeny equation in random fibrous media. International Conference on Particle-based Methods II, Barcelona, Spain, 2011.

[13] Ward B D. 1968. Surface shear at incipient motion of uniform sands. P, h.D. dissertation. The University of Arizona.

[14] Kaviany M. Principles of heat transfer in porous media. Springer Science and Business Media, 2012.

[15] Nield D A, Bejan A. Convection in porous media. Springer Science and Business Media, 2006.

[16] Souza T M, Contado E W, Braga R. A, Barbosa H C, Lima J T. Non-destructive technology associating PIV and Sunset laser to create wood deformation maps and predict failure. Biosystems Engineering, 2014, 126: 109-116.

[17] Lyles L. Woodruff N P. Boundary-layer flow structure: effects on detachment of noncohesive particles. In Sedimentation Symposium To Honor Professor HA Einstein, Berkeley, 1972.

[18] Einstein H A, El-Samni E S A. Hydrodynamic forces on a rough wall. Reviews of modern physics, 1949, 21 (3): 520-526.

水头对事故闸门门体水力荷载影响研究

张文远[1]，董波[2]，王磊[2]，强杰[2]，姚尧[2]，章晋雄[1]

（1. 中国水利水电科学研究院水力学所，北京复兴路甲 1 号，100038；
2. 安徽响水涧抽水蓄能有限公司，安徽省芜湖市，241083）

【摘　要】 抽水蓄能电站引水洞水流边界条件复杂，研究在事故工况下事故闸门动水闭门可靠性十分有必要。本文以响水涧抽水蓄能电站下库进水口事故闸门为研究对象，按重力相似准则建立比尺为 1：22 的水力相似模型，研究在不同水头作用下动水闭门过程中，事故闸门门体水力荷载的变化特性。试验结果表明：作用水头越高，事故闸门动水闭门的持住力越大；下库在死水位至校核水位之间不同水头工况下，事故闸门均能依靠门顶形成的水柱动水关闭。研究成果对抽水蓄能电站进水口事故闸门的设计和运行管理有重要参考价值。

【关键词】 抽水蓄能电站；事故闸门；持住力；水力特性

1　前　言

　　抽水蓄能电站上、下库进水口事故闸门是抽水发电机组及引水管道的重要保护设备，当某些情况管道漏水、机组发生故障时，需要动水关闭孔口事故闸门截断水流，防止事故扩大。在事故闸门动水下门快速截断水流的过程中，闸下水流是一个复杂的绕流及射流现象，其所构成非稳态水流形态复杂，目前尚无一套成熟的理论及计算方法可供参考，因此目前借助闸门水动力模型试验研究的居多。国内外学者围绕闸门动水关闭水流、水动力荷载及启闭力等问题进行了大量模型试验研究及理论分析工作。Naudascher[1-2] 在 1964 年对三种上游倾角底缘闸门的上托力进行了试验研究，提出了闸门上托力和底缘倾角及水力参数的无量纲理论公式。Smith [3]（1964）和 Murray [4]（1966）通过试验也研究分析了电站闸门底缘及门井体型对上托力荷载的影响。谢省宗等[5]通过实验研究电站进水口快速闸门动水下门的明满流过渡的临界开度，导出了闸门水力学与水轮机水力学的关联方程。哈唤文[6]（1990）、刘维平[7]（1994）等进一步研究了电站进水口闸门快速下降的持住力等水力学问题。金泰来、潘水波等通过模型试验研究了三峡深孔事故闸门门体压力分布、水力荷载及启闭力特性。吴一红、章晋雄、张文远 [8-11]等针对小湾底孔、溪洛渡泄洪洞及锦屏一级电站进水口等工程的事故闸门，通过模型试验较为系统地研究了闸门的压力荷载分布及闭门力、闸门区水流脉动及流激振动等水动力学问题。总体而言，目前对抽水蓄能电站事故闸门动水闭门持住力特性的研究相对较少，因此全面掌握抽水蓄能电站进出水口事故闸门的工作特性，确保闸门在事故工况能顺利动水闭门，对保证发电引水系统的安全运行具有重要意义。本文以响水涧抽水蓄能电站下库引水洞进水口事故闸门为研究对象，对事故闸门在不同水头动水闭门过程的门体水力荷载进行了试验研究。

　　基金项目：广州科技项目（0835-1501224N0782）。
　　作者简介：张文远（1980—），男，高级工程师。

2 工程概况

安徽响水涧抽水蓄能电站位于安徽省芜湖市,为日调节纯抽水蓄能电站。电站装机容量 1 000 MW。下库校核尾水位为 15.1 m,正常蓄水位 14.6 m,死水位 1.95 m,电站最大抽水流量 136.21 m/s³。下库事故闸门孔口尺寸为 6.8 m×6.4 m,底板高程 –16.124 m。下库事故闸门为平面定轮闸门,面板布置在上游侧,止水布置在下游侧,采用 P 型水封。门顶设有充水阀,与固定式卷扬机连接。下库事故闸门设计闭门速度 1.877 m/min,启闭机容量为 1 600 kN。响水涧抽水蓄能电站下库进水口及引水道布置图见图1。

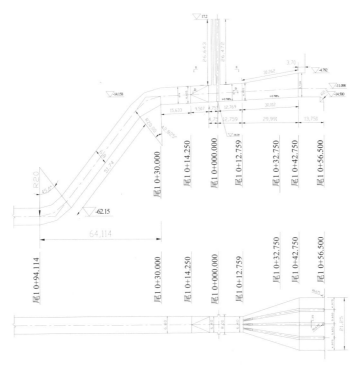

图 1　响水涧抽水蓄能电站下库进水口及引水道布置图

3 模型设计及测量设备

3.1 模型设计

在本项试验中,重点研究抽水蓄能电站下库进水口事故闸门在不同水头动水闭门过程中门体水力特性,模型按重力相似准则设计,几何比尺为 1∶22,模型范围为进水口至发电机组之间,其中进水口至事故门槽后渐变段的模型采用有机玻璃精细加工制作,渐变段之后引水管道选用钢管模拟,有压钢管总长度和弯道半径都按几何比尺缩小,保证弯道段几何形状的局部相似。模型中在压力钢管尾端设置了蝶阀,用以控制引水流量。在蝶阀后回水渠内安装矩形量水堰,测量引水管路的流量。

3.2 测量仪器及测点布置

根据下库进水口事故闸门设计图纸,事故闸门综合摩擦因子 f 变化范围在 0.01～0.04 之间,闸门门重 40.7 t,模型事故闸门按水力条件相似采用有机玻璃精细加工制作,保证门体的水力荷载与原型相似。为准确测量闸门门体的水力荷载，在模型事故闸门门体上下游面板、底缘及顶横梁位置共布置了 25 个压力测点（见图 2）。门体压力采用中国水科院水力学所研制的压力传感器及 DJ800 采集系统进行测量。模型事故闸门的启闭采用专门的闸门启闭控制仪控制，启闭速度在 3.0～30.0 mm/s 可调。

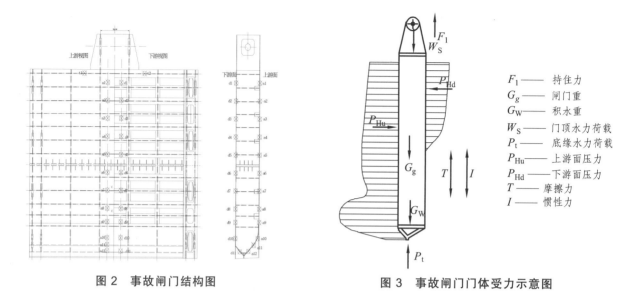

图 2　事故闸门结构图　　　　　图 3　事故闸门门体受力示意图

F_1	—— 持住力
G_g	—— 闸门重
G_W	—— 积水重
W_S	—— 门顶水力荷载
P_t	—— 底缘水力荷载
P_{Hu}	—— 上游面压力
P_{Hd}	—— 下游面压力
T	—— 摩擦力
I	—— 惯性力

4　试验成果与分析

对响水涧抽水蓄能电站下库进水口事故闸门在相同引水流量和闭门速度、不同水位工况下动水闭门过程进行试验研究。本文选取下库水位在 1.95 m（死水位）～15.1 m（校核水位）之间，事故流量 136.2 m³/s，闸门关闭速度 1.877 m/min，共 6 组工况（见表 1）进行试验数据的分析说明。事故闸门动水闭门过程门体受力示意图见图 3。选取事故闸门综合摩擦因子 f 为 0.01 时进行计算分析。其中定义：

水平推力：$\Delta P_H = P_{Hu}S_上 - P_{Hd}S_下$　　　　　　　　　　　　　　　　　　　　　　　（1）

竖向水力荷载：$\Delta F_竖 = P_t - W_S$　　　　　　　　　　　　　　　　　　　　　　　　　　（2）

持住力：$F_1 = G_g + G_w - \Delta F_竖 - \Delta P_H f$　　　　　　　　　　　　　　　　　　　　（3）

上式（1）中 $S_上$、$S_下$ 分别代表事故闸门上下游面板水压力作用面积，（3）式中 f 代表事故闸门综合摩擦系数。

表 1　事故闸门不同水头动水闭门试验工况

工况编号	工况 1	工况 2	工况 3	工况 4	工况 5	工况 6
水头（m）	31.224（校核水位）	30.724（正常水位）	26.124	24.124	21.124	18.074（死水位）

4.1　水流流态及门体压力

不同水位工况事故闸门动水闭门过程中，引水洞正常过流时，引水洞为满流，流态平顺稳定，进水口处没有发现明显的漩涡。事故闸门由 1.0 关闭至 0.3 开度范围，引水洞为满流，随着闸门的进一步关闭，引水洞逐渐由满流向明流过渡。上游水头由 31.224 m 逐渐降低至 18.074 m 时，引水洞满明流过渡时事故闸门的相对开度由 0.15 增大至 0.254。

随着事故闸门的逐渐关闭，上游面板各测点的动水压力值逐渐增大。事故闸门下游面板的动水压力逐渐减小，事故闸门由满流过渡到明流后，门后面板及底缘测点出现负压。事故闸门后通气孔面积较大，补气顺畅，门后下游面板及底缘负压值不大，基本都在 − 5.0 kPa 以内。

4.2 门体有效水平推力

不同水头工况事故闸门动水关闭过程中，门体水平推力变化曲线见图 4（a）。由测量计算图表可知，事故闸门门体有效水平推力主要受门体上下游水压力影响，上游面板除底缘部位测点外，其他测点的时均压力值随闸门的逐渐关闭而增大，下游面板测点时均压力值基本随闸门的关闭而逐渐减小。总体而言，闸门门体的有效水平推力随闸门的不断关闭而增大，其中在 0.5 ~ 0.1 开度增幅显著。不同作用水头工况，事故闸门在 1.0 ~ 0.3 开度范围门体有效水平推力相差较小，随着闸门的进一步关闭，上游水位越高，作用在门体的有效水平推力越大；水头 31.224 m 工况，闸门即将关闭时，门体的有效水平推力超过了 12 000 kN。

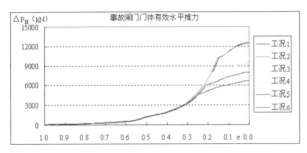

（a）门体水平推力

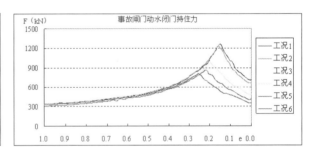

（b）门顶水力荷载

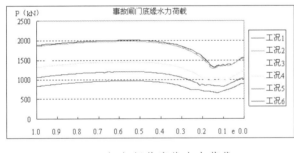

（c）门体底缘水力荷载

（d）事故闸门持住力

图 4　不同水头作用下事故闸门动水闭门门体水力荷载变化过程曲线图

4.3 门体竖向水力荷载

事故闸门在动水关闭过程中，门体竖向水力荷载主要包括顶横梁竖向水力荷载及闸门底缘的上托和下吸力。由于闸门为下游止水型式，事故闸门在动水关闭过程中，门顶水压力随闸门的不断关闭而逐渐增大，门顶横梁的水力荷载也随闸门的不断关闭而近似线性增大，在闸门全关时达到最大【见图4（b）】。事故闸门底缘水力荷载受上下游底缘水压力影响，上游底缘压力值先随闸门的关闭在引水洞满明流过渡前有一定幅度增大，在满明流过渡开度附近有一定幅度减小，之后随着闸门的进一步关闭而增大；下游底缘压力随闸门的不断关闭而减小，在引水洞满明流过渡时达到最小，之后略有增大。因此底缘水力荷载先随闸门的关闭而增大，在 0.5 开度附近时开始逐渐减小，引水洞满明流过渡位置达到最小，之后随着闸门的进一步关闭而增大【见图4（c）】。在事故闸门相同开度位置，作用水头越高，底缘水力荷载越大。

4.4 闭门持住力

根据门体实测的动水压力荷载、闸门自重和综合摩擦系数，按公式（3）可计算事故闸门动水闭门过程中的持住力。不同水头工况，事故闸门动水关闭过程中的最大持住力和对应闸门相对开度见表 2 及图 4（d），最大持住力与水头的关系曲线见图 5。由计算结果可知，事故闸门在多种荷载作用下，动水闭门过程中的持住力先随闸门的关闭而增大，在引水洞满明流过渡时刻达到最大值，之后随着闸门进一步关闭，随上底缘上托力的增大而减小。事故闸门门体作用水头越高，闭门持住力峰值越大，最大持住力对应的闸门相对开度越小。水头 31.224 m，事故流量 136.2 m³/s，事故闸门关闭至 0.15 开度时，事故闸门闭门持住力最大为 1 260.4 kN。不同水头工况事故闸门均能动水闭门，最大闭门持住力均小于启闭机容量 1 600 kN，启闭机容量具有一定的安全余度，事故闸门的设计满足电站正常运行要求。

表 2　不同水头事故闸门动水闭门过程最大持住力（kN）及对应闸门相对开度（e）统计值

工况编号	工况 1	工况 2	工况 3	工况 4	工况 5	工况 6
最大持住力	1 260.4	1 238	1026.8	972.5	863	809.8
闸门相对开度	0.150	0.158	0.188	0.197	0.218	0.254

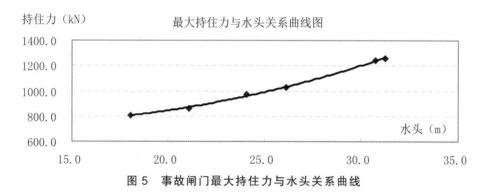

图 5　事故闸门最大持住力与水头关系曲线

4.5 试验成果分析

通过在响水涧下库事故闸门门体布置动水压力传感器的方法，能够较准确地测量出事故闸门在动水关闭过程中非恒定流状态下事故闸门门体的动水压力特性，为事故闸门门体水力荷载的计算奠定基础。试验成果表明水头越高，引水洞满明流过渡时事故闸门的相对开度越小，事故闸门门体所受水力荷载越大，事故闸门动水闭门持住力越大。上游水头对事故闸门满明流过渡时的闸门相对开度及门体水力荷载影响较大，不能简单地按 0.5 倍孔口高度估算满明流过渡开度。

5　结束语

事故闸门动水关闭过程，门体水力荷载均为非恒定过程，因此准确测量门体水力荷载随开度的变化过程是准确计算闸门闭门持住力的关键。通过对响水涧抽水蓄能电站下库进水口事故闸门在不同水头工况动水闭门过程中的门体水力荷载、持住力进行测量分析表明：

（1）响水涧抽水蓄能电站事故闸门在试验事故流量下依靠门顶水头能够顺利动水闭门，启闭机容量有一定富余，事故闸门的设计满足电站正常运行要求。

（2）运行水头对事故闸门动水闭门持住力影响显著，上游水位越高，动水闭门持住力越大，所需启闭机容量越大。

本文只是对响水涧抽水蓄能电站下库事故闸门在某一假设事故流量进行试验研究，不能完全反应极端事故流量工况事故闸门动水闭门可靠性。为确保抽水蓄能电站事故闸门运行安全，有必要进一步开展抽水蓄能电站极端事故工况事故闸门动水闭门可靠性的研究。

参考文献

[1] Naudascher E，Kobus H E，and Rao R P R. Hydrodynamic analysis for high-head leaf gates. Journal of the hydraulics division，1964，90（3）：155-192.

[2] Naudaschers E.Hydrodynamic Forces，IAHR.Structure Design Manual，International Association of Hydro Research，Stockholm，Sweden，1991.

[3] Smith Peter M.，and Jack M. Garrison .Hydraulic Downpull on Ice Harbor Power Gate. ASCE，Vol. 90，Hy. No. 3，1964.

[4] Murray，R. I. and Simmons，W. P.Hydraulic Downpull Forces on Large Gates. A Water Resources Technical Publication，Report No.4，1966.

[5] 谢省宗. 快速闸门动水下降某些水力学问题分析. 科学论文集第 13 集，水利水电科学研究. 北京：水利电力出版社，1982：79-94.

[6] 哈焕文，郑大琼.快速闸门动水下降持住力的试验研究.水利水电科学研究院论文集. 北京：水利电力出版社，1990：12-21.

[7] 刘维平. 水电站进水口快速闸门水力学分析[J]. 水科学进展，1994，5（4）：309-318.

[8] 张文远，吴一红，张东，等. 溪洛渡水电站泄洪洞事故闸门动水下门试验研究[J]. 水利水电技术，2007，38（1）：86-88.

[9] 张文远，张东，章晋雄. 锦屏一级水电站发电进水口快速事故闸门工作特性试验研究. 第四届全国水力学与水利信息学大会论文集，2009.

[10] 章晋雄，吴一红，张东，等. 锦屏一级水电站分层取水叠梁门进水口水力特性研究. 水力发电学报，2010，29（2）：1-6.

[11] 章晋雄，吴一红，张东，等. 基于改造底缘的水电站事故平板闸门启闭力优化试验研究. 水利水电技术，2013，44（7）：134-137.

白鹤滩水电站尾水调压室水力设计

孟江波，吕慷，陈益民，杨飞，倪绍虎

（中国电建集团华东勘测设计研究院，杭州高教路 201 号，311122）

【摘　要】 白鹤滩水电站规模巨大，其中引水发电系统采用首部开发方式，尾水系统采用 2 机 1 洞的布置型式，尾水调压室采用圆筒形阻抗式，左、右岸各布置 4 个，最大开挖直径 48 m，最大高度超 120 m。白鹤滩尾水调压室具有洞室规模巨大、地质条件复杂、水力特性复杂等特点。本文重点对可行性研究阶段尾水调压室的尺寸设计、水力型式选择（详细比较了阻抗式和简单式）、涌波计算（结合水道系统水力过渡过程数值分析）、单体水工模型试验以及水道系统整体水工模型试验进行了详细的阐述，论证了白鹤滩尾水调压室的整体布置、水力型式等设计是合理的。

【关键词】 白鹤滩水电站；尾水调压室；水力型式；水工模型试验

1　工程概述

白鹤滩水电站的开发任务以发电为主，兼顾防洪，并有拦沙、发展库区航运和改善下游通航条件等综合利用效益，是西电东送骨干电源点之一。电站装机容量 16 000 MW，多年平均发电量 640.95 亿 kW·h，水库总库容 206.27 亿 m³，调节库容可达 104.36 亿 m³，防洪库容 75.00 亿 m³。

白鹤滩水电站枢纽包括挡水坝、泄洪消能设施、引水发电系统等主要建筑物。引水发电系统左右岸基本对称布置，左右岸各布置 8 台单机容量 1 000 MW 机组，包含进水口、压力管道、厂房、主变室、尾水调压室、尾水隧洞等主要建筑物。

尾水系统采用 2 机 1 洞的布置型式，尾水调压室采用圆筒形阻抗式，与主厂房、主变洞平行布置，左右岸各 4 个尾水调压室，与尾水管检修闸门室分离布置，8 条尾水管在尾调底部完成汇流，下游侧分别连接 4 条尾水隧洞。

尾水调压室阻抗板上游侧设两个直径 7.6 m 的圆形阻抗孔，下部流道设置分流墩，以减小阻抗板跨度并优化流道水流条件。左岸尾水调压室通气洞利用穹顶施工支洞改建，右岸在穹顶下游侧结合通气洞设置上室。

白鹤滩尾水调压室具有洞室规模巨大（最大开挖直径 48 m，最大开挖高度超 120 m）、地质条件复杂（地应力中等偏高、柱状节理、层间错动带、断层等）、尺寸效应显著（穹顶拱效应）、水力特性复杂等特点。本文重点从尾水调压室的稳定断面计算、水力型式选择、涌波计算和水工模型试验等方面进行详细论述。

2 尾水调压室尺寸

2.1 计算原则

白鹤滩尾水调压室尺寸受托马稳定面积控制。研究表明，尾水系统水头损失、压力管道水头损失、调压室底板连接管处速度头和动量交换项、水轮机效率、调速器参数、电网等因素对尾水调压室临界稳定断面计算结果均存在不同程度的影响。

考虑到解析法计算的特点和工程特性，在《水电站调压室设计规范》（NB/T 35021-2014）（以下简称规范）稳定断面面积计算公式的基础上，对上述因素按"忽略次要因素、适当留有余地"的原则进行权衡取舍，结合控制涌波幅度要求，最终确定尾水调压室断面面积。

2.2 计算成果

尾水调压室推荐方案（圆筒形分离式布置）临界稳定断面面积为 1 128～1 502 m²，实际采用的断面面积为 1 195～1 662 m²，调压室内径 39～46 m。工程类比分析表明白鹤滩水电站尾水调压室稳定断面计算结果符合一般规律，且留有一定裕度。同时通过小波动过渡过程计算验证了尾水调压室稳定断面面积的合理性。

3 尾水调压室水力型式选择

通过地质条件、枢纽布置条件、施工条件、工程类比等多方面综合比较，选定白鹤滩尾水调压室形状采用圆筒形，尾调和尾水管检修闸门室结合布置，本节内容以此为基础展开。

3.1 概　述

常见的调压室水力型式有简单式、阻抗式、水室式和差动式等，各自具有不同特点和适用条件。

白鹤滩工程调压室所需稳定断面面积巨大，水室式的优点难以发挥，同时受布置条件制约，布置大规模水室难度较大，因此水室式尾水调压室对本工程适应性不强；调压室水位变幅和波动周期均有限，水力条件上差动式调压室无明显优势，同时差动式调压室升管与大井存在较大水压差，结构复杂，其可比性明显较差。因此尾水调压室水力型式选择阻抗式和简单式两个方案进行比较分析。考虑到白鹤滩尾水调压室穹顶规模巨大、地质条件较复杂，为最大限度减小层间错动带对调压室穹顶围岩稳定的影响，针对右岸尾水调压室设置上室，以控制最高涌波，改善穹顶稳定条件。

3.2 比较方案拟订

阻抗式和简单式方案水力学上布置的差异主要在于调压室底部结构和调压室高度。阻抗式方案利用尾水管检修门闸孔作为阻抗孔，尾水调压室大井底部设阻抗板。简单式方案结构布置较简单，尾水隧洞和调压室大井之间不设置阻抗板；调压室高度受最高、最低涌波控制，简单式尾水调压室从结构上需要比阻抗式更大的规模，才能满足涌波要求，和阻抗式方案相比，简单式方案穹顶高度增大 10 m，底板高程降低 5 m，整体高度增大 15 m。两方案典型剖面图详见图 1。

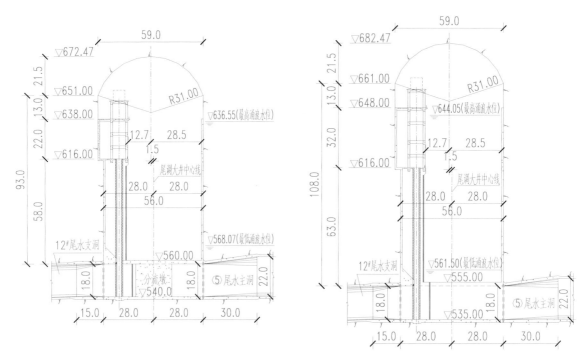

图 1 阻抗式（左）和简单式（右）方案典型剖面示意图（以右岸 2#调压室为例）

3.3 方案比选

3.3.1 水力条件

阻抗式调压室涌波幅度较简单式调压室减小约 14.1 m，且波动衰减较快。虽然简单式调压室反射水锤性能较好，但由于其最低涌波水位较低，使得最低涌波成为尾水管最小压力的控制性因素，阻抗式调压室水力条件较优。

3.3.2 围岩稳定条件

从围岩稳定角度分析，由于简单式尾水调压室高度较高，穹顶、井身和不利地质结构（层间错动带、柱状节理、断层等）接触范围更大，高边墙问题也更突出，尤其对左岸 1#、右岸 2#、右岸 3#尾水调压室穹顶围岩稳定不利，设计难度较大。

3.3.3 施工条件及投资

两方案施工条件总体相当，不存在制约性施工技术问题，简单式方案由于高度较大，工期相对较长。此外简单式调压室开挖支护工程量较大，投资较多。

3.3.4 结　论

虽然简单式调压室结构形式简单，反射水锤波的效果好，但调压室底部流态紊乱、涌波幅度大、波动衰减较慢、开挖规模较大，在水力条件、围岩稳定条件、施工条件、工程投资等各方面均不如阻抗式，因此白鹤滩水电站尾水调压室水力型式推荐阻抗式。

4 涌波计算

白鹤滩尾水调压室涌波计算除了采用规范推荐的公式，还结合水道系统水力过渡过程计算采用了数值法进行计算，并委托了多家科研院校（武汉大学、河海大学、四川大学等）进行对比分析。

由于白鹤滩水道系统长度较短，糙率取值对计算成果影响较小，因此按照平均糙率进行计算，对控制工况进行糙率敏感性分析，引水和尾水建筑物最大、最小糙率未进行组合计算。

4.1 阻抗孔水头损失系数

水流通过阻抗孔水头损失系数按照规范推荐的公式进行计算，其中阻抗孔流量系数取值：流入为0.6，流出为0.8。

4.2 工况选择

按照规范规定，下游调压室各涌波水位的计算工况考虑如下：

（1）最高涌波水位：按厂房下游设计洪水位时，共用同一调压室的全部 n 台机组由（$n-1$）台增至 n 台或全部机组由2/3负荷突增至满载作为设计工况；按厂房下游校核洪水位时相应工况作校核，并复核设计洪水位时丢弃全负荷的第二振幅。

（2）最低涌波水位：共用同一调压室的全部机组在满载及相应下游水位瞬时丢弃全部负荷。

（3）对可能出现的涌波叠加不利工况进行复核。

4.3 计算成果

各单位计算成果规律基本一致，数值相差不大。尾水调压室最高、最低涌波水位均出现在组合工况：最高涌波水位为638.70 m（四川大学），最低涌波水位为566.56 m（河海大学），水位变化过程详见图2、3，阻抗板向上、向下最大压差为8.71 m（河海大学）和14.02 m（武汉大学）。各调压室阻抗板、上室、通气洞等布置均满足规范超高要求。

对控制工况进行糙率敏感性分析，结果表明尾水调压室最高涌浪变化约0.17 m，最低涌浪变化约0.55 m，总体看来糙率在一定范围内变化对调保参数的影响较小，按照平均糙率进行过渡过程计算能够满足设计要求。

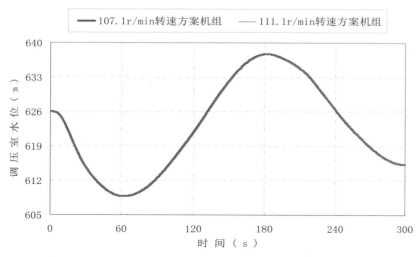

图2 尾水调压室最高涌浪工况水位变化过程示意图（以右岸2#调压室为例）

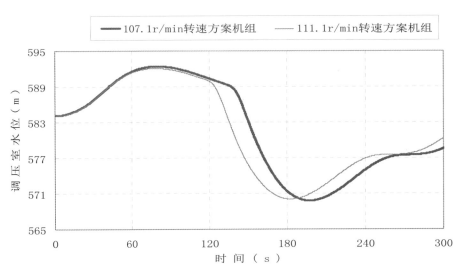

图 3   尾水调压室最高涌浪工况水位变化过程示意图（以右岸 2#调压室为例）

5   水工模型试验

白鹤滩水电站引水发电系统工程规模巨大，水力条件复杂，在可行性研究阶段除了进行水道系统整体水工模型试验外，还对尾水调压室等重要结构进行了单体水工模型试验。

5.1   尾水调压室单体水工模型试验

5.1.1   试验模型及工况

为了对尾水调压室整体布置、底部分岔结构型式、阻抗孔尺寸等关键水力问题进行研究，特委托河海大学进行了尾调单体水工模型试验。

试验选取右岸 3#尾水调压室为例进行研究，采用正态模型，长度比尺为 1：40，试验模型照片见图 4。

图 4   尾水调压室单体水工模型试验模型照片

试验工况考虑了尾水调压室运行过程中的各种情况，包含正常运行、流入流出调压室、上下游合流、机组负荷变化等可能出现的各种工况。

5.1.2 试验成果

通过尾水调压室单体水工模型试验，可以得到如下成果：

（1）单机运行，调压室底部水头损失系数约为 0.483～0.514；双机运行，水头损失系数稍大，约为 0.493～0.525。

（2）水流从尾水隧洞全部流入尾水调压室时的水头损失系数（0.66～0.68）小于水流从调压室流出尾水隧洞时的水头损失系数（0.71～0.74），这和规范推荐的数值是对应的。

（3）单机稳定发电运行时，尾水调压室内水面平稳，无水面振荡现象，底部流道内水流平顺，流态稳定，没有脱流和回流现象；停止运行机组所对应的调压室底部流道内，在导流墩墩头上游的小区域内，偶尔有流速很小的回流，在导流墩所在流道和导流墩尾端下游区域流道内，水流均指向下游，流态稳定，没有脱流和回流。

（4）双机稳定运行时，调压室底部两个流道的水流均平顺稳定，没有回流和脱流。调压室内水面平稳，没有振荡现象。

（5）在非恒定流工况下，不论是单台机组运行发生非恒定流，还是两台机组同时运行发生非恒定流时，调压室底部流道中的水流没有恒定流时平顺，但也没有出现回流和脱流现象；水流流入尾水调压室时，上涌水花的位置并不是固定的，而是在调压室内周期性地变动。

以上成果表明白鹤滩尾水调压室型式选择及其底部流道分岔型式、导流墩等布置是合适的。

5.2 水道系统整体水工模型试验

白鹤滩水电站水道系统整体水工模型试验选取右岸 3#水力单元为代表进行，采用正态模型，长度比尺为 1∶60，模拟范围包括进水口、进水口闸门、压力管道、水轮机蜗壳和尾水连接管、尾水管检修闸门室、尾水调压室、尾水隧洞、尾水隧洞检修闸门室和尾水出口明渠及部分河道等。

引水发电系统整体模型试验研究表明，水道系统各建筑物水力特性满足相关规范要求，且有一定裕度。白鹤滩水电站可行性研究阶段水道系统的布置是合理的，运行是安全的。有关尾水调压室的主要研究成果为：

（1）恒定流情况下各部位水面平稳，调压室底部水流平顺，尾水洞明流流态稳定。

（2）水力过渡过程工况下各部位压力量测值均满足控制标准要求；水流进出尾水调压室阻抗孔口流态平稳，无水流漩涡和脱流现象。

（3）尾水调压室的最低涌波水位为 577.89 m，最高涌波水位为 631.08 m（见图 5）。尾水调压室底板水深裕度足够，上室高度能满足水位波动过程中的通气要求。

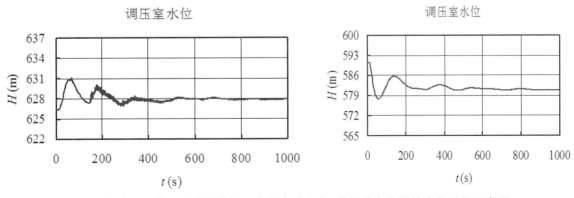

图 5　整体水工模型试验尾水调压室最高（左）、最低（右）涌波水位过程示意图

6 结 论

文章重点从白鹤滩水电站可行性研究阶段尾水调压室的尺寸设计、水力型式选择及涌波计算等方面进行了论述，并通过尾调单体和引水发电系统整体水工模型试验进行了全面的验证，研究成果表明尾水调压室水力设计是合理的，运行是安全的。

参考文献

[1]　水电站调压室设计规范. NB/T 35021-2014. 中国水利水电规划设计总院，2014.
[2]　罗俊军，李建平. 龙滩水电站尾水调压室形式选择. 水力发电，2004，30（6）：9-12.
[3]　詹振彪，马长虹. 尾水简单圆筒式调压室涌波分析. 华东科技：学术版，2016，8：17-17.
[4]　杜贵霞，叶复萌. 水电站尾水调压室型式的试验研究. 水利水电技术，1994，2：25-29.

滨海火、核电厂水工消泡措施研究综述

康占山，赵懿珺，秦晓

（中国水利水电科学研究院，北京复兴路甲 1 号，100038）

【摘　要】　滨海火、核电厂排水泡沫问题是电厂水工设计与环境保护关注的重点。本文调研了我国沿海电厂水工消泡措施研究现状，分析了泡沫形成的三个关键因素，提出了消泡的四点原则：从根本上切断气源或尽量减少掺气、有效拦截表层气泡、促进水中气泡上浮和加速表层气泡溃灭，在归纳总结现有消泡拦泡技术基础上提出后续研究的思路和方法，探讨了新型消泡措施浮体压板的原理及应用效果。调研成果可为滨海电厂消泡措施研究和排水出流设计提供指导原则，具有重要的工程实用意义。

【关键词】　滨海电厂；虹吸井；气泡；消泡措施

1　前　言

　　滨海火、核电厂排水泡沫问题是电厂水工设计与环境保护关注的重点。我国沿海地区经济发展迅速，电力需求旺盛。全国电力工业统计数据显示，截止到 2016 年年底，我国火电与核电的装机容量分别为 105 388 万千瓦和 3 364 万千瓦[1]，其中大约一半的火电厂及全部核电站均布局在沿海[2]。沿海火、核电厂绝大多数采用直流供水系统。为减少循环水泵扬程、稳定凝汽器循环水泵出口压力、保证机组排水管道的水封，通常在排水出口上游设置虹吸井。当外海潮位较低时，虹吸井过堰水流呈跌落状态，并在过流堰下游形成一定范围的漩滚消能区，剧烈的卷吸掺气导致大量气泡出现并进入排水系统。为防止海生物附着在供水系统管壁，滨海电厂循环水一般要进行加氯（如次氯酸钠）处理。海生物残体和次氯酸钠等物质，会改变水体的黏性、表面张力等物理性质，致使水体中产生的气泡不易溃灭[3]。大量气泡随排水进入海域后上升至水面聚集成微黄色泡沫，不仅气味难闻，而且造成视觉污染，引起民众心理恐慌。为了消除泡沫，电厂会定期在排水中加入化学消泡剂，但大量的使用消泡剂不仅费用昂贵，而且易造成二次污染。因此，通过水工措施进行泡沫的消除和抑制对于电厂设计和环保具有重要意义。

　　大亚湾核电是我国较早开始进行水工消泡措施研究的工程[4-5]。该电站虹吸井溢流堰采用实用堰，低潮位时溢流堰前后水位差接近 6 m，排水从溢流堰下泄至消力池底，最大流速可达 12 m/s。为了解决消能过程中产生的泡沫问题，李瑞生、田忠禄采用 1∶10 的水工正态模型开展了消泡措施研究，提出淹没式虹吸双重过流方案，即大部分流量采用压力式消能，少部分流量采用自由溢流，并通过多级消能减少掺气量，同时辅助拦泡墙等措施[5]。田淳、郝瑞霞在研究岭澳核电消泡方案时沿用了大亚湾核电的消泡指导思想，并提出采用较为简单的消力柱和消力孔代替窄缝[6]。贺益英、杨帆从气泡形成的机理出发提出洞塞消能工，并从局部水头损失及消泡效果论证了该类消能工的实用性[7]。赵懿珺、

基金项目：国家自然科学基金项目——潮汐条件下温排水紊动扩散机理试验与数值模拟研究（51309257）。

贺益英为实现某滨海燃煤电站排水口同时消能、消泡、防盐雾的要求，提出了基于单宽流量分级消能和阻断掺气的消能消泡原则，并提出以压力式消能工为主、半压力式消能工为辅、出流平面上分级扩散、垂向上分层对撞消能、出流口设置拦泡墙并辅助以其他消能消泡措施的排水结构[8]。邱静、黄本胜提出采用带消力坎的堰型，并在虹吸井内设置一道类似于胸墙的隔板。该方案可以较好阻挡上浮在表面的气泡向下游移动，但不能有效阻止底层水体携带的气泡[3]。早期消泡措施以有压消能工为主，同时对于如何拦截水体内携带的气泡考虑较少。有压消能工的缺点在于：结构比较复杂，当压力流道内水流流速较大，水中的气泡容易被带向下游出口。随着对排水消泡问题认识的不断加深，消泡措施逐渐向经济、简单的方向发展，控制气泡的方法更加多元。例如在溢流堰后设置正反斜板堆，利用水流对撞内消能，避免水流直接下跌，减弱水流对下游水体搅动掺气，水流通过上层斜板时可形成水帘，隔断下层斜板掺气来源[9]。龙宏斌对比分析了加装斜板堆、拦泡墙及消泡喷淋管、设置缓坡溢流堰、增加柔性膜覆盖层四种方案的消泡效果及优缺点，认为前两种方案结构复杂，施工难度大，最后一种经济性与实用性较佳[10]。纪平、秦晓根据排水泡沫的产生机理提出了消泡的三个关键点，认为消除泡沫应采用避、拦、清三步骤的综合治理方法[11]。虹吸井溢流堰型对于消泡效果也有比较显著的影响，已有研究成果表明实用堰过流流态平顺，产泡量相对较小，明显优于薄壁堰与宽顶堰[12-14]。综上所述，目前电厂排水消泡措施结构还比较复杂，消泡效果欠佳，表层泡沫容易堆积。随着我国海洋生态环境保护日益受到重视，迫切需要更加系统、深入地开展物理消泡技术研究，开发简单、易行、实用的消泡工程措施。

2 泡沫成因分析及消泡原则

2.1 泡沫成因

采用直流供水系统的火、核电厂供水流程主要是：取水口→引水流道→进水前池→循环水泵房→压力供水管道→凝汽器→虹吸井→排水流道→排水口，其中虹吸井是非常重要的水工构筑物，对于维持排水系统一定的虹吸利用高度、降低循环水泵扬程、维持虹吸井内水位稳定、减少运行成本等具有重要作用。滨海电厂排水泡沫的成因主要有以下三方面：

首先，循环水从虹吸井溢流堰自由跌落过程中的卷吸掺气是气泡产生的主要原因。滨海电厂排水口所在水域潮位随时变化。当潮位较低时，循环水自溢流堰下泄，在堰后与下游水体发生猛烈碰撞产生水跃。由于水流的紊动作用，在水跃表层产生无数的大小旋涡致使大量空气被裹挟进入水体，发生掺气现象。排水出流的产泡量与掺气量直接相关，而掺气量主要取决于两方面因素：进气量以及水流的紊动动量。

其次，滨海电厂循环水的水质特点决定了泡沫一旦产生就不易溃灭。为防止海生物进入电厂循环水系统并附着于管壁，滨海电厂一般在循环冷却水中加入大量的次氯酸钠等化学物质进行处理，海生物的残体和化学药物使水的物理性质，如黏性、水体表面张力等有所改变，致使排水出流区域所产生的气泡不易溃灭，而部分气泡破裂产生的飞溅含盐水雾又使气泡形成新的聚集、堆积。据文献报道，一般在加药后 2~3 d 泡沫量比较大，此外当气温与水温较高时泡沫量也会增加[10]。

最后，海水中所含的细小泥沙颗粒以及海生物残体分解后的物质使水体中含有较多的微小固体颗粒，加强了泡沫的黏结和附着堆积。

因此，水体跌落出流与下游水体间的掺混是泡沫产生的主要因素，而水体性质的改变是泡沫形成后难以破灭堆积的必要因素，水体泥沙等微小固体物质的存在为泡沫的黏结和附着堆积提供了有利因素。

2.2 消泡原则

滨海电厂排水需同时满足消能与消泡要求。消能要求排水出流与环境水体尽快实现充分掺混，削减出流动量；而消泡则希望尽量减缓排水与环境水体（特别是在水体表层）的掺混强度，以削减或减轻因水体表层旋滚掺气带来的雾化、气泡扩散影响。结合气泡的成因及特点，消泡措施设置应遵循以下原则：第一，从根本上切断气源或尽量减少掺气量；第二，有效拦截表层气泡；第三，营造合适的流场条件，使得水体内气泡可以尽快上浮并拦截；第四，采取措施加速表层气泡的溃灭。

3 消泡工程措施

3.1 虹吸井段的消泡措施

为了切断气源或减少掺气，首先需要尽量保证虹吸井段排水处于淹没出流的状态。为此，学者们开展了丰富的研究，常见的工程措施有：过流堰上加设盖板形成压力流道（见图1）或压力流道为主、无压流道为辅的双层流道（见图2）；溢流堰下游加设消力坎作为消能的主体建筑物，同时起到减小掺气的作用（见图3）；将溢流堰下堰面改为缓坡（见图4）或多级跌水以减小水流冲击及掺气；在溢流堰下游设置与虹吸井同宽的正反斜板堆（见图5）；在虹吸井隔墙下部及底板开孔，以起到约束水流、消能、防泡的作用[15]。、

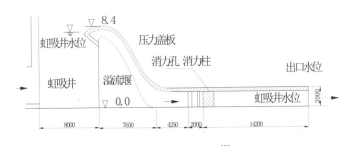

图 1 压力流道[6]

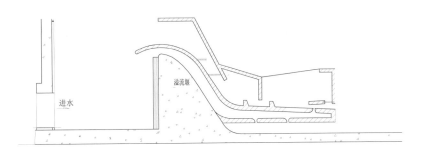

图 2 淹没式双重流道[5]

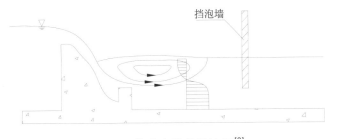

图 3 带消力坎的溢流堰[3]

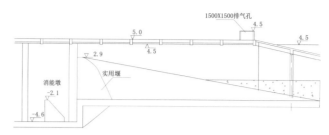

图 4　缓坡溢流堰[10]

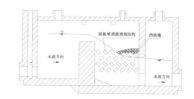

图 5　虹吸井设置正反斜板堆[9]

3.2　泡沫拦截措施

虹吸井水流过堰后产生的气泡随流运动并逐渐上浮。清水中的气泡上逸至表面后在大气压与表面张力作用下可以很快溃灭，而滨海电厂排水产生的气泡上浮在表面后比较稳定，并且容易聚集。常见的拦泡措施有：在虹吸井设置类似胸墙的拦泡墙（见图6），利用挡泡墙前、后立面漩流有效地拦截气泡；对于分层流道，可以在上层流道底板开设窄缝，水流从下层压力水道经垂向窄缝喷出，形成垂向柔性水幕，起到拦截气泡的功效，同时还可利用水流的收缩、扩散和对撞进行消能（见图7）。为将泡沫有效控制在排口之前，应采取措施使得气泡尽早上浮。气泡上浮与气泡尺寸以及挟气水流速度有关。石岛湾核电与红沿河核电在虹吸井堰后引入多孔孔板消能方式，有效降低了跃后水流流速，可以很好地实现气泡上浮[16-17]。

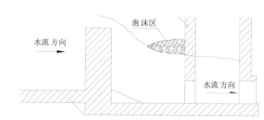

图 6　挡泡墙拦泡效果示意图

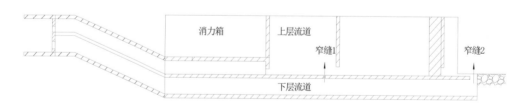

图 7　孔板窄缝泡效果示意图

3.3　泡沫堆积抑制措施

水体表层泡沫如果不能及时溃灭，有可能堆积得越来越多，甚至从虹吸井顶部或翼墙溢出，造成厂区环境污染。喷淋方法在电厂消除泡沫中有所应用，例如可在拦泡墙加设喷淋管，喷淋管将细小、密集的水滴喷洒在泡沫上使得其迅速溃灭，但该方案在潮位较低时效果较差[10]。国外也有电厂采用集泡箱与热风消泡组合的措施对泡沫加以收集、处理，但国内尚未见到。

4 研究展望

为了探寻更加简单便捷、经济有效的消泡措施，后续研究应关注以下几个方面。首先，有必要专门针对滨海电厂泡沫的形成及溃灭机制、气泡上浮过程与水动力条件的相关性开展系统研究，为科学合理地确定泡沫消除与控制措施提供依据。其次，应进一步探寻新型排水消泡措施。例如浮体压板是一种比较简单的设施，但目前尚未见到比较深入系统的研究。该设施的原理是在溢流堰水流下泄易产生泡沫区域的水体表面设置浮体板箱，板箱靠自身的重量压在水体表面，形成区域内的管流流动，加大水流表面的阻力，避免了水流的紊动，隔断了水体与空气的交汇，不能产生掺气现象。在排水出口潮位变化时浮体压板能够根据水流的大小即虹吸井内水深的变化自行调节板箱的角度，使之始终压在水体表面（见图8）。浮体压板可采用镀铬铝板、泡沫铝合金等密度小、抗冲击能力强、便于加工、成本较低的新型材料。为使浮体压板更加贴合水流，其型式可设计成流线型箱式结构。浮体压板的固定方式应简单易行，便于虹吸井的施工改造。初步考虑以下两种方式：（1）前轴固定方式：如图8第一块浮体压板所示，在浮体压板起始端加装套轴由旋转轴牵拉，旋转轴两端固定在虹吸井两侧边壁上。该方式要求尽量将固定轴设于基本不受下游水位涨落影响的溢流自由跌落面。（2）锚链锚泊固定方式：如图8第二块浮体压板所示，在浮体压板所在位置流道底部安装锚块，锚块上连接一段刚性立柱，再通过柔性锚链与浮体压板相连。柔性链条的长度可依据潮位涨落幅度确定。为更好地实现溢流堰下泄水流与下游水体的衔接，浮体压板底面设计为曲面，使得通过的水流经历收缩扩散的过程。该固定方式适用于溢流堰堰下受外海潮位影响的区域。关于电厂排水泡沫的消除措施可以借鉴其他行业的相关技术。实际上在石油、化工、食品等行业，工艺过程中都存在消泡的问题。目前采用较多的物理消泡方法主要有通过加热使气泡破裂[11]，对气泡施加机械力造成气泡碰撞、分离、破灭[11]，利用超声波在气泡内形成声波振动而使气泡溃灭[18]等，这些装置对于滨海电厂泡沫的抑制均具有参考价值。

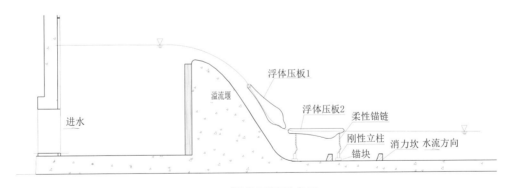

图8 浮体压板示意图

5 结 语

滨海电厂排水泡沫对环境的影响日益受到重视，成为电厂水工设计必须解决的重要问题。泡沫的形成主要取决于三方面关键因素：（1）主要因素：排水跌落过程中的卷吸掺气；（2）必要因素：加氯处理和海生物残体改变了循环水水质，造成泡沫不易溃灭；（3）有利因素：水体微小固体的存在便于泡沫的黏结和附着堆积。基于上述成因，消泡措施应遵循四条原则：切断气源或尽量减少掺气、有效拦截表层气泡、营造合适的流场条件促使水中气泡尽快上浮以及加速表层气泡溃灭。我国现有的消泡措施结构相对比较复杂、消泡效果欠佳，对于水中气泡上浮过程及相关水动力条件缺乏深入了解。今后的研究有必要进一步探索泡沫形成及上浮机理，系统深入研究新型消泡设施的效果及可行性，提出便捷有效的综合消泡技术，同时其他行业泡沫消泡装置对于滨海电厂排水消泡也具有十分重要的借鉴意义。

参考文献

[1] 中国电力企业联合会. 2016 年全国电力工业统计快报数据一览表. [2017-01-20]. http：//www.cec.org.cn/ guihuayutongji/tongjxinxi/niandushuju/2017-01-20/164007.html.

[2] 袁珏，赵懿珺，王鹏，等. 火、核电厂温排水余热量分析及应用前景展望. 水利水电技术，2012，43（2）：82-85.

[3] 邱静，黄本胜，赖冠文. 泡沫成因分析及污染治理工程措施研究. 广东水利水电，2002（5）：26-30.

[4] 余平. 大亚湾核电站 CC 出水口防盐雾消（减）泡沫研究. 广东电力，2003（1）：54-57.

[5] 李瑞生，田忠禄. 广东大亚湾核电站 CC 出水口防盐雾消泡改造工程水工物理模型试验研究. 水利规划与设计，2005，（4）：40-44.

[6] 田淳，郝瑞霞. 电厂冷却排水系统压力消能工水流特性及消能效果的试验研究. 水利学报，2012，43（1）：106-111.

[7] 贺益英，杨帆. 洞塞消能工在火电核电厂排水口消能消泡中的应用. 水利学报，2008，39（8）：976-987.

[8] 赵懿珺，贺益英，纪平. 电厂排水消能消泡防盐雾研究. 电力勘测设计行业水工专业技术交流会，南昌，2007：1-7.

[9] 曾令刚. 排水泡沫成因及治理措施. 中国科技信息，2009（18）：67-68.

[10] 龙宏斌. 滨海电厂循环水泡沫起因分析及解决方案. 电站辅机，2014，35（1）：31-34.

[11] 纪平，秦晓. 滨海火/核电厂排水消泡技术综合分析. 水利水电技术，2015，46（11）：126-129.

[12] 黄艳君，杜涓. 大型发电机组循环水系统虹吸井溢流堰型优化. 华中电力，2003，16（1）：13-15.

[13] 杜涓，邱静，黄本胜，等. 台山发电厂一期工程 1#、2#机组虹吸井水力试验研究. 广东水利水电，2003（4）：35-37.

[14] 张旭. 某核电厂虹吸井设计研究. 给水排水，2013，39（10）：55-58.

[15] 江长平，李波. 滨海电厂抑泡消能技术研究及应用. 资源节约与宝华，2015（9）：5-11.

[16] 纪平，郭新蕾，付辉.国核压水堆示范工程虹吸井水力性能物理模型试验研究报告. 中国水利水电科学研究院，2013.

[17] 纪平，赵懿珺，秦晓，等. 辽宁红沿河核电厂二期工程（5、6 号机组）CC 虹吸井物理模型试验研究报告. 中国水利水电科学研究院，2016.

[18] 孙来九.超声波消除泡沫的研究. 化学工程，1995，23（5）：70-72.

以礼河四级水电站复建工程尾水系统水工模型试验研究

陈为博，王恒乐，潘益斌，李高会，黄可，倪绍虎

（中国电建集团华东勘测设计研究院有限公司 浙江杭州 310014）

【摘　要】 以礼河四级水电站复建工程安装 4 台冲击式机组，尾水系统采用一洞四机布置方案，正常运行时尾水系统为无压流。机组负荷变化时尾水系统最高涌波可能冲击洞顶，影响电站出力，因此有必要进行尾水系统整体水工模型试验，研究尾水系统水力条件，为优化尾水系统结构布置提供科学依据。

【关键词】 以礼河四级水电站；尾水系统；无压隧洞；最高涌波；模型试验

1　工程概况

以礼河四级水电站复建工程装机容量 130 MW，装有 4 台单机容量为 32.5 MW 的冲击式水轮机组，机组安装高程为 831.50 m（模型试验前机组安装高程为 830.50 m）[1]。输水系统主要由原电站进水口、调节池、引水隧洞、调压室、新建压力管道、新建尾水系统等建筑物组成。四级电站复建后，原电站引水系统高程 1 353.77 m 以上建筑物不变，包括进水口，调节池，第一、二段引水隧洞（含管桥），调压室等，新建压力管道与原电站连接点位于原电站引水隧洞上平段末端高程 1 353.77 m 处，即原电站钢衬起始点。引水系统采用一洞四机布置，高压管道采用两段竖井+两段平洞布置方案。复建电站尾水系统均新建，包括尾水隧洞、尾闸室和尾水出口，尾水隧洞采用一洞四机布置方案，立面采用一段缓坡布置，坡度 0.2%。尾水系统布置见图 1。

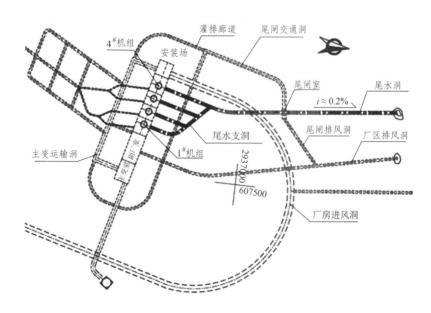

基金项目：国家自然科学基金资助项目（51409265）；浙江省自然科学基金资助项目（LY13E090003）。

作者简介：陈为博（1979.9— ），男，吉林四平人，硕士，高级工程师，主要研究方向为水电站输水系统设计。

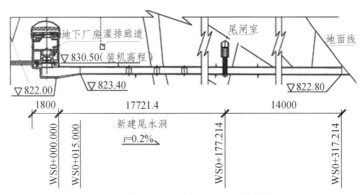

图 1 以礼河四级水电站尾水系统布置图

2 试验研究内容及试验工况

2.1 试验研究内容

（1）观测稳态运行工况尾水隧洞水面线。观测尾水支洞及岔管水流流态，优化尾水支洞及岔管体型。

（2）观测机组开机过程中尾水系统沿线最高涌波水位，为机组运行调度方案提供依据。

（3）观测机坑内水深（位）、底板与边墙的冲击压强、脉动压强；计算机坑消力池系统消能率，优化消力池尺寸。

2.2 试验工况（见表 1）

表 1 试验工况

工况	下游水位（m）	负荷变化	水位组合及负荷变化说明
D1	825.60 （最高水位）	0 台→4 台	四台机组正常启动增至满负荷运行（额定工况，机组开机时间为 25 s 一段直线开启）
D2	822.80	0 台→4 台	四台机组正常启动增至满负荷运行（额定工况，机组开机时间为 25 s 一段直线开启）

3 模型设计

以礼河四级水电站尾水系统采用 1∶25 正态模型，满足重力相似准则，模型模拟的范围包括：水斗式机组进水管、水斗式转轮、机组喷嘴、机坑、4 条尾水支洞和 1 条尾水主洞、下游尾水水库。为保持下游水库水位恒定，尾水水库设置补水系统。模型全部采用有机玻璃制作，模型上共布置 38 个水位测点、2 个压力测点。模型照片如图 2、图 3 所示。

图 2 岔管段模型照片

图 3 整体模型照片

4 恒定流试验成果

4.1 试验成果

下游水位 825.60 m，4 台机组按额定流量 4×7.5 m³/s 运行，水面线测量成果如下表 2 所示。

表 2　下游水位 825.60 m，4 台机组满负荷运行水面线成果表

测点	桩号	水深（m）	底板高程（m）	水面高程（m）	隧洞顶高程（m）	净空高度（m）	位置说明
1	0-4.700	4.56	822.00	826.56	827.5	0.94	机组出口平段
2	0-2.350	4.61	822.00	826.61	827.5	0.89	平段
3	0+0.000	4.64	822.00	826.64	827.5	0.86	9.3%坡段起点
4	0+7.250	3.91					9.3%坡段中点
5	0+15.00	3.21	823.40	826.61	827.5	0.89	0.2%坡段起点
10	0+48.449	3.29	823.34	826.63	827.44	0.81	1#岔管
14	0+67.502	3.38	823.30	826.68	827.4	0.72	2#岔管
17	0+86.555	3.46	823.26	826.72	827.36	0.64	3#岔管
19	0+93.616	3.23					弯段起始点
22	0+116.131	3.26					弯段末端
27	0+177.214	3.05	823.08	826.13	827.18	1.05	闸门槽
38	0+317.214	3.03	822.80	825.83	826.9	1.07	出口

下游水位 822.80 m，4 台机组按额定流量 4×7.5 m³/s 运行，水面线测量成果如下表 3 所示。

表 3　下游水位 822.80 m，4 台机组满负荷运行水面线成果表

测点	桩号	水深（m）	底板高程（m）	水面高程（m）	隧洞顶高程（m）	净空高度（m）	位置说明
1	0-4.700	4.40	822.00	826.40	827.5	1.1	机组出口平段
2	0-2.350	4.41	822.00	826.41	827.5	1.09	平段
3	0+0.000	4.42	822.00	826.42	827.5	1.08	9.3%坡段起点
4	0+7.250	3.65					9.3%坡段中点
5	0+15.00	2.99	823.40	826.39	827.5	1.11	0.2%坡段起点
10	0+48.449	3.08	823.34	826.42	827.44	1.02	1#岔管
14	0+67.502	3.08	823.30	826.38	827.4	1.02	2#岔管
17	0+86.555	3.09	823.26	826.35	827.36	1.01	3#岔管
19	0+93.616	2.88					弯段起始点
22	0+116.131	2.83					弯段末端
27	0+177.214	2.54	823.08	825.62	827.18	1.56	闸门槽
38	0+317.214	2.02	822.80	824.82	826.9	2.08	出口（跌水）

4.2 局部水流现象分析

模型试验中发现尾水出口无论是高水位 825.60 m，还是低水位 822.80 m，在 1#岔管至 3#岔管之间，尾水支洞水深总是较大，分析原因是由于岔管部位水流汇合时具有一定的顶托作用。同时在 3#岔管下游侧紧靠主洞拐角部位，水面明显下凹，尾水出口水位越低，局部水面高差越大，3#岔管下游侧局部水面最大高差可达 0.5 ~ 0.8 m，见图 4。分析原因是由于 3#岔管处水流汇合后主洞转弯改变水流方向导致，尽管不影响隧洞运行，但该部位隧洞可能极易冲刷，应适当增加拐角倒圆半径。

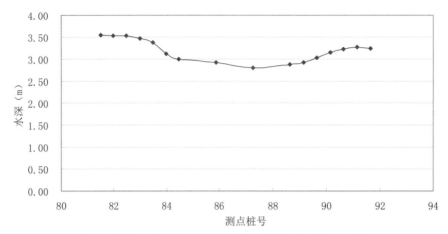

图 4 下游水位 822.80 m，3#岔管拐角处水面高差图

4.3 试验成果分析

总体来看，尾水隧洞尺寸基本可以满足电站恒定流运行要求，顶拱通气高度大于 0.6 m，满足《水工隧洞设计规范》[2][3]和运行要求。水轮机安装高程 830.50 m 能够满足机组无压自由水流要求。

在 1#岔管至 3#岔管之间，无论是下游高水位 825.60 m，还是下游低水位 822.80 m 运行，尾水支洞运行水位基本在拱角附近。下游水位 825.60 m 时，支洞水深在 3.3 ~ 3.5 m 之间；下游水位 822.80 m 时，支洞水深在 3.0 ~ 3.2 m 之间，支洞直墙高度 3.3 m，部分水位已经漫过直边墙进入顶拱圆弧。由于尾水隧洞较长，为确保水位均在隧洞直边墙范围内，应适当加高支洞和岔管部位的直墙高度 0.5 m 左右，顶拱高程相应抬高 0.5 m 左右。

下游低水位运行时，3#岔管靠近下游侧局部水面明显下凹，有旋涡出现，局部水面最大高差可达 0.5 ~ 0.8 m，该部位隧洞易受冲刷，应适当增加拐角倒圆半径以改善局部流态。

5 非恒定流试验成果

5.1 试验成果

下游水位 825.60 m，电站 4 台机组同时开机，即 0→4 台同时开机，这是最极端不利工况。通常多机组水电站开机是逐台进行的，多喷嘴水斗式机组也会根据负荷大小确定运行喷嘴的数目。模型试验选择这种极端工况就是要考验尾水隧洞的瞬时过流能力，检验冲击式水轮机转轮下方的水位是否会影响机组运行，实测各测点水位波动过程。

下游水位 825.60 m，非恒定流各测点最大水深及水位测量成果如表 4 所示。

表 4　下游水位 825.60 m，0→4 台，非恒定流测点最大水深及最高水位成果表

测点	测点底板高程（m）	模型最大水深(cm)	原型最大水深（m）	原型最高水位（m）	原型净空（m）
1	822.00	19.7	4.93	826.93	0.57
2	823.325	14.6	3.65	826.98	0.45
3	823.22	14.5	3.63	826.85	0.47
4	823.18	14.3	3.58	826.76	0.52
5	823.13	13.5	3.38	826.51	0.72
6	823.08	13.6	3.40	826.48	0.70
7	823.03	13.4	3.35	826.38	0.75
8	822.98	13.4	3.35	826.33	0.75
9	822.93	13.0	3.25	826.18	0.85
10	822.88	13.1	3.28	826.16	0.82

5.2　试验成果分析

电站增负荷时尾水系统瞬时最大水深出现在 1#岔管至 3#岔管之间的支洞内，下游最高水位 825.60 m 时，电站 0→4 台机组增负荷是最不利工况，瞬时最大水深 3.65 m，不会出现隧洞封顶现象，基本满足《水工隧洞设计规范》和电站运行要求。考虑到隧洞瞬时最高水位之上的通气高度裕量不大，同时结合 4 台机组恒定流运行时 1#岔管至 3#岔管间水位已经超过隧洞直墙高度，应加大尾水隧洞直墙高度 0.3 ~ 0.5 m 左右，以保证足够的安全裕量。

6　尾水系统优化方案试验验证

根据模型试验成果，为保证各工况下尾水隧洞水面线均在直边墙范围内，对设计方案进行优化：① 机组安装高程抬高 1.0 m，即机组安装高程调整为 831.50 m，机坑底板高程调整为 823.00 m；② 尾水隧洞全线断面宽度不变，直墙加高 0.7 m，即隧洞断面直墙净高度由原来的 3.3 m 增加到 4.0 m；③ 尾水隧洞的底板高程全线抬高 0.3 m，即尾水隧洞 0.2%起坡点高程由原来的 823.40 m 抬高至 823.70 m，出口高程由原来的 822.80 m 抬高至 823.10 m；④ 为了消除原方案 3#岔管部位的水面凹陷、跌落，减小漩涡对该部位尾水隧洞的冲刷，将 3#岔管右侧边墙转弯半径优化加大到 10.0 m。

对上述优化方案进行模型试验，进一步检验尾水系统优化效果和设计方案的合理性。

6.1　底板抬高 30 cm，3#岔管体型不变试验成果

下游最高水位 825.60 m，4 台机组按额定流量运行，试验表明，底板抬高后隧洞沿线正常运行水深均在 4.0 m 以下，最大水深约 3.3 m 左右，尽管水位均在直墙高度以下，但支洞部位仍靠近拱角。试验表明在 3#岔管体型不做修改的情况下，仅仅依靠抬高隧洞底板高程，并不能解决 3#岔管部位局部水面凹陷、跌落的问题，并且隧洞水深越小，3#岔管局部水流流态越差，对边墙和底板冲刷越严重，必须对 3#岔管的体型进行优化。

6.2　底板抬高 30 cm，3#岔管体型优化恒定流试验成果

根据 3#岔管部位局部流态的特点，体型优化的思路是不改变 3#岔管左侧与隧洞主洞的连接方式，

仅改变 3#岔管右侧边墙的转弯半径（面向下游方向），将转弯半径加大到 10.0 m。修改后的布置方案如图 5 所示。

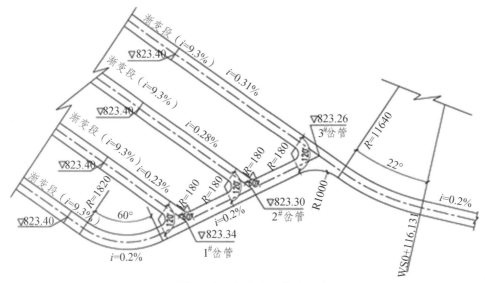

图 5　尾水系统优化方案岔管部位布置图

下游最高水位 825.60 m，4 台机组按额定流量运行，测量结果如下表 5 所示。

表 5　下游最高水位 825.60 m，4 台机组满负荷运行水面线成果表

测点	桩号	水深（m）	底板高程（m）	水面高程（m）	隧洞顶高程（m）	净空高度（m）	位置说明
1	0-4.700	3.73	823.00	826.73	828.5	1.77	机组出口平段
2	0-2.350	3.80	823.00	826.80	828.5	1.7	平段
3	0+0.000	3.78	823.00	826.78	828.5	1.72	4.67%坡段起点
4	0+7.250	3.31					4.67%坡段中点
5	0+15.00	3.08	823.70	826.78	828.5	1.72	0.2%坡段起点
10	0+48.449	3.10	823.64	826.74	828.44	1.7	1#岔管
14	0+67.502	3.20	823.60	826.80	828.4	1.6	2#岔管
15	0+73.25	3.19			4.8	4.8	
17	0+86.555	3.06	823.56	826.62	828.36	1.74	3#岔管
19	0+93.616	3.03			4.8	4.8	弯段起始点
22	0+116.131	3.08			4.8	4.8	弯段末端
27	0+177.214	2.93	823.38	826.31	828.18	1.87	闸门槽
38	0+317.214	2.71	823.10	825.81	827.9	2.09	出口

　　试验表明，下游水位 825.60 m 时，4 台机组按额定流量运行，尾水支洞内最大水深 3.26 m，低于直墙高度 4.0 m；下游水位 822.80 m 时，4 台机组按额定流量运行，尾水支洞内最大水深 3.14 m，更低于直墙高度 4.0 m。3#岔管部位右侧边墙转弯半径增加后，局部流态得到明显改善，消除了原方案转弯处水流出现的水面凹陷、跌落现象，也有利于降低尾水支洞内水位。3#岔管体型优化前后的局部流态改善效果见图 6。

图 6　3#岔管体型优化前后局部流态比较图（左图为原方案，右图为优化方案）

6.3　底板抬高 30 cm，3#岔管体型优化非恒定流试验成果

根据增负荷非恒定流模型试验观察，底板高程抬高 0.3 m，3#岔管体型优化后增负荷最高水位仍然是在尾水支洞 1#岔管至 3#岔管之间，下游水位 825.60 m，电站 0→4 台机组增负荷瞬时最大水深约 3.35～3.45 m，电站 3 台→4 台机组增负荷非恒定流时的各测点最高水位就是 4 台机组额定流量恒定流运行时的各测点运行水位。考虑到目前优化方案的尾水隧洞直墙高度为 4.0 m，优化方案非恒定流增负荷尾水隧洞内的最高水位在直墙高度以下，顶部具有足够的通气高度，机坑部位最高水位不会超过 827.20 m，机组安装高程 831.50 m，机坑水位不会影响水斗式水轮机运行。

6.4　试验成果分析

通过对尾水系统优化方案进行试验验证，试验表明，尾水隧洞全线底板高程抬高 0.3 m，边墙加高 0.7 m，并将 3#岔管右侧边墙转弯半径增加到 10.0 m，优化方案是合理可行的，可以确保尾水隧洞在下游任何水位下均保持无压状态，并且水位不超过直墙，隧洞顶部有足够的通气面积，电站机坑水位距离转轮安装高程有足够的安全高度，机坑水位不会影响水斗式水轮机运行。

7　机坑脉动压力模型试验

机坑底板脉动压力测量采用数字压力传感器测量，水斗式水轮机偏流板或折向器偏转方向为与水平面偏转 45°角，模型试验照片见图 7。

图 7　机坑底板脉动压力测量图

7.1　恒定流工况试验成果

下游水位 822.80 m，射流冲击转轮跌落机坑后的底板脉动压力为：最大压力 34.00 kPa，最小压力 30.80 kPa，平均压力 32.48 kPa。射流冲击偏流板跌落机坑后的底板脉动压力为：最大压力 35.10 kPa，

最小压力 32.60 kPa，平均压力 33.71 kPa。下游最高水位 825.60 m，4 台机组运行，射流冲击偏流板，机坑底板脉动压力最大压力 35.48 kPa，最小压力 32.83 kPa，平均压力 34.32 kPa，波形如图 8 所示。

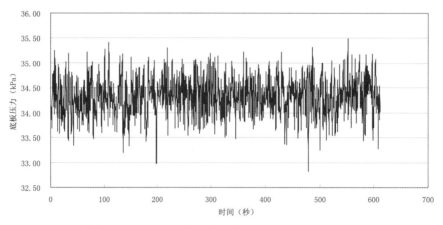

图 8　下游水位 825.60 m，射流冲击偏流板机坑底板脉动压力波形图

从机坑底板脉动压力的波形可以看出，4 台机组运行，无论是射流冲击转轮还是冲击偏流板，跌落机坑后的水流对机坑底板的冲击脉动压力都不大，机坑底板的脉动压力平均值在 32～35 kPa 之间，偏流板动作后底板脉动压力会稍大，最大脉动压力约 35.48 kPa。

7.2　非恒定流工况试验成果

下游水位 822.80 m，机组开机，机坑底板脉动压力变化过程基本与水位波动过程一致，如图 9 所示。机组关机，机坑底板脉动压力变化过程也与机坑水位波动过程一致，如图 10 所示。

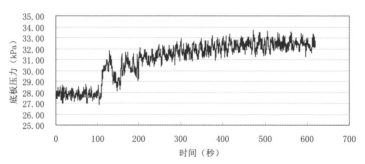

图 9　下游水位 822.80 m，机组开机，机坑底板脉动压力变化图

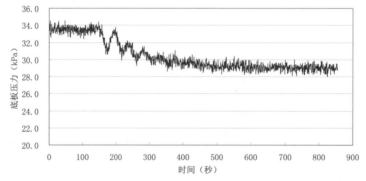

图 10　下游水位 822.80 m，机组停机，机坑底板脉动压力变化图

下游水位 825.60 m，机组开机和停机，机坑底板脉动压力变化过程与低水位变化过程类似，也是基本与机坑水位波动过程一致。

7.3 试验成果分析

水斗式水轮机机坑底板压力是脉动压力，该脉动压力大小与机坑水垫深度、水流跌落机坑的高度以及转轮下方的平水栅形式等因素有关。从上述机坑底板脉动压力测量波形分析，脉动压力的变化幅值不大，脉动值在 2.5～3.2 kPa 之间，该量级脉动幅值不会对机坑混凝土造成不利影响。射流冲击偏流板时机坑底板承受的压力比射流冲击转轮时略大。转轮下方的平水栅和机坑内的水垫基本耗散了跌落水流的能量，因而机坑底板的脉动压力基本就是机坑内的水压力。对于本工程，无论是正常运行射流冲击转轮，还是关机过程中射流冲击偏流板，跌落机坑后的水流对机坑底板的冲击脉动压力都不大，机坑底板的脉动压力平均值在 32～35 kPa 之间，偏流板动作后底板脉动压力会稍大，最大脉动压力约 35.48 kPa，均不会对机坑底板造成破坏。在机组开机和停机过程中，机坑底板压力变化过程基本与机坑内的水位变化过程一致。

8 研究结论

采用 1∶25 比尺制作了以礼河四级水电站尾水系统正态模型，进行了尾水系统恒定流和非恒定流水力模型试验，根据试验成果对尾水系统结构布置进行了优化，试验验证了优化方案水力条件，得到如下结论：

（1）原方案 4 台机组额定流量恒定流运行时，无论下游是高水位 825.60 m，还是低水位 822.80 m，尾水支洞水位基本在隧洞拱角附近。

（2）原方案尾水系统增负荷非恒定流瞬时最大水深出现在 1#岔管至 3#岔管之间的支洞内。下游最高水位 825.60 m 时，电站 0→4 台机组增负荷工况，瞬时最大水深 3.65 m，不会出现隧洞封顶现象，基本满足《水工隧洞设计规范》和电站运行要求。

（3）考虑到隧洞瞬时最高水位之上的通气高度裕量不大，尾水隧洞底板全线抬高 0.3 m；尾水隧洞断面宽度不变，直墙加高 0.7 m；对原方案 3#岔管体型进行优化，将 3#岔管右侧边墙（面向下游方向）的转弯半径加大到 10.0 m。

（4）尾水系统优化方案试验表明，下游水位 825.60 m 时，4 台机组按额定流量运行，尾水支洞内最大水深 3.26 m，主洞内最大水深 3.08 m，运行水位在隧洞直墙高度以下；电站非恒定流工况下支洞内最大水深 3.45 m，主洞内最大水深约 3.32 m，支洞和主洞最高涌波水位都在直墙高度以下。下游水位 822.80 m 时，4 台机组按额定流量运行，尾水支洞内最大水深 3.14 m，也低于直墙高度。优化后的设计方案合理可行，可以确保尾水隧洞在下游任何运行水位下保持无压状态，并且水位不超过直墙高度，隧洞顶部有足够的通气面积。

（5）尾水系统优化方案电站 4 台机组按额定流量运行，恒定流机坑尾水最高水位 826.80 m，非恒定流增负荷运行，机坑下方最高瞬时水位不会超过 827.20 m，机坑水位距离水斗式转轮安装高程有足够的安全高度，机坑水位在下游任何运行水位下不会影响水斗式水轮机运行。

（6）模型试验表明，对 3#岔管右侧边墙转弯半径增加到 10.0 m 后，局部流态得到明显改善，消除了原方案转弯处水流出现的水面凹陷、跌落现象，有利于尾水隧洞长期安全运行，优化效果良好。

参考文献

［1］黄可，陈为博. 以礼河水电站复建工程可行性研究报告[R]. 中国电建集团华东勘测设计研究院有限公司. 2016.

［2］DL/T 5195-2004《水工隧洞设计规范》（S）.

［3］SL279-2016《水工隧洞设计规范》（S）.

［4］鞠小明，王文蓉，陈为博，李高会. 以礼河四级水电站复建工程尾水系统水工模型试验研究报告[R]. 四川大学水利水电学院. 2016.

某排水深隧折板消能竖井水力特性试验

陈思禹 [1]，张法星 [1]，殷亮 [2]，王庆丰 [1]

（1. 四川大学水力学与山区河流开发保护国家重点实验室，四川 成都，610065；
2. 中国电建集团华东勘测设计研究院有限公司，浙江 杭州，310014）

【摘　要】 在地下空间布设排水深隧是解决大中城市洪涝灾害的有效工程措施。目前，对排水深隧折板消能竖井水力特性的深入研究偏少，设计中缺少可供借鉴的水力计算方法。本文采用物理模型试验，对某排水深隧折板消能竖井的流动特性进行了观测，对折板上的压强分布和竖井底部水垫深度进行了测量分析。结果表明，水流由引渠进入竖井，跌落过程中产生了尺寸与折板半径相当的漩涡。水舌在跌落至下层折板的过程中分为两股，其中一股水流冲击竖井内壁后在竖直方向上分为上下两部分，并在中隔板与竖井内壁相交处形成漩涡，两股水流对撞后在下层折板形成水垫。竖井内 1 号折板压强分布规律与其他折板不同，靠近外侧壁面附近区域压强较小。而其余折板上，外侧壁面附近的水位高，最大压强一般出现在外侧壁面附近区域。在试验流量范围内，竖井底部都形成了水垫。水流由最后一个折板跌落进入水垫，避免了直接冲击竖井底部壁面。流量增加会影响竖井出口流态。上述结论可供折板消能竖井设计参考。

【关键词】 折板竖井；模型试验；水流流态；压强

1　前　言

在我国一些地区，随着城市化进程的加速，社会生产活动的排污量逐年增加，加上夏季暴雨频发，现有的城市地下管网排水排污能力不足，导致很多城市出现了内涝问题[1-2]。城市深层排水系统作为一种能够有效缓解城市内涝问题的手段，在美国、日本等国家已经得到了应用[3]，目前我国香港荃湾雨水排放隧道工程也属于深层排水系统[4]。竖井是城市浅层排水系统和深层排水隧道（排水深隧）之间的垂向连接结构，受暴雨产生汇流的影响，水流从浅层系统进入隧洞时一般为非恒定流过程，由于深层隧道埋深较大（一般来说埋深超过 30 m），水流能量很大，水力学问题突出。工程应用中一般有折板竖井（逐级跌流竖井）、旋流竖井等不同体型的竖井。在旋流竖井中，进入竖井的水流沿井壁螺旋下降，落入竖井底部的水垫。由于增加了流程，沿程水头损失增加，消耗部分能量，大部分的能量在竖井底部的水垫内消耗[5]。同时，旋流竖井利用水流旋转的离心力，在竖井内壁上形成正压力，增加水流与竖井内壁的摩擦以及水流的紊动，也在一定程度上提高了消能效率[3]。但是旋流竖井一般应用在水电工程中，在城市排水系统中旋流竖井缺乏维修通道，且当流速过高时会使竖井产生强烈震动以及

基金项目：国家自然科学基金项目（51679157）。

作者简介：陈思禹（1994—），男，湖北汉川人，硕士研究生，主要从事水力学及河流动力学研究。

通讯作者：张法星（1979—），男，副教授，主要从事工程水力学方面的研究工作。

巨大噪声，对周边环境以及城市居民生产生活产生影响。折板消能竖井是一种适用于市政深层排水隧洞的入流竖井，入流能量分级消散，振动小，噪声低，对非恒定流的适应性强。

折板竖井是由中隔板和一系列水平折板构成，中隔板将竖井内部空间划分为干区和湿区两个部分，干区主要用来调节因水流掺气引起的气流平衡，提供检修维护通道，湿区则用来过流[6]。折板竖井结构最初出现在 1914 年。在早期设计中，折板竖井采用有压流方式过流，缺乏通气设施，常导致折板竖井产生结构震动，最终导致竖井损毁[7]。所以，良好的水力条件是保证折板竖井安全运行的前提。目前，国内外相关学者对折板竖井水力特性开展了一些针对性的研究。比如，Margevicius 等对美国俄亥俄州 ECT 工程（Euclid Creek TunnelProject）4 号竖井进行了水力学试验，发现竖井折板间距如果为 5.0 m，流量为 4.84 m³/s 时，水流直接冲击到竖井边壁上，而把折板间距减小至 1.68 m，可有效地解决这一问题[6]。Odgaard 等通过实验观察，认为折板消能竖井中可能出现两种不同的流动型态：S 型贴壁流和往复跌流。并在假定折板边缘为临界流的前提下，对两种流动型态间的转变进行了初步的分析[8]。吕鸣聪等人对竖井底部消能区的压力特性进行了研究，并针对环状水跃位置不易确定的问题提出一种新的思路确定底板冲击压力，给出底板最大冲击压力的计算公式[9]。但总的来看，目前关于折板竖井泄流水力特性的深入研究偏少，加上折板竖井内部流动型态复杂，竖井内部水力要素变化剧烈，现在无法对竖井内部压强、水深等水力参数分布规律进行预测。本文采用重力相似准则设计了水力学模型试验，对多个流量下某折板消能竖井的水流流态进行了观察，对折板上的水深、压强分布进行了测量分析。

2 试验装置与方法

2.1 模型设计与制作

试验模型由供水前池、引水明渠、折板消能竖井和尾水渠等部分组成。为方便观察流态，引水明渠、竖井和尾水渠采用有机玻璃制作而成。因为竖井水流主要受到重力作用，所以按照重力相似准则设计模型，模型长度比尺 λ_L 为 30，流量比尺由连续律相似得出，则有：流速比尺 $\lambda_v = \lambda_L^{1/2} = 5.48$，流量比尺 $\lambda_Q = \lambda_L^{5/2} = 4\,929.5$，水流运动时间比尺 $\lambda_t = \lambda_L / \lambda_v = 5.48$。折板消能竖井模型的尺寸如下：总深度为 1.5 m，竖井内半径 R 为 20 cm，折板边缘宽度 B 为 19.5 cm，折板间距 h 为 15 cm，竖井内共布置 7 层折板，如图 1 所示。引水渠道末端与竖井的湿区一侧直接连接，水流由引渠直接跌落到 1 号折板上。为了分析竖井折板上的压强分布特征，在竖井内部典型折板沿半径方向布置测压点，每层折板上布置 5 个测压点，测压点分布如图 2 所示。

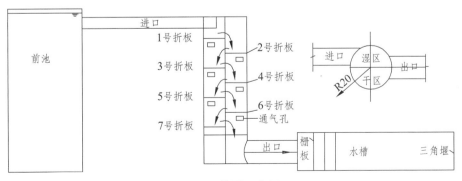

图 1　模型示意图

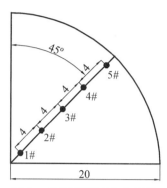

图2 折板压强测点布置图

2.2 试验工况

根据水文计算成果,参照国内外折板消能竖井的应用实际情况,比如 A Jacob Odgaard 介绍的克利夫兰和约克镇的推荐设计流量[10],拟定试验工况如下表1所示。

表1 试验工况表

工况	1	2	3	4	5	6	7
流量（m³·s⁻¹）	19.7	24.6	29.6	34.5	39.4	44.4	49.3

3 试验结果及分析

3.1 竖井流态分析

3.1.1 折板流态分析

观察物理模型试验水流流态,发现水流在跌入下层折板时有以下几个特点:（1）如图3（a）所示,水流跌落过程中产生与折板半径尺度相当的漩涡,漩涡中部为低压区;水流在1号折板末端跌落到2号折板上,然后冲击竖井内壁。（2）水舌由上层折板跌落至下层折板的过程中分为两股,一股水流直接从折板跌落至下层折板,另一股水流首先冲击竖井内壁后沿竖井内壁螺旋下降,在下层折板角隅处与另一股由折板直接跌落的水流对撞后汇入下层折板水垫上,两股水流冲击后水流紊动明显增强,水流速度下降,参见图3（b）。（3）水舌跌落至下层折板时产生旋滚,流态见图3（c）,水流冲击竖井内壁后水舌在竖直方向上分为上下两部分,上下两部分水体在中隔板与竖井内壁交角处形成漩涡,漩涡受重力作用最终落在下层折板上,形成水垫。

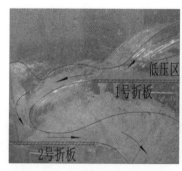

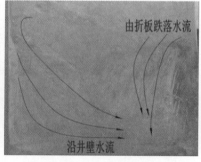

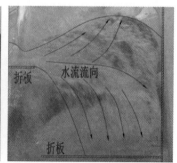

（a）1号、2号折板典型流态　　　　（b）折板水流对冲　　　　（c）折板水流旋滚流态

图3 折板竖井不同部位水流流态

3.1.2 竖井出流口流态分析

折板竖井出口水流流态取决于流量。本试验中，当流量较大（$Q = 49.3 \text{ m}^3/\text{s}$）时，竖井内部水流为无压流，跌落至竖井底部后卷吸入大量空气，在竖井出口处形成有压非满流状态。连接深隧和竖井的隧洞中水流呈现为塞状流和泡状流混合流型；顶部气囊剧烈波动，形状不断变化。若连接隧洞较长，且掺气量达到一定程度，可能会在连接隧洞内产生气爆现象，造成下游水面、压强、流速等水力要素剧烈变化，影响排水深隧正常运行。因此折板消能竖井的设计中，为防止流量达到一定数值而导致连接隧洞出现明满流交替现象，一般需要在连接隧洞水平段设置排气装置。竖井出流口水流流态如图 4 所示。

当流量（$Q = 24.6 \text{ m}^3/\text{s}$）较小时，竖井底部水深较小，在出口处不会形成有压流，水流在跌入竖井底部时依旧大量掺气，呈现为白色，竖井底部水面波动较大。

图 4　竖井出流口水流流态

3.2　折板上压强分布

为了解折板压强分布，在竖井折板中部沿径向各布置 5 个测压点。其中图 5 为 1 号、2 号、6 号和 7 号折板上压强实测结果。可以看出：（1）除了个别测点受流态影响，折板上大部分测点的压强随流量的增加而增大。（2）1 号折板的压强分布与其他折板上的压强分布规律不同，其压强沿半径方向由竖井中心向外侧壁面呈现先增大后减小的规律。比如，当流量为 49.3 m³/s 时，1 号折板 1#测点压强为 20.3 kPa，到 2#测点增至 41.5 kPa，然后逐渐减小，压强最小值出现在 4 号测点处，为 16.8 kPa。结合 1 号折板上的水流流态，可以发现当水流从引渠跌落至 1 号折板时，水流呈抛物线跌落至 1 号折板，进口主流下部存在一定的低压区，沿半径方向压强测点水深由内向外逐步加深，但外侧测点上方存在低压区导致 4#及 5#测点压强较小。（3）2 号折板 1#～4#压强测点的压强值变化不大，到 5#测点压强值出现陡增。结合图 3（a）可以看出水流跌落至 2 号折板后，会冲击到竖井外侧壁面，水流受到阻滞，雍高了外侧壁面附近区域的水位。这样，5#测点处的水深大于其内侧其余 4 个测点的水深，所以压强值在外侧壁面附近陡增。（4）6 号折板、7 号折板的压强分布基本随流量的增加呈线性增大，压强最大值较 2#、3#折板上的压强最大值小。这说明折板数量设置基本合理，到了中下部水流大量掺气。

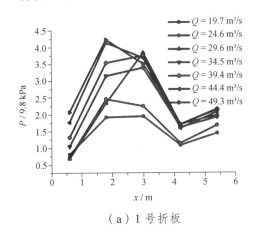

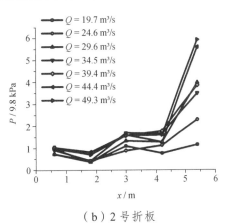

（a）1 号折板　　　　　　　　　　　（b）2 号折板

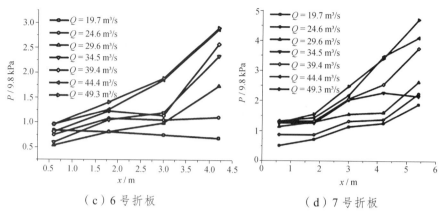

（c）6号折板　　　　　　　　　　　　　（d）7号折板

图 5　典型折板中部径向压强分布图

表 2 给出了 7 种流量下实测折板上最大压强值和测点位置，可以看出：（1）随着流量增加，竖井内最大压强值逐渐增大。（2）在不同流量下，竖井内部压强最大值均出现在折板上 5#测点（竖井外侧壁面附近），结合图 3（a）可以看出水流跌落至下层折板时，会冲击竖井外侧壁面，进而雍高了外侧壁面附近区域的水位。（3）试验过程中的最大压强出现在 2 号折板 5#测点，压强值为 57.9 kPa。但当流量较小时，7 号折板 5#测点压强值略大于 2 号折板 5#测点压强值。

表 2　各工况下竖井内最大压强

工况	流量/（$m^3 \cdot s^{-1}$）	最大压强值/（kPa）	位置
1	19.7	18.5	2 号（7 号）折板 5#测点
2	24.6	22.3	2 号折板 5#测点
3	29.6	34.1	2 号折板 5#测点
4	34.5	37.6	2 号折板 5#测点
5	39.4	38.8	2 号折板 5#测点
6	44.4	54.9	2 号折板 5#测点
7	49.3	57.9	2 号折板 5#测点

3.3　竖井底部水深

竖井内水流由折板跌落竖井底部时仍具有一定的动能，从结构安全的角度来讲，竖井底部存在一定深度的水垫，水流冲击底部水垫可以消耗部分动能，并避免水流直接冲击混凝土壁面。另外，随着流量增加，竖井底部水垫深度变大，也会影响竖井出口流态。图 6 给出了试验流量范围内竖井底部水深随流量的变化情况，流量从 19.7 ~ 34.5 m^3/s 的井底水深所遵循的规律与流量从 39.4 ~ 49.3 m^3/s 所遵循的规律略有不同，流量由 34.5 m^3/s 增至 39.4 m^3/s 时水深出现一次较大增幅。这是受到下游连接隧洞过流能力的影响所致。

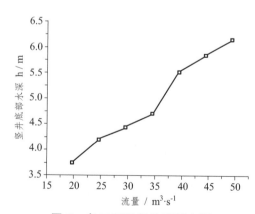

图 6　各工况下竖井底部水深

4 结　论

本文通过物理模型试验，对某折板消能竖井的水流流态进行了观察，对一些水力学指标进行了测量分析，主要结论如下：

（1）水流由引渠进入竖井，跌落过程中产生与折板半径尺度相当的漩涡。水舌由上层折板跌落至下层折板的过程中分为两股，其中一股水流冲击竖井内壁后在竖直方向上分为上下两部分，并在中隔板与竖井内壁交角处形成漩涡，两股水流对撞后汇入下层折板水垫上。

（2）竖井内1号折板压强受流态影响，分布规律与其他折板不同，靠近外侧壁面区域压强较小。而对其余折板，由于水舌冲击折板雍高了外侧壁面附近的水位，折板上最大压强一般出现在外侧壁面附近区域。

（3）试验流量范围内竖井底部都形成了水垫，水流由最后一个折板跌落进入水垫，避免了直接冲击底部混凝土壁面。另外，流量增加使竖井底部水垫深度变大，会影响竖井出口流态。当流量增加至一定大小时，受下游连接隧洞过流能力的影响，水深出现一次较大增幅。

参考文献

[1] 谢华，黄介生. 城市化地区市政排水与区域排涝关系研究[J]. 灌溉排水学报，2007，26（5）：10-13，26.

[2] Grimm N B，Faeth S H，Golubiewski N E，et al. Global change and the ecology of cities[J]. Science，2008，319：756-760.

[3] 王斌，邓家泉，何贞俊，王建平. 折板跌落式竖井设计约束条件研究[J]. 中国水利水电科学研究院学报，2015，13（5）：363-364.

[4] 王广华，陈彦，周建华，陈贻龙，李文涛. 深层排水隧道技术的应用与发展趋势研究[J]. 中国给水排水，2016，32（22），2-3.

[5] 赵灿华，孙双科，刘之平. 旋流式竖井泄洪洞消力井井深优化研究，水力发电，2001，30（5），31-32.

[6] 王志刚，张东，张宏伟，张蕊. 折板消能竖井中的折板功能分析[J]. 中国水利水电科学研究院学报，2015，13（4）：270.

[7] Margevicius A，Schreiher A，Switalski R，et al. A baffling solution to a complex problem involving sewage dropstructures[J]. Proceeding of the Water Environment Federation，2010（6）：1-9.

[8] Odgaard A J，Lyons T C，CRAIG A. Baffle-drop structuredesign relationships[J]. Journal of Hydraulic Engineering，2013，139（9）：995-1002.

[9] 吕鸣聪，朱利，陈瑞华，张法星，刘善均. 旋流式竖井底部消区压力特性研究[J]. 人民黄河，2015，37（5），99-101.

[10] Anthony Margevicius，Alison Schreiber. A Baffling Solution to a Complex Problem Involving SewageDrop Structures[C]. 33rd IAHR congress：Water engineering for a Sustainable Environment，IAHR，2009.

复杂侧向进水前池三维流场模拟与优化

郭永鑫，李甲振，郭新蕾，付辉，王涛

（中国水利水电科学研究院，北京市复兴路甲 1 号，100038）

【摘　要】 进水池内水流平顺、均匀是泵站工程高效、安全、稳定运行的重要保障。由于侧向进水前池结构的特殊性，容易产生回流、漩涡等不利流态，进而影响进水池内水流分布的均匀性。某泵站侧向进水前池结构体型复杂，水流在前池内多次转向，进水池内流速分布极不均匀，水泵进流条件恶劣。通过 FLUENT 三维数值模拟仿真，分析了原设计方案结构体型存在的问题，针对性地提出了弯道水流的导流、扩散、均流等优化措施，改善了前池和进水池内存在的回流、漩涡等不利流态，保证了水泵吸水喇叭口良好的进流条件。

【关键词】 泵站；侧向进水前池；数值模拟；流态优化；导流；扩散

1　前　言

前池是泵站工程中连接引水管（渠）和进水池的重要建筑物，前池内水流应顺畅、均匀、平顺，无回流和漩涡等不利流态，否则易引起进水池流态恶化、水泵机组振动、泵站效率降低、泥沙淤积等问题[1]。

根据来流方向与进水池轴线的关系可分为正向进水前池和侧向进水前池[2]。正向进水前池形状简单，水流流态较好，容易满足水泵进流要求；侧向进水前池水流需要改变方向，三维流场复杂，流速分布难以均匀，容易形成回流和漩涡，通常需采取必要的辅助整流措施，如导流墙、导流墩、导流栅、底坎及配水孔等 [3-7]。由于各泵站工程结构体型的唯一性，具体整流措施往往具有一定的特殊针对性，有时需综合采用多种措施以实现改善流态的目的。

某供水泵站设计流量 5.2 m³/s，共设置卧式离心泵 4 台，单泵设计流量 1.3 m³/s，设计扬程 32 m。受来流条件和征地条件的限制，采用侧向进水前池，引水管与进水池同侧相邻布置，通过中间挡墙分割，如图 1 所示。前池内水流需多次转向后才能流入进水池，受此影响，前池内三维流态紊乱，水流分布难以均匀，不可避免地存在回流和漩涡等不利流态，影响泵站的高效运行和管理。因此，有必要通过三维数值模型对不同运行工况下前池和进水池内的流态、流速分布等水力学特性进行模拟仿真和分析，并结合工程实际给出合适的整流措施。

基金项目：国家重点研发计划课题（2016YFC0401808）。

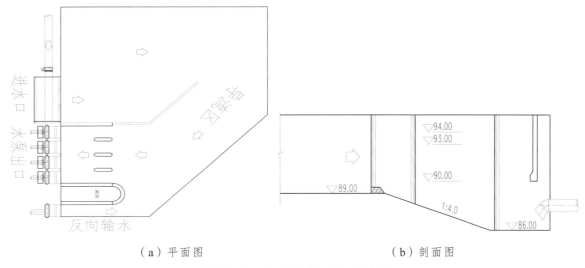

（a）平面图　　　　　　　　　　　　（b）剖面图

图 1　复杂侧向进水前池结构布置

2　数值模型和求解方法

2.1　控制方程

在通常条件下，泵站前池不可压缩流动可用连续方程和雷诺平均 N-S 方程（即动量方程）描述，并利用标准 $k\text{-}\varepsilon$ 紊流模型使方程组闭合[8]。

（1）连续方程：$\dfrac{\partial u_i}{\partial x_i}=0$ 　　　　　　　　　　　　　　　　　　　　　　　　（1）

（2）雷诺平均 N-S 方程：$u_j\dfrac{\partial u_i}{\partial x_j}=f_i-\dfrac{1}{\rho}\dfrac{\partial p}{\partial x_i}+\dfrac{\partial}{\partial x_j}\left[(v+v_t)\left(\dfrac{\partial u_i}{\partial x_j}+\dfrac{\partial u_j}{\partial x_i}\right)\right]$ 　　　　（2）

（3）紊动能方程（k 方程）：$\dfrac{\partial u_i k}{\partial x_i}-\dfrac{\partial}{\partial x_i}\left[\left(v+\dfrac{v_t}{\sigma_k}\right)\dfrac{\partial k}{\partial x_i}\right]=P_r-\varepsilon$ 　　　　（3）

（4）紊动能耗散率方程（ε 方程）：$\dfrac{\partial u_i \varepsilon}{\partial x_i}-\dfrac{\partial}{\partial x_i}\left[\left(v+\dfrac{v_t}{\sigma_\varepsilon}\right)\dfrac{\partial \varepsilon}{\partial x_i}\right]=\dfrac{C_{\varepsilon1}\cdot\varepsilon\cdot P_r-C_{\varepsilon2}\cdot\varepsilon^2}{k}$ 　　　（4）

式中，$x_i(i=1,2,3\cdots)$ 为坐标系坐标；$u_i(i=1,2,3\cdots)$ 为沿 i 方向的速度分量；f_i 为沿 i 方向的质量力；P 为压力；ρ 为水的密度；υ 为水的运动粘滞系数；P_r 为紊动能生成率，其表达式为：

$P_r=v_t\left(\dfrac{\partial u_i}{\partial x_j}+\dfrac{\partial u_j}{\partial x_i}\right)\dfrac{\partial u_i}{\partial x_j}$；$v_t$ 为涡黏性系数，其表达式为：$v_t=C_\mu\dfrac{k^2}{\varepsilon}$；$k\text{-}\varepsilon$ 模型中的有关常数为 $C_\mu=0.09$，$C_{\varepsilon1}=1.44$，$C_{\varepsilon2}=1.92$，$\sigma_k=1.0$，$\sigma_\varepsilon=1.3$。

2.2　模拟区域和边界条件

数值模型需整体考虑前池水流流态，及其对进水池内水流的影响，计算模拟区域包括：前池整体、拦污栅支墩、进水池、检修闸孔、吸水喇叭口、水泵进水管等。

数值模型的边界条件为：

> 进口边界：进口边界为前池流速进口，将前池进口断面进行必要的延伸，使进口断面来流为充分发展的紊流。

> 出口边界：计算流场的出口边界为各水泵进水管道（$L>5D$），认为该断面为充分发展的紊流，满足自由出流边界条件。

> 固壁边界：前池、进水池、检修闸孔、吸水喇叭管、水泵进水管等固壁边界采用标准壁面函数法处理，避免了对黏性底层积分，减少了近固壁区域的节点数，节省了计算资源。

> 自由表面：采用刚盖假定对水气交界自由表面进行处理，只对感兴趣的水相进行计算，使得计算变得较为简单。

2.3 求解方法

泵站前池三维紊流数值模拟采用成熟商用软件 FLUENT，紊流模型采用雷诺平均 N-S 方程，并以标准 k-ε 紊流模型使方程组闭合，采用有限体积法分离式迭代（Segregated Method）的方法求解，压力速度耦合采用 SIMPLEC（Semi-Implicit Method for Pressure Linked Equations Consisent）算法。

模型网格划分采用分区域剖分、局部加密、主要区域采用六面体网格等技术，使网格划分与水流流动方向基本一致，提高流场计算的精度和解的收敛性。

3 原方案模拟分析

3.1 原方案三维流场模拟结果

最低水位四台机组运行工况，泵站取水流量最大，水泵取水口的淹没深度最小，水泵运行条件最不利，选取该工况作为主要验证工况进行模拟，分析原设计方案存在的问题，并提出相应可行的优化措施，数值模拟结果见图 2。

> 前池进水口与进水池同侧且相邻布置，通过中间挡墙分割。水流从前池进水口均匀流入，遇前池内 45°导流墙后偏转，前池右侧存在较大范围的死水区。导流墙末端水流需偏转 180°角才能进入前池内导流区，如此大的偏转角加上边壁脱流影响，使导流区内水流分布不均，主流偏向右侧，左侧存在较大的回流漩涡区。

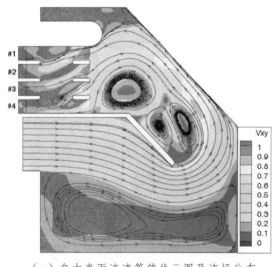
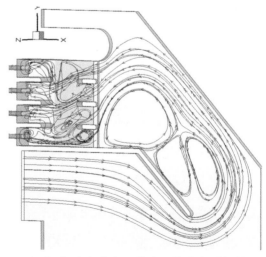

（a）自由表面流速等值线云图及流场分布　　　（b）吸水喇叭口进流三维流线顶视图

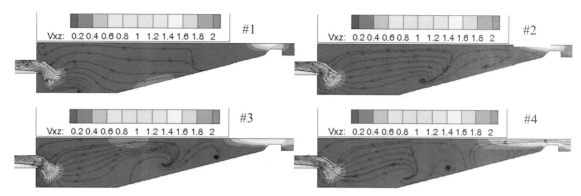

（c）喇叭口纵剖面进流流线和流速分布

图 2　原方案前池内流场和流速

➤　受前池形状不规则的影响，进水池来流分布不均匀，左侧存在较大的回流区，主流偏向右侧，进水池入流的流线与流道中心线存在较大角度的夹角，拦污栅支墩的存在一定程度上阻碍了水流横向的充分紊动扩散，进而影响进水池来流分布的均匀性。

➤　进水池前拦污栅底部高 0.5 m 拦沙坎的存在，变相增大了纵向底坡（坡度 14°）的坡度，导致进水池内下部存在较大的垂向回流区，水流垂向分布不均匀。

➤　进水池内水流在垂向和横向分布不均匀，水流紊乱，水流以一定的角度进入#2、#3、#4 进水流道，#1 进水流道前来流少，水流需要较大的偏转，进水池内水泵进流条件总体较差。

3.2　存在问题和优化思路

根据数值模拟结果，原设计方案前池和进水池结构体型存在的主要问题为：

（1）前池形状不规则，引水管和进水池同侧相邻布置，前池内水流需多次转向后才能流入进水池，三维流态紊乱，存在较多的回流和漩涡区，易在该处产生泥沙淤积。

（2）导流墙与进水流道中心线呈 45°夹角，导流区内水流需 45°转向后进入进水池，进水池为侧向进水，进水池前来流不均匀，主流偏向右侧，左侧存在回流区，导致进水池内水流横向和垂向分布不均匀，水泵进流条件恶劣。

（3）进水池前设置拦污栅支墩，兼具导流和分流的作用，拦污栅底部设置高 0.5 m 的拦沙坎，后接 14°纵向底坡与进水池衔接。拦污栅下底坎的存在增大了纵向底坡的坡度，使斜坡段产生垂向回流，影响吸水喇叭口四周均匀进流。

针对上述问题所采取的主要优化思路为：

（1）增强前池进口水流的扩散程度和扩散范围。前池进水口宽 14.5 m，而导流区和进水池宽度为 18 m，因此，有必要通过适当的扩散措施使水流在前池内充分扩散后均匀地流入导流区和进水池。

（2）改善导流区边壁脱流的影响。前池水流进入导流区需要进行大角度的转向，受此影响，在导流区左侧边墙附近易产生较大范围的脱流回流区，因此，有必要通过优化导流边墙结构体型为流线型，减小边壁脱流的影响。

（3）减轻导流区弯道水流的影响。导流区与进水池呈 45°夹角，进水池来流受弯道水流的影响分布不均匀，有必要在导流区内设置导流措施来减轻弯道水流对进水池来流不均匀的影响。

（4）消除纵向底坡段的垂向回流区。规范[9]推荐纵向底坡的坡度应小于 15°，原方案纵向底坡为 14°，但由于拦污栅底坎的存在变相增大了纵向底坡的坡度，使斜坡段底部产生垂向回流，因此，需要取消该底坎。

4 优化方案模拟分析

4.1 优化方案结构体型布置

经过对不同形式导流墩和导流墙近20种组合布置方案的优化比选,最终给出推荐的泵站前池和进水池结构的优化布置方案为:

（1）取消反向输水流道,使反向输水管与前池直接连通。

（2）优化前池进水口布置,在进水口处增设两道壁厚0.5 m的导流墙,导流墙后段与进水口呈45°夹角,从而使水流在前池内尽可能大范围的充分扩散。

（3）优化进水池前导流区结构,使右侧导流结构头部为半径5 m的圆弧流线型,从而减小水流转向产生的边壁脱流影响。

（4）在导流区内布置三排壁厚0.5 m的弧形导流墙,导流墙末端为2 m长直线段,使导流区内水流尽可能地克服弯道水流的影响,平顺地流入进水池。

（5）取消拦污栅下部的底坎,从而减小或消除纵向底坡段的垂向回流区,使进水池内水流能够从四周平顺地流入吸水喇叭口。

优化方案结构体型的平面和三维布置如图3所示。

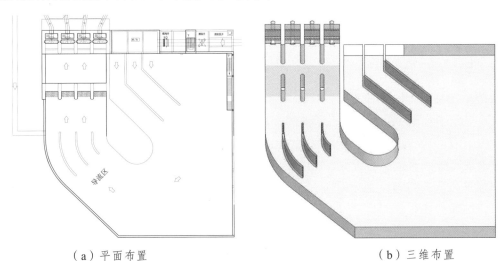

（a）平面布置　　　　　　　　　　　　　　　（b）三维布置

图3　优化方案结构体型布置

4.2 三维流场优化结果

泵站运行最不利工况-最低水位四台机组运行条件下的数值模拟结果见图4,与原设计方案相比,前池和进水池内水流流态和流速分布得到极大改善,表现为:

➤　前池进流在45°导流墙的分割导流作用下在前池内扩散为3股水流,这3股水流在惯性离心力的作用下以不同的转弯半径180°转向后进入导流区。水流转弯前过流断面收缩,流速增大,压强减小;过弯道后随着水流的扩散,过流断面增大,流速减小,压强增大。

➤　导流区内流线较为平顺均匀,右侧圆弧流线型导流墙极大地减小了边壁脱流区的影响。导流区内水流在3排弧形导流墙的作用下45°转向后平顺地流向进水池。受弯道水流的影响,进水池来流仍然有一定的不均匀,左侧流量略微偏大。

➤　取消拦污栅底坎后,纵向底坡段水流垂向扩散充分,流线平顺,无明显垂向回流区。最低运行水位工况下，过流断面最小，拦污栅支墩前水流流速较大（大于 0.3 m/s），加上弯道水流的影响，水流与支墩呈一定夹角，导致水流冲击支墩后在进水池内存在不同程度的偏转，横向分布略不均匀；正常水位工况下，随着水位增高，断面平均流速减小，导流区内水流扩散更加充分，进水池内流线平顺均匀，水泵进流条件良好。

➤ 各工况下，进水池表面压力分布无明显的负压漩涡区，进水池内不会产生危害性自由表面吸气漩涡。

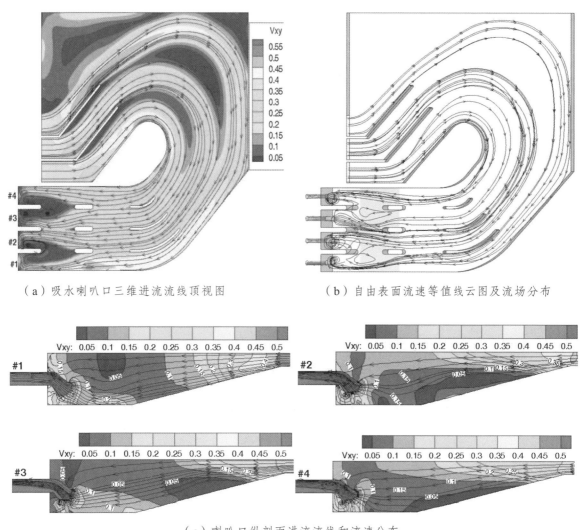

（a）吸水喇叭口三维进流流线顶视图　　　　（b）自由表面流速等值线云图及流场分布

（c）喇叭口纵剖面进流流线和流速分布

图 4　最低水位工况模拟结果

5　结　语

为了保证进水池内水流的平顺和均匀,通常需要在侧向进水前池内采取必要的导流、均流措施。本文针对某泵站复杂侧向进水前池，采用三维数值模拟仿真的方法，验证了导流、扩散、均流等水流优化措施的可行性，改善了前池和进水池内存在的回流、漩涡等不利流态，保证了水泵吸水喇叭口良好的进流条件，为泵站工程高效、安全、稳定运行提供了有力的保障。文中提出的弯道水流的导流、扩散、均流措施和思路可为类似复杂流场优化提供借鉴和参考。

参考文献

[1] 丘传忻. 泵站[M]. 北京：中国水利水电出版社，2004.

[2] DLGJ 150-1999，火力发电厂循环水泵房进水流道及其布置设计技术规定[S].

[3] 徐辉,张林. 侧向进水泵站前池整流技术研究综述[J]. 水利水电科技进展，2008,（06）:84-88.

[4] 周济人，仲召伟，梁金栋，施晓欢. 侧向进水泵站前池整流三维数值计算[J]. 灌溉排水学报，2015，（10）：52-55＋80.

[5] 成立. 泵站进水弯道三维流动分析及流态改善研究[J]. 扬州大学学报（自然科学版），2002，（02）：64-68.

[6] 李效旭,郑源,茅媛婷,等. 大型泵站侧向进水前池模拟及水力优化[J]. 水电能源科学，2011，（07）：132-135＋145.

[7] 张亚莉，宋世露，陈勇，等. 泵站侧向进水前池整流措施数值模拟[J]. 中国农村水利水电，2016，（05）：117-120.

[8] 陆林广，张仁田. 泵站进水流道优化水力设计[M]，北京：中国水利水电出版社，1997.

[9] DL/T 5489-2014，火力发电厂循环水泵房进水流道设计规范[S].

洪水作用下车辆稳定性及安全标准研究进展

马梦蝶[1]，李传奇[2]，肖学[3]，王德振[4]

（1. 山东大学土建与水利学院，山东省济南市经十路73号，250061；
2. 山东大学土建与水利学院，山东省济南市经十路73号，250061；
3. 山东大学土建与水利学院，山东省济南市经十路73号，250061；
4. 大连理工大学水利工程学院，辽宁省大连市甘井子区凌工路2号，116024）

【摘　要】　全球气候逐步变化导致极端暴雨天气频发，引发城市内涝。城市洪水导致路面车辆失稳，失稳车辆可能会冲撞周边行人和建筑物，存在严重的安全隐患。本文介绍了城市洪水中车辆失稳常见的三种形式，总结了国内外洪水中车辆稳定性的研究方法，重点阐述了不同研究成果所得出的车辆失稳安全标准，最后探讨了洪水中车辆稳定性的进一步研究方向。

【关键词】　城市洪水；车辆稳定性；理论分析；模型试验；安全标准

随着全球气候条件变化，暴雨等极端天气出现概率增加，导致城市洪水内涝灾害问题严重，给人们的生命及财产安全带来极大的威胁。例如，停靠在路边或正在行驶的车辆易在洪水中失去稳定或被冲走，失稳后汽车不仅会伤及驾驶员生命，而且会冲撞道路旁行人及建筑物，造成二次破坏。由暴雨产生的此类灾害问题，世界各地均有发生，如2004年8月16日，英国的Boscastle小镇遭遇强暴雨天气，据报道超过116辆车被冲入河中，且一些车辆在洪水中失稳后冲撞行人、房屋、桥墩等，造成严重的人员伤亡及经济损失[1]；日本、美国、中国等[2-4]也均遭遇过此类灾害事件。且伴随着车辆保有量的持续上升，由此产生的损失会越来越大。因此，对洪水作用下车辆的稳定性及安全标准进行研究，减小由此产生的损失，对于城市防洪减灾意义重大。本文介绍了城市洪水中车辆失稳常见的三种形式，总结了国内外洪水中车辆稳定性的研究方法，重点阐述了不同研究成果所得出的车辆失稳安全标准，最后探讨了洪水中车辆稳定性的进一步研究方向。

1　失稳机理

洪水中的车辆存在三种可能的失稳形式：滑动、翻滚与漂浮[5]。其中，常见的失稳形式为滑动与漂浮。（1）漂浮：一般在流速小、来流水深迅速增加的洪水作用下，当汽车所受浮力大于自身重力时，易出现漂浮失稳现象，此时浮力占主导作用，如图1所示。（2）滑移：一般在水深相对较小，但流速较大的情况下，当汽车所受拖曳力大于地面与车轮间摩擦力，易出现滑移失稳现象，此时拖曳力占主导作用[6]。汽车在洪水水流作用下能否滑动，不仅取决于水流强度、汽车质量、轮胎与路面的摩擦阻力等因素，还与车身和来流方向的夹角有关[7]，如图2所示。（3）翻滚：在洪水中，当汽车已经处于漂浮或滑移失稳状态下，在行驶过程中遇到不平坦路况，则易造成翻滚失稳现象，如图3所示。

基金项目：山东省重大水利科研与技术推广基金项目资助（SDSLKY 201403）。

在洪水作用下,假设四个车轮处于锁住制动状态,则汽车受力主要分为:(1)水平方向:拖拽力 F_D,该力方向与水流方向一致;摩擦力 F_u,该力方向与汽车的运动方向或运动趋势的方向相反。(2)竖直方向:自重 G,该力方向竖直向下;支持力 F_N,该力方向竖直向上;浮力 F_W,该力方向竖直向上[8-9]。各力作用示意如图4所示。洪水作用下车辆的受力分析中,洪水对车辆的拖曳力 F_D 是影响车辆安全稳定性的关键因素。而目前对拖曳力 F_D 的研究主要是针对球体、柱体或者形状比较规则的有棱角块体[10]。但是车辆外形比较特殊,同时来流角度的不同、多辆车辆之间相互干扰等因素,使得洪水中的车辆拖曳力比较难以确定。目前对车辆安全稳定性研究中,一般都是采用综合系数来间接考虑拖曳力系数 C_D 的影响,在计算时取 C_D 恒定,不随雷诺数 Re 变化[11-12]。

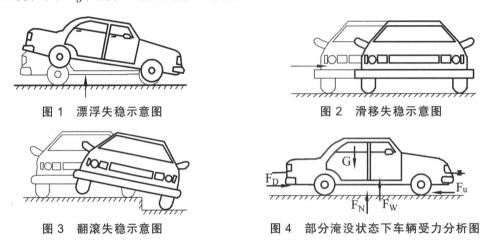

图1 漂浮失稳示意图   图2 滑移失稳示意图

图3 翻滚失稳示意图   图4 部分淹没状态下车辆受力分析图

2 稳定性研究方法

目前,洪水作用下车辆的稳定性研究方法有三种:物理模型试验、纯理论研究、物理模型试验结合理论研究。其中表1为各国学者对洪水中不同车辆稳定性的判别标准研究成果。

早期的研究主要基于物理模型试验。Bonham 等[13](1967)取模型长度尺比率 $L_r = 25$,摩擦系数 $\mu = 0.3$ 恒定值,对部分淹没的福特 Falcon 汽车模型进行了46种不同的水深、流速组合测试,研究了水流在垂直方向上冲击汽车模型侧面时的起动条件,为乡村道路上潜水堤道的安全设计建立标准。Gordon 等[14](1973)在水槽中开展了对 Morris、Mini、Sedan 三种汽车模型稳定性试验研究,取模型长度尺比率 $L_r = 16$,摩擦系数 μ 在 $0.3 \sim 1.0$ 之间,考虑三种试验工况:车辆前轮锁定制动、后锁定制动、前后轮都锁定制动。将来流方向设置为平行于车辆的纵向轴线,通过大量的实验数据,最终拟合出一条车辆在失稳时水深和流速的关系曲线。

纯理论的研究方法以 Keller 等[15-16](1992、1993)为代表,研究中采用比例尺为 1:20 的理想化 Suzuki Swift、Ford Laser 和 Toyota Corolla 汽车模型,摩擦力系数沿用 Bonham 等[13]的取值,并取车轮与车身拖曳力系数为 1.1 和 1.15。通过平衡受力原则分析其稳定性条件,推导出了部分淹没状态下汽车的起动速度公式,结果表明:水深越大,则汽车起动的相应流速减小。

然而对比早期的研究对象,Shand 等[5](2011)认为在过去几十年里车辆在外形、密闭性、底盘高度、自重等方面发生了实质性变化,如 Gordon 等[14]所用模型车原型仅重 626 kg,这些本质改变导致其试验研究成果已经不再适应判别当前汽车在洪水中的稳定性。另外,试验和理论分析结果要有应用价值,模型试验中还必须满足阻力相似。原滑动摩擦系数取值 0.3 偏小[13],再者 Keller 等[15-16]对车轮和车身拖曳力系数分别取值 1.10 和 1.15 缺乏实测资料验证。

表 1 洪水中不同车辆稳定性的判别标准研究成果

研究者	Bonham等[13]	Gordon等[14]	Keller等[15]	夏军强等[11]	舒彩文等[12]	Teo等[18]	杨红林[8]	Kramer等[21]
研究年代	1967	1973	1992	2011	2011	2012	2015	2016
研究方法	模型试验	模型试验	理论分析	模型试验和理论分析	模型试验和理论分析	模型试验和理论分析	模型试验和理论分析	模型试验和理论分析
研究对象	Ford Falcon	Morris; Mini Sedan.	Suzuki Swift; Ford Laser; Toyota Corolla.	Pajero jeep; BMW M5; Mini cooper.	Ford Focus; Ford Transit; Volvo XC90.	Pajero; BMW M5; Mini Cooper.	Polo; Jetta; AudiQ5.	VW Golf III; Ahmed body; A prototype passenger car.
模型比尺	1:25	1:16	1:20	1:18 1:43	1:18	1:18 1:43	1:18	1:9.8 1:13.1
淹没状态	部分淹没	部分淹没	部分淹没	完全淹没	部分淹没	部分淹没	部分淹没	部分淹没
模型方向	$\alpha=90°$	$\alpha=0°$	$\alpha=90°$	$\alpha=180°$	$\alpha=0°$ $\alpha=180°$	$\alpha=0°\sim180°$	$\alpha=0°$ $\alpha=90°$	$\alpha=0°$ $\alpha=45°$ $\alpha=90°$
坡度	—	—	—	—	—	1:100; 1:200; 1:300; 1:1000	1:12.5; 1:6.67	—
水深(m)	0.11~0.57(P)	0.12~0.57(P)	0.025~0.375(P)	0.015~0.112(M)	0.008~0.036(M)	0.012~0.112(M)	0.0971~0.260(M)	0.25~0.79(P)
流速(m/s)	0.48~3.09(P)	0.5~3.69(P)	0.6~35(P)	0.362~1.211(M)	0.04~1.5(M)	0.34~1.2(M)	0.2443~0.5488(M)	0.75~3.15(P)
漂浮水深	0.57	前轮 0.5 后轮 0.42	0.34~0.40	—	0.56~0.63	—	0.35; 0.42; 0.56	0.45; 0.73
摩擦系数	0.3	0.3~1.0	0.3	—	0.39; 0.5; 0.68	—	0.4	0.3
起动条件	$\dfrac{FH}{\mu F_V}=1$	$\dfrac{FH}{\mu F_V}=1$	$V=\left(\dfrac{\mu F_V}{\rho AC_D}\right)^{1/2}$	$U_C=\alpha\left(\dfrac{h}{h_c}\right)^\beta\sqrt{2g\left(\dfrac{\rho_c-\rho_f}{\rho_f}\right)}h_c$	$U_C=\alpha\left(\dfrac{h}{h_c}\right)^\beta\sqrt{2gl_c\left(\dfrac{h_c\rho_c}{h_f\rho_f}-R_f\right)}$	$V=\left(\dfrac{\mu F_V}{\rho AC_D}\right)^{1/2}$	$V=\left(\dfrac{\mu F_V}{\rho AC_D}\right)^{1/2}$	$V=\left(\dfrac{\mu F_V}{\rho AC_D}\right)^{1/2}$

注: ① P 指原型; M 指模型; ② F_H 指水平方向合力; F_V 指垂直方向合力。

夏军强等[11, 17]、舒彩文等[6, 12]、肖宣炜等[7]应用物理模型试验结合理论的方法对洪水作用下车辆稳定性进行研究。研究方法首次借鉴河流动力学中泥沙起动理论，探究处于完全以及部分淹没状态下车辆的受力特点，依据力学滑动平衡原理，推导出洪水中车辆的起动流速公式，并用水槽模型试验的结果率定公式中的相关参数。夏军强等[11]（2011）推导出的起动流速公式，形式如下：

$$U_C = \alpha \left(\frac{h_f}{h_c} \right)^{\beta} \sqrt{2gh_c \left(\frac{\rho_c - \rho_f}{\rho_f} \right)} \tag{1}$$

式中，α、β为综合参数，其值大小与车辆的形状、轮胎类型以及路面糙率等因素有关。夏军强等[11]选取大小两种比例的模型车辆进行水槽试验，小比例尺模型车辆试验结果用于率定公式中的α、β值，大比例尺模型车辆的试验结果用于验证公式的可靠性。在试验中，将来流方向设置为正对汽车尾部。研究结果表明：当洪水来流高度刚好淹没汽车时，起动流速最小；车型较小、自重越轻的汽车在洪水中越易滑动失稳。此结果可为洪水中停靠在路边车辆的安全性提供初步的判别依据。

舒彩文等[12]（2011）在试验中采用车辆头部和尾部正对来流两种工况，结果表明：两种不同的放置方向对综合参数α、β值的确定基本无影响。此外舒彩文等[12]提出：在目前的试验中，假设车辆内无乘客与货物，轮胎与地面间的摩擦系数为恒定值，会导致试验结果与实际情况产生一定偏差。肖宣炜等[7]（2011）在试验中增设车辆侧部正对来流工况，试验结果表明：当车辆侧部正对来流时，综合参数α、β值与平行水流放置时相差较大，需单独考虑，且此时模型车辆的起动流速比平行水流放置时要小。夏军强等[17]（2014）研究中考虑了道路坡度因素对车辆稳定性的影响，在水槽试验中采用1∶50、1∶100两组坡度，对比平坡中试验数据，得到车辆在倾斜地面上的稳定性较差。

与夏军强等[11, 17]、舒彩文等[6, 12]研究内容不同，杨红林[8]（2015）将估算拖曳力系数C_D的经验值作为研究出发点，在C_D值的基础上计算洪水作用下汽车安全失稳时临界值，并在试验中加入三辆车并排工况，结果表明：在相同的来流水深、流速条件下，一辆车的工况比三辆并排放置工况更安全。

Teo等[18-19]（2012、2013）主要针对洪泛平原区车辆稳定性展开了研究，重点探究了车辆对洪水流动传播和洪水区域的水动力过程的影响，并对不同平均复发间隔（ARI）的条件下Muar流域进行了数值模拟，通过对比50-year ARI与100-year ARI情况下的流速和水深分布，得出车辆对洪水流动传播和洪水区域的水动力过程有重大影响。Toda等[2]（2014）、果鹏等[20]（2016）偏向于对车辆失稳后的滑移速度的研究，其中Toda等[2]试验结果表明：车辆受洪水冲击后的滑移速度约为洪水来流流速的70%～80%；果鹏等[20]结合抛石落距和一维碰撞双自由度力学模型推导出洪水中汽车的滑移速度及其最大撞击力的计算公式，并利用试验结果率定出公式中的参数。

Kramer等[21]（2016）首先提出了以洪水区总水头作为车辆安全标准判别指标，并在试验中加入原型车辆进行对比。Kramer等[21]认为模型试验不仅要满足流动相似，还需满足佛罗德数相似条件，试验中不同的佛罗德数通过调整槽面倾斜度获得。在不同的流入角与佛罗德数条件下研究车辆的稳定性，结果表明：在较小佛罗德数下，稳定性由浮力控制，与流入角无关；在较大佛罗德数下，稳定性由滑移控制，且车辆在流入角为45°稳定性最差。此外，在加入的原型车辆对比试验中，结果显示原型车辆比与其相对应模型车辆的漂浮水深高10～20 cm，Kramer等[21]认为这是由原型车辆比模型车辆更高的水密性所致，故在研究车辆稳定性时还应将车辆技术限制因素考虑在内，如空气入口的高度或电气装置的紧密性等特性。

3 安全标准研究

在受洪水影响的地区，洪水作用下车辆的稳定程度不仅与车辆类型、来流密度、路面与轮胎之间的摩擦系数等有关，而且还随来流条件（水深与流速）而变化[5, 8]。目前已有的洪水作用下车辆稳定性标准，主要通过某一水深下静止车辆失稳时的起动流速来反映。

对于洪水中静止车辆稳定性评估，各国提出了不同的划分准则。其中，澳大利亚 AusRoads[22]部门采用来流水深与流速大小的乘积来简单估算洪水中车辆的危险程度，并根据计算结果将危险等级划分为四个区，详细内容如表2所示。中国学者所提出的安全标准划分中以夏军强等[23]为代表，在其研究中将来流流速和起动流速的比值大小用来判断洪水中车辆安全程度，详细内容如表3所示。此外，杨红林[8]根据汽车安全失稳时来流流速和淹没水深的关系，针对三类常见的车型划分了汽车安全区域并给出了安全线的数学表达式，详细内容如表4所示。马来西亚学者 Teo 等[18]建立了道路车辆安全三色判定准则，对城市的安全具有重要的意义，详细示意如图5所示。德国学者 Kramer 等[21]依据总水头理论，将影响车辆稳定性关键的两个指标来流流速和淹没水深，通过 $h_E = h + \upsilon^2 / 2g$ 公式转换成总水头指标，推荐相应的安全标准为：乘用车辆安全总水头临界值为 0.3 m，应急车辆安全总水头临界值为 0.6 m，详细示意如图6、图7所示。

表 2 澳大利亚汽车分类标准及安全稳定标准

汽车类型	长(m)	车身重量(kg)	最小离地间隙(m)	安全稳定公式
小型车	< 4.3	< 1 250	< 0.12	$D \cdot V \leqslant 0.30$
中型车	> 4.3	> 1 250	> 0.12	$D \cdot V \leqslant 0.45$
大型车	> 4.5	> 2 000	> 0.22	$D \cdot V \leqslant 0.60$

注：D 为水深，单位 m；V 为流速，单位 m/s。

表 3 夏军强等提出洪水作用下车辆稳定程度等级划分标准

起动流速计算公式	区域类型	安全稳定公式
$U_C = \alpha \left(\dfrac{h_f}{h_c} \right)^{\beta} \sqrt{2gh_c \left(\dfrac{\rho_c - \rho_f}{\rho_f} \right)}$	安全区	$0 \leqslant HD < 0.6$
	危险区	$0.6 \leqslant HD < 0.9$
	极度危险区	$0.9 \leqslant HD < 1$

注：HD 为来流流速与起动流速比值。

表 4 杨红林给出汽车分类标准及安全线等级标准

汽车类型	车型	安全线数学关系式
小型车	Polo	$z_1 = -16.7(x - 0.4)\ x \geqslant 0.08$；$z_1 = 4\ x < 0.08$
中型车	Jetta	$z_2 = -14.3(x - 0.46)\ x \geqslant 0.08$；$z_2 = 4\ x < 0.1$
大型车	AudiQ5	$z_3 = -10.7(x - 0.6)\ x \geqslant 0.08$；$z_3 = 4\ x < 0.15$

注：式中 x 为水深，单位 m；z 为流速，单位 m/s。

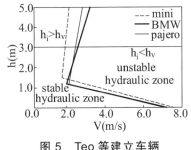

图 5 Teo 等建立车辆
稳定性标准

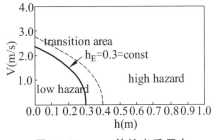

图 6 Kramer 等给出乘用车
稳定性标准

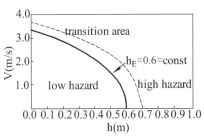

图 7 Kramer 等给出紧急车
稳定性标准

4 结论与展望

城市洪水引发路面车辆失稳，存在严重安全隐患。本文对现有的城市洪水引发的车辆失稳形式、研究方法和安全标准进行了评述。基于以上研究现状，提出如下问题尚待进一步的研究：

（1）研究方法。现有的方法均采取理论及物理模型试验开展研究，随着计算机技术的日趋成熟，对于车辆与洪水间流固耦合问题可以结合数值模拟的方法进行研究。

（2）研究条件。现有的研究是在以车辆密封性良好的理想条件，但实际的情况中随着水深的增加车辆会进水，并会对自身的稳定性产生影响；同时，实际路面上车辆组合情况复杂，不同车型之间的停放形式等都会对车辆失稳条件产生影响。所述两种情况在实际情境中是必须要考虑的。

（3）研究标准的准确性。试验是在以车辆模型试验满足流动相似的条件展开，并基于此制定相关的安全标准，为验证失稳条件的准确性，可以在条件允许的情况下，预先布置好水文测量仪器，对城市内涝时车辆失稳临界数据进行实测，并与理论进行对比分析，验证试验结果的准确性。

（4）洪水下车辆安全预警系统。通过典型车辆不同车速和洪水要素（水深、流速）对应关系的整体性分析，提出洪水作用下行车安全评价的基本方法，建立洪水中车辆安全预警系统，为城市交通安全预警、城市防洪减灾等提供科学依据。

参考文献

［1］ Environment Agency. Living with the risk：The floods in Boscastle and North Cornwall on 16 August 2004[R] UK：The Environment Agency，2004.

［2］ Toda Keiichi, Ishigaki Taisuke, Ozaki Taira. Experiment study on floating car in flooding. University of Exeter：The International Centre for Financial Regulation，2013.

［3］ United States Flood Loss Report - Water Year 2010. National Weather Service. 2010.

［4］ 张葆蔚，万金红. 2003—2012 年我国洪涝灾情评估与成因分析[J]. 中国水利，2013，（11）：35-37.

［5］ Shand T D，Smith G P，Cox R J，Development of Appropriate Criteria for the Safety and Stability of Persons and Vehicles in Floods，Proceedings of the 34 th IAHR Conference，Australia Manly Vale NSW 2093 Australia. 2011.

［6］ 舒彩文，夏军强，林斌良，谈广鸣. 洪水作用下汽车的起动流速研究. 灾害学，2012，（01）：28-33 + 43.

［7］ 肖宣炜，夏军强，舒彩文，陈一明. 洪水中汽车稳定性的理论分析及试验研究. 泥沙研究，2013，（01）：53-59.

［8］ 杨红林. 洪水作用下车辆安全稳定性研究[D]. 山东大学硕士学位论文，2015.

［9］ 章园. 洪涝水流中汽车模型的稳定性试验研究[D]. 浙江大学硕士学位论文，2014.

［10］ 庞启秀. 水流作用下块体受力试验研究[D]. 河海大学硕士学位论文，2005.

［11］ Xia，J.Q.，Teo，F.Y.，Lin，B.L.，Formula of incipient velocity for flooded vehicles. Nat Hazards，2011，58：1-14.

［12］ C. Shu，J. Xia，R.A. Falconer，B. Lin. Incipient velocity for partially submerged vehicles in floodwaters，J. Hydraul. Res. 49 （6），2011，709-717.

[13] Bonham A J, Hattersley R T. Low level causeways.Tech.Rep.100, Water research laboratory, Manly Vale, Australia; 1967.

[14] Gordon A D, Stone P B.Car stability on road floodways.Tech. Rep.Water research laboratory, Manly Vale, Australia, 1973.

[15] Keller R J, Mitsch B F. Stability of cars and children in flooded streets, Int.Symp. Urban Storm water Manag.1992.

[16] Keller R J, Mitsch B F. Safety Aspects of the Design of Roadways as Floodways, Research Report No.69, Urban Water Research Association of Australia. 1993.

[17] J. Xia, R.A. Falconer, X. Xiao, C. Shu, Criterion of vehicle stability in floodwaters based on theoretical and experimental studies, Nat. Hazards 70, 2014, 1619-1630.

[18] F.Y. Teo, J. Xia, R.A. Falconer, B. Lin, Experimental studies on the interaction between vehicles and floodplain flows, Int. J. River Basin Manag. 10 (2), 2012, 149-160.

[19] Fang Yenn Teo, Roger Alexander Falconer, Estimation of flood hazard risk relating to vehicles, Proceedings of 2013 IAHR World Congress.

[20] 果鹏,夏军强,李娜,陈倩. 洪水中汽车滑移速度试验及应用. 武汉大学学报（工学版）, 2016,（04）: 533-538.

[21] M. Kramer, K. Terheiden, S. Wieprecht, Safety criteria for the trafficability of inundated roads in urban floodings, International Journal of Disaster Risk Reduction 17, 2016, 77-84.

[22] AusRoads. Guide to Road Design, Part 5: Drainage Design. AusRoads Inc. 2008.

[23] 夏军强,果鹏,陈倩. 一种洪水作用下车辆稳定程度的判别方法.湖北: CN105808859A, 2016-07-27.

第二篇　水利信息学

沭西片防洪保护区水动力数学模型研制及应用

贲鹏[1, 2]，虞邦义[1, 2]

（1. 安徽省水利部淮河水利委员会水利科学研究院，安徽 蚌埠，233000；

2. 水利水资源安徽省重点实验室，安徽 蚌埠，233000）

【摘　要】 依托淮河流域洪水风险图编制项目，以沭西片防洪保护区为研究对象，运用 MIKE 水流系列软件，建立了沂河、沭河、分沂入沭水道、新沂河一维河网水动力数学模型，保护区和骆马湖二维水动力数学模型，以及河道与保护区耦合模型。一维模型模拟河道水位变化情况，采用 1993 年、2003 年和 2012 年的实测洪水资料进行了率定与验证；二维模型模拟区域洪水演进过程，设置了阻水导水构筑物，优化了糙率布置，并通过专家咨询、现场调研和外业测量等方式对模型进行了校正和优化；耦合模型模拟河道溃堤或者漫堤洪水的水量交换；一、二维及耦合模型均较好地反映了河道和保护区的水流运动特点，可以作为洪水风险图编制的计算平台。以沂河马头堤防溃口为例，分析了溃堤洪水风险要素，绘制了洪水淹没图，为防汛指挥调度、减灾决策、防汛抢险提供技术依据。

【关键词】 沭西片防洪保护区；溃堤；洪水风险；数值模拟

1　引　言

沂沭泗流域地处我国南北气候过渡带，年降雨分布不均，多集中在汛期。由于历史上黄河长期夺泗夺淮，沂沭泗河下游原有水系被破坏，洪水出路不畅，洪涝灾害频繁发生。流域上游大多为山区性河道，源短、坡陡，洪水来势迅猛，峰高流急；下游河道则地势平坦，河床淤积严重，行洪缓慢且持续时间长，极易发生洪涝灾害[1-2]。

当前，我国处于从控制洪水向洪水管理的转变时期，洪水管理的框架、策略、方法等诸多方面都有待研究。从国际国内的实践来看，洪水风险图可以广泛地使用于洪泛区管理、洪水避难、灾害预警、灾情评估、洪水影响评价、洪水保险、提高公众的洪水风险意识等方面，是进行洪水管理的科学依据之一。编制洪水风险图并将其应用到洪水风险管理实践中，对于提高流域防洪减灾能力、减轻或避免生命财产损失、加强洪水风险地区社会管理是非常必要的[3-4]。

水动力数值模拟是编制洪水风险图的基础支撑平台之一，本文以沂沭泗河流域沭西片防洪保护区为研究对象，建立一维、二维以及耦合水动力数学模型，模拟了河道及保护区水流运动情况，以沂河马头溃口为典型案例，简要分析了溃堤洪水淹没要素、风险点分布等信息，提高了流域防洪减灾能力。

2 区域概况

沭西片防洪保护区属于沂沭泗河流域，由沂河左堤、沭河右堤、分沂入沭水道右堤、骆马湖东堤、新沂河北堤等保护区域组成，涉及江苏省徐州市新沂市、邳州市及山东省临沂市临沭县、郯城县，面积约 2 380 km²。

保护区主要外部河流水系有沂河、沭河、分沂入沭水道、新沂河和骆马湖以及保护区内的白马河、墨河等河流。主要水利控制枢纽有刘家道口枢纽工程，是沂沭泗河洪水东调南下骨干工程之一；大官庄水利枢纽位承接沭河和部分沂河洪水，经枢纽调蓄后大部分洪水经新沭河就近东调入海，其余洪水由老沭河南下入新沂河；嶂山闸是骆马湖泄洪的主要控制工程；沭阳闸是沂沭河洪水东调经新沭河入海的控制工程 [5-6]。保护区水系和主要控制工程见图1。

图1 区域概化图

3 模型构建与验证

基于 MIKE 系列水流模拟系统，建立沭西片防洪保护区洪水风险分析水动力数学模型。外部河道建立一维水动力模型，骆马湖和保护区建立二维水动力模型，河道和保护区洪水交换采用 MikeFlood 耦合计算[7-8]。

3.1 模型简介

（1）一维水动力数学模型。

一维水动力模型的控制方程为 Saint Venant 方程组：

连续方程：$\dfrac{\partial Q}{\partial x} + B\dfrac{\partial Z}{\partial t} = q$ （1）

动量方程：$\dfrac{\partial Q}{\partial t} + \dfrac{\partial}{\partial x}\left(\dfrac{Q^2}{A}\right) + gA\left(\dfrac{\partial Z}{\partial x} + \dfrac{Q|Q|}{K^2}\right) = 0$ （2）

式中，Q 为流量；Z 为水位；A 为过水断面的面积；B 为水面宽度；q 为旁侧入流流量；K 为流量模数。对上式采用 Abbott 六点隐格式进行离散求解[9]。

（2）二维水动力数学模型。

对用 Navier-Stokes 方程沿水深进行积分，可得平面二维浅水水流控制方程：

连续性方程：$\dfrac{\partial \xi}{\partial t} + \dfrac{\partial (hu)}{\partial x} + \dfrac{\partial (hv)}{\partial y} = q$ （3）

动量方程：

$$\frac{\partial (hu)}{\partial t} + \frac{\partial}{\partial x}(huu) + \frac{\partial}{\partial y}(hvu) = \frac{\partial}{\partial x}\left(hE_x \frac{\partial u}{\partial x}\right) + \frac{\partial}{\partial y}\left(hE_x \frac{\partial u}{\partial y}\right) + \\ fhv - gH\frac{\partial \xi}{\partial x} - \frac{1}{\rho}(\tau_{bx} - \tau_{sx}) + qu^*$$
（4）

$$\frac{\partial (hv)}{\partial t} + \frac{\partial}{\partial x}(huv) + \frac{\partial}{\partial y}(hvv) = \frac{\partial}{\partial x}\left(hE_y \frac{\partial v}{\partial x}\right) + \frac{\partial}{\partial y}\left(hE_y \frac{\partial v}{\partial y}\right) - fhu - \\ gH\frac{\partial \xi}{\partial y} - \frac{1}{\rho}(\tau_{by} - \tau_{sy}) + qv^*$$
（5）

式中，h，ξ 分别为水深和水位；u,v 分别为 x，y 方向的垂向平均流速；E_x,E_y 分别为 x 方向和 y 方向的水流紊动黏性系数；τ_{bx},τ_{by} 为 x 方向和 y 方向的底部摩阻；τ_{sx},τ_{sy} 分别为风对自由表面 x 方向和 y 方向的剪切力；$f = 2\omega\sin\varphi$ 为科氏力，φ 为计算水域的地理纬度，q 为源或汇的流量。为更好地适应复杂边界，采用基于非结构网格的有限体积法对控制方程进行离散求解[10]。

（3）一维、二维耦合模型。

通过一维、二维模型连接断面的水位和流量的关系实现模型耦合[11]，即：

$$Z_1 = Z_2 \tag{6}$$

$$Q_1 = Q_2 = \int u_k h_k d_k \tag{7}$$

式中，Z_1、Z_2 分别为一、二维模型在连接断面处的水位，Q_1、Q_2 分别为一、二维模型在连接断面处的流量，u_k 为连接断面法向流速，h_k 为水深，d_k 为距离，k 为连接断面的编号。

3.2　一维模型设置

沂河刘家道口至骆马湖段河道、分沂入沭水道、沭河人民胜利堰至新沂河段河道、新沂河嶂山闸至沭河闸段河道等建立了一维水动力数学模型。为了满足计算时间和精度的要求，一维模型空间步长取 $500 \sim 1\,000$ m，时间步长为 1 min。河道主槽糙率为 $0.021 \sim 0.03$，河道滩地糙率为 $0.032 \sim 0.040$。

3.3　二维模型设置

（1）计算范围。

二维模拟计算范围是沂河左堤、沭河右堤、分沂入沭右堤、新沂河左堤和骆马湖东堤组合成的封闭区域，构成二维模拟计算边界。此外，在分析骆马湖东堤洪水风险时，为了考虑骆马湖槽蓄和周边来流，也建立了骆马湖二维模型。

（2）时间步长。

时间步长受柯朗条件的限制，为满足稳定性和精度要求，本次计算最大时间步长为 3 s。

（3）模型网格。

考虑保护区内道路、堤防等高于地面 0.5 m 的线性阻水建筑物以及内河对于面上洪水演进过程的影响，将道路、堤防、水系河道作为网格剖分的内部约束条件处理。在 ARCGIS 软件中，从基础地理数据图层中，分别提取保护区内阻水、导水地物要素。阻水要素主要包括：铁路、高速、省国道、县道等道路，白马河、墨河、新戴运河等河道堤防；导水要素主要包括：桥梁和涵洞。通过现场调研对道路、堤防、桥梁、涵洞等信息进行复核，最终确定道路和堤防等阻水建筑物 249 条，模型中采用"Dike"概化；桥梁涵洞等导水建筑物 136 个，模型中采用"Culverts"概化。

为了准确反映地形变化趋势，并兼顾模型计算时间，本次二维模型最大网格边长不超过 0.3 km，最大网格面积不超过 0.05 km²，高程范围 15～160 m，网格总数 94 439 个，网格节点总数 47 715 个。重要地区、地形变化较大部分的计算网格要适当加密。

（4）糙率。

从基础地理数据中分别提取道路、水系河流、居民地、植被等 SHP 图层要素，利用 ArcGIS 软件"相交"工具，分别与网格图层"相交"计算，统计各网格元素中道路、水系河流、居民地面积，通过计算各网格中各图层元素所占面积比，按照加权平均计算出综合糙率值。

（5）涡粘系数。

本次计算使用 Smagorinsky 公式，将涡粘系数当作是应变率的函数[12]：

$$E = C_s^2 l^2 \sqrt{\frac{1}{2}\left(\frac{\partial u}{\partial x}\right)^2 + \left(\frac{\partial u}{\partial y} + \frac{\partial v}{\partial x}\right)^2 + \frac{1}{2}\left(\frac{\partial v}{\partial y}\right)^2} \tag{8}$$

式中，u,v 分别为 x，y 方向的垂线平均流速，l 代表特征长度，C_s 为计算参数，本次取 0.28。

3.4 耦合模型设置

溃堤洪水采用 MikeFlood 标准连接，漫溢洪水采用 MikeFlood 侧向连接。标准连接和侧向连接均采用交替计算的方法，该方法是在一个时步内把一个模型计算出来的水位或流量作为另一个模型的边界条件，两模型交替计算、互赋边界的方法完成整个计算过程。沭西片防洪保护区水动力数学模型概化见图 2。

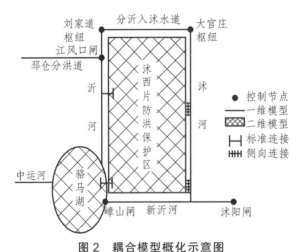

图 2　耦合模型概化示意图

3.5 模型验证

基于 1999—2001 年实测断面地形资料，建立一维河网模型，并考虑沿程闸坝、桥梁等跨河建筑物，采用 1993 年、2003 年和 2012 年实测洪水过程对模型进行率定与验证。计算结果表明，闸坝和桥梁计算水位落差和设计落差相当，各测站实测水位与计算水位之差得绝对值≤20 cm，计算流量与实测流量的相对误差≤10%，满足洪水风险图计算要求[13-14]。由于模型率定与验证的测站较多，仅以 2003 年洪水主要测站为例，说明验证情况，沂河港上站水位和流量、沭河人民胜利堰坝下水位、嶂山闸下水位计算过程与实测过程比较见图 3～图 6。

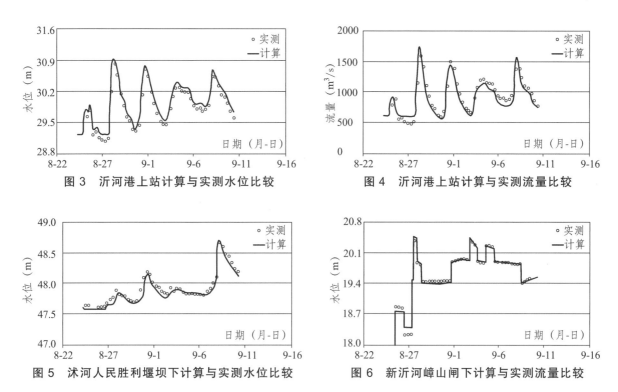

图 3　沂河港上站计算与实测水位比较　　　　图 4　沂河港上站计算与实测流量比较

图 5　沭河人民胜利堰坝下计算与实测水位比较　　图 6　新沂河嶂山闸下计算与实测流量比较

基于 2010—2013 年江苏省和山东省数字线划图，建立了二维模型，并设置了阻水导水构筑物，较好地反映了地形变化情况；根据不同的下垫面特性，优化了糙率布置；通过专家咨询、现场调研和外业测量等方式对模型进行了校正和优化。

综上，本次建立的洪水计算模型参数设置合理，能够反映本区域的水流特性，具有较高的精度，基本满足洪水风险图计算要求，可以用于本区域洪水方案模拟。

4　洪水风险要素分析

保护区洪水威胁主要来源于外河溃堤和区域内涝，其中外河主要包括沂河、沭河、新沂河和骆马湖。对上述河流堤防险工险段的实地考察与专家咨询，结合河势地形、地质状况、工程状况、历史出险等情况，综合考虑溃口对保护区影响较大和各种不利情况的组合等，保护区周边共设置了 9 处堤防溃口以及部分河段堤防漫溢。

本文以沂河 50 年一遇洪水，保护区无内涝作为洪水计算条件，对马头堤防溃决进行洪水风险分析。马头溃口位于马头闸上游，马头镇北侧，沂河急弯处，塌岸危及郯城县、马头镇、新村乡、港上乡等，人口约 30 万。

模型计算结果表明，沂河发生 50 年一遇洪水，沂河左堤马头险工发生溃决，溃口宽度 100 m，马头断面达到最高水位时开始溃堤。马头溃口进洪历时共计 13.2 h，洪峰流量 537 m³/s，进洪量 833 万 m³，少量洪水漫过白马河，淹没区总面积 116.3 km²，沂河与白马河交汇处西北处附近洼地淹没水深达到 1.9 m。溃堤洪水起于马头镇，自北向南演进，受县道郯胜线、白马河右堤的阻隔影响，洪水主要将沿白马河右堤向下游演进，部分洪水在省道 S232 与白马河交汇处漫过白马河堤防向南演进，主要淹没乡镇包括郯城县郯城镇、马头镇、港上镇、杨集镇、花园乡、归昌乡、银杏产业开发区、邳州市港上镇、新沂市合沟镇、瓦窑镇、港头镇等 11 个乡镇。保护区淹没水深见图 7。

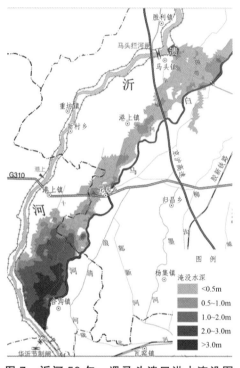

图 7　沂河 50 年一遇马头溃口洪水淹没图

5　结　论

基于沭西片防洪保护区洪水特性和地形地貌特征，建立了沂河、沭河、分沂入沭水道、新沂河一维水动力数学模型，保护区和骆马湖二维水动力数学模型，以及河道与保护区耦合模型。一维模型采用 1993 年、2003 年和 2012 年的实测洪水资料进行了率定与验证，计算结果表明，各站水位误差绝对值小于 20 cm，流量相对误差小于 10%，模型具有较高的计算精度；二维数学模型设置了阻水导水构筑物，优化了糙率布置，并通过专家咨询、现场调研和外业测量等方式对模型进行了校正和优化。所建模型可以开展洪水风险分析方案计算，作为洪水风险图编制的计算平台。以沂河马头溃口为例，分析了溃堤洪水风险要素，绘制了洪水淹没图。

参考文献

[1] 沂沭泗水利管理局. 沂沭泗防汛手册[M]. 北京：中国矿业大学出版社，2003.
[2] 沂沭河水利管理局. 沂沭河防汛与抢险[R]. 2011.
[3] 李娜，向立云，程晓陶. 国外洪水风险图制作比较及对我国洪水风险图制作的建议[J]. 水利发展研究，2005（6）：28-32.
[4] 曹永强，黄林显，苗迪，等. 我国洪水风险图绘制方法研究[J]. 人民黄河，2008（8）：6-7.

［5］ 中水淮河有限责任公司. 沂沭泗洪水东调南下续建工程实施规划[R].

［6］ 沂沭泗水利管理局. 2003 年沂沭泗暴雨洪水分析[M]. 济南：山东省地图出版社，2006.

［7］ 虞邦义，倪晋，杨兴菊，等. 淮河干流浮山至洪泽湖出口段水动力数学模型研究[J]. 水利水电技术，2011（8）：38-42.

［8］ 贲鹏，虞邦义，倪晋，等. 淮河干流正阳关至吴家渡段水动力数学模型及应用[J]. 水利水电科技进展，2013，33（5）：42-46.

［9］ Danish Hydraulic Institute（DHI）.MIKE11：A Modelling System for River and Channels ReferenceManual[R]. DHI，2009.

[10] Danish Hydraulic Institute（DHI）.MIKE21 Flow model FM Hydrodynamic Module User-Guide Manual[R]. DHI，2009.

[11] Danish Hydraulic Institute(DHI).MIKEFLOOD 1D-2D Modelling User Manual [R]. DHI，2009.

[12] Smagorinsky. General Circulation Experiment with Primitive Equations[J]. Monthly Weather Review，1963，91：99-164.

[13] 国家防汛抗旱总指挥部办公室. 洪水风险图编制技术细则（试行）. 2013.

[14] 中华人民共和国水利部 SL483-2010 洪水风险图编制导则[S]. 北京：中国标准出版社，2011.

基于 Flow-3D 的纺锤体结构在充流管道中下落过程的数值模拟

汪楠[1]，李国栋[1]，赵鑫[1]，左娟莉[1]，胡文军[2]

（1. 西安理工大学水利水电学院，西安，710048；
2. 中国原子能科学研究院，北京，102413）

【摘　要】　流固耦合现象是工程中经常遇到的问题，由于固体在运动液体的作用下会产生变形或运动，而固体的变形或运动又反过来影响液体的运动，其复杂性使流固耦合问题的数值模拟更加困难，目前关于流固耦合问题的数值模拟较少。本课题选用 Flow-3D 软件，采用 FAVOR 技术的湍流数学模型，对纺锤体结构在充流管道中整个下落过程进行三维数值模拟，并结合模型试验对模拟结果的各项参数进行对比验证，表明二者所得到的结果较为一致。模型试验与数值模拟对比，纺锤体结构在充流管道中的下落过程，数值模拟结果用时 7.986 s，模型试验结果用时 7.94 s，相对误差为 0.58%，表明建立的数学模型、采用的数值模拟方法以及各项参数设置是合理的。

【关键词】　流固耦合；数值模拟；FAVOR 技术；纺锤体结构

1　前　言

流固耦合是自然界普遍存在的物理现象[1]，它的具体形式多种多样，比如说由于水流和岸坡的相互作用而使岸坡失稳的自然现象，即河岸崩塌现象；再如土石混合体边坡失稳现象，近二十年来，流固耦合问题备受关注，其原因是这个研究方向涉及众多工程领域[2]，比如坝基稳定性、风工程[3]、水下隧洞开挖、软土地基固结沉降等。与国外相比，国内在该方面的研究相对滞后且片面。

流固耦合是研究流体与固体两相介质之间的交互作用[4]，固体在运动液体的载荷作用下会产生变形或运动，而固体的变形或运动又反过来影响液体的运动，进而改变作用于固体表面的荷载[5]。多孔物体在液流中的运动形式为典型的瞬态流固耦合过程，流体的作用力施加到多孔物体上，使之稳定或移动。带孔物体的位移反过来又影响流体区域及流态，故必须采用流固耦合理论来建模。本课题拟采用可有效模拟流固耦合过程的 Flow-3d 软件来进行数值模型搭建和运行工作。

2　数学模型

Flow-3D 采用基于结构化矩形网格的 FAVOR 方法及真实的 3 步 Tru-VOF 方法，控制方程中含有体积和面积分数参数[6]。该软件使用的 RNG（renormalization group，意为"重整化群"）k-ε 模型[7]是由 Yakhot 和 Orzag[8]于 1986 年提出的一种改进的 k-ε 模型。RNG k-ε 模型基于多尺度随机过程重整

基金项目：陕西省水利厅科技计划项目（2017slkj-17）；国家自然科学基金资助项目（51579206）；青年科学基金项目（11605136）。

化思想，方程形式与标准的 k-ε 模型相似，模式常数由重整化理论算出，该模型可以更好地适应于高应变率及流线弯曲程度的较大的流动，适用于计算较大曲率和旋转的流动、分离流动等比较复杂的流动[9]。

2.1 控制方程

本文考虑的流体为牛顿流体——水，水动力学中，一般情况下将水流运动看作是不可压缩的黏性流体运动，Flow-3D 的流体控制方程是基于连续方程和不可压缩黏性流体运动的 Navier-Stokes 方程。

连续性方程为：

$$\frac{\partial}{\partial x}(uA_x) + \frac{\partial}{\partial y}(uA_y) + \frac{\partial}{\partial z}(uAz) = 0 \tag{1}$$

式中，A_x、A_y、A_z 表示 x、y、z 的面积分数；u、v、w 为对应 x、y、z 的速度分量。

Navier-Stokes 方程：

$$\frac{\partial(\rho \cdot u)}{\partial t} + \mathrm{div}(\rho u \mathrm{u}) = -\frac{\partial p}{\partial x} + \mathrm{div}(\mu \mathrm{grad} u) + F_x \tag{2}$$

$$\frac{\partial(\rho \cdot v)}{\partial t} + \mathrm{div}(\rho v \mathrm{u}) = -\frac{\partial p}{\partial y} + \mathrm{div}(\mu \mathrm{grad} v) + F_y \tag{3}$$

$$\frac{\partial(\rho \cdot w)}{\partial t} + \mathrm{div}(\rho w \mathrm{u}) = -\frac{\partial p}{\partial z} + \mathrm{div}(\mu \mathrm{grad} w) + F_z \tag{4}$$

式中，ρ 为水的密度，1 000 kg/m³；t 为时间，s；u 为速度矢量，u、v 和 w 是速度矢量在 x、y 和 z 方向的分量，m/s；μ 是流体动力黏度系数，N·s/m²；F_x、F_y 和 F_z 是微元上的体力，若体力为自由重力，且 z 轴竖直向上，则 $F_x = 0$、$F_y = 0$、$F_z = -\rho g$，kN/m³；引入散度 $\mathrm{div}(a) = \partial a_x / \partial x + \partial a_y / \partial y + \partial a_z / \partial z$；引入梯度 $\mathrm{grad}(b) = \partial(b)/\partial x + \partial(b)/\partial y + \partial(b)/\partial z$。

湍流模型包括的 k 方程和 ε 方程可分别表示如下：

$$\frac{\partial k_r}{\partial t} + \frac{1}{V}\left\{ uA_x \frac{\partial k_r}{\partial x} + vA_y \frac{\partial k_r}{\partial y} + wA_z \frac{\partial k_r}{\partial x} \right\} = P_r + G_r + DIff_r - \varepsilon_r \tag{5}$$

$$\frac{\partial k_r}{\partial t} + \frac{1}{V_F}\left\{ uA_x \frac{\partial \varepsilon_r}{\partial x} + vA_y \frac{\partial \varepsilon_r}{\partial y} + wA_z \frac{\partial \varepsilon_r}{\partial x} \right\}$$

$$= \frac{CDIS \cdot \varepsilon_r}{k_T} \cdot (P_r + CSIS3 \cdot G) + DIff_g - CDIS \frac{\varepsilon_r^2}{k_T} \tag{6}$$

式中，P_T——紊动动能 k 的产生项，由于速度梯度而引起的；

G_T——紊动动能产生项，由于浮力引起的。

2.2 离散方法

在 Flow-3D 中，一般采用有限差分法进行数值离散[10]，该方法的基本思想是：划分求解域为一系列平行于坐标轴的网格交点的集合，并用有限个网格节点替代连续的求解域，建立代数方程组。将模型区域内的空间离散成交错的矩形网格而非四面体或者六面体网格，如果网格排列方式不同，就需通过差值方法求出压力体控制界面上的速度。采用了网格交错排列，就可避免采用差值方法求得速度。

控制方程用交错网格离散之后，能较为准确地查出不合格的压力场、流场，但如果用普通的网格则难以达到这样的精确程度。因此，在 Flow-3D 中求解控制方程，一般用矩形的交错网格比较广泛。

2.3 FAVOR 方法

动边界问题的模拟方法主要分为两大类：贴体动网格方法[11]（如 Arbitrary Lagrange-Euler 方法，ALE）和浸没边界方法[12]（如 Ghost cell 浸没边界法）。贴体动网格方法的网格会随着运动物体一起运动，其优点是边界条件易于设定，而且比较容易得到与边界积分相关的物理量（如升阻力系数等）。当模型十分复杂时，贴体网格生成难度和工作量都将非常巨大，而且网格质量难以保证。Flow-3D 中采用的 FAVOR 方法（Fractional Area/Volume Obstacle Representation）本质上是一种浸没边界方法，模型的运动与背景网格无关，网格生成的难度和工作量远小于贴体网格方法，无论模型的运动幅度有多大，网格均无需重分。与传统浸没边界法相比，FAVOR 方法对边界的刻画精度更高，在一定程度上弥补了贴体网格的不足。

Flow-3D 采用有限差分法求解 N-S 方程，其独特的 FAVOR（即建立控制流体，使网格几何形状完全独立）网格处理技术，可在结构化的网格内部定义独立复杂的几何体，即使模型非常复杂，也可精确地描述外型。达到利用简单的矩形网格表示任意复杂的几何形状，避免了以往有限差分对建筑物边界拟合不好的缺点。利用 FAVOR 技术，使曲面造型的 Model 也能够顺利地以矩形网格加以描述，使分析模型不会失真，如图 1 所示。

图 2 给出了 FAVOR 方法和传统的 FDM（Finite Difference Method）方法在处理曲面边界时的不同之处。同样的几何造型，FAVOR 仅需 3 个网格就可以描述得很精确，而传统的 FDM 方法必须以较多的网格数量才能达到相同的精度要求。

 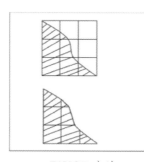 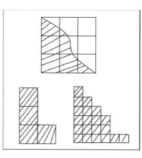

FAVOR 方法　　　　　　　FDM 方法

图 1　Flow-3D 网格图档　　　图 2　FAVOR 技术与传统的 FDM 技术比较

3　建立模型及网格划分

3.1　模型结构尺寸

物理情景描述：一个类似纺锤体的结构在充满水的管道中从顶部静止下落至底部的过程。

按原型 1∶1 建立几何实体模型。模型分为两个部分：一部分为充流管，其材料为玻璃，长 1 000 mm，横截面结构尺寸如图 3 所示；另一部分为纺锤体结构图，纺锤体材料为有机玻璃，密度为 1 187 kg/m³，质量为 138.19 g，结构尺寸如图 4 所示，单位 mm。

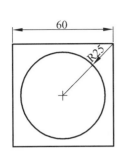

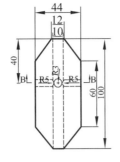

图 3　充流管横截面结构尺寸图　　　　　图 4　纺锤体结构尺寸图

3.2　三维模型建立及网格划分（见图 5）

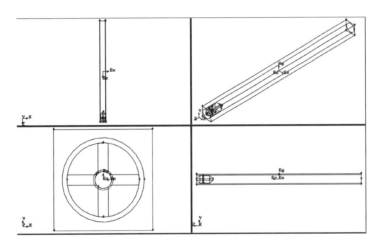

图 5　三维模型各视角整体图

网格划分：以充流管道尺寸为依据，计算区域采用自由网格法，将整个充流管道包裹在网格区域，全部用正交网格来划分，单元尺寸为 1.5 mm × 1.5 mm × 1.5 mm，网格总数约 118 万。

3.3　边界条件和初始条件

边界条件：计算区域顶部为压力出口边界，底部以及四周为壁面边界条件。

初始条件：整个流体域设置初始水体范围，即管道内充满水，水面水平，压力为静水压力分布。

4　数值模拟结果与模型试验结果对比

数值模拟过程与模型试验过程用时对比：试验模型尺寸与数值模拟的模型尺寸按照 1∶1 建立，所以其结果具有可比性，如图 6 所示。纺锤体在充流管中从静止下落到底部所用的时间，对于模拟结果和实验结果来说，都是具有参考价值的数据。根据数值模拟结果可知，纺锤体结构从静止下落至底部所用时间为 7.986 s；根据模型试验测量数据可得，此过程用时 7.94 s，相对误差为 0.58%，在允许误差范围内，因此模拟结果是合理的。不同时刻纺锤体下落位置示意图（红点处为标记纺锤体底部位置），如图 7 所示。

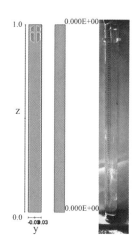

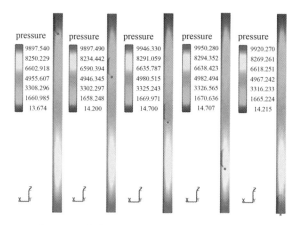

$t=0$ s $t=2.0$ s $t=4.0$ s $t=6.025$ s $t=7.986$ s

图 6   纺锤体结构在水中下落过程模拟及验证试验   图 7   不同时刻纺锤体下落位置示意图

纺锤体在下落过程中部分时刻水流流速云图（Y-Z 面），如图 8 所示。

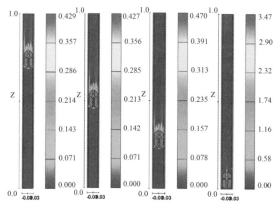

$t=2.0$ s $t=4.0$ s $t=6.025$ s $t=7.986$ s

图 8   部分时刻水流流速云图（Y-Z 面）

纺锤体在下落过程中受到水流作用力随时间变化曲线，如图 9 所示，从图中可以看出，纺锤体从静止到 0.3 s 左右受力在快速增大，之后纺锤体受力在一个平稳范围内波动，且大致与其重力平衡，约为 1.355 6 N。

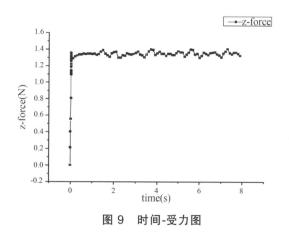

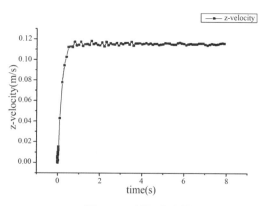

图 9   时间-受力图   图 10   时间-速度图

下落过程中纺锤体下落速度随时间变化曲线图，如图 10 所示，从图中可以看出，纺锤体从静止加速到较匀速的运动，用时很短，约 0.3 s。0.3 s 到 4 s 纺锤体下落速度有较小的波动，之后比较平稳地匀速下落至充流管底部。

5　结　论

根据实体模型试验，建立 1：1 的数值模拟模型，采用数值模拟的方法，并结合试验数据研究了纺锤体结构在充流管道中整个下落过程的物理参数，比如受力、速度等。主要研究结果如下：

（1）选用 Flow-3D 软件及 FAVOR 技术的湍流数学模型对纺锤体结构在充流管道中整个下落过程进行三维数值模拟，并结合模型试验对模拟结果的各项参数进行对比验证，表明二者所得到的结果较为一致，为进一步将该数值模拟方法用于流固耦合的相关研究中提供一定的参考和依据。

（2）模型试验与数值模拟对比，纺锤体结构在充流管道中的下落过程，数值模拟结果用时 7.986 s，模型试验结果用时 7.94 s，相对误差为 0.58%，表明建立的数学模型、采用的数值模拟方法以及各项参数设置是合理的。

（3）根据数值模拟结果，研究纺锤体结构在重力方向的受力情况以及纺锤体结构在整个下落过程中的速度，从 0 s 到 0.3 s，纺锤体结构受到水流对其作用力逐渐增大，且纺锤体下落速度在这一段时间段内逐渐增大；此后，纺锤体结构受到水流对其作用力与纺锤体重力相同，约为 1.355 6 N。此时纺锤体下落速度达到最大值，约为 0.115 3 m/s 且以该速度匀速下落至底部。通过对其整个过程的分析，可知其物理过程与纺锤体结构实际下落过程相符。

参考文献

[1]　曾娜，郭小刚. 探讨流固耦合分析方法[J]. 沈阳工程学院学报（自然科学版），2008，（04）：382-386.

[2]　杨林. 非线性流固耦合问题的数值模拟方法研究[D]. 中国海洋大学，2011.

[3]　吴云峰. 双向流固耦合两种计算方法的比较[D]. 天津大学，2009.

[4]　钱若军，董石麟，袁行飞. 流固耦合理论研究进展[J]. 空间结构，2008，（01）：3-15.

[5]　朱洪来，白象忠. 流固耦合问题的描述方法及分类简化准则[J]. 工程力学，2007，（10）：92-99.

[6]　BayonArnau，DanielValero，Rafael Garcia-Bartual，Francisco Valles-Moran，Petra Amparo López-Jiménez. Performance assessment of OpenFOAM and FLOW-3D in the numerical modeling of a low Reynolds number hydraulic jump[J]. Environmental Modelling and Software，2016.

[7]　肖苡辀，王文娥，胡笑涛. 基于 FLOW-3D 的田间便携式短喉槽水力性能数值模拟[J]. 农业工程学报，2016，（03）：55-61.

[8]　王晓宏，吴烽，杨月桂. 关于 Yakhot-Orszag 湍流重正化群展开的合理性[J]. 中国科学技术大学学报，1995，（04）：464-466.

[9]　王月华，包中进，王斌. 基于 Flow-3D 软件的消能池三维水流数值模拟[J]. 武汉大学学报（工学版），2012，（04）：454-457+476.

[10]　金生，王昆. 半隐式离散方法求解非静水压强假设下的三维自由面流动[J]. 水利水运工程学报，2008，（03）：15-21.

[11] 任冰，李雪艳，王国玉，王永学. 基于贴体网格的 VOF 方法数模流场研究[J]. 计算力学学报，2011，（06）：872-878.

[12] 张春泽，米家杉，刁伟，侯极. 基于浸没边界—格子 Boltzmann 方法的带自由液面的水力学问题模拟[J]. 水电能源科学，2017，（02）：108-111.

[13] 靖树一. FLOW-3D 在流固耦合数值模拟中的应用[A]. 中国力学学会、《水动力学研究与进展》编委会、中国造船工程学会、中国石油大学（华东）.

[14] 第十三届全国水动力学学术会议暨第二十六届全国水动力学研讨会论文集——C 计算流体力学[C]. 中国力学学会、《水动力学研究与进展》编委会、中国造船工程学会、中国石油大学（华东），2014：6.

[15] 张为，陈和春，尤美婷，尹阳. 基于 FLOW-3D 软件的块体水垫塘消能机理数值模拟[J]. 水电能源科学，2015，（04）：103-106+84.

[16] 丁晓唐，徐大雷，朱峰. 基于 FLOW-3D 软件的旋流起旋室水力特性数值模拟[J]. 三峡大学学报（自然科学版），2016，（03）：11-14.

[17] 侯勇俊，熊烈，何环庆，杨晖. 基于 FLOW-3D 的三维数值波流水槽的构建及应用研究[J]. 海洋科学，2015，（09）：111-116.

[18] 吉鸿敏. 圆柱桥墩绕流的数值模拟研究[D]. 西北农林科技大学，2015.

基于 CFD 的金属多孔介质气固分离器流场数值模拟

李星南，李国栋，方细波，刘宇星，张巧玲

（西安理工大学水利水电学院，西安市金花南路 5 号，710048）

【摘　要】　我国能源结构以火电为主，随着环保标准的提高，发展性能优异、运行稳定的除尘设备势在必行。利用金属多孔介质过滤器替代袋式除尘器已成为一种趋势。本文以咸阳市某一现役燃煤电厂金属多孔介质除尘器原型为研究对象，针对过滤器内部气流组织不均匀、需要频繁更换滤棒以致设备稳定性大幅降低，而目前工业技术手段很难直接监测过滤器内部流场的问题，利用 ANSYS FLUENT 15.0 流体仿真软件模拟过滤器流场，找到过滤器出现上述不利因素的原因，得出采用 Porous Jump 模型处理多孔介质滤棒结果真实可靠，过滤器内部流量分配系数有较大的不均匀性，边缘两列流量分配系数较中间列大，十分不利于设备的稳定运行。

【关键词】　金属多孔介质；过滤；数值模拟

1　前　言

气固分离是在冶金、化工、燃煤、水泥等第二产业中普遍适用的分离技术，高温气体中固态颗粒污染物的过滤、回收一直是工业废气处理以及环境保护行业研究的重大课题。日趋严格的环保标准[1][2]和国家也愈来愈重视对环境的保护使得高效低能耗气固分离技术具有广阔的应用前景[3]。

目前常用的气固分离方法主要有过滤分离、离心分离、重力分离、膜分离等[4]。金属多孔介质滤棒式分离器作为一种新型气固分离方法，设备过滤过程示意图见图1，气体流入滤棒示意图见图2。本文模拟其内部流场，分析过滤器滤棒速度场、压力场和流场的特征，研究过滤器存在的缺陷，为流场优化提供依据。

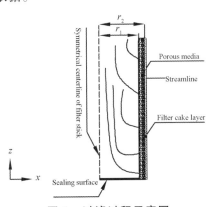

图 1　过滤过程示意图

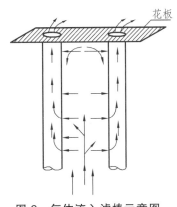

图 2　气体流入滤棒示意图

基金项目：陕西省水利厅科技计划项目（2017slkj-17）；国家自然科学基金资助项目（51579206）；陕西省自然科学基础研究计划项目（2015JM5201）。

2　数值计算模型

随着计算机的发展，基于 CFD 理论的流场模拟已成为可能，成为了求解优化气固流场、设计制造分离设备的重要手段。李淑平[4]和姬忠礼[5]等均在一些实验中对流场进行过数值模拟。本文对工程实例——咸阳现役某金属多孔介质滤棒式小型气固分离器（如图 3 所示）进行流场模拟分析。

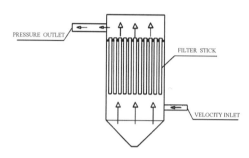

图 3　金属多孔介质滤棒式小型气固分离器示意图

2.1　网格划分

三维建模全部在 Gambit 软件中完成并对模型进行网格划分，取一台过滤器为研究对象。滤棒群剖面图如图 4 所示。

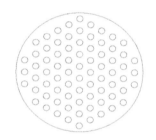　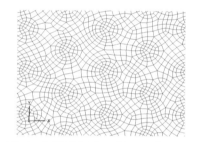　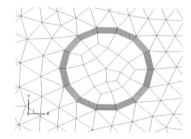

图 4　滤棒群剖面　　　　　图 5　多孔阶跃出口断面网格划分　　　　图 6　多孔介质出口断面网格划分

沿着 Y 轴在滤棒出口处横切出断面，断面上单根滤棒局部放大网格图如图 5、图 6 所示。多孔阶跃模型将滤棒的厚度简化成一层薄膜，网格全部是结构化网格；多孔介质模型直接在滤棒边壁厚度处划分网格，滤棒之内是结构化网格，滤棒之外不规则区域为非结构化网格。

2.2　模型参数设置

本文研究对象属于圆柱进口高速射流，有着复杂的湍流现象。标准 k-ε 模型对旋流、压力梯度变化较大等流体流动模拟精度欠佳。带旋流修正的 k-ε 模型是最新开发出的模型，尚无确凿的数据表明它有更好的表现。雷诺应力模型虽对旋流也有较好的模拟精度，但其效率较 Realizable k-ε 低。Realizable k-ε 模型和 RNG k-ε 模型都显现出更好的表现。鉴于 Realizable k-ε 模型的优点和含尘气体在金属多孔介质中的流动属于低雷诺数流动的特性，本文紊流模型最终选择 Realizable k-ε 模型。Fluent 15.0 软件中 Porous Medium Model 的参数设置所用滤棒孔隙率 ε 为 0.40，滤棒渗透性系数 $\alpha = 7.526 \times 10^{-13}$ m²，滤棒黏性阻力系数 $1/\alpha = 1.32 \times 10^{12}$（1/m²），惯性阻力系数 $C_2 = 1.3 \times 10^6$(1/m²)。porous Jump Model 中参数设置全部通过实验数据换算得到。整理设备测量节点数据得到压降-流量-过滤风速之间相关关系，具体见表 1。

表 1   滤棒压降-入口流量-过滤风速关系表

压降（Pa）	1 095	1 370	1 505	1 640	1 785	1 925	2 000
入口流量（m³/h）	400	500	550	600	650	700	730
过滤风速（m/min）	0.698	0.873	0.960	1.047	1.134	1.222	1.274

将过滤风速 v(m/s)、压降 ΔP(Pa)拟合成二次曲线：

$$\Delta P = 94\,867.8v + 2\,716.5v^2 \tag{1}$$

其中相关系数 $R^2 = 0.99$。经过计算可知面渗透率 $\alpha = 7.84 \times 10^{-13}\,\mathrm{m}^2$；惯性阻力系数 $C_2 = 1.69 \times 10^6$。

3   数值模拟结果与分析

该金属多孔介质气固分离器所处理废气中污染物主要为粉尘和 SO_2，初始烟气中含尘浓度经测定均值为 16 g/m³，颗粒中位粒径为 20 μm，颗粒尺寸分布指数设为 3，取进口含尘气体温度为 373 K，入口流量为 600 m³/h，工业用压力表测得滤棒内外压差为 1 640 Pa。

3.1   模型可靠性验证与选择

分别分析在此工况下 PJM 和 PMM 两种模型所模拟的压力结果。首先采用 PJM 模型进行模拟，滤棒内外压力比较均匀，选择 $y = 0$ 典型平面的压力云图来分析设备内部的压力分布。$y = 0$ 平面压力云图见图 7。压差变送器传感器正压端位于 $z = 1.3$ m 处，负压端位于 $z = 1.7$ m 处，以对应位置直线的压力平均值作为传感器读数值，绘出两条直线压力散点图，如图 8 所示。由图 8 可以看出传感器所在区域（$z = 1.7$ m、$z = 1.3$ m）处压力分布十分均匀，$z = 1.3$ m 处压力出现周期性突变，是因为滤棒的过滤阻挡作用导致滤棒内外压力产生阶跃，该处滤棒内部压力较出口 $z = 1.7$ m 处压力大。

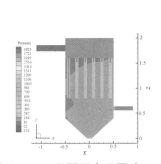 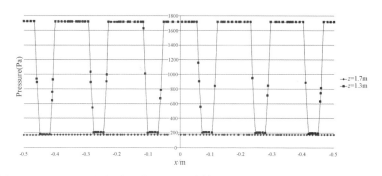

图 7 $y = 0$ 平面压力云图（PJM 模型）   图 8   压差变送器传感器处计算压力值（PJM 模型）

PMM 模型处理滤棒的设备模型亦关于 $y = 0$ 平面对称，滤棒不再是壁面而是有一定厚底的圆环，选择 $y = 0$ 典型平面的压力云图来分析设备内部的压力分布。$y = 0$ 平面压力云图见图 9；传感器具体位置以及直线压力散点图绘制同上，如图 10 所示。

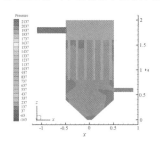 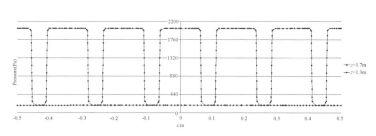

图 9 $y = 0$ 平面压力云图（PMM 模型）   图 10   压差变送器传感器处计算压力值（PMM 模型）

对比两种处理金属多孔介质滤棒的模型计算得到的压力分布十分相似，只是最值有差别。将实验值与模型值对比，见表 2。从表 2 得知 PJM 模型模拟计算压差值相对误差 − 5.89%，比 PMM 模型模拟计算压差值相对误差 13.3%偏小，并且 − 5.89%的相对误差能够满足工业设备所需的精度要求。

表 2　模型平均值与实验值对比表

模型	计算值平均压差（Pa）	实测值压差（Pa）	误差百分比（%）
PJM	1 543.4	1 640	− 5.89
PMM	1858	1 640	13.3

在该工况下，由经验法得出，滤棒外的压力一般在 1 200 ~ 2 500 Pa 之间。采用 PJM 模型计算时压差变送器传感器正压端位置处平均压强为 1 720.4Pa，采用 PMM 计算时压差变送器传感器正压端位置处平均压强为 2 035 Pa，平均压强均在经验范围之内。PJM 相对误差要比 PMM 小很多。综合考虑，选择 PJM 模型作为本设备最佳模型。

3.2　过滤器内流量分配

流量分配数据能够直观体现每根滤棒在稳定运行工况下各滤棒处理气量的能力，选用流量分配系数作为滤棒流量分配的表征参数。为了描述每根滤棒的具体方位，引入"列（L）"和"排（P）"的概念，具体如图 11 所示。

过滤器滤棒的流量分配系数表示每根滤棒实际处理气体流量与平均处理气体流量的比值，通常记作 $K_{i,j}$，则 $K_{i,j} = \dfrac{Q_{L_i P_j}}{\overline{Q}}$，$Q_{L_i P_j}$ 表示第 i 列 j 排滤棒处理的气体流量，单位为 kg/s；$\overline{Q}$ 表示过滤器中所有滤棒处理气量的平均值，单位为 kg/s。由模拟后的结果（见图 12）可以看出滤棒间流量分配系数变化较大，滤棒之间的这种流量分配差异性与其自身空间分布有关[6]，总体来说同一列滤棒流量分配系数从第一排到最后一排上先增大后减小，边缘两列滤棒平均流量分配系数较大，中间较小但都稳定在 0.9 ~ 1.0 之间，与实际情况相符，特别是边缘两列 L01 和 L11 的，流量分配系数大。

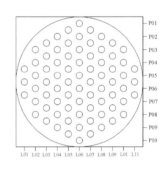

图 11　滤棒方位表示方法

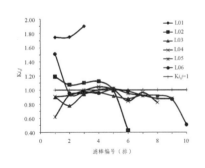 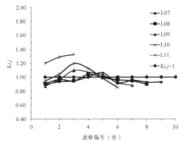 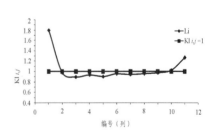

图 12　滤棒流量分配系数分布

3.3　过滤器速度场

过滤器内部流场对过滤性能、设备稳定性及寿命起着决定性作用，流场越均匀过滤效果越好。过滤器内部流线及坐标系如图 13 所示。将原型在三个方向上进行切片，选取代表性关键切片分析其速度分布云图，如图 14~16 分别代表三个方向上速度分布云图。

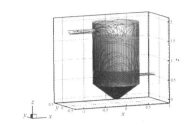

图 13　过滤器内部流线图

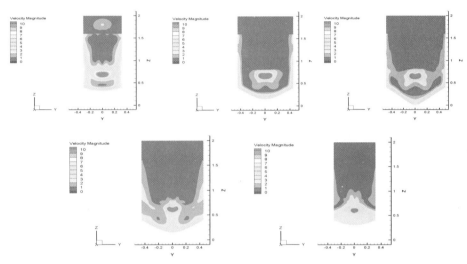

图 14　X 方向关键切片（X1 = - 0.39、X2 = - 0.22、X3 = 0.04、X4 = 0.22、X5 = 0.39）速度云图

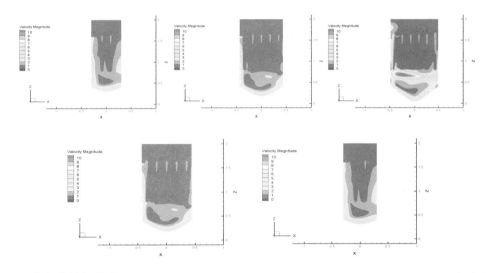

图 15　Y 方向关键切片（Y1 = - 0.40、Y2 = - 0.25、Y3 = 0.10、Y4 = 0.25、Y5 = 0.40）速度云图

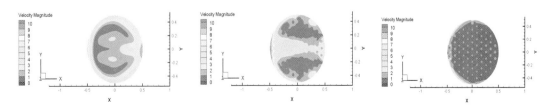

图 16　Z 方向关键切片（Z1 = 0.44、Z2 = 0.80、Z3 = 1.56）速度云图

由图 15 可以看出，当过滤达到平衡时，入口含尘气体射入过滤器内部在边壁处被强迫分成上下两股旋流，上旋流顺时针旋转，向上流动的气体一部分经滤棒过滤流出体外，另一部分流经滤棒空隙再次形成旋流；下旋流沿灰斗内部面逆时针旋转，将已沉淀在灰斗内部而未及时收集的粉尘再次带出，增大设备内部粉尘浓度使滤棒粉尘负荷增加进而导致滤棒内外压降增大。结合图 14 和图 15，发现滤棒底面以上区域速度流场十分均匀，绝大部分速度都在 1 m/s 以内，气流组织均匀分布有利于粉尘的均匀分布和粉尘的沉降[6]。边缘处滤棒内部速度较中间大，中间滤棒内部速度相对均匀，进一步证明了上节流量分配系数结果的准确性。

结合图 15 和 16 可知，滤棒底面以下空间气流相对紊乱，棒底面是临界面。垂向速度沿滤棒方向越来越小且趋于均匀化，棒间占主导地位的向下垂向速度有利于粉尘颗粒的沉降。

3.4 过滤器压力场

过滤设备滤棒内外压降是衡量过滤器性能的重要指标之一[7]，直接关系到过滤器的稳定性与过滤性能。坐标系布置见图 13，选取代表性关键切片分析内部压力分布，具体见图 17~18。

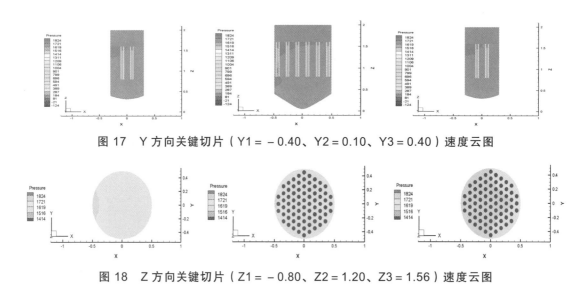

图 17 Y 方向关键切片（Y1 = − 0.40、Y2 = 0.10、Y3 = 0.40）速度云图

图 18 Z 方向关键切片（Z1 = − 0.80、Z2 = 1.20、Z3 = 1.56）速度云图

从图 17 可以看出过滤器内部压力场十分均匀，以滤棒为边界存在明显的压力阶跃。从图 18 可看出花板偏下地区出现局部高压，且单根滤棒的内部压力沿高度方向逐渐减小，左端压差大于右端，导致左边缘的三根滤棒处理风量大于右边缘的三根滤棒。

4 结 论

（1）对比实测压降数据和模拟压差值确定 Porous Jump Model（PJM）是处理本设备金属多孔介质滤棒的最佳模型，其中关键参数压降的相对误差为 − 5.89%。

（2）速度场以滤棒底面为边界，底面以上区域内速度场相对比较均匀，入口含尘气体高速射入过滤器后被分为上下两股旋流，上旋流顺时针旋转通过滤棒进行过滤，下旋流沿灰斗逆时针旋转，带出已收集的粉尘进行二次返混。

（3）在相同条件下，设备左端压差大于右端，导致边缘的三根滤棒处理风量大于右边缘的三根滤棒。右端滤棒与相邻滤棒压差基本相等，而右端有三根滤棒，相邻处有六根，以致右端三根滤棒过滤风量比邻近六根滤棒较大，造成了滤棒的不充分使用，对后续的流场优化有重要参考价值。

参考文献

[1] GB13223-2003 火电厂大气污染物排放标准[S].

[2] GB13223-2011 火电厂大气污染物排放标准[S].

[3] 李炎. 基于 FLUENT 的高炉风口温度场和流场模拟及结构优化[D]. 武汉：武汉科技大学，2015.

[4] 李淑平. 金属多孔材料高温气体过滤过程的研究[D]. 北京：北京化工大学，2004.

[5] Zhongli Ji，Haixia Li，Xiaolin Wu，Joo-Hong Choi.Numerical simulation of gas/solid two-phase flow in ceramic filter vessel [J]，Powder Technology 181 （2008）137-148.

[6] 李萌萌. 基于 CFD 对袋式除尘器流场的数值模拟分析[D]. 武汉：武汉科技大学，2010.

[7] 陈志炜. 带式除尘系统综合节能技术途径[J]. 工业安全与环保. 2012，38（10）：1-3.

基于 Sentinel-2A 卫星数据的洪水前后城市生物量变化特征分析

杨斌，王磊，李丹，陈财

（西南科技大学环境与资源学院，四川省绵阳市涪城区青龙大道中段 59 号，621010）

【摘　要】 Sentinel-2A 作为一颗新型光学遥感卫星数据，具有高空间分辨率、高时间分辨率及独特红光边缘波段，备受广泛关注。通过对 Sentinel-2A 卫星数据进行基本参数及特征分析，选取江苏省宜兴市为研究区域，分别获取 2016 年 5 月 4 日和 2016 年 7 月 23 日洪水前后两个时期的 L1C 级数据。通过利用 Sen2cor 大气校正处理模型将 L1C 级数据生成 L2A 级数据，再调用 SNAP 软件中生物物理量处理模型，生成宜兴市洪水前后叶面积指数（LAI）、吸收光合有效辐射比例（FAPAR）、冠层含水率（LAI_CW）、叶绿素含量（LAI_CAB）及植被覆盖度（FCOVER）五个生物量指标。通过对洪水前后宜兴市 5 个生物量指标和洪水灾害机理特征分析，研究得出，植被生物量指标能较好动态表征洪水灾害对作物的变化情况，但突发性的洪水灾害并未对整个大面积区域的生物量随季节增长造成影响。研究表明，Sentinel-2A 数据对于城市生物物理指示及环境监测具有重要影响意义和应用价值。

【关键词】 Sentinel-2A；生物物理量；宜兴市；洪水前后；变化监测

1　绪　论

　　随着空间信息技术的发展，遥感已经广泛应用到洪水变化监测范围领域。Sentinel-2A（中文：哨兵 2A）卫星作为一颗全新的免费光学遥感卫星，以其具有 10 m 空间分辨率、13 个独特的光谱波段、10 天的对地观测重访周期备受广大遥感地学工作者的关注与使用[1-2]。国内外先后有研究人员对该系列卫星的应用进行了研究和探讨，国外主要表现在曾利用卫星设计期间的基本参数，通过模拟手段方法对小麦土豆的叶面积指数提取[3]及植被叶绿素含量进行了评估[4]，而后又结合 Sentinel-2A 数据卫星进行了区域温室效应变化监测[5]、红边光谱指数适应性分析[6]、云检测分析[7]；而国内研究人员也利用 Sentinel-2A 卫星数据对植被生长特征进行反演和预测[8]。将 Sentinel-2A 卫星数据应用到城市洪水变化监测与植被生物物理量之间的研究还尚未报导。

　　2016 年 6 月底至 7 月初的强降雨给中国江苏省、安徽省、浙江省等多地造成了极其严重的洪涝灾害，而 7 月初洪涝灾害主要集中在长江中下游干流地区，太湖则发生了流域性洪水。研究区宜兴市遭遇了 17 年最大的水灾，此次灾害致使该市超过 13 万人口受灾。通过文献查阅，洪水灾害与植被覆盖度之间存在一定的耦合关系，利用更为精细的植被生物量指标必能揭开洪水灾害对于作物产量的变化情况。丛沛桐等采用森林水文学、陆地水文学及 3S 技术原理与方法，基于遥感影像 NDVI 指数与水

基金项目：国家自然科学基金项目（41201541）"岷江上游干旱河谷区梯级水电开发对生态环境波动效应研究"。

文学模型参数的关联，构建森林植被覆盖率与洪水淹没耦合关系模型[9]；徐鹏等通过水稻淹水实验模拟洪涝胁迫状态，分析不同时期水稻叶面积指数变化及其冠层高光谱响应规律，建立洪涝胁迫下水稻叶面积指数的估测模型[10]；而赵林祥则通过水库淤积、水灾频率、灾害轻重和灾害类型与植被关系进行了宏观分析阐述[11]。因此，洪水灾害与植被生物量变化必定存在一定的耦合联动效应。论文选取太湖流域受灾极其严重的江苏省宜兴市为研究区域，利用洪水灾害前后2个不同时期Sentinel-2A遥感数据，通过对其进行分析、处理、提取，获取该区域洪水前后生物物理量变化情况，尝试为洪涝灾害后效应评估、农作物产量评估与分析提供定量的参考依据。

2　卫星简介及研究区概况

2.1　Sentinel-2系列基本特征及参数

Sentinel系列卫星属于欧空局"哥白尼计划"（Global Monitoring for Environment and Security，GMES）中的一项重大工程。其中Sentinel-2系列包括Sentinel-2A与Sentinel-2B两颗光学遥感卫星。Sentinel-2系列卫星都具有10 m、20 m、60 m三个不同尺度的空间分辨率数据波段，涵盖可见光、近红外和短波红外范围的13个光谱波段[12-14]，该卫星为开展植被环境生物监测特定设计了3个"红边"波段，其数据在生态环境灾害等方面的应用前景得到增强（见图1和表1）。

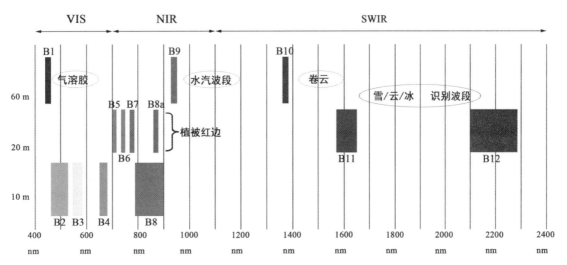

图1　Sentinel-2系列光学遥感数据波段分布（Sentinel-2A和Sentinel-2B相同）

表1　Sentinel-2系列卫星数据参数

波段号	波段名	波长范围（μm）	中心波长（μm）	空间分辨率（m）	波段宽度（μm）	辐射分辨率	时间分辨率	幅宽
1	深蓝	0.430～0.457	0.443	60	0.027			
2	蓝	0.440～0.538	0.490	10	0.098			
3	绿	0.537～0.582	0.560	10	0.045			
4	红	0.646～0.684	0.665	10	0.038	12 bit	10 天①	290 km
5	红边1	0.694～0.713	0.705	20	0.019			
6	红边2	0.731～0.749	0.740	20	0.018			

波段号	波段名	波长范围（μm）	中心波长（μm）	空间分辨率（m）	波段宽度（μm）	辐射分辨率	时间分辨率	幅宽
7	红边 3	0.769～0.797	0.783	20	0.066			
8	近红外	0.760～0.908	0.842	10	0.148			
8a	窄近红外	0.848～0.881	0.865	20	0.033			
9	水汽波段	0.932～0.958	0.945	60	0.026	12 bit	10 天①	290 km
10	卷云	1.337～1.412	1.375	60	0.075			
11	短波红外 1	1.539～1.682	1.610	20	0.143			
12	短波红外 2	2.078～2.320	2.190	20	0.242			

① 注：Sentinel-2B 卫星提供数据共享以后，Sentinel-2 系列双卫星的时间分辨率可提升为 5 天。

2.2 研究区概况

研究区位于江苏省南部、太湖西岸的宜兴市，该市面积约 2 000 km²，人口约为 125 万。宜兴市是中国经济实力最强的县级市之一，连续多年被评为福布斯中国大陆最佳县级市，在经济、文化、商贸、会展、服务业和城市建设等领域一直处于中国县级市的前列。宜兴市地形南高北低，平均海拔约为 32 m，地势总体比较低，由于其显著的地形及区位特点（见图 2），该市经常遭受洪涝灾害的侵扰，特别是在 2016 年 7 月 2 日，宜兴遭受 17 年以来最大程度的洪涝灾害。因此，利用遥感对地观测技术手段去评估分析洪涝灾害的影响状况就显得尤其重要。

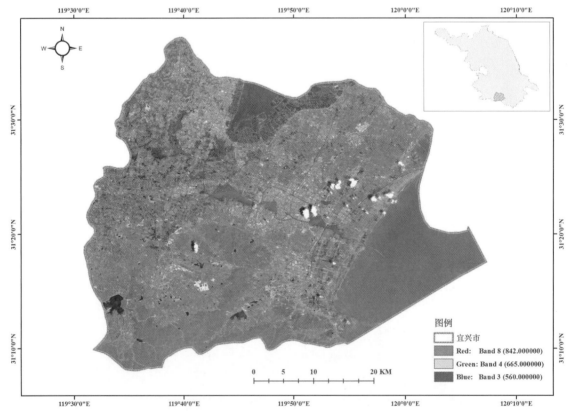

图 2　研究区 Sentinel-2A 标准假彩色合成分布图（10m 空间分辨率，2016 年 7 月 23 日）

3 数据处理及信息提取

3.1 Sentinel-2A 数据处理

目前欧空局免费发布的 Sentinel-2A 数据每隔 10 天将定期更新获取到最新数据资源，因此，研究采用 Sentinel-2A 卫星遥感数据进行分析[15]。由于 L1C 级别数据虽然经过了系统正射校正、大气表观反射率处理等操作，但在光谱特征、地形变换等方面仍然具有一定的缺陷。因此，在实际应用过程中，需要将 L1C 级别数据转成 L2A 级别数据。通过下载研究区 2 个不同时期的 L1C 级 Sentinel-2A 产品数据，结合欧空局提供的开源 Sen2Cor 数据处理模型，该模型能将 L1C 级别数据转换成 L2A 级别数据[16]。L2A 级数据不仅剔除 Band 1、Band 9 和 Band 10 对地物监测特征的影响，能生成气溶胶光学厚度、水汽分布和场景分类三种专题图辅助信息，还通过大气下垫面反射率校正处理，对 L1C 级数据进行大气下垫面精校正，为实现地面生物物理量定量反演提供参数指标。

通过处理好的 L2A 级别数据，可利用欧空局提供的开源 SNAP 软件（The Sentinel Application Platform）Sentinel-2 Toolbox 工具箱中生物物理量处理（Biophysical Processor）模块生成研究区内的叶面积指数（Leaf Area Index，LAI）、光合有效辐射吸收率（Fraction of Absorbed Photosynthetically Active Radiation，FAPAR）、叶绿素含量（Chlorophyll content in the leaf，LAI_CAB）、冠层含水量（Canopy Water Content，LAI_CW）和植被覆盖度（Fraction of Vegetation Cover，FCOVER）5 类植被生物物理量指标[17]。其 Sentinel-2A 数据处理流程如图 3 所示，从 L0 级别至 L1C 级别数据处理由欧空局数据分发中心完成。

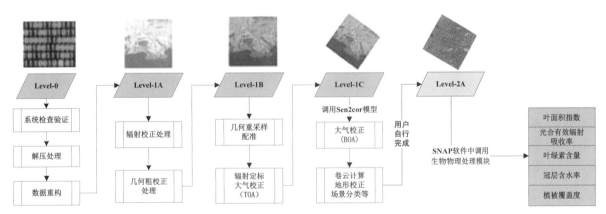

图 3 Sentinel-2A 数据产品格式处理流程图（据欧空局，修改）

3.2 生物物理量指标提取

SNAP 软件中的 Sentinel-2 Toolbox 工具箱，集成了大量可视化、可分析、可处理且非常成熟的模型与反演方法，包括神经网络、查找表（LUT）、PROSPECT+SAIL 辐射传输模型等定量反演方法。在计算生物物理量过程中，首先利用 PROSPECT+SAIL 辐射传输模型，结合研究区植被冠层特性进行数据训练，再利用神经网络元分析计算每个栅格像素的冠层特征，该神经网络模型的构建由 Band 3、Band 4、Band 5、Band 6、Band 7、Band 8a、Band 11、Band 12、天顶角余弦值、太阳高度角余弦值与相对方位角余弦值 11 个显式图层参数因子和 5 个具有正切 S 型曲线（Sigmoid）传递函数的隐式神经元参数因子组成[18]，最终在计算机模拟情况下生成叶面积指数、光合有效辐射吸收率、叶绿素含量、冠层含水量和植被覆盖度 5 个植被生物物理量指标参数信息。基于此方法，分别获取研究区内 2016 年 5 月 4 日和 2016 年 7 月 23 日两个不同时期的 5 类生物物理量数据，如图 4 所示。

（a）叶面积指数（Leaf Area Index，LAI）

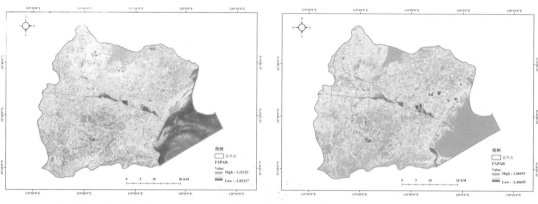

（b）光合有效辐射吸收率（Fraction of Absorbed Photosynthetically Active Radiation，FAPAR）

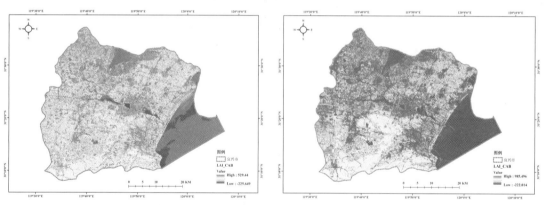

（c）叶绿素含量（Chlorophyll content in the leaf，LAI_CAB）

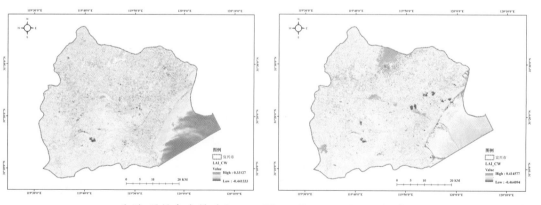

（d）冠层含水量（Canopy Water Content，LAI_CW）

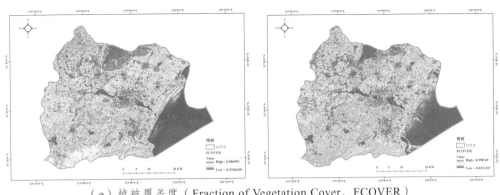

（e）植被覆盖度（Fraction of Vegetation Cover，FCOVER）

（1）2016 年 5 月 14 日　　　　　　　　　　　　　（2）2016 年 7 月 23 日

图 4　洪水前后两个时期研究区生物物理量信息分布图

4　洪水前后对比分析

将提取出洪水前后研究区内 5 个生物物理量指标分别导入到 ENVI 软件中，利用图像特征统计功能，求取出宜兴市洪水前后五个生物物理量指标的最小值、最大值、均值和标准差（见表 2）。从统计分析结果可以得出：① 研究区整体范围内除冠层含水率指标下降外，其余 4 个生物物理量指标均值都处于增长趋势，这说明宜兴市地处江南水乡虽然遭受洪水灾害侵袭，但随着季节的推移，整体生物量依然处于增长状态。② 通过对各指标标准差前后变化分析，研究区生物量变化波动最大的指标是叶绿素含量，波动变化最小的指标是光合有效辐射吸收率，其顺序依次是叶绿素含量 > 叶面积指数 > 植被覆盖度 > 冠层含水率 > 光合有效辐射吸收率，说明生物的叶绿素含量对外界环境变化比较敏感，主要表现为局部区域的植被特征变化较显著，而季节性洪水灾害对于整体植被成长状态响应不明显，也说明该洪水灾害并未造成大面积的农作物产量减产。

表 2　研究区各生物量指标洪水前后图像特征统计

图像特征	均值（Mean）			标准差（Stdev）		
	灾前	灾后	变化量	灾前	灾后	变化量
叶面积指数	0.894	1.115	0.221	0.791	0.927	0.136
光合有效辐射吸收率	0.294	0.337	0.043	0.279	0.279	0
叶绿素含量	40.187	55.820	15.633	39.290	56.186	16.896
冠层含水率	0.032	0.030	− 0.002	0.021	0.023	0.002
植被覆盖度	0.326	0.358	0.032	0.247	0.265	0.018

从图 4 中洪水前后生物物理量指标的空间区位分析，可明显得出，洪水过后的宜兴市北部植被叶面积指数、光合有效辐射吸收率、叶绿素含量 3 个指标下降比较显著，可反映出城市北部地区植被状态受洪水灾害影响较大；而宜兴市南部植被指标变化不显著，主要是由于地形对洪水灾害的承载力有效缓解植被的变化。

5　结　论

利用 Sentinel-2A 卫星数据独特的红光边缘波段和光谱特性，对其进行卫星参数和产品类型分析，在 SNAP 软件支撑下分别提取江苏省宜兴市洪水前后 5 个生物物理量指标，通过对研究区叶面积指数、光合有效辐射吸收率、叶绿素含量、冠层含水率和植被覆盖度生物物理量参数的对比分析，得出研究区虽然遭受洪水灾害侵袭，但随着季节的推移，整体生物量依然处于增长状态。研究中涉及五种生物量指标，叶绿素含量指标对外界环境变化比较敏感，而季节性洪水灾害对于整体植被成长状态响应不明显，也说明该洪水灾害并未造成大面积的农作物产量减产。通过对区位特征分析，发现研究区南部广大村镇作物生物量变化不显著，受灾情况较轻，而北部城市区域作物生物量变化较为显著，受灾情况较为严重，也体现出城市内涝所带来的后期问题。

参考文献

[1] SUHET. Sentinel-2 User Handbook[M]. European Space Agency，2013，1.

[2] M. Drusch，U. Del Bello，S. Carlier, et al. Sentinel-2：ESA's Optical High-Resolution Mission for GMES Operational Services[J]. Remote Sensing of Environment，2012，120：25-36.

[3] Valérie C.E. Laurent，Michael E. Schaepman，Wout Verhoef, et al. Bayesian object-based estimation of LAI and chlorophyll from a simulated Sentinel-2 top-of-atmosphere radiance image[J]，Remote Sensing of Environment，2014，140：318-324.

[4] Jochem Verrelst，Juan Pablo Rivera，José Moreno, et al. Gaussian processes uncertainty estimates in experimental Sentinel-2 LAI and leaf chlorophyll content retrieval[J]，ISPRS Journal of Photogrammetry and Remote Sensing，2013，86：157-167.

[5] F.D. van der Meer，H.M.A. van derWerff，F.J.A. van Ruitenbeek. Potential of ESA's Sentinel-2 for geological applications[J]. Remote Sensing of Environment，2014，148：124-133.

[6] J.G.P.W. Cleversa，A.A. Gitelson. Remote estimation of crop and grass chlorophyll and nitrogen content using red-edge bands on Sentinel-2 and -3[J]. International Journal of Applied Earth Observation and Geoinformation，2013，23：344-351.

[7] Jochem Verrelst，Juan Pablo Rivera，Frank Veroustraete, et al. Experimental Sentinel-2 LAI estimation using parametric，non-parametric and physical retrieval methods-A comparison[J]，ISPRS Journal of Photogrammetry and Remote Sensing，2015，108：260-272.

[8] 郑阳,吴炳方,张淼.Sentinel-2数据的冬小麦地上干生物量估算及评价[J].遥感学报,2017,21（2）：318-328.

[9] 丛沛桐,于慧敏,韦未,等.港江滞洪区森林植被覆盖率与防洪减灾的耦合关系[J].东北林业大学学报,2011,39（6）：104-111.

[10] 徐鹏,顾晓鹤,孟鲁闽,等.洪涝胁迫的水稻叶面积指数变化及其光谱响应研究[J].光谱学与光谱分析,2013,33（12）：3298-3302.

[11] 赵林祥.暴雨洪水灾害与森林植被的关系[J].水土保持通报,1982,13（3）：45-50.

[12] 岳桢干.欧洲Sentinel-2A卫星即将大显身手——"哥白尼"对地观测计划简介（上）[J].红外,2015,36（8）：34-48.

[13] 岳桢干.欧洲Sentinel-2A卫星即将大显身手——"哥白尼"对地观测计划简介（中）[J].红外,2015,36（9）：35-44.

[14] 岳桢干.欧洲Sentinel-2A卫星即将大显身手——"哥白尼"对地观测计划简介（下）[J].红外,2015,36（10）：35-44.

[15] Jérôme Louis.Sentinel 2 MSI-Level 2A Product Definition[M].European Space Agency,2016.4.

[16] Jérôme Louis. Sentinel 2 MSI-Level 2A Product Format Specifications Technical Note[M]. European Space Agency，2016.4.

[17] Uwe Müller-Wilm（Telespazio-VEGA Deutschland GmbH）.SEN2COR2.2.1 - Software Release Note[M].European Space Agency，2016，02，05.

[18] Marie Weiss，Fred Baret. Sentinel 2 Toolbox Level 2 products：LAI，FAPAR，FCOVER [M]（Version 1.1），2016，2.

高效高精度全水动力模型在洪水演进中的应用研究

李桂伊，侯精明，李国栋，王润，韩浩

（西安理工大学水利水电学院，西安市金花南路 5 号，710048）

【摘　要】 针对高精度洪水演进数值模拟中出现的计算精度不高、稳定性差、计算效率低下等问题，本文提出一套基于 GPU 加速的地表水动力数值模型（GAST）。通过与应用广泛的 MIKE21 FM 模型对比，研究英国小镇莫帕斯百年一遇洪水在城区演进情况。对比相同输入条件下的 MIKE21 FM 模型，GAST 模型 4 个典型区域淹没面积平均百分误差由 10.39% 减小到 2.28%，计算精度提升 3.77～9.56 倍；GAST 模型提升计算效率 3.60～11.77 倍，且计算稳定性良好，应用前景广阔。

【关键词】 水动力学模型；数值模拟；GPU 加速计算；洪水演进；计算效率；

1　前　言

高精度洪水的演进和淹没过程的模拟计算对精准有效的防灾减灾工作是十分必要的。目前国际上的研究趋势是采用全水动力方法在高分辨率地形上进行模拟计算。但高分辨率地形的复杂性导致地表水动力过程的复杂性[1]，在计算中会导致异常水深和伪高流速等非物理现象，造成计算失稳和物质动量的不守恒[2]。目前最常用的模拟二维洪水演进和淹没的水动力学模型基本上为商业模型，如丹麦水利研究院（DHI）开发的 MIKE21 FM 模型[3]，广泛应用于复杂河网及蓄滞洪区联合应用的洪水模拟。郭凤清[4]等使用 MIKE21 FM 模型模拟澨江蓄洪区的洪水演进过程。吴天娇[5]使用 Mike11 耦合分布式水文模型对三峡库区的洪水演进进行模拟。但现有的模拟算法在计算稳定性方面仍存不足，直接影响了计算精度。此外，采用高分辨率地形模拟，时间步长短和网格单元多会导致计算效率大为降低。

为解决上述问题，本文提出基于 GPU 加速技术的二维浅水模型 GAST（GPU Accelerated Surface Water Flow and Associated Transport）[6][7]，模型由西安理工大学与英国纽卡斯尔大学联合开发。模型通过 Godunov 格式的有限体积法求解二维圣维南方程组，采用具有高性能和低成本优势的 GPU（Graphic Processing Unit）并行计算技术加速计算[12][13]。本文应用 GAST 模型模拟英国莫珀斯（Morpeth）城区洪水演进过程，对比相同输入条件下 MIKE21 FM 模型，量化分析两模型的计算效率及计算准确度。研究表明，GAST 模型计算效率更优，且具有更好的计算精度及稳定性，是进行高精度洪水演进数值模拟的有效工具。

2　数学模型及其求解方法

2.1　控制方程

GAST 模型控制方程为服从静水压力分布假设的二维浅水方程（SWEs），不考虑运动黏性项、紊流黏性项、风应力和科氏力，二维非线性浅水方程守恒格式的矢量形式[2]表示如下：

基金项目：国家自然科学基金资助项目（51579206）；国家自然科学基金（19672016）。

$$\frac{\partial q}{\partial t}+\frac{\partial f}{\partial x}+\frac{\partial g}{\partial y}=S \tag{1}$$

$$q=\begin{bmatrix} h \\ q_x \\ q_y \end{bmatrix},\ f=\begin{bmatrix} uh \\ uq_x \\ uq_y \end{bmatrix},\ g=\begin{bmatrix} vh \\ vq_x \\ vq_y \end{bmatrix}$$

$$S=S_b+S_f=\begin{bmatrix} 0 \\ -gh\partial z_b/\partial x \\ -gh\partial z_b/\partial y \end{bmatrix}+\begin{bmatrix} 0 \\ -C_f u\sqrt{u^2+v^2} \\ -C_f v\sqrt{u^2+v^2} \end{bmatrix} \tag{2}$$

式中，x、y、t 分别为笛卡尔空间坐标、时间坐标；q 为变量矢量，包括水深 h 两个方向上的单宽流量 q_x 和 q_y；u、v 分别表示 x、y 方向上的流速；f 和 g 分别为 x、y 方向上的通量矢量；S 为源项矢量，包括摩阻力源项 S_b 和底坡源项 S_f；z_b 为河床底面高程；谢才系数 $C_f=gn^2/h^{1/3}$，其中 n 为曼宁系数。

Mike21 FM 水动力模块为 MIKE21 FM 模型最核心的基础模块，原理同样基于二维浅水方程[3]。

2.2 数值方法

GAST 模型应用动力波方法来进行洪水演进过程的模拟计算。计算区域采用 Godunov 格式有限体积法进行空间离散。为了处理急变流和非连续问题，计算单元界面上的质量通量和动量通量通过 HLLC 近似黎曼求解器计算。模型通过静水重构法来修正干湿边界处负水深，将干湿网格单元的判别定为 0.000 05 m[8][9]，采用流速作为计算变量来替代单宽流量，将容易失稳的二阶格式在水深低于或流速高于一定值时切换为稳定的一阶计算格式[10][11]，保证干湿边界处的全稳条件。为解决复杂地形引起的动量不守恒问题，根据水深变化使用模型作者提出的底坡通量法处理，即将一个计算单元中的坡面源项转换为位于该单元边界上的通量，保证在复杂地形上达到全稳条件[12]。摩阻源项使用 Liang 和 Marche[15]改进的分裂点隐式法提高计算稳定性。采用二阶显式 RungeKutta 方法来保证时间积分的二阶精度[16]。从而构造具有二阶时空精度的 MUSCL 型格式，有效解决复杂地形干湿界面处计算失稳和物质动量不守恒的问题。

MIKE21 FM 模型计算区域的空间离散用有限体积法，空间求解有一阶求解和二阶求解。本文模型使用的二阶方法中，空间准确度通过使用线性梯度重构来获得，平均梯度使用由 Jawahar 和 Kamath 于 2000 年提出来的方法估计，为了避免数值振荡，模型使用一维守恒高阶格式经常使用 TVD 限制器[3]。时间积分有低阶方法和高阶方法，高阶方法使用二阶的 RungeKutaa 方法，本文应用高阶方法。干湿动边界的处理采用定义干湿网格阈值的方法在计算中进行考虑。模型数值方法对比见表 1。

表 1 模型数值方法对比

模型名称	离散方法	通量格式	干湿边界	底坡源项
GAST 模型	有限体积法（FVM）	HLLC 格式近似黎曼求解器[13]	静水重构法[8]的基础上，干湿网格判别条件为 0.000 05 m，且引入精度格式自适应方法	底坡通量法[5]（Slope Fux Method）
MIKE21 FM 模型	有限体积法（FVM）	Roe 格式近似黎曼求解器[6]	赵棣华等（1994）和 Sle-igh 等（1998）的干湿动边界法[6]	二阶 TVD 底坡限制器[6]（second order TVD slop-e limiter）

为解决高分辨率模型的计算量过大的问题,许多学者采用了高性能计算技术如 CPU 并行技术包括 Message Passing Interface(MPI)和 Open Multi Processing(Open-MP)来实现多核并行计算。但 CPU 并行计算技术对硬件要求较高,实现成本较大。近年来,GPU 并行计算技术的发展速度远超 CPU[20],因其高性能和低成本的优势(同价格 GPU 较 CPU 能提速 10 倍以上),越来越多的学者开始使用该技术来加速动力波模型。但将先进的 GPU 加速技术用于大范围高分辨率的洪水演进的全水动力法的研究在我国仍未见报道。GAST 模型采用 CUDA 语言编程来实现 GPU 并行计算技术,大幅度提升了高分辨率模型的计算效率。

3 模型构建

3.1 研究区概况

研究区域位于英国英格兰东北部诺森伯兰郡的小镇莫珀斯(Morpeth),城区河道蜿蜒,是洪水多发地带,历史上多次洪水泛滥。2008 年 9 月 4 日到 6 日,英格兰东北部遭受百年一遇的强降雨袭击,9 月强降雨后,河流水位迅速升高,在距莫帕斯城区上游 2.2 km 的米特福德水文站(Midford flow station)测到最高 357 m^3/s 的流量,河流洪水漫溢导致莫帕斯城区遭受百年一遇的洪水威胁[18]。本文研究 2008 年 9 月洪水演进对莫珀斯城区的淹没过程。研究区域区位图如图 1 所示。

3.2 模型设置

模型的输入资料分为入流资料、地形资料等。上游边界设定河流入口断面 110 m 宽的入流边界,下游边界为自由出流的开边界,其余边界定义为闭边界。研究区域选择莫珀斯中心城区 1.35 平方千米的区域,为 2008 年 9 月洪水主要淹没区域,地形资料采用当地环保部门提供的 2 m 精度的 DEM 数据。研究区域数字地形高程如图 2 所示。

图 1　研究区域区位图

图 2　研究区数字地形高程

莫珀斯所在的旺斯贝克流域流域面积 31 km^2,其上游集水面积 287.3 km^2。米特福德水文站位于旺斯贝克流域中下游,集水面积 282.03 km^2,与莫帕斯集水面积相差 1.8%,基本可以概化莫珀斯城区的洪水过程[19]。因此流量资料采用米特福德水文站 2008 年 9 月 5 日 16:00 点到 9 月 6 日下午 18:00 点的实测流量数据,共 50 个小时,统计间隔为 15 分钟,具体如图 3 所示。

给定 2.32 m^3/s 的恒定流作为河流初始流量至流态稳定。

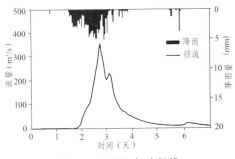

图 3　入流洪水过程线

根据当地实际选取研究区域的曼宁系数为 0.02,克朗数为 0.5,每隔 1 h 输出一次结果文件。MIKE21 FM 模型在地形、网格数、边界条件、曼宁糙率、模拟时间步长等设置与 GAST 模型基本相同。不同的是由于 MIKE21 FM 模型在干湿水深阈值设定为较小值时,计算中可能在水深接近湿水深的网格点上出现异常大流速,导致计算失稳[3],在本区域计算时多次出现干湿边界处异常水深引起的计算发散。因此本次计算最终按照软件默认值,干水深为 0.005 m,淹没水深 0.05 m,湿水深 0.1 m。依照干湿网格阈值将网格分为干网格、半干网格和湿网格。干网格被冻结不参与计算,半干网格上的动量通量置为 0,只考虑质量通量,湿网格的动量通量和质量通量在计算中都考虑[3]。

4 模拟结果对比及讨论

4.1 城区淹没分析

2008 年洪水过后,当地环保部门组织洪水测量调查得到 2 000 多个关于水深的点位数据,通过反距离插值得到反映洪水最大淹没范围的城区实测淹没图[15](下午 5 点),如图 4 所示。

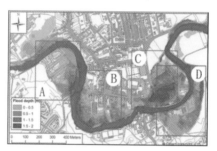

图 4　下午 5 点城区最大淹没范围

本文选取四个包含干湿边界的主要淹没区域 A、B、C、D,范围如图 4 所示,对两模型计算 5 m 精度网格结果与实测结果进行对比分析。区域 A 的实测、MIKE21 FM 模型、GAST 模型结果对应图 5(a);区域 B 的实测、MIKE21 FM 模型、GAST 模型结果对应图 5(b);区域 C 的实测、MIKE21 FM 模型、GAST 模型结果对应图 5 的(c);区域 D 的实测、MIKE21 FM 模型、GAST 模型结果对应图 5(d)。

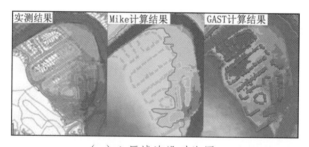

(a)A 区域淹没对比图

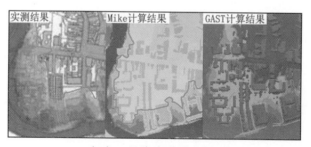

(b)B 区域淹没对比图

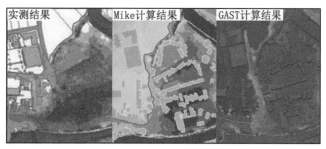

（c）C区域淹没对比图

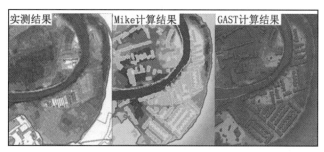

（d）D区域淹没对比图

图5 复杂边界区域的最大淹没范围

对比图5（a），可以看到在A区域的建筑物密集区MIKE21 FM模型计算结果淹没范围偏小，GAST模型在A区域计算的淹没范围、水深分布均与实际吻合良好。对比图5（b），MIKE21 FM模型在B区域左下侧的建筑物密集区域淹没范围偏小，未能显示建筑物之间的水流，GAST计算结果在B区域复杂建筑区适应性良好，但均与实测水深存在一定差异。对比图5（c），表明在C区域两模型计算淹没范围均与实际测量吻合较好，GAST结果对边缘处复杂水流描述更好。对比图5（d）可以看到，在D区域MIKE21 FM模型计算结果淹没范围偏小，GAST计算结果淹没范围、水深分布均与实际吻合良好。

在A、B、D三个区域，由于建筑物密集，水流流态复杂，MIKE21 FM模型计算淹没范围均较实际测量偏小。而在C区域，地形开阔，MIKE21 FM模型计算淹没范围精度明显提高，与实际吻合良好。分析认为，由于建筑物密集，地形复杂，导致较多薄层水流，而MIKE21 FM模型的干湿网格阈值较大，在0.1 m之下的网格不考虑动量方程，限制了计算精度。GAST计算淹没范围在四个区域与实际吻合良好，表明模型高精度稳健算法对复杂地形边界复杂流态出色的适应能力，有效保证了计算精度。

为了定量分析选取的四个主要复杂边界区域淹没情况，本文对四个区域的淹没面积进行了统计，如表2所示。MIKE21 FM模型计算的淹没面积百分比与实测的百分误差分别为14.44%、18.82%、1.73%、6.15%，GAST模型计算的淹没面积百分比与实测的百分误差分别为1.51%、4.36%、1.62%、1.63%。针对莫帕斯城区的洪水淹没表明，GAST模型在计算精度上整体上优于MIKE21 FM模型，计算淹没面积平均百分误差由9.03%减小到1.96%。

表2 复杂边界区域最大淹没面积对比情况

区域	总面积（m²）	实测淹没面积（m²）	MIKE计算淹没情况		GAST计算淹没情况	
			面积（m²）	百分误差（%）	面积（m²）	百分误差（%）
A	144 534	78 914	67 519	14.44	80 106	1.51
B	119 713	56 377	45 767	18.82	58 271	4.36
C	144 523	77 139	75 804	1.73	75 889	1.62
D	176 330	113 585	106 600	6.15	111 734	1.63

4.2 计算效率分析

本次计算采用标准台式微机，处理器型号为 Intel（R）Core（TM）i7-4770，搭载 NVDIA GeForce GTX 1080 型显卡，模拟区域面积 1.35 km^2，模拟时间为 65 h。表 3 给出了 GAST 模型和 MIKE21 FM 模型的计算效率情况。MIKE21 FM 模型采用混合 OpenMP + MPI 内存共享技术进行 4 核 CPU 的并行计算，GAST 模型采用 GPU 加速技术并行计算。较 MIKE21 FM 模型，5 m 精度的网格，GAST 模型计算效率提升 3.6 倍；2 m 精度的网格，GAST 模型计算时间由 106 h 降低至 9 h，提升计算效率 11.78 倍。

表 3 模型效率对比情况

模型	网格尺寸（m）	网格数目（个）	计算引擎	模拟时间（h）	计算用时（h）	效率提升
MIKE21 FM 模型	5×5	52 200	CPU（4 核）	65	7.82	—
	2×2	326 250	CPU（4 核）	65	106.00	—
GAST 模型	5×5	52 200	GPU	65	2.17	3.60
	2×2	326 250	GPU	65	9.00	11.78

4.3 计算稳定性分析

高精度的 DEM 数据能够反映出较为微观的地表特性，必然会导致更为复杂的地表形态[1]。道路、排水沟渠等各种建筑物以及变化的自然地形均会导致水流的加速、减速、分流和汇集等复杂流态。复杂流态通常涉及大梯度甚至非连续问题，故很难实现精确而稳定的模拟。在计算中会出现计算失稳和物质动量的不守恒[12]。由于研究区域地形的复杂性，MIKE21 FM 模型调试过程中，多次在建筑物密集的复杂边界处或河道堤防处出现水深异常导致计算发散。本算例为提高模型稳定性而一定程度上损失了部分精度。GAST 模型通过静水重构处理干湿边界，采用底坡通量法处理底坡源项[12]，有效解决复杂地形干湿界面处的负水深和伪高流速等非物理现象所造成的计算失稳和物质动量的不守恒。GAST 模型计算稳定良好，未出现异常发散，在算法稳定性上较 MIKE21 FM 模型具有一定优势。

5 结 论

本文提出一套基于二维全水动力方程的地表水动力模型 GAST，模型方法为 Godunov 类型的有限体积法，构造一套具有二阶时空精度的稳健算法，提高了模拟的精度和计算稳定性，对高精度洪水演进数值模拟出现的伪高流速、计算失稳等问题具有良好的适应性。同时采用 GPU 加速技术并行计算，大大提高了模拟计算效率。对比使用 GAST 模型和 MIKE21 FM 模型，研究英国莫帕斯小镇百年一遇洪水在城区的演进情况，可得结论如下：

（1）较 MIKE21 FM 模型，GAST 模型能更好地适应复杂地形边界处的复杂水流流态，淹没面积平均百分误差由 10.39% 减小到 2.28%，计算精度提升 3.77 ~ 9.56 倍。

（2）GAST 模型较 MIKE21 FM 模型模拟效率提升 3.60 ~ 11.7 倍，计算效率优势明显。

（3）由于研究区域地形的复杂性，MIKE21 FM 模型调试过程中，多次在建筑物密集的复杂边界处出现水深异常导致计算发散，GAST 模型在算法稳定性上较 MIKE21 FM 模型具有一定优势。

鉴于 GAST 模型在洪水演进模拟中具有高效高分辨率的特点，后续将进一步应用 GAST 模型对陕西省渭河下游洪涝灾害进行研究，并考虑河滨植物对行洪能力的影响，以期对高风险洪泛区实现快速精准的洪涝预报。

参考文献

[1] Hapuarachchi H A P，Wang Q J，Pagano T C. A review of advances in flash flood forecasting[J]. Hydrological Processes，2011，25（18）：2771-2784.

[2] Hou J，Liang Q，Simons F，et al. A stable 2D unstructured shallow flow model for simulations of wetting and drying over rough terrains[J]. Computers & Fluids，2013，82（17）：132 147.

[3] 衣秀勇. DHI MIKE FLOOD 洪水模拟技术应用与研究[M]. 北京：中国水利水电出版社，2014.

[4] 郭凤清，屈寒飞，曾辉，等. 基于 MIKE21 FM 模型的蓄洪区洪水演进数值模拟[J]. 水电能源科学，2013（5）：34-37.

[5] 吴天蛟，杨汉波，李哲，等. 基于 MIKE11 的三峡库区洪水演进模拟[J]. 水力发电学报，2014，33（2）：51-57.

[6] Hou J，Liang Q，Zhang H，et al. An efficient unstructured MUSCL scheme for solving the 2D shallow water equations[J]. Environmental Modelling & Software，2015，66：131-152.

[7] Hou J，Özgen I. A model for overland flow and associated processes within the Hydroinformatics Modelling System[J]. Journal of Hydroinformatics，2014，16（2）：375-391.

[8] Benkhaldoun F，Elmahi I，Seaïd M. A new finite volume method for flux-gradient and source-term balancing in shallow water equations[J]. Computer Methods in Applied Mechanics & Engineering，2010，199（49 52）：3324-3335.

[9] Hou J，Liang Q，Simons F，et al. A 2D well-balanced shallow flow model for unstructured grids with novel slope source term treatment[J]. Advances in Water Resources，2013，52（2）：107-131.

[10] Liang Q，Smith L S. A High-Performance Integrated hydrodynamic Modelling System for urban flood simulations[J]. Journal of Hydroinformatics，2015，17（4）：518.

[11] Smith L S，Liang Q. Towards a generalised GPU/CPU shallow-flow modelling tool[J]. Computers & Fluids，2013，88（12）：334-343.

[12] Liang Q，Marche F. Numerical resolution of well-balanced shallow water equations with complex source terms[J]. Advances in Water Resources，2009，32（6）：873-884.

[13] Hubbard M E. Multidimensional Slope Limiters for MUSCL-Type Finite Volume Schemes on Unstructured Grids[J]. Journal of Computational Physics，1999，155（1）：54-74.

[14] 柏禄海，金生. 带有干湿界面的 MUSCL 型有限体积法[J]. 水动力学研究与进展，2008，23（6）：47-53.

[15] Hongbin Zhang. Urban Flood Simulation by Coupling a Hydrodynamic Model with a Hydrological Model [D]. Newcastle University，2015.

[16] QiuhuaLiang，Xilin Xia，JingmingHou. Catchment-scale High-resolution Flash Flood Simulation Using the GPU-based Technology [J]. Procedia Engineering，2016，154：975-981.

[17] 刘强，谢伟，邱辽原，等. 桌面计算机上利用格子 Boltzmann 方法的 GPU 计算[J]，2014，48（9）：1329-1333.

[18] 尹灵芝，朱军，王金宏，等. GPU-CA 模型下的溃坝洪水演进实时模拟与分析[J]. 武汉大学学报.信息科学版，2015，40（8）：1125-1136.

[19] 赵旭东，梁书秀，孙昭晨，等. 基于 GPU 并行算法的水动力数学模型建立及其效率分析[J]. 大连理工大学学报，2014，54（2）204-209.

[20] 张加乐. 基于 GPU 并行计算的非定常 Euler 方程算法研究[D]. 南京航空航天大学，2012.

金属多孔介质气固分离器结构优化的数值模拟

刘宇星，李国栋，方细波，李星南，杨振东

（西安理工大学水利水电学院，西安市金花南路 5 号，710048）

【摘　要】 我国能源结构以火电为主，据统计，全国火电厂年平均产生 1 500 万吨烟尘，因此发展性能优异、运行稳定的除尘设备势在必行。随着环保标准的提高及金属多孔滤棒制作技术的成熟，利用金属多孔介质过滤器替代袋式除尘器已成为一种趋势。针对原型过滤器气流组织问题，对其提出改变滤棒长度及进气口高度方案，再进行不同情况的数值计算与模拟，从而得出"最佳结构"：滤棒长度 $L = 0.72$ m，进气口高度 $T = 0.288$ m。以最大流量不均幅 ΔK 为例，上述方案中的"最佳结构"分别较"原型"降低 63.27%。

【关键词】 金属多孔介质；过滤；流场均匀性；结构优化；数值模拟

1　前　言

目前，日趋严格的环保标准[1] [2]迫切需要高效低能耗气固分离技术的研究与开发，发达国家如美国、日本一直努力控制尾气含尘排放趋向目视为"零"的浓度，即要求除尘设备出口浓度接近或低于大气中的含尘浓度。我国也愈来愈重视对环境的保护，因此，高效低能耗气固分离技术具有广阔的应用前景[3]。与离心分离法相比，过滤分离法具有运行成本低的特点；与膜分离法相比，过滤分离法具有处理能力大和能耗低的特点[4]。当今采用过滤分离机理的主流气固分离设备主要有布袋式分离器和金属（陶瓷）滤棒式分离器，本文以金属多孔介质滤棒式分离器为研究对象。

目前国内以金属多孔介质材料为核心过滤元件的气固分离器结构设计基本上都是借鉴有着相同过滤机理的已投入运营的设备，不可避免地带有较大局限性，如本文所研究的工程实例——咸阳现役某金属多孔介质滤棒式小型气固分离器（正视图如图 1 所示），滤棒及进出口皆采用经验法布置。

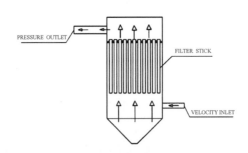

图 1　某金属多孔介质滤棒式小型气固分离器

本文通过对原型过滤器所存在的缺陷进行研究[5]，提出结构优化指标。分析过滤器结构优化方案流场并选出最佳结构，进行不同情况的数值计算与模拟，从而得出"最佳结构"。

2　气固分离器的工作原理及存在问题

2.1　气固分离过滤器的布置及过滤过程

本金属多孔介质气固分离器位于咸阳市郊，主要用来处理某小型燃煤电厂废弃尾气，燃煤电厂废气中污染物主要为粉尘和 SO^2，初始烟气中含尘浓度经测定均值为 16 g/m^3，对过滤后灰斗积灰进行级配分析后取颗粒中位粒径为 20 μm，假设颗粒尺寸符合 rosin-rammler 分布。进口含尘气体温度为 373 ± 10K，计算时设为稳定值 373K。燃煤电厂废气过滤系统由五组过滤器单元集合组成，而一个过滤器单元由四台相同参数的过滤器"并联"而成，即一个单元内四台过滤器单位时间进气量相同，也就意味着一个单元内每台过滤器流场一致，正常运行条件下每过滤单元处理废气流量为 2 400 m^3/h，为减少计算量，本文只取单元内一台过滤器为研究对象。其中滤棒呈"正三角"分布，滤棒群剖面图如图 2 所示。

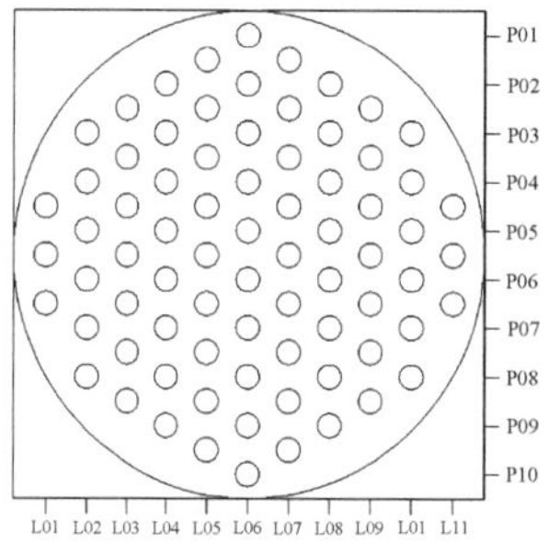

图 2　滤棒群剖面图

该设备还安装有流量监测仪与压差计。其中流量监测仪安装在过滤器进、出口中段，可以实时监测进、出口混合气体流量，一般间隔半小时取一值，计算时段取平均值作为进、出口流量值；压差计安装在过滤器主体外，主要用于实时监测设备滤棒内外压差即设备运行阻力。

高速含尘气流经进气管道射入进气箱，由于突扩作用会在进气箱与灰斗之间形成旋流，随后废气沿着滤棒壁面沿径向向内流入滤棒，绝大部分颗粒污染物被拦截在滤棒表面形成滤饼，从而实现多孔介质的过滤作用。少量较小粒径随着气流进入多孔介质内部空隙通道内，这其中进入空隙内的粉尘中又有极少一部分被气流带出随着气流排出而进入后续工序，这部分颗粒浓度与进口颗粒浓度的比值就是该设备的过滤效率，过滤过程示意图见图 3，气体流入滤棒示意图见图 4。

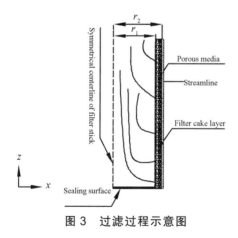

图 3　过滤过程示意图

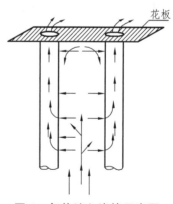

图 4　气体流入滤棒示意图

2.2　存在问题

基于原型过滤器流量分配分析可以发现，原型滤棒间流量分配系数变化较大，滤棒之间的这种流量分配差异性与其自身空间分布有关[6]。而且过滤设备滤棒内外压降是衡量过滤器性能的重要指标之一[7]，直接关系到过滤器的稳定性与过滤性能，但原型过滤器流量出现了滤棒受压不均匀。例如两端滤棒性能、单位面积数量都一样，左端压差大于右端，导致左边缘的三根滤棒处理风量大于右边缘的三根滤棒[5]。

3 优化方案及数值模拟结果

3.1 优化方案：改变滤棒长度及进气口高度

在给出滤棒长度及对应进气口高度布局方案之前，我们先定义几个参数。设定灰斗顶面与花板底面之间为"利用空间"，其高度 $A = 1.2$ m；滤棒长度定义为 L；灰斗顶面与滤棒底面之间为"有效空间"，是含尘气体通过进口通道进入过滤器的第一个空间，此空间无阻碍物，流场发展较为顺利，其高度为 H；进气口高度为 T（注：以上高度全部以灰斗顶面为基准面），根据几何关系我们知道 $L+H = A = 1.2$ m，具体布局见表 1。

表 1 滤棒长度及进气口高度布局

滤棒		进气口高度 T(m)				进气口速度 v(m/s)
占利用空间高度 1/n	滤棒长度 L(m)	0.8*H	0.6*H	0.4*H	0.2*H	占利用空间高度 1/n
1/2	0.6	0.48	0.36	0.24	0.12	33.16
3/5	0.72	0.384	0.288	0.192	0.096	33.16
2/3	0.8	0.32	0.24	0.16	0.08	33.16
4/5	0.96	0.192	0.144	0.096	0.048	33.16

由上表知优化方案中共有 16 种变型结构，其中原型结构 $L = 0.8$ m，$T = 0.2$ m，记作 0.8L0.2T，以下类推。上述变型结构主要是改变了滤棒的过滤面积，为了统一比较，以下所有模型进气口速度都是与原型设备进气口速度一致，如上表 1 所示。下面对这 16 种模型利用 Fluent15.0 进行模拟计算并结合上述优化指标对结果进行分析。

3.2 设备流量分配及气流均匀性

因模型变型结构较多，限于篇幅只列出进气口典型高度（0.6*H）时各滤棒长度下滤棒处理气体流量表，见表 2。

表 2 典型高度过滤器滤棒处理气体流量（$\times 10^{-3}$，kg/s）

排＼列	0.72L0.288T										
	L01	L02	L03	L04	L05	L06	L07	L08	L09	L10	L11
P01	2.43	2.53	2.05	1.97	2.12	2.20	1.97	1.99	1.99	1.98	1.98
P02	2.54	2.35	2.20	1.97	2.00	1.93	1.93	2.00	1.98	1.99	2.07
P03	2.33	2.65	2.13	1.92	1.95	1.97	2.04	1.97	2.05	2.02	1.99
P04		2.56	1.86	2.06	1.91	1.99	2.04	2.05	2.05	2.05	
P05		2.18	2.11	1.88	1.93	2.00	2.05	2.04	2.03	1.98	
P06		2.26	2.06	1.94	1.89	1.99	2.02	2.00	2.01	1.93	
P07			2.21	1.97	1.92	1.97	1.99	2.02	1.96		
P08			2.00	1.95	1.99	1.99	1.98				
P09				2.00	2.07	2.04					
P10					1.54						

排\列	0.96L0.144T										
	L01	L02	L03	L04	L05	L06	L07	L08	L09	L10	L11
P01	3.05	2.28	1.74	1.79	1.97	1.91	1.82	1.85	1.88	2.41	2.19
P02	3.34	2.20	1.79	1.82	1.88	1.82	1.93	1.97	2.08	2.17	2.14
P03	2.35	2.31	2.21	1.96	1.91	1.93	2.01	2.13	2.11	1.84	2.35
P04		2.48	2.22	2.13	2.20	2.06	2.23	2.00	1.91	2.08	
P05		1.96	2.13	2.13	2.19	2.07	1.98	2.07	2.24	2.14	
P06		1.67	1.83	1.95	2.13	2.16	2.14	2.10	2.06	2.20	
P07		1.91	1.90	1.91	2.06	1.95	1.94	1.84			
P08			1.74	1.82	1.95	1.96	1.86				
P09				1.82	1.94	1.94					
P10						1.21					

计算得到方案中各变型结构设备 16 根滤棒的平均处理气体流量 Q，如表 3 所示。

表 3 方案中滤棒平均处理气体流量（$\times 10^{-3}$，kg/s）

	0.6L0.48T	0.6L0.36T	0.6L0.24T	0.6L0.12T
Q	2.04			
	0.72L0.384T	0.72L0.288T	0.72L0.192T	0.72L0.096T
Q	2.04	2.05	2.04	
	0.8L0.32T	0.8L0.24T	0.8L0.16T	0.8L0.08T
Q	2.05		2.04	
	0.96L0.192T	0.96L0.144T	0.96L0.096T	0.96L0.048T
Q	2.04			

根据计算得到方案 I 各变型结构中滤棒流量分配系数 $K_{i,j}$ 绘成图 5、图 6。

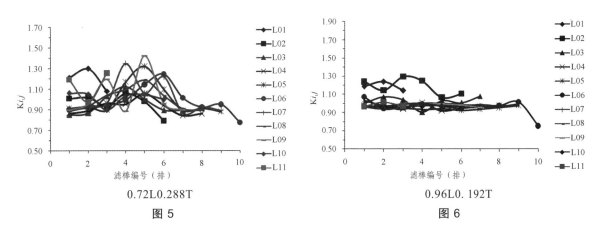

图 5 （0.72L0.288T）　　图 6 （0.96L0.192T）

根据上图可知不同滤棒长度时滤棒处理气量差异性较大，即使是相同滤棒长度不同进气口高度条件下各滤棒处理气量也相差很大。当滤棒长度 $L = 0.72$ m 时各滤棒流量分配系数总体较其他规格均匀，为了更直观体现各变型结构滤棒处理气量均匀性，引入最大流量不均幅值、综合流量不均幅值两种参考参数并结合气流均匀性评价指标综合评价各滤棒处理气体流量，选出以滤棒处理的气体流量均匀性为评价指标的最佳结构，具体参数见表 4。

表 4　方案 I 结构气流均匀性相关参数

	0.6L0.48T	0.6L0.36T	0.6L0.24T	0.6L0.12T
最大流量不均幅值 ΔK	0.75	1.16	1.12	0.72
综合流量不均幅值 K	0.11	0.10	0.10	0.09
气流均匀性 σ	0.13	0.16	0.16	0.12
	0.72L0.384T	0.72L0.288T	0.72L0.192T	0.72L0.096T
最大流量不均幅值 ΔK	0.77	0.54	1.20	0.72
综合流量不均幅值 K	0.11	0.05	0.11	0.08
气流均匀性 σ	0.14	0.08	0.17	0.12
	0.8L0.32T	0.8L0.24T	0.8L0.16T	0.8L0.08T
最大流量不均幅值 ΔK	0.86	1.30	1.31	1.16
综合流量不均幅值 K	0.11	0.12	0.13	0.09
气流均匀性 σ	0.14	0.19	0.22	0.17
	0.96L0.192T	0.96L0.144T	0.96L0.096T	0.96L0.048T
最大流量不均幅值 ΔK	0.65	1.04	0.84	0.97
综合流量不均幅值 K	0.11	0.09	0.07	0.09
气流均匀性 σ	0.14	0.13	0.12	0.15

根据上表可知在滤棒长度 $L = 0.72$ m、进气口高度 $T = 0.288$ m（0.72L0.6H）时，无论是最大流量不均幅值 ΔK、综合流量不均幅值 K，还是气流均匀性指标 σ，均小于其他变型结构模拟计算所得值，为该优化指标下的最佳结构。$L = 0.72$ m、$L = 0.96$ m 气流均匀性指标优于 $L = 0.6$ m、$L = 0.8$ m，即不建议本模型选择后两种长度的滤棒，其中 $L = 0.72$ m、$L = 0.96$ m 两种滤棒随着进气口高度的变化，气流均匀性指标出现交叉式波动，应根据实际长度选择合适的进气口高度。

3.3　设备内部流场和滤棒内外压降

过滤器内部流场十分复杂，需要在流场内部典型位置绘出一系列切片云图来分析其运动与变化规律。方案中变型结构多达 16 种，限于篇幅本文只对设备内部局部关键流场的均匀性做出分析，即滤棒间隙流场，它是直接关系到滤棒过滤效率、积灰速度与厚度、粉尘下沉的关键流场，下面分别绘出方案中各变型结构的速度场与压力场云图（见图 7、图 8）。

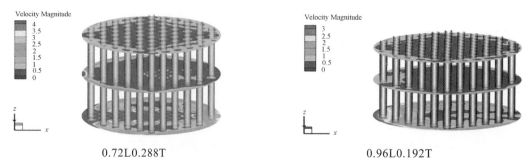

0.72L0.288T　　　　　　　　0.96L0.192T

图 7　方案 I 速度切片云图

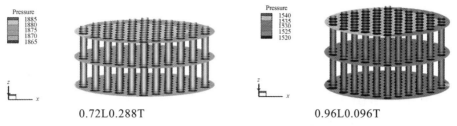

0.72L0.288T　　　　　　　　0.96L0.096T

图 8　方案 I 压力切片云图

从图中可以明显地发现，随着滤棒长度的增加，滤棒间隙流场（速度场和压力场）越不均匀，即速度、压强值分布更加广泛，为保证流场有较好的均匀性，滤棒不宜过长；然而由于滤棒长度的增加导致过滤面积的增大，滤棒间隙压强越来越小，有利于提高设备运行的稳定性。流场均匀性与设备内部压强是一对相互"矛盾"的参数，此消彼长，应根据实际情况选择合适的滤棒长度。在滤棒长度一致时，随着进气口相对高度的降低，滤棒间隙的压强越来越大，但速度场越趋于均匀，因此要综合考虑滤棒长度和进气口相对高度对流场和设备内部压强的影响。

3.4　最佳结构

参考优化指标一，根据前面分析我们知道 0.72L0.6H 结构滤棒流量分配最均匀，0.96L0.8H 结构次之。

参考优化指标二，根据前面小节分析得到 0.72L0.6H 结构流场较 0.96L0.8H 结构均匀。

参考优化指标三，通过前面小节分析知道滤棒过滤压力 0.72L0.6H 结构较 0.96L0.8H 结构高439Pa 左右。

虽然 0.72L0.6H 结构较 0.96L0.8H 结构过滤阻力高 439 Pa，但 0.72L0.6H 结构的前两种优化指标都优于 0.96L0.8H 结构，特别是流量分配系数，且两种结构的过滤阻力都远小于设备正常工作的最大过滤阻力，0.72L0.6H 结构过滤阻力大一点也能保证设备的安全运行。综合考虑三种优化指标，最终选择 0.72L0.6H 结构作为优化方案中的最佳结构。

4　结论与推论

推广到一般性规律：当设备主体边壁为圆柱体、滤棒呈正三角形分布且边长等于两倍滤棒直径，进气口正对边缘滤棒时，滤棒长度宜占利用空间高度的 3/5，其进口高度宜占有效空间高度的 3/5。

例如原型结构 0.8L0.2T 改为 0.72L0.6H，从而最大流量不均幅值ΔK 减少 63.27%；综合流量不均幅值相比减少 61.83%；气流均匀性σ相比减少 63.47 %。

参考文献

[1]　GB13223-2003 火电厂大气污染物排放标准[S].

[2]　GB13223-2011 火电厂大气污染物排放标准[S].

[3]　李炎. 基于 FLUENT 的高炉风口温度场和流场模拟及结构优化[D]. 武汉：武汉科技大学，2015.

[4]　赵碧. 聚结理论的研究及 LGT-50 高性能聚结油水分离机的研制[D]. 沈阳：沈阳理工大学，2007.

[5]　李星南，李国栋，方细波，刘宇星，等. 基于 CFD 的金属多孔介质气固分离器流场数值模拟[C]. 第八届水力学与水利信息学论文集.

[6]　李萌萌. 基于 CFD 对袋式除尘器流场的数值模拟分析[D]. 武汉：武汉科技大学，2010.

[7]　A. Subrenat, J. Bellettre, P. Le Cloirec.3D numerical simulations of flows in a cylindrical pleated filter packed with activated carbon cloth, Chemical Engineering Science, 2003，58，4965-4973.

Analysis for stream flow depletion induced by a well pumping from rivers in some specific conditions

Libingdong, Zhangxinhua

(1. State Key Laboratory of Hydraulics and Mountain River Engineering, Sichuan University, Chengdu 610065, China)

【 Abstract 】 The water-withdrawal assessment and internet-based screening tool was introduced, which is widely used for predicting stream flow depletion in Michigan State, USA. In order to testify its applicability in complex hydrogeology condition, a three-dimensional groundwater model with water budget function was developed for predicting stream flow depletion. The model was verified by using a profile analytical model in a steady state with a linear upper boundary condition. Several concept model samples simulated by the three-dimensional groundwater model presented that some factors, such as river shape and hydraulic conductivities both in horizontal and vertical, will play an important role in predicting stream flow depletion from a pumping well near rivers. However, these factors are ignored and not considered in the water-withdrawal assessment and internet-based screening tool.

【 Keywords 】 stream flow depletion; water withdrawal; well pumping; groundwater

1 Introduction

Currently, more and more industrial and irrigational withdrawals are coming from groundwater through pumping wells. If these pumping wells are near surface water such as streams, rivers, lakes and wetlands, withdrawal water will finally be supplied almost by surface water around wells (Glover & Balmer, 1954). So, for streams with some low flux rate, removing large quantities of water permanently will bring an adverse impact to streams. Actually insufficient left water because of high capacity pumping rate will change, and even destroy stream ecology system around.

Various research works about stream flow depletion have been done recently. The studying approaches have been developed gradually from one-dimensional models to two-dimensional models, even to three-dimensional models. And research objects are from one stream with a well to two streams with a well, and even more streams with more pumping wells.

For one pumping well and one single stream(Reeves, 2009), Stream-flow depletion has been modeled with various analytical and numerical models. Earlier research works on stream flow depletion mainly were focused on the following five aspects: (1)Fully penetrating stream with no streambed resistance; (2)Fully penetrating stream with streambed resistance; (3) Partially penetrating steam with streambed resistance; (4) Partially penetrating stream with drawdown in the aquifer below the streambed; (5) Stream-flow depletion in the presence of other water sources. Most of these works considered some factors such as the distance between a well and a river, the relationship between river and aquifer, the sources including stream, the streambed resistance and the time delay (transient and steady state), which is under the condition of one stream and one well.

For research works about the depletion from more than two streams, there is little paper stated. For two streams only Wilson (1993)provided analysis for a well between two streams with vertical recharge and for an aquifer with both a stream and a barrier boundary. And with regard to more than two streams, the computing strategy for stream flow depletion is based on analytical models of one stream with a well and applying appropriate distribution approach. Nine distribution methods were tested, and each method was computed by means of Python scripts that use geo-processing commands (Barlow, 2003; Zarriello & Bent, 2004; Barbaro & Zarriello, 2007). Among these approaches the inverse distance weighted method is used widely. Actually, the real application for stream depletion is divided into two aspects. One is application of the techniques to field problems, and the other is use of stream-flow depletion models for water-resources management (Reeves, 2009).

2   Ground water withdrawal component

In 2008, to analyze the potential which may have posed an adverse resource impact on the stream, the Michigan legislation developed a water withdrawal assessment process and Internet-based screening tool to evaluate proposed new or increased high capacity water withdrawals in Michigan. The water-withdrawal process identifies withdrawals likely to cause an adverse environmental impact on the waters of the State by assessing whether the withdrawal will affect the ability of a stream to support the characteristic fish population at a site.

This groundwater component of the water withdrawal screening tool selected an analytical model derived by Hunt (1999), which describes stream flow depletion by a pumping well for a partially penetrating stream in an infinite aquifer with streambed resistance between the stream and the aquifer. It is appropriate for Michigan streams, which typically do not fully penetrate the aquifers used for water supply. Hunt (1999) derived the analytical model as

$$Q_s = Q_w \left[erfc \left[\sqrt{\frac{Sd^2}{4Tt}} \right] - \exp \left[\frac{\lambda^2 t}{4ST} + \frac{\lambda d}{2T} \right] erfc \left[\sqrt{\frac{\lambda^2 t}{4ST}} + \sqrt{\frac{Sd^2}{4Tt}} \right] \right] \tag{1}$$

A superposition in time technique is used to account for time-varying pumping in the screening tool. Assuming that only stream flow depletion caused by a new or increased use is of interest, the equation for superposition used to evaluate time-varying pumping may be written as

$$Q_s(t_i) = \sum_{k=1}^{i} \Delta Q_k(t_k) R(\Delta t_k) \tag{2}$$

Ground-water withdrawals are thought to potentially affect valley segments in neighboring catchments. On the basis of the analysis, an inverse distance method was selected for the screening tool. The weighting used for this distribution method may be written as

$$f_i = \left(\frac{1}{d_i}\right) / \left(\sum_{j=1,n} \frac{1}{d_j}\right)$$ (3)

Applying all of the above methods, the screening tool can use minimal input data to calculate areal stream flow for simple geometries and uniform aquifer properties. But, because of some assumption in the proceeding of deducting the solution, it can't solve the problem exactly for some complicate condition such as that the aquifer is un-homogeneous and anti-isotropic and has constant saturated thickness. Also it doesn't consider effect of the river shapes. And these will be demonstrated in the next. For more complicated systems, three-dimensional numerical model ought to be selected to solve these kinds of problems though it requires more extensive site specific data.

3   Interactive Groundwater Model (IGW)

In this paper a three-dimensional numerical model (IGW) with the function of analyzing areal water balance and sub-model was developed which can be used to calculate simultaneously flow depletions more than one stream through pumping well in complicated aquifers. This model has been recently developed and continuously improved by Dr. Li and his research team in the Laboratory of Excellence for Real-time Computing and Multi-scale Modeling (LERCMM), Department of Civil and Environmental Engineering, Michigan State University (Li & Liu 2006). It is a real-time, interactive, and hierarchical environment for unified deterministic, stochastic, and multi-scale groundwater model. Based on a set of new efficient and robust computational algorithms, this software allows simulating complex flow and transport in aquifers subject to both systematic and "randomly" varying stresses and geological and chemical heterogeneity.

This model is based on GIS data in Michigan State. Its hierarchy function through using a series of sub-models can easily transform simulating process from large scale computing region to small scale one (Afshari & Li, 2008). And at the same time it can give details about both groundwater characteristic in large scale area and the affect properties in small region with wells, rivers, wetlands and so on, in small one. More than one river depletions in complicated geological condition caused by well pumping can be given, and also the process of groundwater supplying in details.

Sub-model function from this software is used which introduce a multi-scale hierarchical methods (Li & Liao, 2008). This method is shown in Fig.1. For large area, the parent model can simulate the flowing process of groundwater, and for small features such as wells and rivers in aquifer, the sub-models are used to simulate the flowing characteristic in this small scale region. In the three-dimensional model, down-scaling can transform the data from parent model to sub-model, and up-scaling is responsible for bring sub-model data back to parent model. After a number of iterations between down-scaling and up-scaling, the solutions at the boundaries between the parent and sub-models should converge.

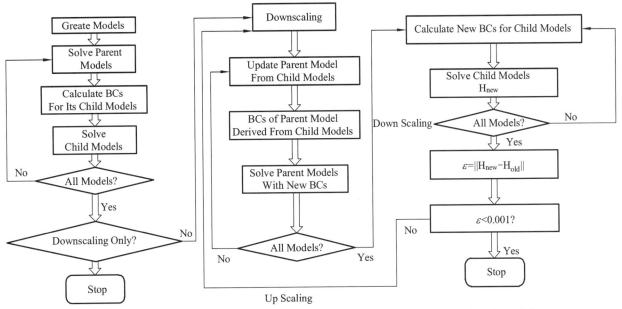

Fig.1 Multi-scale hierarchical modeling method of the three-dimensional model

4 Model Verification

A two-dimensional profile analytical model was applied under the steady flow state to verify the results from the three-dimensional model. Given the same boundary conditions for both, water head were gotten by both of the analytical model and the three-dimensional numerical model. In 1962, Toth presented an analytical solution for a regional groundwater flow system by solving the Laplace equation. This system was described in Fig.2. The left and right boundaries of the aquifer are groundwater divides, represented mathematically as impervious, no-flow boundaries. The lower boundary is also a no-flow boundary because of impermeable basement rock (a physical barrier to flow). The upper boundary of the mathematical model described a linear variation in head (equal to the height of the water table).

The upper boundary is located at $z = z_0$ for x ranging from 0 to s. The distribution of head along this boundary is linear, and the specification of head along the upper boundary makes it a Dirichlet boundary condition (Wang and Anderson, 1982):

$$h(0, z_0) = z_0, x = 0 \tag{7}$$

$$h(x, z_0) = cx + z_0, 0 \leqslant x \leqslant s \tag{8}$$

The other three boundaries are no-flow boundaries: the specification of flow (even zero flow) across these boundaries makes them Neumann boundary conditions. The Laplace equation (shown in fig.3) simulates groundwater flow in a homogeneous, isotropic aquifer if there is no accumulation or loss of water within the system. Toth assumed that the fluctuations of the water table were small for an undeveloped watershed, and that the system could be approximated as steady-state, on an annual basis.

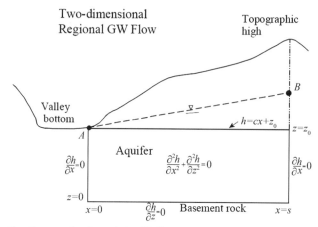

Fig.2   Conceptual model with linear upper boundary condition

For the linear upper condition, $z_0 = 100$ m, $c = 0.02$, $s = 220$ m. The water head contours from the analytical solution and three-dimensional model are given in Fig.3. The water heads from two methods are almost same.

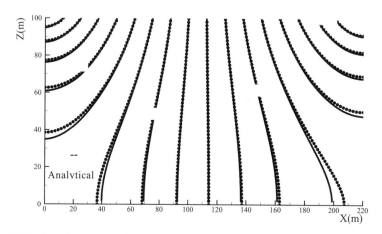

Fig.3   Water head contours from the analytical model and three-dimensional model

5   Some problems in current method of Michigan State

The amount of induced infiltration is a function of many factors, including aquifer transmissivity, aquifer geometry, well pumping rate, the strength of the hydraulic connection between the aquifer and surface water body due to stream penetration and clogging layer, and the presence of other sources of water supplying the well. Though Michigan State developed a screening tool to calculate the stream flow depletion, it mainly considered some of affected factors above. Sometimes other ignored factors may play an important role in calculating stream flow depletion.

Here three samples were presented which could clearly demonstrated the withdrawal process affected by river shapes, distribution of planar hydraulics conductivity and different vertical hydraulic conductivity.

(1) River shapes

The first sample is concerned with a well and three rivers. The computing region was selected in Oscoda County, Michigan. There are three rivers in these areas, and a pumping well is put nearby the rivers. As shown in Fig.4, for three rivers, the nearest distances between the well and the three rivers are the same though their relative situations are different.

The seepage field and water balance through three-dimensional numerical model were presented in Fig.4. The results show that the different stream-flow depletions are gained from three rivers, but the same value will get from the analytical model in the Michigan Screening Tool because of the equal nearest distance and the same transmissivity. From the figure of water balance, River provides water for pumping well more than other two rivers, and Stream provided the least.

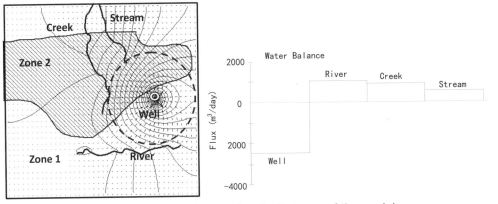

Fig.4　Seepage field and water balance of the model

（2）Different Hydraulic Conductivities in plane

The second computing area is in the same region just like the first one, but it has different hydraulic conductivities in different zones. As shown in figure 8, river is located in the zone1 whose hydraulic conductivity is k_1. Both of Creek and Stream are in the same zone 2 with hydraulic conductivities of k_2. Here assumed the k_2 is more less than k_1. The water head contours and seepage field are shown in Fig. 5. It is clearly that in low hydraulic conductivity zone the water head contours is more concentrated and seepage is smaller than those larger k zone. Also under the different k zone the stream-flow depletions from three rivers are different. However, if the analytical model is selected, all of the zones should be one average k for predicting the depletion. Obviously, these do not fit well with the real results （Table1）.

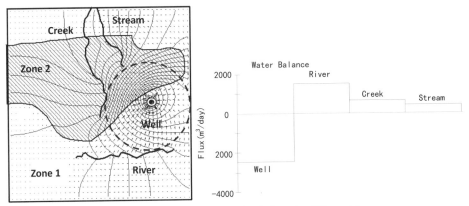

Fig.5　Different stream flow depletion in different k zones

Table 1　Stream flow depletion in different zones

Depletion（m^3/d）	Same zone	Different zone	Pumping rate
River	1 068.4	1 466.6	
Creek	898.1	645.5	2 500（m^3/d）
Stream	533.5	387.9	

（3）Different K in Vertical direction

The last case is a conceptual model with different geology characteristic aquifers. Only one well is located between two rivers in aquifer. The case will show the affection caused by different vertical hydraulic conductivities. The computing area is divided into two layers. The stream is located on the left in the shallow up layer, and the river is on the right in the deep down layer. Both of the thickness of the up layer and the down layer is 50 m. Hydraulics conductivity in the upper layer is k_1 （10 m/d）, and the lower is k_2 （50 m/d）. The screening depth of well has two values, one is 25 m called the shallow well, and the other is 75 m called the deep well. The whole computing area is 2 km by 2 km, and the grid spacing is 20 m by 20 m.

The results of water balance with the shallow well and deep well are shown in figure 6 to 8. Also the stream-flow depletion from two different conditions is showed in table 2. In these condition, the deep well will get more water from the river far away but not the stream nearby. Also, it need to be noticed, for the shallow well between two rivers, the main flow process occurs in the above aquifer. Due to different geology characteristic and river penetrated depth, the stream flow depletion is not the portion to the inverse distance. Also the well screening depth will impact the results. For the deep well, because of k_z is very small （$k_x/k_z = 1000$）, vertical flow is very little, so the deep pumping well get water mainly from the river far away.

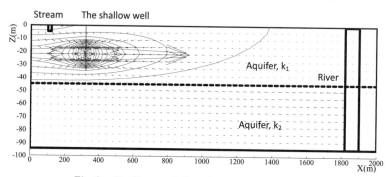

Fig.6   Profile modeling for the shallow well

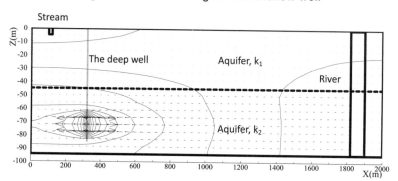

Fig.7   Profile modeling for the deep well

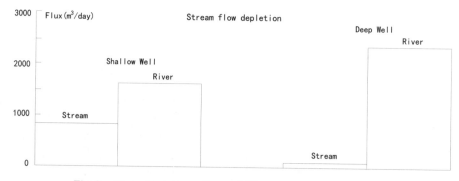

Fig.8   Flow depletions for a shallow well and a deep well

Table 2 Stream-flow Depletion under Different Vertical k

Depletion（m³/d）		Shallow well	Deep well	Pumping rate
Three-dimensional model	Stream	1 649.4	2 389.2	2 500（m³/d）
	River	850.6	110.8	
The analytical model	Stream	2 222.2		
	River	277.8		

6 Conclusions

The above samples demonstrated clearly that stream shapes and hydraulics conductivity distribution in three-dimensional space should not be ignored for predicting stream flow depletion in complicate geology conditions. In general, for two parallel rivers with a well in the middle, if the hydraulics conductivity of aquifer is isotropic and there is no ambient flow in this region, under the condition of steady state, the stream depletion is portion to the inverse distance of the river（used by Michigan State Screening tool）. In order to predict the stream flow depletion exactly, the ambient flow is ought to be considered for it is the firstly prime supplying source for the pumping well. But for different hydraulic conductivities in three-dimensional spaces, the river shapes, river depth, well screening depth are the same important to computing the stream flow depletion. In these conditions, simple analytical models will not be valuable and three-dimensional model is the best selection.

Acknowledge

This work was partly done in the Michigan State University, and mainly was guided by Professor shu-guang Li and Hua-sheng Liao. The study was supported by the National Natural Science Foundation of China（Grant No. 51379137, 51579162）

Reference

[1] AFSHARI S, MANDLE R, Li S G. Hierarchical patch dynamics modeling of near-well dynamics in complex regional groundwater systems. Journal of Hydrologic Engineering, 2008, 13（9）, 894-904.

[2] Barbaro, J.R. & Zarriello, P.J., 2007. A precipitation-runoff model for the Blackstone River Basin, Massachusetts and Rhode Island. U.S. Geological Survey.

[3] Barlow, L.K., 2003. Estimated water use and availability in the Lower Blackstone River Basin, northern Rhode Island and south-central Massachusetts. U.S. Geological Survey.

[4] Glover, R. E. & Balmer, G. G., 1954. River depletion resulting from pumping a well near a river. Eos Transactions American Geophysical Union, 35（3）, 468-470.

[5] Hunt, B., 1999. Unsteady stream depletion from ground water pumping. Ground Water, 37（1）, 98-102.

[6] Li, S.G., Liao, H.S. & Abbas, H., 2008. Computational discovery and innovation in groundwater science and engineering, MODFLOW and More 2008. International Groundwater Modeling Center, Colorado School of Mines, Golden, Colorado, USA.

[7] Li, S.G. & Liu, Q. 2006. A real-time, computational steering environment for integrated groundwater modeling. Ground Water, 44, 758-763.

[8] Reeves, H.W., 2009. Ground-water-withdrawal component of the Michigan water-withdrawal screening tool. U.S Geological Survey.

[9] Toth, J., 1962. A theory of groundwater motion in small drainage basins in Central Alberta, Canada, Journal of Geophysical Research, 67 (11), 4375-4387.

[10] Wilson, J.L., 1993. Induced infiltration in aquifers with ambient flow. Water Resources Research, 29 (10), 3503-3512.

[11] Zarriello, P.J. & Bent, G.C., 2004. A precipitation-runoff model for the analysis of the effects of water withdrawals and land-use change on streamflow in the Usquepaug-Queen River Basin, Rhode Island. U.S. Geological Survey.

Numerical Simulation for Hydraulic Characteristics of Tunnel Spillway on Jingping-I Hydropower Project

Zhang Hua[*], Rajesh Shilpakar, Birodh Manandhar, He Gui cheng, Qu Xiao feng

(School of Renewable Energy, North China Electric Power University, Beijing 102206, China)

【Abstract】 In this paper, the three dimensional simulation of a tunnel spillway with four aerators of Jingping- I hydropower project was done using, ANSYS. The combination of the realizable k-ε turbulence model and volume of fluid method was applied to simulate characteristics of velocity and pressure distribution in free-flow tunnel. The results of numerical simulation were compared with experimental results which showed that the realizable k- ε turbulence model and VOF model can simulate free-flow tunnel spillway. The velocity and pressure distribution inside the tunnel from simulation agree with that of the experimental results.

【Keywords】 Tunnel spillway; velocity distribution; pressure distribution; realizable k-ε model; volume of fluid

1 Introduction

There is more chance of cavitation in high velocity and high pressure head in free-flow tunnel spillway. Artificial aerators are generally introduced to reduce cavitation which is very cost-effective and easy measures. Different researches have been done in the study of aeration phenomenon. Chanson [1] explained that when large amount of air is introduced in aeration zone along with air water interfaces of jet then strong de-aeration occurs at the impact of bottom near nappe impact. In spite of the strong de-aeration occurring in the impact point region, the bottom aerators were found to be very useful for introducing large amount of air over short distance. Pfisher [2] conducted a hydraulic model test with typical chute aerators with various approach flow features including pre-aeration. The study found that the stream-wise development and the bottom air concentration were affected by pre-aeration in the downstream of the aerators. Chanson [3] studied the performance of aerators on steep spillway with high velocities. He found that if there were not enough surface aeration or if the tolerance of surfaces finish required to avoid cavitation were too severe (v>30 m/s), then aerators should be introduced at the floor or sometimes on side wall of spillway. Ram ó n [4] described the most important aspect of flow aeration while combating the damages caused by cavitation. The study had made good explanation about flow characteristics under natural aeration and the necessary of artificial aeration on spillway when the natural aeration is insufficient. Chanson [5] established the method

Supported by the National Natural Science Foundation of China (No. 51579100); National Key Research and Development Plan (No. 2016YFC0401704) .

for calculating bottom and side cavity length in sudden enlargement and vertical drop aerator. Both experimental and simulation methods were used to study the aeration in the spillways. Shuai li et al [6] presented a study on the diffused downstream flow from a radial sluice and full section aerator by combining a realizable k-ε turbulent model with a mixture multiphase model. In another study, Shuai li et al [7] studied the aeration from bottom as well as the side in connective tunnel with high head and large discharge by model test and numerical simulation. They obtained the less back water effect in aeration cavity with increasing aeration length. On the basis of laboratory experiments, Peterka [8] recommended 5% to 8% mean air-concentration required to reduce the cavitation damage on the concrete. Rasmussen [9] concluded that 0.8% to 1% air by volume distribution as small bubbles could remove cavitation damage. He conducted investigations on cavity damage using air-water mixtures with test pieces of different forms and materials.

Semenkov and Lentiave [10] revealed that 3% air concentration was required to protect 40Mpa concrete surface against a flow velocity of 22 m/s. 10% air concentration was required to protect 10Mpa concrete surface. Razanov & Kaveshnikov [11] conducted another study for the prevention of cavitation damage in baffle piers on the spillway. They performed the flow velocity of 25 m/s in high vacuum installation and obtained the result that if 1.25% to 2.5% air supplied in the cavitation region, then the damage is reduced by factor of 2 ~ 2.5. For the air supplied of 6% -7%, no damage was observed. In this paper, the combination of the realizable k-ε turbulence model and VOF method was applied to simulate the velocity and pressure distribution of aerated flow of the tunnel in Jingpin-I Hydropower Station.

2 Project description

The Jingping-I hydropower project is a tall arch dam located at the Jingping bend of Yalong river, Liangshan, Sichuan province, China. The capacity of this project is 3 600 MW and has the tallest 305 m high arch dam. The total length of the flood tunnel spillway is 829 m where the length of the power tunnel is 434 m.

The tunnel is free-aerated as air is also provided to the top of tunnel through ventilation shaft. Four aerators are inserted at four different sections. The aerators used here is the combination of deflector and offset type. The designed discharge of the project is 3229 m³/s and the normal flow is at 1880 m [12]. The details of the projects were shown in figure 1.

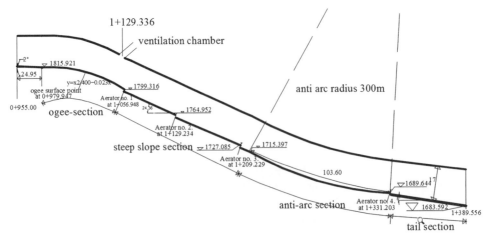

Fig.1   Detailed section of the free-aerated flood tunnel spillway [12]

3 Calculation model

The realizable k-ε turbulence model is used to solve the air-water flow. The instantaneous continuity equation, momentum equation and energy equation for a compressible liquid can be expressed as follows.

Continuity equation: $\dfrac{\partial p}{\partial t}+\dfrac{\partial}{\partial x}(\rho)=0$ $\hspace{3em}$ (1)

Momentum equation: $\dfrac{\partial}{\partial t}(\rho)+\dfrac{\partial}{\partial x_j}(\rho_j+p\partial_{ij}-\tau_{ij})=0$ $\hspace{3em}$ (2)

Energy equation: $\dfrac{\partial}{\partial t}(\rho\varepsilon_0)+\dfrac{\partial}{\partial x_j}(\rho_j\varepsilon_0+_j p+q_j-\tau_{ij})=0$ $\hspace{3em}$ (3)

From stokes law, the viscous stress for a Newtonian fluid is

$$\tau_{ij}=2\mu S_{ij}^*$$ $\hspace{3em}$ (4)

Where trace less viscous strain rate is given by:

$$S_{ij}^*=\frac{1}{2}\left[\frac{\partial}{\partial x_i}+\frac{\partial_j}{\partial x}\right]-\frac{1}{3}\frac{\partial_k}{\partial x_k}\delta_{ij}$$ $\hspace{3em}$ (5)

Where u is velocity, p is pressure, ρ is density and μ is viscosity: In realizable k-ε turbulence model, the modeled transport equation for k & ε are.

1. For turbulent Kinetic energy-(k)

$$\frac{\partial(\rho k)}{\partial t}+\frac{\partial}{\partial x}(\rho k)=\frac{\partial}{\partial x_j}\left[\left(\mu+\frac{\mu_t}{\sigma_k}\right)\frac{\partial k}{\partial x_k}\right]+P_k+P_b-P_e-Y_m+S_\varepsilon$$ $\hspace{2em}$ (6)

2. For dissipation (ε)

$$\frac{\partial(\rho\varepsilon)}{\partial t}+\frac{\partial}{\partial x_j}(\rho\varepsilon_j)=\frac{\partial}{\partial x_j}\left[\left(\mu+\frac{\mu_t}{\sigma_\varepsilon}\right)\frac{\partial\varepsilon}{\partial x_j}\right]+\rho C_1 s_\varepsilon-\rho C_2\frac{\varepsilon^2}{k+\sqrt{v\varepsilon}}+C_{1\varepsilon}s_\varepsilon\frac{\varepsilon}{k}C_{3\varepsilon}\rho_b s_\varepsilon$$ $\hspace{1em}$ (7)

Where

$$C_1=\max\left[0.43,\frac{\eta}{\eta+5}\right],\eta=S\frac{k}{\varepsilon},S=\sqrt{2s_{ij}s_{ij}}$$

μ_t is turbulent viscosity which is calculated by turbulent kinetic energy and turbulent dissipation rate as

$$\mu_t=\rho C_\mu\frac{k^2}{\varepsilon}$$ $\hspace{3em}$ (8)

Where C_μ is no longer a constant which depends on the rate of rotation and strain rate, it is expressed as

$$C_\mu=\frac{1}{A_0+A_s U^* k/\varepsilon}$$ $\hspace{3em}$ (9)

$$A_0=4.0, A_s=\sqrt{6}\ \cos\left\{\frac{1}{3}\cos^{-1}\left[\sqrt{6}\left(\frac{s_{ij}s_{jk}s_{ki}}{\sqrt{s_{ij}s_{ij}}}\right)\right]\right\},\ U^*=\sqrt{s_{ij}s_{ij}+(\Omega_j-2\varepsilon_{ij}\omega_k)(\Omega_j-2\varepsilon_{ij}\omega_k)}$$

The time average rotation rate tensor, $\Omega_{ij} = \dfrac{1}{2}\left[\dfrac{\partial}{\partial x_j} + \dfrac{\partial_j}{\partial x}\right]$.

The VOF method is applied to locate the interface between phases. In this paper, VOF method is applied for water phase and air phase. In this research, air is assumed as the first & water is assumed as the second phase. For air, the transport equation has the form as:

$$\frac{\partial(a)}{\partial t} + \nabla.(\vec{v}a) = 0 \tag{10}$$

For the volume fraction a of kth fluid, three conditions are possible as; $a = 0$: the cell is empty in k^{th} fluid $a = 1$: the cell is full in k^{th} fluid, $0 < a < 1$: the cell contain the interface between the fluid.

4 Computational domain, mesh and boundary condition

The flow over the tunnel spillway was modeled in 3-Dimensions in Computational fluid Dynamics (CFD). The geometry of the spillway with four aerators was drawn in ANSYS. The meshing of the geometry was done by using GAMBIT software. The grid was made of hexahedral-cells (hex-mesh) on the whole domain. A finer mesh size was considered for better result. The mesh size of 0.4 m was set for hexahedral meshing. It resulted in a mesh volume of 1, 280, 000 cells.

There was no water inside the spillway in the beginning of the flow. The pressure calculated at the water inlet of the entrance of power tunnel was applied as a boundary condition to water inlet for power tunnel. The velocity inlet was applied as boundary conditions for the bottom air inlets and top air ventilation. Standard wall functions were used in the top and bottom surface as well as the side walls. The outlet boundary was set to a pressure-outlet type with atmosphere. The pressure-based segregated solver was used in ANSYS and the default algorithm. The PISO pressure-velocity coupling scheme was used for the transient flow calculation. PISO can maintain the relatively stable condition when using a large time-step or mesh with a high degree of distortion. An implicit scheme was used with VOF method with default volume fraction cut-off. Realizable k-ε turbulence model with standard wall functions was employed. No slip boundary was selected since the tangential velocity on the solid surface was zero. The solution was initialized with the standard initialization methods. The 0.02 time-step size was chosen and the simulation was done for 6000 numbers of time steps for about 120 seconds.

5 Results and Discussion

5.1 Pressure distribution

Pressure is one of the important hydraulic characteristics of the flow. The appearance of low pressure in the high velocity region of the free-aerated tunnel is the main reason for cavitation damages. The figure 2 shows the comparative time averaged bottom pressure distributions for normal discharge at 1880 m on the central line inside the spillway. The maximum bottom pressure of 171 kPa is observed in the anti-arc section of the tunnel due to the nature of the curve of that section. The bottom pressure near the aerator is low due to the design consideration of aerator and aeration. The bottom pressures tend to increase towards its peak value at the impact of the water-jet after the jump from the deflector and its back water effect. Again, the bottom pressure after the impact decreases towards the downstream of the flow before encountering next aerator. The bottom pressures at the downstream should not be very low as the downstream is the high velocity region and easily causes cavitation. The jump again starts by the second deflector of the second aerator where the bottom pressure is low. The bottom pressure obtained in ogee section, steep slope section, anti-curve section and the tail section from the simulation almost near with that of the model test result which justifies the validation of simulation.

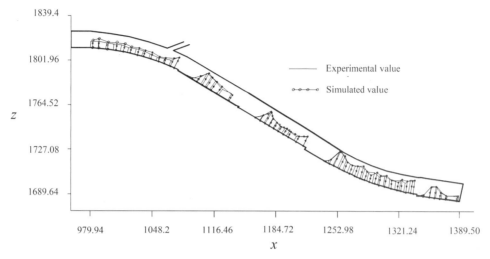

Fig.2   Comparison of bottom pressure distribution for normal discharge at 1880 m

The figure 3 clearly shows the bottom pressure developed at the floor of the tunnel after each aerator. The aerator jets influenced the pressure distribution in the floor of the spillway where low pressures are obtained near aerators and gradually increases its value to peak value. In the figure 3, blue color shows the low pressure region and red color shows peak value. The calculated peak pressures values in the bottom of spillway after the aerators are 148 kPa, 135 kPa, 171 kPa and 115 kPa respectively. In aerated cavity, low pressures are obtained which ensured the effective aeration and the minimum pressure of -7 kPa is observed after aerator#4. The maximum bottom pressure distribution after aerator #2 and # 4 are slightly less than that of model test value [12] with relative error of 7.6% and 0.6% respectively which is shown in the table 1.The peak bottom pressure distribution after aerators#1 and#3 have slightly higher value than that of model test value [12] with relative error of 9.14% and 1.6% respectively.

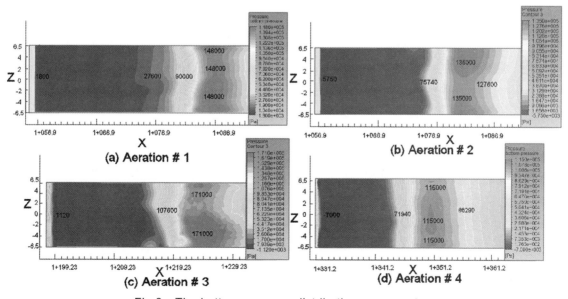

Fig.3   The bottom pressure distribution near aerators

Table 1   Maximum pressure developed inside the spillway in different section

After Aerator's Position	Stake number	Maximum pressure (kPa)		
		Experimental value[12]	Simulated value	Error(%)
Aerator # 1	1+084.94	135.6	148	9.14
Aerator #2	1+155.23	146.2	135	− 7.6
Aerator #3	1+234.22	168.3	171	1.6
Aerator # 4	1+352.70	115.7	115	− 0.6

5.2   Velocity Distribution

Velocity is also one of the most important hydraulic characteristics of the flow. Velocity determines the magnitude of the cavitation erosion. The velocity distribution of the flow with normal discharge at 1880 m before aerator#1 in the ogee section in the cross section is somehow linear because of no bottom aeration prior aerator#1. The velocity distribution of this ogee section is similar with that of the open channel flow. But the flow before aerator#2 is different from previous, where velocity isoline is raised in the middle of the bottom boundary and distributed symmetrically on both sides due to aeration from aerator#1. Similarly, the velocity isoline before aerator#3 at the middle of bottom is raised at that time of flow. The velocity distribution is changed due to aeration from the aerator. Water in the tail section of the free-aerated tunnel has been much more aerated and milky in appearance. The figure 4 shows the details of velocity distribution in the cross section of the free-aerated tunnel before aerator.

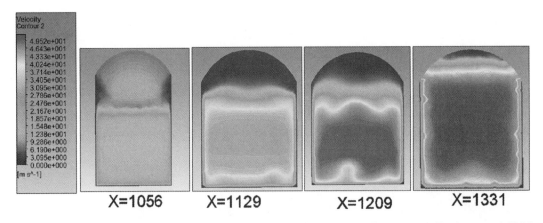

Fig.4   The velocity distribution of the cross section before aerator for normal discharge at 1880 m

The average velocity of the flow in the cross section of the free-aerated tunnel for normal discharge at 1880 m before the aerators is shown in the table 2. The velocity of the flow near aerator#1 is 27.9 m/s, which is less than experimental value [12] with the relative error of 3.46%. The average velocity along the downstream of the tunnel gradually increased up to the end of the tunnel. The average velocity of the flow at the tail section of the tunnel before aerator#4 is obtained to be 46.4 m/s with the relative error of 5.46 % than that of the experimental value [12]. The maximum relative error does not exceed more than 6% which shows that the simulation result agrees well with the model test result [12].

Table 2 Comparison of average velocity

Before Aerator's Position	Stake number	Average velocity (m/s)		
		Experimental value[12]	Simulated value	Error(%)
Aerator # 1	1+056.94	28.9	27.9	− 3.46
Aerator #2	1+129.23	35.8	35.7	− 0.28
Aerator #3	1+209.22	41.90	42.09	0.45
Aerator # 4	1+331.20	44.0	46.40	5.45

6 Conclusion

The velocity and pressure distribution of the project were successfully simulated by using realizable k-ε model and VOF method. The simulation results were compared with that of model test result. Some of the conclusions could be drawn as follows:

(i) The numerical simulation results were very similar to that of the model test result.

(ii) The bottom pressure distribution was reasonably distributed with that of the model test result as the maximum relative error of the pressure is less than10%.

(iii) Due to the insertion of aerators, there was variation in the velocity of flow. The air entrainment from the both sides of the wall has helped in the symmetrical distribution of the high velocity zones in the cross-section. The relative error of the average velocity didn't exceed 6% which agreed with the result from model test.

References

[1] CHANSON H. Aeration and de-aeration at bottom aeration devices on spillways[J]. Canadian Journal of Civil Engineering, 1994, 21 (3), 404-409.

[2] PFISTER M, LUCAS J, & HAGER W H. Chute aerators: pre-aerated approach flow[J]. Journal of Hydraulic Engineering, 2011, 137 (11), 1452-1461.

[3] Chanson, H. Study of air entrainment and aeration devices[J]. Journal of Hydraulic Research, 1989, 27 (3), 301-319.

[4] Serret, R. G. Aeration versus Cavitation in Dam Spillways: Self-Aeration and Artificial Aeration (Aerators) [J]. Hydraulic Machinery and Cavitation, 1996, 594-603.

[5] Chanson, M. H. Predicting the filling of ventilated cavities behind spillway aerators [J]. Journal of Hydraulic Research, 1995, 33 (3), 361-372.

[6] Li, S., Zhang, J., Xu, W., Chen, J., & Peng, Y. Evolution of Pressure and Cavitation on Side Walls Affected by Lateral Divergence Angle and Opening of Radial Gate[J]. Journal of Hydraulic Engineering, 2016, 142 (7), 05016003.

[7] Li, S., Zhang, J., Xu, W., Chen, J., Peng, Y., Li, J., & He, X. Simulation and Experiments of Aerated Flow in Curve-Connective Tunnel with High Head and Large Discharge [J]. International Journal of Civil Engineering, 2016, 14 (1), 23-33.

[8] Peterka, A. J. The Effect of entrained air on cavitation pitting[C]. IAHR-ASCE. Joint Conf., ASCE, New York, 1953, 507-518.

[9] Rasmussen, R. E. H. Some experiments on cavitation erosion in water mixed with air[C]. 1 Int. Symposium on Cavitation in Hydrodynamics 20: 1-25, 1956, National Physical Laboratory, London.

[10]   Semenkov, V.M. and Lentiaev, L.D. (1973) . Spillway with nappe aeration[J]. Gidrotekhnicheskoe Stroitel'stvo 43 (5): 16-20 (in Russian); Hydrotechnical Construction 7: 437-441 (ASCE translation) .

[11]   Rozanov, N.P. and Kaveshnikov, A.T. (1973). Investigation of cavitation damage to baffle piers and flow splitters[J]. Gidrotekhnicheskoe Stroitel'stvo 43 (1): 29-32 (in Russian); Hydrotechnical Constructions 7 (7): 44-48 (ASCE translation) .

[12]   The Model Test of the Flood Spillway of the Jingping-1Hydropower Station [R]. China Water Conversancy and Research Institute, 2011 (in Chinese) .

Computational fluid dynamics modelling of tunnel spillway

Zhang Hua, Birodh Manandhar, Rajesh Shilpakar, He Guicheng, Qu Xiaofeng

(School of Renewable Energy, North China Electric Power University, Beijing, China)

【Abstract】 Recently big hydropower power plants with high discharge flows are being constructed. With such a high discharge flow cavitation becomes one of the expected serious problems. Cavitation is the development and fall of air pockets that make sufficiently strong shockwaves to dissolve the underlying material and may result in complete failure of the plant. The Jinping-I dam is one of the China's largest hydropower projects. It has a discharge tunnel that runs with the risk of developing cavitation damages. Computational Fluid Dynamics (CFD) as a tool in ANSYS 14.0 is used in this paper to do modelling and investigate if there is a possibility of cavitation damage in the tunnel. This research uses the static pressure distribution, the velocity distribution and the modern cavitation theories to access the cavitation risks. Aeration as a solution is recommended as it is cheapest and most effective solution for flows.

【Keywords】 Computational Fluid Dynamics (CFD); Discharge tunnel; Cavitation; Water surface profile; Numerical simulation

1 Introduction

China is one of the fastest economically growing country and by 2020, the figure for energy consumption is believed to exceed 1000 GW. To meet such a high demand, Chinese Government has vowed to increase the use of renewable energy to 15 percent of the whole nation demand that resulted in the development of many new hydropower plants which includes Jinping-I in them [1]. The Jinping-I dam alone produces 3600 MW in total, it is equipped with a controlled spillway and five base outlets which was still not enough. Hence, a discharge tunnel was constructed with releasing capacity up to 3320 m³/s [2]. However, with high tunnel spillway velocity cavitation risk is increased due to reduction in hydraulic pressure. Cavitation might cause big erosion on structure and may lead to dam failure because of huge amount of strains. A physical 1: 30 scaled model of the Jinping-I dam was built in China Institute of Water Resources and Hydropower Research laboratory to study the flow characteristics along with possibilities of the cavitation [2].

Supported by the National Science Foundation of China (No. 51579100); National key research and development plan (No. 2016YFC0401704).

This paper studies the nature of flow discharge in a tunnel and investigates the risk of cavitation in the discharge tunnel of the Jinping-I hydropower electric plant at 1865 m full flow condition. The aeration characteristics, water surface, cavitation number are simulated and also compared with experimental data if needed.

2　Cavitation and its mechanism

Lowering of the surrounding pressures of liquids bring them to boil when surrounding pressures of liquids are lowered in the bubbles. The value of the fluid pressure is lesser than the vapor pressure and this phenomenon is called cavitation [3]. Spillways consist of minor construction which are the causes for separation of flow with reduction in the local pressure. Cavitation when occurs near to the boundaries of flow the implosions with extremely high pressures can also lead to removal of very strong surface material such as steel.

2.1　Cavitation Parameters

The real dynamic process is still not fully known despite of numerous literatures available. Most of the achievements are based on practical measurement. A more assertive approach for cavitation risk is linked with the cavitation number (or index) σ .

$$\sigma = \frac{p - p_v}{\rho \frac{u^2}{2}} \qquad (1)$$

Where, p is absolute pressure, p_v is vapor pressure and u is velocity of flow. The intensity of damage depends upon the value of cavitation parameter σ [4] which is summarized in table 1.

Table 1　Criteria for preventing cavitation damage

Value of Cavitation index (σ)	Precaution
$\sigma \geqslant 1.8$	No need of surface protection
$0.25 \leqslant \sigma < 1.8$	Through surface treatment surface can be protected
$0.17 \leqslant \sigma < 0.25$	Optimization of design is needed
$0.12 \leqslant \sigma < 0.17$	Need of aeration if design can't be modified enough
$\sigma < 0.12$	Surface can't be protected

2.2　Prevention of cavitation damage

Many techniques are available for the prevention from cavitation i.e. (i) Preventing the phenomenon of cavitation from taking place(ii)Controlling the cavity collapse allowing it to only fall within the main body of liquid （iii） Using cavitation resistant construction materials (iv) Aeration [5~6].

2.3　Aeration

As a prevention of cavitation damage, air is induced via bottom or side walls. This process of inducing air is called aeration. For the cases where velocities exceed 25 m/s, other mentioned systems are neither economical nor fully effective [7]. So, aeration is very economical, cheap and suitable [8].

2.3.1 Aeration Methods

An aerator is a device which helps to form a void or cavity underneath a high flowing jet. The cavity helps to form negative pressure relative to atmospheric pressure. In this way air is drawn into the cavity through a vent. Deflectors or slopes, offsets, steps, grooves or their combinations can be utilized as the aeration devices. Using ramp or deflector is the most efficient for air entrainment. In high flow streams, ramps do not have the disadvantage of imposing high shock [7].

2.3.2 Aerator Location

Location of aerator should be along the spillway where there is possible potential occurrence for cavitation. Natural aeration might not be able to protect the spillway surface from cavitation [7]. Other aerators should be added downstream to ensure that adequate air concentration is present to prevent cavitation.

2.3.3 Aerator Spacing

For prevention of long tunnel, successive slots of aerator devices are needed. The first one should be placed at the very beginning of cavitation erosion risk zone. Whenever the air concentration decreases below required percentage, another aerator is added. A mean concentration about 20% to 30% is required to obtain a protected zone having maximum length beyond each air slot [9~10].

2.3.4 Estimation of Air Entrainment Capacity

Empirical formulae proposed up to date does not give the exact air entrainment capacity. Although the data from empirical formulae can be taken as the tentative data to compare with computational results. One of the accurate empirical formulae for estimation of air entrainment capacity depending upon the unit discharge of air is expressed below [4].

$$q_a = U_i \left\{ \left[(X_i - X_n)^2 + (Y_i - Y_n)^2 \right]^{1/2} - \frac{q_w}{2U_i} \right\} \tag{2}$$

Where, X_i is horizontal separation from end of slope to jet impact location, X_n is horizontal distance from end of incline to centerline of jet at impact area, Y_i is rise at impact point, Y_n is height of centerline of jet at impact point, q_w is unit release of water and U_i is mean stream speed.

3 Computational Fluid Dynamics

With the progression in CFD, projects are first designed and redesigned before modelled and built. Hence optimization can be done to build an efficient, economical, safe and reliable project. Biggest companies like Generic Electric and Boeing are using this concept [11]. In this project, we use Volume of Fluid (VOF) as a multiphase model for solving the equation.

3.1 VOF Model

It is possible for VOF Model to solve at least two immiscible liquids utilizing a solitary set of momentum equations and furthermore track the volume fraction of each of the liquids all through the domain[12]. A continuity equation for the volume fraction to determine the location of the interface between the stages, for the qth stage, can be composed as

$$\frac{1}{\rho_q}\left[\frac{\partial}{\partial_t}(\alpha_q\rho_q)+\nabla.(\alpha_q\rho_q\vec{v}_q)=S_{\alpha_q}+\sum_{p=1}^{n}(\dot{m}_{pq}-\dot{m}_{qp})\right] \qquad (3)$$

Where, $\dot{m}_{pq}$ is mass transfer from phase q to phase p, $\dot{m}_{qp}$ is mass transfer from phase p to phase q, α q is volume fraction of a fluid in a cell and S_{α_q} is user-defined mass source for each phase.

3.2 The Implicit Scheme

When the implicit scheme is used for time discretization, FLUENT's standard finite-difference interpolation, QUICK, Second Order Upwind and First Order Upwind and Modified HRIC schemes are utilized to acquire the face fluxes for all cells including those close to the interface.

$$\frac{\alpha_q^{n+1}\rho_q^{n+1}-\alpha_q^n\rho_q^n}{\Delta_t}V+\Sigma_f(\rho_q^{n+1}U_f^{n+1}\alpha_{q,f}^{n+1})=\left[\Sigma_{p=1}^{n}(\dot{m}_{pq}-\dot{m}_{qp})+s_{\alpha_q}\right]V \qquad (4)$$

Where, $n+1$ is index for new (current) time step, n is index for previous time step, $\alpha_{(q,f)}$ is face value of the qth volume fraction computed from the first or second-order upwind, QUICK, modified HRIC, or CICSAM scheme, V is volume of cell.

3.3 Pre–Processing stage

In this stage, the geometry of the discharge tunnel was constructed in FLUENT 14.0 as shown in figure 1. Although half of the tunnel was created and simulated, the results were not affected due to the symmetry in the discharge tunnel[12]. Meshing was done using GAMBIT 2.4.6. The mesh was consisted of combination of structured hexagonal and unstructured tetrahedral mesh. The mesh was made finer unless the result of finer mesh was almost the same as the less finer mesh.

VOF scheme with two phases was chosen as the multiphase model. PISO pressure-velocity coupling scheme was used with the pressure-based segregated solver. The primary order upwind discretization was set for the turbulent kinetic energy, dissipation energy and the second order upwind discretization for momentum. The RANS k-e model was chosen for viscous model. The operating pressure was set to atmospheric pressure. Gravity force and the specific density was set to 9.81 m/s and 1.225 kg/m³ respectively.

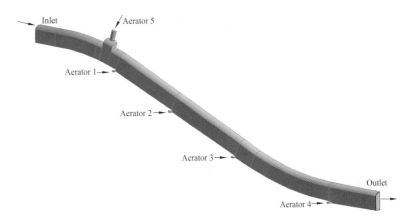

Fig.1　Simple geometry of Jinping-I discharge tunnel with aerators

3.4　Post-Processing stage

Post processing was done using FLUENT 14.0 and MS-excel. Different points were determined as the points of special interest so that it covers tentative complete tunnel base section evenly of the tunnel. Then the water surface profile, aeration characteristics and cavitation numbers were calculated and plotted if necessary. Also, it was compared with experimental data.

4　Results

The results were obtained from the FLUENT simulations. Cross section used to determine the results is located nearby the middle of the tunnel spillway so that the flow data was not affected by the side walls. Here, the results are shown for 1st and 2nd offsets.

4.2　Water surface profile

The water level surface is one of the interesting components of the flow behavior characteristics. If the water surface modelling data is comparable to its experimental data, it permits to calibrate and evaluate the validity of the whole modelling. In figure 2, simulated water surface data was computed and compared with the experimental data. It can be seen that due to the affection of aerator, the water surface profile near aerator had a small rise. Afterwards, the water surface profile decreased along the tunnel spillway.

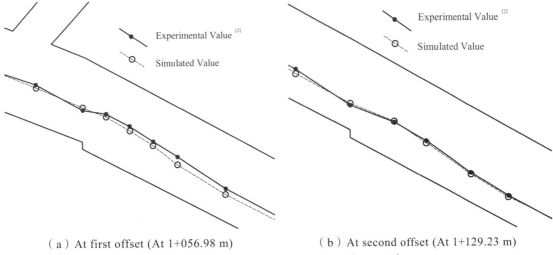

（a）At first offset (At 1+056.98 m)　　　（b）At second offset (At 1+129.23 m)

Fig.2　The comparison of water surface profile at 1st and 2nd offsets at 1865 m

4.4 Aeration Characteristics

To ensure full aeration, aerated cavity must have certain length with stable shape with no backwater. Air is shown by blue color and water by red color as shown in figure 3. From figure below, it can be seen that jet tongue on incline diminished impingement angle which supports the state of eliminating backwater. The comparison of aerated cavity length at different conditions are shown in table 2.

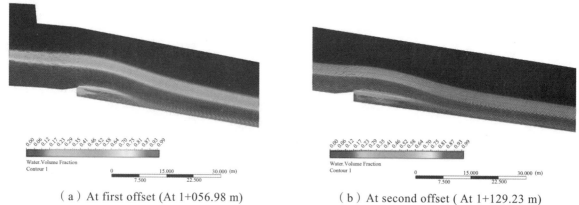

(a) At first offset (At 1+056.98 m)   (b) At second offset (At 1+129.23 m)

Fig.3   Water volume fraction at 1st and 2nd offsets at 1865 m

Table 2   The comparison of Aerated cavity length at different offsets at 1865 m

Aerator No	Water surface (m)	Length of Aerated cavity (m)			Protective length (m)
		Sim. data	Exp. data[2]	Error (%)	
1		24.0	21.9	8.7	72.0
2	1 865.0 m	27.0	26.2	2.9	80.0
3		22.1	24.1	9.0	122.0
4		24.0	24.3	1.3	58.0

4.1 Cavitation number

Cavitation number is the important factor that determines the safety of design. The required mean velocities and bottom plate pressures before the aerators were needed to calculate the cavitation number which was extracted as shown below in table 3 and in figure 4. The simulated value of velocities was compared with experimental values. The velocities were found to be within permissible error. The cavitation number was then calculated and was found to be safe.

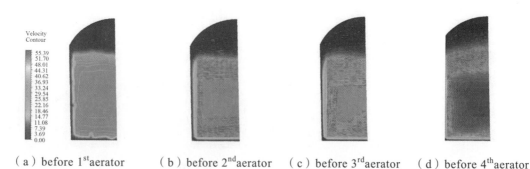

(a) before 1st aerator   (b) before 2nd aerator   (c) before 3rd aerator   (d) before 4th aerator

Fig.4   The velocity distribution at different offsets at 1865 m

Table 3 The mean velocity of cross section and cavitation number distribution
along the center cross section at 1865 m full flow condition

Section	Reservoir water level 1865 m				
	Mean vel. (Sim.) (m/s)	Mean vel. (Exp.)[2] (m/s)	Error (%)	Bottom plate pressure (kPa)	Section cavitation number
Before 1st aerator	25.6	26.0	1.5	122.0	0.70
Before 2nd aerator	33.5	34.0	1.4	70.2	0.30
Before 3rd aerator	40.9	40.0	2.3	96.0	0.20
Before 4th aerator	45.0	42.0	7.1	114.0	0.20

5 Conclusion

In this paper, the ability of ANSYS for modelling Jinping-I tunnel spillway is investigated. CFD is used as a tool for modelling with VOF technique. VOF technique has been found to be very effective when two or more phases intersection is the point of interest. For verification, comparisons are done between the simulated and experimental data. Conclusions as followed can be withdrawn.

(a) The velocity with good efficiency can be simulated by CFD. The error was within the permissible error range of 7.1%.

(b) The simulated water surface profile and aeration characteristics data shows good agreement with the experimental data. For aerated cavity length, the maximum error percentage found was 9%.

(c) CFD modelling can be an used as an inexpensive method in order to find the occurrence of cavitation damage.

References

[1] LING Z. Baihetan hydro-power station approved[N]. China Daily, 2006-06-06. http://english.gov.cn/2006-06/06/content_301185.htm, collected on 2011-11-22.

[2] Hydraulic model test report of Jinping-I level hydropower station in Hongdong, China Academy of water resources and Hydropower Research, 2011.

[3] V. T. Chow, D. R. Maidment, L. W. Mays. Applied Hydrology. McGraw-Hill, 1988, 588 p.

[4] H. T. Falvey. Prevention of cavitation on chutes and spillways. Proceedings of the Conference on Frontiers in Hydraulic Engineering, ASCE, 1983, August 9-12, pp. 432-437.

[5] D. Hay. Model-prototype correlation: hydraulic structures. Proceedings of the International Symposium on Model-Prototype Correlation on Hydraulic Structures, ASCE, 1988, August 9-11, pp. 1-24.

[6] R. A. Elder. Advances in hydraulic engineering practice: the last four decades and beyond. ASCE Journal of the Hydraulics Division, 1986, 112 (2): 74-89.

[7] P. Volkart and P. Rutschman. Aerators on spillway chutes: fundamentals and application. Proceedings of the Specialty Conference on Advancements in Aerodynamics, Fluid Mechanics, and Hydraulics, ASCE, 1986, June 3-6, pp. 162-177.

[8]　C. Quintela. Flow aeration to prevent cavitation erosion. Water Power and Dam Construction，1980，32（1）：17-22.

[9]　L. S. Pinto and H. Neiderts. Model prototype conformity in spillway flow. International Conference on Hydraulic Modelling of Civil Engineering Structures，1982，September 22 -24，pp. 273 -284.

[10]　G. Oskolkova and M. Semenkovv. Experience in designing and maintenance of spillway structures on large rivers in the USSR. Thirteenth International Congress on Large Dams，1979，Q.50，R.46，pp. 789-802.

[11]　C. Hirsch. Numerical computation of internal & external flows. Butterworth-Heinemann，2007，696 p.

[12]　Fluent Inc.，2011，Fluent 14.0 Getting Started Guide，Fluent Inc.，Lebanon.

多相浮射流的大涡模拟方法研究

杨博文，牛小静

（清华大学水利水电工程系，北京市海淀区清华大学，100084）

【摘　要】　水下井喷溢油表现为典型的油气多相浮射流，研究多相浮射流的动力特性对于溢油事故发生后的应对处理有着重要的意义。本文采用大涡模拟和 Euler-Euler 方法，在开源计算流体力学类库 OpenFOAM 中已有的多相模块的基础上对相间作用力、温度和浓度的对流扩散等进行了修改完善，构建了应用于模拟多相浮射流问题的数值模型。采用修改后的程序模拟了经典的气泡浮射流实验以验证数值模型的可靠性，并对于密度分层环境中的气泡浮射流进行了模拟。模拟结果较好地捕获到了分层环境中浮射流的双羽流结构，且剥离高度、截留高度等定量结果也与实验吻合较好。

【关键词】　水下溢油；多相浮射流；大涡模拟；Euler-Euler 方法；双羽流结构

1　前　言

近年来，越来越多国家将海洋油气作为化石能源的重要来源之一。但由于海洋油气储藏环境特殊，海洋油气开发难度与风险均较高。近年来频发的水下溢油事故便是其中最主要的安全风险之一。海底油气泄漏是典型的多相浮射流问题，泄漏的油气混合物在出口动量、自身浮力的作用下向上发展，同时卷吸周围水体，在海洋密度分层和环境水体流动的影响下表现出复杂的动力特性。研究多相浮射流的流动特性，对于海底溢油事故发生后预估海面原油位置及反演溢油率等均有重要的意义。

考虑到海洋中通常由于温度、盐度差异存在密度分层，本文从海底溢油问题出发，忽略环境流动的影响以及实际溢油过程中油气复杂的物理化学变化，重点关注密度分层环境中多相浮射流的动力过程和模拟方法。在密度分层环境中，多相浮射流的流动结构十分复杂。基于试验观察，McDougall 最早提出了密度分层流体中的气泡羽流存在复杂的双羽流结构[1]。当气泡从底部源释放后，由于浮射流的卷吸作用将夹带部分底部大密度流体向上运动。被卷吸流体的密度大于周围流体，将受到向下的浮力作用而逐渐减速，直到剥离高度 h_p 处速度降为零。此时被卷吸流体将从浮射流中剥离，在气柱四周形成环状的外羽流，并在浮力作用下继续向下运动，直到浮力中性面处形成横向向外扩展的侵入层，侵入层所在高度称为截留高度 h_T。

前人对于多相浮射流的模拟及其在密度分层环境中特征已经开展了一些研究。基于自相似假设的一维浮射流积分模型的研究和应用都最为广泛[1-3]。该类模型属于概化模型，而对于浮射流的结构和流动特性的精细化研究则依赖于现代测量技术和高精度数值模拟。目前，已有一些实验室尺度的水箱实验。2000 年，Deen 等采用 PIV（Particle Tracking Velocity）和 LDA（Laser Doppler Velocimetry）技术对于水箱中气泡浮射流进行了测量[4]。Socolofsky 进行了一系列分层流体中的浮射流实验[5]，提出一个

基金项目：国家自然科学基金面上项目（51479101）。

无量纲滑移速度来区分羽流结构。Seol 等采用 PLIF（Planar Laser-induced Fluorescence）技术对于密度分层流体中的气泡浮射流进行了测量[6]，主要采用荧光染料来追踪浮射流的剥离-侵入结构，并定量测量了其剥离高度和截留高度。此外，一些学者针对气泡浮射流问题也开展了数值模拟工作[7-9]，目前文献中对于密度分层环境中的多相浮射流的模拟多采用混相模型，而采用 Euler-Euler 多相流模型较少。

本文基于开源计算流体力学类库 OpenFOAM 中的 multiphaseEulerFoam 求解器，采用大涡模拟和 Euler-Euler 多相流方法，建立模拟密度分层环境中多相浮射流问题的数值模型。相比于混相模型，Euler-Euler 方法易于推广到多相的情况。而大涡模拟方法可以较好地模拟浮射流的紊动特性，在气泡羽流等多相浮射流的数值模拟中也被广泛应用和认可。模型中假设连续相密度与温度成线性关系，引入温度的对流扩散方程模拟连续相密度分层以及密度随浮射流过程的变化；并采用被动标量染色剂追踪被卷吸流体的运动，从而显示浮射流的剥离-侵入过程。利用修改后的模型，分别模拟了密度均匀流体以及密度分层流体中的多相浮射流，并将模拟结果与实验数据进行了对比。

2 数学模型

本文对于多相流的模拟采用 Euler-Euler 方法，第 ϕ 相的控制方程为：

$$\frac{\partial(\alpha_\phi \rho_\phi)}{\partial t} + \nabla \cdot (\alpha_\phi \rho_\phi U_\phi) = 0 \tag{1}$$

$$\frac{\partial(\alpha_\phi \rho_\phi U_\phi)}{\partial t} + \nabla \cdot (\alpha_\phi \rho_\phi U_\phi U_\phi) + \nabla \cdot [\alpha_\phi \rho_\phi (\tau_\phi + \tau_{\phi, SGS})] = -\alpha_\phi \rho_\phi \nabla P + M_\phi \tag{2}$$

式中，α 为相分数，τ 为黏性应力，M 为相间动量交换项，$P = p - \rho_\phi gh$。由于湍流模型采用大涡模拟方法，以上所有量默认为可解尺度上的值，$\tau_{\phi, SGS}$ 为亚格子应力，此处采用 Smagorinsky 模型计算。相间作用力只考虑分散相和连续相之间的作用，此处考虑了拖曳力、横向升力和附加质量力。

为考虑环境密度分层，这里对密度分层的原因进行了简化处理。此处假设密度分层仅由温度梯度产生。且假设水的温度与密度之间为线性关系，即 $\rho = \rho_r[1 - \gamma(T - T_r)]$，其中 $\rho_r = 1\,000$ kg/m³、$T_r = 300$ K 为水的参考密度和参考温度，γ 为水的热胀系数。不考虑内部热源，水的温度控制方程为：

$$\frac{\partial(\alpha_w T)}{\partial t} + \nabla \cdot (\alpha_w U_w T) = -\nabla \cdot \pi_T \tag{3}$$

式中，α_w 为水的相分数，U_w 为水相速度，π_T 为亚格子热通量。为了追踪被卷吸的环境流体的运动，在入口处加入染色剂，染色剂满足随流体运动的对流扩散方程：

$$\frac{\partial C_{dye}}{\partial t} + \nabla \cdot (U C_{dye}) = -\nabla \cdot \pi_{dye} \tag{4}$$

式中，U 为相平均速度，π_{dye} 为亚格子染料浓度通量。

3 密度均匀流体中气泡浮射流模拟

为了验证本文中采用的模型对于多相浮射流模拟的可靠性，本节对于均匀流体中的气泡浮射流进行了模拟，算例设置与 Deen 等人的经典气泡浮射流实验[4]相同。并将模拟结果与实验测量以及文献中对于该实验的数值模拟结果[7, 8]进行了对比。结果表明本文采用的模型用于多相浮射流的计算是可靠的。

3.1 实　验

2000 年，Deen 等人采用双相机 PIV 技术对于水箱中的气泡浮射流进行了测量。水箱尺寸为 $15\,\text{cm} \times 15\,\text{cm} \times 100\,\text{cm}$，初始状态水柱高度为 45 cm，水箱中水静止。水箱底部中心处放置有边长为 6.26 mm 的气泡发生器，其上分布有 49 个直径为 1 mm 的小孔用于产生气泡，实验中保持气泡的表观速度（Superficial Gas Velocity）$v_{g.s} = 5\,\text{mm/s}$，且实验中可观察到气泡的直径约在 4 mm 左右。

3.2 算例设置

与实验相同，模型的计算区域为截面积 $W \times D = 15\,\text{cm} \times 15\,\text{cm}$、高为 50 cm 的方形水箱，采用单元大小为 $1\,\text{cm}^3 \times 1\,\text{cm}^3 \times 1\,\text{cm}^3$ 的均匀网格。初始状态下水箱中水静止，水深设为 0.45 m。水箱底部中心处为 $3\,\text{cm}^2 \times 3\,\text{cm}^2$ 的进口边界，为保证气体流量与实验中相同，进口边界处气体流速采用式（5）进行计算。

$$v_{g,\text{in}} = \frac{v_{g,\text{s}}WD}{\alpha_g A_{\text{in}}} \tag{5}$$

式中，$v_{g,\text{in}}$ 为进口处气体流速，$v_{g,\text{s}} = 5\,\text{mm/s}$ 为气泡表观速度，α_g 为进口处气体相分数，A_{in} 为进口边界面积。本问题中取 $\alpha_g = 1$，则进口处的气体流速 $v_{g,\text{in}} = 0.125\,\text{m/s}$。水箱顶部为压力边界。其余部分为固壁，采用无滑移边界条件。气泡有效粒径根据实验中观察取为 4 mm。水、空气的物性均选择 20 ℃ 下的值。Smagorinsky 模型中的涡黏系数取 $C_s = 0.1$。

3.3 模拟结果与分析

模拟结果显示，前 10 s 气柱较稳定，10 s 后开始做不规则摆动，这与实验中观察到的现象一致。

图 1 是 0.25 m 高度处液相和气相垂向时均速度分布图，散点为实验结果，实线为本文大涡模拟的结果，虚线与点画线分别为 Deen 等采用 $k\text{-}\varepsilon$ 模型、大涡模拟的数值模拟结果。可见本文采用大涡模拟计算的结果与 Deen 的大涡模拟结果基本一致，与实验数据也吻合较好，其精度明显高于采用 $k\text{-}\varepsilon$ 模型的模拟结果。

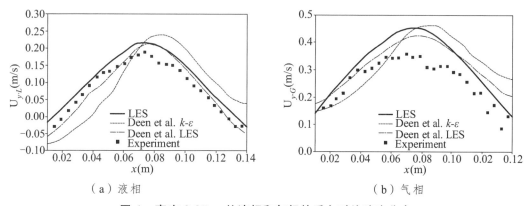

（a）液相　　　　　　　　　　　　　　　　（b）气相

图 1　高度 0.25 m 处液相和气相的垂向时均速度分布

图 2 是 0.25 m 高度处液相的垂向、水平 x 方向的脉动速度分布，线型的含义不变。由于 $k\text{-}\varepsilon$ 模型假设紊动是各相同性的，因而只计算每一时空点处的湍动能 k，此处的脉动速度由湍动能 k 及各向同性假设计算得到。而实际上由于气泡浮射流产生的垂向剪切显然大于径向，因而紊动具有各向异性，湍动能的垂向分量应大于径向分量。故从图 2 中可以看出，本文的大涡模拟结果与实验数据较为吻合，而采用 $k\text{-}\varepsilon$ 模型的模拟结果垂向脉动速度明显偏小，径向脉动速度明显偏大。

由以上结果可以看出，本文中模拟得到的结果与实验测量均较为接近，本文采用的模型对于模拟多相浮射流问题是可靠的。

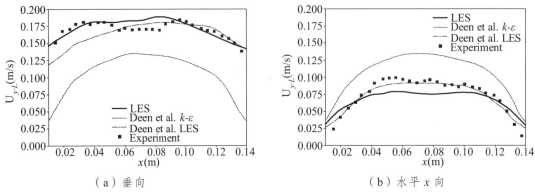

（a）垂向　　　　　　　　　　　　　　　（b）水平 x 向

图 2　高度 0.25 m 处液相的垂向和水平 x 向脉动速度分布

4　密度分层流体中的多相浮射流模拟

由于盐度、温度差异，底部海水密度一般大于上部海水。因而在实际海底溢油事故中，油气浮射流所处的环境常常存在密度分层。因而研究密度分层流体中的羽流结构对于实际水下溢油问题具有更重要的意义。本节将前述模型应用于密度分层环境流体中的多相浮射流模拟，并将模拟得到的剥离高度、截留高度与 Seol 等的实验数据[6]以及 Yang 等采用混相模型的数值模拟结果[9]进行对比。

4.1　实　验

2009 年，Seol 等采用 PLIF 的成像方法，对于静止均匀密度分层环境流体中的气泡羽流进行了测量。实验中采用的水箱尺寸为 38 cm×38 cm×80 cm，初始时刻水箱中水静止。采用双箱法对于水箱中的水进行分层处理。为模仿海水顶部的混合层，顶部 0.1 m 密度设为一致，以下部分密度梯度固定为 $\partial\rho/\partial y = -50$ kg/m^4。气体进口位于容器底部中央，空气流量固定为 $Q_b = 0.09$ L/min。根据实验中的观察，气泡的有效粒径约在 1.2 mm 左右，由此可得气泡滑移速度为 0.06 m/s 左右。PLIF 主要用于追踪卷吸流体的运动轨迹。浓度为 1.5 mg/L 的荧光染料以 4.3 mL/s 的速率从进口处注入，与底部被卷吸的流体混合。由于剥离作用，被染色的流体到达剥离高度后将向下运动，随后随着侵入层横向扩展，因而荧光染料可以很好地追踪卷吸流体的运动。

4.2　算例设置

计算区域几何尺寸为 38 cm×38 cm×80 cm，与实验中的水箱尺寸保持一致。采用单元大小为 1 cm^3×1 cm^3×1 cm^3 的均匀网格。初始时水箱内水柱高度为 0.7 m。水和水箱顶部空气速度均设为零。初始密度梯度 $\partial\rho/\partial y = -50$ kg/m^4，最上层 0.1 m 的水温一致设为 300 K，表面 0.1 m 以下的初始水温按照密度梯度以及密度和温度的线性关系随水深而降低。水箱底部中心处为 2 cm^2×2 cm^2 的进口边界，入口边界空气相分数为 1，空气初始速度设为 $v_{g,in} = 0.003\,75$ m/s，保持空气流量 $Q_b = 0.09$ L/min，进口边界处染料浓度设为固定值 1。顶部出口压力边界，对于温度和相分数则为所谓 inletOutlet 边界条件，即出边界为零梯度，进边界空气相分数为 1，温度为 300 K。流速在壁面处为无滑移条件，其余物理量为零梯度边界条件。水、空气的物性均选择与实验相同的值。Smagorinsky 模型中的涡黏系数取 $C_s = 0.1$。

4.3　模拟结果与分析

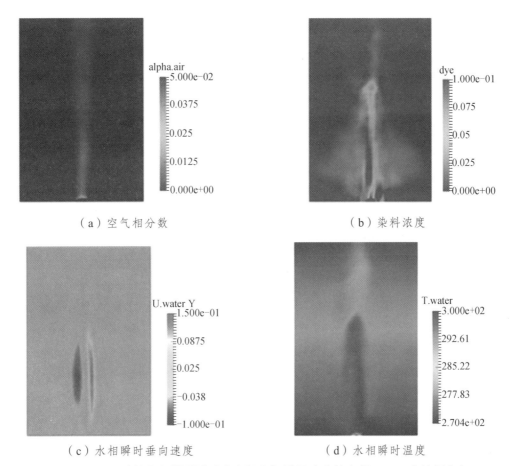

（a）空气相分数　　　　　　　　　　　　　（b）染料浓度

（c）水相瞬时垂向速度　　　　　　　　　　（d）水相瞬时温度

图 3　$t = 90$ s 时刻中心截面瞬时速度场和标量场（水箱底部 0.7 m 水柱部分）

图 3 显示了 $t = 90$ s 时刻的中心截面处瞬时速度场与标量场。其中（a）为气体相分数场，核心气柱较稳定，且在第一个剥离-侵入过程后气泡核略微向两侧扩张，这与 Yang 等的数值模拟中观察到的现象一致。（b）为染料浓度场，表示周围流体随着气泡浮射流的卷吸作用的运动轨迹，从图中可以很明显地看出周围流体存在剥离-截留的过程。（c）为水相垂向速度场，从中可以看出该瞬时浮射流中心区域，即所谓内羽流区的水相速度最大，大约处于 0.13 m/s 左右，但中心区域两侧均存在水相速度为负的区域，这是由于外羽流从内羽流剥离而来，受反向浮力的作用向下运动，因而速度为负。（d）为水相温度场，从中也可以明显观察到剥离过程。

羽流瞬时结构并不稳定，其很大程度上受到紊动的影响，且由于剥离和侵入过程的作用，染料的分布也具有间断性。而时均后的浮射流则具有相对稳定的结构。表 1 表示了本文、Seol 等的实验以及 Yang 等的混相模型得到的 $40 \sim 100$ s 时间段内的时均剥离高度和截留高度，其中剥离高度定义为最大染料浓度 5% 边界的最大高度，截留高度定义为外羽流被染色流体的质心位置。

从表中的结果可以看出，本文模拟得到的时均剥离高度和截留高度与实验以及 Yang 的混相模型的模拟结果均较为接近，相比于实验而言，本文模拟的剥离高度略微偏大而截留高度偏小，与实验的相对误差分别为 9.6% 和 15.2%。根据 Yang 等的模拟结果[9]，当气泡滑移速度增大时，浮射流剥离高度增大而截留高度减小。因而模拟结果与实验的偏差一方面可能由实验本身误差所引起，另一方面也可能是本文中选择的拖曳力模型所计算的拖曳力系数偏小、气泡滑移速度偏大所致。

表 1 时均剥离高度、截留高度对比

	剥离高度	截留高度
本文模拟结果	0.342 m	0.123 m
Seol 等实验测量	0.312 m	0.145 m
Yang 等数值模拟	0.332 m	0.167 m

5 结论与展望

本文采用了大涡模拟与 Euler-Euler 方法，以开源计算流体力学类库 OpenFOAM 中的 multiphaseEulerFoam 求解器为基础进行改进和完善，开发了可应用于模拟密度分层环境下油气多相浮射流的程序。模型通过再现气泡浮射流实验进行了验证，并在此基础上模拟了密度分层环境流体中浮射流，模拟结果表明，本文所采用的模型可以很好地捕获剥离-侵入过程及双羽流结构，所预测的剥离高度、截留高度也与实验结果较为接近。且由于本文所采用的 Euler-Euler 模型可以很容易地扩展到油气多相的情况，后续研究中可考虑实际的海洋分层和油气共存的情况，拓展应用于实际井喷溢油事故中泄露点附近的油气多相浮射流模拟。系统的数值分析成果还可进一步用于对大尺度参数化溢油模型的改进和完善。

参考文献

[1] Mcdougall T J. Bubble plumes in stratified environments[J]. Journal of Fluid Mechanics，1978，85（04）：655-672.

[2] Milgram J H. Mean flow in round bubble plumes[J]. Journal of Fluid Mechanics，1983，133：345-376.

[3] Asaeda T，Imberger J. Structure of bubble plumes in linearly stratified environments[J]. Journal of Fluid Mechanics，1993，249：35-57.

[4] Deen N G，Hjertager B H，Solberg T. Comparison of PIV and LDA measurement methods applied to the gas-liquid flow in a bubble column[C]//10th international symposium on applications of laser techniques to fluid mechanics. 2000.

[5] Socolofsky S A. Laboratory experiments of multi-phase plumes in stratification and crossflow[D]. Massachusetts Institute of Technology，2001.

[6] Seol D G，Bryant D B，Socolofsky S A. Measurement of behavioral properties of entrained ambient water in a stratified bubble plume[J]. Journal of Hydraulic Engineering，2009，135(11)：983-988.

[7] Deen N G，Solberg T，Hjertager B H. Numerical simulation of the gas-liquid flow in a square cross-sectioned bubble column[C]//Proceedings of 14th Int. Congress of Chemical and Process Engineering：CHISA（Praha，Czech Republic，2000）. 2000.

[8] Deen N G，Solberg T，Hjertager B H. Large eddy simulation of the gas liquid flow in a square cross-sectioned bubble column[J]. Chemical Engineering Science，2001，56（21）：6341-6349.

[9] Yang D，Chen B，Socolofsky S A, et al. Large-eddy simulation and parameterization of buoyant plume dynamics in stratified flow[J]. Journal of Fluid Mechanics，2016，794：798-833.

电厂虹吸井排水消泡数值模拟方法研究

李明达，纪平

（中国水利水电科学研究院，北京复兴路甲 1 号，100038）

【摘　要】　虹吸井排水消泡问题研究的关键在于明确虹吸井溢流堰下泄水流的掺气情况，其重点在于模拟研究掺气浓度的沿程变化及减少水流掺气、加速气泡在控制区域快速溢出的工程措施。本文在归纳总结电厂虹吸井排水消泡问题产生原因以及现有模拟研究方法的基础上，重点总结分析了前人关于掺气水流的数值模拟计算方法、成果及其应用情况。结合电厂虹吸井排水消泡的具体特点，提出了电厂虹吸井排水消泡数值模拟的基本方法与实施路线。研究成果对开展虹吸井排水消泡问题数值模拟提供了适宜的参考意见。

【关键词】　虹吸井；消泡；数值模拟

1　研究背景

我国沿海地区分布有大量的火/核电厂，且普遍采用海水作为冷却水源的直流供水系统。由于生产工艺要求等的限制，排海冷却水中往往携带有大量的淡黄色泡沫，形成大范围的泡沫污染带，这不仅严重影响了受纳水域的水质和观感，而且飞溅起的含盐水雾会严重腐蚀排水口附近的金属结构物和地表的植被。特殊情况下，泡沫还可能影响电厂周边的环境[1]。泡沫带的主要成分虽不具有污染性，但由于核电的敏感性，泡沫的产生会给人带来感官和心理上的不适[2]。近年来随着全民环保意识的不断增强，国家和行业内也对于泡沫问题提出了更高的要求，电厂排水工程设计普遍开始考虑防泡、消泡的问题。

目前，对虹吸井的排水消泡问题的研究方法主要是理论分析、物理模型两种方法。理论分析主要是对泡沫的产生原因和存在形式进行分析，通过对泡沫的主要成分——气泡的产生溃灭条件、运动途径及掺气浓度沿程变化的分析研究，有针对性地改进工程设计方案，以期尽量减少和避免气泡的产生，并阻止其排出虹吸井外对环境水域造成污染[3-4]。由于掺气水流的运动较为复杂，理论分析的结果，往往需要通过物理模型来验证；物理模型主要是采用物理试验的方法，通过一定的缩尺模型在实验室中对虹吸井的过流情况进行模拟研究，并利用合适的工程手段去优化虹吸井的内部结构，如设置一些拦泡消泡的设施[5-6]或对虹吸井溢流堰进行体型优化[7]，以期达到更好的消泡效果。但物理模型往往费时费力，试验周期长、效率低，并且由于水流运动相似条件与掺气相似条件难以同时满足，存在很大的缩尺影响[8]，模型状态下也很难达到自然掺气的临界条件[9]。

相对而言，数值模拟方法具有成本低、效率高、不存在缩尺影响和可视化效果好等优势。随着计算机和互联网技术的不断增强，近年来数值模拟技术手段和水平取得了突飞猛进的提高，越来越成为研究流体运动的一个重要手段。同时，对掺气水流的数值模拟方法也逐渐发展且趋于成熟，本项研究即在总结前人已有研究成果的基础上，结合虹吸井排水消泡问题的具体实际，探讨更为适宜的虹吸井排水消泡问题数值模拟研究方法。

2 消泡数值模拟基础

2.1 消泡数值模拟的目标

火/核电厂直流循环冷却水系统主要由取水口、升压水泵、凝汽器、虹吸井和排水流道等组成。其工作方式是：冷却水通过取水口、升压水泵从取水水源（如海洋、河流、水库等水域）提升至凝汽器经热交换升温后进入虹吸井，而后流经虹吸井内溢流堰通过排水流道排至环境水域（虹吸井结构如图1所示）。由于溢流堰上下游始终存在不断变化的水位差，致使过堰水流呈现跌落出流的状态，从而使过堰水流大量掺气，特定条件下，气泡逸出水面后形成一种稳定性很强的泡沫带。

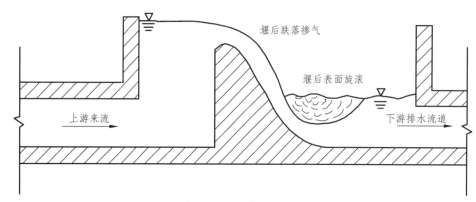

图 1　电厂虹吸井典型断面示意图

对消泡问题的研究表明，滨海火/核电厂排水泡沫污染问题产生的主要原因在于：（1）排水出流掺气；（2）排放水体中所含有的余氯（杀灭海生物药剂残留物）、水生物残渣等使得水体物理性质发生改变。前者属于物理因素，后者属于生物/化学因素。

可以看出，用物理方法来解决消泡问题主要是要减少排水出流掺气的情况，故而消泡数值模拟的目标也是研究掺气水流的掺气情况，特别是掺气浓度的沿程变化。掺气水流作为水利工程中一种常见的水气两相流现象，学界和工程界都已经进行了大量深入的研究，常用商业 CFD 软件也有对应的模型进行计算，并且其实际模拟效果达到了一定的精度。

2.2　数值模拟方法

2.2.1　多相流模型

目前计算流体力学常用两种数值计算的方法来处理多相流，即欧拉-欧拉方法和欧拉-拉格朗日方法。由于在掺气水流的运动中，水相和气相明显是连续相，因而一般都采用欧拉-欧拉方法，将不同的相处理成互相贯穿的连续介质[10]。

在商业 CFD 软件中，一般有三种欧拉-欧拉多相流模型，分别为流体体积模型（VOF）、欧拉（Eularian）模型以及混合物模型。其中与掺气水流相关的数值模拟常用前两种模型。

VOF 法是 Hirt 和 Nichols 提出的一种处理复杂自由表面的方法[11]。定义一个体积函数 $F(x, y, z, t)$ 表示区域内流体体积的区域体积之比，既水气两相各占的体积份额，作为处理水域自由面的基本创意。VOF 法主要适用于分层流动、自由水面、液体中的大气泡运动、射流破碎、溃坝水流及任何液-气界面的填充、摆动、稳定或瞬时跟踪计算等，能够较好捕捉自由表面，但不能有效地描述水气两相间的力学和运动特性。

欧拉模型是这三种多相流模型中最复杂的，它建立了一套包含有 n 个动量方程和连续方程来求解每一相。压力项和各界面交换系数耦合在一起，耦合的方式则依赖于所含相的情况。由于利用双流体欧拉法处理相间界面所对应的混合 k-ε 紊流模型相对而言比较复杂，因此数值模拟计算对收敛性和计算机性能都有较高的要求，但能够较好地模拟水气混掺、分离的运动特性[12]。

2.2.2 紊流模型

目前紊流模型所采用的数值计算方法基本可以分为直接模拟（DNS）、大涡模拟（LES）和雷诺时均应力模型（RANS）三大类[13]。

直接模拟（DNS）是对 N-S 方程不做任何模化和简化，利用足够细密的网格直接求解 N-S 方程。其优点是误差较小，但是显著的缺点是所采用的网格必须小于或等于最小涡旋的尺寸，计算量大，对计算机要求太高。当前直接数值模拟多用在紊流的基础研究领域，在工程计算中尚不适用。

大涡模拟（LES）是选用比直接模拟大的网格尺寸，通过滤波将流动分为大尺度量和小尺度量，利用亚格子模型模拟小尺度量，直接求解大尺度量的数值方法。由于大涡模拟比紊流时均模拟更为精细、计算量远小于直接模拟、小尺度量具有各向同性的特点使得建立亚格子模型具有较好的普适性。但在实际应用中，大涡模拟仍然对计算机的性能要求太高，在工程领域的计算中尚未得到普及。

雷诺时均应力模型（RANS）是目前的常用方法。利用 Boussinesq 假设[14]，将雷诺应力与紊动黏性系数和时均变形率联系起来，模化脉动量，求解时均量。通过添加另外的方程与时均 N-S 方程一起组成闭合的方程组描述紊流运动，把紊流的脉动附加值与时均值联系起来，也就是确定紊动黏性系数的一些关系式。通过模化紊动黏性系数建立的模型中，应用最广的是 k-ε 模型[15]，通过求解紊动能 k 和紊动耗散率 ε 的输运方程，从而确定紊动黏性系数。并在标准 k-ε 模型的基础上陆续发展了 RNG k-ε 模型和 k-ω 模型等模型，对不同的紊流问题有更好的适应性。

而在用双流体欧拉法处理两相界面及相间的相互作用中，最常用的紊流模型为混合 k-ε 紊流模型[16]。它代表了单相 k-ε 模型的第一扩展，只求解混合物的紊流方程，主要应用于相分离，分层（或接近分层）和相之间的密度比接近 1 的多相流。此时，紊流的主要特性是由混合物属性和混合物速度获得。其基本方程形式如下：

k 方程与 ε 方程分别为：

$$\frac{\partial}{\partial t}(\rho_m k) + \nabla \cdot (\rho_m \overrightarrow{U_m} k) = \nabla \cdot \left(\frac{\mu_{t,m}}{\sigma_k} \nabla k \right) + G_{k,m} - \rho_m \varepsilon \tag{1}$$

$$\frac{\partial}{\partial t}(\rho_m \varepsilon) + \nabla \cdot (\rho_m \overrightarrow{U_m} \varepsilon) = \nabla \cdot \left(\frac{\mu_{t,m}}{\sigma_\varepsilon} \nabla \varepsilon \right) + \frac{\varepsilon}{k}(C_{1\varepsilon} G_{k,m} - C_{2\varepsilon} \rho_m \varepsilon) \tag{2}$$

式中，混合密度 $\rho_m = \sum_{i=1}^{N} \alpha_i \rho_i$，混合速度 $\overrightarrow{U_m} = \sum_{i=1}^{N} \alpha_i \rho_i \overrightarrow{U_i} / \sum_{i=1}^{N} \alpha_i \rho_i$，紊流黏度 $\mu_{t,m} = \rho_m C_\mu k^2 / \varepsilon$，方程（1）、（2）中常数与单相流 k-ε 紊流模型相同，近壁处理采用标准壁函数。

3 掺气水流数值模拟进展

近年来，随着计算机性能的提升与商业 CFD 软件的普及，很多学者开始借助计算机进行掺气水流的数值模拟计算，使得对掺气水流的数值模拟方法有了很大的发展，并且在利用计算机技术的同时，其应用具体计算的手段与方法也有一些突破与革新。

2000 年，谭立新等[17]对水利工程中掺气水流的数值模拟进行了研究。从建立数学模型的角度，详细分析了水利工程中水气二相流的特点，从理论上证明对工程中常见的稀疏气泡流，单流体模型是可行的。2002年，张宏伟[18]从二相流基本理论出发，推导了二相流双流体模型的平均方程及其相界面间断关系，给出了水气二相流的标准$k\text{-}\varepsilon$模型方程，并编程计算了明渠掺气水流问题中的掺气浓度、流速及其他运动参数。但对自由水面采用"刚盖"假定，对固壁采用壁面函数法的单层模型，对计算精度有一定的影响。2007年，李玲等[19]详细介绍了VOF模型及其应用方法，结合$k\text{-}\varepsilon$紊流模型和分段线形方式构造界面的方法，数值求解了带自由水面的三维水流流动问题。以大型水工建筑物溢洪道内水流流动为例，计算了溢洪道内水流流动特性，计算结果（压强分布、水深分布、水流空化数分布、断面流速分布）与实测值相吻合，说明VOF模型能够精确地跟踪自由表面，适用于溢洪道等大型水工建筑物内的水流流动的数值模拟。2008年，张宏伟等[20]应用FLUENT软件及其二次开发技术，采用双流体模型及混合$k\text{-}\varepsilon$湍流模型对带有掺气挑坎的陡槽高速掺气水流进行了二维数值模拟，并在构建相间阻力本构关系式时考虑了湍流扩散的影响，使掺气浓度的分布和掺气量的计算结果与试验数据符合更加良好。

最近十年间，对掺气水流的数值模拟计算基本上形成了三类方法：一类是利用FLOW-3D的TRU-VOF法结合标准$k\text{-}\varepsilon$模型或RNG $k\text{-}\varepsilon$模型进行模拟[21-23]；第二类是利用FLUENT里多相流模型中的VOF法结合适当形式的$k\text{-}\varepsilon$模型进行模拟[24-26]；第三类是利用FLUENT中的双流体欧拉法结合混合$k\text{-}\varepsilon$模型进行模拟，并考虑紊流扩散作用的影响[27]。虽然这三类方法在各自工程实例中与物理试验基本都取得了一定的拟合程度，但是仍旧存在一些区别与不足之处。

对商业CFD软件的选择上，文献[28]中从开发环境、网格划分以及对自由液面的追踪方式三个方面，将FLUENT与FLOW-3D软件的数值仿真能力进行了比较。分析表明，二者均能较好地应用于水力学问题的研究。其中FLUENT具有较好的收敛速度，而FLOW-3D对自由液面的处理效果更佳。但在对掺气浓度的计算上，文献[29-30]都显示出FLUENT中的双流体欧拉法的计算结果比VOF法要更接近实验结果，具有更好的一致性。综合而言，第三类方法更适合于求解有关掺气浓度的问题，模拟的效果相对较好。

4 消泡数值模拟重点

4.1 消泡数值模拟特点

（1）消泡问题的水力条件与前述掺气水流数值模拟所研究的对象有所不同。目前水利上大部分研究掺气水流数值模拟的论文所研究的对象都是高速水流，泄水建筑物泄流速度最大可达30~50 m/s；相比较而言，消泡问题所涉及的虹吸井溢流堰下泄水流流速相对较小。一是虹吸井溢流堰的跌落高度较小，如大亚湾核电站堰前后最大水位落差为5.8 m[4]；二是虹吸井溢流堰的过堰水流流速也较小，往往只有3~5 m/s，即使下泄水流跌落到消力池底时，最大也不过是12 m/s，低于之前所研究的高速水流掺气问题。由于各种研究中对自然掺气的临界条件多集中在3~7.5 m/s[31]，故较小流速状态下的数值模拟有可能呈现不同的现象。

（2）消泡问题数值模拟的重点是关注掺气浓度的沿程变化。由于泡沫产生的物理因素主要是由于虹吸井排水出流携带了大量的气泡，这些气泡跟随排水进入环境水体后不断累积，进而在排口附近海域形成淡黄色泡沫污染带。故消泡问题的解决，重点考虑使水流所掺气泡尽可能在进入虹吸井下游排水通道前溢出，以便集中处理和消灭，避免影响外海水域。由于虹吸井段内掺气水流沿程的掺气浓度变化趋势可以用来验证消泡设施的有效性，因而成为消泡数值模拟中的重点关注对象。

（3）现有数值模拟手段下对掺气浓度计算的准确度还不算特别高，如文献[30]中用欧拉模型和VOF模型所计算的泄洪洞掺气坎后掺气浓度与实验值均有较大的偏差。究其原因，一是当前计算过程中采用的商业软件大多使用了雷诺时均应力模型，因而不能对紊流结构的瞬态特性做出可信的预测。并且双流体模型在建立和应用的过程中也存在大量的假设，例如将水中气泡盖化为单一直径的粒子，且气泡不变形、不破碎，并用等效直径来表示。这都不符合自然界的真实情况。二是在利用商业软件进行计算的时候，使用了一些经验常数，参数的选择也会影响到数值模拟的准确性，并且对于不同的问题下不同参数的选取也没有普遍规定，给后续的研究造成了许多困扰。

4.2 消泡数值模拟研究方法及其实施路线

（1）宜采用的数学模型及其改进措施。根据前述分析，掺气浓度数值模拟宜采用 FLUENT 软件中的双流体欧拉法结合混合 $k\text{-}\varepsilon$ 紊流模型开展计算工作，并考虑紊流扩散作用的影响；由于双流体欧拉法需要假定气泡和液滴的直径大小，不同直径下会导致掺气浓度的模拟结果产生一定的偏差，而关于虹吸井下游掺气水流中挟带气泡大小的研究甚少，需要结合相关试验、原型调查结果等选取适宜的模拟气泡尺寸。

（2）为了把握、提高数值模拟计算成果的准确性，需采用相应的物理模型试验手段对模拟计算结果进行对比、验证，据此对比验证结果提出适宜的数学模型及其参数等的改进方法，提高模拟计算成果的准确性与精度，给出数值模拟方法在虹吸井排水消泡领域的应用范围，为将来更大范围的虹吸井排水消泡的物理模型试验与数值模拟计算提供帮助和参考。

（3）依据改进后的虹吸井排水消泡数学模型，针对依托工程虹吸井排水消泡问题开展相应的消泡方案对比研究工作，结合消泡模型试验及工程实际调研（或原型观测）结果，提出虹吸井排水消泡布置基本原则及优化方案，为工程设计提供参考。同时借此进一步完善排水消泡数学模型，以使其为更好地服务于工程实际。

5 总 结

（1）对消泡问题的数值模拟归根结底是对虹吸井溢流堰过堰水流的数值模拟，其重点是关注过堰水流掺气浓度的沿程变化趋势。以往对掺气水流的数值模拟，通常使用 FLOW-3D 或 FLUENT 软件中的 VOF 法与欧拉法，并结合适当形式的 $k\text{-}\varepsilon$ 紊流模型进行计算。而在近年来涉及有掺气浓度的计算实例中，普遍采用 FLUENT 软件中的双欧拉流体法结合混合 $k\text{-}\varepsilon$ 紊流模型进行计算，在相间作用力本构方程的构建中考虑到了扩散效应，并且数值模拟的结果与相应的物理模型试验结果拟合程度较其他方法更佳，具有很高的参考价值。

（2）水流掺气机理及其表象极其复杂，掺气水流计算模型本身存在大量的简化，相应模拟计算结果与工程实际必然存在一定的差异。为提高数值模拟计算成果的准确性以及成果精度，依据相应物理模型试验结果对数值模拟计算方法、参数选取加以验证、率定是必要的，也是可行的。

（3）依据验证后的数学模型开展相应虹吸井排水消泡措施模拟研究工作，可快速、经济地实现对消泡措施的初步优选，并结合物理模型试验等研究结果，为电厂实际工程排水虹吸井规划设计提供参考依据。

参考文献

[1] 纪平，秦晓. 滨海火/核电厂排水消泡技术综合分析. 水利水电技术，2015，46（11）：126-129.

[2] 赵刚，雷晓云，张洪洋. 核电厂循环水系统排水口泡沫问题综合治理措施. 中国给水排水，2013，29（22）：138-141.

[3] 邱静，黄本胜，赖冠文. 泡沫成因分析及污染治理工程措施研究. 广东水利水电，2002，（5）：26-30.

[4] 余平. 大亚湾核电站 CC 出水口防盐雾消（减）泡沫研究. 广西电力，2003，（1）：54-57.

[5] 曾令刚. 滨海电厂虹吸井排水泡沫成因及治理措施. 中国科技信息，2009（18）：67-68.

[6] 龙宏斌. 滨海电厂循环水泡沫起因分析及解决方案. 电站辅机，2014，3（1）：31-34.

[7] 黄艳君，杜涓. 大型发电机组循环水系统虹吸井溢流堰型优化. 华中电力，2003，16（1）：13-15.

[8] 谢省宗，陈文学. 掺气水流掺气浓度缩尺影响的估计. 水利学报，2005，36（12）：1420-1425.

[9] 赵振兴，何建京. 水力学（2 版）. 北京：清华大学出版社，2010.

[10] 温正，石良辰，任毅如. FLUENT 流体计算应用教程. 北京：清华大学出版社，2009.

[11] Hirt C W, Nichols B D. Volume of fluid （VOF）method for the dynamics of free boundaries. Journal of Computational Physics，1981，39（1）：201-205.

[12] 贾来飞. 溢洪道掺气坎槽后掺气水流三维数值模拟研究. 天津大学硕士论文，2012.

[13] 方红卫，何国建，郑邦民. 水沙输移数学模型. 北京：科学出版社，2015.

[14] Boussinesq J. V.. Essay on the theory of flow water，Mem. Acad. Sci.，1877，23 （3）：1-10.

[15] S. E. Elahobashi and T. W. Abou-Arab. A two-equation turbulence model for two-phase flow. Phys. Fluids，1983，26（4）.

[16] Lopez de B M, lahey R T Jr, Jones O C. Development of k-ε model for bubbly Two-Phase flow. Trans. of the ASME, J. of fluids Engineering，1994，116：128- 134.

[17] 谭立新，许唯临，杨永全，等. 水气二相流特点及其单流体模型. 西安理工大学学报，2000，16（3）：280-283.

[18] 张宏伟. 掺气水流双流体模型数值模拟研究. 西安理工大学硕士论文，2002.

[19] 李玲，陈永灿，李永红. 三维 VOF 模型及其在溢洪道水流计算中的应用. 水力发电学报，2007，26（2）：83-87.

[20] 张宏伟，刘之平，张东，等. 挑坎下游高速掺气水流的数值模拟. 水利学报，2008，39（12）：1302-1308.

[21] 李广宁. 抽水蓄能电站上水库侧式进/出水口水力特性研究. 天津大学硕士论文，2010.

[22] 徐立洲，刘昉，刘卓. 掺气设施后水流的挟气量规律研究. 中国农村水利水电，2016（04）：162-169.

[23] 关大玮，程香菊. 基于 VOF 模型的溢流坝三维水流数值模拟. 中国水运，2015，15（6）：51-59.

[24] 刘彬，忽彦鹏，杨磊，等. 基于 VOF 法长陡坡排水隧洞三维数值模拟. 武汉大学学报（工学版），2017，2（1）：43-49.

[25] 高改玉，张根广. 虹吸井和排水口泄流三维数值模拟及堰型优化. 人民黄河，2012，34（3）：137-139.

[26] 杨思雨. 溢流坝泄流过程水流流态数值模拟. 大连理工大学硕士论文，2015.

[27] 高学平，贾来飞，宋慧芳，等. 溢洪道掺气坎槽后掺气水流三维数值模拟研究. 水力发电学报，2014，33（2）：90-96.

[28] 孙斌. 机翼形量水槽测流机理与体形优化研究. 西北农林科技大学博士论文，2013.

[29] 叶茂，伍平，王波，等. 泄洪洞掺气水流的数值模拟研究. 水力发电学报，2014，33（4）：105-110.

[30] 肖鸿，周赤，王思莹，等. 掺气减蚀设施数值模拟研究探讨. 长江科学院院报，2014，31（10）：114-119.

[31] 时起燧. 高速水气两相流. 北京：中国水利水电出版社，2007.

小浪底水库模型水沙测控及三维重构平台建设

李昆鹏，马怀宝

（黄河水利科学研究院　水利部黄河泥沙重点实验室，河南　郑州　450003）

【摘　要】 为满足新时期以科技进步推动黄河治理开发与管理的科学化、现代化，提高模型测控技术的科技含量，着力建设模型试验测控系统自动化的治黄理念。开展了小浪底水库模型水沙测控及三维重构平台建设，使自然现象复演、模拟和试验成果在可视化的条件下实现实体模型试验过程的自动控制、数据采集和相关管理，提高了模型试验的测量水平，节省了大量人力资源，降低了试验成本，实现了试验数据共享，产生了较大经济效益和社会效益，为黄河模型测控自动化系统的全面建设积累了宝贵经验。

【关键词】 小浪底水库；模型；水沙测控；三维重构

1　引　言

小浪底水库模型模拟范围从三门峡大坝至小浪底大坝，模拟全库区 100% 的干流原始库容以及近 95% 的支流库容。模型在模拟高含沙水流实验过程中，实验数据的精确量测技术方面还不能完全满足现代科研任务需求，其中的一些技术问题尚待进一步研究解决，如量测设备测量精度低、关联性弱、数据采集与过程控制不能实时同步、数据后处理任务量大、数据呈现方式繁琐等。

为满足新时期以科技进步推动黄河治理开发与管理的科学化、现代化，提高模型测控技术的科技含量，着力建设模型试验测控系统自动化的治黄理念。引进并开发集成了高含沙环境下水库模型的三维重构平台，实现了水位、流速、地形、含沙量等在线数据的同步采集、同步控制，实时数据的传输、分析及管理；不仅解决监测数据的三维可视化表现问题，还利用三维仿真技术解决原型监测数据和模型实验数据的存储与调用，实现了数据数字化管理，提高了数据的利用率。

2　三维重构平台架构设计及数据可视化

三维重构平台架构设计是基于计算机三维可视化技术、三维建模技术、信息化技术研制开发，通过读入试验量测数据，结合三维仿真模型，运用计算机三维仿真技术生成一个逼真的三维虚拟场景，进而实现多种数据类型的一体化表现及查询分析功能。三维重构平台不仅可以实现试验区域三维场景下测量要素的现场采集、远程传输、实时显示、实时存储，且具备后期试验数据后处理、存档、查询及历史数据的综合对比等多种任务模式的试验数据管理功能，还可以实现试验现场环境的虚拟仿真及试验数据的三维重构。

基金项目：水利部"948"科技计划项目（201505）；国家自然科学基金项目（51509103）。

作者简介：李昆鹏（1981—），男，汉族，河南武陟人，高级工程师。研究方向：河流泥沙运动与模拟技术。

小浪底水库三维重构平台系统通过对干流 56 个、支流 116 个断面地形以及流速、含沙量、水位数据模块的整体建模，实现了水库三维场景的同步仿真模拟，在三维场景中可以从任意角度、以任意比例观察试验对象，以三维形式回放试验过程或结果，增强试验操作性和数据分析途径，提高试验所获信息量。数据可视化模块根据所渲染数据的不同类型分为基础数据、矢量数据、标量数据、业务数据等可视化模块，用于对不同数据类型进行可视化表现；查询分析模块可对系统已加载的数据进行空间数值查询及断面分析、冲淤分析等。三维重构平台系统从采集数据至提交数据结果的一个周期最长约为 20 min，后台数据库数据可实时以图表形式展示。小浪底水库三维场景仿真系统见图 1。

图 1   小浪底水库三维场景仿真系统

3   三维数据处理及展示

3.1   流速模块

流速模块采用 Visual Studio 2010 软件开发工具，采用 C++编程语言进行编程。模块通过读取电磁流速仪测量数据，实现断面垂线流速分布、沿程流速分布实时展示，数据后处理支持流速标准方差计算、平均流速计算、最大与最小流速值筛选等功能，同时根据流速数据在三维场景中自动生成表面流场。沿程流速在三维重构平台中的实时展示见图 2。

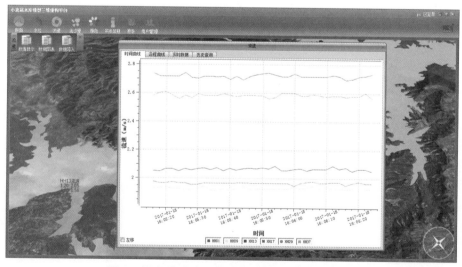

图 2   沿程流速在三维重构平台中的实时展示

3.2 水位模块

水位模块采用 Visual Studio 2010 软件开发工具,界面使用 QT Creator 开发工具,采用 C/S 程序结构。模块主要由设备接口层、业务处理层、中间服务层、应用接口层、应用层组成。① 设备接口层:提供访问硬件的接口,该层是真正与设备进行交互的模块。② 中间服务层:提供应用和设备之间的网络连接和数据交换,提供数据库访问接口;提供网络设备连接服务,网络设备初始化时将主动连接服务层;提供任务接口执行用户定义的复杂任务,例如定时循环任务的执行,设置该层的目的是消除应用和硬件的耦合关系。③ 应用接口层:提供应用层与服务层之间的调用接口,设置该层的目的是降低应用层调用底层服务的复杂度(例如复杂的网络传输),同时该接口还可以被第三方应用调用,便于应用的扩展。④ 应用层:完成数据的存储,系统的主要数据保存在数据库中;读取各水位传感器的采集数据,系统根据各水位传感器的位置信息与水位数据在三维场景中自动生成水面,实现现场水位与仿真系统水位的实时同步表现。沿程水位在三维重构平台中的实时展示见图3。

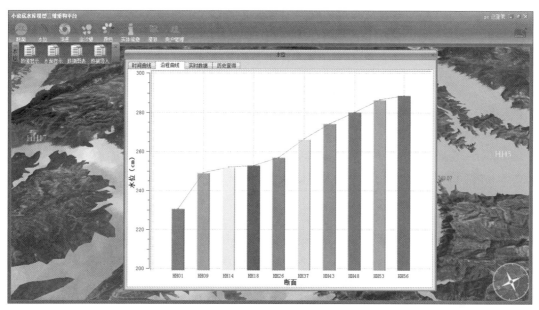

图 3 沿程水位在三维重构平台中的实时展示

3.3 含沙量模块

含沙量模块采用 Visual Studio 2010 软件开发工具,采用 C++编程语言进行编程。模块主要由应用层、业务层和管理层组成:① 应用层:为传感器数据采集层,为设备交互模块。② 业务层:提供设备后处理的业务逻辑实现,包括实验数据传输、数据转换、数据后处理等功能。其中数据后处理模块主要提供数据采集、数据存储、数据显示和数据导出功能。数据采集支持连续采集、固定时间段采集、固定间隔定时采集、固定间隔即时采集多种采集模式;系统启动采集后,程序可自动将采集到的含沙量信息保存到文本文件中,文本中为原始的含沙量信息,文本数据以列的模式显示,第一列为时间信息,第二列为通道 1 的含沙量信息,第二列为通道 2 的含沙量信息,以此类推;数据以图形的数据列表的方式显示,图形可以实时显示出当前浓度信息和历史的浓度信息的变化曲线;数据列表以时间和含沙量的方式显示,采集的数据可根据用户的需要导出,可根据试验需求自定义导出格式。③ 管理层:提供系统管理应用,包括系统横向运动、垂向运动、速度管理、运动定位管理、设备管理、接口定义等。沿程含沙量在三维重构平台中的实时展示见图 4。

图 4   沿程含沙量在三维重构平台中的实时展示

3.4   地形模块

地形模块采用 Visual Studio 2010 软件开发工具,采用 C++编程语言进行编程。模块主要由应用层、业务层和设备层组成:① 设备层:提供访问硬件的接口,是与设备进行交互的模块。② 业务层:提供应用层所有业务的逻辑实现以及所有业务功能的流程实现;采用多线程的方式,对各种测量业务流程进行独立的运行,各流程之间的消息以异步的事件方式进行传递,保证各流程之间的流畅度。③ 应用层:提供系统所有的业务功能人机交互界面,以按钮、列表、图形等方式提供交互功能。主要功能模块有:a. 断面管理:提供对断面的管理功能,包括断面的起点、终点等设置;b. 设备管理:提供所有设备的管理功能,包括增删改查;c. 控制面板:提供所有的测量、运动功能,包括断面测量、自定义测量两种方式,并可设置各种方式的运动采集参数,如测量速度、次数等;d. 绘图:提供数据的二维曲线图绘制功能,支持缩放、平移等操作;e. 数据列表:按照当前搭载设备的测量数据进行展示;f. 数据库:提供所有已测数据的管理、浏览、载入展示等功能。干流地形在三维重构平台中的实时展示见图 5。

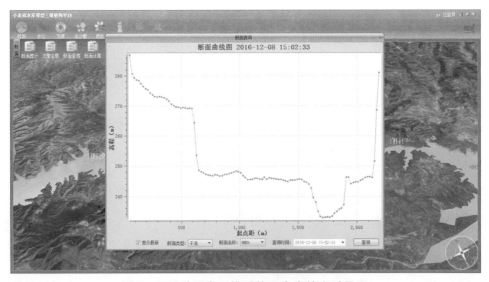

图 5   干流地形在三维重构平台中的实时展示

地形模块通过读取地形数据文件中的空间点坐标,使用系统内置的构网算法进行地形网格化,再经过纹理贴图后,实现地形数据的三维可视化表现,系统还提供库容、冲淤量、断面计算等功能。

4 模型试验测试成果

4.1 流速比测成果

利用标定好的三维电磁流速仪、旋浆流速仪,在小浪底水库模型试验中的 HH1、HH9、HH13、HH17、HH29、HH37 断面,相继开展了不同水深下的流速比测工作,成果见图 6。由图 6 可知,试验流速范围为 0.05~3.47 m/s,线性趋势较集中,三维电磁流速仪比旋浆流速仪测量值总体偏大 11%,分析认为可能是水体中的泥沙颗粒、纤维影响了旋浆的正常运转,减少了旋浆转数。比测试验成果证明,三维电磁流速仪可适用于高含沙环境水流下的流速测量,且性能稳定。

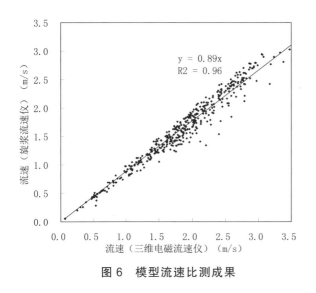

图 6 模型流速比测成果

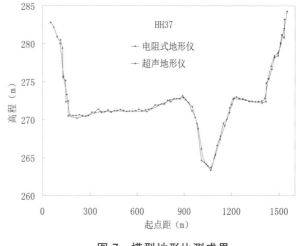

图 7 模型地形比测成果

4.2 地形比测成果

利用标定好的超声自动地形测量系统、电阻式地形仪,在小浪底水库模型试验中沿程断面,相继开展了不同水深、浑水含沙量下的地形比测工作(水深 0~1.8 m、浑水含沙量 0~600 kg/m³),代表成果见图 7。由图 7 可知,比测试验两种方法的测量数据基本一致,超声自动地形测量系统可取代传统的电阻式地形仪进行高含沙水流环境下的地形测量,非接触不破坏地形状态。

4.3 含沙量比测成果

利用标定好的超声悬浮物浓度测量系统、比重瓶置换法,在小浪底水库模型试验中的HH1、HH9、HH13、HH17、HH29、HH37 断面,相继开展了不同水深下的含沙量比测工作,成果见图 8。由图 8可知,比测试验浑水含沙量范围为 0~600 kg/m³,线性趋势集中。小浪底水库模型试验水流温度在 17°左右,超声悬浮物浓度计与比重瓶置换法测量值基本一致(仅偏大 2%)。在不同水温预先对超声悬浮物浓度计进行标定的情况下,超声悬浮物浓度计可适用于高含沙环境水流下的含沙量测量。

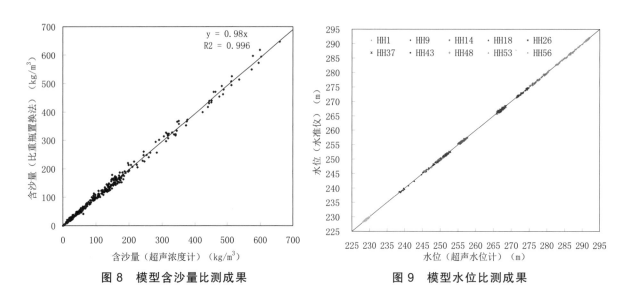

| 图 8　模型含沙量比测成果 | 图 9　模型水位比测成果 |

4.4　水位比测成果

　　利用标定好的超声水位计、水准仪法，在小浪底水库模型试验中的沿程不同断面，相继开展了水位比测工作，成果见图 9。由图 9 可知，比测试验模型水位线性趋势一致，超声水位计完全可以替代传统的水准仪法测量水位，极大降低了人工量测工作量，同时可自动实时同步测量和传输。

5　结　语

　　小浪底水库模型水沙测控及三维重构平台，经过集成与二次开发，不仅适用于高含沙水流环境下的三维流速、沿程水位、垂线含沙量、断面地形等多参数实时同步数据采集，且具备海量数据管理功能；系统配备的三维仿真及数据可视化，可对提取的试验数据进行三维展示，并对之前的试验过程进行回放，方便后期对大数据的分析及处理，提高工作效率；系统提供远程查询功能，方便用户远程查询、分析及展示数据等。平台采用面向服务的分布式架构体系，也为小浪底水库原型测量数据的重构与管理提供了强大的系统支撑，更好地满足了治黄业务的需求。

长距离调水工程中闸门控制精度优化研究

靳宏昌，李庆涛，范磊

（南水北调东线山东干线有限责任公司，山东省济南市历下区历山路 127 号，250014）

【摘　要】 长距离调水工程中闸门数量多，运行工况复杂，要实现沿线各闸站远程集中自动化控制，现地闸控设备须达到一定精度，即采集数据准确和控制准确。闸控过程中受电机性能、闸门惯性影响会导致控制不准确；系统采集数据包括开度信号、水位等模拟量或 Modbus485 信号，经过多次数字量和模拟量转换，导致数据传输不准确，无法实现闸门精确控制。本研究中通过增加变频器等设备改善卷扬式启闭机运动性能，可提高闸门控制精度；增设闸门开度编码器，将编码器输出信号直接接入到 PLC 中，减少数据转换环节，保证数据采集准确。采取以上两种措施后，能够明显提高闸门控制精度，实现长距离调水渠道沿线各闸站远程集中自动化精确控制，提高渠系的调度运行水平，改善输水效率，实现精细化配水。

【关键词】 闸门控制；数据采集；优化；精确控制

1　前　言

水利水电等基础工程在改善民生与促进国家经济发展方面发挥着重要作用。近年来，随着社会经济的快速发展，我国在水利建设方面的投资不断增加，使得相关的管理要求也同步提升[1]。科学与计算机技术不断发展与应用，调水工程中自动化调度逐步实现，通过将计算机、网络、通信、电子、自动控制、多媒体等先进技术进行不同的组合[2]，形成适合于各调水工程的自动化调度系统，有效地提高了调水效率和管理水平。目前国内长距离调水工程，如南水北调工程、粤港供水工程等均采用了自动化调度技术。信息化、自动化在电力系统中的应用已经很成熟，在国民经济的各个行业中处于领先地位[3]，但在水利行业中应用尚不够广泛。同时，在水资源信息化当中，闸门控制又是其中一个非常重要的环节。要做到水资源的优化调度，最终必须通过调节闸群，通过闸门控制来实现。闸控精度是闸门控制的一项重要指标[4]，是实现各闸站远程集中自动化精确控制、提高渠系的调度运行水平、改善输水效率的关键所在。本文就长距离调水工程中闸门控制模型运行条件进行了研究，提出影响控制精度的优化改进措施，并将其应用在南水北调东线一期工程闸（泵）站监控系统的工程实例中，经过实践证明在现地控制、集中远控等方面取得了较好的实际工程效果。

2　长距离调水工程中闸门控制精度优化研究

2.1　闸控条件现状

长距离调水工程中闸门控制的启闭机分为螺杆式启闭机和卷扬式启闭机等。受现场运行环境及电

基金项目：十二五国家科技支撑计划——南水北调河渠湖库联合调控关键技术研究与示范（2015BAB07B02）。

子产品本身使用寿命的影响[5]，在数据采集、运行控制等环节中存在采集不准确、控制不精准等问题。

螺杆式启闭机（见图 1）闸门电机运行速度相对卷扬式启闭机速度稍慢，运行相对较平稳。但是其开度仪的编码器与扬杆之间的信号传输方式为齿轮咬合式传递，运行时间较长后，闸站的开度仪编码器与扬杆之间的齿轮咬合部分松紧度在闸门运行过程中可能会变化，导致开度信号传输过程中会产生误差。

卷扬式启闭机（见图 2）为粗放型开环控制。闸门电机为直接启动控制方式，并且闸门的传动部分为具有弹性的钢缆。受限于电机的抱闸等部分的老化、闸门的惯性大、电机直接启动后的满频率运行等条件，闸门电机在启停的瞬间，抱闸刹车距离增大，导致控制不准确。

图 1　螺杆式启闭机

图 2　卷扬式启闭机

目前现地闸控系统控制流程多为图 3 所示，PLC 设备、启闭机、电动机、编码器及开度仪之间形成闭环控制，闸门控制模型中数据采集部分包括开度信号、水位、配电柜电压、电流、电机运行电流等信号的采集。采集的信号类型分为模拟量信号和 Modbus485 信号。模拟量信号如开度信号，经过多次数字量和模拟量转换，经过多个转换设备，会产生一定的误差，导致数据传输不准确；Modbus485信号容易受外界电磁环境的影响，也存在传输信号不稳定的情况。

图 3　现地闸控系统 PID 图

闸门控制与数据采集系统运行的不准确和不稳定，会对调度生产、现地运行维护管理等产生严重的影响。闸门控制不准确，会导致闸门在启闭过程中无法达到预期的目标开度，从而影响水量调度。如果在现有闸控系统运行状态下，为了保证闸门控制在要求的目标开度，只有反复启停闸门电机，而闸门电机为直接启停方式，从而对整个闸站的配电系统产生较大的冲击，甚至会影响闸控系统的安全和稳定运行。数据采集系统运行的不稳定，会影响自动化调度系统运行的精确性，使闸站运维人员对闸站当前状态的监控和掌握不到位，包括水位、闸门开度、电流、电压等能体现闸控运行系统的当前状况的各项参数。数据采集的不稳定将无法保证闸站运维人员的安全和闸控系统的正常生产和运行。为了实现闸门精确控制，对闸门控制模型运行条件进行优化是有必要的。

2.2 优化方案

针对闸控存在的上述问题，研究提出以下优化方案。

2.2.1 启闭控制优化

结合调水系统运行要求及各站点功能需求，为保障重要控制站点控制平稳、准确，综合考虑施工造价及运行维护方面，对重要站点如上下游存在分水站点配备变频器及相应材料设备。针对卷扬式启闭机运行不稳定、闸门惯性大的缺点，将多个完全独立的闸门控制回路合并为一个相对独立的控制回路，在该控制回路中加装一台变频器，从而实现闸门的"一控三"的控制（即利用一个变频器，对三个闸门进行准确而又有效的控制）。优化后的控制策略为多段速、点动、抱闸制动结合的方式。即电机以较低的速度运行（运行频率为 30Hz），在即将到达目标开度之前，以极低的速度运行（运行频率为 10Hz，电机的速度仅仅停留在 180 转左右），最终平稳地停止在目标开度位置。电机的精确定位是建立在电机精确控制上，电机只有在低速停止时，才能避免出现位置偏差。

2.2.2 信息采集优化

对于螺杆式启闭机闸门在保留原有编码器的基础上，新增一套开度编码器，将该编码器信号直接采集至 PLC。对于渠卷扬式闸站保留之前的开度仪编码器，增加收绳装置，通过增加 PLC 模块和背板等相应元器件。优化后 PLC 控制系统能够直接采集编码器输出的格雷码数字信号（如图 4 所示），避免开度信号的多次数模、模数转换，信号出现误差，保证数据采集的准确性。

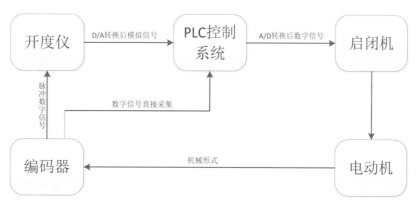

图 4　编码器信号采集过程的优化

优化后的闸门控制流程如图 5 所示，其优点主要有以下几个方面：

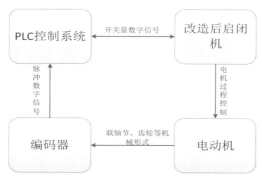

图 5　优化后的闸控 PID 图

（1）利用变频器对电机进行控制，不仅可以实现电机的软启动、软停止，降低电机启动瞬间电流对电网的冲击，并且可以对电机进行调压和调频，降低电机运行速度，提高电机控制效率，在保证准确性的同时，为电机提供包括过电流保护、过载保护、欠压保护、过电压保护、电源缺相保护、变频器输出缺相保护等在内的多项保护。并且对闸控系统进行优化之后，不仅增加了新的控制方式，还保留了之前的启闭机控制系统。这样，即使是在突发状况下，比如PLC闸控控制系统损坏等情况，仍然可以沿用之前的控制方式，控制闸门的启闭。

（2）控制方式的优化：优化后的闸控系统为集中控制方式，即能够在一个控制柜上对多个闸门进行集中控制，并且该过程能够结合闸门的开度、闸门电机的电流电压、闸站的水位流量、配电柜的电流电压等综合信息，不仅控制过程有效，并且能够直观地观察到闸门控制对整个闸站控制系统的影响。

（3）控制系统更加可靠：因为该控制方式在增加了新的集中控制方式的基础上，保留了之前的启闭机的按钮控制，能够保证闸控系统因为故障原因导致失效之后，还能够对闸门进行有效控制。

（4）控制速度的提高：优化后的闸控系统从数据采集到程序指令控制实现过程，步骤简单快捷，速度快，微秒级，严格同步，无抖动。而之前的信号传输过程，通过多次数模转换后，传输到PLC主控系统中，进行计算与比较，再反馈回启闭机控制系统，从而控制闸门电机的运行。而信号经过多次转换与传输过程中，容易受到干扰，加之现场仪器仪表设备、启闭机设备等线路老化、信号转换模块精度低等问题，导致控制反应不及时、不准确。

（5）电机噪声的降低：优化后的闸控系统可以降低电机的运行频率，从而稳定电机的运行状态，并且降低电机的噪声。电机的噪声主要包括电磁力引起的噪声、空气动力引起的噪声和机械噪声。而降低了电机的运行频率后，可以降低磁密，从而降低气隙中的电磁场产生电磁力波引起铁芯轭部振动强度，从而降低噪声；并且在降低了电机运行速度后，其滚动轴承和滑动轴承的噪声都得到了大大的降低，从而使整个闸控系统运行更加安静。

2.3 试验与结果

为验证闸控优化效果，选取南水北调东线一期山东段工程郭庄节制闸、南寺节制闸、青胥沟倒虹闸进行试验。

（1）优化前后闸门启闭试验。根据不同闸门的实际情况，调整变频器频率，借助变频器的多段速、抱闸制动功能，在闸门升/降开始时刻，采用预设的低速，在升/降过程中，采用中速，在即将达到设定高度值时，采用预设的低速，并抱闸制动。在PLC上控制闸门启闭，实验结果如图6所示。

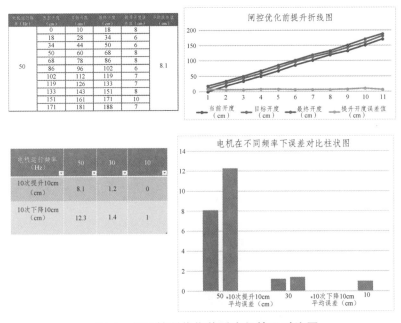

图6 闸门控制优化前后启闭情况对比图

根据试验结果分析得知，不加装变频器时电机运行条件为 50 Hz，且电机为 6 极电机，力矩较大。当对闸门进行抱闸制动时，电机在满转速的情况下直接抱闸，会造成系统从接收抱闸信号到执行抱闸动作结束时，存在一定的误差。10 次提升闸门平均误差为 8.1 cm，10 次下降平均误差为 12.3 cm。安装变频器后，电机运行在 10~30 Hz 的条件下时，电机运行缓慢且平稳，停止时抱闸位置偏差在 2 cm 之内。

闸控优化前后闸门启闭噪声试验。分别测量闸控优化前后噪声数值，如图 7 所示。

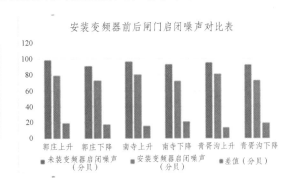

站点	未装变频器启闭噪声（分贝）	安装变频器启闭噪声（分贝）	差值（分贝）
郭庄上升	98	79	19
郭庄下降	91	73	18
南寺上升	96	80	16
南寺下降	93	72	21
青脊沟上升	95	81	14
青脊沟下降	92	73	19

图 7　安装变频器后闸门启闭噪声对比图

通过试验结果可以看出，闸控优化后，闸门启闭噪声减小 14 分贝以上，有明显的降噪效果。

（3）数据采集方式优化试验。选取青脊沟倒虹闸作为试验点，PLC 不通过采集开度仪输出 4~20 mA 信号获取开度数值，而是直接采集开度仪编码器输出的格雷码信号，然后换算成开度数值。实验结果如图 8 所示。

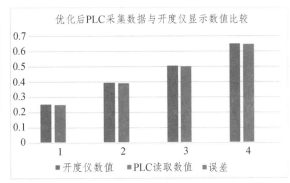

开度仪数值	PLC读取数值	误差
0.254	0.249	0.005
0.395	0.391	0.004
0.507	0.503	0.004
0.651	0.646	0.005

图 8　优化后 PLC 采集数据与开度仪显示数据比较图

通过试验结果看出，PLC 直接采集编码器输出信号得到的开度数值和开度仪获取的开度数值相差 5 mm 以下，比较精确。

3　结　语

长距离调水工程中，水利调度自动化具有核心作用，其整个系统主要负责生成闸门控制指令及制定正常调度、冰期运行、应急调度等不同工况下的水量调度计划，确保系统运行的整体稳定性。闸门控制是水利调度自动化系统中的关键，由于启闭机等机电设备性能影响了闸门控制精度，信息采集过程中数据多次转换影响数据采集的准确性，对精细化调度产生影响。通过加装变频器等设备，优化闸门控制过程，提高控制精度；安装开度编码器等设备，通过 PLC 直接采集输出信号，保证数据的准确性，为闸门控制模型运行提供很好的技术支持。上述闸门控制模型运行条件优化，经试验验证，能够实现信息采集更加准确，闸门控制更加精确，进一步优化应用效能，确保水利调度自动化系统运行的整体稳定性，为长距离调水工程做出贡献。

参考文献

［1］ 孙西欢，马娟娟，周义仁．灌区量水技术及其自动化．北京：中国水利水电出版社，2014．
［2］ 孙锐．水闸群自动控制系统的研究和应用．四川大学工学硕士论文，2006.5．
［3］ 余建建．大型闸门侧控技术在三河闸的应用．水利水电技术，2002.10：67-69．
［4］ 杨士发，吴强，常颖．供水自动化与仪表，广州：华南理工大学出版社，2014．
［5］ 谢秋华．基于现场总线的三峡工程泄洪坝段闸门电控系统．水电自动化与大坝监测，2002.3：13～15．

大坝浇筑过程中坝址区防风措施的数值模拟研究

邓雅冰，李国栋，李莹慧，李珊珊

（西安理工大学，陕西省西安市碑林区金花南路 5 号，710048）

【摘　要】 为了保证大风条件下大坝施工安全和工程质量，本文以金沙江干流某大型梯级水电站为研究对象，应用流体力学软件 FLUENT 模拟开孔率为 0.5 的防风网对坝址区域风场的影响。分析了随着大坝浇筑高程的不断增长，防风网对大坝枢纽区风场分布的变化情况，提出了利用防风网技术对坝址区安全施工的合理方案。研究结果表明：当坝高低于 680 m 时，该防风网布置方案可以对各工作面形成较有效的防护，但高坝时其作用基本丧失；坝体不同部位风速随高程的变化情况均不符合传统的风剖面曲线。研究结论为大坝施工的防风要求提供了依据。

【关键词】 峡谷地形；坝址区；防风网；风场特性；数值模拟

1　前　言

大风条件下，坝址区风特性研究及防风措施是大坝安全施工的基础。某水电站位于山区峡谷地带，受该特殊地形的影响，山区的风环境较为复杂，尤其在冬季，峡谷强风剧烈，风切变频率大。河谷大风会影响大坝的安全施工，超过七级的大风会对高低线供料平台、缆索式起重机及其他大型设备的运行产生不利影响，同时大风气候也会对混凝土施工安全、质量及进度造成严重的影响。因此，明确该山区峡谷的防风措施，对于保证工程建设如期、高质、安全的完成具有十分重要的意义。

2006 年陈凯等[1]以某大型堆料场为背景，运用平面风速传感器和丝线流动显示方法对料场防风网的作用效果进行了评估，结果表明防风网能显著降低来流风速；2010 年 Yeh 等[2]研究了防风网对露天堆场的防风蚀效果；2012 年 Kozmar 等[3]利用风洞试验研究了桥梁上防风网的挡风效率，得出防风网能有一定的防风效果，同时也会导致风速与漩涡的不稳定性；2013 年 Chu 等[4]利用风洞试验及大涡模型证明侧风环境下防风网能显著降低车辆的侧向力系数，并能保证桥上车辆的安全行驶。可见，关于防风网防风效果的大部分研究对象主要为大型料场、桥梁、高速公路、铁路等，对于山区坝址区域大型建筑工程施工的防风特性研究鲜见报道，而抗风性能是山区峡谷大坝安全施工的控制因素，因此针对峡谷坝址区风特性研究显得尤为重要。本文针对某水电站这一实际建设工程项目，通过数值模拟的方法研究了实际峡谷地形条件下防风网对坝址区域风场特性的防风效果，为山区相关实际防风设计及研究提供一些参考。

基金项目：国家自然科学基金资助项目（51579206）；陕西省水利厅科技计划项目（2017slkj-17）；陕西省自然科学基础研究计划项目（2015JM5201）。

2 工程概况

本文选取建设在金沙江下游高山峡谷中的某水电站为研究背景，坝址处地形地貌为典型的山区峡谷，河段为南北走向。该水电站的拦河大坝为椭圆线型混凝土双曲拱坝，坝顶高程为 834.0 m，最大坝高 289.0 m，坝顶中心线弧长 708.7 m。该工程地处干热河谷，在干季（1～4 月，10～12 月）大风气象频发，坝区极大风速季节分布明显。据坝区气象统计资料显示，2012—2014 年平均出现 7 级以上极大风速为 241 天，占全年总天数的 66.0%，其中 7～11 级大风出现的天数分别占 7 级以上大风天数的 29.9%、33.7%、24.8%、9.7%、1.9%。大风风向多数为北风和偏北风，基本沿着河流方向，平均每年出现 7 级以上北风及偏北风的概率为 76.3%，其中又以北风偏多，出现的平均概率为 41.4%。2014 年 7 级以上大风风向频率玫瑰图如图 1 所示。

3 风场计算模型

3.1 计算域的选取及地形的建立

结合坝址区的地形条件及当前计算机的计算能力，选定的计算区域为南北方向边长 10 000 m，东西方向边长 8 000 m，高程从河道（约 560 m）到 5 000 m 的长方体，其中山体、河流等作为分析的壁面。大坝距离上游 4 000 m、下游 6 000 m，该计算域为地表周围气流的自由变化预留了相对充分的空间。

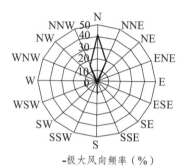

图 1　7 级以上大风风频率玫瑰图

计算区域中地面边界是根据地形等高线图生成。由于实际地形非常复杂，若严格按实际地形进行模拟会使得计算机内存占用过大，所以结合地形特点及模型的需要，按近坝址区密，远坝址区疏，使用 Google Earth 和 AutoCAD 相结合选取有代表性的 25 个控制断面并提取断面信息，利用 gambit 进行建模，并对模型加以修正，即得到本次风场计算的几何模型，如图 2 所示。

3.2 网格划分

网格质量对计算的准确性和计算效率有直接关联。考虑到计算精度和计算机内存限制的双重要求，最终呈现的网格在坝址区都在网格无关性的基础上做了适当的加密，而上下游进出口及海拔较高区域等计算精度要求较低的地方网格则进行渐变处理。因此，计算域模型采用渐变的非结构网格进行划分，包含坝体、围堰、供料平台及防风网的重点关注区域网格尺度为 3 m，远离坝址区域按 1.15 的增长因子向外逐渐增大网格尺度，最大网格尺度限制为 100 m，网格总数为 410 万左右，如图 3 所示。

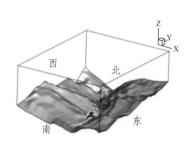

图 2　计算区域地形三维视图

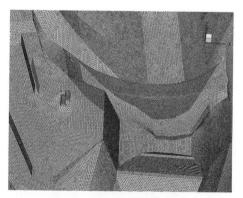

图 3　坝址区网格示意图

3.3 控制方程及边界条件的设置

2005年哈尔滨工业大学肖仪清等[5]用不同的湍流模型对某山区地形的三维风场进行了数值模拟，结果表明 Realizable k-ε 湍流模型最适用于山区复杂地形风场特性的数值模拟。由于该模型充分考虑应变张量场的特性，引入了与旋转曲率有关的内容，并消除了标准 k-ε 模型中的奇异性，在模拟强逆压梯度、射流扩散、分离、旋转回流上有较高的精度[6]。因此，经过分析对比，本文采用 Realizable k-ε 两方程湍流模型模拟大坝枢纽区的三维风场。本次数值计算模型中采用有限体积法将微分控制方程离散成代数方程组，求解器选用适用于不可压缩及低速流动的全隐式分离求解器，压力与速度耦合选用 SIMPLE 算法。

风场计算入口条件为 velocity-inlet，采用均匀来流风剖面假定，由于大风风向大多数为北风和偏北风，所以仅考虑风从金沙江下游垂直入口边界进入计算域这种风向，入口风速定为 28 m/s，保证来流到达坝址区域河道中心的风速为九级。由于入口离坝址区距离较远，因此与梯度风剖面模型相比，给定均匀风时，到达坝址区的风速相对较大，就安全方面考虑，均匀风更为保守。出口边界采用 pressure-outlet，按零压给定。地面采用无滑移壁面边界条件，并引入了非平衡壁面函数解决近地面相对复杂的湍流运动形式，从而减少了近壁面的网格数。顶面及两侧面边界均采用 symmetry 边界。

3.4 计算工况

本文主要研究大坝浇筑至不同高程时防风网对坝址区风场的变化情况，模拟工况如表1所示。

表1　计算工况说明

模拟工况	1	2	3	4	5
坝顶高程（m）	600	650	700	750	800

4　防风网的设置方案及防风率的选取

根据坝址区实际情况和峡谷气象条件，防风措施主要是在坝址区域需要重点防风部位设置防风网，防风方案为：在下游围堰上设置 20 m 高的防风网至高程 648 m，在基坑内形成低风区，形成有利于低坝高时施工的风场，该防风网在二道坝（602 m）建成后随下游围堰一起拆除；在左岸 834 m 高程平台边缘、坝肩下游侧至 730 m 高程、854 m 高程平台边缘及 890 m 高程平台边缘全围挡 20 m 高的防风网，从而形成低线、高线供料平台的有利风场；右岸副塔上、下游从高程 894 m 至 980 m 设置 20 m 高的防风网，对副塔形成防护，具体布置方式见图 4。

由于本次研究中网格数量较多，最小网格尺寸为 3 m，所以完全按照实际的防风网结构进行模拟是不可能的，为此采用了概化处理，即对于开孔率为 0.5 的防风网按 4 m 透风 4 m 不透风的栅栏模拟，如图 5 所示。

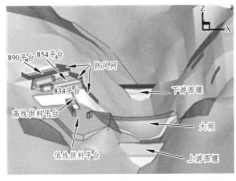

图4　坝址区域几何模型及防风网布置

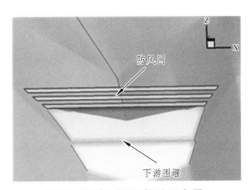

图5　下游围堰局部防风布置

参考现有开孔率的研究，本文利用 gambit 建立了网格数量少且精度高的二维体型，对不同坝高条件下，下游围堰挡风网开孔率分别为 0.3、0.5、0.67 和 1 等不同组合工况下风场进行数值模拟研究，研究结果表明开孔率为 1/3 ~ 1/2 时低风区范围增加较快，而高开孔率时低风区范围增加缓慢，且基坑内底部回流风速增加。本次研究是按开孔率为 1/2 计算的。

5 防风网防风效果分析

5.1 速度流场分析

为了考察防风网对坝址区风场分布的影响，图 6 给出了几种典型工况纵剖面流速分布云图。由图 6（a）（b）可知，在围堰及防风网作用下气流显著抬升，消力池内很大高度范围内形成了低风速区，低坝时消力池内流动不稳定，气流分布较紊乱。当坝体升高至 750 m 时，此时二道坝（602 m）建成，下游围堰及堰上挡风网拆除，消力池内低风区范围显著减小，坝顶出现气流分离，局部出现 10 级大风。随着坝体继续升高（工况 5），大坝上方高风速带增大，基坑内风速逐渐增大，但始终小于 6 级。

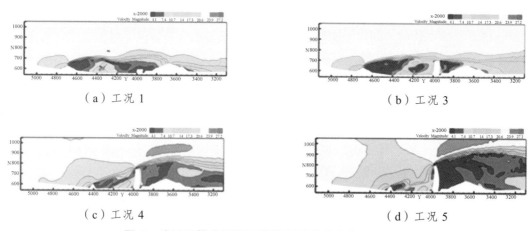

（a）工况 1   （b）工况 3

（c）工况 4   （d）工况 5

图 6　防风网措施下沿河道纵剖面流速分布平面云图

由于防风网的布置是为了降低坝址区重点部位的风速，而在大坝施工过程中，高、低线供料平台的作用及重要性显而易见。图 7 为左岸低线供料平台（768 m）上空 10 m 高程处的速度分布云图。可见，随着坝的升高，右岸低风区的范围不断扩大；低线供料平台落罐处风力减小，坝高 700 m 以下时风力基本处于 5 级以下。坝高升高到 750 m 时，此时低线平台应已经停止使用，不再进行分析。

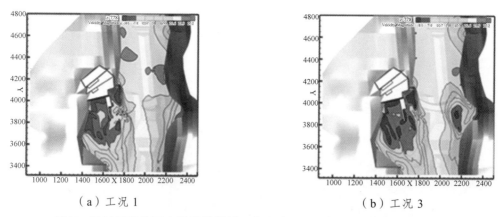

（a）工况 1   （b）工况 3

图 7　防风网措施下左岸低线供料平台上空 10 m 高程处的速度分布云图

图 8 为防风措施下高线供料平台上空 10 m 高程处的风场分布。由图可知，加设防风网后，高线供料平台风力分布不均，其中近大坝侧风力较小，远离大坝上游端则显著增大，且风力随坝高的增加而增大。坝高为 650 m 以下时，风力在 4 级及以下，随着坝的升高，受坝体本身抬升风的影响，高风区范围向内侧不断扩大，坝升高至 750 m 时，风力加大到了 6~7 级。

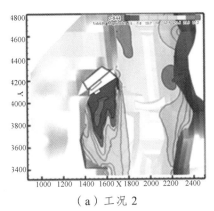
（a）工况 2

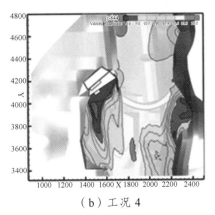
（b）工况 4

图 8 防风网措施下左岸高线供料平台上空 10 m 高程处的风场分布

5.2 风速剖面

为了分析防风网条件下大坝各位置处风剖面的分布情况，图 9 分别给出了几种典型工况下，依次沿坝轴线左岸坝肩、1/4 坝、1/2 坝、3/4 坝、右岸坝肩五个位置的风剖面曲线变化情况。从图中可以看出，各工况下沿坝轴线各位置处风速随高度的变化情况比较复杂，个别位置风剖面曲线会出现拐点，呈现先增大后减小再增大的现象，直到高程约 2 000 m 后各部位风剖面轮廓线趋于重合。

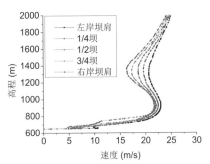

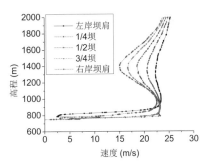

图 9 防风网措施下沿坝轴线不同位置风速剖面图（左图为工况 2，右图为工况 4）

为了分析防风网的防风效果，图 10 给出了不设防风网与设置防风网时 1/2 坝处的风速剖面图。从图中可知，当坝高为 650 m（工况 2）时，防风网的防风效果显著，当坝高为 750 m 时，防风网风剖面与无防风网风剖面基本重合，此时防风网的防风效果已基本丧失。

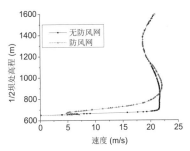

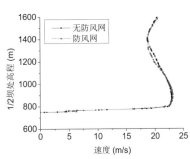

图 10 防风网与无防风网风速剖面图对比（左图为工况 2，右图为工况 4）

5.3 坝顶低风速区高度对比

图 11 为防风措施下不同坝高坝顶上方风力小于等于 6 级低风速区的高度范围。可见，与不设防风网相比，防风网下坝顶正上方低风区高度呈现先减小后增大的趋势，当坝顶高程为 600 m 和 650 m 时，坝顶低风区范围显著增大，说明坝较低时，防风网的防风效果很显著。 但当坝升高至 700 m 时，风基本上是平行于坝顶通过，防风网起了反效果。随着坝的继续升高，大坝对大风的抬升作用显著增强，此时防风网的作用很小。总体而言，当坝顶高程为 680 m 以下时，坝顶可以保证 30 m 以上的 6 级以下低风区，有利于施工。

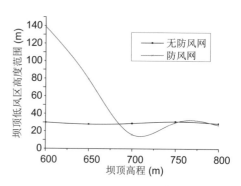

图 11 坝顶上方风力小于等于|
6 级低风速区的高度范围

6 结 论

本文通过 CFD 数值仿真软件 FLUENT，采用 Realizable k-ε 模型，对防风措施条件下坝址区域风场特性及防风效果进行仿真模拟，主要得出以下结论：

（1）坝址区设置防风网时，基坑底部存在回流，最大风力均要比来流小 3 级以上；坝顶高程小于 680 m 时坝顶上方均可以保证 30 m 以上的低风区；低线供料平台风速与来流风速相比减小了 3 级以上；高线供料平台风力近大坝侧较小，远离大坝上游端则显著增大，坝顶高程为 700 m 以下时上游端风力可减弱 3 级以上。总体而言，该防风方案在坝高 680 m 以下时，可以对各工作面形成较为有效的防护，高坝时其作用基本丧失。

（2）在峡谷坝址区，坝体不同部位风速随高程的变化情况均不符合传统的风剖面曲线。

本文只对一种防风方案进行了评价，后期需对更为合理地对防风方案进行进一步研究。

参考文献

［1］ 陈凯，朱凤荣，钮珍南.防风网作用效果的风洞实验评估.北京大学学报：自然科学版，2006，42（5）：636-640.

［2］ Yeh C-P, Tsai C-H, Yang R-J. An investigation into the sheltering performance of porous windbreaks under various wind directions. Journal of Wind Engineering and Industrial Aerodynamics. 2010, 98（10-11）：520-532.

［3］ Kozmar H，Procino L，Borsani A，Bartoli G. Optimizing height and porosity of roadway wind barriers for viaducts and bridges. Engineering Structures，2014，81：49-61.

［4］ Chu CR, Chang CY, Huang CJ, et al. Windbreak protection for road vehicles against crosswind. Journal of Wind Engineering and Industrial Aerodynamics. 2013，116：61-69.

［5］ 肖仪清，李朝，宋丽莉，植石群，黄浩辉，李秋胜.复杂山地地形的三维风场数值模拟.第十二届全国结构风工程学术会议，西安，2005：91-97.

［6］ Shih T H ，Liou W W, Shabbir A，et al. A new k-ε eddy viscosity model for high Reynolds number turbulent flows. Computers Fluids，1995，24（3），227-238.

水工结构流激振动特征信息提取方法研究进展

张建伟，侯鸽，赵瑜，马晓君，王立彬

（华北水利水电大学水利学院，河南省郑州市金水区北环路 36 号，450045）

【摘　要】　利用动力测试信号对结构进行损伤诊断和健康监测是近年来工程界研究热点之一，结构信息的有效提取是该研究的核心与前提。本文综述了水工结构特征信息提取方法中较为常用和有效的方法，在前人的研究基础上对其进行了分类和整理，重点叙述了基于小波阈值和经验模态分解（Empirical Mode Decomposition，EMD）联合降噪方法（简称"WTEMD"）及基于具有自适应噪声的完整集成经验模态分解（Complete Ensemble Empirical Mode Decomposition with Adaptive Noise，CEEMDAN）和奇异值分解（Singular Value Decomposition，SVD）联合的水工结构振动降噪方法（简称"CEEMDAN-SVD"）。构造仿真信号将常用的信号降噪方法进行对比，以信噪比（Signal to Noise Ratio，SNR）和根均方误差（Root Mean Square Error，RMSE）作为降噪效果评定指标，结果表明对于低信噪比振动信号，CEEMDAN-SVD 和 WTEMD 滤波降噪方法相对优越，应用前景广阔。

【关键词】　水工结构；特征信息；降噪；综述

1　前　言

随着水利工程中高水头、大流量、超流速泄水建筑物的兴建以及结构材料轻型化趋势的发展，水流与结构耦合作用诱发水工结构振动问题日益突出，严重影响水工结构安全运行，通过工作振动信息判断其运行健康状况及振动危害程度成为水利工程研究热点之一[1-2]。水工结构振动信号在输送和获取的过程中，容易受到环境激励的高频白噪声和低频水流噪声的干扰，通常表现为低信噪比、非平稳随机信号。结构振动特征信息完全淹没在强噪声中，难以精确识别其模态信息，从而影响结构健康状况及振动危害评价的精度。因此，需采取有效的信息提取方法以获取结构振动信号的优势特征信息。近年来，随着计算机运算速度的日益更新以及试验技术的进步，信号分析理论和技术方法取得了很大发展，很多新的降噪方法被提出。特征信息提取方法逐渐从单一技术向多种技术组合综合使用的形式转变，由此引申出多种新的技术手段，原有的特征信息提取方法也得到了更新的发展。

2　经典特征信息提取方法

2.1　数字滤波

在振动信号分析中，数字滤波是常用的信号降噪方法。数字滤波[3-4]是通过对信号离散数据进行差

基金项目：国家自然科学基金（51679091）。

分运算达到滤波目的，其主要作用是滤除测试信号中的噪声成分和虚假成分、抑制干扰信号、提高信噪比。数字滤波按照功能即频率范围可以分为低通滤波、高通滤波、带通滤波、带阻滤波和梳妆滤波。按照数学运算方式考虑，可分为频域滤波和时域滤波。

　　数字滤波的特点是方法简单，计算速度快，滤波频带控制精度高，但是该方法需要事先确定一些技术指标（如通带截止频率与阻带截止频率、通带波动系数与阻带波动系数、滤波器的阶数等），然后提出一个滤波器模型来逼近给定的指标，其滤波效果与指标的确定密切相关，并且该方法有固定数量的延时。考虑以上缺点，数字滤波不适用于流激振动下水工结构信号的降噪。

2.2　小波阈值降噪

　　小波阈值降噪[5-7]是利用变换阈值对含有噪声的信号进行小波分解，对分解后的系数进行阈值处理从而除去或减少噪声的影响，然后对处理后的系数进行小波重构得到较好的真实信号估计。小波阈值降噪算法主要步骤如下：

　　（1）选择合适的小波基函数和适当的分解层数，采用 mallat 小波分解算法对观测信号进行分解。

　　（2）根据信号特点和滤波精度选择合适的阈值函数和阈值。

　　（3）对每层小波系数经过阈值处理后，利用 mallat 小波逆变换重构处理后的小波系数得到降噪信号。

其中阈值函数和阈值的设定通常使用 Donoho 提出的两种阈值处理方法[6]：

　　① 硬阈值函数：

$$
\widehat{w_{j,k}} = \begin{cases} w_{j,k}, & |w_{j,k}| \geq \lambda \\ 0, & |w_{j,k}| < \lambda \end{cases}
$$
（1）

　　② 软阈值函数：

$$
\widehat{w_{j,k}} = \begin{cases} (|w_{j,k}| - \lambda) \cdot \mathrm{sgn}(w_{j,k}), & |w_{j,k}| \geq \lambda \\ 0, & |w_{j,k}| < \lambda \end{cases}
$$
（2）

式中，$\widehat{w_{j,k}}$ 表示估计小波系数，λ 表示门限阈值。

　　Donoho 也给出了阈值求解公式：

$$
\begin{cases} \lambda = \sigma \sqrt{2 \log N} \\ \sigma = \dfrac{median(|w_{j-1,k}|)}{0.674\,5} \end{cases}
$$
（3）

式中，σ 表示噪声方差，N 表示信号数据长度。

　　小波阈值降噪方法的优点是噪声几乎完全得到抑制，且反映原始的特征尖峰点得到很好的保留。但是在实际应用中需要根据实际情况选择合理的小波基、阈值计算及阈值函数等参数，这些参数的选择没有确定的标准，对主观经验具有很大的依赖性。因此，小波阈值降噪在处理非平稳非线性信号时依旧有很大的局限性[8]。

2.3　奇异值分解降噪

　　奇异值分解（Singular Value Decomposition，SVD）作为一种经典的正交化分解降噪方法，对信号中的高频随机噪声具有很强的滤除能力，其降噪原理是将噪声对应的奇异值置零，将有用信号对应的奇异值保留，再利用奇异值分解的逆运算得到重构信号[9]。

对于任意的 $m \times n$ 阶实矩阵 A，必定存在正交矩阵 $U \in R_{m \times m}$ 和正交矩阵 $V \in R_{n \times n}$ 使得：

$$A = UDV^T \tag{4}$$

式中，$D = [diag(\sigma_1, \sigma_2, \cdots, \sigma_p), 0]$ 或其转置，0 表示零矩阵，$p = \min(m, n)$，σ_i 表示分解得到的奇异值，并满足 $\sigma_i \geqslant \sigma_{i+1}$。运用 SVD 之前需构造相应的 Hankel 矩阵。假定信号 $x(i)$，其中 $i = 1, 2, 3, \cdots, N$，利用 $x(i)$ 构造的 Hankel 矩阵如下所示：

$$H_{m \times n} = \begin{bmatrix} x_1 & x_2 & \cdots & x_n \\ x_2 & x_3 & \cdots & x_{n+1} \\ \vdots & \vdots & \vdots & \vdots \\ x_m & x_{m+1} & \cdots & x_N \end{bmatrix} \tag{5}$$

式中，$1 < n < N$，$N = m + n - 1$。为了实现信号和噪声的充分分离，在构造 Hankel 矩阵的行数 m 和列数 n 的乘积应尽可能最大[10]，故矩阵行数 m 可以用以下方法确定。

$$m = \begin{cases} N/2, & N为偶数 \\ (N+1)/2, & N为奇数 \end{cases} \tag{6}$$

式中，N 为信号个数，列数 n 由等式 $n = N + 1 - m$ 确定。

Hankel 矩阵结构确定后，如何确定有效奇异值阶次成为关键。当奇异值阶次较小时，部分有用信号可能被误判为噪声，造成有用信号的流失；当奇异值阶次较大时，大量噪声有可能残余，影响降噪效果。因此，运用 SVD 降噪要确定最佳有效奇异值阶次从而最大限度地保留大部分有用信号，过滤掉大部分噪声。

3 特征信息提取方法新进展

3.1 小波阈值与 EMD 联合滤波

EMD 分解是 huang 变换的核心，其本质是对信号进行平稳化处理，信号经高频到低频逐层分解产生一系列具有不同尺度特征的 IMF。EMD 实现过程如下：对任意原始信号 $x(t)$，用三次样条函数分别对所有极大值点和极小值点进行插值，对原始信号的上下包络线进行拟合得到其均值为 $m_1(t)$；用原始信号减去均值 $m_1(t)$，得到一个新的信号 $h_1(t)$：

$$h_1(t) = x(t) - m_1(t) \tag{7}$$

如果 $h_1(t)$ 满足 IMF 分量的两个条件和筛分终止准则[2]，则称 $h_1(t)$ 为第一个固态模量。如果 $h_1(t)$ 不满足 IMF 分量的特点，则将 $h_1(t)$ 当作原始信号，重复上述步骤，直到得到满足 IMF 分量特征的第 k 次的数据 $h_{1k}(t)$：

$$h_{1k}(t) = h_{1(k-1)}(t) - m_{1k}(t) \tag{8}$$

将第一阶 IMF 分量记为 $c_1(t)$，原始信号 $x(t)$ 减去 $c_1(t)$ 得到剩余信号，即残差 $r_1(t)$。

$$r_1(t) = x(t) - c_1(t) \tag{9}$$

将 $r_1(t)$ 作为一个新的信号重复以上分解过程，得到满足要求的 $c_2(t)$ 和残差 $r_2(t)$，按照上述分解方法循环计算每一个 IMF，直到得到的一个残差为单调函数时，分解终止。则信号 $x(t)$ 可表示为：

$$x(t) = \sum_{i=1}^{n} c_i(t) + r_n(t) \qquad\qquad (10)$$

小波阈值与 EMD 联合滤波的基本思想是[11]：小波阈值降噪对白噪声具有很强的抑制能力，通过阈值处理能滤除高频白噪声，但是这种方法对低频噪声的滤除能力有限。为了保证滤波精度，需要对小波阈值处理后的信号进一步处理。EMD 实质就是把信号依照自身的时间尺度特征自适应地分解成从高频到低频的 IMF，它突破了传统信号处理方法的瓶颈，不需要先验知识选择一些相应技术指标或者函数，大大降低了人为误差。基于 EMD 分解的特点，可对小波阈值处理后的信号进行 EMD 分解，从而进一步滤除信号中的高频白噪声和低频噪声，提高滤波精度。该方法的本质在于对有效信息表现出传递特性和对噪声表现出抑制特性，根据有效信息和噪声在小波分解尺度上、EMD 分解空间上的不同规律，进行有效的信噪分离。

与传统的单一的滤波方法相比，小波阈值与 EMD 的联合降噪方法既能滤除高频白噪声，又能滤除低频噪声，是一种优越的信号降噪方法。

3.2　CEEMDAN 与 SVD 联合降噪方法

CEEMDAN 算法可以有效解决 EMD 算法中存在的模态混叠现象，同时克服 EEMD 算法的不完整性以及依靠增大集成次数来降低重构误差而导致的计算效率低的缺陷[12]。CEEMDAN 算法的具体实现步骤如下：

（1）求第一阶 IMF 分量 IMF_1：在原始信号 $x(t)$ 中添加具有标准正态分布的白噪声 $v^i(t)$，则第 i 次的信号可表示为 $x^i(t)=x(t)+v^i(t)$，其中试验次数 $i=1, 2, \cdots, I$。对试验信号 $x^i(t)$ 进行 EMD 分解得到相应的 IMF_1^i，则 $IMF_1 = \dfrac{1}{I}\sum_{i=1}^{I} IMF_1^i$，残差 $r_1(t) = x(t) - IMF_1$。

（2）求第二阶 IMF 分量 IMF_2：在残差 $r_1(t)$ 中添加白噪声 $v^i(t)$，进行 i 次试验（$i=1, 2, \cdots, I$），每次试验均对为 $r_1^i(t)=x(t)+v^i(t)$ 进行 EMD 分解得到其第一阶分量 IMF_1^i，则 $IMF_2 = \dfrac{1}{I}\sum_{i=1}^{I} IMF_1^i$，残差 $r_2(t) = r_1(t) - IMF_2$。

（3）重复以上分解过程，得到满足要求的 IMF 分量和相应的残差，直到得到的残差为单调函数无法进行 EMD 分解时，终止运算。则信号 $x(t)$ 可表示为 $x(t) = \sum_{i=1}^{n} IMF_i + r_n(t)$。

CEEMDAN-SVD 联合降噪的步骤如下：

（1）首先利用 CEEMDAN 将非平稳信号分解为一系列具有不同特征尺度的固有模态函数分量 IMF，运用频谱分析方法筛选包含主要特征信息的 IMF 分量，滤除低频噪声，实现信号的初次滤波。

（2）利用排列熵对各 IMF 分量进行复杂度分析，根据熵值的不同判断各 IMF 分量含噪声的成分多少，确定其是否需要降噪。

（3）对于含噪声成分较多的 IMF 分量，采用 SVD 技术对其进行降噪处理，滤除 IMF 分量中的高频噪声，实现信号的二次滤波。

（4）最后将包含结构特征信息的 IMF 分量重构，得到结构的工作振动特征信息。

CEEMDAN 能够有效地克服传统的信号分解方法中存在的模态混叠、计算量大、分解效率低等缺点，滤除信号的低频噪声，为 SVD 降噪做铺垫。SVD 能够有效滤除信号的高频噪声，进一步提高信号的信噪比。CEEMDAN-SVD 方法不仅能最大程度地滤除低频和高频强噪声，而且能很好保留信号有效信息，还原信号的优势特征频率，是一种优越的信号降噪方法。

4 仿真分析

4.1 构造模拟信号

为了比较常用的降噪方法的降噪性能，构造模拟信号 $x(t)$，其函数表达式如下：

$$x(t) = 15\mathrm{e}^{-t\pi/2}\sin(10t) + 10\mathrm{e}^{-t/3}\sin(15t) \tag{11}$$

叠加低频噪声和高频白噪声后信号函数为：

$$x_1(t) = 20\mathrm{e}^{-t/3}\sin(5t) + 15\mathrm{e}^{-t\pi/2}\sin(10t) + 10\mathrm{e}^{-t/3}\sin(15t) + 3.0 \times randn(m) \tag{12}$$

式中，t 为时间，采样频率均为 100Hz，采样时间为 10 s；$randn(m)$ 为均值为零、标准差为 1 的标准正态分布的白噪声，m 为样本个数。假定振动幅值单位为微米（μm），$x(t)$、$x_1(t)$ 的时程曲线和功率谱密度图如图 1、图 2 所示。

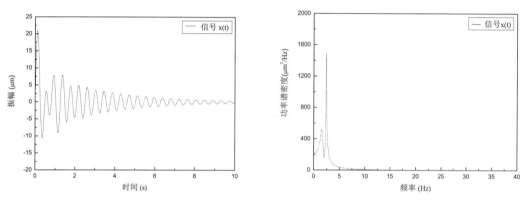

图 1　信号 $x(t)$ 时程曲线与功率谱密度图

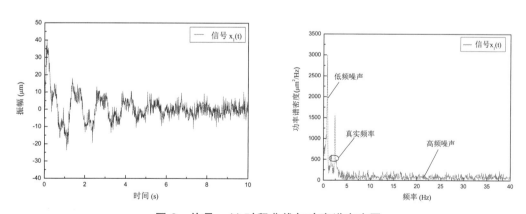

图 2　信号 $x_1(t)$ 时程曲线与功率谱密度图

4.2 仿真对比

由图 2 可知部分有效频率被低频和高频强噪声淹没。以信号 $x_1(t)$ 为例，分别采用数字滤波、小波阈值、SVD、EMD、CEEMDAN、CEEMDAN-SVD、WTEMD 降噪方法对其进行降噪分析，引入信噪比（SNR）和根均方误差（RMSE）作为降噪效果评定标准[13]。

信噪比：

$$SNR = 10\log_{10}\left\{\frac{\dfrac{1}{n}\sum_{i=1}^{n}f^2(n)}{\dfrac{1}{n}\sum_{i=1}^{n}\left[f(n)-\widehat{f(n)}\right]^2}\right\} \tag{13}$$

根均方误差：

$$RMSE = \sqrt{\frac{1}{n}\sum_{i=1}^{n}\left[f(n)-\widehat{f(n)}\right]^2} \tag{14}$$

式中，$f(n)$ 为不包含噪声的纯净信号，$\widehat{f(n)}$ 为降噪后信号，信噪比越大，根均方误差越小，说明消噪效果越理想。

七种降噪方法的 SNR 和 RMSE 计算结果如表 1 所示。降噪前后信号时程线对比如图 3 所示。

表 1　七种降噪方法 SNR 和 RMSE 计算结果对比

降噪方法	SNR	RMSE
数字滤波	− 8.010 9	8.586 4
小波阈值	− 4.298 4	5.600 0
SVD	− 4.065 8	5.452 0
EMD	− 0.916 0	3.816 0
CEEMDAN	− 0.523 9	3.626 3
CEEMDAN-SVD	2.363 9	2.600 1
WTEMD	2.734 6	2.506 5

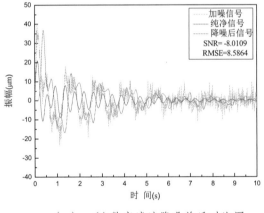

（a）$x_1(t)$ 数字滤波降噪前后对比图

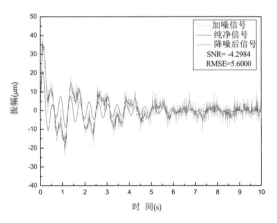

（b）$x_1(t)$ 小波阈值降噪前后对比图

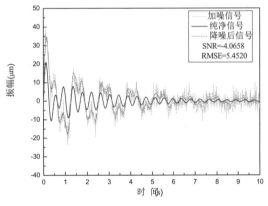

（c）$x_1(t)$ SVD 降噪前后对比图

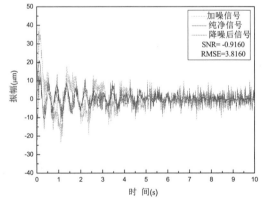

（d）$x_1(t)$ EMD 降噪前后对比图

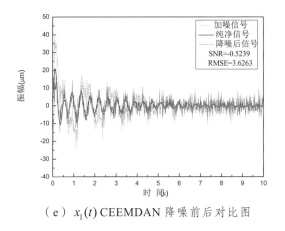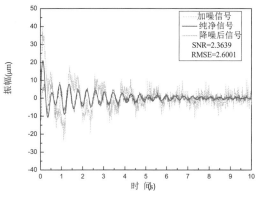

（e）$x_1(t)$ CEEMDAN 降噪前后对比图　　　　　（f）$x_1(t)$ CEEMDAN-SVD 降噪前后对比图

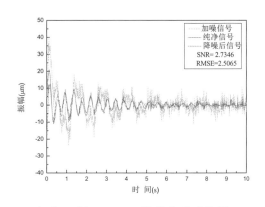

（g）$x_1(t)$ WTEMD 降噪前后对比图

图 3　信号 $x_1(t)$ 七种降噪方法降噪效果对比图

4.3　仿真结果分析

由表 1 评定指标计算结果和图 3 降噪效果对比图可知，相比于其他几种降噪方法，CEEMDAN-SVD 方法和 WTEMD 方法降噪效果较好，WTEMD 方法降噪效果最好，信噪比最大。数字滤波、小波阈值、EMD 及 CEEMDAN 都只能滤除部分白噪声或者低频噪声，并可能破坏信号细节信息。SVD 降噪只能滤除部分高频白噪声，不能滤除低频噪声，并且部分有效特征信息也可能被滤除。CEEMDAN-SVD 和 WTEMD 方法不仅能最大程度地滤除低频和高频强噪声，而且能很好地保留信号的有效信息，还原信号的优势特征频率，非常适合水工结构振动信号降噪。

5　结　论

通过对近年来特征信息提取方法的简要回顾，重点介绍了新兴降噪技术的应用及发展，得到如下结论：

（1）随着计算机技术和信号分析技术的持续发展，特征信息提取方法逐渐从单一技术向多种技术组合综合使用的形式转变，特征信息提取方法趋于多元化。

（2）将数字滤波、小波阈值、SVD、EMD、CEEMDAN、CEEMDAN-SVD 和 WTEMD 降噪方法对比研究表明，对于低信噪比振动信号，CEEMDAN-SVD 和 WTEMD 方法可精确滤除噪声，保留信号特征信息，是相对优越的滤波降噪方法，应用前景广阔。

（3）目前的特征信息提取方法研究仍以理论研究为主，降噪效果评定标准均是针对仿真信号，没有有效的实际工程振动信号降噪效果的评定标准，有待进一步深入研究。

参考文献

[1] Lian Jijian，Li Huokun，Zhang Jianwei. ERA modal identification method for hydraulic structures based on order determination and noise reduction of singular entropy [J]. Science in China，series E：Technological Sciences，2009，52（2）：400-412.

[2] 李成业，刘昉，马斌，等. 基于改进 HHT 的高拱坝模态参数识别方法研究[J]. 水利发电学报，2012，31（1）：48-55.

[3] 张建伟. 基于泄流激励的水工结构动力学反问题研究[D]. 天津大学博士学位论文，2008 年.

[4] 胡广书. 数字信号处理：理论算法与实现[M]. 北京：清华大学出版社，1997.

[5] Giaouris D，fincth JW. De-noising using wavelets on electric drive applications [J]. Electric Power Systems Research，2008（78）：559-565.

[6] Feng Liu，Xiao Ruan E. wavelet-based diffusion approaches for signal de-noising [J]. Signal Processing，2007，（87）：1138-1146.

[7] 唐进元，陈维涛，陈思雨，等. 一种新的小波阈值函数及其在振动信号去噪分析中的应用[J]. 振动与冲击，2009，28（7）：118-121.

[8] 陈莹，纪志成，韩崇昭. 基于贝叶斯准则的小波适应消噪阈值[J]. 光电子，2008，19（1）：120-124.

[9] 柴凯，张梅军，黄杰，等. 基于奇异值分解（SVD）差分谱降噪和本征模函数（IMF）能量谱的改进 Hilbert-Huang 方法[J]. 科学技术与工程，2015，15（9）：90-96.

[10] 孟智慧，王昌. 基于 SVD 降噪和谱峭度的滚动轴承故障诊断[J]. 轴承，2013，（10）：52-55.

[11] 张建伟，江琦，赵瑜，等. 一种适用于泄流结构振动分析的信号降噪方法[J]. 振动与冲击，2015，34（20）：179-184.

[12] 李军，李青. 基于 CEEMDAN-排列熵和泄漏积分 ESN 的中期电力负荷预测研究[J]. 电机与控制学报，2015，08：70-80.

[13] 钟建军，宋健，由长喜，等. 基于信噪比评价的阈值优选小波去噪法[J]. 清华大学学报（自然科学版），2014，54（2）：259-263.

半封闭性海湾水文特性的数值模拟研究

秦晓，纪平，赵懿珺，梁洪华，康占山

（中国水利水电科学研究院，北京复兴路甲 1 号，100038）

【摘　要】　半封闭性海湾是一种特殊型式的海湾，与外海仅通过湾口进行潮流的交换，水文特性具有一定的代表性。为合理利用海湾的自净能力，减少对海域环境的影响，本文选取某半封闭性海湾，采用平面二维数学模型，采用夏季大潮实测资料对模型进行了验证，计算所得的纳潮量为 $9.44 \times 10^8\,\mathrm{m}^3$，半交换期为 8.13 潮周，以及半交换期时，整个海湾半交换率的平面分布。湾口的交换率已大于 0.9，湾顶的交换率仅为 0.1。由于半封闭性海湾内交换率的分布差异很大，排放口易布置在交换率较好（比如大于 0.5）的区域。

【关键词】　半封闭海湾；潮流；纳潮量；半交换期；交换率

1　前　言

随着我国经济建设的快速发展，大量废水和废热排入海湾，势必会给海湾环境带来一定的影响。半封闭性海湾是沿海较为特殊的海湾类型之一，其与外海的交换相对较弱，具有一定的代表性。因此，研究半封闭性海湾的水文特性对于保护海域环境，同时充分利用海洋自净能力，具有十分重要的意义。本文选取某半封闭性海湾，计算其海湾水动力特性、纳潮量、半交换期、交换率，等等，对半封闭性海湾排污口位置的选取具有一定的参考作用。

2　概　述

某海湾整体呈不规则梨状，为窄口型半封闭海湾，南北长约 20 km，东西宽约 15 km，水面面积约 240 km²。湾口约 5 km，湾内水体主要靠此湾口与外海进行交换。口门处的岛屿将湾口分为左、右水道：右水道宽约 2.2 km，水深 15～30 m 之间；左水道宽约 1 km，水深 10～20 m，最大水深 32 m，见图 1。

从潮位和潮流资料分析可知，该海湾属于正规半日潮，主要潮位数据见表 1。湾内的涨、落潮流流向，因地而异，各测点的流向都以较小的幅度偏摆于该点水道纵轴的方向，即涨潮流沿水道纵轴方向流向湾顶，落潮沿相反方向流向湾口。在垂直于水道纵轴的方向流速很小，即在涨潮流与落潮流的转流时候流速最小。潮位及潮流测点位置见图 1。

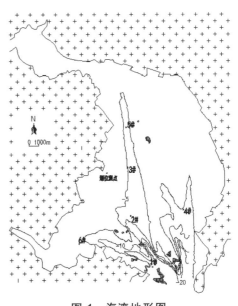

图 1　海湾地形图

表 1　潮汐特征值统计表

平均潮位（cm）	68
最高潮位（cm）	315
最低潮位（cm）	− 123
平均高潮位（cm）	201
平均低潮位（cm）	− 63
平均潮差（cm）	265
最大潮差（cm）	361
最小潮差（cm）	119

3　数学模型及参数选取

3.1　模型介绍

本文采用 DHI-MIKE21 模型进行潮流场、浓度场、温度场等的模拟研究，该模型[1]是由丹麦 DHI 开发的模型，在河口海岸潮流场、水质模型世界范围内通用的商业软件包。

在平面直角坐标系下，带自由水面垂向平均的二维瞬态水动力方程及物质输运方程组如下：

连续方程：

$$\frac{\partial h}{\partial t} + \frac{\partial h\bar{u}}{\partial x} + \frac{\partial h\bar{v}}{\partial y} = hS \tag{1}$$

运动方程：

x 方向：

$$\frac{\partial h\bar{u}}{\partial t} + \frac{\partial h\bar{u}^2}{\partial x} + \frac{\partial h\bar{vu}}{\partial y} = f\bar{v}h - gh\frac{\partial \eta}{\partial x} - \frac{h}{\rho_0}\frac{\partial p_a}{\partial x} - \frac{gh^2}{2\rho_0}\frac{\partial \rho}{\partial x} + $$
$$\frac{\tau_{sx}}{\rho_0} - \frac{\tau_{bx}}{\rho_0} + \frac{\partial}{\partial x}(hT_{xx}) + \frac{\partial}{\partial y}(hT_{xy}) + hu_sS \tag{2}$$

y 方向：

$$\frac{\partial h\bar{v}}{\partial t} + \frac{\partial h\bar{uv}}{\partial x} + \frac{\partial h\bar{v}^2}{\partial y} = -f\bar{u}h - gh\frac{\partial \eta}{\partial y} - \frac{h}{\rho_0}\frac{\partial p_a}{\partial y} - \frac{gh^2}{2\rho_0}\frac{\partial \rho}{\partial y} + $$
$$\frac{\tau_{sy}}{\rho_0} - \frac{\tau_{by}}{\rho_0} + \frac{\partial}{\partial x}(hT_{xy}) + \frac{\partial}{\partial y}(hT_{yy}) + hv_sS \tag{3}$$

物质输运方程：

$$\frac{\partial}{\partial t}(h\bar{c}) + \frac{\partial}{\partial x}(\bar{u}h\bar{c}) + \frac{\partial}{\partial y}(\bar{v}h\bar{c}) = \frac{\partial}{\partial x}\left(h \cdot D_x \cdot \frac{\partial \bar{c}}{\partial x}\right) + \frac{\partial}{\partial y}\left(h \cdot D_y \cdot \frac{\partial \bar{c}}{\partial y}\right) - h\lambda_i\bar{c_i} + hc_sS \tag{4}$$

式（1）～（4）式中：t 为时间，x、y 为笛卡尔坐标；η 为水位，d 为静水深，$h = d + \eta$ 为总水深；$\bar{u}$ 和 $\bar{v}$ 为 x 和 y 方向的水深平均速度：$h\bar{u} = \int_{-d}^{\eta} u\mathrm{d}z$，$h\bar{v} = \int_{-d}^{\eta} v\mathrm{d}z$；$f = 2\Omega\sin\phi$ 为柯氏力参数，Ω 为旋转角速度，ϕ 为地理纬度；g 为重力加速度；ρ 为水的密度，ρ_0 为参考水密度；p_a 为大气压力；$T_{xx} = 2A\frac{\partial \bar{u}}{\partial x}$，$T_{xy} = A\left(\frac{\partial \bar{u}}{\partial y} + \frac{\partial \bar{v}}{\partial x}\right)$，$T_{yy} = 2A\frac{\partial \bar{v}}{\partial y}$，$A$ 为涡黏性系数；$\tau_b = (\tau_{bx}, \tau_{by})$ 为底部应力，$\frac{\vec{\tau_b}}{\rho_0} = c_f \vec{u_b}\left|\vec{u_b}\right|$，$c_f$ 为阻力

系数，$\overrightarrow{u_b}$ 为床底上部流速；$\tau_s = (\tau_{sx}, \tau_{sy})$ 为水面风应力，$\overrightarrow{\tau_s} = \rho_a c_d \overrightarrow{u_w} \left| \overrightarrow{u_w} \right|$，$\rho_a$ 为空气密度，c_d 为空气阻力系数，$\overrightarrow{u_w}$ 为水面上空 10 m 处风速；$\overline{c}$ 为水深平均的浓度；λ_i 为物质衰减系数；c_s 为排放浓度；S 为排放量。

为了保证计算结果的准确性以及减少边界对计算结果的影响，以及适宜的计算工作量，模拟范围及网格剖分见图 2，最小网格为 50 m，总单元数为 25 282。地形数据采用 1∶30 000 和 1∶100 000 海图数据以及湾内 1∶10 000 的实测地形。

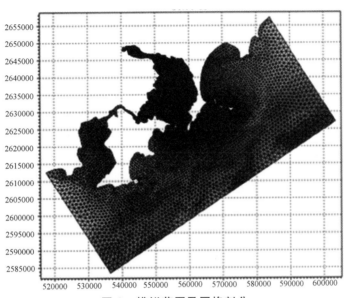

图 2　模拟范围及网格剖分

3.2　参数选取

3.2.1　涡黏性系数

采用 Smagorinsky 公式给定：

$$A = c_s^2 l^2 \sqrt{2 S_{ij} S_{ij}}$$

其中，c_s 为常数（模型取值范围为 0.25～1.0），本项计算中取值为 0.9，l 为特征长度，$S_{ij} = \dfrac{1}{2} \left(\dfrac{\partial u_i}{\partial x_j} + \dfrac{\partial u_j}{\partial x_i} \right)(i, j = 1, 2)$。

3.2.2　糙率系数

本项计算在模型验证的基础上确定，取值为 0.025。

3.2.3　流场定解条件

（1）边界条件：

水边界：　　　$\varsigma(x, y, t) = \varsigma^*(x, y, t)$　　（"*"表示已知值）；

$c(x, y, t) = c^*(x, y, t) = 0$　　（流入计算域）；

$\dfrac{\partial(hc)}{\partial t} + \dfrac{\partial(uhc)}{\partial x} + \dfrac{\partial(vhc)}{\partial y} = 0$　　（流出计算域）；

陆边界：　　　　$Q_n = 0$　　（法线方向流量为零）；

$$\frac{\partial c}{\partial n} = 0$$

（2）初始条件：

$$\varsigma(x, y)\big|_{t=0} = \varsigma_0(x, y) \quad (\varsigma_0 \text{取几条水边界起始潮位的平均值})；$$

$$p(x, y)\big|_{t=0} = p_0(x, y) \quad (p_0 \text{取零})；$$

$$q(x, y)\big|_{t=0} = q_0(x, y) \quad (q_0 \text{取零})；$$

$$c(x, y)\big|_{t=0} = c_0(x, y) \quad (c_0 \text{取零})。$$

4　潮流场模拟的计算

针对本海域选取夏季大潮进行潮流场模拟，部分测点的潮流验证结果见图 3，涨落潮流场见图 4 和图 5。从图中可以看出，整个海湾主要通过该湾南部的湾口和外海进行潮流交换。涨潮时，潮流从外海进入湾内，受湾口岸线和地形的影响，湾口流速较大，进入湾内，流速减小。落潮时，潮流从浅滩归槽，向湾口运动。

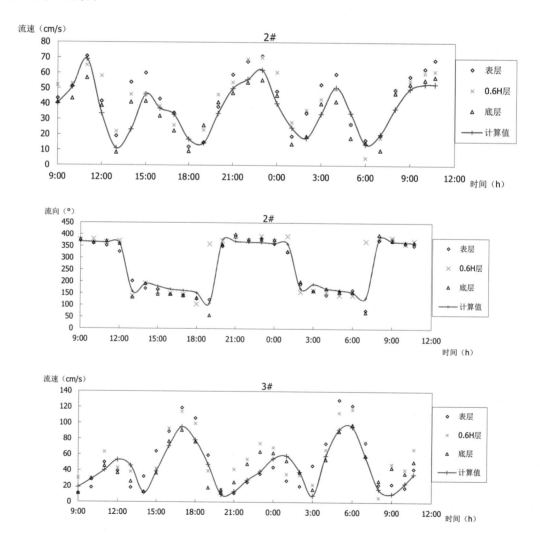

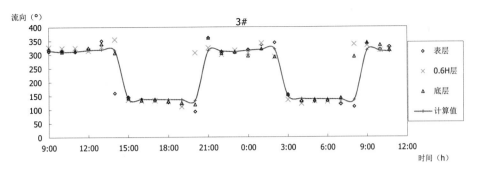

图 3　2#和 3#测点潮流验证图

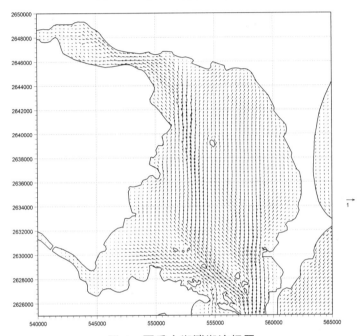

图 4　夏季大潮涨潮流场图

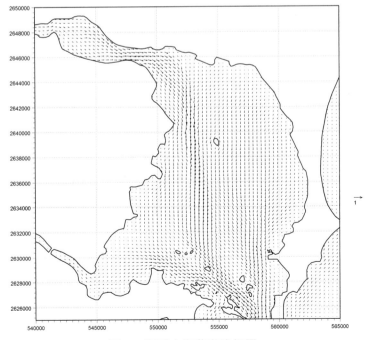

图 5　夏季大潮落潮流场图

5　纳潮量和交换率的计算

5.1　纳潮量的计算

纳潮量是一个水域可以接纳的潮水的体积，不仅是衡量港湾开发价值的一个水文指标，也是反映港湾湾内海水与外海水交换的一个重要参数。通常情况下，纳潮量是指平均潮差条件下海湾可能接纳的海水量，计算公式为：

$$P_m = hS \tag{5}$$

式（5）中，P_m 为平均潮差条件下的纳潮量，h 为平均潮差，S 为平均水域面积（即平均高潮位与平均低潮位面积之均值）。杨世伦[2]等人在前人方法的基础上进行了改进，适用于潮滩围垦对纳潮量的计算。叶海桃[3]等人对潮位数据进行潮差累积频率分析，确定大、中、小潮，并根据以下计算公式：

$$P = \Delta H A_0 + \sum_{i=1}^{n} \Delta H_i' A_i \tag{6}$$

式（6）中，P 为纳潮量；ΔH 为潮差；A_0 为最低潮位下水域面积；$\Delta H_i'$ 为滩涂上第 i 个网格高潮位时的水深；A_i 为第 i 个网格上最低潮位时的水域面积，该式计算更为准确。

本文采用式（6）计算，以湾口为界，将海湾剖分三角形网格，并对水下地形进行线性插值，选取夏季大潮，计算所得的纳潮量为 $9.44 \times 10^8 \, \mathrm{m^3}$。

5.2　半交换期和交换率的计算

海湾半交换期是反映港湾湾内海水与外海水交换的一个重要参数，对海洋环境、海湾水体的交换以及港区航道水深的维持等都具有十分重要的意义。

半交换期的计算方法可以分为两大类：一类是单箱模型，如蒋磊明[4]等人依据海水平均交换率（$\gamma = Q_j / V_a$，其中 Q_j 为一个潮周期内通过湾口的净流出水量，V_a 为整个海湾的海水总体积），将钦州湾看成一个单箱模型，假设湾内海水与湾外海水作直接交换，湾内外海水均匀混合，计算水交换的半交换周期：$T_{1/2} = 0.693 V_a / (Q_j \gamma)$。另一类是对流扩散的水交换模型，如孙英兰[5]等人建立三维物质输运模型，利用溶解态保守物质的浓度为示踪剂，建立海湾水交换数值模型。设海湾初始浓度场为 C_0，瞬时浓度场为 C'，则不同时刻不同空间位置的湾内水被外海水置换的比率 R 为：$R = (C_0 - C') / C_0$，定量地分析了海湾的水交换能力，较为准确地计算出湾内水交换率和水半交换期的空间分布。

本文采用第二种模型，计算方法如下：假设初始时刻海湾内某参照物质浓度场为 1、湾外浓度为 0、无源汇项等条件，在潮流的作用下，湾内水体不断与外海进行交换，湾内物质量受潮流作用被携带至东山湾湾外，湾内的潮周时均物质总量减少为初始状态的 50% 所需要的时间即为其半交换期。

选取夏季大潮通过模拟计算研究，湾内总物质量随潮周变化的曲线见图 6，从图中可以看出湾内物质总量减少为 50% 的时间（即半交换期）为 8.13 潮周。此时，湾内的交换率分布见图 7，从图中可以看出，湾口的交换速度较快，交换率已大于 0.9，湾顶的交换速度相对很慢，仅为 0.1。表明该海湾湾口水交换能力最强，湾中部水交换能力良好，而湾顶水交换能力较弱。

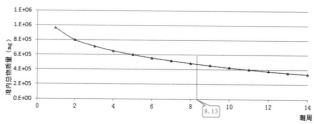

图 6　东山湾内总物质量随潮周变化过程

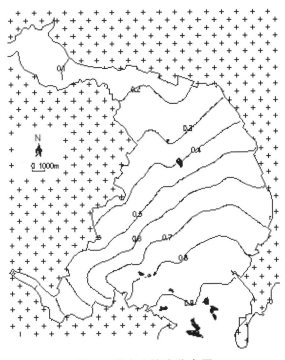

图 7　湾内交换率分布图

6　结　语

半封闭性海湾作为一种特殊的海湾，在其中设置排放口时，应结合海湾的纳潮量、半交换期、交换率等参数进行确定。排放口应布置在交换率较好（比如大于 0.5）的区域。另外，本论文的研究采用的是成熟的平面二维数学模型，模拟结果与实际情况存在一定的差异。在后续的研究工作中，应采用适宜的三维模型进行研究，但须注意参数的选取以保证模拟结果的准确性。另外，实际应用时，应结合工程造价、环境敏感点、生态影响等综合考虑排放口位置的确定。

参考文献

[1]　MIKE21&MIKE 3 FLOW MODEL FM Hydrodynamic and Transport Module Scientific Documentation. MIKE by 2009.

[2]　杨世伦，陈启明，朱骏，张经. 半封闭海湾潮间带部分围垦后纳潮量计算的商榷——以胶州湾为例. 海洋科学，2003 年第 27 卷第 8 期，P43-P46.

[3]　叶海桃，王义刚，曹兵. 三沙湾纳潮量及湾内外的水交换. 河海大学学报（自然科学版），第 35 卷，第 1 期，2007 年 1 月，P96-P98.

[4]　蒋磊明，陈波，邱绍芳，韩姝怡. 钦州湾潮流模拟及其纳潮量和水交换周期计算. 广西科学，第 16 卷，第 2 期，2009 年 5 月，P193-P195，199.

[5]　孙英兰，张越美. 丁字湾物质输运及水交换能力研究. 青岛海洋大学学报，第 33 卷，第 1 期，2003 年 1 月，P001-P006.

滑坡涌浪形成与传播过程数值模拟研究

姜治兵，任坤杰，程子兵

（长江水利委员会长江科学院，湖北省武汉市黄浦大街 23 号，430010）

【摘　要】 基于二维浅水方程，建立了滑坡涌浪形成与传播的数学模型，模型分别采用有限体积法与 TVD-MacCormack 格式对控制方程进行空间离散与时间离散，采用不规则四边形网格划分计算区域，采用基于单元属性与基于界面属性的动边界技术模拟干湿边界。实例计算表明所建立的模型能合理地模拟滑坡涌浪的形成与传播过程，具备良好的稳定性及适应干湿剧烈变化的能力。模拟结果表明涌浪在近滑坡区衰减幅度较大、远滑坡区衰减幅度较小。

【关键词】 滑坡涌浪；数值模拟；传播过程

2　前　言

我国西部山区大型水利水电工程的所处河道一般具有河谷狭窄、纵坡大、滑坡体多（如金沙江下游平均每 1.97 km 河段就有一个大规模的滑坡）等特点，汛期水位变幅大，水位的涨落易造成潜在滑坡失稳，从而诱发涌浪形成次生局部洪水灾害，由滑坡涌浪造成的损失往往比原生滑坡更为严重。滑坡体失稳后滑入水库或河道，产生巨大涌浪，涌浪沿程传播恶化航运条件，危及船舶安全，同时在两岸形成爬坡，危及岸上建筑物与居民的安全；若滑坡离工程区较近，则涌浪传至坝（堰）前时给坝（堰）体施加巨大的水平推力，影响坝（堰）体稳定，当波浪爬高超过坝（堰）顶时，还会造成坝（堰）漫顶甚至溃决，危及工程及其下游的安全。研究滑坡涌浪的形成和传播规律能够为其预报和防范提供科学依据。

2　数学模型与求解

2.1　控制方程

滑坡体入水后通过使河床迅速升高来实现体积侵占效应，河床的升高促使局部水位抬升，从而与周围水体形成水位梯度，滑体侵占区域的水体从高水位区流向周围低水位区域，则其连续方程为：

$$\frac{\partial z}{\partial t} + \nabla \cdot \vec{q} = \frac{\partial z_B}{\partial t} \tag{1}$$

式中，z_B 为河床高程，z_B 的变化仅由滑坡体的侵占产生，将方程（1）变形得到方程（2）：

$$\frac{\partial h}{\partial t} + \nabla \cdot \vec{q} = 0 \tag{2}$$

基金项目：国家自然科学基金项目（51209007）资助。

滑坡体除对水体进行体积侵占外，还通过其表面的压力与摩擦力实现对水体的动量作用，在方程（2）中加入动量源 $\vec{S}_H$，则方程（2）变为：

$$\frac{\partial \vec{q}}{\partial t} + \nabla \cdot \left(\frac{\vec{q}\vec{q}}{h} - \upsilon\nabla\vec{q} \right) = -gh(\nabla z + \vec{S}_f) + \vec{S}_H \tag{3}$$

式中：

$$S_{Hx} = C_D(V_S \cos\alpha_V)^2 \left(\frac{\partial z_B}{\partial x} - \frac{\partial z_{B0}}{\partial x} \right) \tag{4}$$

$$S_{Hy} = C_D(V_S \sin\alpha_V)^2 \left(\frac{\partial z_B}{\partial y} - \frac{\partial z_{B0}}{\partial y} \right) \tag{5}$$

方程（2）（3）（4）（5）即为滑坡体作用区的水流运动控制方程。

2.2 求解方法

将控制方程统一写成守恒型式：

$$\frac{\partial U}{\partial t} + \nabla \cdot F(U) + \nabla \cdot T(U) = S(U) \tag{6}$$

式中，U 为守恒性变量，$U = (h, hu, hv)$，F、T 分别代表对流项与扩散项，S 代表源项。

对控制方程的空间离散，选用相对于有限差分法、有限单元法守恒特性更好的 MacCormack 有限体积法，时间上采用显式的 MacCormack 预测-校正格式计算，得到的预测与校正步的解分别为：

$$U^p(t + \Delta t) = U(t) - \frac{\Delta t}{\Delta V}\left(\sum_{k=1}^{4} F \cdot A + \sum_{k=1}^{4} T \cdot A \right) + \Delta t S(t + \Delta t) \tag{7}$$

$$U^c(t + \Delta t) = U(t) - \frac{\Delta t}{\Delta V}\left(\sum_{k=1}^{4} F^p \cdot A + \sum_{k=1}^{4} T^p \cdot A \right) + \Delta t S^p(t + \Delta t) \tag{8}$$

$$U(t + \Delta t) = \frac{1}{2}\left[U^p(t + \Delta t) + U^c(t + \Delta t) \right] \tag{9}$$

式中，目标 p、c 分别代表预测步和校正步，F 代表界面通量，A 代表界面面积，Δt 为时间步长，ΔV 为控制体体积。

由于涌浪产生区水流非恒定性强，水位梯度大，需要引入较大的数值黏性才能保持格式的数值稳定，而数值黏性的增大会导致涌浪波峰值被抹平，影响涌波的模拟精度。为了提高计算的稳定性与涌波模拟精度，引入间断波捕捉格式，在校正步实施通量修正，目前 TVD、ENO 与 AUSM 等格式得到了广泛的应用，引入由 Yee 修正后的 Harten TVD 格式，将（8）式变为：

$$U^c(t + \Delta t) = U(t) - \frac{\Delta t}{\Delta V}\left(\sum_{k=1}^{4} F^p \cdot A + \sum_{k=1}^{4} T^p \cdot A + \sum_{k=1}^{4} D^p \cdot A \right) + \Delta t S^p(t + \Delta t) \tag{10}$$

式（10）中：

$$D_{k+1/2}^p = R_{k+1/2}^p \Phi_{k+1/2}^p \tag{11}$$

式中，$R_{k+1/2}$ 为右特征向量矩阵，$\Phi_{k+1/2}$ 为耗散列向量，其单个元素 $\phi_{k+1/2}$ 的定义如下：

$$\phi_{k+1/2} = \frac{1}{2}\psi(a_{k+1})(g_{k+1} + g_k) - \psi(a_{k+1/2} + \gamma_{k+1/2})\alpha_{k+1/2} \tag{12a}$$

式中，$a_{k+1/2}$ 为右特征值，$\alpha_{k+1/2}$ 为特征列向量，利用函数 ψ 对 $a_{k+1/2}$ 进行熵修正，ψ 的表达式为：

$$\psi(a_{k+1}) = \begin{cases} |a_{k+1}|, & |\alpha_{k+1}| \geqslant \delta, \\ \left[(a_{k+1})^2 + \delta^2\right]/2\delta, & |\alpha_{k+1}| < \delta. \end{cases} \tag{12b}$$

式中 δ 为一极小正数。式（12a）中 $\gamma_{k+1/2}$ 的表达式为：

$$\gamma_{k+1/2} = \begin{cases} \dfrac{1}{2}\psi(a_{k+1})(g_{k+1} - g_k)/\alpha_{k+1/2}, & \alpha_{k+1/2} \neq 0, \\ 0, & \alpha_{k+1/2} \neq 0. \end{cases} \tag{12c}$$

式（12c）中限制函数 g_k 采用 min mod 限制器：

$$g_k = \operatorname{min\,mod}\left[2\alpha_{k-1/2}, 2\alpha_{k+1/2}, \frac{1}{2}(\alpha_{k-1/2} + \alpha_{k+1/2})\right] \tag{12d}$$

3　算例与分析

3.1　滑坡体概况

白水河滑坡位于长江南岸，距三峡大坝坝址 56 km，前缘至高程 70 m，总体坡度约 30°，其南北向长度 600 m，东西向宽度 700 m，滑体平均厚度约 30 m，体积 $1\,260 \times 10^4\,\mathrm{m}^3$。河道地形及滑坡体平面见图 1，滑坡体剖面见图 2。

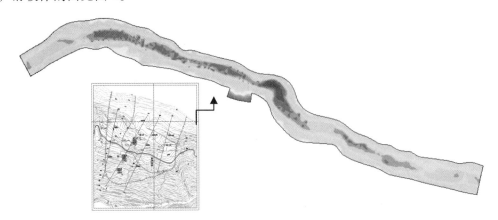

图 1　河道地形及滑坡体平面图

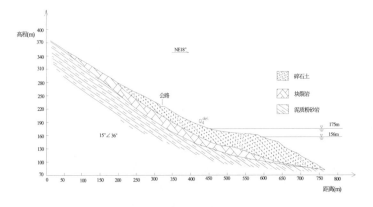

图 2　滑坡体剖面图

3.2 滑坡体的数值描述及有关参数的设置

数学模型中河道地形与滑坡体体型采用两套网格系统进行描述，滑坡体按其滑动方向在其网格上运动，运动过程中滑坡体厚度分布不变，滑坡体覆盖范围内的河岸与河道地形随滑坡体位置的变化而相应变化。

模拟计算初始水位为 175 m；滑坡体为半淹没状态，滑动过程线为近似对称的抛物线型，历时约 25 s，滑速峰值 5 m/s，出现于约 125 s 时。

3.3 计算结果分析

滑坡区涌浪产生过程中的瞬时水面见图 3；涌浪监测点的涌浪过程见图 4，图中 P1 点位于河道中央，P9 位于河道对岸；最大浪高沿程衰减趋势见图 5。

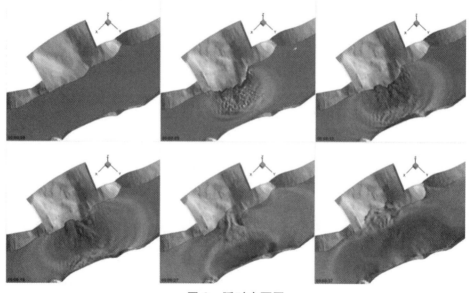

图 3　瞬时水面图

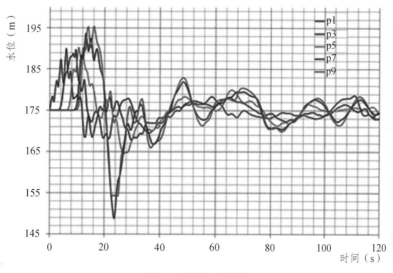

图 4　涌浪过程图

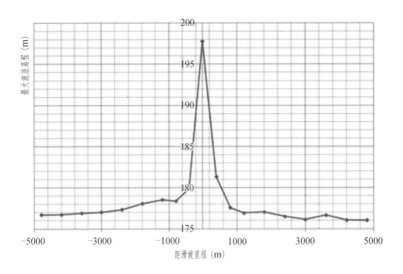

图 5 涌浪沿程衰减图

从图 3 可以看出，由于本滑坡体处于半淹没状态，其入水过程中涌浪首先在河道中央形成，而涌浪与滑坡体间产生水面凹陷区；约 16 s 时滑坡体对岸近岸处形成最高涌浪；涌浪向对岸推进并形成爬坡，随后返回河道向本岸推进并在本岸形成爬坡；涌浪在滑坡体对岸与本岸来回反射的同时亦向河道上、下游传播。模型结果合理地反映了滑坡体入水形成涌浪的过程。涌浪在滑坡区两岸及沿程岸坡的爬坡与回落现象表明模型动边界处理技术对干湿剧烈变化较强的模拟能力。

从图 4 的涌浪过程可以看出，随着滑坡体的滑动，各测点先后监测到涌浪且涌浪逐步升高，从本岸到对岸各测点涌浪峰值依次增大。各测点涌浪过程线较为光滑，除峰值区由于涌浪叠加引起的低频物理振荡外，未出现高频数值假振，表明模型的稳定性较强。

从涌浪的沿程衰减图 5 可以看出，涌浪在近滑坡区衰减幅度较大、远滑坡区衰减幅度较小，符合滑坡涌浪在河道中衰减的一般规律。结合涌浪的水面过程图 3 不难看出，涌浪产生时其传播方向几乎垂直于河岸，涌浪形成后在滑坡体对岸与本岸间来回反射和爬坡，其波能在此过程中消耗较大，因此衰减较快；远滑坡区涌浪行进方向基本顺应河道走向，其能量耗散主要在河道的湿周上产生，因此衰减较慢。

4 结 论

建立了可将滑坡涌浪形成过程与传播过程统一模拟的数学模型，实例计算表明所建立的模型能合理地模拟滑坡涌浪的形成与传播过程，具备良好的稳定性及适应干湿剧烈变化的能力。本文数学模型可作为滑坡涌浪灾害预报和防范的有力工具。

参考文献

[1] 袁银忠，陈清生. 滑坡涌浪的数值计算及试验研究. 河海大学学报，1990，10（5）：46-53.

[2] 杨学堂，刘斯凤，杨耀. 黄腊石滑坡群石榴树包滑坡涌浪数值计算. 武汉水利电力大学（宜昌）学报，1998，20（3）：51-55.

[3] Harbizt C B, Pedersen G , Gjevik B. Numerical simulations of large water waves due to landslides，Hydraulic Engineering，1993，119（12）：1325-1341.

[4] 郭洪巍,吴葱葱. 水库滑坡涌浪的数学模型及其应用. 华北水利水电学院学报,2000,18(1)：24-27.

EMD 算法在径流序列趋势提取中的应用

宿策 [1]，荣钦彪 [2]

（1. 青海大学水利电力学院，青海西宁宁大路 251 号，810016；
2. 天津大学建筑工程学院，天津市津南区雅观路 135 号，300072）

【摘　要】　水文序列具有高度非线性、非平稳性，针对传统水文时间序列趋势提取时需要对数据进行假设和预处理，导致趋势提取准确率受到影响的问题，本文提出以时频分析理论为基础的经验模态分解法进行水文序列趋势提取。先用仿真信号验证了方法可行性，然后将其应用于湟水河流域民和站实测年径流量趋势提取中，将趋势提取结果与传统 Mann-Kendall 非参数检验法所得结果进行对比。仿真及实例分析结果表明：经验模态分解法能对水文序列进行自适应分解，无需假设和预处理，相比传统分析方法能更准确地提取水文序列趋势。

【关键词】　经验模态分解；Mann-Kendall；水文时间序列；趋势提取

1　前　言

全球气候变化与人类对自然的过度干涉给环境带来了巨大的影响，极端洪涝灾害频繁发生在全球的不同地区，对人类的生存与社会的发展造成严重威胁。为了控制和避免灾害的发生，对水文时间序列的观测分析是非常重要的。目前对水文序列的分析主要集中在趋势提取、突变、周期变化以及序列预测四个方面。为了能使得到的结果给人类带来更准确的指导，国内外研究学者们对水文序列分析方法一直在进行探索和改进。

其中对于趋势提取方面的研究理论主要是数理统计，方法主要有两种，分别为参数检验和非参数检验方法[1]。在用参数统计方法进行分析时，要求数据为正态分布且要同时满足同质性假设条件。由于水文时间序列往往不满足上述两个条件，在进行分析前要对数据进行预处理，使原始数据满足条件，这就已经引起了误差，之后再用相关方法进行分析，由于方法本身也存在缺陷，这就使得误差扩大，误差更加扩大往往导致结果的可靠性不高。之后便提出了非参数检验方法，代表有斯皮尔曼秩检验（Speramans rho test，SR）与曼肯德尔秩和检验（Mann-Kendall test，MK）。非参数检验不对原始数据进行直接处理，而是对原始数据所获得的秩进行统计分析，无需对数据进行预处理并且不受异常值和缺失值的影响，但其需要假设序列为独立随机分布。

由于水文时间序列是具有相关性的，为排除自相关的影响，Von Storch[2]提出了预置白（Pre-Whitening，PW-MK）的处理方法，即在进行 M-K 分析前，先排除自相关性；鉴于趋势项的存在又对自相关系数的计算有影响，Yue 和 Wang 等[3]提出了去趋势预置白方法（Trend-Free Pre-Whitening，TFPW-MK）。刘攀[4]等人用再抽样方法估计水文时间序列趋势的显著性水平，通过分块法消除水文时间序列自相关性的干扰。此外，为得到较有说服力的结果，有研究学者综合运用多种方法将分析结果进行对比分析。于延胜[5]等人针对 R/S 法与 M-K 法的不足，采用互补的措施，综合两个方法对闽江流域竹岐站年径流序列进行了未来趋势分析。也有越来越多的研究学者将基于时频分析的小波理论引入到水文序列研究中，但由于不同小波基的选取限制了其准确性，而更多地将小波分析应用到周期分析中[6-8]。

2 方法介绍

经验模态分解（Empirical Mode Decomposition，EMD）是Huang[9]等人提出的一种处理非线性非平稳数据的新方法，应用该方法不需要任何先验条件，无需对数据进行预处理，也不同于小波分析需要提前选定小波基。它被认为是以线性和平稳假设为基础的傅里叶分析与小波分析等传统时频分析方法的重大突破。目前，EMD已经在机械故障诊断、特征提取、信息检测、通讯雷达信号分析等领域广泛使用[10-13]。近年来，EMD算法逐渐被应用到水文时间序列分析中，算法依据输入水文序列的特点，自适应地将序列分解为几个本征模态函数（Intrinsic Mode Function，IMF）与一个趋势分量。EMD分解的收敛准则使得分解余量为单调函数，即周期大于信号的记录长度，也就是信号中的趋势项，已有研究学者应用EMD成功提取出蕴含再信号中的趋势项[14-16]。

2.1 EMD 分解

EMD分解的基本思想是利用信号$x(t)$上下包络线的平均值确定瞬时平均，并在此基础上按信号局部特征筛选提取IMF。IMF需满足两个基本筛选条件：极值点数目和通过零点的数目相同或者仅相差一个；任何点处极值包络的平均位置始终为零。

对信号$x(t)$进行EMD分解的基本步骤为：

（1）确定$x(t)$的局部极大值和极小值点，并用三次样条拟合极值点，得到$x(t)$的上、下包络线$u(t)$、$v(t)$。

（2）求上、下包络线的均值，得到瞬时平均$m(t)$，$m(t)=\left[u(t)+v(t)\right]/2$。

（3）$x(t)$减去瞬时平均$m(t)$，得$p(t)=x(t)-m(t)$。

（4）判断$p(t)$满足两个基本筛选条件与否：满足，则$p(t)$为首阶IMF；若不满足，则令$p(t)$重复（1）～（3）的操作，直至$p(t)$满足IMF的基本条件，得到第1阶模态分量$imf_1(t)$。

（5）从$x(t)$中减去$imf_1(t)$得到$h_1(t)$，将$h_1(t)$视作初始序列，重复步骤（1）～（5），直至余项$r_n(t)$为一个常量或平均趋势。

最终，将原始信号$x(t)$分解为一组频率由高到低的IMF和一个余项之和。

$$x(t)=\sum_{i=1}^{n}imf_i(t)+r_n(t) \tag{1}$$

式中，$x(t)$表示原始信号，$imf_i(t)$表示各阶本征模态函数，$r_n(t)$表示平均趋势项或常量。

2.2 Mann–Kendall 检验

Mann-Kendall检验是成熟的趋势检验方法，被广泛应用于水文时间序列的趋势提取中，该方法不要求数据是正态分布，但在使用前需假定时间序列为独立随机分布，而水文时间序列是具有相关性的，这就给趋势分析引入了分析误差，也是文章提出新趋势提取方法的意义所在。但为检验EMD方法的准确性，依旧使用M-K方法所得结果进行对比验证。

假设$x_1,x_2,x_3\cdots x_n$为独立随机的时间序列，n为时间序列的长度。定义统计量P如下：

$$P = \sum_{i=1}^{n-1}\sum_{j=i+1}^{n}(x_j - x_i) \tag{2}$$

其中，

$$(x_j - x_i) = \begin{cases} 1 & x_j - x_i > 0 \\ 0 & \text{其他} \end{cases} \tag{3}$$

式中， x_i ， x_j 为第 i 和第 j 年的测量值。

$$E(P) = n(N-1)/4 \tag{4}$$

$$\mathrm{Var}(P) = n(n-1)(2n+5)/72 \tag{5}$$

$$\mathrm{UF(UB)} = [P - E(P)]/\sqrt{\mathrm{Var}(P)} \tag{6}$$

统计量 UF 在零假设下近似服从标准正态分布，数值为正表示序列具有上升趋势，数值为负表示序列具有下降趋势。超过 0.05 显著性水平的部分表示该段时间有明显的趋势变化。将时间序列倒置，即将用来计算 UF 的时间序列 $x_1, x_2, x_3 \cdots x_n$ 的顺序换为 $x_n \cdots x_3, x_2, x_1$ ，将新序列按照上述式（2）至式（6）计算步骤可得到统计量 UB ， UF 与 UB 的交点就是突变点。

3 仿真与实例验证

3.1 仿真验证

构造仿真信号 $x(t)$ ，其中 $x_1(t)$ 为添加的趋势部分。给 a 取固定值，时间 t 为自变量，取样的间隔为 1s， b_i 与 P_i 随着 i 的取值不同有 6 个不同的取值，然后将不同频率不同幅值的信号叠加组成非线性非平稳信号，构造的仿真信号 $x(t)$ 如图 1 所示。

$$\begin{cases} x(t) = x_1(t) + x_2(t) \\ x_1(t) = at \\ x_2(t) = \sum_{i=1}^{6} b_i \sin(2\pi t / P_i) \end{cases} \tag{7}$$

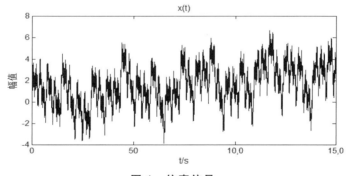

图 1 仿真信号

将信号 $x(t)$ 进行 EMD 分解，共分解出 6 阶本征模态与一个趋势项，其中 IMF1-IMF6 分别对应着仿真信号中频率从高到低的不同模态分量，趋势项部分就是要提取出来的部分。将经 EMD 分解后得到的趋势项与实际趋势 $x_1(t)$ 画到图 2 中进行对比分析，从图 2 可发现，实际趋势项与经过 EMD 分解的趋势项基本吻合，可见 EMD 确实能够将数据中的趋势项很好地提取出来。

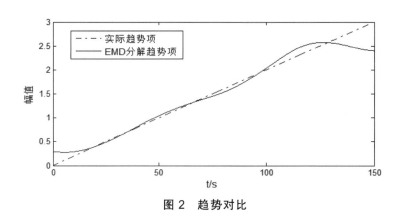

图 2　趋势对比

3.2　实例验证

湟水河位于青海省，是黄河的一级支流。湟水河流域的主要水文站点有海晏站、乐都站、民和站与西宁站。近些年，由于全球气温、人类活动、土地利用等的影响，使径流时间序列非线性非平稳的特点越来越突出，湟水河流域各站点的实测径流量如图 3 所示。

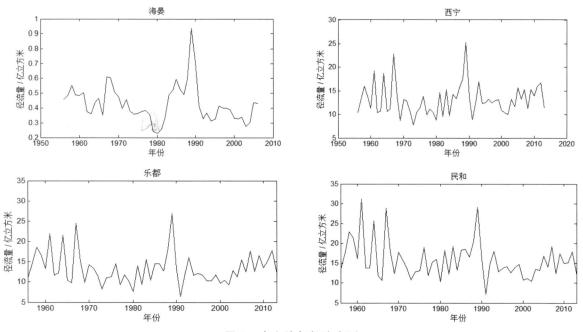

图 3　水文站年径流序列

由图 3 可知，四个水文站点径流序列年际变化幅度很大，且呈现出复杂的规律。四个主要水文站点中民和站的控制流域面积为 15 340 km²，占青海省境内湟水河流域面积的 70% 以上。所以本文以湟水河流域民和水文站的 1956—2013 年的实测年径流数据为例，应用 EMD 方法进行趋势提取，并将提取结果与传统的 Mann-Kendall 非参数检验方法的结果进行对比，检验 EMD 算法的可行性，并通过两种趋势结果的对比分析证明基于 EMD 算法的趋势提取的优越性。

3.2.1　M-K 检验

M-K 检验结果如图 4 所示。由 M-K 检验结果可以得出：民和站径流序列从 1956 年以来一直呈现出下降趋势，1956 年至 1980 年以及 1990 年之后的下降速率一直在增加，1980 至 1990 年以后下降速度有所减小；在 1972 至 1984 年和 2000 年以后有明显的下降趋势，并在 1987 年左右 UF 与 UB 曲线基本重合，也就是在 1987 年左右发生突变。张调风[17]等人在 2014 年对湟水河流域民和站 1966 年至 2010 年的年径流数据的径流特征与趋势进行分析，得出径流一直呈现出下降趋势，且在 1987 年前后发生突变，该结论与本文分析所得结论一致。

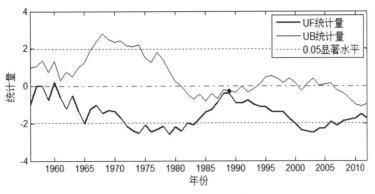

图 4　Mann-Kendall 检验

3.2.2　EMD 分解

对湟水河流域民和水文站的 1956—2013 年的实测年径流数据应用 EMD 方法进行趋势提取，趋势提取结果如图 5 所示。

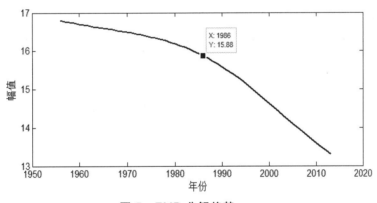

图 5　EMD 分解趋势

由图 5 可知，湟水河流域民和站径流量呈现逐年递减趋势，通过斜率的变化分析可知在 1986 年之前下降趋势比较缓慢，1986 年之后下降趋势有所增加。由上述分析可知，EMD 分析结果与 M-K 分析方法所得结果总体上是一致的，经验模态分解方法可以应用于水文时间序列趋势提取当中。基于 EMD 算法提取出的趋势与 M-K 方法所得趋势提取结果的呈现方式不同，EMD 是将所有数据作为一个整体进行整体的数据拟合与提取，后续可通过数值拟合分析趋势的变化形式，如线性趋势、指数趋势、多项式趋势等，还可进行未来趋势的预测；另外，EMD 法克服了传统分析方法对数据进行假设与预处理的困难，可以更好地得出趋势多年的总体走向。

4　结论与不足

4.1　结　论

（1）EMD 法与 M-K 检验法趋势提取的对比结果表明 EMD 算法可用于径流序列的趋势提取，并且 EMD 算法克服了传统分析方法需要对数据进行预处理的不足。

（2）EMD 法可通过观察曲线斜率与临界斜率绝对值的大小比较确定是否存在明显的变化趋势，应用斜率变化的转折点初步判断突变点位置。

（3）EMD 方法是对数据整体进行分析，将离散数据作为连续数据得出结果，所提取出的趋势线比较平滑，可以进行函数拟合进而进行未来趋势预测。

4.2 不 足

（1）EMD 分解出的其他几阶 IMF 所对应的信息尚不明确。有研究学者根据其周期特性与相应的物理成因进行匹配，但具体的作用机理尚不明确，且该方法是单纯的对数据进行数学上的分析，所得结果的纵坐标值没有实际物理意义。

（2）EMD 算法本身存在的端点效应问题没有彻底解决，会使得结果有一些偏差，由图 2 可看出两边端点处拟合效果较差。将 EMD 应用于水文预测前期的数据处理方面可以进一步进行研究。

参考文献

［1］ 张应华, 宋献方. 水文气象序列趋势分析与变异诊断的方法及其对比[J]. 干旱区地理, 2015, 38（4）：652-661.

［2］ Yon STORCH H. Misuses of statistical analysis in climate research[C]//von STORCH H, NAVARRA A. Analtsis of Climate Variability：Applications of Statistical Techniques. Berlin：Springer-Verlag, 1995：11-26.

［3］ YUE S, WANG C Y. Applicability of prewhitening to eliminate the influence of serial correlation on the Mann-Kendall test [J]. Water Resources Research, 2002, 38（6）：1-7.

［4］ 刘攀, 郭生练, 肖义, 等. 水文时间序列趋势和跳跃分析的再抽样方法研究[J]. 水文, 2007, 27（2）：49-53.

［5］ 于延胜, 陈兴伟. R/S 和 Mann-Kendall 法综合分析水文时间序列未来的趋势特征[J]. 水资源与水工程学报, 2008, 19（3）：41-44.

［6］ LING H B, XU H L, FU J Y. High-and low-flow variations in annual runoff and their response to climate change in the headstreams of the Tarim River, Xinjing, China[J]. Hydrological Processes, 2013, 27（7）：975-988.

［7］ TYSO P D, COOPER G R J, MCCARTHY T S. Millennial to multi-decadal variability in the climate of southern Africa[J]. International Journal of Climatology, 2002, 22（9）：1105-1117.

［8］ 刘闻, 曹明明, 宋进喜, 等. 陕西年降水量变化特征及周期分析[J]. 干旱区地理, 2013, 36（5）：865-874.

［9］ Huang NE, Shen Z, Long SR, et al. The empirical mode decomposition and the Hilbert spectrum for nonlinear and non-stationary time series analysis [J]. Philosophical Transactions of the Royal Society A-Mathematical Physical and Engineering Science, 1998, 454（1971）：903-995.

［10］ EMD 算法研究及其在信号去噪中的应用[D]. 哈尔滨工程大学, 2010.

［11］ 孙新建, 李成业. 岩石爆破震动信号分析的 EEMD 滤波方法研究[J]. 水利水电技术, 2013,（01）：101-104+112.

[12] 程林贵. Hilbert-Huang 变换提取水轮机振动特征信息研究[J]. 水利水电技术，2010，（11）：63-66.

[13] 张永，丁志宏，何宏谋. 黄河中游水沙变化关系不确定性的时间尺度特征研究[J]. 水利水电技术，2010，（01）：18-21.

[14] 陈隽. 经验模态分解在信号趋势项提取中的应用[J]. 振动、测试与诊断，2005，25（2）：101-105.

[15] 刘天虎，刘天龙. 集合经验模态分解下中国新疆降水变化趋势的区域特征[J]. 沙漠与绿洲气象，2015，9（4）：17-24.

[16] 秦宇. 应用经验模态分解的上海股票市场价格趋势分解及周期性分析[J]. 中国管理科学，2008，16：219-225.

[17] 张调风，朱西德，王永剑，等. 气候变化和人类活动对湟水河流域径流量影响的定量评估[J]. 资源科学，2014，36（11）：2256-2262.

基于种植结构调整的农业灌溉用水优化配置模型

孙秋慧，徐国宾，马超

（天津大学 水利工程仿真与安全国家重点实验室，天津市津南区海河教育园，300354）

【摘　要】　在不增加农业供水的情况下，即农业灌溉供水量一定，通过调整农业种植结构，合理分配各作物的灌溉水量，达到增大种植效益和提高粮食产量、增加农民收入的目的。以种植业灌溉净效益最大为目标函数，以农业灌溉供水量、播种面积、粮食需求为约束条件，构建了基于种植结构调整的农业灌溉用水优化配置模型。将该模型应用到海南省陵水黎族自治县农业灌溉用水优化配置当中，并采用遗传算法求解。求解结果显示：通过调整种植结构，现状年种植效益增加了 6.05 亿元，粮食产量增加了 12.93 万吨。实例表明：本文提出的优化配置模型合理，计算结果可为区域合理分配各农作物面积及相应灌水量提供参考。

【关键词】　农业灌溉用水；种植结构调整；优化配置；遗传算法

1　前　言

我国人均水资源量只有 2 100 m³，仅为世界人均水平的 28%，全国年平均缺水量超过 500 多亿 m³[1]。在非常有限的水资源条件下，我国要以占全世界 7%的耕地资源养活占全球 22%的人口[2]。与此同时，人口仍在增长，粮食需求日益增加，水资源过度开发问题突出，不少地方水资源开发远远超出水资源承载能力，并引发了一系列生态和环境问题。据 2015 年中国水资源公报显示，2015 年全国总用水量 6 103.2 亿 m³。其中农业用水占 63.1%。农业用水量的多少直接影响到总用水量的多少。农业水资源能否持续利用，将对水资源的可持续利用产生重大影响。目前越来越多的农业用水被用在满足中国快速发展的城市及工业用水之上，我国农用水源的急剧减少已日益威胁到粮食总产量乃至食物安全[2]。这就需要对农业灌溉用水进行优化配置，才能在不增加农业供水的条件下增大农业种植效益，满足我国对粮食日益增加的需求。

水资源优化配置的研究始于 20 世纪 40 年代，其中对于灌区的水资源优化配置研究也有很长的历史。各式各样的优化模型不断涌现，相应产生了各种各样的求解方法，应用到农业水资源的优化配置中。刘红亮[3]依据大系统分解协调法建立了灌溉水资源优化配置模型，该模型由两层模型组成，第一层为作物灌溉制度优化模型，该优化模型以作物水分生产函数为基础，采用动态规划逐次渐进法（DPSA）求解作物在给定水量时如何在各生育阶段优化分配灌水量；第二层为多种作物间水量优化分配模型，该模型采用动态规划法求解在总灌溉水量一定时如何最优分配使得灌区水资源利用效率最大。陈守煜、马建琴[4]提出了与农业水资源优化配置密切相关的作物种植结构的多目标模糊优化模型，并提出模糊定权的方法来确定指标权重，克服了目标函数中用线性评判指标来处理高度非线性多目标问题与确定权重的不足。Li Ren'an 与 Cui Yiman[5]为增加农民的收入，减少化学肥料的消耗，建立了作物种植结构调整的优化模型，来保护江汉平原的水资源。Fu Yinhuan 等[6]基于 Jensen 水分生产函数提出了集成的区间非线性规划模型，用来优化农业灌溉中不确定性下的作物不同生长阶段的水资源分配，模型提供了一种有效解决作物灌溉制度和成功处理降雨和作物需水之间不一致的方法。Ajay Singh[7]建立了通过优化水资源和土地资源分配使农场年净效益最大化的线性规划模型，模型联合利用劣质地下水和优质运河水来满足作物需水，并考虑降低地下水位减少水涝的要求，增加农场的年净效益。卢震林[8]针对且末县农业用水季节性短缺的问题，建立了农业水资源配置系统模型，并用动态规划逐次渐近法进行求解，计算得出且末灌区主要作物的配水量及相应水量的灌溉制度。莫俊明[9]建立了基于灌溉效益的农业水资源优化配置模型，采用动态规划法利用 VisualBasic6.0 编制计算机程序对模型进行解算，使农业水资源分配达到最优，作物灌溉效益明显增强，作物总缺水量减少。蒋青松[10]给出了区域农业水资源的优化配置模型，通过模型求解，使农业用水量减少了10%并且优化种植结构提高农民的收入。刘玉邦[11]应用免疫进化算法对标准粒子群优化算法进行改进并应用于灌区农业水资源优化配置模型的求解。

　　本文在农业灌溉供水量一定的情况下，以种植业灌溉净效益最大为目标函数，以农业灌溉供水量、播种面积、粮食需求为约束条件，构建了基于种植结构调整的农业灌溉用水优化配置模型。应用该优化模型调整农业种植结构并合理分配各作物的灌溉水量，可达到增大种植效益和提高粮食产量、增加农民收入的目的。

2　模型建立

　　种植区域在有限的水资源和土地资源的前提下，为获得种植业发展的最大综合效益，必须科学合理地安排好每种作物的种植面积以及相应的水量分配[12]。在一定水资源条件下，单位面积灌溉水量越大，灌溉面积越小，灌溉面积与灌溉水量之间势必出现矛盾[13]。要协调这种矛盾，就必须找到适宜的灌水量与适宜的灌溉面积。本文建立了一个非线性规划模型，以区域种植业年净收入最大为目标，根据作物的需水不同，合理分配水量[14]-[15]。在实际的农业生产过程中，种植业结构的优化与调整涉及多种因素，具有一定的复杂性。模型在建立的过程中做了一些假定以及遵循一定的原则，如下：

　　（1）假定耕地质量相同，即每种作物的亩产量只跟灌溉水量有关，不考虑肥力等其他因素。

　　（2）假定作物的产量价格不会随市场的供求而发生变化。

　　（3）模型的建模模式是"以供定需"，即供水量给定，优化供水的分配。

2.1　目标函数

　　在农业灌溉供水不足的情况下，应将有限的水量最优地分配给不同的作物。模型以种植业灌溉净效益最大为目标函数，最优分配农业供水。

$$\max Z = \sum_{i=1}^{m}\sum_{k=1}^{n}(Y_{ik}\cdot P_k - C_k)\cdot S_{ik} \tag{1}$$

其中，

$$Y_{ik} = Q_{ik}\cdot Y_{ikm}/(S_{ik}\cdot q_{ikm}) \tag{2}$$

式中，i 为一年内的分茬，一年内共分 m 茬；k 为作物种类，共 n 种；Y_{ik} 为第 i 茬第 k 种作物的单位面积实际产量，公斤/亩；Y_{ikm} 为第 i 茬第 k 种作物的单位面积最高产量，公斤/亩；P_k 为第 k 类作物的单价，元/公斤；C_k 为种植单位面积 k 种作物的生产成本，元/亩；S_{ik} 为第 i 茬第 k 种作物的种植面积，亩；Q_{ik} 为第 i 茬第 k 种作物全生育期分配到的总灌溉水量，m^3；q_{ikm} 为第 k 种作物充分灌溉时的灌溉定额，m^3/亩。

2.2 决策变量

以参与优化的作物的种植面积和其对应分配到的水量作为决策变量，具体见表1。

表 1　决策变量表

作物茬	作物种类	分配给的种植面积/万亩	对应分配到的灌溉水量/万 m³
1	1	S_{11}	Q_{11}
	2	S_{12}	Q_{12}
	⋮	⋮	⋮
	n	S_{1n}	Q_{1n}
⋮	⋮	⋮	⋮
m		S_{m1}	Q_{m1}
	2	S_{m2}	Q_{m2}
	⋮	⋮	⋮
	n	S_{mn}	Q_{mn}

2.3 约束条件

约束条件包括面积约束、水量约束、粮食安全约束、优势作物产量约束及非负约束，不考虑输配水系统等约束。

2.3.1 面积约束

（1）接茬作物面积约束：接茬作物面积约束即接茬作物种植积不超过前茬作物占地面积。即

$$\sum_{k=1}^{n} S_{1k} \leqslant S \tag{3}$$

$$\sum_{k=1}^{n} S_{mk} \leqslant \sum_{k=1}^{n} S_{(m-1)k} \tag{4}$$

（2）每种作物的面积约束：各种作物的种植面积大于等于其允许种植面积下限，小于等于其允许种植面积上限，即

$$\min S_{ik} \leqslant S_{ik} \leqslant \max S_{ik} \tag{5}$$

式中，S 为耕地总面积，亩；S_{ik} 第 i 茬 k 种作物的种植面积，亩；S_{mk}、$S_{(m-1)k}$ 分别为第 m 茬和第 $m-1$ 茬 k 种作物的种植面积，亩；$\min S_{ik}$、$\max S_{ik}$ 为第 i 茬 k 种作物的最小、最大可能种植面积，亩。

2.3.2 水量约束

每种作物分配到的总水量之和等于总的实际灌溉量，即

$$\sum_{i=1}^{m} \sum_{k=1}^{n} Q_{ik} = Q \tag{6}$$

各作物分配到的灌溉水量介于零和充分灌溉所需水量之间，即

$$0 \leqslant Q_{ik} \leqslant q_{ikm} \cdot S_{ik} \tag{7}$$

式中，Q_{ik} 为第 i 茬第 k 种作物全生育期内分配到的总灌溉水量，m³；Q 为总的灌溉水量，m³；S_{ik} 为第 i 茬第 k 种作物的种植面积，亩；q_{ikm} 为第 i 茬第 k 种作物充分灌溉时的灌溉定额，m³/亩。

2.3.3 粮食安全约束

粮食产量应该满足该地区人民的最低需求。本文中的粮食产量指早稻与晚稻产量的总和，即

$$D_{ik} \leqslant Y_{ik} \cdot S_{ik} \tag{8}$$

式中，D_{ik} 为允许的第 i 茬第 k 种作物的最低粮食量，$D_{ik} = y_{ik} \cdot POP$；$POP$ 为该地区总人口，人；y_{ik} 为人们对第 i 茬第 k 种作物的人均需求量，kg/人；Y_{ik} 为第 i 茬第 k 种作物的单位面积实际产量，公斤/亩；S_{ik} 为第 i 茬第 k 种作物的种植面积，亩。

2.3.4 优势作物产量约束

优势作物应保持其优势性。本文中的优势作物为冬季瓜菜，即

$$Y_{ik0} \leqslant Y_{ik} \cdot S_{ik} \tag{9}$$

式中，Y_{ik0} 为优势作物为保证其优势性所必须满足的最低产量，公斤；Y_{ik} 为第 i 茬第 k 种作物的单位面积实际产量，公斤/亩；S_{ik} 为第 i 茬第 k 种作物的种植面积，亩。

2.3.5 非负约束

模型中所有变量均大于等于零，即

$$S_{ik} \text{、} Q_{ik} \geqslant 0 \tag{10}$$

以上就构成了基于种植结构调整的农业灌溉用水优化配置模型。

3 模型求解方法——遗传算法

遗传算法[16]是一种借鉴生物界自然选择和进化机制发展起来的高度并行、随机、自适应搜索算法。简单而言，它使用了群体搜索技术，将种群代表一组问题解，通过对当前种群施加选择、交叉和变异等一系列遗传操作，从而产生新一代的种群，并逐步使种群进化到包含近似最优解的状态。由于其思想简单、易于实现以及表现出来的健壮性，遗传算法赢得了许多应用领域。本文对上述优化配置模型的求解采用遗传算法，其算法流程见图 1。

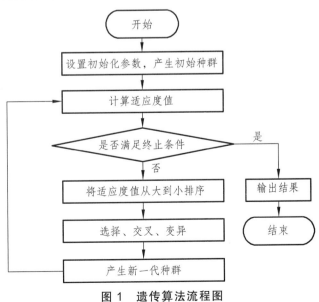

图 1 遗传算法流程图

4 模型应用——以海南省陵水县为例

4.1 实例基本资料

海南省陵水黎族自治县位于海南岛的东南部，地势西北高，东南低。地形主要由山地、丘陵、平原组成。丘陵与山地主要分布在西北部，平原主要分布在东南沿海。气候属热带岛屿性季风气候，干湿季分明，夏秋多雨，冬春干燥。年平均气温 25.2 ℃，年平均雨量为 1 500 ~ 2 500 mm，主要集中在每年的 8 ~ 10 月份。光照充足，全年无霜，四季常青，是我国少有的天然温室，适宜热带作物和反季节瓜菜的种植。

根据该县统计资料，该县作物种植中，早稻、晚稻、冬季瓜菜、甘蔗、花生、冬薯，共 6 种作物种植面积较大，具备一定的代表性，可以大致反映出各市县的农作物种植情况。现状水田轮作制度主要为双季稻、早稻-晚稻-冬薯、早稻-晚稻-瓜菜、花生-晚稻-瓜菜、花生-晚稻-冬薯等形式；现状旱地种植制度主要为甘蔗、花生-番薯、花生-瓜菜轮作、豆类-番薯轮作等形式。各主要作物各生育期见表 2 和表 3。

表 2　水稻各生育阶段起止日期（月.日）

一年三熟的水稻	移植回青	分蘖前期	分蘖后期	拔节孕穗	抽穗开花	乳熟	黄熟
早稻	3.11—3.17	3.18—4.7	4.8—4.23	4.24—5.16	5.17—5.23	5.24—6.7	6.8—6.20
晚稻	7.11—7.15	7.16—8.5	8.6—8.20	8.21—9.15	9.16—9.23	9.24—10.8	10.9—10.20

表 3　其他作物各生育阶段起止日期（月.日）

主要作物	初始生长期	快速发育期	生育中期	成熟期
春花生	2.1—2.25	2.26—3.31	4.1— 5.15	5.16—6.10
甘蔗	3.1—3.31	4.1—5.20	5.21—11.20	11.21—1.31
冬季瓜菜	10.11—11.4	11.5—12.10	12.11—1.19	1.20—2.10
冬薯	10.11—11.5	11.5—12.11	12.11—1.20	1.20—2.11

经调研并查阅相关资料得到陵水县种植业各项指标值见表 4。另外从陵水县 2010 年鉴中查得陵水县农田面积为 21.92 万亩，可用于农田灌溉的供水量为 1.52 亿 m³，当地的平均渠系水利用系数为 0.553，田间水利用系数取 0.95，故农田的净灌溉供水量为 7 986 万 m³。

表 4　陵水县种植业各项指标值

作物	单价（kg/元）	亩均种植生产成本（元/亩）	单产（kg/亩）	最小种植面积（万亩）	粮食安全约束（万吨）
早稻	4.2	967.8	1 000	—	4.07
晚稻	4.2	696.8	800	—	
冬季瓜菜	4.6	3 697.3	3 000	1.15	30.55
甘蔗	2.2	820.0	6 000	0.05	—
春花生	9.5	996.6	300	—	—
冬薯	3.6	450.0	400	5.85	—

4.2 结果分析

利用该优化配置模型和确定的计算参数,基于 Microsoft Visual C＋＋6.0 编制计算机程序,运用遗传算法求解。计算得到海南省陵水县现状年各作物调整后的种植面积和对应分配到的灌溉水量,计算结果见表 5;以及对比调整前后的种植效益值、粮食产量、总种植面积和各作物种植面积,结果见表 6。

由表 6 可以看出,调整前种植效益为 18.26 亿元,粮食产量 4.07 万吨,瓜菜产量 30.55 万吨;调整后种植效益为 24.31 亿元,粮食产量 17.00 万吨,瓜菜产量 44.32 万吨。效益值增加了 6.05 亿元,粮食产量增加了 12.93 万吨,瓜菜产量增加了 13.77 万吨。调整后,总种植面积增大 7.04 万亩;早稻种植面积减少了 7.69 万亩;冬薯种植面积减少了 3.75 万亩;花生种植面积减少了 6.97 万亩;瓜菜种植面积增加了 18.06 万亩;晚稻种植面积增加了 6.31 万亩;甘蔗种植面积增加了 1.08 万亩。

表 5　陵水县种植业计算结果表

作物	早稻	晚稻	春花生	甘蔗	冬季瓜菜	冬薯
种植面积/万亩	0.39	20.76	14.77	1.16	20.37	5.99
灌溉水量/万 m³	138.39	1 455.92	2 665.64	391.63	2 389.03	945.4

表 6　调整前后总种植效益和粮食总产量对比表

项目	种植效益 (亿元)	粮食产量 (万 t)	瓜菜产量 (万 t)	早稻 (万亩)	晚稻 (万亩)	春花生 (万亩)	甘蔗 (万亩)	冬季瓜菜 (万亩)	冬薯 (万亩)	总种植面积 (万亩)
调整前	18.26	4.07	30.55	8.08	14.45	21.74	0.08	2.31	9.74	56.40
调整后	24.31	17.00	44.32	0.39	20.76	14.77	1.16	20.37	5.99	63.44

5　结　语

以种植业灌溉净效益最大为目标函数,以农业灌溉供水量、播种面积、粮食需求为约束条件,建立了基于农业种植结构调整的农业灌溉用水优化配置模型,并将模型应用到海南省陵水黎族自治县农业灌溉用水优化配置中。采用遗传算法求解模型,得出了供水一定、耕地面积一定的情况下,2010 年陵水黎族自治县的农业灌溉用水和作物种植面积的分配,并从总种植效益、总种植面积、6 种作物(早稻、晚稻、瓜菜、甘蔗、花生、冬薯)种植面积、稻谷和瓜菜产量四大方面分析了种植结构调整前后的变化。对比结果显示:通过调整种植结构,现状年种植效益增加了 6.05 亿元,粮食产量增加了 12.93 万吨。应用优化模型得出的实例计算结果表明本文提出的优化模型合理,计算结果可为种植区域合理分配各作物面积及相应灌水量提供参考。

参考文献

[1]　冯保清. 我国不同尺度灌溉用水效率评价与管理研究. 北京:中国水利水电科学研究院,2013.

[2]　夏建国. 四川农业水资源评价及优化配置研究. 重庆:西南农业大学,2005.

[3]　刘红亮. 灌区水资源优化配置与可持续发展评价研究. 南京:河海大学,2002.

[4]　Chen Shouyu, Ma Jianqin, Zhang Zhenwei. A multi-objective fuzzy optimization model for planting structure and its method. Journal of Dalian University of Technology, 2003, 43(1): 12-15.

[5] Li Ren'an，Cui Yiman. Optimization model and suggestions for crop planting adjustment in the Jiang Han plain. Journal of Wuhan University of Technology，2004，26（5）：203-205.

[6] Fu Yinhuan，Li Mo，Guo Ping. Optimal allocation of water resources model for different growth stages of crops under uncertainty. Irrigation drainage engineerning. 2014，（140）：1-8.

[7] Ajay Singh. Optimizing the use of land and water resources for maximizing farm income by mitigating the hydrological imbalances. Hydrology Engineering，2014，19：1447-1451.

[8] 卢震林. 典型干旱区水资源优化配置研究以且末县为例. 新疆：新疆大学，2008.

[9] 莫俊明. 金沟河流域农业水资源优化配置研究. 新疆：新疆农业大学，2011.

[10] 蒋青松. 基于可持续发展的南疆区域农业水资源优化配置模型研究. 安徽农业科学，2011.

[11] 刘玉邦. 免疫粒子群优化算法在农业水资源优化配置中的应用. 四川：四川大学水利水电学院，2011.

[12] 张洪嘉. 农业水资源高效利用角度下新疆干旱区种植业结构优化研究. 新疆：新疆农业大学，2013.

[13] 常春华. 奇台县农业水资源评价与优化配置研究. 新疆：新疆大学，2007年.

[14] 刘亚琼，李法虎，杨玉林. 北京市农作物种植结构调整与节水节肥方案优化. 中国农业大学学报，2011，16（5）：39-44.

[15] Zhang Zhan Yu，Ma Hai Yan，Li Qi Guang and so on. Agricultural planting structure optimization and agricultural water resources optimal allocation of Yellow River Irrigation Area in Shandong Province. desalination and water treatment，2014，52（13～15）：2750-2756.

[16] 王小平. 遗传算法——理论、应用与软件实现. 西安：西安交通大学出版社，2002，1-7.

第三篇　环境水力学

我国农村小水电开发的生态环境影响研究进展

汤显强 [1, 2*]，潘婵娟 [3]，黎睿 [1, 2]

（1. 长江科学院，流域水环境研究所，湖北武汉黄浦大街 23 号；

2. 长江科学院，流域水资源与生态环境科学湖北省重点实验室，武汉 430010；

3. 三峡大学土木与建筑学院，湖北省宜昌市西陵区大学路 8 号）

【摘　要】 小水电为我国农村经济社会发展提供了可持续电力支持，但其开发也对生态环境造成一定程度的不利影响，如水文条件改变、水体营养物质再分布、泥沙淤积、水生生态系统结构改变等。随着农村小水电生态环境保护要求的逐步提高，模糊层次分析、生态调度、生态环境影响指数评估与生态足迹分析等方法被用于科学评估小水电建设与运行过程中的生态环境影响，其中，具有定性与定量分析特点的生态环境影响指数评估法应用最为广泛。为了减缓与消除水电开发的不利生态环境影响，可综合采用工程设计优化、管理水平提升和生态修复等措施。此外，考虑到小水电开发影响连锁性和累积性以及基础数据的匮乏，还应以生态水文单元为基础，通过野外观测结论科学确定重要水生态保护目标与生态水文过程，将生态基流保障与生态修复对策纳入流域水电开发规划与生态环境保护规划，促进农村小水电可持续与绿色发展。

【关键词】 水生态；泥沙淤积；富营养化；农村水电

1 农村小水电开发现状

1.1 农村水能资源蕴藏量及分布

我国是世界上水能资源最丰富的国家，可开发的水电资源为 87GW，超过 1 600 个电站位于山区县[1]。截止到 2012 年年底，全国共有农村水电站 45 799 座，农村水电装机容量达 65.7 GW，占全国口径水电站装机容量的 26.4%[2]。截止到 2009 年，西南地区（广西、重庆等）装机容量为 44.7 GW，占水力发电总量的 51.4%；西北地区（内蒙古、山西等）装机容量 13.5 GW，占水力发电总量的 15.6%。东部山区水电资源相对集中，比较丰富，浙江、福建和广东省的总装机容量为 14 GW，约占水力发电总量的 16.5%[1]。

据 2009 年水利部农村水能资源普查，我国单条河理论蕴藏量 10 MW 及以上的河流有 5 095 条，10 MW 以下的河流有 11 477 条，理论蕴藏量为年发电量 2 662 亿 kW·h。截至 2012 年，全国农村水电已开发量占全国农村水电资源技术可开发量的 51.3%，年发电量突破 2100 亿 kW·h。开发率较高的省份主要集中在我国东部、东南沿海、中部地区。其中，山东、江苏等 8 个地区的已开发率超过 70%。而我国东北、西北、西南地区开发程度相对较低，开发潜力较大。其中，西藏、黑龙江等 12 个地区开发率尚不足 40%[2]。

基金项目：国家自然科学基金（编号：51379017&51409009）；中央公益性科研院所基本科研业务费项目（编号：CKSF2016025/SH）。

1.2 小水电发展历程

中华人民共和国成立以来，特别是改革开放以来，小水电从无到有、从小到大，从单站发电到联网运行，从建设县乡电网到建设适应全面建成小康社会要求的农村水电气化，已发生了翻天覆地的变化（见图1）。

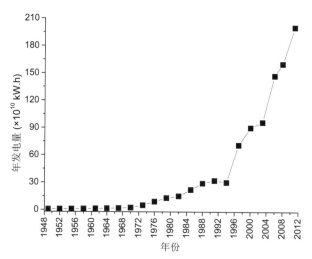

图 1　我国小水电 1949—2011 年发电量增长情况

在"七五"至"九五"期间，我国中西部地区、少数民族地区和东部山区共建成 653 个农村水电初级电气化县。15 年的农村水电初级电气化县建设以及治水办电相结合，效果显著：（1）边远山区 1.2 亿人口用上了电。（2）初步治理数千条中小河流，增加水库库容 500 亿立方米，提高了防洪抗旱能力，增加灌溉面积 2 530 万亩，解决了 6 425 万人及 4 742 万头牲畜饮水困难。（3）巩固发展了以小水电为依托的山区水利，改善了农村生产生活条件。（4）减少有害气体排放与减少自然林砍伐，防止水土流失，森林覆盖率 15 年内平均增长了 9.88%[3]。

农村小水电担负着全国 1/2 地域、1/3 县、1/4 人口供电任务，对统筹发电、供电和用电，协调扶贫、资源开发、生态环境保护和水利建设具有重要贡献，是有效解决人口、资源、环境问题的系统工程。截至 2012 年年底，全国农村水电配套电网建成 110 kv 及以上变电站 584 座，35（63）kV 变电站 2 985 座，配电变压器 38.2 万台，10 kv 及以上高压线路 51 万 km，低压线路 116 万 km。到 2012 年，全国有农村水电的县共 1 531 个，其中农村水电供电为主的县有 400 个[2]。

1.3 小水电开发的环境保护历程

合理开发利用农村水能资源，建设小水电对地方经济建设和社会发展具有一定促进作用，但同时农村小水电建设和运行也会对生态环境产生一些不利影响，这些影响具有范围广、因素复杂、周期长等特点，有些影响具有累积性和滞后效应，甚至还有一些不可逆的影响。为此，我国提出了"在保护生态环境基础上有序开发水电"的战略目标[3、4]。我国农村小水电开发的生态环境保护实践大致可分三个阶段：

第一阶段：萌芽阶段。改革开放以前，农村小水电建设处于始发期，主要是解决边远山区、贫困地区的照明问题[5]，电站规模小，总装机容量仅 6.3 GW，对生态环境的负面影响很小，其保护工作属于自发自愿。

第二阶段：起步阶段。改革开放后，为了解决贫困地区脱贫致富的问题，小水电开始较大规模的开发，同时加入了生态环境保护的概念和部分工作内容。20 世纪 90 年代中期水利部颁发了《小水电建设项目经济评价规程》与《中小河流水能开发规划导则》等，提出要对"小水电建设项目环境生态效益和影响作出综合评价"，但还只是定性的规定，没有量化指标，生态环境保护尚处于起步阶段。

第三阶段：活跃阶段。进入 21 世纪，小水电开发更加注重保护和改善生态环境，小水电与清洁发展机制、小水电可持续发展、小水电开发资源成本的核算等逐渐成为生态环境保护的工作内容。我国也通过清洁发展机制项目获得了部分国外资金和先进技术援助，强化了国际合作，发挥了小水电生态环境保护的正效应。以小水电代燃料工程为例，该项工程的实施，每年减少木柴消耗 1.89×10^8 m^3，保护森林 3.4 亿亩，吸收二氧化碳 1.61×10^8 t，获直接生态效益 360 亿元[6]。

2 农村小水电开发的生态环境影响

2.1 正面效应

农村小水电开发及水电农村电气化改善了地区能源结构，完善了供电网络，提高了城乡防洪能力，改善了生态环境，促进了山区群众脱贫致富与经济社会发展。其中，生态环境方面的正面效应主要体现在以下方面：

（1）改变能源消耗结构，减少大气污染。发展农村小水电既充分利用了水能资源，又可替代火电或烧柴，减少化石燃料消耗，促进山林保护，减少大气污染。以吉林省抚松县为例，小水电每年供电 2 亿 kW·h，相当于替代 8 万 t 标准煤或减少砍伐 5 200 亩森林，减少二氧化碳和其他有害气体排放 1 812 万 t，节约木材 22 500 m^3[7]。

（2）促进水土保持，推动小流域治理。农村小水电建成后，不仅恢复和保持原有自然生态环境，还广泛实施周边绿化，种树种草以及山坡荒地的小流域治理，减少了水土流失，增加了小流域蓄洪能力与防御山洪自然灾害的能力[8, 9]。

（3）提供供水、灌溉等多项兴利服务。除防洪与发电外，小水电站调节水库和拦河坝的修建，形成了一定规模的供水和灌溉能力，改善了当地居民的生产生活条件[8]。

2.2 负面效应

农村小水电在开发建设过程中对当地自然环境会造成短时间的扰动和破坏，建成运行后也存在一些负面生态环境影响，主要包括：水文情势改变、水体富营物质再分布、泥沙淤积、水生生态系统结构改变与河流生态需水变化等[10]。

（1）水文情势改变。筑坝截水或修建渠道等引水式发电深刻改变了河流的水文状况，引起不同河段流速、流量和水位变化，导致季节性断流，形成减脱水河段，增加局部河段淤积，使河口泥沙减少而冲刷加剧[11]。小水电站周期性运行与停运（调峰），造成下游河流流量的周期性起伏，不仅侵蚀河道，还会破坏河道生物栖息地[11]。

水库蓄水以后，上游悬浮物在库中沉淀，导致出库水体悬浮物减少，俗称清水下泄。清水下泄导致坝下河道侵蚀与冲刷，河道两岸地下水位下降，引起河道生态系统的植物群落向不利方向发展[12]。

（2）水体富营物质再分布。坝式水电站的修建会抬升上游水位，形成淹没区。蓄水后，淹没区植被和土壤中的有机物会进入水库，上游地区流失的肥料也会在水库中聚集；加之蓄水后，库内水流速度减缓，水流携带的泥沙及其所含的污染物沉淀富集，形成水库的内源污染。当气温、水流和营养条件适宜时，水草、藻类便大量繁殖，出现水体富营养化。此外，过度养殖和旅游景点排污也是水库出现富营养化的重要因素。筑坝造成下游营养物质减少，大坝的拦截与沉降导致上游营养物质在水库中蓄积，导致下游水生生物获得的营养物质减少，进而对食物链产生影响。以澜沧江漫滩电站为例[13]，施工初期水体氨氮浓度最高，达到 0.39 mg/L。1993 年首台机组发电后，死亡沉水植被分解和沉积物营养盐释放导致水体氨氮浓度缓慢上升。2001 年后，工业污水排放和农业面源污染导致水体氨氮浓度进一步上升。总磷浓度从 1995 年的 0.03 mg/L 逐渐增加至 2003 年的 0.10 mg/L。

（3）泥沙淤积。水库的淤积速率决定着水库的寿命，也是决定水库效益的关键因素。与自然因素相比，人类活动是水库淤积发生发展的主导驱动力，影响农村小型水库淤积及淤积物分布的因素包括：水库运行方式、淤积泥沙的粒径与组成、水库形态和淤积泥沙的容重，其中水库形态为主要影响因素[14]。田海涛等[15]分析了 115 座具有代表性的中国内地水库淤积资料，结果发现，中小型水库比大型水库淤积严重，黄河中下游地区水库淤积比例最大，西南地区水库年均淤积率最大，小型水库库容淤积比例为 29%，年均损失 1.18%的库容。

泥沙淤积主要由两方面造成：一是建设过程中水土流失导致的短期沉积；二是水库大坝拦截的长期淤积。农村小水电开发中的泥沙沉积主要有以下来源：土地复垦和森林砍伐导致的水土流失[16]，浸没侵蚀后的库岸崩塌与滑坡[17]，山洪、泥石流等地质灾害[18]和矿产资源开发导致的弃渣与水土流失等。

（4）水生生态系统结构改变。水生生态结构的变化可能发生于浮游植物、浮游动物、底栖生物、高等水生植物、鱼类及其他水生生物等不同层次上，但任何层次上的变化都会影响其他层次上的生物种群动态和整个水生生态系统。例如，湖南东江水电站蓄水之后，库区除底栖动物外，藻类、维管束植物、水生微生物、浮游动物的种群和数量均有不同程度地增加，生物量增加 1 ~ 6 倍[19]。钱骏等[20]研究表明，电站建成后，水体上层水温较高，有利于蓝藻、绿藻等浮游植物生长，而对溶解氧敏感、生活于流动洁净水体中常见的蜉蝣、纺石蚕、石蝇等种类在种群数量上一定时期内会有所下降。

电站的建设还造成阻隔效应，吉林省东部山区的细鳞鱼等珍贵洄游性冷水鱼因挡水建筑物的阻隔，即便在不断流的情况下也无法逾越到上游[21]。

（5）生态需水量受到威胁。河流生态需水量是指维持河流生态系统的正常生长以及保护河流珍稀物种生存所需要的水量[22]。河流上修建水电工程，若形成年调节型水库，就可以在丰水期拦蓄洪水、枯水期开闸放水，达到调洪蓄水、常年发电的目的，并有效保障河流生态用水。但对于库坝断流的调峰电站，却造成河流断流，导致河流生态用水无法保障，河流生态系统的结构崩塌，生物种群数量减少，甚至绝迹。

2.3　水电开发生态环境影响的特点

农村水电开发的生态环境影响具有以下特点[23]：

（1）连锁性。水电工程对河流生态系统造成的胁迫与影响牵动着流域的方方面面。例如，河流筑坝后，导致整个流域的水文过程、泥沙输送、水体物理化学特性等均会发生较大变化，而河流生态环境与这些条件密切相关，进而产生连锁反应。

（2）累积性。水电开发对河流生态系统造成有些负面影响具有累积性、潜在性、长期性，很多影响短期不明显，可能要在工程建设后很长一段时期后才能逐步显现。

（3）广泛性。水电开发的生态环境影响不局限于工程附近，而是能够影响整个生态水文单元，具有区域性和广泛性特点，引水式小水电站造成的减脱水可影响几十公里河段，甚至影响到河口[23]。

3　农村水电开发生态环境影响评价

为了科学评价农村水电对当地生态环境的影响，通常采用一些方法或模型进行影响识别及有效应对，常用的评估方法有模糊层次分析法（FAHP）、生态调度（ES）模型、状态-压力-响应（PSR）模型、生态环境评价指数（EEEI）法与生态足迹（EF）分析等。

3.1 模糊层次分析法（FAHP）

模糊层次分析法（FAHP）结合了层次分析法和模糊数学理论的优点，基于定性和定量指标创建判断矩阵，克服了层次分析法的不足[24]。FAHP 的判断矩阵具有模糊逻辑的特点，解决了传统层次分析法判断矩阵一致性的问题[25]。FAHP 简化了权重计算过程，能够提供客观、公正、准确的综合评价结果。赵淑杰等[26]采用模糊层次分析法，评价了河北省承德县农村小水电的水生态效益。结果表明，该模型合理、实用、可信度较高、可供借鉴。然而，FAHP 在权重和隶属度确定方面采用专家评价法，其客观性尚有缺陷，有待进一步探讨和完善。

3.2 生态调度（ES）模型

农村水电开发不同程度地改变了河流的径流量与径流过程，从而直接或间接地影响到河流重要生物资源的生境[27]。农村水电开发在获得发电效益的同时，还应兼顾生态用水，设置最小下泄流量作为发电引水流量的约束条件，建立农村水电生态调度模型。假定水资源仅用于生态环境保护，生态需水量（EWD）的计算公式为：

$$EWD = Max \begin{vmatrix} 栖息地需水量 \\ 排盐输沙需水量 \\ 自净需水量 \\ 景观需水量 \end{vmatrix} + 补给地下水需水量 + 涵养森林需水量 + (蒸发 - 降水)$$

式中，排盐输沙需水量、自净需水量、栖息地需水量、景观需水量根据河流的实际情况选择适合的计算方法直接求解；补给地下水需水量、维持水源涵养林需水量、蒸发水量可通过研究河段区间流量间接获取[28]。

以薛城水电站生态环境需水量为例，为了满足河流的基本功能，避免河流水质退化，河水流量必须达到 2.25 m³/s，当下泄流量为 2.29 m³/s 时能基本满足水生态系统栖息地的需水要求，对河谷景观价值不造成显著影响[28]。

3.3 压力−状态−响应（PSR）模型

PSR 模型是当前较为流行的评估方法。在 PSR 模型框架内（见图 2），环境问题均可以由 3 个不同但又相互联系的指标类型来表达[29, 30]。其中，压力指标反映人类活动给环境造成的负荷；状态指标表征环境质量、自然资源与生态系统的状况；响应指标表征人类面临环境问题所采取的对策与措施。

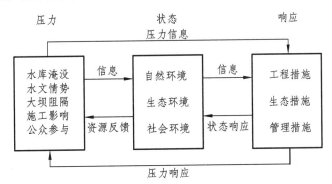

图 2　水电开发生态影响评价中 PSR 模型

PSR 模型从人类活动与生态环境相互作用、相互影响这一角度出发，对生态环境指标进行分类与组织，具有较强的系统性。因此，借鉴 PSR 模型指标体的压力-状态-响应理念，构建农村水电生态环境影响评价指标体系[31]，全面反映水电开发与运行过程中的生态环境影响。与以往评价体系相比，PSR模型更具有真实性、系统性和准确性等特点。然而，在应用PSR模型进行案例分析时，需注意不同指标对压力和响应的敏感性差异以及响应措施的适宜性。

3.4 生态环境评价指数（EEEI）

指标体系的建立是评价水电开发对生态环境影响的首要和关键，指标选取则直接关系到评价结果的精确性和科学性。李红清和蒋固政[32]引入景观生态学理论，选择密度、频度和景观比例计算出生态评价区内斑块重要值，实现定性分析向定量分析的跨跃，并在湖南省皂市水利枢纽生态环境影响评价进行了应用。该方法特别适用基于全球地理信息系统（GIS）的生态影响评价实践，具有评价成果可靠、精度高、便于定量和成图快等优越性。

禹雪中等[48]基于层次分析架构，针对筑坝水电工程，提出了由目标层、准则层和指标层构成的生态环境保护的指标体系框架，将指标体系分为水文特征、河流水质、河流形态、河流连通性、生物生境、生物群落、河流景观7个类别，并提出相应的保护准则以及定量或定性指标。该指标体系较为全面地反映了水电工程建设过程中生态环境保护要求，但在实际应用中过于复杂，评价结果有待进一步验证。

考虑到河流生态系统的连续性和流动性特征，魏国良等[33]建立了可持续水电开发与河流生态服务改善的概念模型（见图3），借助数学模型和生态经济学方法，将水电开发的社会经济效益与生态环境成本进行量化比较，从而判别水电开发的技术、经济、环境可行性，然后通过管理决策的反复调整，实现环境友好型水电开发。

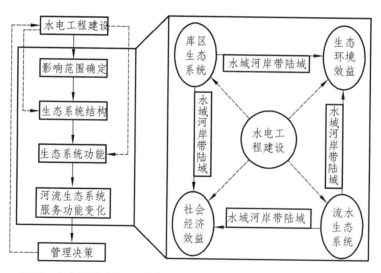

图3　水电开发与河流生态系统服务功能可持续调控概念模型

3.5 生态足迹（EF）分析

生态足迹分析是以"生物生产性土地"为度量指标，测算人类活动对生态环境影响程度的一套定量方法，其具有计算简便、可操作性强、全球可比、易与其他指标结合、结论易懂等优点[34]。肖建红等[35, 36]应用生态足迹法分别对三峡工程和全国水利工程的生态供给足迹和生态需求足迹进行了计算，为大型水利工程生态环境影响评价提供了重要参考。针对农村引水式电站生态环境影响特点，王振华等[37]采用生态足迹分析法，划分了农村引水式电站生态供给足迹账户和生态需求足迹账户，建立了农村引水式电站的生态供给足迹模型和生态需求足迹模型，并以云南某山区小型河流梯级引水式电站为例进行了生态供给足迹与生态需求足迹的定量计算，结果表明，山区小型河流上引水式电站的级数超过三级，其生态环境累积影响逐渐显现，且随着级数增多，对生态环境累积影响的程度越大。在众多不利影响因素中，河道减水脱水产生的累积影响占主导作用。由此可见，生态足迹分析对农村梯级引水式电站生态环境累积影响定量评价具有参考价值。

4 水电工程生态环境保护对策

农村水电开发的生态环境影响具有系统性、复杂性、关联性和累积性，有必要采取工程和非工程措施减缓甚至消除其不利影响，使其积极效益最大化。较为实用可靠的农村水电开发生态环境保护对策主要分为三类：工程设计优化、生态环境修复和管理水平提升。

4.1 工程设计优化

早期农村水电站的设计极少关注生态环境保护，但优化设计是农村水电可持续发展的最有效方法。具体来说，可采取如下措施：① 保护和改善生态环境：设计过鱼和分层取水等设施、人工孵育场和产卵场、为改善水生物生境的眚水或排水工程；② 防治水体污染：修建闸坝，合理调节水量，增加环境用水，提高河流自净能力，修建岸边带，生态养殖，曝气增氧，污染底泥清淤等；③ 水库淤积控制：开展上游封山育林、退耕还林、种草等水土保持；优化水库调度运行，增加排沙泄沙。

4.2 生态环境修复

水电开发等人为活动干扰下，大块连续分布的自然生境破碎与分割成许多面积较小的生境斑块，造成各恢复区之间缺少必要的生态联系。因此，单纯生态恢复无法维护工程扰动区域生物多样性和生态景观稳定性。生态廊道在很大程度上影响着景观的连通性，也影响着斑块间物种、物质和能量的交流[38, 39]。通过生态廊道把若干生态区域连接起来，能有效减少不利的"孤岛效应"。水电工程扰动区生态廊道的构建是发展绿色水电工程的有效方法，生态廊道网络构建后，扰动区绿色生态防护体系可自然形成，生态景观破碎化状况得到改观，重建与恢复的生态斑块与自然斑块之间及扰动区周围区域形成完整的生态系统。植被恢复与物种多样性得到增加，水土流失、土地退化得到遏制，生态群落结构渐趋稳定，天然更新能力加强，区域生态承载力有效提高。

4.3 管理水平提升

生态调度是提升流域综合管理的重要手段，也是一项重要的河流生态修复技术。目前，我国生态调度仍以水质和河道结构改善为主要目的，根据调度目标可分为：① 水质改善；② 河道结构改善；③ 岸边带及湿地恢复等3种类型，其中，前两种类型表现出较强的制度化趋势。然而，以明确生物物种或河道内生物栖息地质量改善为目标的农村水电生态调度尚无实践案例。生态调度的工作基础是保护物种、栖息地以及生态流量等基础信息的获取。然而，我国目前还没有一套水生态环境监测信息网[40]，缺少一套完整的流域及其重点河段的保护鱼种及水生态系统保护规划，也没有成熟的技术手段和工程经验，因此不能形成相应的保护规程规范。我国的水生态信息基础相当薄弱，北方地区的鱼类资料是20世纪80年代中国渔业资源调查的资料，部分地区甚至是50年代的调查资料，经过20多年的河流开发，许多河流湖泊的水生态信息已发生了天翻地覆的变化[41]。随着水利信息化与现代化的快速发展，建立水生态环境数据库为基础，地理信息系统为工具，远程动态实时信息监测为目标的观测网，能够科学和针对性地开展水电开发过程中的生态环境保护。

5 结语与展望

中国农村水能资源蕴藏丰富，作为清洁和可再生能源，农村水电满足中国经济社会快速发展的巨大能源需求，有效避免了有害气体排放，减少了柴火和化石燃料消耗，但不合理不科学的水电开发有可能导致严重不良生态环境影响。中国农村水电已开发将近60多年，在此期间，政府与研究机构不断深化水电开发与生态环境保护间的关系认知，制定了相关的环境保护法规与条例，并从思想和行动上提高公众生态环境保护意识。但受经济、技术、体制、观念等制约，中国在水电开发不利生态环境影响识别与应对等方面仍存在较多不足。

本文通过正负两方面总结梳理了中国农村水电开发的生态环境影响。然而，大多数农村水电站位于河流源区和生态脆弱地区，工程建设所在流域的水文过程、泥沙输移和水生生态系统结构都将产生一定影响。农村小水电遍地开花，量多面广，若无有效生态环境保护措施，农村小水电开发可能对区域或流域生态环境造成不可逆的严重影响，甚至发展成生态灾难，这一点在梯级引水式电站方面尤为明显。

科学识别和评估农村水电开发的生态环境影响十分重要，FAHH、ES、PSR、EEEI 和 EF 等模型已用于生态环境影响评估。EEEI 评价模型是评估农村水电开发生态环境影响的最有效方法，可以根据其评估结果，提出减缓或避免不利生态环境影响的对策与措施。因很多农村地区生态环境的基础数据缺乏，可考虑构建共享平台，分享较为成功的生态环境影响评估案例，为绿色小水电新建或改扩建提供数据支撑。最后，针对已出现的不利生态环境影响，还需通过生态流量下泄与监管、生态环境修复与提升环境管理等予以减缓和消除。

参考文献

[1] 田中兴. 小水电点亮中国农村. 中国水能及电气化，2009，（5）：5-7.

[2] 《中国水利年鉴》编纂委员会. 中国水利年鉴 2013. 北京：中国水利水电出版社，2013.

[3] 陈鑫，牟长波. 山区小水电工程建设主要生态环境影响及生态保护措施. 轻工科技，2010，26（5）：73-74.

[4] 任伟强，罗超，叶少有. 安徽小水电工程对生态环境影响分析. 中国农村水利水电，2010，（10）：111-112.

[5] 张荣梅，陈星. 环境友好的农村水电工程. 农村电气化，2005，（11）：36-37.

[6] 吴世勇，申满斌，陈求稳. 清洁发展机制（CDM）与我国水电开发. 水力发电学报，2008，27（6）：53-55.

[7] 刘艳芬. 浅谈农村水电的开发与生态环境保护[A]. "中国小水电论坛"论文专辑[C]，2010，pp. 66-67.

[8] 回士光. 农村水电的生态与环境保护作用分析. 中国水能及电气化，2006，（11）：19-21.

[9] STERNBERG R. Hydropower's future，the environment，and global electricity systems. Renewable & Sustainable Energy Reviews，2010，14（2）：713-723.

[10] 崔桂香. 解决农村水电生态与环境问题的若干对策及措施. 中国水利，2006，（20）：23-24.

[11] GHOSH SUSMITA. Hydrological changes and their impact on fluvial environment of the lower damodar basin over a period of fifty years of damming The Mighty Damodar River in Eastern India. Procedia-Social and Behavioral Sciences, 2011, 19（1）: 511-519.

[12] BERNARD JERRY M., TUTTLE RONALD W. Stream Corridor Restoration: Principles, Processes, and Practices[A]. Wetlands Engineering and River Restoration Conference[C]. 1998.

[13] 姚维科, 杨志峰, 刘卓, 等. 澜沧江中段水质时空特征分析. 水土保持学报, 2005, 19（6）: 148-152.

[14] 孙和平. 小型水库泥沙淤积成因分析及淤积量的初步估算. 地下水, 2005, 27（3）: 221-222.

[15] 田海涛, 张振克, 李彦明, 等. 中国内地水库淤积的差异性分析. 水利水电科技进展, 2006, 26（6）: 28-33.

[16] 董哲仁. 怒江水电开发的生态影响. 生态学报, 2006, 26（5）: 1591-1596.

[17] 钟华平, 刘恒, 耿雷华. 怒江水电梯级开发的生态环境累积效应. 水电能源科学, 2008, 26（1）: 52-55.

[18] 张林洪, 刘荣佩. 水库与人居环境. 昆明理工大学学报(自然科学版), 2002, 27（5）: 39-41.

[19] 周小愿. 水利水电工程对水生生物多样性的影响与保护措施. 中国农村水利水电, 2009, （11）: 144-146.

[20] 钱骏, 任勇, 杨有仪. 亭子口库区水温变化对水生态环境的影响. 重庆环境科学, 1997, （1）: 57-61.

[21] 杨军严. 初探水利水电工程阻隔作用对水生动物资源及水生态环境影响与对策. 西北水力发电, 2006, 22（4）: 80-82.

[22] 严登华, 何岩, 邓伟, 等. 东辽河流域坡面系统生态需水研究. 地理学报, 2002, 57（6）: 685-692.

[23] 姚云鹏. 水电工程对河流生态系统的胁迫及对策研究. 黑龙江大学工程学报, 2006, 33（3）: 19-22.

[24] REZA MIKAEIL, MOHAMMAD ATAEI, REZA YOUSEFI. Application of a fuzzy analytical hierarchy process to the prediction of vibration during rock sawing. Mining Science & Technology, 2011, 21（5）: 611-619.

[25] 张吉军. 模糊层次分析法（FAHP）. 模糊系统与数学, 2000, 14（2）: 80-88.

[26] 赵淑杰, 唐德善, 曹静. FAHP 在农村小水电生态效益评价中的应用. 水电能源科学, 2010, （1）: 130-132.

[27] NI J. R., WEI H. L., HUANG G. H. Environmental Consequences of the Sanmenxia Hydropower Station Operation in Lower Yellow River, China. Energy Sources, 2003, 25（6）: 519-546.

[28] 杜发兴, 徐刚, 李帅. 水电工程的河流生态需水量研究. 人民黄河, 2008, 30（11）: 58-59.

[29] TONG CHUAN. Review on Environmental Indicator Research. Research of Environmentalences, 2000.

[30] HAMMOND ALLEN L., INSTITUTE WORLD RESOURCES. Environmental indicators: a systematic approach to measuring and reporting on environmental policy performance in the context of sustainable development. World Resources Institute, 1995.

[31] 侯锐, 刘恒, 钟华平, 等. 基于 PSR 模型的水电工程生态效应评价指标体系构想. 云南水力发电, 2006, 22（2）: 4-6.

[32] 李红清, 蒋固政. 水电工程环境影响评价中生态评价方法研究. 人民长江, 2004, 35（12）: 38-39.

[33] 魏国良，崔保山，董世魁，等. 水电开发对河流生态系统服务功能的影响——以澜沧江漫湾水电工程为例. 环境科学学报，2008，28（2）：235-242.

[34] 董雅洁，梅亚东. 用生态足迹法分析水电站对河流生态系统功能的影响. 水力发电，2007，33（7）：27-29.

[35] 肖建红，施国庆，毛春梅，等. 三峡工程生态供给足迹与生态需求足迹计算. 武汉理工大学学报（交通科学与工程版），2006，30（5）：774-777.

[36] 肖建红，王敏，施国庆，等. 水利工程生态供给足迹与生态需求足迹计算. 武汉理工大学学报（交通科学与工程版），2008，32（4）：593-595.

[37] 王振华，李青云，黄茁，等. 基于生态足迹的农村引水式电站生态环境影响评价. 小水电，2015，（5）：8-13.

[38] SACHS JESSICA SNYDER. SEEKING SAFE PASSAGE - Scientists are increasingly discovering the benefits of protecting corridors that connect isolated wildlife habitats. University of Wisconsin Press，2012.

[39] ROSENBERG DANIEL K.，MESLOW E. CHARLES. Biological Corridors：Form，Function，and Efficacy. Bioscience，1997，47（10）：677-687.

[40] 程玉珍，周绍江. 水利水电工程生态环境数据库应用初探. 人民长江，1996，（9）：27-28.

[41] 贾金生，彭静，郭军，等. 水利水电工程生态与环境保护的实践与展望. 中国水利，2006，（20）：3-5.

南盘江上游地区水环境时空分布特征及演变趋势研究

蔚辉

（中国水利水电科学研究院，北京复兴路甲 1 号，100038）

【摘　要】　本研究系统地整理了南盘江上游地区 80 年代至近年的水质监测数据，对流域水环境质量的时空特征进行定量评价。通过对同一地点的水质状况随时间的变化规律，定量评价水环境的时间特征；通过对某一特定时间内的从上游到下游空间变化的水质变化规律，定量评价水环境的空间特征。同时采用问题识别、污染源解析、遥感解译手段详细分析了人类在发展过程中产生的对河流水质的影响，总结了水环境的发展过程及演变趋势。研究结果对指导南盘江流域水污染防治及水资源管理具有重要意义。

【关键词】　南盘江；水环境；时空分布；演变趋势

1　前　言

南盘江是珠江的主源，发源于云南省沾益县马雄山南麓，南盘江分为上、中、下 3 段，上段为昆明宜良高古马以上。南盘江上游段干流流经云南省曲靖市、昆明市，从源头开始由北向南流经曲靖市沾益县、麒麟区、陆良县转西南进入昆明市石林县，穿柴石滩水库，经宜良县与巴江汇合后出昆明市界，南盘江在研究区内干流河长约 342 km（其中曲靖 218 km，昆明 124 km）。流域范围包括曲靖市（沾益县、麒麟区、马龙县、富源县、陆良县）、昆明市（呈贡区、宜良县、石林县）、玉溪市（澄江县），共涉及 3 市 9 县，其中又以沾益、麒麟、陆良、宜良、石林为主，流域面积 7 496.7 km²。

南盘江干流流经的 2 市 5 县是云南省的重要工业农业集中区，其中曲靖市是以煤炭开采洗选、烟草、化工、冶金等为重要产业的工业城市，昆明市宜良县和石林县都是全国产粮大县。地区人口的增加、工业的发展给南盘江上游地区的河流水环境带来较大压力，同时农业面源涉及面广，治理难度大。

南盘江上游段水质的好坏对区域内人类的生存及健康发展至关重要，对流域内乃至下游地区经济社会发展和人民群众的生产生活具有重大影响，因此，本研究通过系统梳理南盘江上游地区 30 多年的水环境状况，从不同时间段、不同空间段，分析不同水期、不同年份及不同的人类干扰活动对水质产生的复杂变化，科学客观地评价水环境质量，识别关键污染因子，掌握发展趋势，对人类的健康发展、社会的良性循环具有重大意义。

2　研究方法

2.1　监测断面设置

研究区涉及云南省曲靖市、昆明市，水质监测数据来源于两市及辖区内县级的环境监测部门的自

20 世纪 80 年代至近年的监测数据。研究区在南盘江干流上共设置 8 个监测断面，监测断面涵盖南盘江流经的上游源头区、重要城市、重要水库等关键断面，其中曲靖市 5 个断面，昆明市 3 个断面。

2.2 水质评价

以云南省地表水环境功能区划为标准，指标限值执行《地表水环境质量标准》（GB3838-2002）中的对应标准限值。评价方法采用单因子标准指数法，根据常规监测断面一年中常规监测次数及监测值，取平均值得到评价指标的年均值，并与评价标准中的同一指标各类标准限值进行对比，评定该指标的水质类别。

2.3 时空演化趋势分析

将各监测断面的水质分析评价结果，以时间为序列，以南盘江上下游为位置关系，与流域行政区划相叠加对照，得出从 20 世纪 80 年代至近年的各断面、各指标的变化曲线，得出从上游至下游各项指标的变化情况、水质演变的变化趋势，分析水环境变化原因，剖析污染根源。

2.4 多元耦合

通过将水环境的时间演变及空间分布，与人类发展过程的时空关联，耦合产业布局与水环境的关系、人类发展对水环境的影响，剖析污染根源。

3 水质特征及时空演变

3.1 各断面年际变化

受到早期监测指标有限及监测时段的不连续等因素，本研究将现有的资料年均化处理，选取高锰酸盐指数和氨氮作为评价指标，1980—2015 年水质变化过程见图 1。

花山水库位于南盘江源头区，周边基本无污染源，水质状况优良，水质年际变化较小，高锰酸盐指标波动范围在 0.92 ~ 2.71 mg/L 之间，1995 年达到峰值 2.71 mg/L，但仍满足 Ⅰ 类水质要求。氨氮指标年均变化范围在 0.08 ~ 0.87 mg/L，1996 年最大，为 0.87 mg/L，满足 Ⅲ 类水质要求。该断面在 1995—1996 年水质有上升趋势，随后几年较平稳。

花山水库大坝断面，受水库库容较大影响，污染物浓度较小，水质状况良好，高锰酸盐指数和氨氮指标绝大多数情况为 Ⅰ 类水质，水质状况稳定。高锰酸盐指数在 1983 年、1985 年、1986 年处于较高波动水平，监测值超过 2 mg/L，但仍满足 Ⅱ 类水体，其余年份水质平稳，为 Ⅰ 类水体。氨氮指标年均变化范围在 0 ~ 0.74 mg/L，1985、1986 年最大，为 0.7 ~ 0.74 mg/L，满足 Ⅲ 类水质要求，1983 年监测值其次，为 0.32 mg/L，Ⅱ 类水体，其余年份均能满足 Ⅰ 类水质要求。

沾益桥断面，水质污染较严重，自 20 世纪 80 年代至 2005 年间，水质绝大多数为劣 Ⅴ 类。1992—1993 年间，处于最高峰，污染最严重，1992 年氨氮为 30.32 mg/L，超过 Ⅳ 类标准的 19.2 倍；1993 年高锰酸盐指数监测值为 21.52 mg/L，超过 Ⅳ 类标准的 1.1 倍；1993 年后，水质指标有下降趋势，水质渐好，2006 年后两项指标基本稳定在 Ⅲ ~ Ⅳ 类。

越州桥断面，水质自 20 世纪 80 年代中期逐渐恶化，90 年代以来基本处于劣 Ⅴ 类，氨氮超标比较严重，2002 年监测值最大，为 13.61 mg/L，超过 Ⅳ 类标准的 8.1 倍。高锰酸盐指数基本能够满足 Ⅳ 类水质要求，2003—2010 年间处于最高水平。

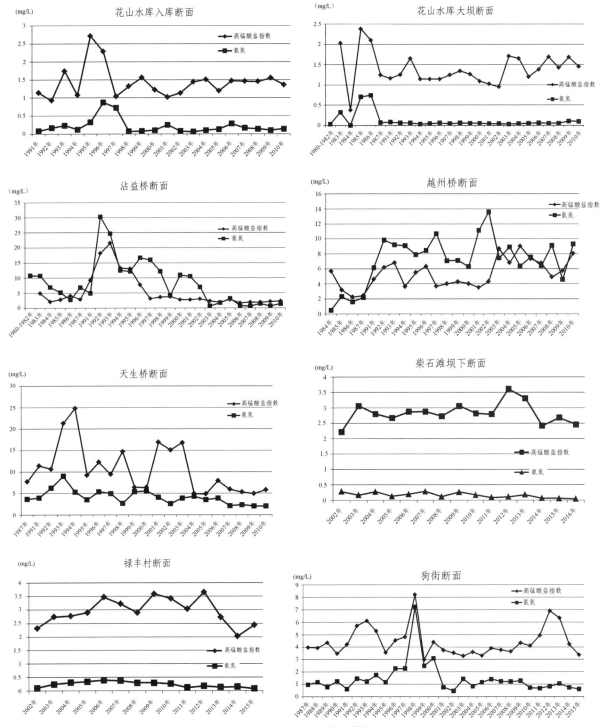

图 1　各监测断面监测指标

天生桥断面，水质较差，污染较重，水质类别基本是劣Ⅴ类，氨氮在各年的监测中均超标严重，超标倍数在 0.3～5 倍之间，其中 1992 年、1993 年污染最严重，但从变化趋势上看，氨氮指标逐年下降，有渐好趋势。高锰酸盐指数整体上呈下降趋势，1994 年为最高峰值，为 24.83 mg/L，之后呈震荡下降，2004 年后趋于平稳，基本满足Ⅲ～Ⅳ类。

柴石滩断面，因受柴石滩水库修建影响，该断面自 2002 年水库建成后恢复水质监测，监测显示，水质较好，2002—2016 年高锰酸盐指数及氨氮两项指标均能满足Ⅱ类水体，水质平稳。

狗街断面，自 20 世纪世纪 80 年代以来，高锰酸盐指数指标均能满足 Ⅳ 类水质要求，且大部分年份能够满足 Ⅲ 类，监测显示在 1998 年及 2012 年、2013 年出现波动，其中 1998 年最高为 8.22 mg/L，但仍满足 Ⅳ 类。氨氮指标在 1994 年及 1996—2000 年监测超过 Ⅳ 类标准，其余年份均能满足 Ⅳ 类，2000 年以后水质区域平稳。

禄丰村断面，为研究区最下游的监测断面，该断面高锰酸盐指数及氨氮均满足 Ⅱ 类水体，水质较好。

纵观各断面水质情况，沾益桥、越州桥、天生桥断面水质受到曲靖城区、陆良县排污的影响，水质总体较差，这 3 个断面水质目标为 Ⅳ 类，在 2000 年以前 3 个断面的高锰酸盐指数、氨氮都超标，2000 年以后 3 个断面的水质略有好转，高锰酸盐指数基本不超标，主要是氨氮指标超标。2000 年以来南盘江昆明宜良段水质总体有变好的趋势，高锰酸盐指数和氨氮指标大部分满足水质目标 Ⅱ ～ Ⅳ 类。

3.2 水质沿程变化

南盘江上游段沿程水质变化趋势见图 2。纵观近 30 年水质沿程变化，各阶段主要在沾益桥至天生桥之间有突变，水质指标变差。

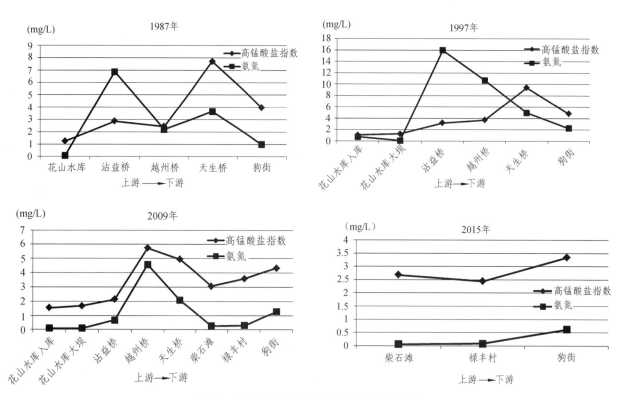

图 2　南盘江上游段水环境沿程变化趋势

南盘江源头区水质状况较好，受沿途工业废水和生活废水的排入，花山水库坝后沿程水质恶化，氨氮、高锰酸盐指数有所上升，在曲靖市沾益县、麒麟区、陆良县达到峰值，随后下降，2002 年以后因柴石滩水库已建成，大型水库对水质有一定的净化作用，同时该区域为山区，人口稀少、工业相对不发达，污染源排放较少，随后进入宜良县，又有大量的生活污水、工业废水排入，指标有所提高，污染加重。

4 原因分析

4.1 污染源解析

南盘江流域上游段废水污染源排放涉及行业共 30 行，主要有化学原料及化学制品制造业，电力、热力的生产和供应业，煤炭开采和洗选业，造纸及纸制品业，有色金属冶炼及压延加工业，石油加工、炼焦及核燃料加工业，纺织业，烟草制品业，农副食品加工业等。流域内主要行业分布见表 1。曲靖地区分布的大中型工业企业，集中分布于研究区的沾益、麒麟、陆良，煤炭开采占 60%，其次是砖瓦制造业，占 10%。其中又以陆良县在南盘江干流工业最为集中，分布着化工、机械、纺织、造纸、建材、卷烟等行业企业。

表 1　南盘江流域上游段各行业分布情况

市	县（区）	行　业
曲靖市	沾益县	非金属矿物制品业，煤炭开发和洗选业，石油加工、炼焦及核燃料加工业，化学原料及化学制品制造业，黑色金属冶炼及压延加工业，医药制造业，有色金属冶炼及压延加工业，电力、热力的生产和供应业
	麒麟区	石油加工、炼焦及核燃料加工业，黑色金属冶炼及压延加工业，烟草制品业，非金属矿物制品业，专用设备制造业，交通运输设备制造业，煤炭开发和洗选业，化学原料及化学制品制造业，有色金属冶炼及压延加工业，医药制造业，通用设备制造业，电力、热力的生产和供应业，印刷业和记录媒介的复制，纺织业，木材加工及木、竹、藤、棕、草制品业
曲靖市	陆良县	非金属矿物制品业，化学原料及化学制品制造业，食品制造业，烟草制品业，造纸及纸制品业，专用设备制造业，电力、热力的生产和供应业
昆明市	宜良县	肉制品及副产品加工，磷肥制造，氮肥制造，无机盐制造，机制纸及纸板制造，煤制品制造，棉、化纤印染精加工，冷冻饮品及食用冰制造，水泥制造，炼铁，钢压延加工，液体乳及乳制品制造
	石林县	白酒制造，纸制品制造，豆制品制造，牲畜屠宰，烟叶复烤，乳制品制造

纵观时间和空间两个方面，南盘江上游源头水质优良，沿途经过县市城区，因大量人口的集中，生活污水、工业废水集中排放进入河道，引起相应指标升高。上游曲靖地区为工业城市，烟草、煤化工、金属冶炼等工业非常发达，沾曲、陆良一带为云南省主要产粮区，大中型灌区密集，该地区是云南省仅次于昆明的重要城市。研究区流经主要工业城市，大量的工业企业排污及流域粗放型经济增长方式造成了严重的河道水环境污染，流经昆明段后，该段河道为山区，人口分散，污染源较少，又因柴石滩大型水库的调蓄作用，水质渐好，随着进入宜良地区，污染又有所提高。

4.2 废污水排放及处理分析

20 世纪 80 年代南盘江流域上游段河流废水纳入量为 2 180 万吨，污染物总量 2.14 万吨，其中氨氮排放量 2 048 吨，COD 排放量 8 603 吨，工业的发展，废污水大量地排入河道中，导致河流水质污染较重。

从时间上，90 年代处于污染较高水平，90 年代以后污染有所减少。主要是由于上游曲靖市污染防治成效显著，相继采取了依法取缔、关停了污染严重的"15 小"企业，开展了农村污染防治，城市生活污水全部纳入污水管网，进入城市污水处理厂处理后达标排放。尤其受 2007、2008 年砷污染事件后，各级政府先后采取了诸多措施，关停涉污企业，污染有很大改善，随着近期各项环保措施的实施，以及柴石滩水库的运行，流域水体有一定改观。

4.3 生态流量不满足

目前，南盘江干流上游段已建成水库和水电站 9 座，小型拦河闸坝 11 座，其中古宁坝水库、天生桥电站及大叠水电站为引水式电站，首尾相连。水电梯级建设的生态水量下泄措施执行不到位，部分梯级部分时段无水量下泄或下泄水量较小，生态流量无法保障，尤以天生桥断面水质问题突出。

4.4 土地利用解析

由于人口递增，社会的扩张，城镇化程度逐年提高，城镇和工矿用地需求日益增大，研究区城镇工矿用地 2015 年比 1988 年增加了 124.02 km^2，工农业粗放式发展加之人类对大自然无节制的索取，造成林地占比持续下降，特别是 20 世纪 90 年代，林地面积急剧下降，随着云南省对这一流域的保护力度加大，林地面积下降趋势变缓，2015 年比 1988 年减少 900 km^2；这一期间，旱地增加迅速，主要是部分林地被开采成旱地，加之农民放弃种植水田粮食作物，改种旱地经济作物，导致旱地比重持续增加。可以说研究区水环境的演变是人类活动的具体体现。研究区不同时期土地利用情况见图 3。

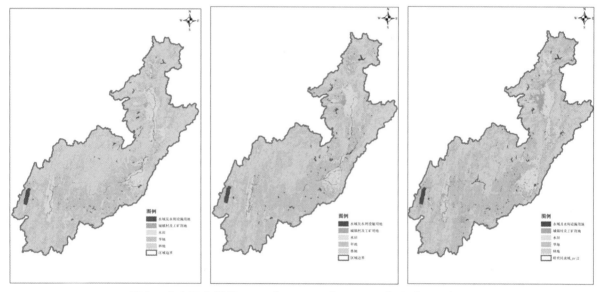

图 3　南盘江上游段 1988 年、1996 年、2015 年土地利用状况

5　结　论

本研究通过分析 30 余年长系列水环境监测数据入手，系统梳理了从 20 世纪 80 年代以来南盘江上游段的水质状况及演变趋势，通过问题识别、污染源解析、遥感解译、多元耦合分析等手段分析了水质变化的原因。

通过研究，区域内工业企业较集中，生产工艺相对落后，对环境保护的意识相对薄弱，废污水排放量较大，南盘江流经的城镇区域，吸纳了大量的生活污水，而且处理效率较低，这是造成河流污染严重的原因。应加快产业结构调整，淘汰落后产业技术，加大流域污水治理投资，开展流域联动的水污染防治行动，对各级污水处理设施升级改造，加大处理力度，达标排放，以及退耕还林还草等方面入手，减少流域水土流失，改善南盘江流域水质。

国内典型水电工程砂石骨料废水处理工艺存在问题分析

陈云鹏[1, 2]，黎睿[1, 2]，汤显强[1, 2]

（1. 长江科学院，流域水环境研究所，湖北武汉黄浦大街 23 号；

2. 长江科学院，流域水资源与生态环境科学湖北省重点实验室，武汉 430010）

【摘　要】　在工程建设中，砂石骨料的生产过程中会产生大量高浊度废水，固体悬浮物含量较高，必须经过处理才能排放，如何处理这些废水是一个非常重要的问题。废水的 pH、固体悬浮物浓度、悬浮物的粒径等是影响废水处理的重要因素，本文在综述了砂石骨料废水处理的常用工艺、设备，分析了典型处理工程案例，并对砂石骨料废水处理前景进行了展望项目应用之后对未来的处理方式提出了展望，即改进处理工艺以及开发新技术与设备，旨在为砂石骨料废水的处理和利用提供参考。

【关键词】　砂石骨料废水；悬浮物；絮凝沉淀；污水处理

1　砂石骨料废水的特征及危害

在工程建设中，砂石骨料是不可缺少的原材料。大量砂石骨料在加工过程中需加水冲洗，使其含泥量、裹粉程度满足混凝土生产要求，这一过程会产生大量高浊度废水[1]，废水中的主要污染物为悬浮颗粒物（SS）。砂石骨料废水约占水电工程建设总废水量的 90%以上[2]。

砂石系统废水为高浊度废水，废水中悬浮物浓度可达 30 000～120 000 mg/L，远远超过《污水综合排放标准》（GB8978-1996）中规定的采矿、选矿企业废水悬浮物最高允许排放浓度标准（一级水域为 70 mg/L，二级水域为 300 mg/L）及砂石骨料加工用水标准悬浮物浓度不大于 100 mg/L（SL303-2004）[3]。

砂石骨料加工废水若不做任何处理直接排放，将会污染周围河流水质，可能对工程区下游水环境造成不利影响，同时还会造成河道淤塞，河床抬高，降低防洪标准，影响水生生物的生存环境[4]。水体中固体浓度过大，会改变植物、无脊椎动物、脊椎动物的结构和生长。例如：悬浮物的附着对沉水植物生长的影响，悬浮物覆盖在水生植物叶片表面，阻碍其光合作用和生长[5]，悬浮物在植物表面的附着，一方面削弱了到达植物表面的光强，影响到植物的光合作用，另一方面抑制了植物的生理代谢作用，影响沉水植物的正常健康生长。水中 SS 浓度过高会影响滤食性动物的进食效率，从而降低生长速率，甚至杀死这些生物[6]；据 Karr 和 Schlosser[7]研究，SS 浓度超过 20 000 mg/L 就会造成成龄鱼死亡，从而直接对水生生物造成影响；固体浓度过高会降低水的透明度，并导致受纳水体浊度的波动变化；固体物质大量沉积于河底，会改变原有底栖生物的生境。这个问题对缓流水体的影响更为严重，因为流速较大的河流可以将沉淀的颗粒物质从河床上冲起。最常见的对河床底泥的物理影响是这些固

基金项目：长江科学院研究与转化基金项目（CKSC2015122/SH）。

作者简介：陈云鹏（1991—），男，硕士研究生，主要从事富营养化水体修复技术研究。

通讯作者：汤显强（1981—），男，高级工程师，博士，主要从事水资源保护与水污染控制研究。

体的沉降覆盖了鱼类重要的产卵场，从而破坏了水生生物的生存和觅食环境。例如，在砾质河床产卵的鲑科鱼，SS 在河床的沉积影响了溶解氧与二氧化碳的交换，导致鲑鱼卵与幼体的存活率降低[8-9]。

此外，由于固体物质的沉积使得附着于其上的有毒物质如重金属、有毒有机物等在底泥中累积，从而对水体造成长期的、潜在的影响。可见固体物质的大量排入对水体造成的污染是重大的，而且有些还伴随着有毒物质的污染，这种污染是长期的、潜在的污染[10]。

2 影响砂石骨料废水处理的因素

影响砂石骨料废水处理的主要因素有进水浓度、颗粒粒径、废水 pH 等。一般废水进水悬浮物浓度为 20 000 ~ 120 000 mg/L。粒径 < 25 μm 的颗粒占的比重最大，一般都在 55%以上。粒径>100 μm 的颗粒占的比重最小，一般都在 6%以下。粒径在 50 ~ 100 μm 的颗粒在 25 ~ 100 μm 范围内占的比重最大。粒径在 40 ~ 50 μm 与 25 ~ 40 μm 范围内的砂石颗粒所占比重基本相当，一般都在 11%以下。研究表明大于 8 μm 的颗粒在一个小时内即可通过自然沉降法去除，而粒径小于 4 μm 的颗粒较难沉降[11]。

废水 pH 值主要影响絮体的形成和稳定性。在合适的 pH 下絮凝剂更容易絮凝沉降，pH 值过高或过低均会对絮体表面电荷产生影响，从而导致絮凝效率的改变。研究表明，在使用聚合氯化铝处理砂石骨料废水时，其最佳 pH 范围为 6.5 ~ 7.6[12]。砂石骨料废水 pH 值一般呈碱性，变化范围为 9.0 ~ 12.0。

3 砂石骨料废水常用处理工艺及特点

常见的砂石骨料废水处理工艺流程一般分为废水预处理→絮凝工艺→泥水分离→污泥干化等 4 个步骤[13]。其中废水预处理工艺主要采用筛分或自然沉降等工艺去除大颗粒物，这样会降低废水浓度，从而减轻废水处理厂的运行压力，同时回收的石粉还可以再进行二次利用；絮凝工艺是在废水进入污水池进行二次沉淀之前，采用加药絮凝法对废水中的污泥进行强化处理。一般向废水中投入絮凝剂聚合氯化铝（PAC），使废水中的胶体颗粒形成易于从水中分离的絮状物质；泥水分离工艺阶段中，废水进入二级沉淀池进行二次沉淀，从而分离出清水和浓缩泥浆；污泥干化是将废水中分离处理的浓缩泥浆进行干化处理，满足回收利用和外运处置的功能。

3.2 常用处理方法

3.2.1 自然沉淀法

含高浓度悬浮物的废水，经沉砂池把粗砂除去后，进入沉淀池，在沉淀池中进行自然沉淀（不使用混凝剂），上清液排放。沉砂池和沉淀池中沉渣进入沉渣处理系统。

该工艺特点是处理流程简单，设备投入很少，基础建设技术要求不高，运行操作简单，运行费用少，但一般沉淀池占地面积较大，土建费用昂贵，系统附近需要有一定容积的天然地势以保证足够的净化时间及存储泥渣的能力，对悬浮物去除率较低，出水水质较差，因此环境影响较大，现已无法满足环境保护的要求。

3.2.2 混凝沉淀法

一般采用平流二级沉淀池，废水自砂石系统流入平流式沉砂池，待去除粗砂后，进入二级沉淀池，通过机械或人工排渣，使粒径 < 0.038 mm 的悬浮物在混凝剂的作用下快速沉淀，最后通过渣浆泵送到干化池自然脱水。这种方法在运行过程中容易出现泥浆板结和堵管现象，导致水处理系统无法正常运行[15]。混凝剂的选择及用量是影响处理效率及运营成本低的关键因素，表 1 为几种常用混凝剂及其特

点和适用 pH 条件。金属盐类絮凝剂虽然有较好的絮凝效果，但是其大量使用可能对水体造成潜在的二次污染，因而在工程中倾向于使用聚合物絮凝剂。

表 1　常用混凝剂的特点

混凝剂名称	特　点	适用 pH
铁盐混凝剂（如三氯化铁、硫酸亚铁、聚合铁等）	易沉淀，受水温影响小，形成的絮体沉降速度快，净水效果显著。但铁盐如三氯化铁的腐蚀性较大，并且铁盐絮凝剂中的二价铁与水中杂质可能会形成溶解性络合物，造成出水显黄色	5～11
PAC（聚合氯化铝）	应用范围广，适应水性广泛，沉淀性能好。适宜的 pH 值范围较宽，且处理后水的 pH 值和碱度下降小。水温低时，仍可保持稳定的沉淀效果。碱化度比其他铝盐、铁盐高，对设备侵蚀作用小	5～9
PAM（聚丙烯酰胺）	应用范围广，有很强的絮凝作用，无腐蚀性	7～14

3.2.3　筛分/旋流离心法

采用水力旋流器对废水中的悬浮物进行离心分离，去除废水中较重的粗颗粒泥砂，较小颗粒的泥砂则随着旋流排除，从而达到分级分离的目的。该方法的特点是占地面积小、价格便宜、处理量大、分级效率高。例如美国德瑞克公司 HI-G 细粒物料脱水回收装置，该装置由强力直线振动筛和放射状水力旋流器组成，可将砂石废水中 > 0.035 mm 的颗粒去除。最多可回收 80% 的细颗粒物料，大大减少了沉淀池的清理成本，且回收的细砂可用于工程中[16]。

3.2.4　多种工艺组合法

由于单一的工艺方法处理废水的效率低，而且建设成本较高，废水经处理后不能达到排放要求，因此将多种工艺有效组合，形成一套处理效率较高，出水水质较好，且占地面积较小的系统，这一方法在水电站砂石加工废水处理中的应用越来越广泛。例如官地、功果桥、溪洛渡等水电站的砂石加工废水均采用多种工艺组合法进行处理，效果较好[3]。

4　国内典型砂石骨料废水处理案例

近年来，随着社会以及环保部门对水电工程环保工作的日益关注，国家相关法律、法规的健全，以及污染物排放标准的日益严格，一些陆续开工建设的大中型水利水电工程的人工砂石系统均设置了废水处理装置，并对砂石骨料废水的处理起到了较好的效果。

4.1　三峡水电站二期工程古树岭砂石加工废水处理工程

古树岭砂石加工废水处理工程初期采取"筛分楼尾水→平流沉砂池→网格反应池→蜂窝斜管沉淀池→调节水池→重复利用"的处理工艺，但出水水质不能达到要求；沉砂池经常堵塞；反应沉淀池排泥间歇时间过短，甚至在含砂量大时，需要连续排泥，否则排泥系统会堵塞，但连续排泥又要消耗大量的水，造成水的重复使用率仅达 30%～40%。

由于出现上述问题，即对处理工艺进行了改进，采用"筛分楼尾水→预沉浓缩池→网格反应池→蜂窝斜管沉淀池→调节水池→重复利用的处理工艺"（见图 1）。系统设置了 2 组，共 4 个综合了沉砂池、平流沉淀池和泥渣浓缩干化池作用的预沉池，运行时交替使用，可保证出水中的悬浮物浓度在200 mg/L 以下。但该工艺仍有缺陷，即池子后端泥渣的干化脱水困难，需要同时修建 5～6 组相同规格的池子才能保证正常运行，因此占地面积很大，在一般的工地上是难以实现的[18]。

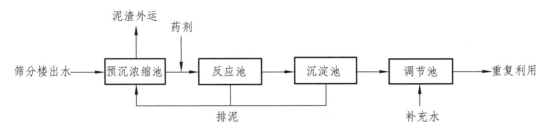

图 1 古树岭人工砂石加工废水处理工艺图

4.2 大岗山水电站砂石加工废水处理工程

大岗山砂石废水处理系统由沉淀池、斜管反应池、调节水池、加药间、压滤机房、清水回用泵站组成（见图 2）。处理系统的构造相对比较简单，工艺流程为来自筛分车间的废水靠重力流进入沉淀池，并在沉淀池的入口加药，所用药剂为 PAC。经加药混合后的废水由污水泵输送至斜管反应池进行絮凝沉淀，沉淀后的清水溢流至调节水池，经清水回用泵站输送至场地高位水箱进行回用。

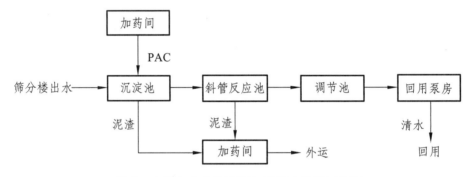

图 2 大岗山水电站砂石加工废水处理工艺图

该砂石废水处理系统现已处于瘫痪状态，主要原因是该系统处理水量较大，所以在较短的时间内沉淀池内沉积了大量的泥砂，由于不能及时的清淤，从而堵塞了废水送往斜管沉淀池的管路，形成了恶性循环，使得沉淀池内泥砂越积越多，最终导致沉淀池报废。同时由于废水中 SS 较高，所以在斜管反应池沉淀下来的大量泥砂会对反应池内的斜管产生很大的压力，导致斜管变形，改变了废水的停留时间使出水能达标，严重影响了处理水的回用[19]。

4.3 龙滩水电站麻村砂石加工系统废水处理工程

龙滩水电站麻村砂石加工废水处理系统由细砂回收站、废水处理厂、加药间、控制室、排水渡槽及输水干管等组成（见图 3）。采用"沉淀池→细砂回收→沉淀浓缩→压滤干化→弃渣场"的工艺，砂石加工生产的废水从筛分楼流入水力旋流器单元调节水池，由渣浆泵将高悬浮物废水提升后供给细砂回收处理器；或废水从筛分楼流入平流沉砂池沉淀，再通过链板式刮砂机将细砂刮出池外脱水。回收细砂后的废水经排水槽加絮凝剂混合后流入废水处理厂辐流式沉淀池，经絮凝沉淀，周边溢流清水及压滤机滤清水均自流进入调节水池，再由回水泵站提升至 340 m 高的生产水池回收利用。沉淀池内泥浆由刮泥机汇集至池中心积泥斗内，然后排至泥浆罐，由渣浆泵打入压滤机，经压滤机压滤，滤饼运往渣场。

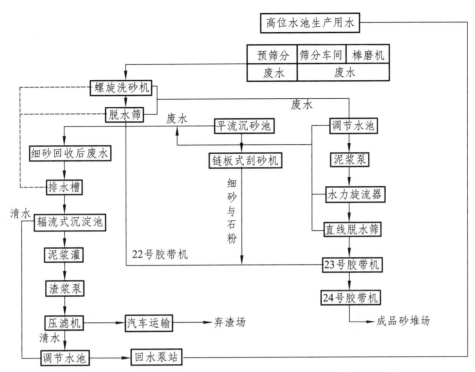

图 3 龙滩水电站麻村砂石加工系统细砂回收及废水处理工艺图

该处理系统在实际运行过程中由于废水的含泥砂量大、沉砂池设计不合理（沉砂池太深且坡度太陡），由于刮砂机脱水坡度太陡，使刮起的细砂（石粉）又流入沉砂池，沉砂和泥浆沉淀后易板结使得刮砂机无法正常运行。

为解决这一系列问题，采取了以下措施：① 对平流沉砂池及链板式刮砂机进行改造。② 增加细砂回收装置，改善对细骨料的处理效果[20]。

4.4 向家坝水电站马延坡砂石加工系统废水处理工程

向家坝水电站马延坡砂石废水处理系统采用了"沉淀池→细砂回收→沉淀浓缩→自然沉淀→清水回用"的处理工艺。将第二筛分车间、洗石车间的含泥废水汇集至废水收集池。而第四筛分车间、脱石粉车间、棒磨车间的废水则进入重力沉砂池，泥砂沉在池底，废水经重力沉砂池顶部溢流进入废水收集池。重力沉砂池池底泥砂通过1#渣浆泵站的渣浆泵机组抽至细砂回收车间，通过细砂回收车间的脱水回收装置回收细砂，细砂回收车间的废水排入废水收集池。废水收集池废水通过2#渣浆泵站的渣浆泵机组抽至尾渣库，废水在尾渣坝自然沉淀后，清水可作为生产用水直接利用，由高 539 m 的回水泵站抽至高 575 m 的调节水池。图 4 为工艺流程图。

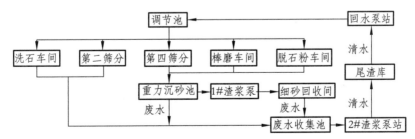

图 4 向家坝水电站马延坡砂石加工系统废水处理工艺图

马延坡废水处理系统采用了水库型沉淀池，废渣存积于库内，清水回收利用。采用回收装置对细砂进行回收，大大降低了废水中泥砂含量，回收细砂可回用于工程中。其优点在于在来水量大的情况下，较好地解决了沉淀池排泥困难和脱水循环时间长的问题。但由于地理位置的特殊性，马延坡砂石废水处理工艺不能普遍运用[21]。

表2　国内典型废水处理案例的比较总结

项目名称	废水规模（m³/h）	系统组成	技术优势	不足之处
古树岭砂石加工废水处理工程	3 000	废水引水渠、沉淀池、反应池、清水池、行走式泥浆抓斗机、排放管	装置简单，若有足够的池子交替使用，或确保池中积泥不超过设计高度，则处理效果很好	池子后端细质泥渣的干化脱水困难，需要同时修建 5~6 组相同规格的池子才能保证正常运行，占地面积大
大岗山水电站砂石加工废水处理工程	150	沉淀池、斜管反应池、调节水池、加水池、加药间、压滤机房、清水回用泵站	系统构造较为简单	处理过程中在较短的时间内沉淀池内沉积了大量的泥砂，但不能及时清淤，使沉淀池报废，同时出水也不能达标
龙滩水电站麻村砂石加工系统废水处理工程	500	细砂回收站、废水处理厂、加药间、控制室、排水渡槽、输水干管	系统构造使回用水易于再次使用	废水的含泥砂量大、沉砂池设计不合理，沉砂和泥浆沉淀后易板结，使得刮砂机无法正常运行，压滤机不能满足废水处理需求
向家坝水电站马延坡砂石加工系统废水处理工程	4 320	沉淀池、渣浆泵站、细砂回收间、废水收集池、清水回用泵站	充分利用了周围地形条件，使处理过程易于进行	难以建造，在其他地区难以应用

5　结语与展望

我国目前水电站砂石加工废水处理系统运行较好的实例不多，相反多数砂石加工系统的废水处理设施运行都有不同程度的问题存在，较为普遍的现象是：建设成本高、投药量大且处理效果差、很难处理小颗粒悬浮物、泥渣处理处置难度大、构筑物淤积堵塞严重、设备磨损大，严重的甚至将导致整个处理系统瘫痪或报废。上述现象导致砂石骨料废水的处理很难达标。目前，尚未有一套经济、可靠和有效的处理方法来处理砂石骨料废水，需要研究出一套结构紧凑、固液分离效率高、运行成本低廉的处理系统，降低沉淀设施规模，摆脱废水沉淀过程中的絮凝剂依赖，回收废水中的砂石资源，回用处理后的净化水，减少污染排放，保护生态环境。

根据这一现状，可从两方面着手加以改善：一是加快新技术的研发和应用，比如电絮凝技术，该技术能有效地去除水中的悬浮物，该方法具有无药剂投入和二次污染、泥水分离效果好、泥渣含水率低、占地面积小、易于实现自动控制等优点；但也存在处理量较小（不足 10 m³/h）、耗能比较高、电极易钝化等问题，需要进一步进行改善[11]。二是优化提升现有处理构筑物的处理效率，通过改进现有工艺技术流程，优化组合处理方案，针对砂石骨料废水高浊度、间歇式排放的特征，优化出耐冲击负荷，快速响应，并能实现自动化运行的成套处理设备，从而提升处理效果。

参考文献

[1]　毛新，刘清海. DH 高效旋流污水净化器技术在向家坝水电站砂石料生产废水处理中的应用[J]. 废水处理. 2012，04.

[2]　汤显强，李青云，吴敏，等. 一种砂石骨料废水资源化利用的处理工艺. 中国：201420395952.3[P]. 2014.

[3] 陈雯，王丽宏，王刚. 构皮滩水电站砂石加工系统废水处理新工艺研究[J]. 人民长江，2010，41（22）：64-66.

[4] 殷彤，殷萍. 水利水电工程施工废水处理工艺与实践[J]. 四川水力发电，2006，25（3）：79-84.

[5] 黄玉瑶. 内陆水域污染生态学——原理与应用[M]. 北京：科学出版社，2001：41.

[6] Hynes，H.B.N.，1970. The Ecology of Running Waters. Liverpool University Press, Liverpool.

[7] W．J．霍尔. 城市水文学[M]. 南京：河海大学出版社，1989.

[8] Harrod,，T.R.，Theurer，F.D.，2002. Sediment. In: Hay garth，P.M.，Jarvis,，S.C.（Eds.），，Agriculture，Hydrology and Water Quality. CABI，Wallingford，，p. 502.

[9] Greig，S.M.，Sear,，D.A.，Carling，P.A.，2005. The impact of fine sediment accumulation on the survival of incubating salmon progeny: implications for sediment management. Sci. Total Environ. 344，，241－258.

[10] 陈学强. 水电建设项目施工废水处理方法与污染控制研究[D]. 西安：长安大学，2008.

[11] 汤显强，郝敬丽，李青云.砂石骨料加工废水电絮凝处理实验研究[J]. 人民长江，2010，46（19）：110-113.

[12] 王启栋. 平流沉淀絮凝沉淀处理水电站砂石加工废水中试研究[D]. 重庆：重庆大学，2011.

[13] 王文学，曹龙滨，牛有江. 两河口水电站人工骨料加工系统废水处理工艺浅析[J]. 四川水利，2012，（4）：52-55.

[14] 燕乔，屠丹，李华斌，等. 砂石骨料生产系统废水处理工艺设计及应用[J]. 人民长江，2015，（4）：42-44.

[15] 何月萍.水电站砂石加工系统生产废水处理设计初探[J]. 水电站设计，2004，20（4）：80-82.

[16] 高廷耀，顾国维. 水污染控制工程（下册）[M]. 北京：高等教育出版社，1999.

[17] 李浩然. 水电站施工期砂石加工系统废水处理工艺研究[D]. 重庆：重庆大学，2009.

[18] 赵梅生，彭泓彬. EARTHTCHNICACO破碎技术在大岗山水电站厂房人工砂石加工系统中的运用[J]. 四川水力发电，2010，2：103-106.

[19] 邓文海，林运红，王亚军. 龙滩水电站麻村砂石加工系统废水处理[J]. 红河水，2007，26（4）：17-21.

[20] 徐翔. 向家坝电站砂石加工及混凝土生产废水处理技术[J]. 人民长江，2015，46（2）：62-66.

黄河山坪电站库区泥石流堆积物特征研究

向贵府 [1]，任光明 [2]

（1. 西南科技大学环境与资源学院，四川省绵阳市涪城区青龙大道中段 59 号，621010；
2. 成都理工大学环境与土木工程学院，四川省成都市成华区二仙桥东三路 1 号，610059）

【摘　要】 拟建山坪电站库区地层岩性以第三系上新统杂色泥岩、砂岩为主，抗崩解、抗溶蚀能力弱。库区范围内沟谷发育，沟壑密度大，山体破碎，生态脆弱，具备形成区域性群发泥石流的物源条件。野外调查中发现，在早期泥石流堆积物中发育大小不等的"泥球"，这些特殊的堆积物具有特定的地域特征和形成条件，研究这些堆积物的特征及形成过程，可以进一步认识此类泥石流的形成条件和运动特征。运用复杂物质描述的分形理论，从颗粒组成及分布规律着手，揭示泥石流性质及运动规律，为防治和预测这类泥石流的危害提供帮助。

【关键词】 山坪电站；泥石流堆积物；物颗粒组成；泥球；分形理论；泥石流性质

1.　前　言

　　泥石流堆积物是泥石流活动的产物，也是人类认识泥石流并揭示其运动规律的重要载体。从某种意义上说，泥石流学科的成长也是从堆积物的认识开始的[1]。长期以来，从事泥石流研究的学者们从地表重力流研究堆积机理[2]，从沉积学研究堆积环境，堆积扇的形态、结构和演化等[3]。另外，还有许多人做过泥石流堆积的模拟实验[4]。这些研究为揭示泥石流堆积物相关信息提供了大量有益的信息。在总结这些研究成果的基础上，李泳等[5]根据泥石流堆积的形态特征，提出了"元堆积"的概念，将堆积与阵流联系起来考虑，并利用蒋家沟泥石流的阵流观测数据对泥石流堆积的相关参数进行了估计，揭示了它们的随机特征和频率分布。易顺民[6]依据分形理论，利用泥石流堆积物粒度成分的分析资料，采用最小二乘法计算了云南浑水沟、三峡垮岩子沟、西藏樟木沟、西藏青漳布沟泥、西藏杰莫雄沟、西藏曲林沟、西藏作铺沟等现代泥石流堆积物、老泥石流堆积物及古泥石流堆积物的分维值，揭示泥石流堆积物粒度组成具有很好的分形结构特征。罗元华[7]以云南省东川市深沟泥石流堆积区为研究对象，根据深沟可能爆发泥石流灾害的区域范围、规模、性质和介质特征，按爆发 20 年一遇（频率 5%）和 100 年一遇（频率 1%）的泥石流灾害预测规模，运用数值模拟方法模拟了泥石流爆发历时过程的堆积运动特征及空间分布形态，分析了不同规模泥石流堆积运动过程中，泥石流堆积厚度及堆积运动速度在空间上和时间上的变化发展趋势。

　　泥石流堆积物是历史泥石流活动的直接结果，运用"将今论古"的地学思维方法，通过对泥石流堆积物结构特征的研究，来反演泥石流形成的规模、类型、活动特征，分析泥石流活动规律。然而，泥石流堆积物经历过长期地质历史过程的改造，其原始组构特征受到不同程度的影响和干扰，如何运用残留堆积体的特征来研究泥石流的上述规律，是当下泥石流研究的重要方向之一。本文借助分形理论，对拟建黄河山坪电站库区泥流堆积物颗粒组成进行研究，进一步验证并丰富泥石流堆积物的研究内容，为黄土地区泥石流堆积物特征研究提供借鉴。

2 库区典型泥石流沟总体特征

山坪水电站库坝区位于贵德盆地黄河干流上,其地势南北高,中间低,形成四面环山的河谷盆地,中部黄河河谷海拔 2 150 m。北部为拉脊山;西部是野牛山,海拔 3 803 ~ 4 217 m;南部的扎马日根山,海拔 4 971 m;东面有神保山。黄河总体自西向东流,平均纵坡降约 1.2‰。沿黄河发育侵蚀堆积宽谷地貌,河谷地势开阔,宽度一般在 900 ~ 1 200 m。两岸阶地较发育,以侵蚀基座阶地为主,基座为第三系上新统杂色泥岩、砂岩,阶地堆积物多呈二元结构,沿基岩面一般有厚度不等的砾石层分布,其上则为厚度较大的黄土状砂壤土或砂质壤土。

尼那至山坪段河谷两岸冲沟较发育,主要有尼那河、曲布藏昂沟、加格浪沟、深沟等,除尼那河、曲布藏昂沟有一定规模且常年流水,流量一般为 0.1 ~ 1.0 m³/s 外,其余冲沟因流域汇水面积有限,为季节性流水,但这些规模不等的冲沟在雨季可形成一定规模的洪流,同时携带部分碎石泥沙冲入黄河河谷。加格浪沟为库区典型泥石流沟,为黄河左岸一级支沟,主沟延伸总长约 8.91 km,流域面积 10.71 km²,主沟总体呈南北走向,地势北高南低,最高为阿米尼岗,海拔高程 3 188 m,最低处黄河边海拔高程为 2 190 m,高差 1 000 m 左右,沟内无滴水坎分布、沟坡均匀、平缓,沟床平均纵比降小,平均纵比降为 63.6‰。沟谷总体呈“V”型,属典型的峡谷地貌,沟谷整体地貌形态见图 1。沟谷两侧支沟极其发育,各支沟内还有密集的切沟、浅沟。区内沟壑密度大,地形破碎程度越高,降水渗入越少,谷坡的稳定性越差,水蚀与重力侵蚀也就严重。

图 1　加格朗沟地貌形态特征

3 库区沟谷泥石流堆积物特征

库区主要沟谷的沟口及沟道内的宽缓部位均保留有不同规模的泥石流堆积体。由于特殊的区域地质环境及泥石流流体性质所影响,该区泥石流堆积物具有特殊的物质组成特征,如发育一定数量的泥球。同时,堆积物经过沟谷季节性水流的改造,以细小砾石为主,其间充填一定数量的粗砂、粉细砂,少量粉粒和粘粒。

3.1　堆积物中泥球的形成及特征

　　沟谷堆积体中局部发育典型的"泥球"，大小一般 20～30 cm，呈圆球形，如图 2 所示。泥球的形成过程是高黏度、高容重泥石流在沟槽中流动时，沟谷两岸崩坍的块体在黏稠的泥浆中来不及水解，也未沉落到流体的底部，而被浮托在泥石流的表层向下游滚动。在滚动过程中，表层不断黏附泥石流体中的泥浆和泥沙石块，逐步失去块体的棱角而成直径不等的泥球。由此可以认为：泥球形成必须具备两个条件，其一，要有浓稠的流体条件，这是泥球形成的重要物质条件；其二，泥岩块的搬运必须是滚动搬运，这是泥球形成的重要环境条件。

　　泥石流启动初期，水中所含固体物质稀少，以清水机械搬运为主，随着固体物质含量的增加，特别是细粒物质的加入，清水逐渐演变成具有黏性的流体，流体中的黏性阻止泥沙在沉降过程中的分选作用，含沙浓度增大后，泥沙在沉降时也会受到一定的约束，粘粒之间逐渐形成结构体，流层间的泥沙交换相对减少，液相对固相的搅拌作用在降低，大大提高了水流的挟沙能力和浮托力，其容重高达 2.0t/m 以上。流程越长，表层黏附的物质越多，于是泥球的直径逐渐增大。

图 2　泥石流堆积物中发育的泥球

3.2　堆积物颗粒组成特征

　　沟谷堆积物不同部位样品粒度测试成果如图 3 所示。测试成果表明：沟谷内小于 0.005 mm 的粘粒含量很少，其次 0.074～0.005 mm 的粉粒以及 0.25～0.074 mm 粒径的细砂颗粒含量均较少，而 20～5 mm、5～2 mm 的颗粒最多，分别为 25.39%～59.06%、18.35%～25.85%。5 组样品的不均匀系数为 4.12～25.36，平均为 18.48；曲率系数 1.32～3.22，平均为 2.22；离散度 5.92～56.91，平均为 21.47，平均粒径为 5.47 mm。总体而言，加格朗沟沟床堆积物具有颗粒级配良好、离散度相对较小的特点。在沟谷的沟床侧壁可见明显的泥痕，且发育薄薄的一层"泥膜"，"泥膜"样的颗分试验表明，"泥膜"中以细粒物质为主，小于 2 mm 的颗粒含量达到 98.83%，小于 0.074 mm 的粉粒粘粒约 75%，其中以粉粒含量最高，占 51.96%。

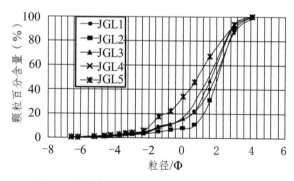

图 3　加格朗沟沟床堆积物粒径级配曲线

分形理论是美国数学家 B.B.Mandelbort 于 1977 年首次提出来的，它是用来研究自然界中没有特征长度但又具有自相似性的图形和现象，其主要内容是研究系统的自相似性[8]。分形理论的主要特征是从欧氏测度到豪斯道夫测度的测量尺度转变，并由此定义了维数（D）。众多文献研究表明泥石流堆积物粒度组成具有分形特征[9-10]，并推导出维数的计算公式：$D=3-b$（式中，b 为近似线性关系曲线的斜率，D 为分维值）。山坪电站库区加格朗沟及曲布藏昂沟泥石流堆积物颗粒组成粒径分维关系如图 4 和图 5 所示。图示表明，两条典型沟谷堆积物粒度组成均具有极好的自相似性，相关系数达到 0.982 和 0.975，分形维数分别为 2.496、2.578。

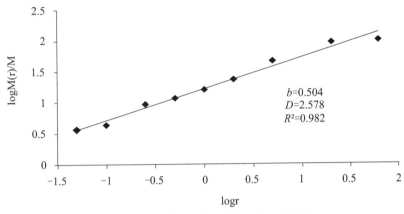

图 4　加格朗沟沟床堆积物粒径分维特征

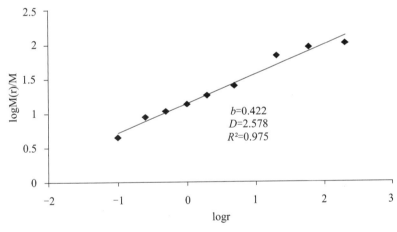

图 5　曲布藏昂沟沟床堆积物粒径分维特征

3.3　泥石流性质判定

　　通过对库区泥石流沟沟床特征、沟谷物源条件以及沟床堆积物特征并结合典型泥流与泥石流特征，将堆积物粒度组成按砾（＞2 mm）、砂（0.074～2 mm）、粉砂＋粘粒（＜0.074 mm）在三元组成图中进行投点，并与邻近类似区域泥石流沟堆积物进行比较，结果如图 6 所示。图示显示，库区两条典型沟谷及其他支沟堆积物颗粒组成具有一致性，与邻区类似区域的关家沟也具有相似性，均表现为细粒物质含量偏少、粗颗粒含量较高的特征。同时，颗粒构成的粒度分维值均小于 2.6，主要分布在 2.58～2.48 之间。依据易顺明[6]对多条泥石流沟堆积物分形维数的总结，结合山坪电站库区泥石流呈现浆液较稠的洪流的表现形式，综合判定库区泥石流属于稀性泥流，既具有黏性泥石流的维数特征，又具有黏性颗粒少的稀性泥石流特征。库区泥石流的稀性泥流属性，主要由以下几方面条件所决定。

（1）沟谷特征：库区各沟谷主沟纵坡比降小，平均比降均在100‰以下，基本在70‰左右，两侧坡体中支沟极其发育，沟谷流域面积大，这些要素均具备形成泥流的地形条件。根据唐邦兴等（1994）对西藏150条各类泥石流平均沟床统计表明，沟谷平均沟床比降在50‰～300‰的占总数的90.7%，尤以100‰～300‰的沟床居多，占54.7%；对甘肃、西藏219条泥石流沟流域面积统计表明，汇水面积在0.5～10 km²的泥石流沟占61.6%，10～50 km²的占22.4%。显然，库区内沟谷在地形地貌上属于泥石流易发育类型。

（2）沟床堆积特征：在如此平缓的沟床中，沟内堆积物不发育，且支沟出口也没有明显的堆积物分布，纵使在沟内见到高达2 m，甚至更高的洪痕，在沟谷出口的开阔地带发生较大规模的堆积。沟内堆积物主要发育在沟床开阔及沟道转弯处。沟床中局部发育典型稀性泥流特有的"泥球"。虽然沟床堆积物试验结果中粗颗粒（>2 mm）的含量较高（被后期洪水改造的结果），但从"泥膜"试验成果看，依然以细颗粒物质为主。

（3）物源特征：库区沟谷分布地层岩性以第四系黄土状粉土和第三系泥岩、砂岩为主，这些岩土体的工程性质极差，风化强烈，抗崩解、抗溶蚀能力弱，在暴雨作用下以细粒形式进入沟谷洪流中，形成浓稠浆体，但细粒物质以粉粒为主，粘粒含量少，难以形成牢固的黏结物质。

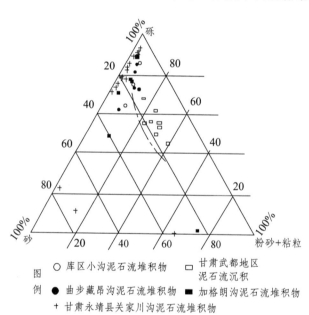

图例
○ 库区小沟泥石流堆积物　　□ 甘肃武都地区泥石流沉积
● 曲步藏昂沟泥石流堆积物　　■ 加格朗沟泥石流堆积物
+ 甘肃永靖县关家川沟泥石流堆积物

图4　库区沟谷泥石流堆积物三元组成图

4　结　论

山坪电站库区沟谷内分布地层岩性以第四系黄土状粉土和第三系泥岩、砂岩为主，这些岩土体的工程性质极差，风化强烈。黄土及泥岩抗崩解、抗溶蚀能力弱，在暴雨作用下即以细粒形式进入沟谷洪流中，形成浆体。流域面积大、沟床比降小、支沟发育，沟道坡体破碎，生态脆弱；区域内暴雨集中，洪水具有涨洪快、消退慢的特点。这些因素决定了库区沟谷具备泥石流形成的物源、地形及降雨等三大要素。沟道堆积物以细小砾石为主，少粉粒及粘粒等细粒物质，发育大小不等的"泥球"，堆积物颗粒组成的分维值集中在2.48～2.58之间，库区内泥石流具有稀性泥流性质。该类泥石流是黄土分布区内主要泥石流类型，具有成灾快、摧毁力强、破坏性大的特点。

参考文献

[1] 中科院水利部成都山地灾害与环境研究所. 第二届全国泥石流学术会议论文集[M]. 北京：科学出版社，1991.

[2] 中科院兰州冰川冻土研究所. 泥石流学术讨论会兰州会议论文集[C]. 成都：四川科技出版社，1986.

[3] 刘汉超，陈明东，等. 库区环境地质评价研究[M]. 成都：成都科技大学出版社，1993.

[4] MandelbrotB.B.TheFractalGeometryofNature[M].SanFrancisco，USA，1982.107-125.

[5] 李泳，胡凯衡，何易平. 根据阵流估计泥石流堆积参数[J]. 自然灾害学报，2003，12（2）：71-78.

[6] 易顺民. 泥石流堆积物的分形结构特征[J]. 自然灾害学报，1994，3（2）：91-96.

[7] 罗元华. 泥石流堆积运动特征分析[J]. 地球科学-中国地质大学学报，2003，28（5）：533-536.

[8] 谢和平. 分形几何及其在岩土力学中的应用. 岩土工程学报[J]，1992，14（1）：14-22.

[9] 杜学玲，杨俊彪，袁吉鸿，等. 分形分维与土力学参数关系探讨[J]. 西部探矿工程，2005，107（4）：3-4.

[10] 易顺民，宋跃. 裂隙性粘土粒度成分的分形结构特征[J]. 山地研究（现《山地学报》），1997，16（4）：52-57.

酸性废水排放的 pH 紊流数学模型研究

李纪龙，李然，晁立强

（四川大学水力学与山区河流开发保护国家重点实验室，四川成都，610065）

【摘　要】 酸性废水排放对受纳水体酸度的影响直接关系到水质污染程度及水生生物生境。与一般污染因子浓度的简单加权混合不同，混合水体的酸度变化受浓度扩散与离子平衡综合作用，因此 pH 的精确计算极为复杂。文章在分析离子平衡过程的基础上，考虑碳酸平衡对 pH 的影响，建立了酸性废水排放的 pH 平面二维紊流数学模型，通过酸性废水静水混合试验和明渠排放水槽试验，对所建立的 pH 计算模型进行验证。结果表明：完全混合实验中，文章考虑碳酸平衡作用的影响，计算结果与实测值符合较好，最大相对误差为 2.9%；在顺直水槽试验中，文章考虑输移扩散和离子平衡作用建立的酸性废水排放的 pH 模型能够较精确模拟出 pH 在受纳水体中的变化规律，模拟值与实测值能较好的符合。

【关键词】 酸性废水；pH；碳酸平衡；紊流数学模型；水槽实验

1　前　言

酸性废水主要来源于化工厂、电厂、矿山开发等所产生的废水，pH 小于 6，是最常见的一种工业废水[1]。酸性废水的低 pH 会增加金属化合物的可溶性，排入受纳水体后，低 pH 和高浓度金属离子共同作用会对生态系统造成显著不利影响（包括物理的、化学的、生物的和生态的），严重时会引起鱼类、藻类、浮游生物等绝大多水生生物死亡，甚至会导致生物群落敏感物种消失，简化食物链，大大降低生态系统的稳定性；流经地表时，长时间的积累会导致土壤酸化，危害农作物生长[2-5]。

与一般污染因子浓度的简单加权混合不同，混合水体的酸度变化受浓度扩散以及 OH^-、HCO_3^-、CO_3^{2-} 的综合作用，因此 pH 的精确计算极为复杂。考虑到实际应用中的快捷计算要求，传统的混合水 pH 的预测计算方法一般仍直接采用"完全混合稀释模型"[6]，或者仅考虑物质的输移扩散作用，导致在离子平衡作用影响较大的情况下，可能造成计算结果的较大误差。为此，对 pH 的模拟，不仅需要考虑氢离子在输移扩散过程中的输移扩散规律，又要同时耦合水化学平衡规律。

钱会[7]等根据天然水各组分之间存在形式之间的相互联系，计算不同混合比例条件下混合水的 pH 值，并得到混合水的 pH 值不是混合比例的线性函数，澄清了混合水的 pH 值与混合比例大致呈线性关系的错误认识。但是该研究是针对两种水体完全混合后 pH 值的计算，没有考虑水流输移过程中 pH 的变化。张玉清等[8]根据一般污染物输移扩散理论，首先计算得到了二维均匀流中酸碱污染带的分布，在此基础上，考虑碳酸根离子与氢离子结合引起的氢离子浓度变化，对氢离子的污染带分布进行了修正，但该研究中由于未同时耦合考虑输移扩散作用和离子平衡作用，导致计算得到的氢离子污染带存在较大偏差，进一步影响到酸性环境中其他污染物的浓度计算。

因此，本文综合运用环境化学和环境水力学的基本理论，针对酸性废水中的特征污染物 pH 的计算，耦合考虑离子平衡作用与水体的输移扩散作用，建立酸性废水排放的 pH 紊流数学模型，开展酸性废水完全混合试验以及随流输移扩散作用下废水排放的模拟预测。

2　酸性废水排放的 pH 紊流数学模型的分析与建立

酸性废水排入到受纳水体时，H^+ 在水流中发生输移扩散的同时，还要遵循 H^+ 与水体中 OH^-、HCO_3^-、CO_3^{2-} 之间的水解平衡规律。为此，酸性废水排放的数学模型包括离子输运方程和离子平衡方程两部分。

2.1　离子输运方程

考虑酸性废水排放的离子输运方程主要包括水动力学方程和离子输运方程。具体表述如下：

连续方程：

$$\frac{\partial^2(\rho U_i)}{\partial X_i}=0 \tag{1}$$

动量方程：

$$\frac{\partial(\rho U_i U_j)}{\partial X_j}=-\frac{\partial P}{\partial X_i}+\frac{\partial}{\partial X_j}\left[(\mu+\mu_t)\left(\frac{\partial U_i}{\partial X_j}+\frac{\partial U_j}{\partial X_i}\right)\right] \tag{2}$$

式中，ρ 为水体密度，根据实际废水排放特征，忽略酸性废水排放中引起的水体密度变化。X_i、X_j 为 i、j 所指方向；U_i、U_j 为 i、j 方向速度值；μ 为动力黏滞系数；μ_t 为紊动黏滞系数，表达式为：

$$\mu_t=\rho C_\mu\frac{k^2}{\varepsilon} \tag{3}$$

k 方程：

$$\frac{\partial(\rho U_i k)}{\partial X_i}=\frac{\partial}{\partial X_i}\left[\left(\mu+\frac{\mu_t}{\sigma_k}\right)\frac{\partial k}{\partial X_i}\right]+\mu_t\left(\frac{\partial U_i}{\partial X_j}+\frac{\partial U_j}{\partial X_i}\right)\frac{\partial U_i}{\partial X_j}-\rho\varepsilon \tag{4}$$

ε 方程：

$$\frac{\partial(\rho U_i k)}{\partial X_i}=\frac{\partial}{\partial X_i}\left[\left(\mu+\frac{\mu_t}{\sigma_\varepsilon}\right)\frac{\partial\varepsilon}{\partial X_i}\right]+C_{\varepsilon 1}\frac{\varepsilon}{k}\mu_t\left(\frac{\partial U_i}{\partial X_j}+\frac{\partial U_j}{\partial X_i}\right)\frac{\partial U_i}{\partial X_j}-C_{\varepsilon 2}\rho\frac{\varepsilon^2}{k} \tag{5}$$

式中，$C_{\varepsilon 1}$、$C_{\varepsilon 2}$、σ_k、σ_ε 为经验常数，分别取 1.44、1.92、1.0、1.3。

H^+ 的浓度输移扩散方程：

$$\frac{\partial C_{H^+}}{\partial t}+\frac{\partial(C_{H^+}U_i)}{\partial X_i}=\frac{\partial}{\partial X_i}\left\{\left(\mu+\frac{\mu_t}{\sigma_t}\right)\frac{\partial C_{H^+}}{\partial X_i}\right\} \tag{6}$$

OH^- 的浓度输移扩散方程：

$$\frac{\partial C_{OH^-}}{\partial t}+\frac{\partial(C_{OH^-}U_i)}{\partial X_i}=\frac{\partial}{\partial X_i}\left\{\left(\mu+\frac{\mu_t}{\sigma_t}\right)\frac{\partial C_{OH^-}}{\partial X_i}\right\} \tag{7}$$

H_2CO_3 浓度输移扩散方程：

$$\frac{\partial C_{H_2CO_3}}{\partial t} + \frac{\partial (C_{H_2CO_3} U_i)}{\partial X_i} = \frac{\partial}{\partial X_i}\left\{\left(\mu + \frac{\mu_t}{\sigma_t}\right)\frac{\partial C_{H_2CO_3}}{\partial X_i}\right\} \tag{8}$$

HCO_3^- 浓度输移扩散方程:

$$\frac{\partial C_{HCO_3^-}}{\partial t} + \frac{\partial (C_{HCO_3^-} U_i)}{\partial X_i} = \frac{\partial}{\partial X_i}\left\{\left(\mu + \frac{\mu_t}{\sigma_t}\right)\frac{\partial C_{HCO_3^-}}{\partial X_i}\right\} \tag{9}$$

CO_3^{2-} 浓度输移扩散方程:

$$\frac{\partial C_{CO_3^{2-}}}{\partial t} + \frac{\partial (C_{CO_3^{2-}} U_i)}{\partial X_i} = \frac{\partial}{\partial X_i}\left\{\left(\mu + \frac{\mu_t}{\sigma_t}\right)\frac{\partial C_{CO_3^{2-}}}{\partial X_i}\right\} \tag{10}$$

2.2 离子平衡方程

考虑到酸性废水中的 H^+ 与水体中的 HCO_3^- 反应速率较快,而 CO_2 与水体气液交换过程则是较慢的过程[9],因此,本文忽略气相与混合水体间的 CO_2 交换过程,忽略空气中的 CO_2 对碳酸平衡的影响,主要考虑混合过程中 H^+ 与 OH^-、H^+ 与 HCO_3^-、H^+ 与 CO_3^{2-} 的平衡作用。各平衡方程表述如下。

H^+ 与 OH^- 浓度平衡方程:

$$H_2O \rightleftharpoons H^+ + OH^- \tag{11}$$

$$C_{H^+} = \frac{K_w}{C_{OH^-}} \tag{12}$$

H^+ 与 HCO_3^- 浓度平衡方程:

$$H_2CO_3 \rightleftharpoons H^+ + HCO_3^- \tag{13}$$

$$C_{H^+} = \frac{K_1 C_{H_2CO_3}}{C_{HCO_3^-}} \tag{14}$$

H^+ 与 CO_3^{2-} 浓度平衡方程:

$$HCO_3^- \rightleftharpoons H^+ + CO_3^{2-} \tag{15}$$

$$C_{H^+} = \frac{K_2 C_{HCO_3^-}}{C_{CO_3^{2-}}} \tag{16}$$

式中,K_1、K_2、K_w 分别为 H_2CO_3 的一级、二级电离常数以及水的电离常数,常温常压下取值分别为 $10^{-6.5}$、$10^{-10.3}$、10^{-14}。

2.3 离子输运与离子平衡作用的耦合求解

首先采用有限体积法求解各离子的浓度输运方程。假定离子的水合和水解作用为瞬间完成,即认为对每个网格在每个时间步长末 H^+ 与 OH^-、HCO_3^-、CO_3^{2-} 浓度达到反应平衡,为此,编写用户自定义函数,对由浓度扩散方程求解得到的各离子浓度初值,按照离子平衡方程考虑水合和水解作用的计算,进而得到满足离子平衡作用的离子浓度。H^+ 与 OH^-、HCO_3^-、CO_3^{2-} 浓度耦合过程见图1。

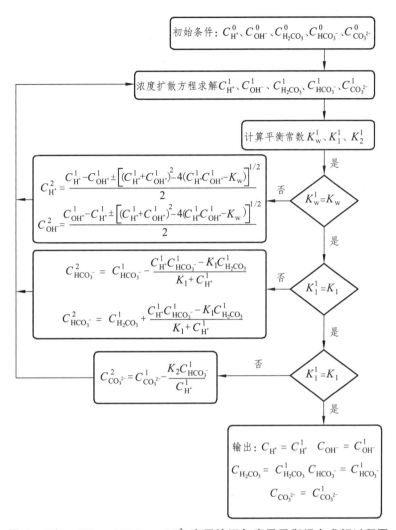

图 1　H^+、OH^-、HCO_3^-、CO_3^{2-} 离子输运与离子平衡耦合求解过程图

3　完全混合水体的 pH 计算验证

为了验证本文考虑碳酸平衡对 pH 模拟方法的可靠性，首先进行完全混合水体试验，对无随流输移作用下考虑离子平衡作用的 pH 计算进行验证。

实验配置初始分别为 pH = 1.0 和 pH = 2.0 的酸性水与 pH = 8.0 的自来水按照不同比例混合，具体工况见表 1、表 2，采用玻璃电极法（GB/T5750.6-20064.2）测定混合后的 pH。

关于 pH 不同的两种水体完全混合的离子初始浓度，按照加权平均方法计算。以 H^+ 离子为例，加权计算公式如下：

$$C_{H^+}^{\cdot} = \frac{C_{H^+}^1 V_1 + C_{H^+}^2 V_2}{V_1 + V_2}$$

（17）

式中，$C_{H^+}^{\cdot}$ 为混合溶液的 H + 浓度初值；$C_{H^+}^1$、$C_{H^+}^2$ 为混合前两种溶液各自 H + 的浓度；V_1、V_2 为混合前两种溶液的体积。混合溶液的 OH^- 浓度初值 $C_{OH^-}^{\cdot}$ 计算方法参照上式。

以该离子浓度作为初始浓度，按照 2.3 节方法计算离子平衡作用。计算得到的 pH 与实测 pH 对比如图 2、图 3 所示。

表 1 pH = 1.0 的酸性水与 pH = 8.0 的自来水混合工况表

序号	1	2	3	4	5	6	7	8	9	10	11	12	13	14
比例	1：1	1：2	1：3	1：4	1：9	1：19	1：23	1：25	1：29	1：31	1：33	1：35	1：37	1：39

表 2 pH = 2.0 的酸性水与 pH = 8.0 的自来水混合工况表

序号	1	2	3	4	5	6
比例	1：1	1：2	1：3	1：4	1：9	1：19

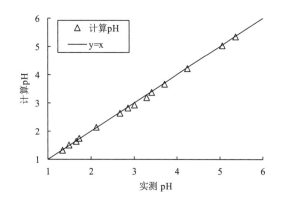

图 2 pH = 1.0 与 pH = 8.0 不同混合比例
计算 pH 与实测 pH 对比图

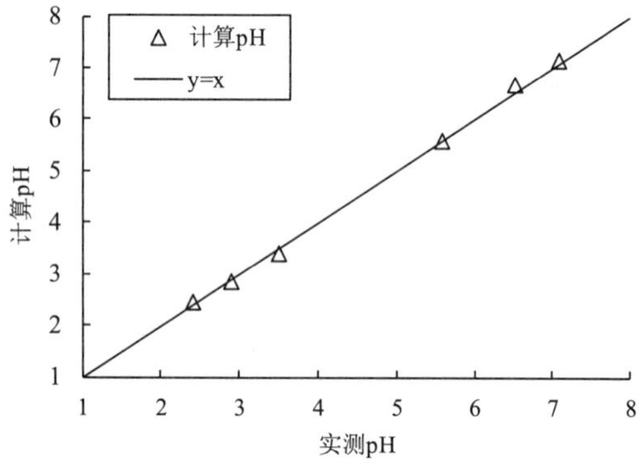

图 3 pH = 2.0 与 pH = 8.0 不同混合比例
计算 pH 与实测 pH 对比图

根据图 2 和图 3 中计算结果与实测结果的关系分析,当 pH = 1.0 酸性废水与 pH = 8.0 水体混合时,本文的计算 pH 与实测 pH 相对误差最大为 2.7%;pH = 2.0 酸性废水与 pH = 8.0 水体混合时,本文的计算 pH 与实测 pH 相对误差最大为 2.9%。结果表明,本文考虑碳酸平衡对混合水体 pH 的计算可靠。

4 酸性废水排放的 pH 羧流数学模型验证

通过顺直水槽中酸性废水的排放实验,进一步验证在水流输运和离子平衡共同作用下 pH 羧流数学模型的可靠性。

实验所用装置由顺直水槽、酸性废水供水箱、废水溢流箱等构成。酸性废水以恒定连续的方式排放,实验过程中使用通过酸性废水箱不断向废水溢流箱中补充特定 pH 的酸性废水,并且通过废水溢流箱上部的溢流管控制溢流箱内的恒定水位,从而实现废水流量的恒定排放。酸性废水排放装置及取样点示意图如图 4 所示。

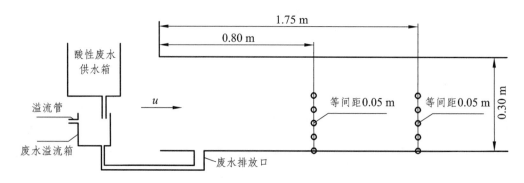

图 4 酸性废水排放装置及取样点示意图

在试验水流和废水排放稳定后，采取 $X = 0.80$ m 和 $X = 1.75$ m 断面处的水样进行 pH 测量。pH 的测量采用玻璃电极法（GB/T5750.6-20064.2）。

酸性废水明渠水槽排放实验中 pH 与流速等试验条件如表 3 所示。

表 3 实验边界条件

断面	流速 (m/s)	pH	$C_{H_2CO_3}$ (mg/L)	$C_{HCO_3^-}$ (mg/L)
水槽来流	0.145	7.3	18.6	140.3
酸性废水入流	0.85	1.5	161.2	0

采用本文提出的平面二维 pH 紊流数值模型模拟得到污染带的分布如图 5 所示，明渠水槽实验数值模拟结果与实测结果对比如图 6、图 7 所示。

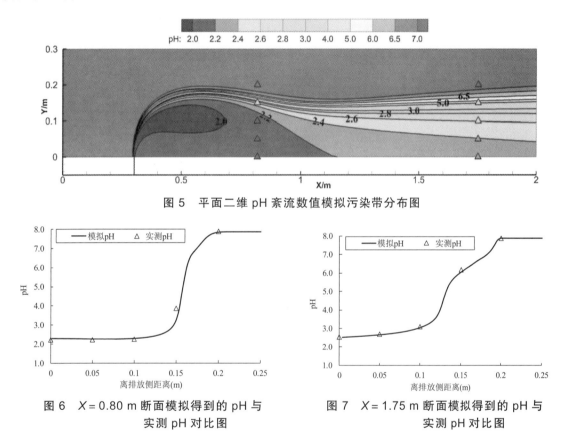

图 5 平面二维 pH 紊流数值模拟污染带分布图

图 6 $X = 0.80$ m 断面模拟得到的 pH 与实测 pH 对比图

图 7 $X = 1.75$ m 断面模拟得到的 pH 与实测 pH 对比图

从图 6 可以看出，在 $X = 0.8$ m 断面处，平面二维紊流数值模拟得到的 pH 与实测 pH 误差呈先升高后降低的趋势，绝对误差范围在 $0.0 \sim 0.4$，相对误差范围在 $0.00\% \sim 13.0\%$；从图 7 可以看出，在 $X = 1.75$ m 断面处，pH 紊动数值模拟得到的 pH 与实测 pH 误差同样呈现出忽高忽低的趋势，绝对误差范围在 $0.0 \sim 0.1$，相对误差范围仅在 $0\% \sim 4.82\%$。模拟得到的 pH 与实测 pH 较接近，符合性较好，结果表明：本文考虑离子输运和离子平衡耦合作用建立的酸性废水排放的 pH 紊流数学模型可靠。

5 结论与展望

本文考虑碳酸平衡的影响，开展了不同比例条件下静水混合实验和酸性废水明渠水槽实验。结果表明：对于完全混合水体的 pH 计算，本文考虑碳酸平衡的计算结果与实测结果相差较小，最大相对误差为 2.9%，在满足实验精度的前提下可以用此方法对混合水的 pH 进行预测；酸性废水排放进入明渠水槽数值模拟结果与实验结果符合性较好，最大相对误差为 13.0%，可以满足预测酸性废水直接排放和事故排放时水体 pH 变化情况。

本文建立的 pH 模拟方法，可以较准确模拟得到 pH 的分布，因此可准确指导废水处理中药品投药量的多少，从而提高处理效率，节约水处理成本，对于酸性废水的处理以及风险预测具有重要的理论意义和实际应用价值。

本文实验在开放的碳酸平衡体系中进行，忽略了气相中的 CO_2 对碳酸平衡的影响，开展的静水混合实验研究了 pH 为 1、2 与 pH 为 8 的水体混合，开展的酸性废水排放的水槽实验研究了酸性废水 pH 为 1.5 的工况，在此范围之外，本文建立的模型是否适用还有待今后开展更为系统深入的实验研究。

参考文献

[1] 罗溪梅，童雄. 工业酸性废水的处理及应用[J]. 矿冶，2009，04：87-91.

[2] Herlihy A T，Kaufmann P R，Mitch M E，et al. Regional estimates of acid mine drainage impact on streams in the mid-atlantic and Southeastern United States[J]. Water Air & Soil Pollution，1990，50（1-2）：91-107.

[3] Park D，Park B，Mendinsky J J，et al. Evaluation of acidity estimation methods for mine drainage，Pennsylvania，USA[J]. Environmental Monitoring & Assessment，2015，187（1）：4095-4095.

[4] 贾兴焕，蒋万祥，李凤清，唐涛，段树桂，蔡庆华. 酸性矿山废水对底栖藻类的影响[J]. 生态学报，2009，09：4620-4629.

[5] 丛志远，赵峰华. 酸性矿山废水研究的现状及展望[J]. 中国矿业，2003，03：15-18.

[6] 夏青，孙艳，贺珍，李立勇，苏一兵，邓春朗. 水污染物总量控制实用计算方法概要[J]. 环境科学研究，1989，03：1-73.

[7] 钱会，李俊亭. 混合水 pH 值的计算[J]. 水利学报，1996（7）：16-22.

[8] 寻旋鹏，张玉清. 酸碱污染物在天然河流的水动力学与化学动力学综合分析[C]. 全国水动力学研讨会. 2001.

[9] 汤鸿霄. 碳酸平衡和 pH 调整计算（上）[J]. 环境科学，1979（5）.

方形孔口多孔板水力空化杀灭原水中病原微生物的试验研究

董志勇[1]，赵文倩，张凯，居文杰，李杨如

（1. 浙江工业大学建筑工程学院，浙江省杭州市拱墅区假山路 33 号，310014）

【摘　要】　在供水工程中采用常规的加氯消毒技术来杀灭原水中病原微生物，但氯在消毒的同时与水中有机化合物反应生成消毒副产物 DBPs（三卤甲烷 THMs、卤乙酸 HAAs 等），这些副产物具有"三致"（致癌、致畸、致突变）作用，严重威胁着人们的身体健康。水力空化是一种无消毒副产物的新型饮用水消毒技术。本文在自主研发的多孔板式水力空化反应装置中，试验研究方形孔口多孔板的孔口大小、孔口数量、孔口排列、空化数、空化空蚀作用时间、初始稀释梯度和孔口流速对水力空化杀灭原水中病原微生物的影响。试验结果表明，不同的水力空化参数会有不同的空化效果。孔口越小、孔口数量越多、空化作用时间越长和孔口流速越大，空化效果越好；随着空化数减小，雷诺切应力的作用增大，空化效应增强，可提高对原水中病原微生物的杀灭率；交错式排列的杀灭率略强于棋盘式排列效果。

【关键词】　水力空化；病原微生物；安全消毒；方形孔口多孔板；杀灭率

1　前　言

随着我国经济社会的快速发展，饮用水源受到不同程度的污染，水中含有各种病原微生物，如细菌、病毒、寄生虫等。病原微生物可使人及动物感染疾病，并通过生活污水排入水体传播疾病。早在 19 世纪末，法国微生物学家 Pasteur、德国医生 Koch 就提出了"疾病细菌学"理论。其后，德国生物化学家 Traube 提出投加漂白粉来杀灭原水中的病原微生物，亦即用氯来消毒原水以防止水传播疾病，自此一直成为饮用水消毒的常规技术。但近年来发现，氯在消毒的同时与水中有机化合物反应生成消毒副产物 DBPs，其中最为常见的 DBPs 为三卤甲烷 THMs（即三氯甲烷、一氯二溴甲烷、二氯一溴甲烷、三溴甲烷的总称）、卤乙酸 HAAs 等，这些副产物具有"三致"（致癌、致畸、致突变）作用，严重威胁着人们的身体健康。此外，病原微生物在水中通常以菌落、芽孢形式聚集，加氯消毒只能杀灭位于表层的病原微生物，难以杀灭隐藏在内部的病原微生物。水中细颗粒泥沙的絮凝作用会把病原微生物裹入其中使其免受氯化作用，并且某些病原微生物具有抵抗氯化作用的能力。另外，水厂加氯消毒的成本很高，消毒处理的周期较长。因此，亟需一种既安全又经济的饮用水消毒新技术。

空化空蚀现象伴随着空泡的形成、生长和溃灭以及冲击波、微射流的物理、化学作用，足以使微生物细胞破碎、菌群散落、病原微生物失活致死。通常，基于水力学方法使水体产生空化的现象称之为水力空化。Save，Pandit 和 Joshi[1, 2]较早地用水力空化对面包酵母细胞、啤酒酵母细胞的破壁进行了试验研究，并与超声空化及搅拌机做了比较，得出水力空化的能量消耗仅为超声空化、机械破壁（高

基金项目：国家自然科学基金资助项目（51479177）。

压高速搅拌）的 5%～10%，并且可大规模地实现微生物细胞的破壁。Bodurova and Angelov[3]用阀形空化器对伞菌、放线菌及病毒进行了试验研究，结果表明，在 2～4 min 内，水力空化杀灭率为 71%～91%，与空化数有关。Tsenter 和 Khandarkhayeva[4]应用旋转空化设备研究了水中大肠杆菌的影响因子，认为水力空化是一种简单、经济且有效的饮用水消毒技术。本文第一作者及其研究生[5-7]在自主研发的多孔板式水力空化反应装置中，分别采用三角形、圆形和方形孔口多孔板的空化空蚀作用杀灭原水中的大肠杆菌，试验着重研究了多孔板的孔口大小、孔口数量、孔口排列以及大肠杆菌的浓度等因素对大肠杆菌杀灭率的影响，并阐述了多孔板空化空蚀杀灭大肠杆菌的作用机理。本文旨在试验研究方形孔口多孔板的孔口大小、孔口数量、孔口排列、空化数、空化空蚀作用时间、初始稀释梯度和孔口流速对水力空化杀灭原水中病原微生物的影响。

2 实验装置及其方法

2.1 实验装置

试验研究在浙江工业大学水动力学试验室进行，试验装置如图 1 所示。水力空化发生段是水力空化系统装置的核心部分，试验设计 5 种不同几何参数的方形孔口多孔板，几何参数见表 1。

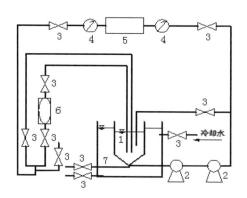

图 1 水力空化试验系统示意图

1—循环水箱；2—离心泵；3—控制阀；4—压力表；5—孔板型水力空化段；
6—转子流量计；7—取样口；8—冷却水进水管；9—冷却水出水管；
10—冷却水箱；11—放空阀

表 1 方孔多孔板几何参数

多孔板序号	孔口数量	孔口边长/mm	孔口排列
板 1	9	4.5	棋盘式
板 2	16	3.4	棋盘式
板 3	25	2.7	棋盘式
板 4	25	2.7	交错式
板 5	64	1.7	棋盘式

2.2 试验水样

原水水样取自杭州市上塘河，取样同时记录气温、水温及 pH 值，并将样品无菌保存。

2.3 试验方法

为了分析原水初始稀释梯度对杀灭率的影响，可将原水初始稀释梯度定义为原水占处理水总体积的百分比，如下式所示：

$$C = \frac{V_{总} - V_{原}}{V_{总}}$$

（1）

式中，C 为原水初始稀释梯度，%；$V_{原}$ 为原水体积，L；$V_{总}$ 为处理水总体积，L。

用琼脂平板计数法检测水样的菌落总数，各取样时间点的菌落总数杀灭率可用下式计算：

$$\varepsilon = \left(1 - \frac{N_i}{N_j}\right) \times 100\%$$

（2）

式中，ε 为杀灭率；N_j 为多孔板编号为 j 的试验初始水样菌落总数（CFU/mL）；N_i 为第 i min 取样点的水样菌落总数（CFU/mL）。

3 试验结果与分析

3.1 孔口大小对杀灭率的影响

取 9 孔方形棋盘式多孔板（a=4.5 mm）、16 孔方形棋盘多孔板（a=3.4 mm）、25 孔方形棋盘多孔板（a=2.7 mm）和 64 孔方形棋盘多孔板（a=1.7 mm）进行比较，分析不同孔口大小对原水中病原微生物的杀灭率的影响。以初始稀释梯度 20% 为例，不同孔径对原水菌落总数杀灭率的影响如图 2 所示。由图可知，在其他工况一致的情况下，随着孔口边长的减小，原水菌落总数杀灭率越大。这是由于孔口边长的减小，因此形成的空化水流比较集中、掺混剧烈，致使紊动强度与紊流切应力增加，空化效应增强，故原水中病原微生物的杀灭率越大。

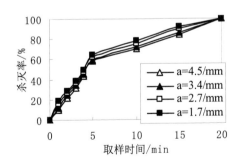

图 2　孔口大小与杀灭率的关系

3.2 孔口数量对杀灭率的影响

以初始稀释梯度 20% 为例，比较 9 孔、16 孔、25 孔、64 孔棋盘式方形多孔板的杀灭率，研究孔口数量对原水中菌落总数的杀灭率的影响。由图 3 可知，随着孔口数量的增加，对原水中菌落总数的杀灭率增大。因为增加孔口数量会增加高速多股射流的股数，从而加剧了射流掺混卷吸程度与水力剪切作用，空化现象也越剧烈，故杀灭率随之增大。

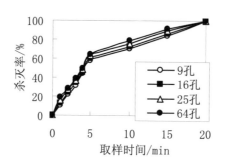

图 3　孔口数量与杀灭率的关系

3.3　孔口排列对杀灭率的影响

　　试验采用 25 孔棋盘式（板 3）与 25 孔交错式（板 4）两种排列的方形多孔板，以初始稀释梯度 20%为例，研究孔口排列方式对原水中菌落总数的杀灭率的影响。由图 4 可知，棋盘式与交错式对原水中菌落总数的杀灭率差别甚微，其中交错式的杀灭率略高于棋盘式。这是因为交错式排列会使多股射流之间的紊动强度增强，进而使得空化效应增强，故原水中菌落总数的杀灭率越大。

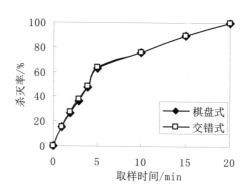

图 4　孔口排列与杀灭率的关系

3.4　原水初始稀释梯度对杀灭率的影响

　　试验分析 5 块方形孔口多孔板对不同初始稀释梯度的原水进行空化处理，以 9 孔、16 孔和 25 孔棋盘方形多孔板为例，原水中菌落总数的杀灭率随着初始稀释梯度的变化趋势如图 5 所示。由图可知，随着原水初始稀释梯度的增加，经过不同多孔板后原水中菌落总数杀灭率受初始稀释梯度的影响，但是杀灭率前后变化不大。

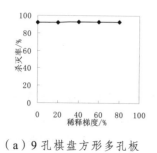 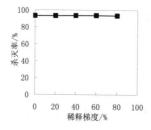 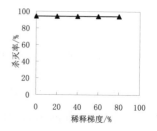

（a）9 孔棋盘方形多孔板　　　（b）16 孔棋盘方形多孔板　　　（c）25 孔棋盘方形多孔板

图 5　初始稀释梯度与杀灭率的关系

3.5 空化数对杀灭率的影响

多孔板的空化效应是重要水力特性之一，可采用空化数描述其特征，表达式为：

$$\sigma = \frac{p_0 - p_v}{\rho V_0^2 / 2} \tag{3}$$

式中，p_0 为测点绝对压强；p_v 为饱和蒸汽压；V_0 为参考流速，即孔口流速；ρ 为水的密度。

影响空化的因素与压强 p_0、汽化压强 p_v、溶液的黏性系数 μ、孔口流速 V_0、方形孔口边长 a、溶液的密度 ρ 以及多孔板过流面积 S 有关。

$$f(p_0, p_v, \mu, V_0, a, \rho, S) = 0 \tag{4}$$

再考虑空化数表达式，设 $(p_0 - p_v) = \Delta p$，故 $f(\Delta p, \mu, V_0, a, \rho, S) = 0$

根据 π 定理以及量纲和谐原理得：

$$\frac{\Delta p}{\rho V_0^2 / 2} = f_2 \left(\frac{\mu}{\rho V_0 a}, \frac{S}{a^2} \right) \tag{5}$$

若定义 n 为多孔板的孔口数，且 $\dfrac{\mu}{\rho V_0 a} = \dfrac{1}{R_e}$，$\dfrac{\Delta p}{\rho V_0^2 / 2} = \sigma$，$\dfrac{S}{a^2} = n$，故有：

$$\sigma = f_3(R_e, n) \tag{6}$$

当 n 固定不变时，则空化数 σ 是雷诺数的函数，即：

$$\sigma = f_4(R_e) \tag{7}$$

又因 $\sigma \propto \dfrac{1}{V_0^2}$，$R_e \propto V_0$，故空化数与雷诺数关系是随着雷诺数的增加，空化数减小。

原水中菌落总数杀灭率与空化数的变化趋势如图 6 所示。由试验结果可知，由于空化数变化微小，所以杀灭率变化也弱。随着空化数减小，雷诺数增大，流体流动中雷诺切应力的作用所占比重越大，因此空化效应增强，进而对原水中菌落总数的杀灭率增大。

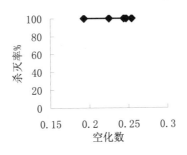

图 6 空化数与杀灭率的关系

3.6 空化空蚀作用时间对杀灭率的影响

时间因素反映了一定处理量的原水受空化空蚀作用次数的多少。以 9 孔棋盘式方形多孔板在单泵（$V_{单泵} = 12.49$ m/s）、双泵（$V_{双泵} = 24.69$ m/s）工况下为例，图 7 为空化空蚀作用时间与原水中菌落总数的杀灭率的关系。结果表明，随着空化空蚀时间的延长，原水空化空蚀作用次数越多，杀灭率呈近似线性增加。在双泵（$V_{双泵}$=24.69 m/s）工况下 20 min 时，原水中的菌落总数杀灭率已达到100%，因此如果继续增加空化时间的话，杀灭率将趋近于稳定。

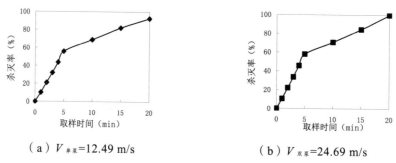

（a）$V_{单泵}$=12.49 m/s　　（b）$V_{双泵}$=24.69 m/s

图7　空化空蚀作用时间与杀灭率的关系

3.7　孔口流速对杀灭率的影响

试验通过调节单泵（$V_{单泵}$=12.49 m/s）与双泵（$V_{双泵}$=24.69 m/s）分析比较孔口流速与杀灭率的关系，如图8所示。结果表明，孔口流速越大，空化效果越明显，杀灭率越高。因为随着孔口流速增大，空化反应段压强迅速降低从而更易形成空化泡；另一方面，随着孔口流速的增大，水流在相同时间经过方形多孔板的循环次数也越多，空化空蚀作用次数也越多，因此原水中菌落总数的杀灭率提高。

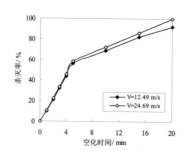

图8　孔口流速与杀灭率的关系

4　结　论

通过对方形孔口多孔板水力空化杀灭原水中病原微生物的试验研究，可得出以下几点结论：
（1）孔口边长越小和孔口数量的增加，对原水菌落总数的杀灭率越大。
（2）棋盘式与交错式对原水中菌落总数的杀灭率差别甚微，其中交错式的杀灭率略高于棋盘式。
（3）随着空化数减小，雷诺数增大，雷诺切应力的作用所占比重增大，进而对原水中菌落总数的杀灭率增大。
（4）随着空化空蚀作用时间的延长，原水空化空蚀作用次数增加，杀灭率呈近似线性增加。
水力空化是一种简单、快速、高效、无消毒副产物的新型饮用水消毒技术，具有良好的应用前景。

参考文献

［1］　Save S S，Pandit A B，Joshi J B.（1994）：Microbial cell disruption：role of cavitation．The Chemical Engineering Journal，55：67-72.

[2] Save S S，Pandit A B，Joshi J B.（1997）：Use of hydrodynamic cavitation for large scale cell disruption . Chemical Engineering Research and Design，75（C1）：41-49.

[3] Bodurova D. and Angelov M.（2004）：Intensification the process of water purification by hydrodynamic cavitation，University "Ss Cyril and Methodius" Skopje Faculty of Mechanical Engineering，Production and Industrial Engineering Association Scientific Conference with International Participation，Manufacturing and Management in 21st Century，Ohrid，Republic of Macedonia，September 16-17.

[4] Tsenter I. and Khandarkhayeva M.（2012）：Effect of hydrodynamic cavitation on microbial inactivation：Potential for disinfection technique，The 13th Meeting of the European Society of Sonochemistry，July，Lviv，Ukraine.

[5] 张茜，董志勇，陈乐，等. 三角孔多孔板水力空化杀灭大肠杆菌的研究[J]. 水力发电学报，2016，35（8）：65-71.

[6] 陈乐，董志勇，刘昶，等. 方孔多孔板水力空化杀灭大肠杆菌的试验研究[J]. 水力发电学报，2016，35（9）：48-54.

[7] 刘昶，董志勇，陈乐，等. 圆孔多孔板水力空化杀灭大肠杆菌的试验研究[J]. 中国环境科学，2016，36（8）：2364-2370.

水库蓄水过程重金属浓度变化的数值模拟

武柯宏，韩继斌，韩松林

（长江科学院，武汉市黄浦大街 289 号，430010）

【摘　要】　为了解水库蓄水过程中水体重金属的变化规律，以某水利枢纽为例，基于 MIKE21 软件构建了二维重金属污染物迁移转化模型。模型考虑了重金属在水体和沉积物中的转移扩散、悬浮沉降及吸附解析过程，模拟不同入库流量下库区重金属砷化物（As）的浓度变化。结果表明：在不同入库流量下，蓄水至正常蓄水位过程中，水体中砷化物浓度均表现为先增大后减小；上游来水流量越大，蓄水至正常蓄水位过程中砷化物浓度峰值越小，蓄水至正常蓄水位时水体中砷化物浓度越低，反之，蓄水过程中砷化物浓度峰值越大，蓄水至正常蓄水位时水体中砷化物浓度越高。

【关键词】　重金属；MIKE21；重金属迁移；数值模拟

0　引　言

重金属在土壤中的迁移转化受金属的化学特性以及土壤的物理特性、生物特性和环境条件等因素影响[1]。对于水库，当其蓄水后，由于水体的浸泡作用，土壤中的重金属除部分发生水解生成难溶物外，剩余重金属多会析出，并且能以离子态在底泥以及水体中转移扩散，从而有可能影响水体质量。模拟预测蓄水过程中水体重金属浓度变化，是水库水环境评价的重要内容。

重金属迁移转化模型通常可分为经验模型、整体模型和分相模型三类。经验模型是采用经验关系式描述重金属迁移转化与泥沙运动之间的联系，并用实测资料来确定关系式中的系数[2]；整体模型是把河流作为一个整体，重金属在河流中的运动用一个质量平衡方程进行描述；分相模型是把重金属在河流中的运动分成水相（溶解相）、悬移相和底泥相来分别建立重金属质量平衡方程。

目前，国内外关于重金属迁移转化的整体数学模型较多。Donald J.O（1988 年）研究了河流系统吸附有毒物质模型，用沉降和冲刷系数描述水体与河床固形物质之间的物质交换[2]。郭震远[3]把河水、悬浮物和底泥视为一个系统，研究了受矿山影响的铅山河中重金属污染物（Cu、Fe）的迁移规律。在建立数学模型时，假定铅山河河水中污染物已基本混合均匀，即按零维模式处理，重金属的浓度变化由支流入汇稀释和泥沙淤积引起。林玉环[4]建立了蓟运河下游汞污染一维数学模型，将下游 25 km 河段划分成 10 个区段，每个区段水流为恒定均匀流，对每一个区段应用质量平衡原理，计算每个单元中汞污染物在水中浓度的变化。

本文基于 MIKE21 模型平台，充分考虑重金属在水体和沉积物中的转移扩散、悬浮沉降及吸附解析，将水体中水相、悬浮相和底泥相重金属作为一个整体，基于质量守恒，建立重金属随水-悬浮物-底泥迁移转化二维模型，以某水库中砷化物为例，模拟预测水库蓄水过程中重金属浓度的变化。

1 模型构建

重金属污染物迁移转化模型是描述污染物在水体中随时间和空间迁移转化规律及影响因素相互关系的数学方程，由水动力模型和水质模型组成，按维数可以分为零维、一维、二维和三维模型。本文基于 MIKE 21 平台建立二维整体水质模型，水动力学模块主要模拟由于各种作用力的作用而产生的水位及水流变化，其中包括了广泛的水力现象，可用于任何忽略分层的二维自由表面流的模拟，水质模块主要模拟污染物的迁移转化。

1.1 水动力模块

1.1.1 水动力模型控制方程

二维水流模型基于不可压缩雷诺平均 Navier-Stokes 方程，其基本控制方程为：

连续性方程：

$$\frac{\partial h}{\partial t} + \frac{\partial h\bar{u}}{\partial x} + \frac{\partial h\bar{v}}{\partial y} = hS \tag{1}$$

动量方程：

$$\frac{\partial h\bar{u}}{\partial t} + \frac{\partial h\bar{u}^2}{\partial x} + \frac{\partial h\bar{v}\bar{u}}{\partial y} = f\bar{v}h - gh\frac{\partial \eta}{\partial x} - \frac{h}{\rho_o}\frac{\partial p_a}{\partial x} - \frac{gh^2}{2\rho_0}\frac{\partial \rho}{\partial x} + \frac{\tau_{sx}}{\rho_0} - \frac{\tau_{bx}}{\rho_0} - \frac{1}{\rho_0}\left(\frac{\partial S_{xx}}{\partial x} + \frac{\partial S_{xy}}{\partial y}\right) + \frac{\partial}{\partial x}(hT_{xx}) + \frac{\partial}{\partial y}(hT_{xy}) + hu_s S \tag{2}$$

$$\frac{\partial h\bar{v}}{\partial t} + \frac{\partial h\bar{u}\bar{v}}{\partial x} + \frac{\partial h\bar{v}^2}{\partial y} = -f\bar{u}h - gh\frac{\partial \eta}{\partial y} - \frac{h}{\rho_o}\frac{\partial p_a}{\partial y} - \frac{gh^2}{2\rho_0}\frac{\partial \rho}{\partial y} + \frac{\tau_{sy}}{\rho_0} - \frac{\tau_{by}}{\rho_0} - \frac{1}{\rho_0}\left(\frac{\partial S_{yx}}{\partial x} + \frac{\partial S_{yy}}{\partial y}\right) + \frac{\partial}{\partial x}(hT_{xy}) + \frac{\partial}{\partial y}(hT_{yy}) + hv_s S \tag{3}$$

式中，t 为时间；η 为水面高程；h 为总水深；$\bar{u}$ 和 $\bar{v}$ 分别为 x 和 y 方向的垂向平均速度分量；f 为科氏力参数；g 为重力加速度；ρ 为水的密度；S_{xx}、S_{xy}、S_{yx}、S_{yy} 为辐射应力张量分量；p_a 为大气压强；ρ_0 为水的参考密度；S 为点源流量；u_s、v_s 为点源排入周围水体的速度。

1.1.2 水动力模型构建

该模块地形内插结果参见图 1，监测断面位置分布见图 2，研究区域采用混合网格划分，网格总数为 23 986 个，节点数为 17 611 个。根据模型参数和实测资料，采用 2014 年 12 月至 2015 年 1 月水库上游若干断面水位数据和地区历史洪水痕迹调查资料，通过试算方法，对模型参数进行率定，进而验证模型的合理性与可靠性。模型上游流量采用水文专业提供库区干流上游边界 2014 年 12 月份平均流量，下游采用下坝址处水位，考虑沿程主要支沟水流的注入，通过试算，参数率定结果为涡黏系数 0.28，底床摩擦力 0.04。

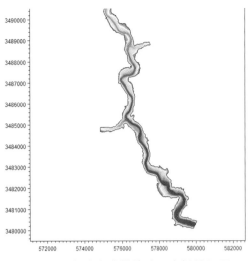

图 1　水库水动力学模块地形内插结果图

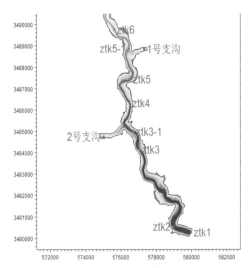

图 2　监测断面分布图

1.2　水质模型

1.2.1　水质模型控制方程

流域水质模型主要模拟以下污染因子：溶解态重金属、吸附态重金属、底泥孔隙水中溶解态重金属、底泥中吸附态重金属、悬浮颗粒物及沉积物量。重金属在水体中的迁移转化方程为：

水体中溶解态：
$$\frac{\mathrm{d}S_{HM}}{\mathrm{d}t} = -adss + dess + difv \tag{4}$$

水体中吸附态：
$$\frac{\mathrm{d}X_{HM}}{\mathrm{d}t} = adss - dess - sev + resv \tag{5}$$

沉积物中溶解态：
$$\frac{\mathrm{d}S_{HMS}}{\mathrm{d}t} = -adsa + desa - difa \tag{6}$$

沉积物中吸附态：
$$\frac{\mathrm{d}X_{HMS}}{\mathrm{d}t} = adsa - desa + sea - resa \tag{7}$$

水环境中污染物质的性质直接影响水质模型的建立和求解。从力学角度看，重金属物质混入水体中对水的密度影响较小，可以忽略，称为动力惰性物质。从物理、化学、生物学的角度看，重金属物质混合到水体中不会引起生物化学反应或生物降解，生成新的物质，改变其原有浓度，称为保守物质。重金属污染物受泥沙运动影响较大，并且具有化学性质稳定、不易被微生物降解的特点，其在水体中的迁移转化过程以各种物理作用为主，主要包括对流扩散作用、吸附-解吸作用、沉降与再悬浮作用[5]，其中吸附-解吸作用、沉降与再悬浮作用都是以泥沙为载体进行的[6]。

由于泥沙运动的复杂性，将泥沙运动的各种过程用一个状态参数表述，不能反映泥沙运动变化对污染物迁移的影响。但河流的某一段上，某一段时间里，pH 值、水温、泥沙矿物组成等水环境化学条件比较稳定，可以作为常数处理。因此在实际的河流中，可以依据水流方程、泥沙方程、重金属迁移转化整体方程建立重金属污染物迁移转化动力学整体数学模型，根据各方程对应的初始条件、边界条件和重金属污染物特性对方程进行求解，确定重金属污染物在河流中迁移转化的过程[7]。

根据现场水质调查分析，2014 年到 2015 年间，库区河段 pH 值、水温、泥沙矿物组成比较稳定，依据水流方程、泥沙方程、重金属迁移转化整体方程，参考王志文[8]、窦明[9]等的相关成果，将水体中的溶解态和吸附态方程相加，得到水体中总的重金属随水、悬浮物迁移过程的控制方程。

$$\frac{\mathrm{d}X_{HM}}{\mathrm{d}t} = -sev + resv + difv \tag{8}$$

$$\frac{\mathrm{d}X_{HMS}}{\mathrm{d}t} = sev - resv - difv \tag{9}$$

其中：$adss = k_w \cdot k_d \cdot S_{HM} \cdot X_{SS}$ ； $dess = k_w \cdot X_{HM}$ ；

$$sev = \frac{vsm \cdot X_{HM}}{dz} \quad ; \quad resv = \frac{resrat \cdot \dfrac{X_{HMS}}{X_{SED}}}{dz} \ (cspd > ucrit) \quad ;$$

$$difv = \frac{fbiot \cdot difw \left(\dfrac{S_{HMS}}{pors \cdot dzs} - S_{HM} \right)}{(dzwf + dzds) \cdot dz}$$

式中，X_{HM} 为水体中吸附态重金属质量浓度，g/m³；S_{HM} 为水体中溶解态重金属浓度，g/m³；S_{HMS} 为沉积物中溶解态重金属浓度，g/m²；X_{HMS} 为沉积物中吸附态重金属浓度，g/m²；$adss$ 为吸附过程中溶解态重金属浓度，g/（m³·d）；$dess$ 为解吸过程中溶解态重金属浓度，g/（m³·d）；sev 为沉积过程吸附态重金属浓度，g/（m³·d）；$resv$ 为起悬过程吸附态重金属浓度，g/（m³·d）；t 为计算时段，s；k_w 为水体中的解吸率，d⁻¹；k_d 为重金属在颗粒态和水之间的分配系数；X_{SS} 为水体中悬浮颗粒质量浓度，g/m³；X_{SED} 为沉降通量，g/m²；vsm 为 SS 的沉降速度，m/d；dz 计算层厚度，m；$resrat$ 为 SS 的再悬浮率，g/（m²·d）。

蓄水初期，淹没区域的土壤或者岩石中可能有重金属释放进入水体。依据杨钢（2004）[10]研究成果，受淹岩石、土壤和沉积物中特征污染物的释放量用下式计算：

$$W = C \times h \times B \times \eta \tag{10}$$

式中，W 为岩石、土壤或沉积物中特征污染物的释放量（g/m²）；C 为岩石、土壤或沉积物容重（t/m³）；h 为可溶出土壤与底泥的平均厚度（m），参考相关文献取 0.3 m；B 为岩石、土壤或沉积物中的 As 的含量（mg/kg）；η 为 As 的溶出率。

1.2.2 模型验证

采用 2015 年 10 月平水期水库干流和主要支流的水质监测数据，通过反复试算和对比，率定水质模型中各参数取值。水质模型上游边界特征污染物浓度采用干流库尾处监测浓度值控制，沿程考虑支沟特征污染物的汇入。图 3 为库区上游河段 As 浓度沿程变化与实测值的对比，监测断面 ztk4 和 ztk1模拟值与实测数据相比模拟误差分别为 0.01%和 8%，说明率定得到的参数取值基本合理。经率定后的模型参数水体中重金属沉降速率 vsm 取为 2.4 m/d，沉积物中重金属再悬浮速率 resrat 取值为 0.01。

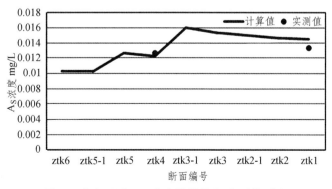

图 3　水库干流 As 浓度计算值与实测值对比

2 结果及分析

2.1 模型预测结果

模拟蓄水初期水位变化过程中的水质变化，为反映不同年份、不同来水流量引起的水质变化过程，根据典型水文年的来水情况制订模拟计算方案。按照丰水年（P =10%）、平水年（P =50%）和枯水年（P =90%）三个典型年份分别计算蓄水初期水库的重金属污染物砷（As）的浓度变化。为反应重金属浓度的变化过程，在 1 号支沟上游和下游、2 号支沟下游及坝址上游和坝址处分别布置 T1、T2、T3、T4、T5 监测点，见图 4。

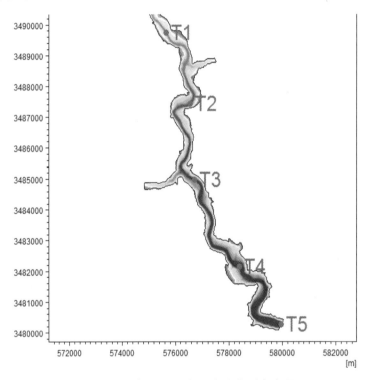

图 4　库区内特征污染物浓度监测点布置

依据不同典型年份蓄水至正常蓄水位时 As 浓度分布图，从图 5、图 7 和图 9 可以看出，丰水年水库蓄水至正常蓄水位时，库区内干流区域的 As 浓度在 8～35 μg/L 之间；受 1 号支沟和 2 号支沟高浓度 As 水体的影响，在支沟区域 As 含量达 50～65 μg/L，库区干流受支沟影响区域小。平水年水库蓄水至正常蓄水位时，库区内干流区域的 As 浓度在 5～35 μg/L 之间；受 1 号支沟和 2 号支沟高浓度 As 水体的影响，在支沟区域 As 含量达 40～70 μg/L，库区干流受支沟影响区域大。枯水年水库蓄水至正常蓄水位时，库区内干流区域的 As 浓度在 5～50 μg/L 之间；受 1 号支沟和 2 号支沟高浓度 As 水体的影响，在支沟区域 As 含量达 50～70 μg/L，库区干流受支沟影响区域较小但 As 浓度较高。整体来看，除两支沟外，库区水体中的 As 浓度均满足《地表水环境质量标准》（GB3838-2002）中的三类水质标准。

根据不同典型年份蓄水至正常蓄水位过程中各监测点 As 浓度变化过程图，从图 6、图 8 和图 10 可以看出，同一典型年份各监测点处 As 浓度随时间变化趋势大致表现为先增大后减小，但不同站位 As 浓度开始增大的时间和达到的峰值不同；不同典型年份，相同监测点处 As 浓度变化曲线趋势大致相同，但浓度大小不同，峰值也不同，蓄水至正常蓄水位时水体中 As 浓度丰水年最大，平水年次之，枯水年最小；蓄水至正常蓄水位过程中，水体砷化物浓度峰值，枯水年最大，平水年次之，丰水年最小。

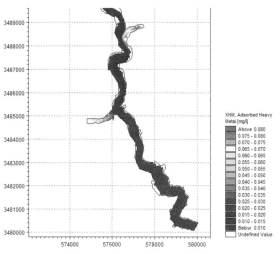

图 5　丰水年蓄水至正常蓄水位时
As 浓度分布图

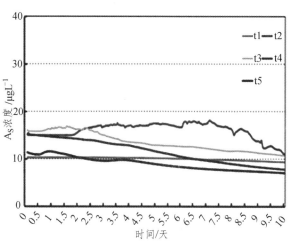

图 6　丰水年蓄水至正常蓄水位过程中
各监测点 As 浓度变化过程

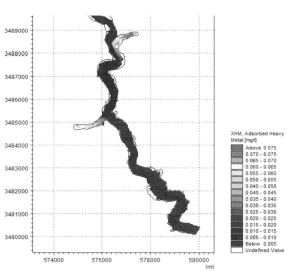

图 7　平水年蓄水至正常蓄水位时
As 浓度分布图

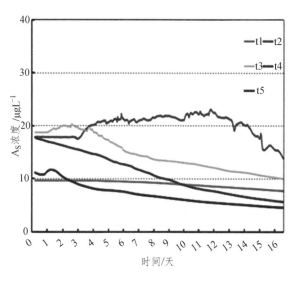

图 8　平水年蓄水至正常蓄水位过程中
各监测点 As 浓度变化过程

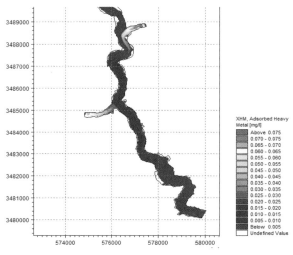

图 9　枯水年蓄水至正常蓄水位时
As 浓度分布图

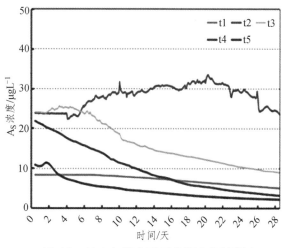

图 10　枯水年蓄水至正常蓄水位过程中
各监测点 As 浓度变化过程

4 结 语

本模型是在 MIKE 21 平台基础上，充分考虑污染因子的释放及迁移转化规律建立起来的。结合该工程区的特点及本水库特性，计算条件设置中充分考虑了重金属的浸出、水体紊动等方面的因素。模拟计算结果表明：在水库蓄水过程中，库区内水体流速减缓，水体中重金属的沉降作用较蓄水前增强，而沉积物中重金属的再悬浮作用减弱，但蓄水开始阶段淹没区域岩石、土壤中重金属砷化物大量释放进入水体，水体中 As 浓度先增大后减小。在相同库容条件下，不同典型年份蓄水至正常蓄水位时，上游来水流量越小，所用时间越长，水的流速也越小，沉积物中砷化物的再悬浮作用越弱，而沉降作用越强，因此水体中 As 浓度越低；蓄水过程中，上游来水流量越小，岩石和土壤中砷化物的释放越充分，高浓度支沟来水汇入干流的比例越大，水体中 As 浓度的峰值越高。

参考文献

[1] 孙铁珩. 污染生态学[M]. 北京：科学出版社，2002：18-24.

[2] Donald J.O' Connor. 河流系统吸附有毒物质的模型及其应用[J]. 谭炳卿译自 Journal of Environmental Engineering，1988，11（3）：50-57.

[3] 郭震远，等. 铅山河金属污染物（Cu、Fe）迁移规律及污染预测研究. 环境科学学报[J]. 1983，3（4）：298-309.

[4] 林玉环，等. 蓟运河下游含汞底泥水力迁移作用的研究. 环境科学[J]. 1984，5（5）：25-29.

[5] 雒文生，宋星原. 水环境分析及预测[M]. 武汉：武汉大学出版社，2000.

[6] 钱宁，万兆惠. 泥沙运动力学[M]. 北京：科学出版社，2003.

[7] 黄岁樑，万兆惠. 河流重金属迁移转化数学模型研究综述. 环境科学学报[J]. 1995，7（4）：42-49.

[8] 王志文. 感潮河网地区重金属数学模型研究[D]. 河海大学，2004.

[9] 窦明，马军霞，谢平，李桂秋. 河流重金属污染物迁移转化的数值模拟. 水电能源科学[J]. 2007，25（3）：23-25.

[10] 杨钢. 三峡库区受淹土壤污染物释放量的试验研究. 水土保持学报[J]. 2004,18(1)：111-114.

[11] Heavy metal template，ECO Lab，Scientific Description，DHI，2013.

多点概化水环境容量计算方法研究

杨杰，韩延成，唐伟，初萍萍，梁梦媛

（济南大学资源与环境学院，山东省济南市，250022）

【摘　要】　污染源排放方式的选取直接影响水环境容量的计算结果，根据污染源在河段沿岸的实际分布状况，提出一种多点概化的排污口概化方法。推导了两点、三点及 N 点概化水环境容量计算公式。利用多点概化后的一维水环境容量计算模型与传统的一维水环境容量计算模型分别计算不同设计方案下的水环境容量，计算结果表明，多点概化后的水环境容量计算模型计算得到的水环境容量值随着概化排污口数量的增多而逐渐减小，但总介于两种传统的水环境容量计算模型之间。当概化排污口的数量足够多时，利用多点概化计算模型计算得到的水环境容量将近似等于采用均匀分布概化计算模型得到的计算结果。根据河段沿岸排污口的实际分布状况，采用相对应的多点概化水环境容量计算公式可在一定程度上提高水环境容量的计算精度。研究成果为水环境容量计算提供了理论依据。

【关键词】　污染源排放方式；水环境容量；多点概化法；模型

水环境容量的大小受多种因素的影响，其中包括水体特征、污染物特性及水质目标等，在实际计算中又受污染源排放方式选取、设计流量和流速、上游本底浓度、污染物综合衰减系数等设计条件和参数的影响[1-3]。在通常情况下，污染物排放口不规则地分布于河段的不同断面，控制断面的污染物浓度将由各排污口产生的浓度叠加得到，故需要对河段排污口进行理想化概化，而概化方法的选择则会直接影响水环境容量的计算精度[4-6]。目前已有的概化方法主要有集中点概化、重心概化及均匀分布概化 3 种排污口概化方法[7, 8]。集中点概化方法假定计算河段内的多个排污口集中为一个理想化排污口，为了便于计算，通常将此排污口概化于河段上界或河段中点，概化位置不同，计算自净长度也随之改变[9-11]。重心概化方法是指通过重心计算确定实际排污口的重心断面，进而重新确定入河污染物在河段中的有效自净长度[12]。均匀分布概化方法假定计算河段内的所有排污口平均分散于整个计算河段，即将所有排污口平均地概化于计算河段内[13, 14]。前两种概化方法都是将河段排污口进行抽象概化为一个排污口，不同的是入河污染物的自净长度的有效取值。第三种概化方法基于数学微积分思想，综合反映了河段污染物排放形式的平均分布状况。显然，这三种概化方法能够在很大程度上简化水环境容量的计算过程，但实际计算结果往往或是偏大或是过于保守，仍然存在着不可忽略的误差。本文从污染源在河段沿岸的实际分布状况出发，将河段内的排污口群概化为相应数量的理想化排污口，进而采用不同的计算模型，以期在一定程度上提高水环境容量的计算精度。

基金项目：山东省重点研发计划（2016GSF117038）；国家科技支撑计划（2015BAB07B02）。
作者简介：杨杰（1990—），男，研究生，主要从事水利工程规划设计及水环境方面的研究。
通讯作者：韩延成（1971—），男，副教授，博士，主要从事水利工程方面的研究。

1 多点概化水环境容量计算公式推导

1.1 两点概化水环境容量计算公式

两点概化法即假定计算河段内的多个排污口集中为两个等排放强度的理想化排污口，然后将这两个排污口分别置于河段的上界和中点处，具体概化示意见图1。

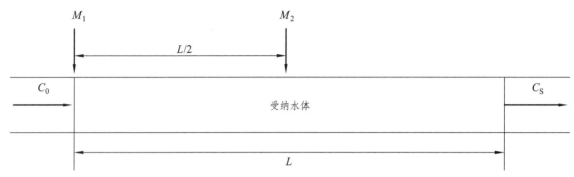

图 1 两点概化一维河段示意图

设河段总长为 L，水质目标为 C_S，设计流量为 Q，设计流速为 u，入流设计水质为 C_0，污染物降解系数为 K。又设水环境容量为 W，则位于河段上界的排污口 M_1 对河段上界浓度的贡献值为 C_1，位于河段中点处的排污口 M_2 对河段中点浓度的贡献值为 C_2，且两者相等[15-17]，即

$$C_1 = C_2 = \frac{W}{2Q} \tag{1}$$

当河流流速和水中污染物处于稳定状态时，排污口 M_1 对河段下界浓度贡献值则为 $\frac{W}{2Q}\exp\left(-\frac{KL}{u}\right)$[18, 19]，排污口 M_2 对河段下界浓度贡献值则为 $\frac{W}{2Q}\exp\left(-\frac{KL}{2u}\right)$，入流水质 C_0 对河段下界浓度贡献值则为 $C_0\exp\left(-\frac{KL}{u}\right)$，三者之和应等于 C_S[18, 20]，即

$$\frac{W}{2Q}\exp\left(-\frac{KL}{u}\right) + \frac{W}{2Q}\exp\left(-\frac{KL}{2u}\right) + C_0\exp\left(-\frac{KL}{u}\right) = C_S \tag{2}$$

整理得

$$W = 2Q\frac{C_S - C_0\exp\left(-\frac{KL}{u}\right)}{\exp\left(-\frac{KL}{u}\right) + \exp\left(-\frac{KL}{2u}\right)} \tag{3}$$

考虑量纲时，得到两点概化后的一维水容量计算公式为：

$$W = 172.8Q\frac{C_S - C_0\exp\left(-\frac{KL}{86\,400u}\right)}{\exp\left(-\frac{KL}{86\,400u}\right) + \exp\left(-\frac{KL}{172\,800u}\right)} \tag{4}$$

式中，W 为水环境容量，kg/d；Q 为河段的设计流量，m³/s；L 为计算河段总长度，m；u 为河段设计平均流速，m/s；K 为污染物降解系数，1/d；C_S 为下游控制断面处的污染物目标浓度，mg/L；C_0 为河段初始断面处的污染物本底浓度，mg/L。

1.2 三点概化水环境容量计算公式

三点概化法即假定计算河段内的多个排污口集中为三个等排放强度的理想化排污口[21-25]，然后将这三个排污口分别置于河段的上界及河段的三等分点处，具体概化示意见图 2。

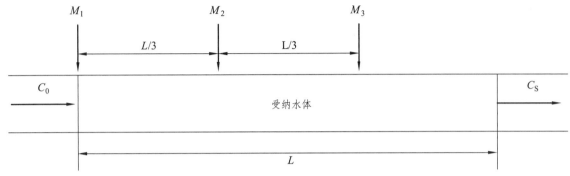

图 2　三点概化一维河段示意图

设河段总长为 L，水质目标为 C_S，设计流量为 Q，设计流速为 u，入流设计水质为 C_0，污染物降解系数为 K。又设水环境容量为 W，则位于河段上界的排污口 M_1 对河段上界浓度的贡献值为 C_1，位于河段三等分点处的排污口 M_2、M_3 对河段三等分点浓度的贡献值分别为 C_2、C_3，且三者相等，即

$$C_1 = C_2 = C_3 = \frac{W}{3Q} \tag{5}$$

当河流流速和水中污染物处于稳定状态时，排污口 M_1 对河段下界浓度贡献值则为 $\frac{W}{3Q} \exp\left(-\frac{KL}{u}\right)$，排污口 M_2 对河段下界浓度贡献值则为 $\frac{W}{3Q} \exp\left(-\frac{2KL}{3u}\right)$，排污口 M_3 对河段下界浓度贡献值则为 $\frac{W}{3Q} \exp\left(-\frac{KL}{3u}\right)$，入流水质 C_0 对河段下界浓度贡献值则为 $C_0 \exp\left(-\frac{KL}{u}\right)$，四者之和应等于 C_S，即

$$\frac{W}{3Q} \exp\left(-\frac{KL}{u}\right) + \frac{W}{3Q} \exp\left(-\frac{2KL}{3u}\right) + \frac{W}{3Q} \exp\left(-\frac{KL}{3u}\right) + C_0 \exp\left(-\frac{KL}{u}\right) = C_\mathrm{S} \tag{6}$$

整理得

$$W = 3Q \frac{C_\mathrm{S} - C_0 \exp\left(-\frac{KL}{u}\right)}{\exp\left(-\frac{KL}{u}\right) + \exp\left(-\frac{2KL}{3u}\right) + \exp\left(-\frac{KL}{3u}\right)} \tag{7}$$

考虑量纲时，得到三点概化后的一维水容量计算公式为：

$$W = 259.2Q \frac{C_\mathrm{S} - C_0 \exp\left(-\frac{KL}{86\,400u}\right)}{\exp\left(-\frac{KL}{86\,400u}\right) + \exp\left(-\frac{KL}{129\,600u}\right) + \exp\left(-\frac{KL}{259\,200u}\right)} \tag{8}$$

1.3 N 点概化水环境容量计算公式

多点概化法即假定计算河段内的多个排污口集中为 N 个等排放强度的理想化排污口，然后将这 N 个排污口分别布置于河段的上界及河段的 N 等分点处，具体概化示意见图 3。

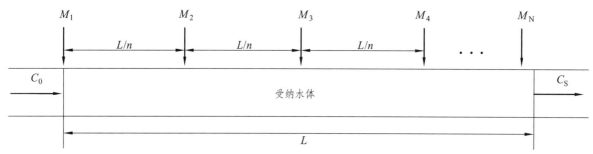

图 3　N 点概化一维河段示意图

设河段总长为 L，水质目标为 C_S，设计流量为 Q，设计流速为 u，入流设计水质为 C_0，污染物降解系数为 K。又设水环境容量为 W，则位于河段上界的排污口 M_1 对河段上界浓度的贡献值为 C_1，位于河段 N 等分点处的排污口 M_2 对该等分点浓度的贡献值为 C_2，位于河段 N 等分点处的排污口 M_3 对该等分点浓度的贡献值为 C_3，以此类推，位于河段 N 等分点处的排污口 M_N 对该等分点浓度的贡献值为 C_n，且各点浓度贡献者相等，即

$$C_n = \frac{W}{NQ}(n=1,2,3,\cdots,N) \tag{9}$$

当河流流速和水中污染物处于稳定状态时，排污口 M_1 对河段下界浓度贡献值则为 $\frac{W}{NQ}\exp\left(-\frac{KL}{u}\right)$，排污口 M_2 对河段下界浓度贡献值则为 $\frac{W}{NQ}\exp\left[-\frac{(N-1)KL}{Nu}\right]$，排污口 M_3 对河段下界浓度贡献值则为 $\frac{W}{NQ}\exp\left[-\frac{(N-2)KL}{Nu}\right]$，以此类推，排污口 M_N 对河段下界浓度贡献值则为 $\frac{W}{NQ}\exp\left(-\frac{KL}{Nu}\right)$，入流水质 C_0 对河段下界浓度贡献值则为 $C_0\exp\left(-\frac{KL}{u}\right)$，以上浓度贡献值之和应等于 C_S，即

$$\sum_{i=1}^{N}\frac{W}{NQ}\exp\left(-\frac{iKL}{Nu}\right)+C_0\exp\left(-\frac{KL}{u}\right)=C_S \tag{10}$$

整理得

$$W = NQ\frac{C_S-C_0\exp\left(-\frac{KL}{u}\right)}{\sum_{i=1}^{N}\exp\left(-\frac{iKL}{Nu}\right)} \tag{11}$$

式中，N 为概化排污口的个数。

2　情景设定

假定某河段长 5 000 m，河段初始断面处的污染物本底浓度为 30 mg/L，下游控制断面处的污染物目标浓度为 40 mg/L，选取不同的水文参数与污染物降解系数，设计 5 种不同的情景方案，如表 1 所示。

表 1　情景方案

情景方案	流量 Q（ m³/s ）	平均流速 u（ m/s ）	河段长度 L（ m ）	降解系数 K（ 1/d ）	背景浓度 C（ mg/L ）	目标浓度 C_S（ mg/L ）
方案一	0.05	0.05	5 000	0.04	30	40
方案二	0.5	0.1	5 000	0.08	30	40
方案三	1	0.1	5 000	0.09	30	40
方案四	3	0.2	5 000	0.16	30	40
方案五	5	0.25	5 000	0.18	30	40

采用多点概化（两点概化、三点概化）模型、集中点（顶点、中点）概化模型与均匀分布概化模型分别对这 5 种设计方案进行计算，得到的水环境容量计算结果如表 2 所示。

表 2　水环境容量计算结果　　　　　　　　　　　　　　　　　　kg/d

情景方案	段首概化计算模型	两点概化计算模型	三点概化计算模型	中点概化计算模型	均匀分布概化计算模型
方案一	51.39	50.79	50.6	50.21	50.21
方案二	513.88	507.93	505.97	502.12	502.08
方案三	1 048.77	1 035.11	1 030.62	1 021.81	1 021.7
方案四	3 083.28	3 047.6	3 035.83	3 012.73	3 012.46
方案五	5 055.21	5 002.55	4 985.16	4 950.98	4 950.62

由表 2 可见，多点概化计算模型得到的计算结果要小于段首概化计算模型而大于中点概化计算模型，这是因为段首概化计算模型是将河段沿岸的排污口全部集中概化于河段上界，这样就增加了污染物在河段中的运移时间，进而增大了污染物在水中的降解量，使得水环境容量的计算结果偏大。而中点概化计算模型则相对减少了污染物在河段中的运移时间，使得水环境容量的计算结果相对偏小。同时，两点概化计算模型的计算结果要大于三点概化计算模型，这是因为随着概化排污口数量的增多，污染物在河段中的整体运移时间会不断减小，进而使得水环境容量的计算值也会不断减小。当概化排污口的数量足够多时，利用多点概化计算模型计算得到的水环境容量将近似等于采用均匀分布概化计算模型得到的计算结果。

3　结　语

本文从污染源在河段沿岸的实际分布状况出发，提出了多点概化水环境容量计算模型，推导了两点、三点及 N 点概化水环境容量计算公式。结果表明，多点概化计算模型得到的计算结果要小于段首概化计算模型而大于中点概化计算模型，两点概化计算模型的计算结果要大于三点概化计算模型。当概化排污口的数量足够多时，利用多点概化计算模型计算得到的水环境容量将近似等于采用均匀分布概化计算模型得到的计算结果。实际应用中，首先需要对河段沿线排污口的实际分布情况进行调查研究，确保其可划分为多个排污强度相差不大且沿河（渠）段分布近似均匀的排污口群，然后将这些排污口群概化为相应数量的排污口，最后根据概化排污口的数量选择该计算模型中不同形式的计算公式。研究成果为简化水环境容量计算提供了理论依据。

参考文献

[1]　董飞，刘晓波，彭文启，等. 地表水水环境容量计算方法回顾与展望[J]. 水科学进展，2014，25（3）：452-463.

[2] 余顺. 关于环境容量的探讨[J]. 海洋环境科学, 1984, （2）: 76-81.

[3] 徐祖信, 卢士强, 林卫青. 潮汐河网水环境容量的计算分析[J]. 上海环境科学, 2003, （4）: 254-257.

[4] 王华东, 夏青. 环境容量研究进展[J]. 环境科学与技术, 1983, （1）: 34-38.

[5] 夏青, 邓春朗. 水污染物总量控制实用计算方法概要[J]. 环境科学研究, 1989, 2（3）: 1.

[6] 李如忠, 汪家权, 王超, 等. 不确定性信息下的河流纳污能力计算初探[J]. 水科学进展, 2003, 14（4）: 459-463.

[7] 杨杰军, 王琳, 王成见, 等. 中国北方河流环境容量核算方法研究[J]. 水利学报, 2009, 40（2）: 194-200.

[8] 李红亮, 王树峰. 不同设计水文条件下河北省水功能区纳污能力研究[J]. 南水北调与水利科技, 2010, 08（3）: 68-70.

[9] 逄勇. 水环境容量计算理论及应用[M]. 北京: 科学出版社, 2010.

[10] 劳国民. 污染源概化对一维模型纳污能力计算的影响分析[J]. 浙江水利科技, 2009, （5）: 8-10.

[11] 蒲迅赤, 赵文谦. 纳污河道水环境自净容量的精确计算方法[J]. 四川大学学报工程科学版, 2001, 33（1）: 1-4.

[12] 韩龙喜, 朱党生, 蒋莉华. 中小型河道纳污能力计算方法研究[J]. 河海大学学报自然科学版, 2002, 30（1）: 35-38.

[13] 李永军, 陈余道, 孙涛. 地理信息模型方法初探河流环境容量——以漓江桂林市区段为例[J]. 水科学进展, 2005, 16（2）: 280-283.

[14] 周刚, 雷坤, 富国, 等. 河流水环境容量计算方法研究[J]. 水利学报, 2014, 45（2）: 227-234.

[15] 林高松, 李适宇, 江峰. 考虑污染源强随机变化的感潮河流环境容量优化[J]. 水科学进展, 2006, 17（3）: 317-322.

[16] 陈顺天. 跨流域引水工程对晋江水环境容量的贡献[J]. 上海环境科学, 2001, （9）: 436-438.

[17] 李如忠, 洪天求, 熊鸿斌, 等. 基于未确知数的湖库水环境容量定量研究[J]. 水动力学研究与进展, 2008, 23（2）: 166-174.

[18] 李如忠, 洪天求. 盲数理论在湖泊水环境容量计算中的应用[J]. 水利学报, 2005, 36（7）: 765-771.

[19] Ellis J H. Stochastic water quality optimization using imbedded chance constraints[J]. Water Resources Research, 1987, 23（23）: 2227-2238.

[20] Burn D H, Lence B J. Comparison of optimization formulations for waste-load allocations[J]. Journal of Environmental Engineering, 1992, 118（4）: 597-612.

[21] Borsuk M E, Stow C A, Reckhow K H. Predicting the frequency of water quality standard violations: a probabilistic approach for TMDL development[J]. Environmental Science & Technology, 2002, 36（10）: 2109-2115. DOI: 10.1021/es011246m.

[22] Park S S, Yong S L. A water quality modeling study of the Nakdong River, Korea[J]. Ecological Modelling, 2002, 152（1）: 65-75. DOI: 10.1016/s0304-3800（01）00489-6.

[23] Chubarenko I, Tchepikova I. Modelling of man-made contribution to salinity increase into the Vistula Lagoon （Baltic Sea）[J]. Ecological Modelling, 2001, 138（1-3）: 87-100. DOI: 10.1016/s0304-3800（00）00395-1.

[24] Hamrick J M, Mills W B. Analysis of water temperatures in Conowingo Pond as influenced by the Peach Bottom atomic power plant thermal discharge[J]. Environmental Science & Policy, 2000, 3: 197-209. DOI: 10.1016/s1462-9011（00）00053-8.

[25] Palancar M C, Aragón J M, Sánchez F, et al. The Determination of Longitudinal Dispersion Coefficients in Rivers[J]. Water Environment Research A Research Publication of the Water Environment Federation, 2003, 75（4）: 324-335. DOI: 10.2175/106143003X141132.

恒定流作用下内陆核电厂温排水三维数值模拟

刘彦，陈小莉，刘赞强

（中国水利水电科学研究院，北京复兴路甲 1 号，100038）

【摘　要】　内陆核电厂温排水对周围环境水体影响程度、范围与电厂排放方式、环境水体来流条件以及排放口出流条件等密切相关。本文以某拟建内陆核电厂为例，采用基于非结构四面体和六面体混合网格的有限体积法，对 Navier-Stokes 方程和能量方程进行求解，建立了原型河道内温排水出流的温度和水流场三维数学模型。该模型考虑到浮力驱动效应，在温差较小的条件下引入 Boussinesq 假定，给出自然对流条件下水体的热导率和热膨胀系数等参数。将数值模拟结果与物理模型试验进行了验证，数据吻合较好。结果表明：该数学模型守恒性好，且直观地反映了排水口近区水域中热量的输移扩散规律和三维流场分布，可为电厂取排水口的设计优化，以及通航安全提供科学依据。

【关键词】　温排水；温升场；数值模拟；Navier-Stokes 方程；$k\text{-}\varepsilon$ 模型；Boussinesq 假定

1　前　言

内陆河流水域地区火、核电厂循环冷却水升温后排放到天然河道，会使周围水体温度升高，对水体生态环境造成影响。最早是通过物理模型试验对温排水运动机理与规律进行研究，如今仍然是一种重要的研究手段[1-2]。随着计算机硬件及数值模拟技术的发展，逐步建立了模拟温排水的三维热扩散数学模型[3-8]。从环境水力学角度将温排水的受纳水域分为近区和远区。排放口附近，受出流初始动量的影响，温排水与环境水体发生卷吸和剧烈掺混，同时受浮力作用，一般把初始动量及浮力双重控制的区域称为近区。随着温排水向下游沿程扩散，初始动量和浮力衰减殆尽，以对流、扩散作用为主，此为远区。近区的初始稀释与排放口出流型式密切相关，然而目前常用的分层三维数学模型由于不能反映初始出流的三维特征，实际工程中近区稀释规律和排放型式优化多倚赖于物理模型和近区经验射流数学模型，采用全三维数学模型进行研究的还不多见[9]。本文针对某拟建内陆核电厂进行了温排水三维数值模拟，给出了恒定环境流量以及不同排放形式下，河道内水体的温升分布特征和范围，并通过物理模型试验进行验证。

2　工程区域概况

所研究核电厂规划装机容量为 $4 \times 1\,250$ MW 级压水堆核电机组，采用冷却塔二次循环冷却系统，运行过程中会有部分热污水排放，四台机组运行时夏季循环排污水流量为 1.04 m^3/s，取排水温差约 $5\,°C$。排水口拟布置于弯道河道顶冲点附近（如图 1 所示），水深和横向扩散条件较好。

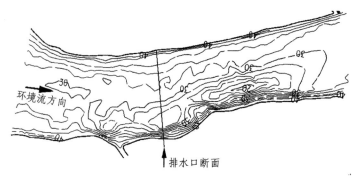

环境流方向

排水口断面

图 1　排水口布置位置示意图

3　数模拟方法

3.1　控制方程

为了研究电厂温排水在河道中的扩散规律和影响范围，本数学模型采用三维雷诺平均 N-S 方程，并引入雷诺应力项 $-\rho\overline{u_i'u_j'}$，即 Realizable k-ε 模型来封闭雷诺方程，基本控制方程如下：

（1）质量守恒方程

$$\frac{\partial \rho}{\partial t} + \frac{\partial}{\partial x_i}(\rho u_i) = 0 \tag{1}$$

（2）动量守恒方程

$$\frac{\partial}{\partial t}(\rho u_i) + \frac{\partial}{\partial x_j}(\rho u_i u_j) = -\frac{\partial p}{\partial x_i} + \frac{\partial}{\partial x_j}\left[\mu\left(\frac{\partial u_i}{\partial x_j} + \frac{\partial u_j}{\partial x_i} - \frac{2}{3}\delta_{ij}\frac{\partial u_l}{\partial x_l}\right)\right] + \frac{\partial}{\partial x_j}(-\rho\overline{u_i'u_j'}) \tag{2}$$

Realizable k-ε 模型输运方程：

（3）k 输运方程

$$\frac{\partial}{\partial t}(\rho k) + \frac{\partial}{\partial x_j}(\rho k u_j) = \frac{\partial}{\partial x_j}\left[\left(\mu + \frac{\mu_t}{\sigma_k}\right)\frac{\partial k}{\partial x_j}\right] + G_k + G_b - \rho\varepsilon - Y_M + S_k \tag{3}$$

（4）ε 输运方程

$$\frac{\partial}{\partial t}(\rho\varepsilon) + \frac{\partial}{\partial x_j}(\rho\varepsilon u_j) = \frac{\partial}{\partial x_j}\left[\left(\mu + \frac{\mu_t}{\sigma_\varepsilon}\right)\frac{\partial \varepsilon}{\partial x_j}\right] + \rho C_1 S_\varepsilon - \rho C_2\frac{\varepsilon^2}{k + \sqrt{\nu\varepsilon}} + C_{1\varepsilon}\frac{\varepsilon}{k}C_{3\varepsilon}G_b + S_\varepsilon \tag{4}$$

式中，k 为紊动动能；ε 为紊动动能耗散率；u_i、u_j 为速度分量；μ 为运动黏性系数；p 为修正压力；μ_t 为紊动黏性系数；ρ 为水体密度；σ_k 和 σ_ε 为 k 和 ε 的紊流普朗特数；G_k 为紊动能产生项，公式为 $G_k = -\rho\overline{u_i'u_j'}\frac{\partial u_j}{\partial x_i}$；根据 Boussinesq 假设，将雷诺应力项用平均速度梯度来表达，表达式如下：

$$-\rho\overline{u_i'u_j'} = \mu_t\left(\frac{\partial u_i}{\partial x_j} + \frac{\partial u_j}{\partial x_i}\right) - \frac{2}{3}\left(\rho k + \mu_t\frac{\partial u_k}{\partial x_k}\right)\delta_{ij} \tag{5}$$

（5）湍流热传输能量守恒方程如下：

$$\frac{\partial}{\partial t}(\rho E) + \frac{\partial}{\partial x_i}[u_i(\rho E + p)] = \frac{\partial}{\partial x_j}\left[k_{\text{eff}}\frac{\partial T}{\partial x_j} + u_i(\tau_{ij})_{\text{eff}}\right] + S_h \tag{6}$$

式中，E 为总能量；k_{eff} 为有效导热系数，$k_{\text{eff}} = k + \dfrac{c_p\mu_t}{Pr_t}$。在重力场和温度梯度共同作用下，需考虑浮力引起的湍流项 G_b，由以下公式给出：

$$G_b = \beta g_i \frac{\mu_t}{Pr_t} \frac{\partial T}{\partial x_i} \tag{7}$$

式中，Pr_t 为能量紊流普朗特数；β 为热膨胀系数。其他模型常数为 $C_{1\varepsilon} = 1.44$，$C_2 = 1.9$，$\sigma_k = 1.0$，$\sigma_\varepsilon = 1.2$。

3.2　模型建立及网格划分

排水口排放方案分为：（1）单喷口：内径 0.8 m 圆管结构，出流方向沿 Y 轴正向，与环境流夹角为 90°，排口射流流速为 1.04 m/s，温度为 23 ℃；（2）五喷口：各喷口均为内径 0.25 m 圆管结构，排口射流流速为 4.25 m/s，温度为 23 ℃，具体布置形式如图 2 所示。

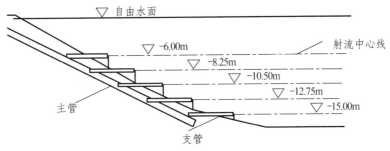

图 2　五喷口布置形式

图 3 为数值模拟范围示意图，以某内陆核电河道温排水原型作为研究对象。以排水口截面中心为坐标原点，建立笛卡尔三维坐标系。顺水流方向为 X 轴正向，范围（–79 m，156 m）；排水出流方向为 Y 轴正向，范围（–40 m，144 m）；垂直于自由水面向上为 Z 轴正向，范围（–11 m，8.7 m）。数值模拟计算区域较大，为了控制计算成本，在满足计算精度要求的基础上，排水口附近区域采用较密的非结构四面体网格，而在其他区域则选用规则的六面体网格，单喷口和五喷口方案非结构混合网格总数分别为 2 026 万和 2 054 万个。

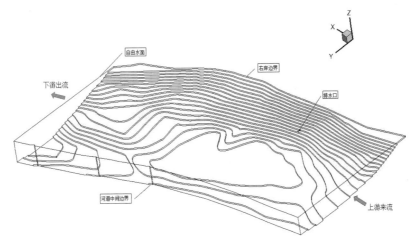

图 3　数值模拟范围

3.3 边界条件设置

（1）"上游来流"边界定义为速度进口边界条件（velocity inlet）。（2）"下游出流"边界定义为压力出流边界条件（pressure-out）。（3）"右岸边界（顺水流方向的右侧边界）、河道底部与排水口边壁"均采用无滑移壁面边界条件（wall）。（4）"自由水面"采用刚盖假定，设置为可以"移动"的壁面（wall）边界条件，具有与环境水流相同大小的运动速度和零剪切力。（5）模型左侧的水流断面边界设置为对称边界条件（Symmetry）。

3.4 数值方法和参数设置

本项目排水口出流情况类似于浮力射流流态，在浮力驱动射流的理论基础上，借助 FLUENT 对排水口周围区域的三维温度场进行数值计算[10]。采用有限体积法对各控制方程进行离散，并在非结构混合网格上用 SIMPLEC 算法进行求解。参数的设置包括参考压力值、重力条件和 Boussinesq 参考温度，分别为 101 325 Pa、－9.81 m/s² 和 291K。Pr_t 是紊流普朗特能量数，在本次数值计算中取值 0.85。环境流速为 0.04 m/s，温度为 18 ℃。在进行材料定义时，需给出环境水流中水的密度、比热、热传导率、动力粘度和热膨胀系数。具体环境流水体热学物理参数见表 1。

表 1　环境流水体热学物理参数

温度 （℃）	密度 （kg/m³）	比热 （J/kg-k）	热传导率 （w/m-k）	动力粘度 （kg/m-s）	热膨胀系数 （1/k）
18	998.263	4 182	0.593	1.15E-3	1.82E-4

4　温度场模拟结果综合分析

4.1　单喷口方案

4.1.1　排放口断面温升场

图 4（a）为温排水在排放口处断面温升分布图。由图可知，温排水在近区与环境流发生卷吸、掺混，受出流与环境流动能的共同作用向河道中间和下游运动扩散。图 4（b）为排水口中心截面上的速度场，从图中可看到射流流速梯度和温升场梯度变化相似，射流流速在距离排水口 27 m 处附近衰减到接近环境流速，该处的温升值也减小到 0.4 ℃左右，与环境水体温度较为接近。

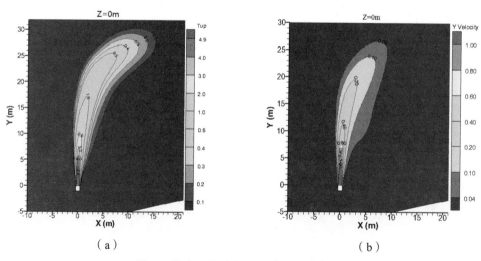

（a）　　　　　　　　　　（b）

图 4　单喷口排放断面温升场和流速场

4.1.2 模拟结果验证

图 5 所示为数值模拟和物理模型试验得到的排水口出流的中心线位置坐标。从图中可以看出，数值模拟和物理模型试验所得中心线高度在排水口射流初始阶段较为接近，随着射流的向前发展，中心线位置略有差异，从整体来看中心线高度与实测基本吻合。

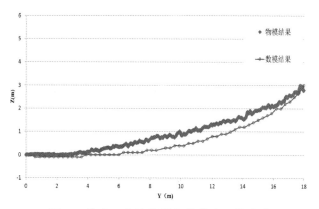

图 5　单喷口出流数模与物模中心线高度

图 6 为排水射流中心线温度稀释度值，可按照以下公式计算：$S_c = \dfrac{\Delta T}{T - T_\infty}$，式中，$S_c$ 为温度稀释度，ΔT 为环境流与温排水最大温差值，T 为实测温度，T_∞ 为环境流温度值。总体来看，数值模拟与物模试验所得排水口出流中心线上的稀释度值在沿出流方向上的变化规律相似，数值较为接近。

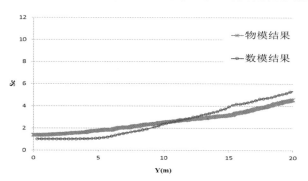

图 6　单喷口出流数模和物模中心线稀释度

4.2　五喷口方案

为了更清楚获得五喷口方案排口附近的流场和温度场分布特征，参照计算结果以最上方排口为圆心，在 *X-Z* 平面上扇形展开 8 个切面，具体位置如图 7 所示。

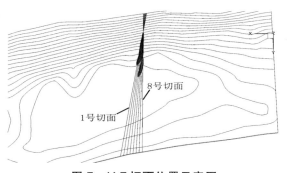

图 7　*Y-Z* 切面位置示意图

4.2.1 排放口水流速度分布

图 8 为五喷口方案排放口流速高于 0.3 m/s 的三维分布与各切面流速叠加图。由图可得该排放形式下温排水流速高于 0.3 m/s 的区域的最大高度距离最上方排水口中心约 1.0 m，距离自由水面接近 5.0 m。该计算结果可以为河道上方船舶的行驶安全提供参考。

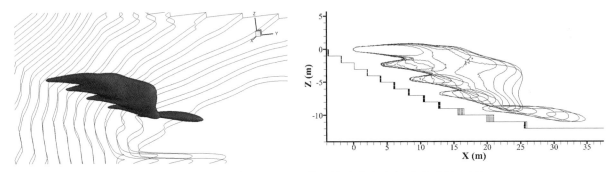

图 8　排放口流速高于 0.3 m/s 的三维分布与各切面流速叠加图

4.2.2 排放口温升分布

图 9 中所示温升高于 0.5 ℃ 的温升区域范围约为自最上端排口到河道中间约 32 m 处，最大高度至最上端排口上方约 1 m。通过计算可以直观、准确地获得不同温升的温排水分布状况，为排口的设计和组合优化提供最为直接的参考。

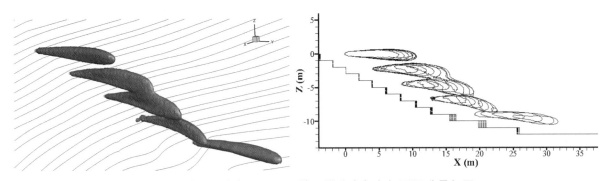

图 9　排放口温升高于 0.5 ℃ 的三维分布与各切面温升叠加图

5　结　论

本文针对某内陆核电站温排水排放河道进行三维数值模拟计算，并且将计算结果与物理模型试验进行对比分析，得到了较为吻合的结果。该数值计算方法可以清晰、直观地预测不同排放形式及组合条件下温排水在实际河道中的温度场扩散情况和三维流场分布特征，可以为电厂排水口位置和排放型式优化比选工作，以及航道通行安全防范提供一定的技术参考。

参考文献

[1] 王鹏. 火/核电厂冷却水在深水环境条件下出流问题的研究. 北京：中国水利水电科学研究院，2006：1-80.

[2] 钟伟强，倪培桐，苗青，黄健东. 北帕斯电厂取排水口物理模型试验研究. 广东水利水电，2013，（3）：19-23.

[3] 郝瑞霞，周力行，陈惠泉. 天然河道湍浮力流动的数值模拟 I：用隔离法实现三维复杂边界处理. 水利学报，1999，（5）：6-12.

[4] 郝瑞霞，韩新生. 潮汐水域电厂温排水的水流和热传输准三维数值模拟. 水利学报，2004，（8）：66-70.

[5] 崔丹，金峰. 近岸海域温排水的三维数值模拟. 长江科学院院报，2010，27（10）：55-59.

[6] 王明才，倪培桐，张晓艳. 某滨海核电厂温排水三维数值模拟. 广东水利水电，2011，（6）：1-4.

[7] McGUIRK J J，RODI W.Mathematical modeling of three dimensional heated surface jets. Journal of Fluid Mechanics，1979，95（4）：609-633.

[8] 阳昌陆，倪浩清. 完全三维湍流数值模拟及其在冷却水工程中的应用. 水利学报，1993（5）：12-22.

[9] 段国胜，张耀哲，薛承文. 某内陆河温排水数值模拟研究. 人民黄河，2012，34（4）：135-137.

[10] 林伟波. 密度分层流中的浮射流模拟. 华东师范大学学报（自然科学版），2009，（3）：56-62.

红海湾某核电厂排放污染物输移扩散数值模拟

梁洪华，康占山，赵懿珺

（中国水利水电科学研究院水力学所，北京复兴路甲 1 号，100038）

【摘　要】　红海湾位于我国南海北部，海域潮流弱，流态复杂。本文基于红海湾潮流二维
数值模型和 Lagrange 粒子追踪法，采用单个粒子以及粒子群的方法模拟研究某
核电厂污染物排放的输移扩散规律，得出了污染物输运路径轨迹和扩散分布情
况。研究结果表明：核电厂排放的污染物主要输运到红海湾的西南部海区，其
污染物主体远离考洲洋海区，对考洲洋内的红树林保护区影响甚微。

【关键词】　红海湾；粒子追踪；数值模型；污染物；输移扩散

1　前　言

红海湾位于我国南海北部，是一个半封闭的海湾。在广东省东部大亚湾与碣石湾之间，海域潮差
小，潮流弱，流态复杂，除潮差影响因素外，还受到环流、局部地形引起的沿岸流等影响。考洲洋位
于红海湾西部，属溺谷型海湾，湾口通过水深 6 ~ 12 m 的狭窄水道与红海湾相连，考洲洋北部和西部
的中心水域水深 3 ~ 6 m，其余水域水深 0.3 ~ 1.0 m，考洲洋内有惠东红树林市级自然保护区中的盐洲
红树林保护区。

某核电厂位于广东省惠州市惠东县东头村，考洲洋口门的北侧，该核电厂一期工程为 2 台华龙机
组，采用海水直流循环，取水采用近岸明渠方式，排水采用水下暗涵排放，排水暗涵总长 3 200 m。
核电厂排放的污染物，在海流等因素影响下很有可能会污染考洲洋内的红树林保护区。因此研究海流
作用下核电厂污染物的扩散输移具有重要的现实意义。

南海北部附近潮流的数值研究方面，吴仁豪（2007）[1]用三维陆架海模式（HAMSOM）对大亚湾
海域的潮汐、潮流和余流进行了数值模拟研究；陈志锋（2009）[2]探讨了有限谱 QUICK 格式的计算方
式和不规则区域的整体求解法计算大亚湾海域的潮流场；杨万康（2013）[3]基于 FVCOM 对南海北部
海域潮汐潮流进行了数值模拟。近海污染物的数值模拟研究方面，刘成等（2003）[4]研究了排污口污
水粒子运动轨迹；曹帅（2015）[5]基于 MIKE 模型对长江口污染物输移扩散进行了数值模拟研究。

2　模　型

水动力和水质模拟采用的是丹麦水力学研究所研制的 DHI MIKE 数值计算与分析软件，该软件是
国际上比较成熟的数值模拟软件系统，在模拟前处理和后处理方面具有独特的优势，受河口海岸工程
技术专业人员认可，在海洋、海岸和河口研究中得到了广泛应用。本文采用 MIKE21 水动力模块 FM
（Flow Model）开展水动力模拟，并耦合粒子追踪模块 PT（Particle Tracking）进行污染物粒子扩散数
值模拟。

MIKE21 在平面直角坐标系下计算模型控制方程如下：

连续方程：

$$\frac{\partial h}{\partial t} + \frac{\partial h\overline{u}}{\partial x} + \frac{\partial h\overline{v}}{\partial y} = hS \tag{1}$$

运动方程：

x 方向：

$$\frac{\partial h\overline{u}}{\partial t} + \frac{\partial h\overline{u}^2}{\partial x} + \frac{\partial h\overline{vu}}{\partial y} = f\overline{v}h - gh\frac{\partial \eta}{\partial x} - \frac{h}{\rho_0}\frac{\partial p_a}{\partial x} - \frac{gh^2}{2\rho_0}\frac{\partial \rho}{\partial x}$$

$$+ \frac{\tau_{sx}}{\rho_0} - \frac{\tau_{bx}}{\rho_0} + \frac{\partial}{\partial x}(hT_{xx}) + \frac{\partial}{\partial y}(hT_{xy}) + hu_s S \tag{2}$$

y 方向：

$$\frac{\partial h\overline{v}}{\partial t} + \frac{\partial h\overline{uv}}{\partial x} + \frac{\partial h\overline{v}^2}{\partial y} = f\overline{u}h - gh\frac{\partial \eta}{\partial y} - \frac{h}{\rho_0}\frac{\partial p_a}{\partial y} - \frac{gh^2}{2\rho_0}\frac{\partial \rho}{\partial y}$$

$$+ \frac{\tau_{sy}}{\rho_0} - \frac{\tau_{by}}{\rho_0} + \frac{\partial}{\partial x}(hT_{xy}) + \frac{\partial}{\partial y}(hT_{yy}) + hv_s S \tag{3}$$

式中，t 为时间，x，y 为笛卡尔坐标；η 为静水深之上的变化水深，d 为静水深，$h = d + \eta$ 为总水深；$\overline{u}$ 和 $\overline{v}$ 为 x 和 y 方向的水深平均速度：$h\overline{u} = \int_{-d}^{\eta} u\mathrm{d}z$，$h\overline{v} = \int_{-d}^{\eta} v\mathrm{d}z$；$f = 2\Omega\sin\phi$ 为柯氏力参数，Ω 为旋转角速度，ϕ 为地理纬度；g 为重力加速度；ρ 为水的密度，ρ_0 为参考水密度；p_a 为大气压力；T_{ij} 为横向有效剪应力，$T_{xx} = 2A\frac{\partial \overline{u}}{\partial x}$，$T_{xy} = A\left(\frac{\partial \overline{u}}{\partial y} + \frac{\partial \overline{v}}{\partial x}\right)$，$T_{yy} = 2A\frac{\partial \overline{v}}{\partial y}$，$A$ 为涡黏性系数；$\tau_b = (\tau_{bx}, \tau_{by})$ 为底部应力，$\frac{\vec{\tau}_b}{\rho_0} = c_f\vec{u}_b|\vec{u}_b|$，$c_f$ 为阻力系数，$\vec{u}_b$ 床底上部流速；$\tau_s = (\tau_{sx}, \tau_{sy})$ 为水面风应力，$\vec{\tau}_s = \rho_a c_d\vec{u}_w|\vec{u}_w|$，$\rho_a$ 为空气密度，c_d 为空气阻力系数，$\vec{u}_w$ 为水面上空 10 m 处风速；S 为源汇项。

粒子追踪模块中粒子的运动和扩散基于拉格朗日粒子追踪法来描述，可以进行平流输移粒子的模拟，湍流扩散的影响则由随机游动来进行模拟，方程如下：

$$\mathrm{d}X_t = a(t, X_t)\mathrm{d}t + b(t, X_t)\xi_t\mathrm{d}t \tag{4}$$

式中，a 为漂流项，b 为扩散项，ξ 为随机数。

3　工程海域海流分析

工程海域余流对海流影响较大，余流方向对污染物粒子运动轨迹有着明显影响。夏季大潮余流向西，更易于将核电排出的污染物带向考洲洋海域。因此，本文只针对夏季大潮进行污染物粒子追踪模拟。

4　污染物粒子输移扩散研究

4.1　计算条件

底部阻力系数 c_f，按 Chezy 数或 Manning 数计算，即：$c_f = \frac{g}{C^2}$ 或 $c_f = \frac{g}{(Mh^{1/6})^2}$，Manning 数 M 和

其他文献中的糙率 n 值为倒数关系，本项研究中 M 取值为 50 m$^{1/3}$/s。

水平涡黏性系数 A，按 Smagorinsky 公式计算，即：$A = c_s^2 l^2 \sqrt{2 S_{ij} S_{ij}}$，其中 c_s 为常数，l 为特征长度，$S_{ij} = \dfrac{1}{2}\left(\dfrac{\partial u}{\partial y} + \dfrac{\partial v}{\partial x}\right)$ 为流体变形速率；A 也可取经验常数，根据以往研究结果，取值范围在 0.1 ~ 15 m^2/s 之间。

广义热（物质）扩散系数 D，按下式计算：

$$D = \frac{A}{\sigma_T} \qquad (5)$$

式中，σ_T 为流体 Prandtl 数。参考类似工程情况并结合本工程实际，本项研究扩散系数选定为 $D = 3 \sim 12$ m^2/s。

流场边界条件：对于开边界，采用给定水位过程；初始条件：采用静流条件起算。

模拟范围包括红海湾在内，以核电为中心，半径约 80 km 以内的海域，顺岸线方向长约 110 km，如图 1 所示，整个计算水域面积约 6 000 km^2，最小网格尺度 20 m。

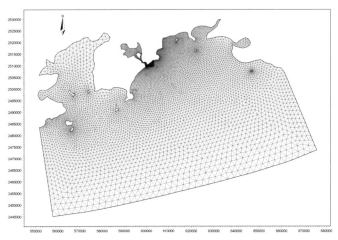

图 1　模型计算范围及网格

4.2　单个污染物粒子运动轨迹模拟分析

为准确研究核电厂排放污染物运动变化规律，在排放口布置一个粒子点源，采用追踪单个示踪粒子的方法模拟运动轨迹，每隔一段时间记录一次粒子的坐标，从而得出污染物的大致输运路径和轨迹。

图 2 给出了单个示踪粒子排放后 25 h（一个潮周期）内在工程附近海域的运动路径轨迹，可见污染物主要将输运到红海湾的西南部海区，即其污染物主体远离岸边以及考洲洋海区。

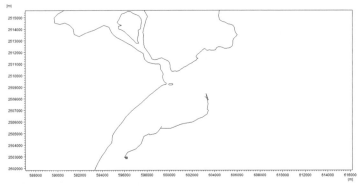

图 2　单个示踪粒子夏季大潮 25 h 内的路径轨迹

4.3 污染物粒子群输移扩散模拟

考虑到单个粒子运动有较大的随机性，为更准确地研究污染物的整体运动规律，故对粒子群运动进行数值模拟。在排放口布置一个粒子点源，投放 100 个粒子，模拟其运动轨迹，每隔一段时间记录一次粒子群的位置，从而分析观察污染物的输运路径轨迹和扩散情况。

排放口释放的示踪粒子群随潮运动，图 3 给出释放 5 h、10 h、15 h、20 h、25 h 的粒子分布状况。结果显示，核电采用离岸深排，排口距离岸边约 3.2 km，在潮流作用下粒子群集中分布在排口西南侧区域，且与岸边尚有一定距离，对考洲洋影响甚微。虽然个别粒子会进入考洲洋，但比例非常少。投放的 100 个粒子，仅有 2 个粒子进入考洲洋内海区，占比 2%，即仅有 2% 的污染物会进入考洲洋。

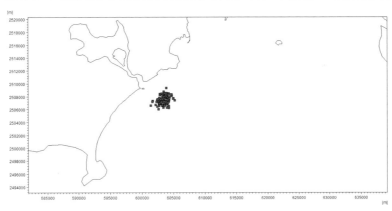

图 3（a）　排放源粒子群释放 5 h 后

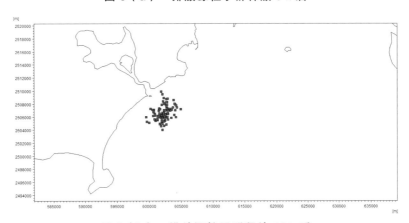

图 3（b）　排放源粒子群释放 10 h 后

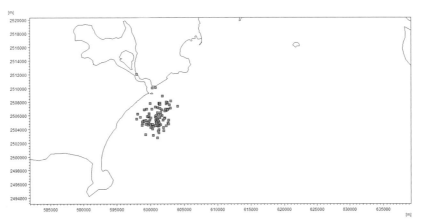

图 3（c）　排放源粒子群释放 15 h 后

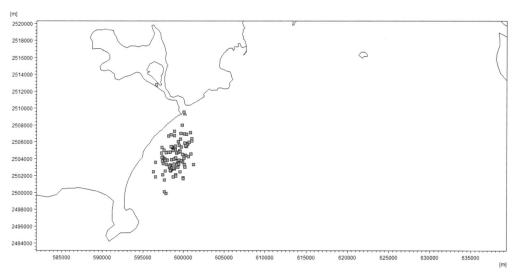

图 3（d） 排放源粒子群释放 20 h 后

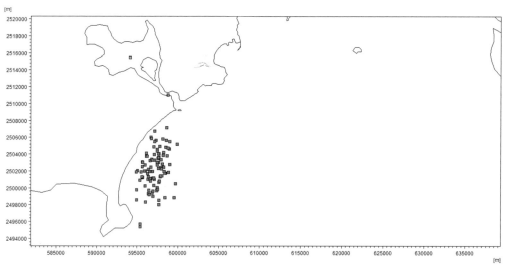

图 3（e） 排放源粒子群释放 25 h 后

5 结 论

本文基于二维模型，采用 Lagrange 示踪粒子法，在排放口布置一个粒子点源，采用单个粒子以及粒子群的方法模拟研究核电厂污染物排放的输移扩散规律，得出了污染物输运路径轨迹和扩散分布情况。研究结果表明：核电厂排放的污染物主要输运到红海湾的西南部海区，其污染物主体远离考洲洋海区，对考洲洋内的红树林影响甚微。

参考文献

[1] 吴仁豪，蔡树群，王盛安，张文静. 大亚湾海域潮流和余流的三维数值模拟. 热带海洋学报，2007-05，VOL.26，NO.3，18-23.

[2] 陈志锋，李华，李县法，李智. 大亚湾海域潮流场的数值计算. 陕西科技大学学报，2009-04，VOL.27，NO.2，145-148.

[3] 杨万康，尹宝树，杨德周，徐振华. 基于 FVCOM 的南海北部海域潮汐潮流数值模拟. 海洋科学，2013-09，VOL.37，10-19.

[4] 刘成，何耘，李行伟，韦鹤平. 上海市污水排放口污染物运动轨迹模拟. 水利学报，2003-04，114-118.

[5] 曹帅. 长江口污染物输移扩散影响因素的数值模拟研究. 中国水运，2015-06，VOL.15，NO.6，47-50.

[6] 张威. 胶州湾前湾围填海工程对周边水域泥沙分布及污染物输运影响的数值模拟研究. 大连理工大学，硕士学位论文，2016.

[7] 胡筱敏. 广东太平岭核电厂一期工程四季典型全潮观测分析报告. 国家海洋局第一海洋研究所，2016.03.

[8] MIKE21 & MIKE 3 FLOW MODEL FM Hydrodynamic and Transport Module Scientific Documentation，DHI 2009.

火（核）电厂温排水水气交界面水力热力特性试验研究

王勇[1,2]，王华[3]，纪伟[4]，沙海飞[1,2]，周杰[1,2]，刘圣凡[1,2]，童中山[1,2]

（1. 南京水利科学研究院，南京广州路 225 号，210029；

2. 水文水资源与水利工程科学国家重点实验室，南京西康路 1 号，210098；

3. 长江下游水文水资源勘测局，南京市鼓楼区大马路 66 号，210011；

4. 徐州市水利建筑设计研究院，徐州铜山区第三工业园长安路 1 号，221000）

【摘　要】 本文在对火（核）电厂工业废热水排放评述的基础上，指出水面综合散热系数公式存在的不足。然后采用物理模型试验研究了风速、环境水温、气温、相对湿度等影响水气交界面水力热力特性的因子在温排水物理模型试验中对温升场的影响大小。试验表明：风速的变化对水气交界面水力热力特性的影响在温排放近区表现明显；环境水温、气温、相对湿度对水气交界面水力热力特性的影响在温排放近区表现不明显。

【关键词】 火（核）电厂温排水；水力热力特性；水槽试验；红外热像图

1　前　言

我国电力工业总装机容量 2.7 亿 kW，仅次于美国，其中七成属火（核）发电，能源生产和消费目前仍以火（核）电为主。火（核）电厂在为社会发展带来巨大效益的同时，也会带来一系列环境问题，如温室效应、温排水等。火（核）电厂由取水口引进低温冷却水，与机组进行热交换，水温会升高 8 ~ 15 ℃，再由排水口排放进入环境水体。火（核）力发电过程中产生的废水主要是高温废热水。随着火（核）电厂的发展，电厂机组容量（包括单机容量）不断扩大，冷却水用量愈来愈大，环保部门对电厂的工业废热水（高温升区）影响范围提出的要求愈来愈高。在火（核）电厂规划建设工程中，环保部对工业废热水排放水域的温升范围提出了具体要求，电厂的容量、取排水中布置位置及型式都受到该指标的约束。因此研究电厂温排水既是环境影响评价、海域使用论证以及水资源论证的需要，同时也为电厂取排水口的合理布置提供科学依据。

火、核电厂的冷却水由排水口进入水体后，其所带的废热主要有三个去向：一是由排水口回归进入取水口（即所谓"短路"）；二是通过水气交界面的传热传质过程将水体受纳的热量逸散于大气；三是由环境水体带走，进入下游水域。从电厂角度考虑，为了发挥最大经济效益，在冷却水工程设计时，要全力避免第一种热量转移的发生。从水生态环境保护的角度考虑，则需要尽量减少第三种热量转移发生。所以第二种方法即水面散热是火（核）电厂温排水重点研究的内容。在电厂规划初期一般通过数学模型对温排水温升进行计算，而水面综合散热系数取值不同会对电厂温排水水域的温升范围产生直接的影响，从而影响电厂的建设，甚至关系到电厂能否建设这样的大事。

基金项目：国家重点研发计划资助（2016YFC0401504）；中央级公益性科研院所基本科研业务费专项资金项目（Y115014；Y116005）。

作者简介：王勇（1979年5月—），男，安徽六安人，高级工程师，博士，主要从事水工水力学和环境水力学方面研究。

水面综合散热系数的研究一直是国内外有关学者十分关注的问题，并在试验的基础上取得了一定的成果，总结了许多综合散热系数的计算公式。国内《工业循环水冷却设计规范》（GB/T50102-2003）推荐了水面综合散热系数 K_s 公式：

$$K_s = (b+k)\alpha + 4\varepsilon\sigma(T_s + 273)^3 + (1/\alpha)(b\Delta T + \Delta e) \tag{1}$$

式中，$\Delta T = T_s - T_\alpha$；$\Delta e = e_s - e_\alpha$；$k = \dfrac{\partial e_s}{\partial T_s}$；

α 为水面蒸发系数 [W/(m$^2 \cdot$hpa)]，该值主要与水温有关；

b 可取为 $0.66 \times \dfrac{p}{1\,000}$ (hpa/°C)；p 为水面以上 1.5 m 处的大气压（hPa）；

v 为水面以上 1.5 m 处的风速（m/s），考虑静风情况，即风速为 0；

ε 为水面辐射系数，可取 0.97；

σ 为 Stefan—Boltzman 常数，其值为 5.67×10^{-8}[W/(m$^2 \cdot$ °C^4)]；

T_α 为水面以上 1.5 m 处的气温（°C）；T_s 为水面水温（°C）；

e_α 为水面以上 1.5 m 处的水汽压（hPa），主要与水温和相对湿度有关；

e_s 为水温为 T_s 时相应的水面饱和水汽压（hPa），主要与水温有关。

电力设计规范也推荐了水面综合散热系数公式。

国外的研究成果多选用较为简单的经验公式来计算，如 Gras 和 Gunnerberg 公式。

仔细考察国内外的水面综合散热系数公式，可以发现许多纯经验的成分，而对影响水气交界面水力热力特性的因子分析不足。不同的水气交界面水力热力特性对水面散热的影响有较大的差异。针对这些差异，如果千篇一律地使用水面综合散热系数的经验公式，而不分析影响水气交界面水力热力特性的因子在物理模型试验和数学模型计算中的作用，就会使模拟结果产生一定的偏差。

水气交界面水力热力因子是代表水面散热特性的基本物理量，也是计算水面冷却能力和水体对废热自净能力的基本参数，决定着水面综合散热系数的大小，直接对电厂规划装机容量、工程布置和环境评价产生影响。水气交界面水力热力特性主要由水面环境的气象条件（如风速、风向、气压、气温、湿度、光照）等决定，也与实际的温差（温水与环境水体的温差、温水与空气的温差）、流速、河道状况有关。

本文采用物理模型试验的方法，研究了风速、环境水温、气温、相对湿度等影响水气交界面水力热力特性的因子在温排水试验中对温升场的影响大小。

2 正 文

2.1 温排水水槽试验系统

温排水试验是在风洞水槽中进行。风洞水槽长 25.94 m，宽 2.5 m，试验段长度 9 m。风洞的动力功率 30 kW。风洞水槽侧视图如图 1 所示。

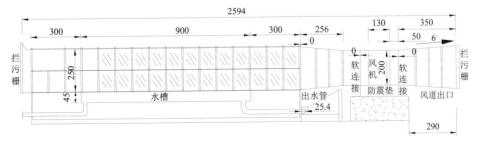

图 1 风洞水槽侧视图

温升场的测量采用红外热成像仪。试验使用的 Therma CAMTM 红外热成像仪由美国 FLIR Systems 公司生产，采用了最新的第 5 代非制冷微量热型探测器，能分辨出目标 0.08 ℃ 的温差，测温范围为 – 40 ℃ ~ +500 ℃（或 – 40℉ ~ +932℉）。

Therma CAMTM 红外热成像仪能生成高分辨率的 14 位热图像，每幅红外热图像中包含大量的目标温度信息，相当于具有多于 76 800 个独立的温度测量点。红外热成像仪见图 2。

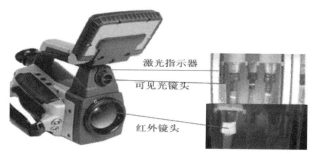

激光指示器
可见光镜头
红外镜头

图 2　红外热成像仪

2.2　温排水试验

2.2.1　温排水试验参数

试验水深：15 cm；试验流速：0.1 m/s；试验风速：0 ~ 10 m/s。

试验分别在夏天和冬天进行，有不同的风速、环境水温、气温、相对湿度，具体试验工况如下表 1 所示。

表 1　温排水试验工况表

工况编号	夏天				冬天			
	X1	X2	X3	X4	D1	D2	D3	D4
风速（m/s）	0	1.5	4	10	0	1.5	4	10
环境水温（℃）	21.8	21.8	21.8	21.8	12.2	12.2	12.2	12.2
冷却水水温（℃）	41.8	41.8	41.8	41.8	32.2	32.2	32.2	32.2
气温（℃）	29	29	29	29	10	10	10	10
相对湿度	80%	80%	80%	80%	30%	30%	30%	30%

2.2.2　温排水水槽试验成果

通过红外热成像仪拍摄的红外热像图，对比夏天和冬天的温排水试验成果，统计了风速、气温、环境水温、相对湿度的变化对 4 ℃、3 ℃、2 ℃ 的温排水温升包络线范围的影响。

2.2.2.1　夏天试验成果（见图 3~图 10 以及表 2）

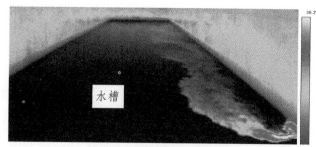

水槽

38.2℃

温排放口

图 3　X1 工况红外热像图

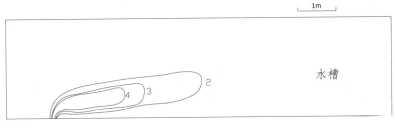

图 4 X1 工况温升场包络线图（°C）

图 5 X2 工况红外热像图

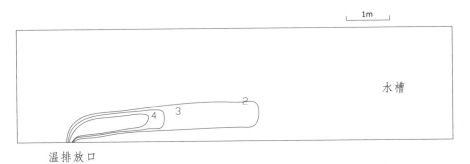

图 6 X2 工况温升场包络线图（°C）

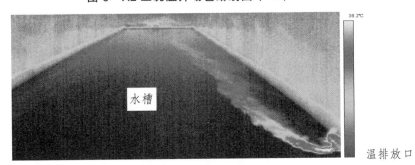

图 7 X3 工况红外热像图

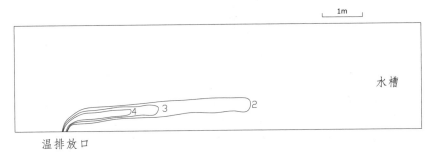

图 8 X3 工况温升场包络线图（°C）

图9　X4工况红外热像图

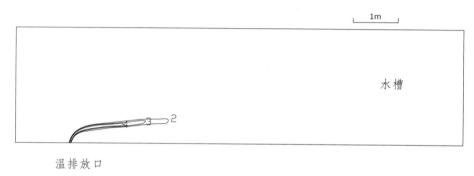

图10　X4工况温升场包络线图（°C）

表2　夏天试验温升包络线面积表

温升	温升包络线面积（m²）			
2 °C	2.72	2.32	1.53	0.30
3 °C	1.19	0.79	0.56	0.12
4 °C	0.72	0.56	0.39	0.07
工况编号	X1	X2	X3	X4

2.2.2.2　冬天试验成果(见图11～图18及表3)

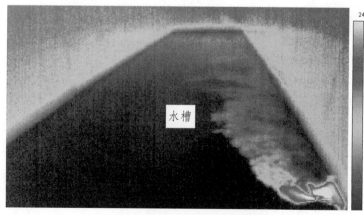

图11　D1工况红外热像图

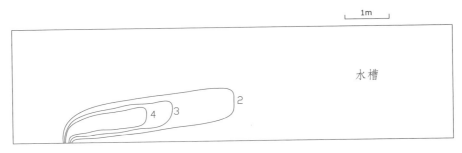

图 12　D1 工况温升场包络线图（℃）

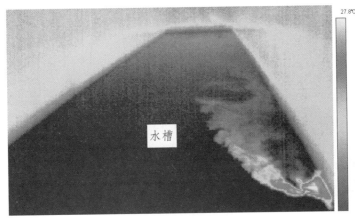

图 13　D2 工况红外热像图

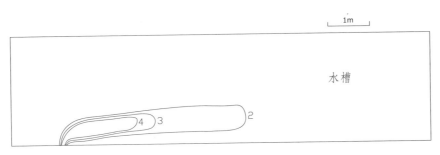

图 14　D2 工况温升场包络线图（℃）

图 15　D3 工况红外热像图

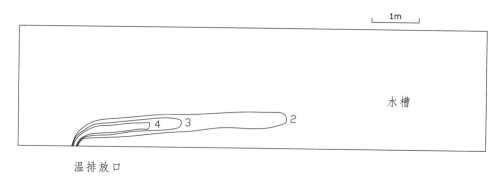

图 16　D3 工况温升场包络线图（°C）

图 17　D4 工况红外热像图

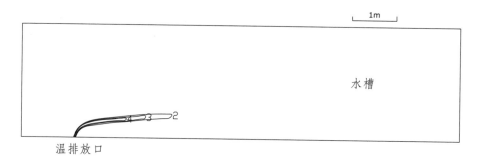

图 18　D4 工况温升场包络线图（°C）

表 3　冬天试验温升包络线面积表

温升	温升包络线面积（m²）			
2 °C	2.65	2.39	1.61	0.27
3 °C	1.12	0.83	0.59	0.11
4 °C	0.66	0.51	0.32	0.06
工况编号	D1	D2	D3	D4

2.3　结　论

本文在对火（核）电厂工业废热水排放评述的基础上，仔细考察了国内外的水面综合散热系数公式。指出这些水面综合散热系数公式存在着许多纯经验的成分，而对影响水气交界面水力热力特性的因子分析不足，从而提出火（核）电厂温排水水气交界面水力热力特性研究的重要性。

然后介绍了水气交界面水力热力特性试验系统的风洞水槽和红外热成像仪。利用风洞水槽分别在夏天和冬天进行了温排水试验。通过红外热成像仪拍摄的红外热像图，统计了不同水气交界面水力热力特性下温排水试验的温升场分布。重点研究了风速、气温、环境水温、相对湿度等影响水气交界面水力热力特性的因子在温排放物理模型试验中的影响大小。

对比夏天和冬天的温排水试验，气温、环境水温、相对湿度的变化对 4 ℃、3 ℃、2 ℃ 的温升包络线范围影响不大。可见气温、环境水温、相对湿度变化对水气交界面水力热力特性的影响在温排放物理模型试验中的近区影响不大。

在夏天和冬天的温排水试验中，风速变化对 4 ℃、3 ℃、2 ℃ 的温升包络线范围影响较大。风速的变化对水气交界面水力热力特性的影响在温排放物理模型试验中的近区表现明显。这一方面是由于风速变化对水气交界面水力热力特性的影响较大，另一方面也是因为风速变化对水体表面流场的影响较大，有利于温排水的扩散。

水气交界面水力热力特性除了与风速、气温、环境水温、相对湿度等因子有关外，还与气压、风向、光照、云层厚度、河道状况等有关，建议开展相应的后续研究工作。

参考文献

[1] 国家环境保护总局. 关于进一步加强环境影响评价管理工作的通知.国家环境保护总局公告，2006 年第 51 号.

[2] 国家环境保护总局.环境影响评价审查专家库管理办法. 国家环保总局令（第 16 号），2003.

[3] 郝瑞霞，韩新生. 潮汐水域电厂温排水的水流和热传输准三维数值模拟[J]. 水利学报，2004，8：66 ~ 70.

[4] 倪培桐，江洧. 潮州三百门电厂冷却水排放的数值模拟研究[J]. 中国农村水利水电，2004，（5）：25 ~ 27.

[5] 朱军政. 强潮水湾温排水的数值模拟[J]. 水动力学研究与进展（A 辑），2007，22（1）：17 ~ 23.

[6] 邹志军，倪浩清，等. 有蒸发的气-水二维湍流流动的数值模拟. 水利学报，1994.2，9 ~ 11.

[7] 陈惠泉，毛世民. 水面蒸发与散热系数研究——全国通用公式[R]. 北京：水面蒸发与散热协作组，1990.

[8] 陈惠泉. 冷却水运动模型相似性的研究[J]. 水利学报，1988，（11）：1-9.

[9] 陈惠泉. 冷却池水流运动的模型相似性问题[J]. 水利学报，1964，（4）：14-26.

[10] 陈惠泉，贺益英. 考虑风吹效应水力热力模拟的理论和实践[J]. 水利学报，1996，（7）：1-8，22.

[11] 陈惠泉.考虑风吹影响的冷却水模型相似性问题[R]. 北京：水利水电科学研究院，1983.

[12] 祝秋梅，陈林涛. 漳泽电厂冷却水风吹模型试验[R]. 北京：水利水电科学研究院，1988.

[13] 王勇，等. 工业废热水排放数值模拟中影响水面散热系数的因子. 三峡大学学报（自然科学版），2015，（37）.

浐灞生态区湖泊水动力及水质数值模拟

陈军，王颖

（西安理工大学 西北旱区生态水利工程国家重点实验室，西安金花南路 5 号，710048）

【摘 要】 本文以 MIKE21 水动力模型耦合对流扩散方程为基础研究了浐灞雁鸣 2 号湖流场特性、主要污染物（COD、TN、TP）浓度场分布特性以及湖泊表面风场对湖区 COD 浓度场的影响。研究结果表明：（1）模型计算值能较好地预测 2 号湖流场及浓度场分布。（2）由于流场以及污染物自身特点等因素，污染物浓度场分布出现较大差异：COD、TN 浓度场均出现梯度分层现象，COD 浓度沿着水流方向逐渐减小，TN 浓度却出现增大的趋势。TP 浓度场无梯度分层现象。（3）在持续东北风与西南风影响下，COD 浓度场与静风条件下相比发生显著变化：COD 浓度场在湖区表面风场影响下，以带状分布为主。

【关键词】 水动力模型；浐灞雁鸣湖；流场；污染物浓度场

1 前 言

雁鸣湖地处西安浐灞生态区西南部，位于浐河水系以西。湖区原为浐河水系天然河滩，由于人为挖沙扰动，河滩沙坑遍布。2002 年西安市雁塔区对该区域进行全面规划与治理，在河滩原有沙坑的基础上，自浐河引水，由北向南形成了五个编号依次为 1～5 号的串联湖泊，浐河引水由 5 号湖流入湖区，再由 1 号湖流出，进入浐河。浐河水体在进入浐灞生态区前主要受到雨污及农业面源污染，目前 2 号湖主要水环境问题为入湖氮浓度过高。2008 年湖区水质监测数据显示，全年除 5、6 月份入湖 TN 浓度小于 V 类水标准 2 mg/L 外，其余月份总氮浓度均集中在 2～6 mg/L。作为城市景观水体，雁鸣湖与人类生活息息相关，湖泊水质是保证湖区景观娱乐功能的基础。近年来随着湖泊水体相关研究的深入，越来越多的学者通过建立湖泊水动力、水质、生态动力学模型来研究湖泊流场与水质特性[1-9]，为湖泊综合管理与决策提供了有效的理论支撑。M. M. Mahanty 等[10]运用 MIKE21 水动力模型耦合对流扩散方程结合现场原位实验研究了亚洲最大的咸水泻湖在旱、雨季不同时期湖泊水体的水动力特性、温度盐度时空变异性，湖泊水体水力停留时间等。Wang，XD 等[11]在白洋淀水体研究过程中，考虑到白洋淀水生植物分布特性，在生态动力学方程中引入芦苇对水流的阻力项，建立了改进的 WASP 模型。雁鸣湖作为西安市重要的景观水体，由于受到浐河水质限制与人类扰动的影响，建湖初期出现了一系列水境问题，例如：水域水质下降、水草泛滥等，为了推进雁鸣湖环境管理工作的有序进行，笔者以西安市浐灞雁鸣 2 号湖为研究对象，基于 MIKE21 HD-AD 模型模拟湖泊流场分布特性、主要污染物（COD、TN、TP）浓度场分布，研究了湖区表面风场对 COD 浓度场的影响规律，以期为雁鸣湖的管理工作提供相关的理论基础。

基金项目：陕西省水利科技项目基金（2015slkj-03）。

2 计算条件

2.1 计算区域及网格

如图 1 所示,本研究将雁鸣 2 号湖概化为南北长 1.24 km、东西宽 0.17 km、平均水深 1.5 m 的城市浅水人工湖。将概化区域作为模型计算域划分网格,网格尺寸为 5 m × 2 m。

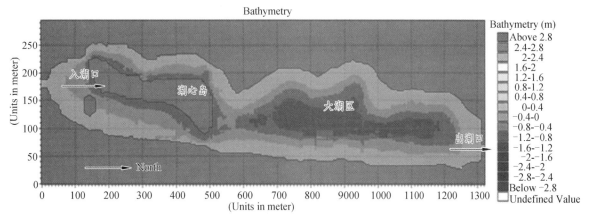

图 1　雁鸣湖 2 号湖地形概化图

2.2 模型设置

初始流速:$u = 0$,$v = 0$;初始水位:$H = 1.5$ m;根据 2007 年 12 月湖区水质监测均值,给定污染物(COD、TN、TP)初始浓度:$C_{COD} = 15$ mg/L、$C_{TN} = 5.3$ mg/L、$C_{TP} = 0.02$ mg/L;模型边界包括两部分:入湖口、出湖口;第 2 节模型计算过程中不考虑湖泊表面风场作用,模拟时间为 2008.1.1—2008.12.31,计算时间步长为 10 s,污染物衰减系数分别为:$K_{COD} = 1.1 \times 10^{-7} \mathrm{s}^{-1}$、$K_{TN} = 9.7 \times 10^{-8} \mathrm{s}^{-1}$、$K_{TP} = 6.1 \times 10^{-9} \mathrm{s}^{-1}$;横向扩散系数为 0.6,涡黏系数为 0.005。

2.3 模型验证

以 7～12 月份湖区 8 号点位的实测数据与模拟数据进行模型验证,8 号点位 COD、TP 浓度实测值与模拟值分布曲线出现小范围波动,TN 浓度的分布趋势基本一致(见图 2),这与 K-S 非参数检验的结果一致(见表 1)。尽管 COD、TP 的模拟值与计算值出现小范围波动,但其误差仍在可控范围内,因此模型的计算值能保证湖区污染物浓度场分布预测的准确性与精度。

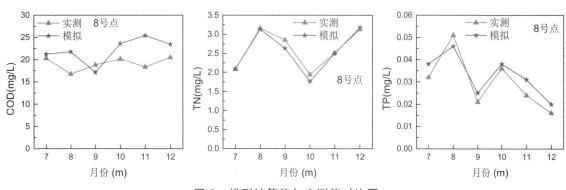

图 2　模型计算值与实测值对比图

表 1　模拟值与实测值分布趋势的非参数检验

	原假设	检验	显著性	决策
1	在实测值与模拟值的类别中，COD 的分布相同		0.893	保留原假设
2	在实测值与模拟值的类别中，TN 的分布相同	K-S 检验	1.000	保留原假设
3	在实测值与模拟值的类别中，TP 的分布相同		0.893	保留原假设
显著性水平为 0.05				

3　流场分析

图 3 为湖泊流场的流速矢量图，水流流向沿着湖泊出入口由南向北，并且湖区出入口流速整体大于其他区域的流速。大湖区东、西两岸处，由于流场流速整体偏小，基本无箭头显示。

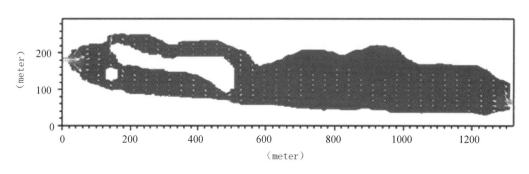

图 3　湖区流速矢量图

4　污染物（COD、TN、TP）平均浓度场变化规律分析

污染物进入湖泊水体后，在随流输运和降解等因素的影响下，浓度场出现不同分布形式，下面对湖区主要污染物（COD、TN、TP）在湖区内的年平均浓度分布规律进行分析。

COD 年均值浓度场分布如图 4 所示，COD 浓度主要受水流输运影响，浓度由南向北逐渐递减，大湖区 COD 浓度主要在 12.8 ~ 14.4 mg/L 之间，西北岸处由于水流流速较小，因此其对 COD 的输运作用也随之减小，该区 COD 浓度较低，基本处在 11.2 mg/L 左右。

TN 年均值浓度场分布如图 5 所示，TN 浓度沿水流变化的规律与 COD 浓度场变化规律明显不同，TN 浓度场沿湖区南北走向出现上升趋势。水流在未进入大湖区前，TN 浓度为 0 ~ 3.1 mg/L。大湖区 TN 浓度为 3.1 ~ 3.3 mg/L。西北岸处出现高浓度带，该区浓度值为 3.3 ~ 3.4 mg/L，区域面积占比较小。出现这一现象的主要原因为：TN 的浓度场分布主要受到水流输运、降解以及入湖浓度积累等影响，浓度出现上升这一现象可以解释为，水流输运与降解的综合作用小于 TN 浓度入湖累积值，因此 TN 浓度出现沿水流流向增加的趋势。

TP 年均值浓度场分布如图 6 所示，TP 浓度场分布与 COD、TN 浓度场分布明显不同，无梯度分层现象。湖区 TP 主流浓度值处于 0.046 ~ 0.047 mg/L 之间。从图 6 中可以观察到在湖区西北走向中间，沿着南北方向出现了一条浓度带，该浓度带值大约在 0.045 ~ 0.046 mg/L 之间，低于湖区主流浓度值。同样在湖区的东南岸由南向北出现了一条浓度在 0.045 ~ 0.046 mg/L 之间的长约 60 m 的浓度带，西北岸水力条件较差的区域 TP 浓度明显出现上升的趋势。

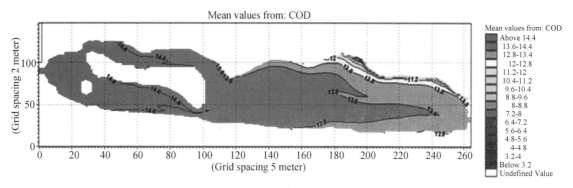

图 4　COD 年均值浓度场分布

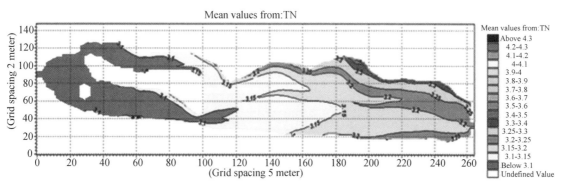

图 5　TN 年均值浓度场分布

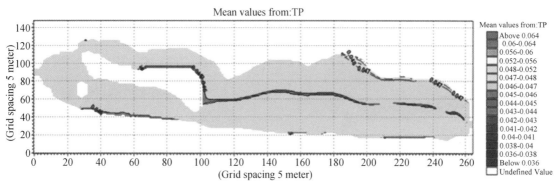

图 6　TP 年均值浓度场分布

5　表面风场对浓度场（COD）影响规律

5.1　计算条件

风阻力系数 $f = 0.002\ 6$。国家气象局 1950—2000 年西安站气象数据显示，西安市常年主导风向为 NE（东北）风、SW（西南）风，多年平均风速为 1.8 m/s。湖区污染物以 COD 作为研究对象，初始浓度为 5 mg/L，入湖浓度为 15 mg/L，其余参数均与第 2 节参数相同。

5.2　风场条件下湖区 COD 浓度场分析

图 7 为静风条件下模型计算结果的 COD 浓度场等值线分布图。在静风条件下，由于降解与水流输运作用共同影响，湖区 COD 浓度值沿着入、出湖方向由南向北逐渐递减，浓度值大小主要分布在

12 ~ 14.4 mg/L 之间。与 COD 年均值浓度场分布相比，西北岸处没有出现 COD 高浓度带，且静风条件下 COD 浓度场的梯度分层层数出现上升趋势。

图 8（图中的箭头表示风向）为东北风条件下模型计算结果的 COD 浓度场等值线分布图。在东北风（NE）影响下，COD 浓度场分布与静风条件下的浓度场分布相比发生显著变化：沿着湖心岛周围以及在大湖区中心处出现了高浓度带，浓度值约为 13.5 ~ 15 mg/L。高浓度带两侧出现了密度较大的同心带状低浓度区，该区域的浓度值大约为 4.5 ~ 10.6 mg/L 之间。

图 9 为西南风条件下模型计算结果的 COD 浓度场等值线分布图，在西南风（SW）影响下，COD 浓度场分布与图 7 和图 8 的浓度场分布截然不同：由湖区岸边向湖区中心形成一环形高浓度带，浓度值处于 14 ~ 15 mg/L 之间。大湖区 COD 浓度值由外及里逐渐递减，呈现出密度较大的带状分布。湖心岛周围同样形成了带状分布的低浓度区，该区域浓度值在 5 ~ 9 mg/L 之间。

由于湖区表面风向扰动，COD 浓度场的分布形式以带状分布为主，风向的不同导致了带状分布的密度与位置也呈现出较大差异。

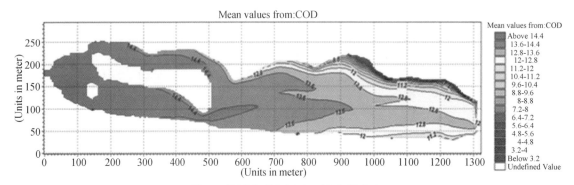

图 7　静风条件下 COD 浓度场分布

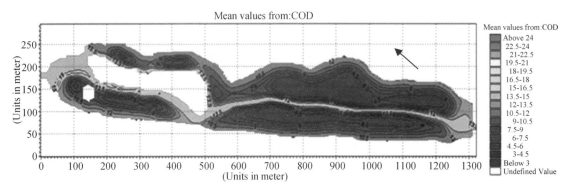

图 8　东北风条件下 COD 浓度场分布

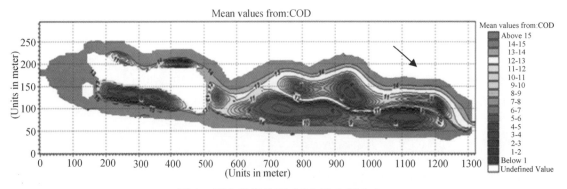

图 9　西南风条件下 COD 浓度场分布

6 结 论

（1）MIKE21 HD-AD 模型计算值能准确预测浐灞雁鸣湖 2 号湖流场与污染物浓度场特性。

（2）湖区主要污染物（COD、TN、TP）年均值浓度场分布受到水流输运和污染物自身特性影响，各污染物浓度场分布形式明显不同：COD 浓度场沿着水流方向浓度值出现递减趋势，在西北岸区域出现了 COD 高浓度区。TN 浓度沿着水流方向出现递增的趋势。TP 浓度场无明显浓度梯度分层现象，但湖区中心沿着南北方向出现了一条低浓度带。

（3）表面风场的存在使湖区 COD 浓度场分布发生显著变化：静风条件下，COD 浓度场分布与湖区 COD 年均值浓度场分布相比，其 COD 浓度场的梯度分层层数出现了上升的趋势。在东北风、西南风扰动下，COD 浓度场以带状分布为主，浓度场带状分布形式与位置随着风向不同发生相应的变化。

参考文献

[1] Verhamme E M, Redder T M, Schlea D A, et al. Development of the western Lake Erie ecosystem model（WLEEM）: application to connect phosphorus loads to cyanobacteria biomass. Journal of Great Lakes Research，2016，42（6）：1193-1205.

[2] Bocaniov S A, Leon L F, Rao Y R, et al. Simulating the effect of nutrient reduction on hypoxia in a large lake（Lake Erie, USA-Canada）with a three-dimensional lake model. Journal of Great Lakes Research，2016，42（6）：1228-1240.

[3] Elshemy M, Khadr M, Atta Y, et al. Hydrodynamic and water quality modeling of Lake Manzala（Egypt）under data scarcity. Environmental Earth Sciences，2016，75（19）：1329.

[4] Gong R, Xu L, Wang D, et al. Water Quality Modeling for a Typical Urban Lake Based on the EFDC Model. Environmental Modeling & Assessment，2016，21（5）：643-655.

[5] Gibbs M, Abell J, Hamilton D. Wind forced circulation and sediment disturbance in a temperate lake. New Zealand Journal of Marine and Freshwater Research，2016，50（2）：209-227.

[6] 韩龙喜，陆东燕，李洪晶，张德敏，张芃. 高盐度湖泊艾比湖风生流三维数值模拟. 水科学进展，2011，01：97-103.

[7] 黄春琳，李熙，孙永远. 太湖水龄分布特征及"引江济太"工程对其的影响. 湖泊科学，2017，01：22-31.

[8] 王长友，于洋，孙运坤，李洪利，孔繁翔，张民，史小丽，阳振. 基于 ELCOM-CAEDYM 模型的太湖蓝藻水华早期预测探讨. 中国环境科学，2013，03：491-502.

[9] 杨澄宇，代超，伊璇，陆文涛，郭怀成. 基于正交设计及 EFDC 模型的湖泊流域总量控制——以滇池流域为例. 中国环境科学，2016，12：3696-3702.

[10] Mahanty M M, Mohanty P K, Pattnaik A K, et al. Hydrodynamics，temperature/salinity variability and residence time in the Chilika lagoon during dry and wet period：Measurement and modeling. Continental Shelf Research，2016，125：28-43.

[11] Wang X, Zhang S, Liu S, et al. A two-dimensional numerical model for eutrophication in Baiyangdian Lake. Frontiers of Environmental Science & Engineering，2012，6（6）：815-8.

雁栖湖流域水质时空分布规律研究

班静雅[1]，马巍[1]，兰瑞君[2]

（1. 中国水利水电科学研究院 水环境研究所，北京 100038；
2. 北京林业大学，北京 100038）

【摘 要】 为改善雁栖湖流域水环境状况，加强水质监测与监控，于 2015 年 10 月—2016 年 12 月进行了雁栖湖及其入湖河流水质的连续监测，根据监测结果评价湖区及入湖河流的水质状况，并确定影响湖区及入湖河流水质的控制指标是 TN 和 TP，目前雁栖湖湖区整体水质为Ⅳ类，入湖河流整体水质为劣Ⅴ类，TN 和 TP 超标严重。在水质监测和控制指标选取的基础上研究雁栖湖湖区、入湖河流雁栖河、雁栖河支流长园河水质控制指标的时空分布规律，结合流域污染源调查分析得出影响流域水质的关键因素是渔场养殖污水直排，同时受降雨径流影响存在一定的季节性特征，内源释放是影响湖区水质的重要因素之一。

【关键词】 雁栖湖流域；水质监测；水质评价；分布特征

北京市山区是首都主要的水源地，水源保护是山区建设的主要任务[1]。近年来，北京市开展了生态清洁小流域的建设工作，取得了显著生态、经济、社会效益。然而，随着首都经济圈经济社会快速发展，京郊休闲、旅游业呈现快速、蓬勃发展态势，人类活动日趋频繁，外源输入逐渐增加，很多山区小流域由此出现了新的水环境压力。雁栖湖流域是以休闲旅游为主导产业的典型山区小流域。作为首都的应急水源，雁栖湖的水环境状况直接影响着首都人民饮水安全，雁栖湖也是北京市京郊重要的休闲、旅游与娱乐胜地，APEC 会议的举办地，是首都北京对外国际交流的展示窗口和国际会议中心，具有较高的景观环境敏感度。近年来，依托于雁栖湖的雁栖不夜谷发展迅猛，日趋频繁的人类活动逐渐超过了区域环境可承载的能力范围，雁栖湖流域水环境问题开始出现并不断累积，水资源短缺问题凸显，水质逐步变差、富营养化问题突出，使雁栖湖流域面临着生态功能、水源涵养功能、休闲旅游功能退化的风险[2]。亟须针对上述水环境问题，加强监测与监控，以不断改善流域水环境状况，为雁栖湖流域水环境治理提供依据和借鉴。

1 雁栖湖流域概况

雁栖湖流域总面积 128.7 km²。雁栖河发源于怀柔区八道沟乡，是雁栖湖的主要入湖河流，主河道长为 42.1 km，主要支流长园河长约 8 km[3]。雁栖湖由东、西两个湖区组成，水面宽阔，湖容量 3 830 万 m³，水面积达 230 hm²，湖岸线超过 20 km，坝前最大水深 25 m，因每年春季常有成群的大雁在此栖息而得名[4]。雁栖湖地理位置如图 1 所示。

作者简介：班静雅（1989—），女，山西忻州人，博士研究生，主要从事水环境研究。
通信作者：马巍（1976—），男，四川平昌人，博士，教授级高级工程师，主要从事水环境研究。

图 1　雁栖湖地理位置示意图

雁栖湖流域产业以虹鳟鱼养殖、民俗接待及休闲旅游业为主，年接待旅游人次超过百万。近年来，随着流域旅游产业的发展，渔场养殖排水、生活污水、垃圾污染十分严重，河道水质明显下降，其水环境状况将直接影响着雁栖湖水体富营养化发展趋势。雁栖湖外源污染物主要来自其入湖河流雁栖河，在环湖截污的作用下，湖区周边不存在的外源污染物汇入。

2　雁栖湖流域水环境质量状况

2.1　水质监测方案

2.1.1　监测点布设

雁栖湖区共设置 4 个水质监测点，入湖河道设置 4 个监测测点，同时在雁栖河主河道及其支流长园河选择了具有代表性的若干水质监测站点进行现状水质监测。采集的水样均为混合样品。湖区及入湖河流水质监测点布设位置如图 2、图 3 所示。

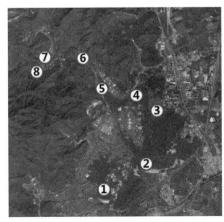

图 2　湖区水质监测点布设位置图

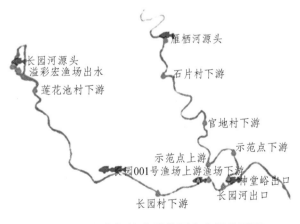

图 3　入湖河流水质监测点布设位置图

2.1.2 监测时段及监测指标

湖区水质监测时段为 2015 年 10 月至 2016 年 8 月，河道水质监测时段为 2015 年 11 月至 2016 年 12 月。为较为全面和系统地分析雁栖湖水质状况，以便确定其主要污染因子，湖区水质监测指标选取为：水温、pH、BOD_5、高锰酸盐指数（COD_{Mn}）、总磷（TP）、总氮（TN）、氨氮（NH_3-N）、透明度（SD）及叶绿素 a（Chl-a）；雁栖河及其支流长园河水质监测指标选取为：高锰酸盐指数（COD_{Mn}）、总磷（TP）、总氮（TN）和氨氮（NH_3-N）。

2.2 水环境质量现状评价

2.2.1 雁栖湖水环境质量总体评价

雁栖湖的水体功能为一般鱼类保护区及游泳区，其水质目标为地表水 Ⅲ 类。采用单因子评价法对雁栖湖东湖和西湖水质监测结果进行评价。2016 年雁栖湖东湖总体水质类别为Ⅳ类，主要超标指标为 TN 和 TP，东湖各监测点 TN 指标均存在超标严重情况；西湖年内大部分月份及总体水质均满足湖泊Ⅲ类水质目标要求，个别月份存在 TP 超标。TN 和 TP 是雁栖湖水质的控制性指标。

2.2.2 雁栖湖富营养化评价

采用综合营养状态指数法对雁栖湖富营养化状况进行评价。雁栖湖综合营养指数如表 1 所示。目前雁栖湖富营养水平一直处于中营养状态，2016 年 5 月综合营养指数达 49.76，接近富营养状态临界值（50），可见雁栖湖存在较高的富营养化风险。

表 1 雁栖湖富营养化状态现状评价

监测时间	3 月 24 日	4 月 28 日	5 月 12 日	5 月 31 日	6 月 21 日	7 月 13 日	7 月 24	8 月 10 日
综合营养指数	37.39	46.57	49.76	46.44	41.44	40.97	38.38	39.41
营养状态	中营养							

2.2.3 雁栖湖入湖水质评价

在 TN 不参评的情况下，雁栖河入湖水质总体类别为Ⅲ类，如果 TN 指标参评的话，雁栖河入湖水质类别为劣Ⅴ类，TN 是雁栖河水质的控制性指标。从雁栖河入湖水质年内变化过程来看，2015 年 10～12 月、2016 年 3～5 月、7～8 月均存在 TN 超标现象；TP 指标于 2016 年 7 月出现超标现象，其他指标基本均满足雁栖河水环境功能区要求。

3 雁栖湖流域水质时空分布特征

3.1 雁栖湖水质年内时空分布特征

TP 指标和 TN 指标是雁栖湖水质控制性指标，Chl-a 是影响湖区富营养水平的关键指标，因此，以 TP、TN、Chl-a 指标为例，分析雁栖湖湖区水质的时空变化规律。

3.1.1 TP 指标年内变化过程分析

雁栖湖东湖区和西湖区 TP 指标变化过程存在显著差异，东湖区 TP 指标浓度在 4、5 月份有所升高，6 月之后随着雨季的到来浓度有所下降，总体来说年内变化不大；西湖区（1 号点）TP 指标为影响湖区水质的关键指标，3、4月份西湖浓度较高，分析原因主要是期间湖区水量少，内源释放占主导因素，导致 TP 浓度偏高，之后随着雨季到来，水量不断增加，浓度有明显下降。TP 指标浓度年内变化过程如图 4 所示。

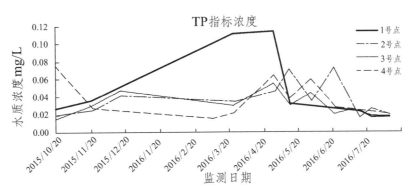

图 4　雁栖湖 TP 指标浓度年内变化过程

3.1.2　TN 指标年内变化过程分析

雁栖湖东湖区 TN 浓度全年均处于较高的浓度状态，是影响雁栖湖整体水质的关键性控制指标，夏季浓度较高。从年内变化过程来看，除雨季（7～8 月份）湖区的 TN 指标浓度受上游来水影响明显偏高外，年内其余月份湖区的 TN 指标浓度变化不显著；西湖区 TN 指标全年变化不大，一直处于相对较低的浓度状态。TN 指标浓度年内变化过程如图 5 所示。

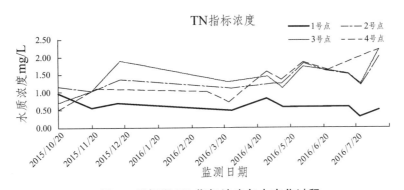

图 5　雁栖湖 TP 指标浓度年内变化过程

西湖区 TP、TN 浓度变化趋势与主湖区变化趋势不同，说明西湖区相对封闭，且无直接的外源输入，水质主要受西湖区周边环境影响及毗邻的雁栖湖主体部分水质的影响。

3.1.3　Chl-a 指标年内变化过程分析

雁栖湖整个湖区 Chl-a 空间分布较为均匀。雁栖湖湖区 Chl-a 浓度随着气温升高，在 5 月份达到极大值，而后随着流域降雨量的不断增多，Chl-a 浓度开始逐渐下降。从雁栖湖区 Chl-a 的年内变化过程来看，除 5～6 月 Chl-a 浓度较高外，其他月份 Chl-a 浓度维持在一个较为稳定的浓度水平。Chl-a 指标浓度年内变化过程如图 6 所示。

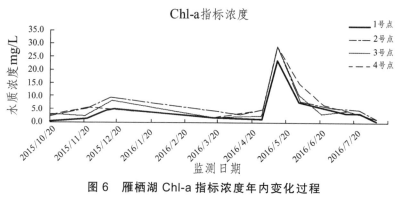

图 6 雁栖湖 Chl-a 指标浓度年内变化过程

3.2 入湖水质时空分布特征

TN 指标是雁栖湖入湖水质控制性指标，而 TP 指标对湖区水质的影响较大，因此，以 TP 和 TN 指标为例，分析雁栖湖入湖水质的时空分布特征。

3.2.1 入湖水质年内变化过程

（1）TP 指标年内变化过程分析。

雁栖河神堂峪出口处 TP 浓度年内变化不大；其支流长园河春季和夏季为旅游旺季，受旅游排污的影响浓度较高，秋季 10 月份之后为旅游淡季，TP 浓度开始有所降低，冬季则维持相对较低的状态；雁栖河出口 TP 浓度主要受长园河支流汇入的影响，与长园河 TP 指标年内变化过程相似，同时由于空间的后移，其峰值在时间上较长园河出口存在一定的滞后性。TP 指标浓度年内变化过程如图 7 所示。

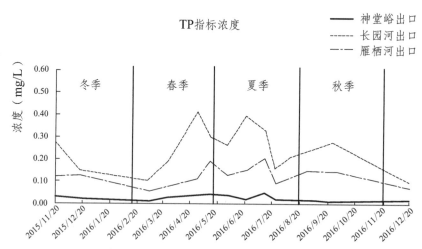

图 7 雁栖河及其支流长园河 TP 指标浓度年内变化过程

（2）TN 指标年内变化过程分析。

雁栖河神堂峪出口和长园河出口处 TN 浓度变化趋势相似，雁栖河出口入雁栖湖的 TN 浓度受神堂峪和长园河共同影响。春、秋和冬季 TN 浓度较为稳定，其中春末到夏初各河出口处 TN 浓度较低，到夏季末期有大幅度升高，主要是降雨径流冲刷底泥，造成底泥 N 素释放的影响。TN 指标浓度年内变化过程如图 8 所示。

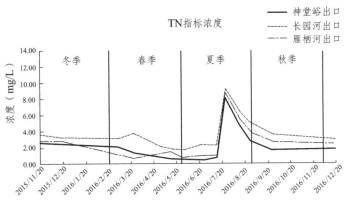

图 8　雁栖河及其支流长园河 TN 指标浓度年内变化过程

3.2.2　入湖河流水质沿程变化过程

雁栖河和长园河沿程存在大量的民俗村、餐饮企业以及大规模渔场。部分民俗村和餐饮企业的分散式污染源在沿岸污水收集管道收集后输送至污水处理站，处理达标后排放；大型渔场污水则未经处理直接排入河道，这些污染源对雁栖河水质产生了不同程度的影响。

（1）TP 指标沿程变化过程分析。

受长园河沿岸大型渔场排污影响，长园河的 TP 浓度明显高于雁栖河，水质相对较差，长园河汇入后雁栖河 TP 浓度明显上升；雁栖河上游河段有大量污染源汇入，随着下游污染源汇入的减少，TP 浓度整体呈下降趋势；长园河 TP 浓度整体呈上升趋势，汇入雁栖河后 TP 浓度有所下降。TP 浓度沿程变化过程如图 9 所示。

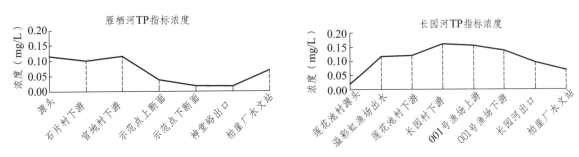

图 9　TP 指标浓度沿程变化过程

（2）TN 指标沿程变化过程分析。

雁栖河和长园河 TN 指标沿程变化与 TP 指标呈相似趋势。长园河的 TN 浓度较高，主要受大规模渔场养殖污水直排的影响。雁栖河源头 TN 浓度较高，在下游河段有大量污染源汇入的情况下，仍整体呈下降趋势；长园河 TN 浓度整体呈上升趋势。TN 浓度沿程变化过程如图 10 所示。

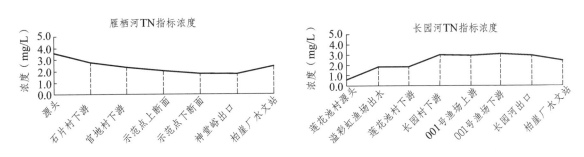

图 10　TN 指标浓度沿程变化过程

4 影响流域水质的关键因素

4.1 污染源排放的影响

雁栖河的污染源包括餐饮业、自然村民俗接待和常住人口以及渔场养殖污染源,其中渔场养殖是流域最主要的污染源,污染负荷约占总负荷的80%[5]。根据2016年流域污染源调查结果,渔场排污主要集中在长园河,存在4家大型渔场,导致长园河入河污染负荷量约是神堂峪沟的4倍。因此,渔场排污是影响流域水质的关键因素。受大型渔场排污的影响,长园河TP、TN浓度明显高于雁栖河神堂峪沟,且大型渔场河段的水质浓度有明显的上升趋势。

4.2 降雨径流的影响

目前,长园河、雁栖河神堂峪沟两条沟内均有超过30条以上的拦水堰。大量的拦水堰形成了面积和库容大小不等的壅水区,延缓了河道水流流速,增加了壅水河段的水力停留时间,为污染物在池塘内沉积提供了水动力条件,导致大量污染物在河道内沉积。到暴雨径流季节,降雨冲刷河道底泥,污染物释放重新进入河道,造成污染物浓度的大幅度升高。因此,降雨径流是影响流域水质季节性变化的关键因素。其中TN指标背景浓度高,沉积在底泥中的含量较多,受降雨径流的影响较大,呈现明显的季节性特点。TN浓度随降雨径流的变化过程详见图13。

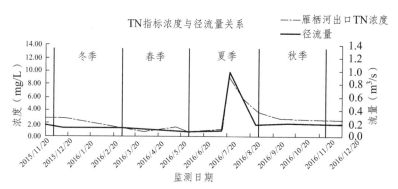

图13 TN指标浓度与径流量的季节性变化过程

4.3 内源释放的影响

在水质监测和污染源调查中发现,雁栖河流域规模化渔场养殖废污水中含有大量的颗粒态污染物,入河后大量沉积在河道和壅水区内,并在强降雨时段与河道内的植物腐殖质一起随降雨径流进入雁栖湖,逐渐累积并转化为湖泊内源,从而出现枯水期间雁栖湖TN指标浓度远大于上游河道来水水质浓度的现象。因此,内源释放是影响湖区水质的重要因素之一。

5 雁栖湖流域水质改善建议

基于雁栖湖水质演变规律分析结果,结合雁栖湖及其入湖河流存在的水环境问题,针对雁栖湖水环境质量状况提出以下几点建议:

(1)TP、TN指标是影响雁栖湖水质的控制性指标,为减少湖区水质的超标现象,有必要以TP、TN指标作为雁栖湖水环境容量核算的控制性指标进行雁栖湖水环境容量核算,并根据核算结果对雁栖湖入湖点源污染负荷进行总量控制与削减，保证湖区水质，控制湖区富营养化的发展趋势。

（2）雁栖湖流域渔场养殖废污水未经有效处理直接排入河道，是雁栖湖流域的主要污染源。因此，应加强渔场养殖废污水处理设施的监管与维护，避免渔场养殖废污水直接排放，并有效提高渔场养殖废污水处理设施的运行效率，尽可能削减渔场养殖废污水入河。

（3）在雁栖湖流域水污染防治过程中，应在严格控制雁栖河上游污染源输入的基础上，加强湖泊内源监测与释放机理方面的研究，系统了解湖泊内源释放对雁栖湖水环境质量的影响，以便有针对性地提出相应的防控对策与管理措施。

参考文献

[1] 刘大根，姚羽中，李世荣. 北京市生态清洁小流域建设与管理[J]. 中国水土保持，2008，8，15-17.

[2] 李翀，刘大根，马巍，等. 北京山区小流域水环境承载能力研究——以怀柔区雁栖河流域为例[J]. 北京水务，2009，2，72-74.

[3] 段红祥. 典型小流域水环境承载力与调控对策研究——以雁栖河为例[D]. 北京：北京林业大学，2015.

[4] 兰瑞君，马巍，班静雅. 北京雁栖湖生态发展示范区水生态文明建设评价指标体系研究[J]. 中国水利，2016，11，39-41.

[5] 蒋艳，马巍，彭期冬，等. 雁栖河流域点源氮磷污染负荷量的计算与分析[J]. 中国水利水电科学研究院学报，2013，11（2），117-124.

第四篇　生态水力学

人工湿地生态系统服务功能与价值评估

马杰[1]，李传奇[1]，刘凯[2]

（1. 山东大学土建与水利学院，山东省济南市历下区经十路 17922 号，250061；
2. 山东省水利外资项目服务中心，山东省济南市历山路 127 号，250013）

【摘　要】　依据经济学、生态学和环境学原理，全面分析人工湿地生态系统服务的功能，采用市场价值法、影子价格法等建立生态系统服务的价值评估体系，对东营市东八路人工湿地生态系统服务的经济价值进行估算。价值估算结果：该人工湿地总价值 4.09×10^6 元/年，直接使用价值占 23.22%，间接使用价值占 74.79%，非使用价值占 1.99%，其中净化水质价值显著。通过计算人工湿地生态系统服务的经济价值，增强了人工湿地生态系统的社会相关性，帮助人类认识到人工湿地生态系统可持续发展的重要性，从而达到增强湿地保护意识的目的。

【关键词】　人工湿地；生态系统服务；价值评估

1　前　言

人工湿地是人类为实现特定目的，通过模拟或定向强化自然湿地的结构与功能而建设的复合生态系统[1]，目前人工湿地主要应用于水质净化，具有高效低成本、管理方便等特点[2]，在国内外已有大量应用。生态系统服务是指人类从生态环境获得的利益[3]，生态系统服务表现在很多方面，如物质生产、休闲娱乐、调节气候等，统称为生态系统服务功能。人工湿地作为一种人工生态系统，为人类进行着多种生态系统服务。进行人工湿地生态系统服务的分析与价值评估能够衡量人类从人工湿地生态系统中的获益情况[4]，将人工湿地生态系统对人类福祉的贡献明确化[5]，帮助人类认识到人工湿地的重要性，促进人工湿地可持续发展。

与自然湿地相比，人工湿地有以下几个特点：① 目的性。目前国内外各种不同建设目的的人工湿地，其经济价值结构与比重截然不同[6]。② 低抗扰性。人工湿地生态系统结构简单，常规功能易受扰动；③ 发展性。人工湿地建成后生态系统逐渐趋于稳定，人工湿地被弱化的服务功能发展显现。

国内外对于人工湿地生态系统服务的价值评估研究较多，但多针对特定人工湿地，按照人工湿地的建设目的着重进行主要价值分析，忽略次要价值。考虑到人工湿地区别于自然湿地的特点，为全面分析人工湿地生态系统服务的类型与价值，本文以生态学、环境学为基础，参考国内外研究成果，运用经济学方法，从受益人的角度对人工湿地生态系统服务进行明确分类，建立了价值估算指标体系；对东营市东八路人工湿地进行实例研究，全面评估东八路人工湿地的价值。针对人工湿地服务对国际国内的影响程度与支付意愿，提出影响比例的概念，对已有参考基数进行修正性沿用；考虑物价动态变化，将货币的通货膨胀纳入估算指标体系。

2 价值估算指标体系

为避免重复计算，本研究对人工湿地生态系统服务进行全面分析与分类[4]，建立价值评估指标体系。其中，生态系统的产品生产服务主要包括提供动植物产品、提供文化科研与休闲娱乐场所，对人工湿地来说，动植物产品种类与数量相对较少，文化科研与休闲娱乐服务与人工湿地规划、地理位置及人文环境的相关性较大；这部分生态系统服务的价值可以直接货币化，称为直接使用价值。生态调节服务主要包括净化水质、调洪补水等方面，以净化水质为主，但随着人类对生活质量与体验越来越重视，其他服务如空气含氧量、空气湿度等同样不可忽视，这部分生态系统服务的价值需要通过货币之外的手段进行量化，称为间接使用价值。生命支持服务是生态系统保持稳定的必要支持，包括水循环、生物多样性等，独立于人们对生态系统服务的现期利用，称为非使用价值。人工湿地生态系统服务的分类及其价值估算方法如表1所示，这就是人工湿地生态系统服务的价值估算体系。

表 1 人工湿地生态系统服务的分析与价值估算

分类		生态系统服务	评估方法	价值类型	
产品生产服务	物质	动植物产品	市场价值法	物质生产	直接使用价值
	精神	文化科研	成果参照法	文化科研	
		休闲娱乐	成果参照法	休闲娱乐	
生态调节服务		调蓄洪水与补给地下水	影子工程法	调蓄洪水与补给地下水	间接使用价值 (使用价值)
		调节气候	替代花费法	调节气候	
		光合作用	影子价格法	光合作用	
		净化水质	影子价格法	净化水质	
		栖息地	成果参照法	栖息地	
生命支持服务		水循环	成果参照法	选择价值	非使用价值
		营养循环		存在价值	
		生物多样性			
		初级生产		遗产价值	

3 价值估算实例研究

3.1 研究区概况与基本资料

东八路人工湿地位于山东省东营市，占地面积 1.75 km²，总投资 9 748.44 万元，蓄水量 94 500 m³，年处理水量 2.15×10^7 m³，附近的广利河向北流入渤海。引广利河水入人工湿地降低污染物含量，后经城市景观水系进行回用，能够减少渤海海域污染并为市民提供多种多样的生态服务。

本研究取 2014 年为计算基准年，价值估算时间尺度一年，估算范围为人工湿地建设区域；芦苇、香蒲种植面积分别为 177 170 m²、206 596 m²，单位面积生物量 1.25 kg/m²；根据人工湿地对国内外影响程度与重要性，确定国内外影响比例为 8：2；根据中华人民共和国国家统计局《国民经济和社会发展统计公报》（2001—2014），累计通货膨胀率参数取 1.279。

3.2 直接使用价值

物质生产：利用市场价值法，物质产品价值＝种植面积×单位面积生物量×市场单价。芦苇、香蒲市场价格分别为 1 500、1 550 元/t。物质产品价值 7.32×10^5 元。

文化科研：利用成果参照法，文化科研价值＝单位面积科研价值×面积×累计通货膨胀率。成功的人工湿地对科学研究与文化教育有极大的价值，按照 8：2 影响比例整合国内[7]与国际（汇率 1：6.4）[8]得单位面积湿地平均科研价值 1 407.68 元/hm²（2000 年）。文化科研价值 2.09×10^5 元。

休闲娱乐：利用成果参照法，休闲娱乐价值＝单位面积休闲娱乐价值×面积×累计通货膨胀率。东八路人工湿地供市民休闲娱乐，中国湿地平均年休闲娱乐价值为 59.17 元/hm²[7]。休闲娱乐价值 8.77×10^3 元。

3.3 间接使用价值

调蓄洪水与补给地下水：利用影子工程法，调蓄洪水与补给地下水价值＝蓄水量×单位库容成本×累计通货膨胀率。湿地是蓄水防洪的天然"海绵"，相对其他水利设施，本功能与水库功能接近，中国每建设 1 m³ 水库库容投入成本为 0.67 元[9]（1990 年不变价）。计入通货膨胀的影响，得计算基准年（2014 年）调蓄洪水与补给地下水价值 8.10×10^4 元。

调节气候：利用替代花费法，调节气候价值＝空调降温成本×湿地有效降温体积×湿地降低近地表温度×降温年有效时长×综合折算系数。气候调节主要表现为降温增湿，利用实现同等效果所需空调运转的耗电费进行估算。夏季普通空调在单位容积内降低 1 ℃ 的花费为 0.2 元；人工湿地中有效降温面积是总面积除掉水面面积和植被面积为 202 994 m²，湿地有效降温层厚度取 1.3 m；夏季人工湿地经类比折算可降低近地表温度 0.5 ℃[10]，每年按 75 d 使用空调降温，每天 8 h；人工湿地具有低抗扰性，取综合折算系数 0.013。调节气候价值 2.06×10^5 元。

光合作用：（1）固碳释氧价值。固碳释氧价值＝固定 CO_2 成本×湿地固定 CO_2 量+释放 O_2 价值×湿地释放 O_2 量。植物固定 CO_2 的价值采用造林成本法和碳税率法[11] 8：2 影响比例得 400.72 元/t，植被释放 O_2 价值采用造林成本法与工业制氧价格法平均值 352.93 元/t。干湿比 1：20 计算湿地植物干重 8.204 t，植物生长每生产 162 g 干物质需吸收（固定）264 g CO_2，释放 192 g O_2，则可固定 CO_2 13.369 t，释放 O_2 9.723 t。固定 CO_2 价值 5 350 元，释放 O_2 价值 3.43×10^3 元。（2）CH_4 损失价值。CH_4 损失价值＝植物 CH_4 排放通量×生长发育周期×植物面积×CH_4 散放值。CH_4 是地球上仅次于 CO_2 的温室气体，CH_4 排放的平均通量 0.520 mg/（m²·h），植物生长发育周期 170 d，CH_4 散放值 0.704 元/kg[12]（汇率 1：6.4）。CH_4 损失价值 5.73×10^2 元，净光合作用价值 8.21×10^3 元。

净化水质：影子价格法。净化水质价值＝湿地年处理水量×污水处理成本×处理率。根据东营市城市污水处理费征收管理办法（2005），东营市平均污水处理费 0.80 元/m³，处理率 0.15。净化水质价值 2.58×10^6 元。

生物栖息地：成果参照法。生物栖息地价值＝单位面积平均栖息地价值×可栖息面积。人工湿地为野生动物提供栖息与繁衍场所，国际与国内肖笃宁等[13]按照影响比例 2：8 计算得单位面积平均栖息地价值 1 589.12 元/hm²。生物栖息地价值 1.84×10^5 元。

3.4 非使用价值

新建人工湿地使用问卷调查与权重分析法并不准确。计算公式：非使用价值＝人均 WTP 值×东营市人口数＝0.04 元/人×203.53 万＝8.14×10^4 元。本研究选取气候地质条件相似的湿地（天津滨海新区湿地）调查成果类比，考虑到东八路湿地的规模、地位与占地面积，保守估计得东八路湿地人均支付意愿值（WTP）为 0.04 元/人；其中存在价值占 39.76%，遗产价值占 33.4%，选择价值占 26.84%。则选择价值为 2.19×10^4 元，存在价值为 3.24×10^4 元，遗产价值为 2.72×10^4 元。

3.5 结果与分析

人工湿地服务的经济价值估算结果如表2所示。东八路人工湿地生态系统服务的经济价值结构如图1、2所示。由图表可看出：总生态系统服务价值为4.09×10^6元/年，其中直接使用价值为9.50×10^5元/年，占总生态服务价值的23.22%；间接使用价值为3.06×10^6元/年，占总生态服务价值的74.79%；非使用价值为8.14×10^4元/年，占总生态服务价值的1.99%。所有服务价值中，净化水质价值最为显著，占75.61%，印证了人工湿地的目的性；除水质净化价值外，价值由大到小排序为：物质生产>文化科研>调节气候>生物栖息地>调蓄洪水及补给地下水价值，表明被弱化的生态服务功能仍发挥作用；服务价值如休闲娱乐、光合作用价值等占据比例较小，具有很大的开发潜力。

表2 东八路人工湿地生态系统服务的价值估算

分类	价值类型		年价值/元	比例	分类价值	比例
直接使用价值	物质生产	芦苇	3.32×10^5	8.12%	9.50×10^5	23.2%
		香蒲	4.00×10^5	9.78%		
	文化科研价值		2.09×10^5	5.10%		
	休闲娱乐价值		8.77×10^3	0.21%		
间接使用价值	调蓄洪水		8.10×10^4	1.98%	3.06×10^6	74.8%
	调节气候		2.06×10^5	5.03%		
	光合作用		8.21×10^3	0.20%		
	净化水质		2.58×10^6	63.1%		
	生物栖息地		1.84×10^5	4.51%		
非使用价值	选择价值		2.19×10^4	0.53%	8.14×10^4	2.0%
	存在价值		3.24×10^4	0.79%		
	遗产价值		2.72×10^4	0.66%		
总计			4.09×10^6	100%	4.09×10^6	1

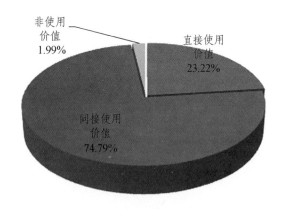

图1 生态系统服务的经济价值结构图

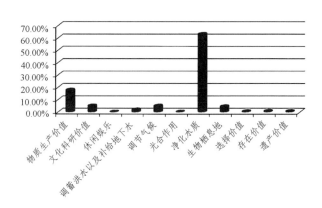

图2 生态系统服务的价值组成柱状图

4 结 论

人工湿地不同于其他污水处理技术[14]，除实现主要目的——处理污水，还作为人工生态系统为人类提供其他服务，展现着其他方面的价值。

（1）人工湿地区别于自然湿地，具有目的性、低抗扰性和发展性的特点，不同建设目的的人工湿地有其主导的服务，但其次要生态系统服务是不可或缺的。本文对人工湿地对人类提供的各类服务进行全面分析，以经济价值衡量人工湿地对人类的功用，便于人们更加清楚地认识到人工湿地的特点与重要性。

（2）将人工湿地生态系统服务的价值估算体系应用于东营市东八路新建人工湿地，计算得东营市东八路人工湿地的经济价值为：东八路人工湿地直接使用价值为 9.50×10^5 元/年，间接使用价值为 3.06×10^6 元/年，非使用价值为 8.14×10^4 元/年，总价值为 4.09×10^6 元/年。结果表明，人工湿地生态系统价值是巨大的，以主导服务价值（即水质净化价值）为主；但其他服务的经济价值同样不可忽视；人工湿地的可持续发展能够为人类创造巨大的效益。

参考文献

[1] 吴海明. 人工湿地的碳氮磷循环过程及其环境效应. 济南：山东大学，2014.

[2] 黄锦楼，陈琴，许连煌. 人工湿地在应用中存在的问题及解决措施[J]. 环境科学，2013,（01）：401-408.

[3] Zhao Shidong，Zhang Yongmin. Ecosystem and Human Well-being — Achievements，Contributions and Prospects of Millennium Ecosystem Assessment. Advances in Earth Science，2006；（09）：895-902.

[4] 宋豫秦，张晓蕾. 论湿地生态系统服务的多维度价值评估方法. 生态学报，2014；06：1352-1360.

[5] JIANG Bo，Christina P.WONG，CUI Lijuan，et al. Wetland Economic Valuation Approaches and Prospects in China. Chinese Geographical Science，2016；02：143-154.

[6] 丁厚胜. 山东省典型人工湿地的调查与分析. 青岛：中国海洋大学，2011.

[7] 陈仲新，张新时. 中国生态系统效益的价值. 科学通报，2000；01：17-22+113.

[8] Costanza R，d'Arge R，Rudo lf de Groot，et al. The value of the world's ecosystem services and natural capital. Nature，1997，387：253-260.

[9] 李金昌，姜文来，靳乐山，等. 生态价值论. 重庆：重庆大学出版社，1999.

[10] 何利平，冯海云，王鸿飞. 滨海新区湿地生态系统服务功能价值评估. 环境科学与管理，2011；05：42-47.

[11] 中国生物多样性国情研究报告编写组. 中国生物多样性国情研究报告. 北京：中国环境科学出版社，1997.

[12] 张华，武晶，孙才志，等. 辽宁省湿地生态系统服务功能价值测评. 资源科学，2008；02：267-273.

[13] 肖笃宁，胡远满，李秀珍. 环渤海三角洲湿地的景观生态学研究. 北京：科学出版社. 2001.

[14] 雷晓玲，文永林，杨威，等. 硅藻土强化 ALB 工艺处理重庆小城镇生活污水. 科学技术与工程，2017；（03）：334-338.

水利枢纽附属鱼道建设分析

黄钰铃，骆辉煌，杨青瑞

（中国水利水电科学研究院，北京复兴路甲 1 号，100038）

【摘　要】　本文总结了水利枢纽建设中的附属设施鱼道的类型、设计与布置中的相关问题，并就国外较为成功的鱼道建设案例进行详细介绍，目的是为国内同类水利枢纽中鱼类资源保护、鱼道建设与布置等提供参考，以促进我国鱼道建设快速发展。

【关键词】　水利枢纽；鱼道；过鱼设施

1　前　言

水利枢纽在防洪、发电、航运、灌溉等方面取得巨大成就的同时，对河流生态环境产生一定程度的负面影响，其中修建大坝阻碍鱼类洄游通道，可能导致某些洄游鱼类种群灭绝，成为当前水利枢纽建设较为关注的问题之一[1]。目前解决该问题的方法之一是在水利枢纽建设中设置鱼道，满足洄游鱼类通过的需求[2]。鱼道是在闸坝或天然障碍处为沟通鱼类洄游通道而设置的过鱼建筑物，在被拦断的河道上为鱼类的上溯、下行开辟一条道路，并通过其他辅助工程措施，引导鱼类顺利上溯洄游或下行，为鱼类提供洄游通道[3-4]。

2　鱼道类型

鱼道按照结构形式分为池式鱼道和隔板型鱼道，其中隔板型鱼道又分为溢流堰式、淹没孔口式、竖缝式和组合式等道[5]。

2.1　池式鱼道

池式鱼道是从水坝下游开始，通过每级水池克服枢纽阻隔形成的水头差，向上延伸至枢纽上游。此类鱼道接近天然河道，鱼类在池中的休息条件良好，但其适用水头小、平面布置方便的环境，实用性受到一定限制。

2.2　隔板型鱼道

鱼道设计必须在充分研究和认识的基础上，结合实际情况，科学合理有据地选择鱼道位置、形式、规模与坡度，同时也可能需要创造诱鱼水流条件，重新布置或是调整构筑物各要素的位置[6]。目前国内外鱼道的主要应用型式为隔板式，按隔板过鱼孔的形状及位置分为：

（1）溢流堰式。隔板过鱼孔布置在表部，全部或绝大部分水流呈溢流堰流态下泄，并利用下游水

基金项目：国家科技重大专项——西南水电高坝大库梯级开发的生态保护与恢复技术子题（2016YFC05022208）。

垫来消能。此隔板鱼道适用于在表层洄游、喜跳跃的鱼类，在国外早期使用较多，如英国 Truim、Craigo 及巴西 Itaipu 鱼道。

（2）淹没孔口式。隔板过鱼孔是淹没在水下的孔洞，孔口流态是淹没流，主要依靠水流扩散来消能。适用于在中、底层洄游的中、大型鱼类。孔口直径视不同过鱼种类而异，其适应上下游水位变动的性能较好。英国 1954 年修建的 Pitlochry 鱼道以及国内江苏团结河闸鱼道、洋口北闸鱼道以及利民河小鱼道等均采用平板上的长方形孔口。

（3）竖缝式，又称为槽式。该型式的过鱼孔是从上到下的一条竖缝，水流被两侧的平板挡住后，从布置在中间或两侧的竖缝中下泄，一般用于通过能适应较复杂流态的大、中型鱼类，且常用于施工期及天然障碍处过鱼。国外对此研究较多，其中以加拿大 Hell's Gate 鱼道最为著名。我国采用双侧竖缝式的有斗龙港闸鱼道、瓜州闸鱼道、利民河大鱼道等；采用单侧竖缝式的有浙江七里垅鱼道、安徽裕溪闸鱼道和安徽巢湖闸鱼道等。

（4）组合式。是以上 3 种形式即溢流堰式、淹没孔口式及竖缝式的组合，组合式能较好地发挥各种型式孔口的水力特性，控制鱼类所需的水流条件，现代鱼道采用且运行成功的较多。国外最常用的是潜孔和堰的组合，如 Bonneville、McNary、NorthFork 及 IceHarbor 等；国内采用的有堰和竖缝组合的江苏太平闸鱼道、孔口和竖缝组合的江苏浏河鱼道、孔口和堰组合的湖南洋塘鱼道等。

3 鱼道设计与布置

设置鱼道的目的是将水利设施下游的洄游鱼类吸引到河流中的特定水域，再通过诱鱼设施将鱼类诱引到进鱼口，使鱼类从水利设施中通过。因此有效的鱼道应使洄游鱼类能找到鱼道进鱼口，并顺利通过水利设施，不能造成溯河洄游鱼类通过水利设施时出现延时、水压或伤害等现象[5, 7-9]。

3.1 鱼道规模基本参数选择

（1）过鱼对象：鱼道的主要过鱼对象是设计鱼道的主要依据，据此才能正确选定适合于这些鱼类通行的鱼道型式和结构尺寸，因而在选取时，应根据枢纽布置地区河段、江段的具体情况而定，明确有哪些鱼类在过鱼季节中要通过鱼道，其中哪些是主要的，哪些是次要的。此外，还需掌握这些鱼类的生活习性、游泳能力等基本资料。

（2）过鱼季节和设计运行水位：过鱼对象确定后，明确其需溯河上行的时段，根据这一时段中坝闸上下游可能出现的水位进行组合，合理选定鱼道的设计运行上下游水位。

（3）设计流速：在设计水位差情况下，鱼道隔板过鱼孔中的最大流速为鱼道设计流速[10]。影响设计流速选择的因素有过鱼对象、鱼道布置位置、周边水流条件、池室水流条件以及与鱼类游泳能力有关的因素等。

3.2 鱼道结构设计与布置

鱼道是渠道形式的建筑物，它为上溯洄游鱼类提供一条跨越大坝拦河堰或其他障碍（如瀑布）的上溯通道，鱼道具有如下特征[11]：

（1）水从其底部排放，以使鱼类处于来自尾水渠的较大水流（即诱鱼水流）之中。

（2）鱼类上溯的水流速度在鱼类游泳能力范围内。

（3）如洄游上溯距离太长，每隔一段距离设休息池供鱼类休息。

3.2.1 进口位置选择

鱼道进口能否为鱼类较快发现和顺利进入，是鱼道设计成败的关键[12]。鱼道进口应选定在最佳位置；选择合适的进口形态、高程及采用色、质、光等设计，以适应鱼类习性；强化诱鱼、导鱼、集鱼效应，以提高进鱼能力。一般来说，鱼道进口应选在：

① 经常有水流下泄的地方，紧靠在主流两侧；

② 位于闸坝下游鱼类能上溯到的上游末端及两侧角隅；

③ 水流平稳顺直、水质新鲜肥沃的水域；

④ 闸坝下游两侧岸坡处；

⑤ 能适应下游水位的涨落，保证在过鱼季节中进鱼口有一定的水深。

3.2.2 槽身位置选择原则

鱼道槽身位置应与鱼道进口、出口布置在同侧河岸，便于管理；宜选择在幽静的环境中，尽量避免有机械振动、下泄污水和嘈杂喧闹的建筑群区；当鱼道进口容易被鱼类找到时，鱼道槽身应尽量利用闸坝中的导流墙、尾水挡墙、船闸闸室墙等掏空筑成池室；一般是槽身开敞，有阳光照射，不宜封闭。

3.2.3 水池设计

鱼类进入鱼道后，需要在较短的距离内克服较大的水位差，其体力消耗必然较大，且鱼道中的流速、流态、光、色及周围环境等都与天然河道不尽相同，特别是鱼道断面较小，流态也较天然河道复杂，鱼类可以选择的溯游区域和途径远不如天然河道宽阔，此时鱼类更容易疲劳。据此，鱼道水池的设计，既要控制水流的流速，又要重视水流的流态；既要有利于鱼类的通行，又要减少鱼类体力的消耗。

影响鱼道池室水流条件的因素有：鱼道上下游总水位差和每块隔板的平均水位差；隔板形态和鱼道池室内的消能布置；鱼道平均坡降和其变化规律；水池容积和过鱼孔孔宽与水池宽度的比值；鱼道上下游水位的运行变幅和变化速率等。

隔板形态设计应满足：适应主要过鱼对象通过；隔板过鱼孔流速适中、消能充分、池内水流流态良好，没有过大和剧烈的漩涡、涌浪、水跃区，鱼类溯游和休息的条件好；适应鱼道上下游水位变幅，能较快地平稳池室水流条件；控制鱼道耗水量，减少水能损失；形态简单，便于操作、施工和维修。

国外鱼道宽度有达 10 m 以上的，一般为 3~5 m，国内一般为 2~3 m，且从过鱼效果来看，2~3 m 的宽度，对于个体不大的鲤科鱼类完全足够。池室长度也与鱼体大小以及鱼类习性有关，国内鱼道长度一般大于宽度，且在初步设计阶段长为宽的 1.2~1.5 倍，当孔口流速不大于 1.0 m/s 时，长/宽比值取 1.2。鱼道池室水深主要视鱼类习性而定，一般可取 1.5~2.5 m。鱼道隔板数可用公式进行估算：$n = kgH/v^2$，式中 $k = 2\psi^2$，初步设计时，$\psi = 0.85 \sim 0.90$；H 为上下游水位差。考虑鱼道中需要设置鱼类休息室，故鱼道总长度一般为 $L = 1.1 \times n \times 1$。

3.2.4 出口位置选择

鱼类出口应能适应水库水位变动，傍岸，远离溢洪道、厂房进水口等泄水、取水建筑物，远离水质污染区、嘈杂的码头和船闸上游引航道出口等，出口外水流平顺，流向明确，没有漩涡。

4 实际案例[13]

4.1 哥伦比亚河过鱼设施

4.1.1 鱼道建设情况

哥伦比亚河中下游河段以及支流蛇河是重要的鲑鱼洄游河段，保护鲑鱼等鱼类的洄游以及为其提供生存、迁徙和繁衍条件，成为该河流水资源开发的一项重要任务。为此，提出限制大坝高度且建设鱼道。经过 40 余年的发展，在干流下游河段和支流蛇河的下游段各建有 4 座水利枢纽，16 座阶梯式鱼道。其中，Bonneville 水利枢纽位于干流下游最末一级，坝址河道宽阔且分叉，沙洲发达。根据成年鲑鱼上溯以及幼鱼降河的洄游特性差异，布置了 4 座鱼道。其他几座水利枢纽鱼道分别布置在船闸一侧和电厂一侧，上溯鱼类可利用船闸运行和电厂发电的下泄水流找到鱼道进口。蛇河河道相对较窄，2 座水利枢纽只布置了一座鱼道。

4.1.2 运行效果

哥伦比亚河上各鱼道，除 2001 年过鱼量较多外，1938—2008 年间各鱼道过鱼量基本稳定，Bonneville 坝鱼道多年平均过鱼量 72.1 万尾，而 Lower Granite 坝鱼道多年平均过鱼量 14.3 万尾。从 Bonneville 水电站到 McLeish 以及上游支流蛇河 Ice Harbor 至 Lower Granite 等水电站，多年平均过鱼量逐渐减少，该现象与自下游至上游距离和大坝数量增加有关。

4.2 日本长良川河口堰鱼道

4.2.1 鱼道建设情况

长良川发源于日本岐阜县郡上市大日峰，流经三重县汇流于揖斐川，是流入伊势湾木曾川的一级支流。为了防止洪水灾害和海水上溯，同时开发利用水资源，1994 年在长良川河口修建了挡水堰，堰高 8.2 m，堤顶长度 661 m。长良川河口堰共设置了诱鱼水流式鱼道、锁式鱼道（船闸式）、溪流式鱼道等 5 座不同型式的鱼道，满足不同迁徙特性鱼类和螃蟹、虾类等爬行动物的过闸需求。其中，右岸有溪流式鱼道、诱鱼水流式鱼道和锁式鱼道 3 座，左岸有锁式鱼道和诱鱼水流式鱼道 2 座。

4.2.2 运行效果

1995 年至 2007 年间该鱼道年平均过鱼量约 42.8 万尾。而 2008 年和 2009 年过鱼量明显增加，分别达到了 270 万尾和 217.4 万尾。过鱼效果良好，属日本成功鱼道之一。

4.3 巴西伊泰普水利枢纽鱼道

4.3.1 鱼道建设情况

伊泰普水利枢纽于 20 世纪 80 年代建成，为保护河流生态环境以及生物多样性，增设过鱼设施并于 2002 年建成，2004 年投入运行。

伊泰普水利枢纽过鱼设施位于主体工程左岸，建有 3 座鱼道、3 个人工湖。人工湖是供鱼类休息的场所，通过对进出口高程的设置和鱼道的设计，保证了洄游鱼所需的最小水深。在鱼道上游进水口处设有平板闸门和弧形闸门，起到调节或控制鱼道内流量（或流速）的目的。其中有 2 座鱼道的侧边均采用块石护坡，以创造接近自然河道的水流条件和景观。

根据鱼类洄游对水流条件的要求，诱鱼的最大流量不超过 20 m³/s，适应鱼类洄游的流量为 11.4 m³/s，鱼道内最大流速不超过 3 m/s；鱼道断面采用梯型断面，底宽 4~12 m，两岸边坡 1:1~1:1.5；鱼道底坡 3.1%~6.25%，底部非平滑，以创造鱼类适应的流态；为鱼类提供面积大小不等的 3 个休息池，最小水深 3 m。

4.3.2 鱼道运行效果

针对洄游鱼所需要的水流条件和回溯时间，专门制定了各鱼道进口处闸门的运行调度规则。如在洄游初期，为了诱鱼，过鱼设施内需要较大的流量，最大可达 20 m³/s，当鱼类上溯时，渠道里的流量控制在 11.4 m³/s。

伊泰普水利枢纽过鱼设施较长，在过鱼设施5个不同地段布置了无线电发射接收器，监测洄游鱼类的游动范围、距上下游进出口的距离，以及这些鱼类在不同水流条件下的适应情况。2005年6月的监测结果表明，在捕捉到的126种鱼类中，有35种鱼具有洄游特性。

伊泰普水利枢纽鱼道是已建工程上补建的典型案例，总体来看过鱼设施是有效的，但过坝的鱼个体还较小，降河效果不理想，还需要进一步了解鱼类生活习性和适应鱼类洄游的水流条件。

5 小 结

鱼道是保护或重塑河流生态环境的重要工程措施之一。建设一座具有良好过鱼效果的鱼道，通常要经过不断探索和持续改进，使之更加适合鱼类过坝要求。另外，在鱼类迁徙时期，开展生态调度运行，是保证和提高过鱼效果的重要措施。在鱼道中设置相应的监测设施是分析和评价鱼道过鱼效果的重要手段，长期持续观测才能对过鱼效果进行分析评价。可将过鱼设施的建设与工程建设的综合开发目标相结合，不仅实现工程建设中的生态环境保护目标，也可将工程的建设和科研、科普教育和旅游开发相结合，促进区域经济发展，真正实现人与自然的和谐。

参考文献

[1] 吕强，孙双科，边永欢. 双侧竖缝式鱼道水力特性研究[J]. 水生态学杂志，2016. 37（4）：55-62.

[2] 刘洪波. 国外鱼道建设的启示[J]. 安徽农业科学. 2010（14）：7566-7567.

[3] 曹娜，钟治国，曹晓红，等. 我国鱼道建设现状及典型案例分析[J]. 水资源保护，2016（06）：156-162.

[4] 周鹏，周殷婷，姚帮松. 水利水电开发中鱼道的研究现状与发展趋势[J]. 水利建设与管理. 2011（07）：40-43.

[5] 刘志雄，周赤，黄明海. 鱼道应用现状和研究进展[J]. 长江科学院院报. 2010（04）：28-31.

[6] 陈凯麒，常仲农，曹晓红，等. 我国鱼道的建设现状与展望[J]. 水利学报. 2012（02）：182-188.

[7] 方真珠，潘文斌，赵扬. 生态型鱼道设计的原理和方法综述[J]. 能源与环境. 2012（04）：84-86.

[8] 王桂华，夏自强，吴瑶，等. 鱼道规划设计与建设的生态学方法研究[J]. 水利与建筑工程学报. 2007（04）：7-12.

[9] 艾克明. 鱼道水力设计的基本要点与工程实例[J]. 湖南水利水电. 2010（03）：3-6.

[10] 李昌刚，丁磊，吴海林. 对鱼道设计常见问题的文献综述[J]. 灾害与防治工程. 2009（02）：19-23.

[11] 白音，包力皋，王玎，等. 鱼道水力学关键问题及设计要点[C]. 水力学与水利信息学进展2009，206-211.

[12] 石小涛，陈求稳，黄应平，等. 鱼类通过鱼道内水流速度障碍能力的评估方法[J]. 生态学报. 2011（22）：6967-6972.

[13] 刘德富，黄钰铃，孙志禹，等. 湖北水电环境保护[M]. 武汉：长江出版社，2015.

基于生态通道模型模拟长江口水域生态系统结构与能量流动

韩瑞[1]，王丽[2]，陈求稳[2]

（1. 中国水利水电科学研究院，北京复兴路甲 1 号，100038；
2. 南京水利科学研究院，江苏省南京市虎踞关 34 号，210000）

【摘　要】　利用 Ecopath with Ecosim 构建了两个时期（2000 年秋、2012 年秋）长江口水域生态系统的生态通道模型，分析对比了三峡工程蓄水前后长江口水域生态系统结构与能量流动特征。模型将长江口水域生态系统划分为鱼类、虾类、蟹类、头足类、底栖动物、浮游动物、浮游植物、碎屑等 17 个功能组，基本覆盖了生态系统能量流动的主要途径。模型结果分析表明：蓄水前后长江口水域生态系统各功能组营养级组成和分布相近。长江口渔获物的组成虽未发生明显变化，但渔获物的平均营养级降低，渔获量减少。蓄水后生态系统中牧食食物链的重要性增加，而腐食食物链的重要性降低，这与蓄水后长江入海径流改变、泥沙量减少、陆源污染增加关系密切。模型结果同时表明，蓄水前后生态系统均处于不成熟阶段，蓄水后生态系统总能流量、总生物量、初级生产量及流向碎屑的能量不断降低，但系统的净效率和再循环率升高。

【关键词】　长江口水域；生态系统结构；能量流动

1　前　言

长江口水域咸淡水交汇，环境条件复杂多变，具有其特殊的理化和生物特征。长江流域水利工程众多，运行后的叠加效应在空间上远达长江口及东海[1-3]，引起河口水域的水文、水化学和沉积环境变化，进而改变河口的生物群落的组成、结构、分布及生产力[1-2]，使得长江口成为一个结构独特、功能多样的生态系统。

三峡工程是长江流域最大的控制工程，自兴建以来，一直是公众关注的焦点。2003 年 6 月 1 日，三峡水库开始蓄水，6 月 10 日水位达 135 m 高程（一期蓄水）；2006 年 6 月，蓄水位抬高至 156 m（二期蓄水）；2009 年 9 月，坝前蓄水位至 175 m（正常蓄水位）。工程建成后，长江年径流总量略微增加[4]，月均径流量受调控影响显著，蓄水期长江入海径流量相应减少约 18%[5]，2003 年大坝蓄水后，长江入海泥沙通量仅相当于 1968 年以前的 37%[6]，长江口水下三角洲被侵蚀，－10 m 等深线后缩 1~2 km[7-8]。同时，长江口水域的人类活动频繁，高强度的渔业捕捞生产也对生态系统产生了不可忽视的影响。本研究综合长江口渔业捕捞的影响，从生态系统的整体角度出发，重点分析了三峡工程关键时期所对应的长江口生态系统状态，采用量化评估的方法[9]探讨三峡工程蓄水前后对长江口水域生态系统结构与能量流动的影响。

基金项目：国家自然科学基金——河道型水库下游河流鱼类生境修复的生态行为学机制研究（51409242）；
国家重点研发计划——梯级高坝大库水温结构变化的生态影响和分层取水技术（2016YFC0502202）。

基于生态系统的分析方法和决策思想[10]，在已建立的 2000 年秋长江口生态系统模型[11]的基础上，进一步收集了三峡工程蓄水后 2012 年秋各生态功能组的生物量、捕捞量等参数，分别构建了不同时期三峡工程（蓄水前至 2000 年秋、175 m 正常蓄水后至 2012 年秋）对应的长江口水域生态通道模型，对比分析了长江口生态系统的营养级构成与分布、能量流动与转换效率以及生态系统的总体特征，为量化评价三峡工程对长江口生态系统的影响提供参考。

2 研究区域介绍与数据收集

2.1 研究区域概况

长江口是极为重要的生态交错区，长江冲淡水自近口门段朝东北方向扩展[3]，区内理化环境因子复杂多变，生物群落的生态类型多样，具有生产力水平高、环境梯度变化大等特点。同时，长江口是众多鱼类的育幼场和洄游性鱼类的洄游通道[12-13]。特殊的地理位置及丰富的渔业资源使得长江口在经济发展和生态环境中均处于重要地位。三峡工程蓄水后，长江冲淡水和最大混合区出现季节性萎缩，悬沙量显著减少[14]，导致该区域的营养盐浓度和结构产生变异：溶解态无机氮、磷酸盐含量呈增长趋势，硅酸盐含量呈降低趋势，氮磷比、硅氮比、硅磷比均有不同程度的降低[15-16]，浮游动物生物量增长而丰度降低[17]，水母类比例持续升高[18]。总体而言，三峡工程对长江口产生的直接影响首先表现在化学组成和含沙量变化上，随后，通过生态阀门反馈或叠加，从而影响生物群落乃至生态系统[2]。

2.2 数据来源

2000 年秋（蓄水前）的数据来源于中国水产科学研究院黄海水产研究所"北斗"号海洋科学调查船在长江口及临近海域（122°－125°E、29°－34°N）的调查，范围如图 1 所示。2012 年秋（175 m 正常蓄水后）数据来源于中国水产科学研究院东海水产研究所，调查区域（121°－125°E、30°－32°N），见图 1。由于条件限制，蓄水前后调查范围存在一定差异，为了将模型结果进行比较，在模型建立过程中选取重叠的调查区域，并参考了临近水域的研究结果[18-22]。在已建立的 2000 年秋长江口生态通量模型[11]基础上，依据生态系统质量守恒原理及《中国渔业统计年鉴》[23]对渔获量进行一定的修正。同时，根据"简化食物网"[24]对 2012 年秋季的渔获物进行生物学测定和胃含物分析，估算生物量、生产量/生物量、消耗量/生物量、食性组成、渔获量等参数，基本满足建模的数据需求。

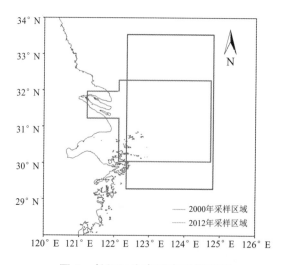

图 1 长江口生态调查采样区域

3 研究方法

3.1 生态通道模型 Ecopath 基本原理

本研究采用的生态通道模型（Ecopath）是一种利用营养动力学原理直接构造的在评估稳态生态系统的基础上[25]，结合能量分析生态学[26]发展形成的基于营养动力学[27]的模型。Ecopath 模型可构造水生态系统结构、描述能量流动及定量分析生态系统特征参数[28]。Ecopath 模型定义生态系统由一系列生态关联的功能组组成，功能组可以为浮游生物、某一种鱼类、某种鱼类某一年龄组或一类生态特性（如摄食）相似的鱼类等，所有功能组一起能够基本涵盖生态系统中能量流动的全部过程。利用 Ecopath 模型可以方便地建立所研究生态系统在一定时期的能量平衡模型，根据调研或文献确定生物量、生产量、消耗量等生态系统重要参数，通过物质能量的守恒原理，计算出各功能组在生态系统中的营养级、生态营养转换效率等，定量描述能量在生态系统中的流动，分析生态系统特征。

Ecopath 模型有两组控制方程，分别为：生态系统各功能组的质量守恒方程（见公式 1）和能量平衡方程（见公式 2）。

$$P_i = Y_i + M2_i \times B_i + E_i + BA_i + M0_i \times B_i \tag{1}$$

$$Q_i = P_i + R_i + U_i \tag{2}$$

式中，P_i 为功能组 i 的生产率；Y_i 为功能组 i 的捕获率；$M2_i$ 为功能组 i 的瞬时捕食死亡率，可通过公式（3）计算；B_i 为生物量；E_i 为相应功能组的净迁移率；BA_i 为功能组 i 的生物量累积率；$M0_i$ 为功能组 i 的其他死亡率，可通过公式（4）计算；Q_i 为功能组 i 的消耗量；R_i 为功能组 i 的呼吸量；U_i 为功能组 i 未消化的食物量。

$$M2_i = \sum_{j=1}^{n} \frac{Q_j \times DC_{ji}}{B_i} \tag{3}$$

$$M0_i = \frac{P_i \times (1 - EE_i)}{B_i} \tag{4}$$

式中，EE_i 为功能组 i 的生态营养转换率，指生产量在生态系统中的利用比例；DC_{ji} 为被捕食者 j 占捕食者 i 的食物组成比例，一般根据生物的胃含物分析获得。

生态通道模型要求输入生物量（B）、生产量/生物量（P/B）、消耗量/生物量（Q/B）和生态营养转换效率 EE 这 4 组基本参数中的任意 3 组，以及食物组成矩阵 DC 和渔获量 Y。但生态营养转换率 EE 较难获得，通常设为未知量，在模型调试中需确保该值小于 1，使得能量在生态系统中的流动保持平衡。各组参数的计算方法如下：

① 生物量 B。

模型中每个功能组的生物量均为研究区域内的平均值，若参数难以获得，可以参考相邻水域的生态通道模型进行估算，也可将采样调查所得的数据通过公式（7）转化为功能组的生物量。

$$M = G/[S(1-E)] \tag{7}$$

式中，M 代表生物量，S 代表每小时网口的扫海面积，E 代表逃逸率。

② 生产量/生物量（P/B）。

P/B 为生产量与平均生物量之间的倍数关系，即生物量的周转率，在模型中的单位是 1/year。由于鱼类的 P/B 与总死亡率 Z 之间存在 $P/B = Z$ 的关系[29]，所以可通过鱼类总死亡率 Z 而得到 P/B 值，可通过下式估算：

$$LnZ = 1.44 - 0.984 Lnt_{max} \qquad (8)$$

式中，t_{max} 为调查功能群中的最大年龄。

③ 消耗量/生物量（Q/B）。

Q/B 为指单位时间内某种动物摄食量与生物量的比值，单位为 1/year。模型中各个鱼类功能组中主要根据鱼类种类的体长、体重和生长方程等方面的资料获得。

④ 生态营养转换效率 EE。

EE 指生物在生态系统中用于被捕食和输出的部分，取值在 0~1 范围内。

⑤ 食物组成矩阵 DC。

食物组成数据来自历史调研、胃含物分析及 fishbase 的相关信息。

⑥ 营养级别 TL。

营养级别的划分反应了生态系统中能量流动的重要过程，是生物与生物以及生物与环境间交互能量的重要指示。Lindeman[31]提出计算生态系统营养级及能量流动的方法来定量描述生物在食物链中的地位。在计算中，初级生产者和碎屑被定义为营养级为 I 的功能组，其他消费者的营养级将根据食物链中与其相关的被捕食者的生物量加权平均求得。

3.2　功能组划分

Ecopath 模型中功能组的划分主要根据研究需求以及相应的生态学和生物分类学理论，通常需要符合以下的划分原则：① 将生态位重叠度高的种群进行合并，通常会考虑将具有相同或类似的食物构成、摄食方式、个体大小、年龄组成等特征的生物种群划分在同一个功能组，以此简化生态系统的食物网；② 每个模型都至少包括 1 个有机碎屑功能组；③ 要保证功能组的完整性，不能因数据的不易获得而忽略某些功能组，尤其是优势种或关键种。

根据以上原则，本研究综合考虑研究目的、水域现状及"简化食物网"的研究策略[24]，且为了将不同时期生态系统模型进行比较，参照了长江口生物调查[32]和 2000 年长江口生态通道模型[11]的功能组划分，将 2012 年秋季调查结果根据相同的生物学特征和食性特点分为 17 个功能组，基本涵盖生态系统能量流动的全过程。17 个功能组分别为：鱼食性鱼类、广食性鱼类、虾食性鱼类、浮游动物食性鱼类、虾或蟹食性鱼类、其他中上层鱼类、其他底层鱼类、其他底栖鱼类、虾、蟹、头足类、大型底栖动物、小型底栖动物、水母类、浮游植物、浮游动物、碎屑。

4　结果与讨论

4.1　营养级基本特征

Ecopath 模型建立的是一个稳态模型，模型内部每个功能组都必须同时达到物质和能量的双重平衡，从而计算出各功能组的营养级别以及各能量在不同营养级之间的流动。

本研究中，三峡不同蓄水阶段，总能流量、生物量和渔获量集中分布在 I 至 V 营养级，各营养级的分布结果（见表 1）表明：① 两个时期生态系统的生物量和能量流动量均呈金字塔型分布，即低营养级的生物量、能量流动量大，越到顶级越小，基本符合能量和生物量的分布规律；② 蓄水前的能量流动量和生物量均高于蓄水后，在低营养级体现尤为明显；③ 渔获量营养级结构未发生明显变化，主要渔获量分布在第 II、III 营养级，渔获量蓄水前高于蓄水后。

表 1　2000 年秋和 2012 年秋长江口生态系统总能流量、生物量及渔获量营养级的分布*

营养级	总能流量/ (t/km²/year)		生物量/ (t/km²/year)		渔获量/ (t/km²/year)	
	2000	2012	2000	2012	2000	2012
Ⅰ	6 486	2 466	33.98	25.00	0.000	0.000
Ⅱ	913.7	950.0	16.28	10.55	0.134	0.104
Ⅲ	41.20	30.34	4.369	2.416	0.454	0.329
Ⅳ	4.345	4.161	0.765	0.667	0.381	0.235
Ⅴ	0.477	0.486	0.089 2	0.091 3	0.052 8	0.046 9

* 此处仅分析了能流量较大的Ⅰ至Ⅴ营养级，Ⅴ级以上营养级间的能量、生物量和渔获量较少，暂未列出。

4.2　能量流动结构及转换效率

生态系统中能量流动主要通过牧食食物链和腐食食物链共同实现，牧食食物链是指以绿色植物为基础，从食草动物开始的食物链；腐食食物链是指以动、植物的遗体为食物链的起点，又成为碎屑食物链。从表 2 可以看出（表 2 中以初级生产者为食物链起点的为牧食食物链，以碎屑为食物链起点的为腐食食物链）：蓄水前牧食食物链在系统能量流动中占优势，能量通过牧食食物链传递 56%，通过腐食食物链传递 44%，平均总转换率为 10.2%。蓄水后牧食食物链在系统能量流动中的优势增强，能量通过牧食食物链传递 59%，通过腐食食物链（碎屑）传递 41%，平均总转换率略有下降，为 9.4%。

表 2　2000 年秋和 2012 年秋长江口生态系统各营养级转换效率

营养级	2000 年秋		2012 年秋	
	初级生产者（%）	碎屑（%）	初级生产者（%）	碎屑（%）
Ⅱ	4.7	4.6	2.0	5.4
Ⅲ	10.1	16.2	16.6	16.6
Ⅳ	19.9	19.6	17.3	17.3
Ⅴ	19.3	19.5	17.4	17.8
Ⅵ	19.2	19.4	17.5	17.2
Ⅶ	19.0	—	17.5	17.6
转换率	9.8	11.4	7.5	11.6
总转换率	10.2		9.4	

4.3　生态系统发育特征

河口生态系统受人类高强度活动干扰，结构复杂、生产力较高[33]，生态通道模型可在系统生态学基础上提出具体的量化特征参数。从表 3 可以看出：① 长江口生态系统的总体规模在不断下降；② 长江口渔业结构变化不明显，仍维持在较高营养级水平，但蓄水后总渔获量明显下降；③ 长江口生态系统连接指数（CI）、平均能量流动路径（MPL）均较蓄水前有所上升，生态系统能量流动循环经过的路径总数和平均长度增多；④ 生态系统最重要的指标是生产量与呼吸量比率[34]，即 TPP/TR ≈ 1，则生态系统处于成熟期，因此，蓄水前后长江口生态系统均处于不成熟期。

表 3　2000 年秋和 2012 年秋长江口生态系统特征参数

生态系统特征参数			2000 年秋	2012 年秋
名称	参数	单位		
总呼吸量	TR	t/km^2/year	615.394	668.106
系统总能流量	TST	t/km^2/year	7 517.423	3 498.801
总生产量	TP	t/km^2/year	3 585.624	1 558.196
总生物量	TB	t/km^2	40.491	20.733
渔获物平均营养级	—	—	3.406	3.369
总渔获量	—	t/km^2/year	1.026	0.719
总初级生产量	TPP	t/km^2/year	3 415.770	1 400.00
净系统生产量	PLS or NSP	t/km^2/year	2 800.376	731.894
总初级生产量/总呼吸量	TPP/TR	—	5.551	2.095
总初级生产量/总生物量	TPP/TB	—	84.359	67.524
总生物量/总能流量	TB/T	—	0.005	0.006
循环指数	FCI	%	1.63	5.99
平均能量流动路径	MPL	—	2.169	2.500
连接指数	CI	—	0.359	0.371
系统杂食指数	SOI	—	0.179	0.196

5　结　论

本研究通过建立三峡工程蓄水前后两个时期长江口生态系统的生态通道模型，量化长江口生态系统结构、功能及能量流动等，得出如下结论：

（1）三峡工程蓄水前后各功能组的营养级分布相近，三峡工程蓄水后，陆源营养物质和悬浮颗粒的输入减少，海水透明度升高，促进了藻类等浮游生物的生长，使得生态系统的能量传递更依赖牧食食物链。

（2）长江口渔获物结构在两个时期变化不明显，但渔获物平均营养级降低，渔获量减少，渔业资源有向小型化、低值化发展的趋势。近年来，由于长江流域经济的迅速发展，大量污染物流至河口，不断加重河口污染，导致富营养化日趋严重，这可能是渔业资源变化的原因之一[2]。

（3）长江口生态系统在蓄水前后均处于不成熟阶段，蓄水后系统总能流量、总生产量、初级生产量及流向碎屑的能量均有所降低，但系统的净效率和再循环率升高，能量在系统中流动的路径增多、营养交互关系复杂化，对外界扰动的适应性增强，生态系统总体处于发育阶段。

参考文献

[1]　刘瑞玉，罗秉征. 三峡工程对长江口生态和渔业的影响. 水土保持通报，1987，7（4）：37-40.

[2]　线薇薇，刘瑞玉，罗秉征. 三峡水库蓄水前长江口生态与环境. 长江流域资源与环境，2004，13（2）：119-124.

[3]　翟世奎，孟伟，于志刚. 三峡工程一期蓄水后的长江口海域环境. 北京：科学出版社，2008.

[4] Yang Z, Wang H, Saito Y, Milliman J D, Xu K, Qiao S, Shi G. Dam impacts on the Changjiang (Yangtze)River sediment discharge to the sea：The past 55 years and after the Three Gorges Dam. Water Research，2006，42，W04407，doi：10.1029/2005WR003970.

[5] Wang X L，Wang B D，Zhang C S，Shi X Y，Zhu C J，Xie L P，Han X R，Xin Y，Wang J G. Nutrient composition and distributions in coastal waters impacted by the Changjiang plume. Acta Oceanologica Sinica，2008，27（5）：111-125.

[6] Yang S L，Milliman J D，Li P，Xu K. 50'000 dams later：Erosion of the Yangtze River and its delta. Global and Planetary Change，2011，75：14-20.

[7] Yang S L，Belkin I M，Belkina A I，Zhao Q Y，Zhu J. Delta response to decline in sediment supply from the Yangtze River：evidence of the recent four decades and expectations for the next half-century. Estuarine，Coastal and Shelf Sciences，2003，57：689-699.

[8] Wang Z H，Li L Q，Chen D C，Xu K，Wei T，Gao J. Plume front and suspended sediment dispersal off the Yangtze （Changjiang）River mouth，China during non-flood season. Estuarine，Coastal and Shelf Sciences，2007，71：60-67.

[9] 宋兵，陈立侨，陈勇. Ecopath with Ecosim 在水生生态系统研究中的应用. 海洋科学，2007，31（1）：83-86.

[10] 米玮洁，胡菊香，赵先富. Ecopath 模型在水生态系统评价与管理中的应用. 水生态学杂志，2012，33（1）：127-130.

[11] 林群，金显仕，郭学武，张波. 基于 Ecopath 模型的长江口及毗邻水域生态系统结构和能量流动研究. 水生态学杂志，2009，2（2）：28-36.

[12] 李建生，李圣法，程家骅. 长江口渔场拖网渔业资源利用的结构分析. 海洋渔业，2004，26（1）：24-28.

[13] Blaber S J M，Cyrus D P，Albaret J J，Ching C V，Day J W，Elliott M，Fonseca M S，Hoss D E，Orensanz J，Potter C I，Silvert W. Effects of fishing on the structure and functioning of estuarine and nearshore ecosystems. ICES Journal of Marine Science，2000，57（3）：590-602.

[14] 李从先，杨守业，范代读，赵娟. 三峡大坝建成后长江输沙量的减少及其对长江三角洲的影响. 第四纪研究，2004，24（5）：495-500.

[15] 王保栋，战闰，藏家业. 长江口及其邻近海域营养盐的分布特征和输送途径. 海洋学报，2002，24（1）：53-58.

[16] Chai C，Yu Z M，Shen Z L，Song X X，Cao X H，Yao Y. Nutrient characteristics in the Yangtze River Estuary and the adjacent East China Sea before and after impoundment of the Three Gorges Dam. Science of the Total Environment，2009，407（16）：4687-4695.

[17] 刘光兴，陈洪举，朱延忠，齐衍萍. 三峡工程一期蓄水后长江口及其邻近水域浮游动物的群落结构. 中国海洋大学学报，2007，37（5）：789-794.

[18] Jiang H，Cheng H Q，Xu H G，Francisco A S，Manuel J Z R，Pablo D M L，William J F L. Trophic controls of jellyfish blooms and links with fisheries in the East China Sea. Ecological Modelling，2008，212（3）：492-503.

[19] Guo C B，Ye S W，Sovan L，Liu J S，Zhang T L，Yuan J，Li Z J. The need for improved fishery management in a shallow macrophytic lake in the Yangtze River basin：evidence from the food web structure and ecosystem analysis. Ecological Modelling，2013，267：138-147.

[20] Lin Q, Jin X S, Zhang B. Trophic interactions, ecosystem structure and function in the southern Yellow Sea. Chinese Journal of Oceanology and Limnology, 2013, 31（1）: 46-58.

[21] 李睿, 韩震, 程和琴, 江红. 基于 Ecopath 模型的东海区生物资源能量流动规律的初步研究. 资源科学, 2010, 32（4）: 600-605.

[22] 李云凯, 宋兵, 陈勇, 禹娜, 陈立侨. 太湖生态系统发育的 Ecopath with Ecosim 动态模拟. 中国水产科学, 2009, 16（2）: 257-265.

[23] 农业部渔业局. 中国渔业统计年鉴. 北京: 中国农业出版社, 2000.

[24] 唐启升. 海洋食物网与高营养层次营养动力学研究策略. 海洋水产研究, 1999, 20(2): 1-11.

[25] Polovina J J. An overview of the Ecopath model. Fishbyte, 1984, 2: 5-7.

[26] Ulanowicz R E. Growth and development: Ecosystem phenomenology. Springer Verlag, 1986, 203.

[27] Christensen V, Pauly D. Ecopath II- a software for balancing steady-state ecosystem models and calculating network characteristics. Ecological Modelling, 1992, 61: 169-185.

[28] 仝龄. Ecopath——一种生态系统能量平衡评估模式. 海洋水产研究, 1999, 20（2）: 103-107.

[29] Allen K R. Relation between production and biomass. Journal of Fish Research Board Can, 1971, 28: 1573-1581.

[30] Palomares M L D, Pauly D. A multiple regression model for predicting the food consumption of marine fish populations. Freshwater Research, 1989, 40: 259-273.

[31] Lindeman, R.L., 1942. The trophic-dynamic aspect of ecology. Ecology, 23, 399-418.

[32] 张波, 唐启升, 金显仕. 东海高营养层次鱼类功能群及其主要种类. 中国水产科学, 2007, 14（6）: 939-949.

[33] 陆健健. 河口生态学. 北京: 海洋出版社, 2003.

[34] 陈作志, 邱永松, 贾晓平, 黄梓荣, 王跃中. 基于 Ecopath 模型的北部湾生态系统结构和功能. 中国水产科学, 2008, 15（3）: 460-468.

水库下泄水温生态环境影响综述

张迪[1]，王东胜[2]，彭期冬[1]，林俊强[1]，陈冬红[3]

（1. 中国水利水电科学研究院，北京复兴路甲 1 号，100038；

2. 水利水电规划设计总院，北京西城区六铺炕北小街 2 号；

3. 河北工程大学水利水电学院，河北省邯郸市光明南大街 199 号）

【摘　要】 水电工程建成蓄水后，改变了原始河流水体的热动力条件，引起库区及下游河道水温结构和水温情势的改变，并诱发了一系列生态环境问题。水温作为河流水生生态系统中重要的水文要素，是水电工程建设生态环境影响的关注焦点之一。本文针对水电工程建成后水温变化造成的生态环境影响，调研了水温在水生态系统以及农业生产中的重要性，在此基础之上，重点分析了水电站建成后下游水温变化对河流鱼类、底栖生物与浮游生物、灌区农作物的影响，最后总结了我国水库水温研究的现状及存在问题，并提出了今后的发展趋势。

【关键词】 水电工程；下泄水温；生态环境影响；水生生物；农作物

1　前　言

水资源时空分布的不均性，导致不同时间维度和空间维度上降水量与用水量的巨大差异，为实现水资源的均衡配置，充分开发利用水资源，从 20 世纪起，我国就开始了大规模的水利工程设施的修建。根据中国大坝工程学会的统计结果，截至 2015 年 12 月 31 日，全国已建水库工程 97 988 座，总库容 8 580.8 亿 m^3。水电工程的建设，在带来综合效益的同时，也引起了一系列生态环境问题。

水电工程建成蓄水后，坝上河道水位抬升形成水库，改变了河流水体的热动力条件，引起库区和下游河道水温结构和水温情势的变化。当水温变幅、水温结构以及水温时滞达到某一程度时，将显著影响河流鱼类、水生生物的正常生长、繁殖以及灌区农作物的正常生长。因此，本文从水温对生态环境影响的作用机理出发，综述了水电工程运行后水温变化对河流鱼类、底栖生物与浮游生物、灌区农作物的影响，旨在为水库的合理运行和生态调度方案的制订提供借鉴。

2　水温对生态环境的作用机理

水温作为河流水生生态系统中重要的水文要素，也是水环境变化的重要驱动因子，直接影响水体的物化性质和生化反应速率，同时关系到水生生态系统的结构；对于工农业生产来说，水温的高低与作物产量、工业产值密切相关。近年来，随着研究的深入，水温被作为一个重要的水质指标纳入流域综合管理（IRBM）体系中。

基金项目：国家重点研发计划项目（2016YFE0102400）；三峡工程鱼类资源保护湖北省重点实验室开放课题（0704132）；中国水利水电科学研究院基本科研业务费专项项目（SD0145B162017）；中国长江三峡集团公司科研项目（0799564）。

2.1 水温对水质的作用机理

水的所有物理化学性质几乎都与水温有关。水温对水体物化性质的影响展现在多个方面，主要包括：溶解氧、pH 值、硬度和碱度、化学毒性、氨、有机物、金属、氰化物、氯、氮[1]。水中氧的溶解度与水温直接相关，随着温度的上升，水中溶解氧含量呈现非线性下降趋势[2]。任何水溶液中均存在水的电离平衡，温度变化影响电离常数，进而引起水体 pH 值的改变。此外，不同化学物质对于温度变化的敏感程度不同，因此无法基于单一模式概括水温变化对化学物质浓度的影响，现阶段的研究表明，对于多数化学物质，水温的上升可以提高其在水中的溶解度，或改变其存在形态[3]。

2.2 水温对鱼类的作用机理

鱼类属变温动物，水温是影响鱼类生长发育最重要的环境因子。同时，不同种类的鱼对水温的敏感程度不同，按照适宜生存的水温条件可分成热水性鱼类、温水性鱼类和冷水性鱼类。水温影响变温动物的所有代谢过程，涉及水生生物的整个生命阶段[4]。本文从鱼类主要代谢过程、敏感生长阶段和疾病三个方面介绍了水温对鱼类的影响（见表 1）。

鱼在适温范围内调节其代谢水平的基本机理是酶活性，特别是参与代谢的各种酶的活性[5]。温度作为控制因子，主要通过影响酶的活性，调控鱼类的代谢反应速率，控制鱼类的生长速率和呼吸速率强度。繁殖期和早期发育阶段是鱼类生活史的重要环节，也是对温度变化最为敏感的环节，温度对鱼类繁殖的影响在于为酶活性和受体-激素复合物提供最适温度。感觉器官把外界水温的刺激转变成神经信号传入，在下丘脑转换成为激素释放，以促使性腺发育成熟与排出精子和卵子[5]。早期发育阶段是鱼类生活史中最稚嫩的阶段，对外界温度变化敏感，温度影响鱼类卵的质量、精子活力、受精卵发育和仔鱼的发育（见表 1）[6, 7]。

表 1　水温对鱼类代谢过程、敏感生长阶段和疾病的影响[8~10]

影响类别		适温范围内	超出适温范围
生长速率、消化速率和摄食量		随着温度升高，摄食量上升、消化速率加快、吸收转化系数提高、生长速率加快	摄食量和消化速率下降，低于某一限值后，蛋白质停止增长，脂肪开始累积
呼吸速率		随着温度升高，代谢速率加快，呼吸强度提高，鱼类的耗氧量与温度呈正相关	低温条件下，呼吸强度减弱，耗氧率下降
繁殖期		温水性和热水性鱼类，需水温高于某一限值方开始产卵（或排精）；冷水性鱼类，需水温低于某一限值，方开始产卵（或排精），同时温水性鱼类精卵形成速度和水温呈正相关	鱼类不产卵（或排精）
早期发育	卵的质量	卵保持活性的时间相对较长，受精率、孵化率及仔鱼存活率相对较高[10]	卵的质量下降，活性保持时间、受精率、孵化率和仔鱼存活率较低
	精子活力	温度升高，精子活力和代谢加强，能量消耗加速，寿命缩短；温度下降寿命延长	精子活力下降；但温度越低，精子的保持时间越长，冷冻精液在恢复适温后精子活力未发生显著变化
	受精卵的发育	发育速率和初孵仔鱼健康程度较高，同时，随着水温下降，发育时间延长，鱼类仔胚的体长增加（有利于仔鱼运动）	低于适温范围，孵化酶分泌受到抑制，仔胚活动能力下降；高于适温范围，孵化时间缩短，初孵仔鱼器官发育不完全
	仔鱼的发育	温度越高，仔鱼发育越快，卵黄囊期越短，有利于仔鱼视觉、摄食、消化和运动等功能器官的形成	消化器官发育畸形，部分鱼类鳃部结构发育异常，仔鱼死亡率上升
疾病		鱼类疾病发病率较低	鱼类疾病发病率较高

鱼病是当病原作用于鱼类机体后，引起鱼体的新陈代谢失调，发生病理变化，扰乱鱼类生命活动的现象[8、9]。引起鱼类生病的原因是多方面的，水温作为影响鱼类生理活动的重要非生物因子，直接影响鱼类的免疫活动。同时，水温的变化还会引起致病菌的繁殖，从而导致疾病发生。

2.3 水温对浮游生物的作用机理

浮游生物泛指生活于水中而缺乏有效移动能力的漂流生物。浮游生物群落结构的时空分布和动态变化对其所处水域的环境因子响应敏感，温度被认为是影响浮游生物分布的重要因素。

水温通过影响浮游生物细胞代谢酶的活性，影响浮游植物的物质合成和呼吸作用，决定浮游植物的生长繁殖和时空分布[11]。同时温度也是引起浮游动物种群季节性演替的关键因子[12]。根据浮游动物适温范围的不同，可将其分为广温性物种和狭温性物种。在适温范围内，浮游动物的生长率随温度增加呈上升趋势，且温度较高时，浮游动物的寿命和最大体长都会减小，内禀增长率增大[13]。

2.4 水温对底栖生物的作用机理

底栖动物是指生活史的全部或大部分时间生活于水体底部的水生动物群，是湿地生态系统的重要类群，因其活动能力弱、生活相对稳定等特点，对外界环境反应敏感，因此，底栖生物种类组成和丰度与外界环境因子密切相关。水温被认为是影响底栖生物种类和分布的重要非生物因子，不同底栖生物种类对水温的要求不同，因此水温是诱发底栖生物物种多样性季节变化的主导因子[14]。

2.5 水温对农作物的作用机理

农作物的生长对外界环境要求严格，因此水温对灌溉作物的影响一直备受关注，灌溉水温会对土壤温度带来影响，而植物的发育对土温十分敏感[15]。不同作物在生长发育的各阶段对温度的要求不同（见表2），只有满足作物在不同物候期的温度要求，才能保证作物的正常生长发育。

表 2　我国主要粮食作物灌溉水温要求[17-19]

作物	物候期	最低水温（℃）	最适水温（℃）	最高水温（℃）
水稻	发芽	10～30	30～35	36～42
	幼苗	15	28～32	36～40
	返青	18	30～35	36～40
	分蘖、孕穗	18	28～34	36～40
	抽穗扬花、乳熟黄熟	20	30～38	36～42
小麦	发芽、出苗	1～2	15～20	31～37
	分蘖	3～5	13～18	
	长穗、灌浆	3～5	20～22	
玉米	播种、发芽	6～7	12～25	35
	拔节	15	20～23	30
	开花	18	25～28	38
	灌浆	16	20～24	25

植物的生命周期可以划分为两个主要的生长阶段：营养生长和生殖生长。绿色开花植物的根、茎、叶等营养器官的生长，叫作营养生长。农作物发芽期对温度变化较为敏感，灌溉水温直接影响种子的发芽率、幼苗干鲜重等指标。同时，灌溉水温变化对作物根系的生长发育、土壤水分和养分的吸收利用都有重要影响。水温也是土壤肥力的重要影响因素之一。灌溉水温较低，会降低水中溶解氧含量，抑制根系生长，细胞原生质浓度增大，影响根系对土壤水分和养分的吸收利用，水分是光合作用的主要原料，根系吸水能力的下降会影响植物的光合作用，阻碍有机质的积累；水温过高则加速根系成熟和木质化扩大，水分和养分的吸收率降低，呼吸作用增强，净光合速率下降[16]。当植物营养生长到一定时期后，便开始形成花芽，之后开花、结果，形成种子，该过程叫作生殖生长。对于农作物而言，水温影响作物的生理机能，影响植物的生殖生长过程，这些最终将反映在产量上。

3 水库下泄水温对环境的影响

水库建成后，改变了原始河流的热动力条件，造成库区水温结构在垂向上形成水温分层，导致水库升温期下泄水温低于天然河道水温，降温期高于天然河道水温，当水温变幅、水温结构以及水温时滞达到某一程度时，将显著影响水生生物的生长繁殖以及灌溉区农作物的正常生理活动。

3.1 对浮游生物和底栖生物的影响

水电工程建成后改变了原始河流的众多环境要素，由于浮游生物和底栖生物对环境因子变化敏感，因此很难单独割裂出工程运行后温度变化对浮游生物的影响，现阶段的研究多围绕水电工程运行后对浮游生物的综合影响展开。研究结果显示，水电工程建成后降低了河流生态系统的连通性，打断了水体流动和沉积物运移过程，改变了水体的理化性质，水中溶解氧、电导率、pH、水温等均与原始河流表现出较大差异，同时引起浮游生物、底栖生物生存条件和食物来源的变异，造成了其群落数量、生物量和丰富度的改变以及大坝上下游之间功能群的差异[20]。田泽斌等[21]探究了浮游植物群落结构演替趋势及其影响因子，结果表明，水温分层的季节性发育和消失是浮游植物群落结构演替的主要影响因素。Chavesulloa 等对比了南美洲 Costa Rica 境内三条河流不同河段水体理化性质以及大型底栖生物群落结构、丰富度等的差异，分析认为水电工程造成的河流水体理化性质的改变影响了底栖生物的生长及分布[22]。

3.2 对鱼类的影响

现阶段，水库下泄水温对鱼类影响的研究主要从三个方向展开：水库升温期下泄低温水对鱼类的影响，水库降温期下泄高温水对鱼类的影响以及水库建成后年内水温坦化作用对鱼类的影响，其中研究工作的重点集中于对鱼类繁殖期影响的研究。水库下泄低温水对鱼类的直接影响主要包括繁殖季节推迟、当年幼鱼生长期缩短、生长速度减缓等问题，是目前研究工作的主要开展方向。我国以温带性鱼类为主，鱼类生长的适宜水温范围为 15～30 ℃，繁殖期多在初春至夏末，该时期正是水库下泄低温水时期，因而造成鱼类产卵的推迟甚至不产卵；高温水效应主要出现在秋冬季，水温决定了鱼类的产卵季节范围，产卵季节河道水温过程的改变将对某些珍稀鱼类造成较大的负面影响[23]，目前关于高温水下泄对鱼类影响的研究主要集中于长江流域，针对物种为中华鲟[23]；水库运行后，由于巨大的热量调蓄作用，导致下泄水体水温过程相比天然河道坦化作用明显。水温年内变化幅度的减小，造成鱼类适宜生存温度时长的改变，进而影响鱼类的生长分布和疾病的发生率[8, 9]（见表 3）。

表 3   水库下泄水温对鱼类影响研究代表文献汇总

影响类别	研究河流	水库	研究对象	研究结果
低温水下泄	汉江	丹江口—王甫洲—崔家营	产漂流性卵的鱼类、主要经济鱼类	丹江口枢纽对坝址下游河段水温影响最为显著，鱼类繁殖期较建坝前推迟 20～30 d，鱼类繁殖期一般延续到 8 月中旬到 8 月底[24]
	金沙江	乌东德—白鹤滩—溪洛渡—向家坝	长江上游保护区内能够确定繁殖期的 35 种鱼类	水电梯级开发导致春夏两季下泄水温降低，溪洛渡—向家坝两库联合运行时，温水性鱼类的繁殖时间延后 34 d，4 库运行后延迟 43 d[6]
	长江	三峡水库	四大家鱼	3～4 月低温水下泄导致四大家鱼性腺发育迟缓，繁殖期下限温度 18 ℃ 出现推迟，导致四大家鱼繁殖时间延后[25]
	海浪河（松花江支流）	林海水库	茴鱼和细鳞鱼（冷水性鱼类）	5～9 月份，水库下泄水温较天然河道有所减低，但水温基本满足冷水性鱼类的产卵要求，不会对冷水性鱼类繁殖产生显著影响[26]
高温水下泄	金沙江	乌东德—白鹤滩—溪洛渡—向家坝	长江上游保护区内能够确定繁殖期的 35 种鱼类	受梯级水库联合运行作用，冬末春初下泄水温较天然河道明显偏高，冷水性鱼类的繁殖活动受到影响[6]
	长江	三峡水库	中华鲟	下泄水温在 10～12 月出现明显的高温水效应，受此影响中华鲟产卵场的特征水温出现时间明显滞后，产卵时间较蓄水前平均延迟 1～4 旬[23]
水温坦化作用	渠江（嘉陵江支流）	朱溪江水库	流域 15 种主要土著鱼类	水电工程运行后对河道水温的坦化作用明显，年内鱼类适宜生存时间延长，不适宜生存时段缩减，鱼类疾病发生率下降；同时，库区水温分层，有利于鱼类的"逐温而居"，减少疾病的发生[9]

3.3   对农作物的影响

我国粮食作物生长的适温范围约为 20～35 ℃，而水库建成后，库区水温结构的变化易造成夏季低温水下泄，较低的水温抑制植物的代谢活动，导致植物生长周期的滞后，产量下降。

现阶段的研究表明，水稻为喜温植物，对水温变化敏感，各生育期生长的适温大致为 25～35 ℃，水温过高或过低都会对其生长产生明显影响，低温水灌溉会造成水稻的生育延迟，产量降低[17]。相对水稻来说，耐旱作物对水温的要求相对宽松，但水温条件同样是影响旱区作物产量的关键因子，因此对于小麦、玉米等耐旱作物而言，低温水将导致其抽穗延迟，灌浆期缩短，灌浆速度低，籽粒产量降低[18, 27]。除农作物种类外，水库的取水方式和取水口距灌区的距离也是决定低温水对农作物影响程度的关键因素。依据水库引水灌溉对农作物的影响程度，可将文献分为两大类：水库下泄低温水对农作物有不利影响和水库下泄低温水未对农作物产生不利影响。通过对两类文献的对比分析发现，较之单层取水，采用底层取水的水库其下泄水温远低于天然河道水温，易对生长期的农作物产生不利影响；此外，水库下泄水在流经灌渠的过程中水温有所恢复，因此设计宽浅式过水断面的渠道或延长下泄水在灌渠中的滞留时间有助于水温的恢复，减缓低温水对农作物的不利影响[17, 27～33]（见表 4）。

表 4　水库下泄水温对农作物影响研究代表文献汇总

水库名称	水库类型	取水方式	针对农作物	研究结果
二龙滩水库	分层型	单层取水，取水口位置距正常蓄水位高程 23 m	水稻、小麦、玉米、豆类等	水库下泄低温水经过灌渠后水温回升，未对农作物产生不利影响[28]
南门沟水库	分层型	单层取水，取水口位置距正常蓄水位高程 25 m	小麦、玉米、棉花、果林等	水库下泄低温水流经灌渠后水温有所恢复，未对农作物产生不利影响[29]
石膏山水库	分层型	单层取水，取水口位置距正常蓄水位高程 23 m	小麦、玉米、谷子	全年水库灌溉的引水水温均能满足作物的生长需求[27]
吴家庄水库	混合型	单层取水，取水口位置距正常蓄水位高程 35 m，10 m	小麦、玉米、谷子	水库下泄水温高于作物要求最低水温，未达到最适宜温度范围[30]
下浒山水库	分层型	分层取水	水稻	下泄低温水对水稻存在不利影响[31]
毛家村水库	分层型	底层取水	水稻	下泄低温水易导致水稻返青慢、结实率低、产量低等多方面不利影响[17]
朱庄水库	分层型	底层取水	玉米、小麦	水库下泄低温水对农作物有不利影响，农作物出现早熟现象[32]
山岩口水库	分层型	单层取水，取水口位置距正常蓄水位高程 21.5 m	水稻	水库下泄水温低于水稻生育期最低要求水温，对水稻存在不利影响[33]

4　结语与展望

随着水电工程的大量建成，其引起的生态环境问题也日益成为关注焦点，有关学者对此展开了深入的研究，本文在总结目前水电工程生态环境影响工作研究重点的基础之上，提出了当前研究中存在的问题及未来的发展趋势。第一，浮游动植物以及底栖生物对延续和维持水生生态系统的平衡具有重要的意义，目前关于下泄水温对水生生物影响的研究鲜有涉及浮游动植物和底栖生物影响的报导，因此未来的工作中应加强此类研究。第二，目前关于水库建成后水温变化生态环境影响研究的工作主要集中于下泄低温水，涉及冬季至初春下泄高温水及水温坦化作用生态环境影响的研究相对较少，尚待加强。第三，水电工程建设对河流生态系统的影响是多方面的，而目前关于水电工程生态影响的研究，多基于单一目标、单一层次，因此综合考虑水电工程的多种影响，建立高度耦合的数学模型，指导水库生态调度的进行，开展流域生态效益的综合管理，是未来重要的研究方向。

参考文献

[1] Komatsu E，Fukushima T，Harasawa H. A modeling approach to forecast the effect of long-term climate change on lake water quality. Ecological Modelling，2007，209（2-4）：351-366.

[2] Hutchinson GE. 1957. A treatise on limnology. New York：John Wiley. 1015 pp.

[3] Sprague JB. 1985. Factors that modify toxicity. In：Rand GM，Petrocelli SR，eds. Fundamentals of aquatic toxicology. Washington，DC：Hemisphere Publishing，pp. 123-163.

[4] 曹文宣，常剑波，乔晔，等. 长江鱼类早期资源. 北京：中国水利水电出版社，2007.

[5] 林浩然. 鱼类生理学. 广州：中山大学出版社，2011.

[6] 骆辉煌，李倩，李翀. 金沙江下游梯级开发对长江上游保护区鱼类繁殖的水温影响. 中国水利水电科学研究院学报，2012，10（4）：256-259.

[7] 王祖昆，邱麟翔，陈魁候，等. 草鱼、鲢鱼、鳙鱼、鲮鱼冷冻精液授精试验[J]. 水产学报，1984，8（3）：255-257.

[8] 龙华. 温度对鱼类生存的影响. 中山大学学报（自然科学版），2005（s1）：254-257.

[9] 谢初昀. 探究中高坝水库建库前后水温变化对环境的影响——以朱溪江水电站为例. 湖南水利水电，2008（2）：68-70.

[10] 殷名称. 鱼类生态学. 水产学报，1991，15（4）：348-358.

[11] 邱小琼，赵红雪，孙晓雪. 宁夏沙湖浮游植物与水环境因子关系的研究. 环境科学，2012，33（7）：2265-2271.

[12] Schalau K，Rinke K，Straile D et al. Temperature is the key factor explaininginterannual variability of Daphnia development in spring：a modelling study.Oecologia，2008，157：531-543.

[13] 黄祥飞.三种淡水枝用类生物学的研究.海洋与湖沼，1985，16（3）：188-198.

[14] 丛冰清. 舟山砂质潮间带小型底栖生物空间分布及季节动态[D]. 中国海洋大学，2011.

[15] 吴佳鹏，黄玉胜，陈凯麒. 水库低温水灌溉对小麦生长的影响评价. 中国农村水利水电，2008（3）：68-71.

[16] 张少雄. 大型水库分层取水下泄水温研究[D]. 天津大学，2012.

[17] 赵成. 水库低温水对水稻影响的初探. 水利水电技术，2007，38（12）：73-74.

[18] 张绍伟. 基于温度对玉米各生长期的影响[J]. 农民致富之友，2016（6）.

[19] 张士杰，刘昌明，谭红武，等. 水库低温水的生态影响及工程对策研究[J]. 中国生态农业学报，2011，19（6）：1412-1416.

[20] Williams J G，Armstrong G，Katopodis C，et al. Thinking like a fish：a key ingredient for development of effective fish passage facilities at river obstructions. River Research & Applications，2012，28（4）：407 417.

[21] 田泽斌，刘德富，姚绪姣，等. 水温分层对香溪河库湾浮游植物功能群季节演替的影响[J]. 长江流域资源与环境，2014，23（5）：700-707.

[22] Chavesulloa R，Umañavillalobos G，Springer M. Downstream effects of hydropower production on aquatic macroinvertebrate assemblages in two rivers in Costa Rica. Revista De Biologia Tropical，2014，62 （s 2）：177-199.

[23] 邓云，肖尧，脱友才，等. 三峡工程对宜昌-监利河段水温情势的影响分析. 水科学进展，2016，27（4）：551-560.

[24] 文威，李涛，韩璐. 汉江中下游干流水电梯级开发的水环境影响分析[J]. 环境工程技术学报，2016，6（3）：259-265.

[25] 蔡玉鹏，杨志，徐薇. 三峡水库蓄水后水温变化对四大家鱼自然繁殖的影响[J]. 四川大学学报（工程科学版），2017，49（1）：70-77.

[26] 王伟，杨子，邓国立. 林海水库垂向水温预测及对下游冷水鱼类的影响分析[J]. 黑龙江水利科技，2013，41（7）：15-17.

[27] 王伟. 石膏山水库建成后灌溉水温对农作物的影响. 科技情报开发与经济，2008，18（35）：126-128.

[28] 王洁. 二龙滩水库工程的修建对当地灌溉水温的影响[J]. 四川水利，2015，36（1）：46-49.

[29] 王海山. 南沟门水利枢纽工程下泄低温水对下游洛惠渠灌区影响初探[J]. 陕西水利，2014（2）：177-178.

[30] 韩彩霞, 尹晓煜, 王伟, 等. 预测吴家庄水库下泄水温对农作物的影响[J]. 水利科技与经济, 2002, 8（3）: 155-156.

[31] Yang M, Li L, Li J. Prediction of water temperature in stratified reservoir and effects on downstream irrigation area: A case study of Xiahushan reservoir. Physics & Chemistry of the Earth, 2012, 53-54（6）: 38-42.

[32] 鲍其钢, 乔光建. 水库水温分层对农业灌溉影响机理分析[J]. 南水北调与水利科技, 2011, 09（2）: 69-72.

[33] 詹晓群, 陈建, 胡建军. 山口岩水库水温计算及其对下游河道水温影响分析[J]. 水资源保护, 2005, 21（1）: 29-31.

第五篇　摘　要

N-S 方程特征线算子分裂有限元法及应用

王大国，水庆象

（西南科技大学环境与资源学院，四川省绵阳市涪城区青龙大道中段 59 号，621010）

【摘　要】　N-S 方程是一种非线性方程，数值方法是它的基本研究方法。有限元法由于适合处理复杂几何形状和边界条件的优点而成为计算力学中的优选方法。传统有限元求解不可压 N-S 方程时面临不可压缩性约束、非线性效应以及计算量大的三大困难。为此，我们提出了一种求解 N-S 方程新的求解方法：特征线算子分裂有限元法。该方法将投影法和基于特征线的算子分裂有限元法相结合，在每一个时间层上将 N-S 方程分裂成扩散项、对流项、压力修正项。扩散项时间离散采用向后差分格式，空间离散采用标准 Galerkin 有限元法，隐式求解；对流项采用多步显式格式，且在每一个对流子时间步内采用更加精确的显式特征线-Galekin 法进行时间离散，这样既降低了对整体时间步长的要求，又能提高算法精度，空间离散采用标准 Galerkin 法；压力通过求解压力 Poisson 方程获得，压力 Poisson 方程结合连续方程推导得到，对压力 Poisson 方程用标准 Galerkin 法进行空间离散，得到压力值后对速度进行修正。速度和压力解耦后无需要求速度-压力的插值函数满足 LBB 条件，大大提高求解效率，更易于程序的实现。经方腔流、台阶绕流等算例验证了方法的稳定性和优越性。运用该方法对自然对流、钝体绕流控制、水波模型、流固耦合等问题进行研究的同时，目前已经实现了该方法的三维并行求解。

【关键词】　N-S 方程；特征线算子分裂有限元；多步显式格式；Poisson 方程

打帮河溶解氧分布特征及影响因素分析

谭宏[1]，王从锋[1,2]，莫伟均[3]，王瑶[1]，冯三杰[1]

（1. 三峡大学水利与环境学院，湖北省宜昌市西陵区大学路 8 号；
2. 三峡地区地质灾害与生态环境湖北省协同创新中心，湖北省宜昌市西陵区大学路 8 号；
3. 珠江水利科学研究院，广东省广州市天河区天寿路 80 号珠江水利大厦）

【摘　要】　梯级水库的修建严重影响了支流河段的水环境现状，破坏了鱼类原有栖息地。打帮河为北盘江一级支流，大坝建成蓄水后，打帮河流域的鱼类种群数急剧减少。本文通过对打帮河流域的现场水质监测，分析探讨了打帮河流域溶解氧的季节变化及空间分布特征，了解了流域内溶解氧与其他水质因子的相关性，为有效评价打帮河鱼类栖息地水环境现状、保护鱼类生态环境、改善流域水质状况提供了参考依据。结果显示，打帮河研究区域溶解氧垂向分布呈明显季节性差异，夏秋两季存在明显分层特点。各监测点除夏秋两季中下层外，其他时期均呈显著空间差异。温度、pH 与溶解氧呈现出显著的相关性；叶绿素 a 对春、秋两季溶解氧分布有显著影响；对夏季溶解氧分布在研究区域两端影响显著；中部河段没有影响；对冬季溶解氧分布没有相关性。

【关键词】　打帮河；溶解氧；空间差异性；相关性

岷江上游叠系地区的河湖软沉积构造与动力研究

崔杰[1]，王兰生[2]

（1. 西南科技大学环境与资源学院，四川省绵阳市涪城区青龙大道 1 号，621010；
2. 成都理工大学环境与土木工程学院，四川省成都市二仙桥东路 1 号）

【摘　要】　四川岷江上游地区发育多处现代堰塞湖，其中以叠系堰塞湖的发育规模最大。与现代堰塞湖相对应，本区还发育有古堰塞湖，通过取样测年，其形成衰亡于晚更新世末次盛冰期至末次盛冰期晚期期间，发育历史约为 15 ka。本次研究根据沉积钻孔揭露的信息，揭示了叠系古堰塞湖的形成消亡过程存在若干次地震构造或滑坡失稳事件，并在静水环境下的震发性水动力作用控制下发育了若干软沉积构造，并通过室内振动台实验反演了该震动过程形成的扰动构造。多次扰动过程均被记录于沉积物序列中，是研究岷江上游地区河道演化与河流水环境演化的重要途径。

【关键词】　岷江；河湖环境；软沉积

基于 GIS 的地震重灾区滑坡易损性评价

吴彩燕

（西南科技大学，四川省绵阳市涪城区青龙大道中段 59 号，621010）

【摘　要】 2008 年 5.12 大地震之后，大量的地质灾害如滑坡、崩塌和泥石流等频繁出现，因而对于地震重灾区的地质灾害风险评价一直被学者们所重视。要想获取地震重灾区滑坡风险评价，必须首先得到滑坡易损性评价。本文中，作者基于 GIS 平台及空间分析方法，并结合 AHP 模型，对地震重灾区的 10 个县共包含 221 个乡镇进行易损性评价，建立了该区的滑坡易损性评价指标体系，并计算出不同指标的权重，进而建立了滑坡易损性评价模型，得到研究区滑坡易损性评价结果。作者将易损性评价结果分为 5 级（高易损、较高易损、中度易损、较低易损和低易损），其中高易损区（包括高易损和较高易损）分布面积占整个研究区的 6.01%，中度易损分布面积占 13.56%，其余为低易损区（包括低易损和较低易损）。结果表明，研究区中大部分地区遭受滑坡地质灾害的风险不大，这与当时研究区正处于灾后恢复重建有很大关系，研究区内的主要基础设施还没有完全修复，同时也跟研究区的人口密度低密不可分。

【关键词】 地震重灾区；滑坡；易损性；GIS

洪水分析软件 IFMS/IFMS Urban 理论方法及应用

马建明 [1, 2]，喻海军 [1, 2]，张大伟 [1, 2]，张洪斌 [1, 2]，吴滨滨 [1, 2]，穆杰 [1, 2]

（1. 中国水利水电科学研究院，北京复兴路甲 1 号，100038；
2. 水利部防洪抗旱减灾工程技术研究中心，北京复兴路甲 1 号，100038）

【摘　要】　本文面向风险图编制和洪水管理的需求，以自主研发的 GIS 平台为基础，通过模型计算、分析、编辑及可视化展示建立了可应用于实时洪水分析的 IFMS/IFMS Urban 模型。模型实现了一维河网模型、二维洪水模型和城市管网模型的前后处理集成和开发，耦合了一维与二维模型以及城市管网与二维模型。IFMS/IFMS Urban 模型在网格剖分、快速建模、计算收敛和淹没展示等方面优势显著。集成了基于区域分解法的网格剖分工具，可快速生成高质量的非结构网格；一维河网模型提供了两个计算引擎，基于隐式差分格式和显示差分格式的一维引擎分别可适用于大型复杂的平原河网和大坡度的山区性河网；二维洪水模型采用 Godunov 型格式进行离散，Riemann 问题采用 Roe 格式求解，底坡源项采用特征分级离散，阻力源项采用隐式离散，采用 MUSCL 空间重构和预测矫正法使得模型具有时间和空间二阶精度，能够适应复杂地形的洪水演进模拟；排水管网模型是基于 SWMM 模型并进行改进和完善，模型具备计算城市产汇流的能力，提供了恒定流、运动波和动力波等方法供选择，能够模拟压力流和明渠流。一二维模型实现了支持多线程并行计算，支持在多核心计算设备上进行高效模拟计算。本文对 IFMS/ IFMS Urban 模型在大陆泽及宁晋泊蓄滞洪区和成都市主城区实时洪水风险分析进行了介绍。

【关键词】　洪水分析模型；IFMS/Urban；网格剖分；一维模型；二维模型；实时洪水分析

高坝泄洪洞智能机器人巡检系统

张华[1]，王皓冉[2]，汪双[3]，任万春[1]

（1. 西南科技大学信息工程学院，四川省绵阳市涪城区青龙大道中段 59 号，621010；

2. 清华大学水利系，北京市海淀区清华园 1 号，100084；

3. 清华四川能源互联网研究院，四川省成都市成都科学城天府菁蓉中心 A 区，610000）

【摘　要】　龙抬头式泄洪洞在高坝中应用十分普遍，但龙抬头式泄洪洞在反弧段存在严重的空蚀破坏水力学问题。而当前泄洪洞普遍使用的人工巡检方式又存在诸如环境条件差、劳动强度大、检修内容多、安全风险高、综合效益低等问题。高坝泄洪洞智能机器人巡检系统基于先进机器人、智能感知、数据管理和智能决策等技术，对泄洪洞混凝土表面空蚀损坏、内部空隙渗水等问题进行智能化数据监测、洞体状态分析和损伤程度评估等，以解决人工检修带来的诸多问题，可有效保障泄洪设施安全可靠运行，显著提升高坝泄洪洞精准、高效、全面、安全的智慧管理水平，具有重要的理论研究意义和工程应用价值。

【关键词】　高坝；龙抬头式泄洪洞；智能机器人巡检；智慧管理

黑河流域上游水沙特征变化及原因分析

王昱，连运涛，卢世国，时文强

（兰州理工大学能源与动力工程学院，兰州市七里河区兰工坪路 287 号，730050）

【摘　要】　利用黑河上游干流主要水文站近 60 年的实测径流及输沙资料，采用 Mann-Kendal 秩相关检验法和累计距平法，分析了黑河流域上游干流水沙量时空变化特征及其成因。研究结果表明：黑河流域上游干流径流量总体上从 20 世纪 80 年代以后呈增加趋势；输沙量从 20 世纪 70 年代开始呈不显著增加趋势，但莺落峡水文站输沙量从 2001 年开始呈显著下降趋势。最后，从气候变化和人类活动等方面探讨了黑河上游水沙量变化的成因，认为降水增加是影响黑河上游径流量增多的重要原因；水土流失导致了输沙量的增加，而水库拦沙是莺落峡水文站输沙量显著减少的主要原因。

【关键词】　黑河流域；水沙变化；趋势检验；成因分析

资助项目：国家自然科学基金项目（51669011）；甘肃省自然科学基金项目（1606RJZA196）；甘肃省教育厅项目；甘肃省博士后项目共同资助。

作者简介：王昱（1979—），男，甘肃永昌人，博士，副教授。主要从事生态水文及水力学研究。

后河梓潼溪电站下游河段塌岸特征及影响因素分析

向贵府

（西南科技大学环境与资源学院，四川省绵阳市涪城区青龙大道中段 59 号，621010）

【摘　要】　2010 年 7 月 16 日至 18 日，达州万源遭遇百年一遇特大暴雨，洪灾泛滥。受特大洪灾影响，210 国道自 K1463+800 m 开始，由南向北至 K1464+200 m 处，长度达 450 余米路段发生塌岸破坏，最大冲毁宽度达到 20 m。通过对水毁路段破坏情况的详细调查与分析，得出如下认识：① 该河岸段位于河流凹岸，受河流弯道环流及洪水紊流作用明显，具备遭受洪水及河流冲刷的地形地貌条件。② 该岸坡段上部大部分为 60～70 年代铁路建设中开挖堆填的碎石土，结构松散，强度低，抗冲刷能力弱，为岸坡塌岸破坏提供了有利的岩土条件。③ 岸坡下部基岩为典型的红层砂泥岩，且缓倾坡外，基岩面与层面近于平行，上覆土层易于发生顺基岩面滑动。这种岸坡结构也有利于岸坡冲刷及塌岸的发生。④ 万源地区 7 月 16 日至 7 月 18 日的特大暴雨，导致该地区河流洪水暴涨，后河洪水流量猛增，水位超警戒水位最高达 3 m。这种远超预期的特大洪水是本河岸段遭受严重毁损的直接诱因。⑤ 该河岸段上游侧的梓桐溪电站的兴建，改变了河流环境，不仅造成洪水雍高，冲击力增大，而且泄洪渠道受阻，通洪不畅，洪水主流方向改变，加剧了对河流右岸岸坡的冲刷破坏，对道路塌岸破坏起到诱发加剧的作用。因此，研究山区河道水力资源开发与河岸道路保护之间的关系，对于长江上游地区河谷生态环境保护具有重要的现实意义和理论价值。

【关键词】　山区河道；河流岸坡；塌岸；梓潼溪电站；影响因素

英罗湾溺谷型潮汐水道演变及其稳定性分析

黄广灵 [1, 2, 3]，黄本胜 [1, 2, 3]，黄锦林 [1, 2, 3]，刘达 [1, 2, 3]

（1. 广东省水利水电科学研究院，广州天寿路 116 号，510635；

2. 广东省水动力学应用研究重点实验室，广州天寿路 116 号，510635；

3. 河口水利技术国家地方联合工程实验室，广州天寿路 116 号，510635）

【摘　要】　本文根据华南地区溺谷型海湾——英罗湾附近海区的海图及最近实测地形图、卫星遥感图及其潮汐水道的动力场，分析英罗湾及其附近海区的海底地形的演变状况及其原因，着重于其潮汐水道的地貌演变及动力过程，计算分析了其稳定性。研究结果表明，英罗湾潮汐水道近几十年来以海床冲刷、深槽发育、浅滩萎缩为主，其原因包括人类活动、海平面上升、来沙量减少等因素。英罗湾潮汐水道演变规律研究表明其潮汐水道的落潮主水道表现出有规律的演变，口门稳定性比较高，但其涨潮主水道不太稳定。

【关键词】　英罗湾；潮汐水道；演变；稳定性

基金项目：国家重点研发计划（2016YFC0402605，2016YFC0402607）、广东省水利科技创新项目（2016-11）资助。

基于 SWE-SPH 的溃坝波与障碍物作用模拟

任立群，郑仙佩，王星，顾声龙

（青海大学水利电力学院，青海省西宁市城北区宁大路 251 号，810016）

【摘　要】　为了更加详细地揭示溃坝水流遭遇下游障碍物后的水流细节，本文使用一种纯粹的拉格朗日粒子方法，即光滑质点水动力学法（SPH），并求解浅水波方程（SWE），从而模拟溃坝波与障碍物的作用问题。模拟下游存在三角形障碍物的溃坝水流运动，模拟结果和试验数据符合，溃坝波的传播、绕射、反射、波的叠加以及流动过程中产生漩涡和水跃的现象也得到真实呈现，充分表示 SPH 方法在揭示水流细节方面的优势。在矩形障碍物的模型计算中，分析了模型收敛性，对比了不同方法的计算结果，客观表现了 SWE-SPH 方法的优缺点。简要探讨了粒子分裂技术对计算精度的影响，分析表明：当模型充分收敛，计算域分辨率足够时，粒子分裂难以提高计算精度。

【关键词】　SPH；SWE；溃坝水流；障碍物

阶梯式泄水道竖井性能研究

吴建华，任炜辰，马飞

（河海大学水利水电学院，江苏省南京市鼓楼区西康路 1 号，210098）

【摘　要】　竖井是城市深层隧道排水系统中的重要结构。由于竖井大泄量和高落差的特点，如何有效消能和避免空化空蚀破坏一直是竖井结构设计的难点所在。本文提出了一种全新的阶梯式泄水道竖井，它由中间排气通道和环绕排气通道并螺旋下降的阶梯式泄水道组成，利用阶梯结构进行消能，同时借助阶梯结构的掺气作用形成掺气水流避免空化空蚀破坏。为了验证这一设计的安全性和有效性，本文设计实施了阶梯式泄水道竖井的物理模型试验。模型试验结果显示，阶梯式泄水道竖井泄流顺畅且流态稳定；相比传统的螺旋滑道式竖井，具有较高的消能率，试验中均超过了 90%；试验中阶梯面未测得负压且近壁面掺气浓度均超过 2%，压强和掺气特性良好，不易发生空化空蚀破坏。试验结果证明了阶梯式泄水道竖井可以安全有效地实现泄流。它为城市深隧排水系统中的竖井结构设计提供了新的思路。

【关键词】　阶梯式泄水道竖井；城市深层隧道排水系统；消能；空化空蚀；掺气

考虑支流水华防控生态约束的三峡水库优化调度

刘晋高，诸葛亦斯[2, *]，余晓[2]，刘德富[1]，张倩[2]，马骏[1]

（1. 湖北工业大学，湖北 武汉 430068；

2. 中国水利水电科学研究院水环境研究所，北京 100038）

【摘　要】　三峡水库蓄水后支流水体水动力条件的改变是引发支流水华的主要诱因之一，开展水库生态调度，改变支流水体水动力条件，能有效地防治水库支流水华发生。本文采用 Bp 神经网络算法（BNN），以水位、水位变频、水位变幅为水华预测模型的输入，以水体中叶绿素浓度为预测输出，构建水华预测模型；将水华预测模型嵌入到水库调度模型中，构建了考虑支流水华防控的生态调度模型，并以离散型动态规划法（DDDP）求解调度模型。结果表明：构建模型的预测验证相关性为 $R = 0.853\,6$，能较好地预测水体叶绿素含量；在极端水华控制保证率 100% 条件下，生态调度发电量较电力优化调度损失了 3.8%。三峡水库开展生态调度是可行的，在损失少量的发电效益的情况下，可保证极端水华的防治效果。

【关键词】　三峡水库；水华预测；生态约束；生态调度

基金项目：国家"十二五"水专项（2013ZX07501-004）；国家国际科技合作专项项目（2014DFE70070）。
作者简介：刘晋高（1993—），男，湖北仙桃人，硕士研究生，研究方向为生态水利学。
通讯作者：诸葛亦斯（1981—），男，高工，主要从事环境水力学研究。

突发水环境事件重金属污染水生态损害量化方法研究

裴倩楠[1, 2]，马巍[2]，胡彩虹[1]

（1. 郑州大学水利与环境学院，河南省郑州市，450001；
2. 中国水利水电科学研究院，北京复兴路甲 1 号，100038）

【摘　要】　针对国内外突发重金属污染的水环境事件日益凸显的问题，为保证受损的水生态得到恢复和补偿，量化突发重金属污染的水环境事件造成的生态损害显得至关重要。本文基于国内外文献调研和现有研究成果，归纳总结典型重金属的水生态效应（包括毒理学效应），构建了重金属污染的水生态环境损害量化指标，指出现有的水生态环境损害量化方法的不足之处，并且提出了重金属污染水生态环境损害实用性量化方法，以期为突发水环境事件的应急处置措施以及水环境事件损害等级的确定提供依据。

【关键词】　重金属污染；水生态；环境损害；指标量化方法；突发水环境事件

大水体范围三维激光诱导荧光测量标定和校正系统研究

王鲁海，任家盈，彭海欣，黄真理

（中国水利水电科学研究院，北京复兴路甲 1 号，100038）

【摘　要】 激光诱导荧光技术（LIF）因其实时性、非接触性和全场测量的特点已成为目前水力学研究中获取水体中浓度场、温度场等标量场分布的重要手段。本文构建了一套针对大水体范围的三维激光诱导荧光技术（3DLIF）的标定和校正体系。首先，针对单一像素区域灰度采集构建函数关系，进行标定和校正；进而结合激光沿程衰减计算方式，构建二维图像的标定和校正模型；最后添加被激发荧光在荧光物溶液中的衰减计算方法，构建 3DLIF 标定和校正的数学模型。综合分析后，现场标定仅需获得五个标定系数，即 C_1（受荧光物量子产率影响）、C_2（受暗电流和本底噪声影响）、C_3（受荧光物吸光系数影响）、C_4（受水体对荧光衰减作用影响）和 C_5（受荧光物对被激发荧光衰减作用影响），即可构建对测量结果进行计算的反演模型。在此基础上，针对正在研制的 3DLIF 设备设计了具有多层结构的现场标定装置，利用此装置，通过一次激光扫描即可获取所需的五个标定系数。

【关键词】 激光诱导荧光；三维测量；大水体范围；流场显示；标定方法

基金项目：国家自然科学基金重大科研仪器研发项目（51427808）。

南水北调中线总干渠冬季输水冰情分析与安全调度研究

段文刚，黄国兵，杨金波，刘孟凯

（长江科学院，武汉市江岸区黄浦大街 289 号，430010）

【摘　要】　结合南水北调中线总干渠 2011—2016 年 5 个冬季冰情原型观测数据，分析了冰情时空分布特征、冰盖厚度、冰情现象、冰情演变条件和特点等。2015—2016 年冬季输水流量大，渠道水流流速为 0.25～0.67 m/s，加之遭遇罕见寒潮（－18.6 ℃）的叠加，局部渠段出现冰塞现象。结合总干渠闸前常水位运行调度方式和渠池水流特点，提出了避免形成冰塞灾害的水流控制条件。即渠池上游控制断面平均流速 $V \leqslant 0.40$ m/s，$Fr \leqslant 0.065$；下游控制断面平均流速 $V \leqslant 0.35$ m/s，$Fr \leqslant 0.055$。建议持续加强全线冰情观测，积累冰期输水观测数据，为优化冬季输水运行调度和冰情预报提供科学依据。

【关键词】　南水北调中线工程；冰情；冰塞；立封；冰厚；断面流速；弗劳德数

生存或灭亡：中华鲟与长江水坝的关系

黄真理，王鲁海，李海英

（中国水利水电科学研究院，北京复兴路甲1号，100038）

【摘　要】　水坝对鱼类的定量影响机制，是一个长期争论和尚不清楚的难题。长江的水坝建设一直面临土著鱼类保护的挑战。对于长江的特有珍稀物种中华鲟，2013—2015年连续三年在葛洲坝下产卵场未监测到其亲鱼的产卵行为，2016年监测到效率极低的繁殖行为，该物种目前已岌岌可危。本文针对中华鲟有限的捕捞和观测数据，提出种群迁移动力学模型、有效产卵繁殖模型、捕捞数据资源量计算模型和容量-繁殖-年龄结构综合模型，揭示了中华鲟与水坝的关系，获得了中华鲟在长江的迁移分布、性腺发育、产卵窗口和种群数量的新认识，定量评估长江水坝对中华鲟的影响，对全球其他建坝河流的鲟鱼保护具有借鉴意义。基于非线性对流扩散方程，本文构建了中华鲟亲鱼在长江中的迁移分布模型，对葛洲坝截流前后和截流当年的中华鲟种群迁移过程进行模拟分析。研究表明，葛洲坝截流将当年年股群的65%阻隔在坝上游，大坝缩短了中华鲟产卵洄游距离1 175 rkm。通过对亲鱼性腺发育和脂肪消耗的过程进行建模，本文提出了中华鲟有效繁殖模型，推算了繁殖的窗口期。结果表明，葛洲坝导致中华鲟性腺发育推迟37 d，有效繁殖群体为天然情况的24.1%；三峡水库运行带来产卵季节水温升高使得中华鲟产卵窗口期推迟10~40 d，有效繁殖群体数量为天然情况的4.5%。利用捕捞数据中新老股群比例关系和历年捕捞数据，我们构建了资源量计算模型，推算出葛洲坝修建前长江中亲鱼量为1 727尾，葛洲坝截流导致1980年进入长江的亲鱼65%被截在坝上[1]。通过多年来的亲鱼捕捞数据年龄结构，综合容量限制、有效繁殖模型，构建了种群综合模型，通过参数分析推算出葛洲坝截流导致产卵场环境容量减少为原来的6.5%，推演了中华鲟种群数量的年际变化过程。结果表明梯级水坝的综合影响导致中华鲟亲鱼的总资源量（包括长江和海洋中）和长江中资源量1981年为32 260尾（长江资源量1 727尾），2010年下降至6 000尾（长江资源量190尾），2015年下降至2 569尾（长江资源量156尾）。如果不采取针对性措施，我们预测未来不远中华鲟自然种群将消亡。建议开展长江上游梯级水库的联合调度以维持自然种群产卵繁殖条件，加强人工繁殖放流以补充种群数量。结合长江经济带国家战略，开展针对性的综合管理措施，改善中华鲟自然种群的生存条件。

【关键词】　中华鲟；葛洲坝；三峡水库；种群资源量；迁移动力学

参考文献

[1]　黄真理，王鲁海，任家盈.葛洲坝截留前后长江中华鲟繁殖群体数量变动研究.中国科学：三峡专辑，2017.

基金项目：国家自然科学基金面上项目（51379218）、中国水利水电科学研究院科研专项（SD0145B362017）联合资助。

台特玛湖湖泊面积变化特征及保护对策研究

余晓，诸葛亦斯，李国强，杜强

（中国水利水电科学研究院，北京复兴路玉渊潭科技园，100038）

【摘　要】 本文以台特玛湖为研究对象，基于1959—2016年的调绘、遥感等数据，系统分析台特玛湖水面面积年内和年际的变化特征，并结合湖泊水源补给的特点提出了湖泊水面面积保护的相关对策。长序列湖面面积的分析结果表明台特玛湖年际、年内湖面面积变化显著，其中湖泊最大面积为 507.1 km^2，最小面积为 1.5 km^2，最大日减幅为 6.6 km^2，最大日增幅为 9.0 km^2。根据区域环境及湖泊地形分析可知，塔里木河生态补水以及车尔臣河汛期洪水对湖面面积影响较大，这主要是由于台特玛湖湖底较为平坦、水深较浅，处于沙漠地区的湖泊蒸发量大，且补给河流塔里木河和车尔臣河均为季节性河流，仅在大洪水情况下才能补给尾闾湖台特玛湖，湖泊在其他时段没有地表水源的补给，因此洪水是台特玛湖补给的主要水源，在没有持续洪水水量补给的条件下湖面面积将快速减小。为了保护台特玛湖生态环境，结合长序列湖面面积和水文数据的分析，建议维持的最小湖面面积为 31.2 km^2，需要的补水量为 4 717 万 m^3，这部分水量主要由车尔臣河提供；同时，结合流域现有工程的实施情况，对塔里木河和车尔臣河提出相关生态调度的建议，为台特玛湖生态保护提供科学依据。

【关键词】 台特玛湖；塔里木河；车尔臣河；水面面积；变化；保护对策

基金项目：国家"十二五"水专项（2013ZX07501-004）。

作者简介：余晓（1988—），女，湖北宜昌人，工程师，博士研究生，主要研究方向：生态水力学。

提高大坝泄洪能力新的解决方案——琴键堰的研究与进展

李国栋，李珊珊，荆海晓，祁媛媛

（西安理工大学，陕西省西安市碑林区金花南路 5 号，710048）

【摘　要】　琴键堰作为一种全新的迷宫堰型，它采用分别向上下游倒悬的结构代替底部的地基，具有超泄能力强、适应单宽流量范围大、基座占地少等特点，甚至可以建造到混凝土的坝顶。当前，我国正加快实施一大批水利工程的建设，许多已建水库也需要加固及扩容改造，普遍存在需要增加水库利用率、提高泄流能力的问题。在一些新建工程中，也存在着宽度受地形约束和洪水超高库容受限的问题。采用自由泄流的琴键堰是一种安全风险小、经济效益高的解决方案。本文简略地回顾了琴键堰发展的历史，并简要归纳和总结了琴键堰的研究成果，最后探讨了琴键堰今后的发展趋势。

【关键词】　琴键堰；泄流能力；体型参数；研究进展；综述

基于径流-潮位关联特性的河口盐水入侵及淡水保证率研究

贺蔚，练继建，马超，徐奎

（天津大学水利工程仿真与安全国家重点实验室，天津市南开区卫津路92号）

【摘　要】　盐水入侵影响河口地区的水资源利用，综合考虑径流-潮位联合作用对研究盐水入侵风险具有重要意义。本文提出了两个概念来量化盐水入侵风险：临界径流-潮位控制线和淡水保证率。以海南省南渡江河口为例，建立了实用的三维水动力和盐度数学模型，通过多工况数值模拟得出河口沿程河段发生盐水入侵的临界径流-潮位控制线。引入 Copula 函数来量化河口径流-潮位关联特性，得出其联合概率分布函数。基于临界径流-潮位控制线和 Copula 联合概率分布函数，考虑人类取水引起的径流减小，得到不同取水规模（ $0, 10\ m^3/s, 20\ m^3/s, 30\ m^3/s$ ）下的沿程淡水保证率，并反推得到不同设计供水保证率（80%，85%，90%，95%，100%）下的临界取水断面。本研究为确定河口地区盐水入侵风险和取水口的科学选址提供了科学依据。

【关键词】　三维水动力和盐度数值模型；临界径流-潮位控制线；淡水保证率；联合概率分布；南渡江河口；盐水入侵

基金项目：国家自然科学基金创新研究群体科学基金（51321065）；高等学校学科创新引智计划资助（B14012）；天津市应用基础与前沿技术研究计划（13JCZDJC36200，15JCYBTC21800）；国家科技重大专项（2012ZX07205005）。

有限时段源一维水质模型的求解及其简化条件

武周虎

（青岛理工大学环境与市政工程学院，山东省青岛市抚顺路 11 号，266033）

【摘　要】　有限时段源一维水质模型的求解及其简化为按瞬时源处理的判别条件，对事故性排放污水的应急计算，具有十分重要的意义。从河流一维移流离散水质模型方程出发，在等强度有限时段源条件下，采用变量替换和拉普拉斯变换的数学方法，求解了有限时段源排放持续期间和排放结束后，不同扩散历时河流沿程污染物浓度分布的解析解。在不同的简化条件下，讨论了该解析解与可对比解析解的一致性。定义了排放数 $W_t = u^2 t_0 / D_x$，提出了有限时段源可以按瞬时源计算的临界时间 $t_k(W_t)$ 方程和简化判别条件：当扩散历时 $t < t_k$，按有限时段源的浓度分布公式计算；当扩散历时 $t \geq t_k$，且将污染事故的突发时间移至排放持续时段的中间时间 $t_0/2$，按瞬时源的浓度分布公式计算。其结果为河流一维移流离散水质模型的分类应用和纵向离散系数确定以及水环境风险影响预测与评价提供理论支持。

【关键词】　有限时段源；瞬时源；河流水质模型；拉普拉斯变换；临界时间；简化判别条件

基金项目：国家自然科学基金资助项目（51379097）。

作者简介：武周虎（1959— ），男，陕西省岐山县人，硕士，二级教授，博士研究生导师。主要从事环境水力学与水环境模拟研究。

新型抛物线形渠道及水力最优断面

韩延成，唐伟，梁梦媛，初婷婷

（济南大学资源与环境学院，济南市南辛庄西路 336 号，250022）

【摘　要】　提出了三次抛物线形明渠输水断面，推导了断面水力要素计算公式、湿周的近似算法，应用拉格朗日乘子法推导出了水力最优断面，结果表明，三次抛物线形断面较平方抛物线形断面具有更好的水力学特性和经济性。进一步结合平底断面和抛物线形断面的优点，提出了平底半立方抛物线形明渠断面，其有梯形平底的优点，也有半立方抛物线形断面过流能力大的优点。推导平底半立方抛物线形断面水力要素计算公式及水力最优断面，结果表明，平底的半立方抛物线形最优断面的水面宽与水深比是一个常数（2.213 6），最优断面的过流能力较梯形和半立方抛物线形断面大。最后推导了平底的平方抛物线形断面的水力最优断面，得出平底的平方抛物线形最优断面的水面宽与水深比为 2.162 3。结果表明，在同等条件下，平底的平方抛物线形断面的水力最优断面其过流能力较矩形、梯形、平方抛物线形等断面的过流能力都大。推导了平底抛物线断面的一系列显式计算公式。成果丰富了渠道输水断面类型，为工程设计提供了方便。

【关键词】　抛物线形；明渠；水力；最优

基金项目：山东省重点研发计划（2016GSF117038）；国家科技支撑计划（2015BAB07B02）。

旋流消能工内空腔旋流的流速特性

南军虎[1]，牛争鸣[2]，张东[1]

（1. 兰州理工大学能源与动力工程学院，甘肃省兰州市兰工坪路 287 号，730050；
2. 西安理工大学水利水电学院，陕西省西安市金花南路 5 号，710048）

【摘　要】 为了揭示空腔旋流的内部流场特性，以公伯峡水平旋流消能工为例，结合数值模拟和试验成果，研究了空腔旋流的流速特性。结果表明，随着半径的增大，同一轴向断面的切向流速呈先增大后减小的规律，具有组合涡的分布特性，而轴向流速具有先急剧增大，而后平缓变化的特性。旋流消能工内空腔旋流的流动以切向流动和轴向流动为主，且沿程是由切向流速向轴向流速转变的，并与旋流角的沿程分布相印证。组合涡指数是旋流内部流动自由程度和能量损失的体现，在研究流段上其值介于 $-0.8 \sim 0.5$ 之间，并随半径的减小而减小；组合涡指数的沿程分布表明旋流消能工内的空腔旋流沿程是由准强制涡向准自由涡转变的。推导并建立了压强及流量的计算公式，代入数值模拟结果验证了空腔旋流的组合涡运动规律，成果可为空腔旋流内部微观流动特性的研究提供参考。

【关键词】 空腔旋流；流速特性；切向流速；组合涡；数值模拟

基金项目：国家自然科学基金项目——环形掺气坎下部水气两相流特性及其作用机理研究（51509123）；国家自然科学基金项目——旋流阻塞与旋流扩散复合内消能工强剪切两相流水力特性研究（51479164）；甘肃省自然科学基金项目——环形掺气坎对西北山区大落差调水管道内水力特性的影响研究（1506RJZA110）。

沿海城市暴雨潮位致灾作用度量化及排涝措施适应性评估

许红师，练继建，徐奎，马超

（天津大学建筑工程学院，天津市津南区海河教育园区雅观路 135 号，300350）

【摘　要】　沿海城市洪涝灾害受降雨潮位联合作用影响，不同沿海区域的主要致灾因子及对应的排涝措施均不相同。本文利用城市洪水淹没模型及致灾作用度量化公式，对沿海城市各排水分区的致灾作用度及对应的主要致灾因子进行了量化识别；并从减灾效益和成本效益两方面，对不同致灾作用度区域的排涝措施进行适应性评估，从而提出了一套适用于沿海城市致灾作用度量化、排涝措施适应性评估的研究方法。以海口市主城区为例进行研究，结果表明：各排水分区致灾作用度随着与琼州海峡距离的增加而增加，暴雨为内陆区域的主要致灾因子，高潮位为岛屿区域的主要致灾因子。在暴雨为主要致灾因子的区域，新建蓄水工程能有效减轻洪涝灾害；而在高潮位为主要致灾因子的区域，新建泵站工程更为经济。研究成果可为其他沿海区域排涝措施规划提供参考。

【关键词】　洪涝；城市洪水淹没模型；致灾作用度；排涝措施

应用 PIV 技术对高 Re 数下台阶后水流流动特性的实验研究

樊新建[1,2]，吴时强[1]，雷显阳[1]，周辉[1]，肖潇[1]

（1. 南京水利科学研究院，江苏 南京 210029；

2. 兰州理工大学 能源与动力工程学院，甘肃 兰州 730050）

【摘 要】 采用粒子图像测速（PIV）技术，用一幅粒子图像观测完整的台阶后分离再附流动区域，对 Re 在 500~50 000 之间的 30 种雷诺数下的台阶后定常流动的流场进行详细的实验研究，得到由低雷诺数（506）到高雷诺数（47901）范围内台阶后时均速度场、流线图谱、台阶后分离再附着长度以及时均流场中旋涡涡心位置的变化规律。分析了时均流场结构特征，得到沿垂向和沿 1/2 台阶高度截面上流速分布特征，其特征为水流受台阶边界突然变化的影响，在台阶高度截面附近产生剪切流动，在剪切层内流速梯度较大；随着距台阶距离的增加，剪切层逐渐向壁面弯曲，再附后分离边界层重新发展。

【关键词】 PIV；台阶；高雷诺数；分离再附流动；水力特性

基金项目：国家自然科学基金（51379128）；甘肃省自然科学基金（148RJZA006）。

鄱阳湖星子站水位时间序列相似度研究

葛金金，彭文启，黄伟，吴文强，张士杰

（中国水利水电科学研究院，北京 100089）

【摘　要】　星子站是鄱阳湖重要的水位监测站点，本文整合星子站 1956—2016 年间 60 年的日水位时间序列实测资料，运用一阶连接性指数结合塔尼莫特相似度比较法，分析了该站的水位时间序列相似度。结果表明：① 星子站年间逐月水位时间序列相似度变化较大，呈现低水位月份高于高水位和中水位月份规律。② 星子站月水位时间序列相似度高于 0.31 时，对生态的影响最小。③ 1981 年是水位时间序列相似度最大的年份，对环境的影响最小，1981 年的水位变化线可作为鄱阳湖水位调度参考线。

【关键词】　一阶连接性指数；塔尼莫特相似度；水位；生态变化；星子

作者简介：葛金金（1988—），女，安徽人，博士生，主要从事水文水资源工作。

无水功能区划小流域水环境容量计算方法探究

黄伟[1]，吴问丹[2]，马巍[1]

（1. 中国水利水电科学研究院，北京复兴路甲 1 号，100038；
2. 中国矿业大学资源与地球科学学院，江苏省徐州市铜山区大学路 1 号）

【摘　要】　水功能区对应的水质目标是计算河流环境容量的重要条件，然而，部分小流域并未进行水功能区划，针对该问题，本文以银川市无水功能区划的排水沟（中干沟）小流域为例，首先通过计算与其发生水力联系的黄河干流银川段水环境容量，确定中干沟可进入黄河干流的污染物总量和浓度边界；然后构建中干沟一维水质模型，利用河流水质响应系数法计算典型水文条件下特征污染物 COD 和 $NH_3\text{-}N$ 的水环境容量。计算结果表明：中干沟在设计水文条件下的 COD 和 $NH_3\text{-}N$ 的水环境容量分别为 1 655.8t/a、310.5t/a。本方法可为其他类似流域进行水环境容量计算提供参考。

【关键词】　水功能区划；水环境容量；水质响应系数法

基于 RVA 和 Copula 方法的黄河头道拐站水沙变化分析

崔冉昕，马超

（天津大学水利工程仿真与安全国家重点实验室，天津雅观路 135 号，300350）

【摘　要】　采用 RVA 法对龙羊峡、刘家峡水库运行前后黄河头道拐水文站径流量和含沙量日均数据进行分析，量化评价水沙变化程度，阐明可能产生的生态影响。在定量分析的成果上，结合 Copula 函数，进一步探讨了水库运行前后各月水沙丰枯遭遇和同步频率的变化规律。研究结果表明龙羊峡、刘家峡水库运行后，头道拐水文站径流量和含沙量减少，二者整体均发生中度改变，且径流量整体改变度高于含沙量整体改变度；汛期内和极大值情况下水沙受影响程度较高；各月水沙同步频率增加，畅流期内水沙同步频率大于异步频率。研究成果可为黄河中游区域水资源管理以及水沙调度提供科学依据。

【关键词】　RVA 法；水沙变化；Copula 函数；黄河；头道拐

水库月均径流滚动预报及其不确定性研究

崔喜艳，马超

（天津大学建筑工程学院，天津市津南区雅观路 135 号，300072）

【摘　要】　可靠径流预报是支撑水库科学长期调度决策的基础。针对中长期径流预报模型预见期有限及径流预报存在不确定性问题，提出采用人工神经网络滚动预报不同预见期径流，在此基础上，利用 Copula 函数建立预报误差序列的联合分布函数，实现对水文预报误差序列的随机模拟，从而定量描述径流预报不确定性。三峡水库非汛期后期月均径流预报及其不确定性研究结果表明：所构建的非汛期月均径流预报模型预报效果较好，可用于滚动作业预报；Copula 函数能较好地描述预报相对误差序列间相关性，模拟序列相关系数、统计特征值和经验分布与实测序列相差较小，模拟效果较好。研究成果可为水库开展长期优化调度提供有效径流信息支撑和决策支持。

【关键词】　滚动预报；预报不确定性；Copula 函数；人工神经网络；三峡水库

一种明渠水流自由水面追踪的隐式算法

陈啸，刘昭伟

（清华大学水利系水力学所，北京海淀区清华园 1 号，100084）

【摘　要】 天然河流及湖库等水体的水面一般接近于水平，但在长达数日、月甚至是年的预测时间范围内却可能经历较大的水面变动。本研究的主要目的是尝试开发适用于此类自由水面模拟的高效算法。算法通过指定特殊的压强边界条件，利用自由表面单元的水流连续性，结合动网格来追踪自由水面。已有的类似研究通常显式指定压强边界，因此时间步长受到库朗数限制需取得较小。本研究则采用了一种隐式的压强边界条件，并与 PISO 算法相结合。因此，模拟中可采用更大的时间步长。算法基于开源 CFD 工具箱 OpenFOAM 开发，并通过 3 个测试算例进行了验证。算例的模拟结果与实验及解析结果吻合较好，算法的效率及准确度得到了检验。

【关键词】 自由水面模拟；高效；隐式

An implicit method for capturing free surface of open channel flows

Xiao Chen，Zhaowei Liu

（State Key Laboratory of Hydro science and Engineering，
Tsinghua University，Haidian District，Beijing，100084）

【Abstract】 The free surface in natural rivers and reservoirs is approximately horizontal but may undergo great change over the prediction period that is commonly days, months, or even years. The objective of the present study is to develop an efficient algorithm for free surface of those open channel flows. By specifying a special pressure condition on the free surface boundary, the movement of free surface is tracked by applying the continuity equation along with an adaptive grid. Previous studies specified the pressure condition in an explicit way and hence a relatively small time step has to be used respecting the Courant criteria. In the present study, an implicit pressure condition is derived and is included in the PISO algorithm. As a result, a much greater time step can be applied. The algorithm was implemented numerically using the CFD toolbox OpenFOAM and was validated by three testing cases. The predicted results agree well with the experimental data and analytical solution, and the efficiency and the accuracy of the model were examined.

【Keywords】 free surface simulation；efficient；implicit

基于物质流分析的小流域山洪灾害易损性评估

杨伟超，练继建，马超，徐奎

（天津大学建筑工程学院，天津市海河教育园区雅观路 135 号，300350）

【摘　要】　山洪灾害是中国最为严重的自然灾害之一，我国山洪灾害易损性评估相关研究十分有限。本文提出了一种基于物质流分析的小流域山洪灾害易损性评估框架：① 典型村庄和小流域的选取；② 通过物质流分析计算各研究对象的暴露度、敏感性及适应能力；③ 提出物质流指数并进行山洪灾害易损性的多测度评估。在此框架中，暴露度、敏感性及适应能力的物质流值统一转化为水的质量，通过物质流指标建立了脆弱性三要素之间的关系。本文选取海南省五指山市作为研究区域，各小流域易损性三要素及物质流指标评估结果通过 GIS 进行展示。评价结果表明，暴露度、敏感性、适应能力之间的内在联系可能从不同角度加剧小流域的山洪灾害易损性。最后，基于易损性评价结果，文章提出了山洪灾害防治建议并讨论了物质流分析方法的优缺点。

【关键词】　山洪灾害；易损性；物质流分析；物质流指标

水环境损害鉴定评估技术难点问题探讨

霍静[1]，诸葛亦斯[2]，杜强[2]

（1. 三峡大学，湖北 宜昌，443002；

2. 中国水利水电科学研究院水环境研究所，北京，100038）

【摘　要】　近年来，随着我国工业化城镇化的持续快速发展，水环境污染事件频繁发生，在诸多环境损害事件中所占比例一直居高不下，已经成为导致环境损害的重要污染事故类型。水环境损害鉴定评估作为推进生态文明建设的重要环保举措，由于技术的局限性，大多数损害得不到合理赔偿，生态环境得不到有效修复。本文从环境损害鉴定评估的工作流程出发，对水环境损害鉴定评估关键技术环节——损害基线确定、损害因果关系判定所面临的技术难点进行了探讨，基于目前的研究现状提出建议，对完善我国水环境损害鉴定评估技术体系具有重要的理论意义和科学指导作用。

【关键词】　水环境损害；鉴定评估；基线；因果关系

梯级泵站事故停泵水力过渡过程分析及防护研究

肖学，李传奇，杨幸子，韩典乘

（山东大学土建与水利学院，山东省济南市经十路 17923 号，250061）

【摘　要】　基于特征线法，对三级串联泵站事故停泵水力过渡过程模拟分析。针对泵站中的单级或多级泵站事故停泵时存在水柱分离、机组倒转、调节池漫顶或吸干等问题，分别提出了对应的防护措施。结果表明：在管路沿程局部高点设置空气阀，并采取合理的两阶段关阀操作，可以避免三级泵站同时事故停泵管路产生水柱分离及机组高速倒转；单级泵站事故停泵以合理的先后顺序和响应时间关闭剩余泵站、两级泵站事故停泵采取合理的停泵响应时间，可有效避免调节池吸干或漫顶问题；采用大体积的调节池可减小事故停泵时沿程管路压力和增加停泵响应时间；最后，建议工程中在溢流的条件允许时，可在调节池侧壁高处设置溢流孔或采取开敞式结构以避免漫顶。

【关键词】　梯级泵站；事故停泵；水柱分离；停泵顺序；停泵响应时间；防护

密云水库水生态安全调控参数及其阈值初探

马巍[4]，班静雅[1]，廖文根[2]，陈哲灏[1]

（1. 中国水利水电科学研究院，北京，100038；
2. 水利部水利水电规划设计总院，北京，100120）

【摘　要】　密云水库是北京市周边唯一的地表饮用水源，库区水生态安全状况直接关系到首都人民的饮用水安全。针对密云水库水生态安全综合性调控技术与管理手段缺乏的现状，为支撑和保障南水北调来水后密云水库库区水体的水生态安全，以南水北调来水进入密云水库为背景，开展密云水库水生态安全调控概念辨析、特征及需求分析，识别了密云水库水生态安全调控因素，筛选出了库区水生态安全调控的水文参数（水深）、水质参数（TP）和水动力条件参数（流速 u），分别确定各特征参数的水生态安全阈值；并依此为依据评估南水北调来水对库区水生态安全状况影响，结果表明南水北调来水可使库区整体的水生态安全状态进一步提高，但不能排除库湾及浅水区发生蓝藻水华的可能。研究成果可为南水北调来水进入密云水库后库区水生态安全保障的监督与科学管理提供依据。

【关键词】　水生态；安全调控；特征参数；阈值；南水北调；密云水库

基金项目：北京市科委项目（Z141100006014047）。
作者简介：马巍（1976—），男，四川平昌人，博士，教授级高级工程师，主要从事水环境研究。

南水北调中线突发水污染监测调控与处置关键技术

雷晓辉[1]，王浩[1]，权锦[1]，郑和震[2]

（1. 中国水利水电科学研究院，北京复兴路甲1号，100038；
2. 浙江大学建筑工程学院，浙江省杭州市西湖区余杭塘路866号）

【摘　要】　南水北调中线工程是连接丹江口水库与河南、河北、北京、天津四省市的大动脉和生命线，已成为这些地方的主要水源。丹江口水库周边及中线总干渠沿线存在诸多突发水污染事故风险，危及供水安全。为了加强中线突发水污染事故的应急防治和管理，研发了集"水质监测-数值模拟-水力调控-污染处置"于一体的长距离调水工程突发水污染全过程监测调控与处置成套技术体系，包括水质全过程立体监测技术、突发水污染快速预测及追踪溯源技术、突发水污染多目标水力调控技术和突发水污染系统化处置技术。研究成果可以实现突发水污染应急响应全过程的支持，并在丹江口水库和中线总干渠取得较好的应用效果。

【关键词】　南水北调中线工程；突发水污染事故；水质监测；数值模拟；水力调控；污染处置